Heidrun Abromeit · Jörg-Uwe Nieland
Thomas Schierl (Hrsg.)

unter Mitarbeit von Sascha Werthes

Politik, Medien, Technik

Festschrift für Heribert Schatz

Springer Fachmedien Wiesbaden GmbH

Die Deutsche Bibliothek – CIP-Einheitsaufnahme

1. Auflage Juli 2001

Ursprünglich erschienen bei Westdeutscher Verlag GmbH, Wiesbaden 2001

Lektorat: Monika Mülhausen

www.westdeutschervlg.de

Gedruckt auf säurefreiem und chlorfrei gebleichtem Papier.

Umschlaggestaltung: Horst Dieter Bürkle, Darmstadt

ISBN 978-3-531-13653-0   ISBN 978-3-663-07830-2 (eBook)
DOI 10.1007/978-3-663-07830-2

Inhalt

Vorwort

> Es gibt eine Festschrift für Schatz
> in der steht kein einziger Satz.
> Man wollte ihn ehren
> mit Seiten, mit leeren.
> Ein großer Geist braucht eben Platz ...
>
> (Abromeit)

Beginnt man eine Abhandlung mit einem herausgehobenen oder allein gestellten Zitat, so sollte dies das, was dem Zitat folgt, in besonderem Maße kennzeichnen und eventuell einen spezifischen Aspekt des weiter Auszuführenden besonders herausheben. Wenn wir die vorliegende Festschrift anlässlich des 65. Geburtstags von Heribert Schatz mit einem Limerick einleiten, so folgt dies der gleichen Intention. Denn Limericks und Schüttelreime heben den Jubilar in der Tat aus der Kollegenschar heraus: Heribert Schatz liebt Schüttelreime und Limeriks, vor allem geschüttelte Limericks - ihren Konsum wie ihre Produktion.[1] Diese Liebe zu Schüttelreimen und Limericks ist zugleich typisch für seinen Spaß an ausgefeilter Rhetorik und vor allem an sprachlichem Humor. Heribert Schatz liebt intellektuelle Schärfe und verbindet das intelligente Wort nur zu gerne mit überraschendem Humor, feiner Ironie und auch mal einem fein dosiertem Schuss Sarkasmus (selbst in der Wissenschaft, wo der Humor leider nur sehr wenig gepflegt wird), was viele wiederum an Heribert Schatz lieben. Heribert Schatz, darin stimmen sicherlich alle, die ihn etwas besser kennen, mit den Herausgebern (selbst langjährige Kollegen, Schüler bzw. Mitarbeiter) überein, ist sicherlich alles andere als ein Langweiler, nicht aus der wissenschaftlichen Perspektive (so hat er doch mit der einen oder anderen These eingehende Diskussionen auslösen können) und sicherlich ebenso wenig aus der privaten.

Über seine eigentliche, ihm qua Gattung immanente Ironie entbehrt der oben zitierte Limerick aber nicht einer zusätzlichen, unfreiwilligen Ironie, in seinem Verweis auf die Umfänglichkeit der Festschrift. In ihrer Fülle ist die vorliegende Ehrung wohl fast das Gegenteil zu einer Festschrift, in der „kein einziger Satz" steht. Die Zahl derjenigen, die Heribert Schatz mit einem Aufsatz ehren wollten, hatten die

---

1 Siehe dazu auch Heidrun Abromeits abschließender Beitrag „Statt eines Nachwortes" in diesem Band.

Herausgeber im ersten Augenblick unterschätzt, und die brauchte nun ihrerseits „eben Platz“. Was uns wiederum dazu veranlasste, unser Herausgebervorwort auf ein Minimum, nämlich einen Dank an alle, die dieses Buch möglich gemacht haben, zu beschränken.

Insgesamt sind 31 Freunde, Bekannte, Wegbegleiter, Mitarbeiter, Schüler und Kollegen unserer Anfrage nach einem Beitrag für diese Festschrift freudig und engagiert nachgekommen. Absagen gab es so gut wie keine bzw. die wenigen, die keinen Beitrag leisten konnten, taten dies unter großem Bedauern und mit leider schwerwiegenden, teilweise gesundheitlichen Gründen. Dabei sind verschiedene Textsorten zu ganz unterschiedlichen Themen und sogar Themenbereichen entstanden, die das breite (nicht nur wissenschaftliche) Wirken und Interesse von Heribert Schatz sehr anschaulich dokumentieren, das sich nur sehr allgemein unter dem Titel „Politik, Medien, Technik“ subsummieren lässt. Allen Beitragenden möchten wir herzlich danken.

Unser besonderer Dank geht an die beiden Personen, die „im Stillen“, aber enorm intensiv und arbeitsaufwendig zum Gelingen dieses Bandes beigetragen haben: Frau Dr. Marianne Schatz-Bergfeld, die unermüdlich recherchierte, uns vielfältig und immer liebenswürdig-geduldig beriet und die notwendige Geheimhaltung des Projektes sicherstellte, sowie Frau Prof. Dr. Marieluise Christadler.

Auch den studentischen Mitarbeitern Sascha Werthes und Sünje Ehmsen sei herzlich gedankt, da es ohne sie unmöglich gewesen wäre diese Schrift überhaupt zu realisieren.

Darüber hinaus möchten wir uns für die ideelle und finanzielle Unterstützung durch die Gerhard-Mercator-Universität Duisburg, hier seien stellvertretend das Rektorat, das Dekanat des Fachbereichs 1, der Integrierte Studiengang Sozialwissenschaft und das Fach Politische Wissenschaft genannt, herzlich bedanken.

Duisburg, 10. Juli 2001

Heidrun Abromeit	Jörg-Uwe Nieland	Thomas Schierl
Darmstadt	Duisburg	Jena

Teil I

Das RISP als Mikrokosmos

Das Rhein-Ruhr-Institut für Sozialforschung und Politikberatung (RISP e.V.) – ein autopoietisches System oder was?

Ein essayistischer Dank an Heribert Schatz für 16 Jahre postheroisches Management

Dieter Grunow

1.

Das RISP – als ‚An-Institut' der Gerhard-Mercator-Universität in Duisburg zugeordnet – hat am 25.10.2000 sein 20jähriges Bestehen gefeiert. 20 Jahre, von denen Heribert Schatz 16 Jahre die Aufgaben des Geschäftsführenden Direktors wahrgenommen hat und auch heute noch wahrnimmt. Diese Feststellungen veranlassen zu der Frage, wie es möglich war, dass ein solches Institut ‚im Schatten einer Hochschule' – aber ohne jede Sockelfinanzierung –, das sich anwendungsorientierter Sozialforschung und Praxisberatung verschrieben hat, so lange überleben konnte. Und: Was hat dies mit der Rolle des Geschäftsführenden Direktors zu tun?

Abstrakt systemtheoretisch ausgedrückt sind dauerhafte ‚kommunikative Verdichtungen' – wie auch Forschungsorganisationen sie darstellen – ein ‚hochunwahrscheinliches' Phänomen. Dies gilt v. a. für Organisationen in einem dynamischen Kontext wie der kapitalistischen Marktwirtschaft. Wie konnte sich das RISP im Spannungsfeld zwischen kommerzieller Konkurrenz und universitären Forschungsstandards platzieren und so lange behaupten? Dieser Sachverhalt und die ausgedrückte Verwunderung lassen sich allerdings auch ganz anders, z.B. viel praktischer skizzieren. Von einem Vereinsmitglied mit vielfältigen Erfahrungen in Politik/Verwaltung einerseits und Privatwirtschaft andererseits wurden dazu drei Modelle der Praxisberatung unterschieden:

- Beratung mit vorher vereinbartem Ergebnis: Dies erbringt hohe Einnahmen, ohne dafür viel tun zu müssen; dieses Marktsegment wird allerdings von wenigen Beratungskonzernen beherrscht;
- Beratung mit vorgegebener Zielrichtung, die noch der Abstützung, ggf. auch der leichten Modifikation bedarf: Dies erbringt mittlere Einnahmen; hier ist jedoch die Konkurrenz ‚beinhart';
- Beratung unter hoher Unsicherheit mit ungewissem Ergebnis: Erbringt geringe oder keine Einnahmen, jedoch muss besonders viel dafür gearbeitet werden.

Wo kann, wo soll sich ein Institut wie das RISP platzieren, um zu überleben? Offensichtlich in keinem der drei Varianten in einem überlebensfähigen Maße. Es bedarf also der Suche nach anderen Antworten im Rahmen weiterer Überlegungen und Szenarios.

Anlässlich einer Mitgliederversammlung (1998) wurden von dem Geschäftsführenden Direktor und seinen Direktoriumskollegen Überlegungen zur Praxisberatung und den damit verbundenen Überlebensmöglichkeiten des RISP zur Diskussion gestellt.[1] Sie erbrachten aber keine einheitliche Linie und schwankten zwischen Hoffnung und Defätismus. So verweist Grunow auf die nachhaltige Angemessenheit des Konzeptes der ‚anwendungsorientierten Grundlagenforschung' – aber sind auch Auftraggeber und Förderer (noch) davon überzeugt? Müssen nicht ständig neue Daten und neue Beratungsprodukte angeboten werden? Faulbaum vertritt die Auffassung, dass sich Qualität schon irgendwie bemerkbar mache – aber wird der Preis dafür auch bezahlt? Dankwerts sieht die Notwendigkeit, in einem engen Kooperationszusammenhang mit der Praxis die neuen Entwicklungen voranzutreiben – aber wo bleibt da die wissenschaftlich fundierte Forschungsbasis? Schatz spricht von mehreren ‚Kamikaze-Projekten', bei denen der wissenschaftliche Eigensinn von den Auftraggebern so ‚ungnädig' aufgenommen wurde, dass die Geschäftsbeziehungen danach empfindlich gestört waren.

Ist diese Divergenz der Meinungen bei dem Versuch, eine pragmatische ‚Marktlückentheorie' für das RISP zu entwerfen, ein Teil der Probleme oder vielleicht sogar ein Teil der Problemlösung? Auf der Suche nach einer gemeinsamen Plattform (‚core belief system') sollten vielleicht Externe einbezogen werden. Schatz zitiert Offe (1979), der darauf hinweist, dass sich angewandte Forschung und Beratung auf die Restriktionen der Praxis einzulassen haben: sie müssen „auf kleinstem Raum tanzen" (ebd.: 325). Kann der Geschäftsführende Direktor, können alle anderen Mitglieder des RISP auf kleinstem Raum tanzen? Grunow erinnert sich: Bei der Präsentation umfangreicher Forschungsergebnisse zum verbesserungsbedürftigen Verhältnis von kommunaler Sozialverwaltung und ihrem Klientel wurde *nur eine* Frage vorgebracht: Was können wir tun, um Herrn X, einen ‚notorischen Querulanten', von seinen täglichen Besuchen im Amt abzuhalten? Grunow ist sich sicher, die Frage hat ihn damals matt gesetzt. Kein Gedanke daran, auf dem kleinen Raum, den die Frage eröffnet hat, zu tanzen. Seitdem plädiert er dafür, den Raum zum expliziten Gegenstand der Aushandlung zwischen Auftraggeber und Auftragnehmer (Forscher, Berater) zu machen. Aber reicht das aus, um sich neben den Beratungsunternehmen zu behaupten, die mit ihren vorgestanzten Beratungsprodukten ‚den Raum' entweder nicht wahrnehmen oder einfach breit und rücksichtslos auswalzen, damit ihr Produkt gerade angemessen platziert werden kann?

Die Suche nach Marktlücken mit Blick auf die vom RISP *angebotenen Forschungs- und Beratungsleistungen* ist also nicht ergiebig genug, um die 20-jährige

1 Die Diskussionsbeiträge liegen als RISP-Paper vor.

Existenz des Instituts zu erklären. Es erscheint deshalb sinnvoll, den organisatorischen Rahmen etwas näher zu betrachten, in dem diese Leistungen erbracht werden.

2.

Zieht man für eine erste Annäherung die Selbstbeschreibung des RISP anlässlich der 20-Jahresfeier[2] zu Rate, dann wird erkennbar, wie schwierig eine organisationsanalytische Typisierung wird: Es reichen nicht einmal fünf Abteilungen, um die 24 wissenschaftlichen MitarbeiterInnen zu gruppieren: in- und außerhalb der Abteilungen werden weitere Projektgruppen spezifiziert – u. a. eine Folge großer inhaltlicher Vielfalt: von der Medienforschung, der Technologieforschung, der Umfrageforschung bis hin zur Verwaltungsanalyse, der Arbeitsmarktforschung und der Logistikforschung. Spontan fällt dazu die Formulierung ‚Patchwork-Organisation' ein – aber dies ist kein etabliertes wissenschaftliches Konzept. Die Typologie von Mintzberg (1981: 20) unterscheidet zumindest sieben Typen von Organisationen, wobei u. a. a) der primäre Koordinationsmechanismus innerhalb der Organisation und b) die Schlüsselteile der Organisation als Bezugspunkte bzw. Bestimmungsmerkmale für die Typenunterscheidung genutzt werden.

Unterschieden werden: 1) unternehmerische Organisation (a: direkte Kontrolle/ b: strategische Spitze); 2) Maschinenorganisation – was der staatlichen Bürokratie entspricht – (a: Standardisierung der Arbeitsabläufe/ b: Technostruktur); 3) Organisation der Professionals (a: Standardisierung der Fertigkeiten/ b: operationaler Kern); 4) diversifizierte Organisation (a: Standardisierung des Outputs/ b: mittleres Linienmanagement); 5) innovative Organisation (a: gegenseitige Abstimmung/ b: unterstützende Einheiten); 6) missionarische Organisation (a: Standardisierung der Normen/ b: Ideologie); und 7) politische Organisation (a: keine/ b: keine).

Mit Blick auf das RISP kann man wohl die missionarische und die politische Organisation als Typus außer Betracht lassen. Versucht man das Gleiche mit der Maschinenorganisation, so fallen die nicht zu unterschätzenden Koppelungen an die Universitätsverwaltung (Bürokratie) ins Auge. Die Verbindung mit der Universität führt generell zu der Frage, ob nicht auch an das „Mülleimermodell der Organisation" (vgl. Cohen / March / Olsen 1972) zu denken ist – für das die Universitäten stets als Beispiel genutzt werden. Hier wird der Entscheidungspozeß als „eine Ansammlung von Wahlmöglichkeiten, die nach Problemen suchen, von Themen und Eindrücken, die nach Entscheidungssituationen suchen, in denen sie Gestalt annehmen können, von Lösungen, die nach Problemen suchen, für die sie eine Antwort sein

2 Die Schrift zum Jubiläum – „Forschung ist Zukunft" – kann vom RISP bezogen werden.

können, und von Entscheidern, die nach Arbeit suchen" charakterisiert (Mintzberg 1981: 195). Sollte es möglich sein, dass die in einem solchen ‚Mülleimermodell' sozialisierten Professoren im Rahmen eines An-Institutes wie ausgewechselt handeln bzw. entscheiden? Bei näherer Betrachtung zeigt sich, dass Mintzberg dieses Mülleimermodell dem Typ der Organisation von Professionals zuordnet (ebd.), womit er teilweise eine Kritik gegenüber diesem Modellkonzept zum Ausdruck bringt.

Wenn also mehrere der Typen als Referenz für das RISP nicht auszuschließen sind: Kann es als eine Mixtur aus unternehmerischer, bürokratischer, professioneller, diversifizierter und innovativer Organisation konzipiert werden? Im Lichte von Mintzbergs Typologie müsste man das RISP dann als mehrfach hybrides Organisationsmuster bezeichnen. Ist das überhaupt denkbar und wie wäre eine solche Organisation im Rahmen von Marktkonkurrenz oder allgemein in einer dynamischen Umwelt überlebensfähig zu machen? Die Typologie von Mintzberg legt ja gerade nahe, dass bestimmte Organisationsmodalitäten eine spezifische und dadurch erst angemessene ‚Anpassung' an externe Anforderungen darstellen. Insofern müssten Mixturen der zuvor beschriebenen Art von Anfang an zum Scheitern verurteilt sein.

Schaut man in dem Zusammenhang auf neuere Theorieansätze in den Wirtschaftswissenschaften, für die Marktkonkurrenz und Umweltdynamik zum Standard gehören sollten, so erzielt man kaum ‚Erkenntnis'-Fortschritte. Sowohl in der institutionenökonomischen Transaktionskostentheorie als auch im Rahmen des Neo-Institutionalismus werden eher noch engere Analyseperspektiven entwickelt: Tacke (1999: 58) fasst dies folgendermaßen zusammen: „Während die Institutionenökonomie über keinen Begriff der Wirtschaftsorganisation verfügt, weil sie zwar die ökonomische, aber nicht die organisatorische Seite der Wirtschaftsorganisation adressieren kann, hat der Neo-Institutionalismus keinen Begriff der Wirtschaftsorganisation, weil er zwar ihren organisatorischen, nicht aber einen genuin ökonomischen Aspekt in Rechnung stellen kann".

Aus sozialwissenschaftlicher Sicht fehlt zudem die explizite Einbindung von Organisations-Umwelten (oder der Gesellschaft insgesamt), die für die neuere Organisationstheorie (wieder) kennzeichnend ist (vgl. Türk 1995). Da die Umwelt durchweg als komplex, kontingent, z. T. vermachtet, z. T. hochgradig kompetetiv angesehen wird, gilt das sozialwissenschaftliche Analyseinteresse zunehmend den Möglichkeiten des Organisationslernens unter diesen Kontextbedingungen (zusammenfassend Wiesenthal 1995). Begonnen wird dabei meist mit der Beschreibung sog. konventioneller Lernformen, die in den Kategorien „Single loup learning", „Double loup learning" und „reflexive learning" gefasst werden. Könnte es sein, dass das RISP einer der raren Exemplare für ‚reflexives Lernen' durch eine Organisation darstellt? Die einleitenden Hinweise auf die Reflexion der Beratungstätigkeiten durch das RISP lässt dies kaum erwarten, denn das Ergebnis war mehr Ratlosigkeit als neu gelernter Beratungselan. Auch die wissenschaftliche Literatur dazu macht wenig Hoffnung, denn es wird darauf verwiesen, dass reflexives Lernen bei Organisationen noch nicht nachgewiesen werden konnte (ebd.: 144).

Als Ergänzung zu diesen üblichen und dominierenden Formen werden auch unkonventionelle Formen des Lernens in die Analyse eingebracht – also z. B. Invasion, Dissidenz oder Intersektion. Dies sind jedoch Prozesse, die v. a. bei verfestigten Strukturen und sehr stabilen ‚core beliefs' als Ansätze für tief greifendes Lernen gelten. Beide Bedingungen treffen für das RISP jedoch nicht zu: Selbst Themen aus dem gleichen Forschungssegment führen institutsintern meist nicht zu einer intensiven Kooperation und Nutzung von Synergieeffekten – ganz in Anlehnung an die vielfach beobachtbaren ‚Fürstentümer' (Lehrstühle) in der Universität. Sollte gerade dies zur Überlebensfähigkeit des RISP beitragen?

Die Untersuchungen zum Organisationslernen liefern hierzu einen wichtigen Hinweis. Zum einen wird auf die notwendige Binnenkomplexität von Organisationen hingewiesen; zum anderen wird die Schwierigkeit immer mehr in den Blick gerückt, mit einer strategischen Außenorientierung zu einer normativen Integration der Organisationssegmente und Organisationsmitglieder zu gelangen. Führt die interne Desintegration und (Über-)Komplexität nicht geradewegs zur Auflösung der Organisation, so kann von einer ‚Organisation mit multipler Identität' gesprochen werden. Aus der Not wird geradezu eine Tugend gemacht: Der Verzicht auf die Harmonisierung von divergierenden Partikularbestandteilen der Organisation spart Ressourcen. Diese Ressourcen, die häufig als „organisational slack" beschrieben werden, (so schon Cyert / March 1963) gelten als wichtige Voraussetzung für Organisationslernen. Allerdings kann man beim RISP an keiner Stelle die Ansammlung von „organisational slack" erkennen. Insbesondere die finanziellen Ressourcen zeigen eine derartige ‚Schlankheit', dass schon eine neue Telefonanlage das Institut in massive Überlebensschwierigkeiten bringen könnte. Als Kompensation ließen sich allerdings die hohe Personalfluktuation werten, die ein Verlernen von bisherigen Routinen zu geringen Kosten ermöglicht – wodurch wiederum neues Lernen innerhalb des RISP möglich wird. So könnte sich die Dynamik der Personalentwicklung (in einzelnen Projektgruppen) in Verbindung mit der Kontinuität des Direktoriums als eine wichtige Ressource für das Organisationslernen erweisen.

All diese Überlegungen führen aber vom Kernthema weg. Zu fragen bleibt v. a., inwiefern multiple Identitäten und Lernfähigkeit die Konkurrenz- und Überlebensfähigkeit der Organisation erklären (helfen). Die diesbezüglichen Aussagen in der wissenschaftlichen Literatur sind meist recht vage: „Organisationen mit multipler Identität lassen eher als andere Organisationen Innovationen erwarten" (?) (Wiesenthal 1995: 152). Wird das von einem Sozialforschungs- und Beratungsinstitut tatsächlich erwartet? Die Erfahrungen zeigen nicht selten das Gegenteil: die Auftraggeber versuchen – um es sehr vorsichtig auszudrücken –, die innovativen Ergebnisbestandteile ‚weg zu diskutieren', wenn diese nicht den eigenen Zielen und Vorstellungen entsprechen.

3.

Von den bisher rezipierten Analyseergebnissen erscheint das Phänomen der multiplen Organisationsidentitäten mit Blick auf das RISP am ehesten für weitere Überlegungen geeignet zu sein. Dabei stellt sich die Frage nach den spezifischen Integrationsleistungen, die bei der großen Heterogenität innerhalb des Instituts erbracht werden müssen. Fragen nach der Einheit der Differenz lassen sich durch Bezugnahme auf die Theorie der selbstreferentiellen Systeme (im Sinne von Niklas Luhmann) sinnvoll erörtern. Der Vorteil besteht darin, dass für die bisher diskutierten Themenaspekte nur ein Theorieansatz herangezogen werden muss (z. B. Luhmann 1997; ein Schnellzugang bei Baraldi 1998). Dies betrifft einerseits die Mehrebenenproblematik, also das Spektrum von der organisatorischen Mikropolitik bis zur Weltgesellschaft; zum anderen betrifft es auch die Beziehung zwischen verschiedenen Funktionssystemen der Gesellschaft sowie vielfältige interorganisatorische Interdependenzen.

Einer der hier besonders zu berücksichtigenden Sachverhalte ist die Ausdifferenzierung von gesellschaftlichen Funktionssystemen, die nur je besondere Kommunikationsprozesse zulassen. Diese sind durch Medien und Codes spezifiziert. Kommunikationen in den Funktionssystemen sind selbstbezüglich, können von ‚außen' d. h. von anderen Kommunikationen nicht direkt beeinflusst werden. So lässt sich Wahrheit (als Medium der Wissenschaft) nicht direkt in käufliche Waren (in der Wirtschaft) oder in politische Mehrheiten (in der Politik) umwandeln. Die jeweiligen Kommunikationen sind nur im Rahmen der spezifischen Funktionssysteme anschlussfähig. Damit wird auch ein Schlaglicht auf die einleitend beschriebene Beratungsproblematik geworfen, die Luhmann folgendermaßen kommentiert:

> „Einige Kommunikationsschwierigkeiten klären sich, wenn man annimmt, der Berater sei wissenschaftlich kompetent und müsse dies mit kommunizieren. Dies kann expressiv geschehen – durch weiße Kittel und weise Mienen. Das genügt aber nur, wenn die Ratschläge rein technisch funktionieren können und rein technisch heißt hier: ohne Kenntnis des Theoriezusammenhangs" (Luhmann 1989: 211).

Bei sozialwissenschaftlichen Beratungsinhalten helfen also in der Regel weder die weißen Kittel noch die weisen Mienen, sondern es müssen Theorien mitgeliefert werden, die auch verstanden werden – was eine intensive Kommunikation voraussetzt. Eine etwas kompaktere Komponente im Rahmen von Beratungsprozessen stellt die Reputation dar, die als Mittel der Reduktion von Komplexität in der wissenschaftlichen (auf Wahrheit bezogenen) Kommunikation angesehen wird. Entscheidend bleibt allerdings auch hier die Frage, ob damit jene Grenzüberschreitungen möglich gemacht werden, die mit den Beratungsaktivitäten notwendig verbunden sind. Dass dies – zumindest grundsätzlich – auch im Rahmen der selbstreferentiellen Systeme möglich ist, zeigt Luhmanns Feststellung, dass diese Systeme geschlossen und offen zugleich sind. Die ergänzend eingeführten Konzepte wie (z. B.) ‚Resonanz' und ‚strukturelle Koppelung' ergeben erste Hinweise darauf, wie die Beziehungen zwischen System und Umwelt konzipiert werden. Sie beziehen sich aber v. a. auf die Koppelung von sozialen mit psychischen oder physikalischen Systemen, was in unserem Zusammenhang nicht von zentralem Interesse ist. Sie betreffen aber auch die Beziehungen zwischen Kommunikationen aus verschiedenen Funktionssystemen, für die zumindest eine ‚lockere Koppelung' (zusammenfassend Orton 1990) denkbar erscheint. Um aufzuzeigen, wie bedeutsam diese Fragestellungen für die grundsätzliche Theoriearchitektur bei Luhmann ist, mag der Hinweis genügen, dass damit die Sinnhaftigkeit des Gesellschaftsbegriffes in Frage gestellt ist. Die Gesellschaft ließe sich in diesem Theoriezusammenhang nur durch eine Einheit der Differenz (von Funktionssystemen) konzipieren, was aber angesichts der operativen Schließung dieser Systeme schwer zu begründen ist.

Auf diese allgemeine Diskussion muss hier jedoch nicht eingegangen werden. Von Bedeutung ist vielmehr die Feststellung, dass im Rahmen der Systemtheorie die *organisierten* Sozialsysteme die Verzahnungsfunktion – auch zwischen Kommunikationsprozessen mit unterschiedlicher Systemreferenz – erfüllen können.

> „Die Ausdifferenzierung moderner Organisationen reagiert dagegen auf die mit funktionaler Differenzierung gesellschaftsweit einhergehende Freisetzung des Problems der Entscheidung. Organisationen lösen das Problem der Selektivität des Entscheidens durch Selbstanwendung. Sie treffen Entscheidungen über Entscheidungen und verwenden die Selektivität einer Entscheidung einer Prämisse weiteren Entscheidens" (Tacke 1999: 62)

Dabei ist es von Vorteil, dass Organisationen mit der Selbstanwendung von Entscheidungen auf Entscheidungen gesellschaftlich *keine exklusive* Funktion etablieren, weil die Kommunikation von Entscheidungen auch in der Umwelt von Organisationen möglich ist (ebd.: 63 ff.). Während Funktionssysteme sich wechselseitig allenfalls ‚irritieren' können, ermöglichen Organisationssysteme auch Leistungskommunikation über ihre Grenzen hinweg. „Vorausgesetzt, dass Organisationen ihre systemeigenen Problemstellungen mit Bezug auf Funktionssysteme formulieren, können sie gleichsam über Funktionssystemgrenzen hinweg kommunizieren und damit eine Leistung für die – leistungsschwachen – Funktionssysteme erbringen. Die Spezifität von Organisationen liegt in diesem Sinne in der Leistungsdimension. Angesichts der Pluralität und Inkohärenz der funktionsinternen wie – übergreifenden Beziehungen, die sie unterhalten, sind sie Multireferenten" (ebd.: 65).

Um dennoch die Eigenoperationen an der eigenen Einheit orientieren zu können (operative Schließung des Systems) ist Selbstbeobachtung und Selbstbeschreibung erforderlich – ggf. auch der Sonderfall der Reflexion. Während die vereinfachende Selbstbeschreibung zunächst nur die Reproduktionsbedingungen des Kommunikationssystems Organisation sichern hilft, thematisiert die Reflexion die Differenz von System und Umwelt (innerhalb des Systems). Funktion und Leistung von Organisationen können gerade auch in ihrer Nichtidentität zum Reflexionsthema gemacht werden. Dies ist ein Schritt zur Steigerung ihrer Leistungsfähigkeit auch und gerade im Hinblick auf die Verknüpfung von Entscheidungskommunikationen, die sich auf *verschiedene* gesellschaftliche Funktionssysteme beziehen.

Ist damit die Frage nach der Überlebensfähigkeit des RISP geklärt? Zunächst ist festzuhalten, dass dieser Typ von Institut in besonderem Maße mit der Verknüpfung von Kommunikationen befasst ist, die verschiedenen Funktionssystemen zuzuordnen sind: also Kommunikationen aus dem Wissenschaftssystem (das als Auftraggeber aber auch als Marktkontext fungiert), aus dem politischen System (als Auftraggeber) sowie aus dem Rechtssystem, das im Sinne der bürokratischen Hochschulverwaltung das RISP beeinflusst. Die entscheidende Leistung des Instituts könnte somit darin gesehen werden, Entscheidungskommunikationen so zu strukturieren, dass die kommunikative Anschlussfähigkeit hinsichtlich verschiedener Organisationen und Funktionssysteme erhalten bleibt. Willke (1983) erwähnt in dem Zusammenhang – im Kontrast zu den ‚üblichen' Zweck- und Konditionalprogrammen – auch das Koordinationsmuster der *Vermittlungsprogramme,* die von unterschiedlichen Entscheidungslogiken der beteiligten Organisationssysteme ausgehen und diese im Rahmen von Entscheidungskommunikationen zusammenbinden.

Wie einleitend gezeigt, gibt es dafür unterschiedliche ‚Rezepte' im RISP. Sie alle verweisen aber indirekt auf die Gradwanderung zwischen Wissenschaftssystem und den anderen Bezugsystemen – die im Einzelfall nicht nur zu ‚Kamikaze-Projekten' (Konflikte mit Klienten) sondern auch zu ‚Sündenfall-Projekten' (Konflikte in der ‚scientific community') führen kann. Schwierig zu beantworten ist dabei die Frage, wie viele solcher ‚Ausrutscher' sich ein Institut wie das RISP leisten kann, ohne seine kommunikativen Anschlussmöglichkeiten an die Politik oder Wirtschaft einerseits und an die ‚scientific community' andererseits zu verlieren. Gerade für diese Grenzauslotung ist allerdings ein (wohl aber seltener) ‚Ausrutscher' in beiden Richtungen funktional. Lässt man so etwas nicht einfach nur passieren sondern ist dies als Bestandteil bewusster organisationsinterner Entscheidungsprozesse zu erkennen, so könnte man sogar von einer reflexiven Strategie sprechen, die die System-Umwelt-Beziehung zum Gegenstand hat. Im Bild von Offe würde dies bedeuten, dass der ‚Platz zum Tanzen' von der Forschungsorganisation RISP zumindest ausgelotet und mit definiert wird. Zu untersuchen wäre dann die Frage, welche Bedeutung die interne Differenzierung des Instituts in dieser Hinsicht hat. Ganz offensichtlich sind die Toleranzgrenzen hinsichtlich der zu sichernden Anschlussfähigkeiten bei den verschiedenen inhaltlichen Themen, Auftraggebern und Kooperationspartnern unterschiedlich. Vielleicht trägt gerade dies dazu bei, dass einzelne ‚Ausrutscher' die Positionierung des Instituts weniger gefährden können als dies bei größerer interner Homogenität der Fall wäre.

Sieht man den ‚unwahrscheinlichen' Sachverhalt im Rahmen des 20-jährigen RISP-Bestandes v. a. in der Auftragsforschung und in der Beratung unter Konkurrenzbedingungen, dann ist die Frage noch einmal genauer zu untersuchen, inwiefern und warum kommunikative Anschlussfähigkeit zum Wissenschaftssystem für die Auftraggeber des RISP eine von diesen *honorierte* Leistung darstellen kann. Im Hinblick auf das politische System könnten die Glaubwürdigkeits- und Vertrauenslücken zur Begründung herangezogen werden. So zeigen Langzeitanalysen zum *Institutionenvertrauen* (Emmid Umfragen; Derlien / Löwenhaupt 1997: 460) eine deutliche Diskrepanz zwischen stabilen Positivwerten für Wissenschaft und Hochschulen während politische Institutionen (und dabei insbesondere die Parteien) bei ohnehin schon niedrigem Niveau weitere Verschlechterungen aufweisen. Ähnliches mag auch für das Wirtschaftssystem zutreffen – z. B. im Hinblick auf die Kundenbeziehungen. So lässt sich nicht nur systemtheoretisch sondern auch ganz praktisch die Kundenorientierung als eine Strategie ansehen, die hauptsächlich die Zahlungsbereitschaft der Kunden ‚abzugreifen' vermag – was die Kundenpflege nicht gerade befördert. Ebenso könnten Kommunikationen im Binnenverhältnis, bei Fusionen, Umstrukturierung und v.a. bei Verschlankungen usw. innerhalb der zu beratenden Organisation gefährdet sein, wenn sie ausschließlich als Machtspiele zwischen den Ebenen bzw. den Personalgruppen interpretiert werden. Berater, die als von der Geschäftsleitung gekauft gelten, können dann kaum sinnvoll zur Modernisierungskommunikation beitragen. Insofern hätten Entscheidungskommunikationen durch Berater Vorteile, die auf anerkannte Reputation hinsichtlich des Mediums Wahrheit verweisen können.

Es geht dabei allerdings auch um die Kommunikations*inhalte*. Folgt man Luhmanns Kennzeichnung, dann muss im Rahmen der sozialwissenschaftlichen Organisationsberatung der Theoriezusammenhang mit kommuniziert werden. Zunächst ist dafür eine Beobachtung zweiter Ordnung durch Externe notwendig. Betrachtet (beobachtet) man die Mängel der Implementation kommunaler Modernisierungsprojekte (Grunow / Wollmann 1998) sowie die selbst geäußerten Bedarfe von Organisationsmitgliedern innerhalb und außerhalb der Verwaltung – insbesondere mit Blick auf Theoriebedarf und Bedarf an Orientierungswissen (Grunow / Wohlfahrt / Beuels 1992) – dann kann die kommunikative Anschlussfähigkeit des RISP im Hinblick auf *wahrheitsbezogene* Entscheidungskommunikationen auf Interesse stoßen. Es ist also nicht ausgeschlossen, dass Institute wie das RISP eine spezifische Leistung für die Entwicklung der Selbstbeobachtung und ggf. der Reflexion in den zu beratenden Organisationen erbringen, die ihnen auch längerfristig eine bestimmte Marktlücke sichern. Dabei kann es sich als nützlich erweisen, nicht als Verkäufer von Beratungsprodukten aufzutreten, sondern dem ‚Kunden' dabei zu helfen, das über sich zu lernen, was nur er wissen kann.

4.

Ungeachtet dieser Überlegungen bleibt die Frage zu klären, wie denn die Kommunikation innerhalb des RISP aufrecht erhalten werden kann, wie also die Reproduktion der Elemente erfolgt, aus denen das System besteht. Da es allenfalls als Teilantwort anzusehen ist, dass sich die Kommunikation selber hilft (Baecker 1994: 109 ff.), weil nicht die Menschen sondern die Kommunikation kommuniziert, „denn sie unterstellt sich selbst, unbekümmert darum, was sich die beteiligten Menschen in ihren Köpfen gerade denken mögen, was sie vorhaben, was sie sich wünschen, was sie vermeiden wollen. Die Kommunikation ist von emergenter Qualität, wie man so schön sagt. Sie ist da. Und niemand hat es so gewollt. Aber alle sind plötzlich mit dabei“. Diese Beobachtung macht eine Reflexion des Sachverhaltes aber nicht überflüssig, denn jede Kommunikation schließt anderes aus, was dann aber gezielt oder ungewollt in den Fortgang der Kommunikation Eingang finden kann.

Um den Kommunikationsprozess in seinem Verlauf weniger zufällig zu machen, wird in Organisationen über Entscheidungen entschieden, bzw. es werden Entscheidungprämissen für zukünftige Entscheidungskommunikationen gesetzt. Dabei geht es (in der Systemtheorie) weniger um eine strikte Verfestigung von Organisationsrationalität – wie von vielen anderen Organisationskonzepten unterstellt wird –, sondern um den prekären Versuch, ‚überbordende‘ Unwahrscheinlichkeiten eines Kommunikationsverlaufes zumindest teilweise und zeitweilig einzudämmen. Neben den Entscheidungsprogrammen und den Organisationsstrukturen werden auch *Mitgliedschaftsrollen* als Entscheidungsprämissen genutzt – um auch auf unbekannte zukünftige Zustände in erwartbarem Rahmen reagieren zu können. Es ist also nicht so, dass Menschen (hier als Träger dieser Mitgliedschaftsrollen) in der Systemtheorie Luhmanns keine Bedeutung haben. Es wird nur zum Ausdruck gebracht, dass sich Personen nur über Kommunikation in den Kommunikationsprozess einschalten können. Bewusstseinszustände – seien es Empfindungen, Wahrnehmungen oder Bedürfnisse – bleiben Aspekte der Umwelt – so lange sie nicht zum Gegenstand von Kommunikation gemacht werden.

Entgegen der Kritik an der Systemtheorie eröffnet die Analyse organisierter Sozialsysteme also durchaus Möglichkeiten, Kommunikationen aus verschiedenen Funktionssystemen und anderen Organisationen (in Form von Entscheidungsprämissen) miteinander zu verkoppeln. Dabei wird die Rationalität weder als Selbstverständlichkeit noch als Ziel der organisatorischen Arrangements begriffen. Zudem können Personen als Träger multipler Rollen in der Kommunikation wichtige Entscheidungsprämissen darstellen: Soziale Systeme und personale Systeme interpenetrieren. Es macht also Sinn, nach der Rolle der Manager zu fragen – oder auf das RISP zugespitzt: nach der Rolle des Geschäftsführenden Direktors. Wie trägt er zur Selbstreferentialität des Systems und damit zum Überleben und zur Lernfähigkeit bei? Dabei geht es nicht um die subjektive Intentionalität, die der Umwelt zuzurechnen ist. Es geht vielmehr um die Aufrechterhaltung von Kommunikation zur Sicherung von interner und externer Anschlussfähigkeit – also weiterer Forschungsaufträge, ihrer erfolgreichen Abwicklung, der Auslösung von Irritationen und Lernprozessen bei zu beratenden Personen und Organisationen u.a.m. Dabei kann unbeachtet bleiben, ob es eine Reflexionstheorie im Hintergrund gibt oder ob es sich primär um eine intuitive Vermeidung von Fehlern durch die beteiligten Organisationsmitglieder handelt.

Wie kann ein Geschäftsführender Direktor als Manager der Organisation ‚glänzen'? Nach Erkenntnissen der Organisationsforschung jedenfalls nicht, wenn er als ‚personifizierter Repräsentant' von Entscheidungsprämissen mit wohl geordneten Organisations-Strukturen und Handlungs- bzw. Entscheidungsprogrammen ‚konkurriert'. Eher schon, wenn es um Relationierungsprogramme geht, in denen unterschiedliche Handlungslogiken verbunden werden sollen. Zu besonderer Größe entwickelt sich der Manager aber erst, wenn er es mit einem ‚schlecht definierten System' zu tun hat – zu denen man – ohne das als Kritik zu formulieren – das RISP rechnen muss.

> „Gehen Menschen mit einem wohl definierten System um, in dem die möglichen Zustände und die Wahrscheinlichkeiten des Übergangs von einem Zustand zu einem anderen bekannt sind, so werden sie es (...) in der Regel schaffen, das System in ein schlecht definiertes zu verwandeln, in dem überraschende Zustände auftreten und keine Wahrscheinlichkeiten mehr bekannt sind. Ein Grund für dieses Verhalten ebenso wie ein Trost liegt vielleicht darin, dass Menschen sich mit schlecht definierten Systemen besser auskennen. Schlecht definiert sind all jene Systeme, in denen mögliche Zustände und Übergangswahrscheinlichkeiten von einem Zustand zu einem anderen Zustand nur unzureichend oder gar nicht bekannt sind. Hier sind wir in einer erstaunlichen Weise in der Lage, uns angemessen zu verhalten. Die Erklärung dafür scheint zu sein, dass Informationen unbewusst verarbeitet werden, etwa so wie beim Fahrrad fahren oder so wie ein Tausendfüßler, der nur so lange in der Lage ist zu laufen, wie er nicht überlegt, mit welchem Fuß er anfängt zu laufen" (Baecker 1994: 41 ff.).

Dies hat auch Bedeutung für die Überlebensfähigkeit (Wettbewerbsvorteile) des Instituts. Sie wird durch komplexe Probleme und undurchschaubarer (nicht kopierbarer) Lösungen gekennzeichnet. Davon hat das RISP reichlich Beispiele zu liefern. Faktisch sind viele Probleme sowie die Lösungsversuche sowohl des Aufgaben- wie des Ressourcenmanagements nur dem Geschäftsführenden Direktor hinreichend bekannt. „Wenn man möglichst kompliziert an die Sachen heranzugehen versucht, hat man schließlich immer mehr Lösungen zur Hand als sich Probleme stellen. Das heißt, man kann wählen. Und man verfällt, wenn man Glück hat, auf kleine Lösungen, die manchmal mehr bewegen als die Großen und für andere immer ein Rätsel bleiben" (ebd.: 81). Damit kommt möglicherweise sogar die Lösung eines zentralen Organisations-Dilemmas – das der Rationalität – in Reichweite: Der unbestreitbare Erfolg einer Organisation liegt u. a. darin, dort Rationalität einzuführen, wo zuvor Ungewissheit herrschte. Dadurch tendiert jede erfolgreiche Organisation dazu, im weiteren Verlauf bürokratisch zu werden. So tragen die Mittel der Rationalisierung zur Verbreitung von Irrationalität bei. Die Antwort auf dieses Dilemma liegt deshalb nach Auffassung vieler Autoren im ‚kreativen Chaos', dem jedoch durch *postheroisches Management* ebenso entsprochen wie begegnet werden muss (dazu im Einzelnen Baecker 1994). Entworfen wird dabei eine ‚Kleeblatt-Organisation', die das Wuchern der Bürokratie ebenso verhindert wie unfreie Formen der Arbeit. Vor allem aber verzichtet es darauf, die Umwelt zu rationalisieren oder gar zu beherrschen. Es bedarf nur eines Blickes auf das Organigramm des RISP, um zu sehen, dass diese Idee (der Theoretiker) der Wirklichkeit entnommen ist. Andere Merkmale des postheroischen Managements lassen sich ebenso aufzählen und mit Blick auf das RISP bestätigen:

- es gibt keine Geschäftsordnung;
- der Geschäftsführende Direktor ist offen für alle Forschungsthemen und Forschungsgruppen – lassen sich neue Kollegen / Mitarbeiter doch als Chance sehen, etwas über den eigenen Betrieb zu lernen, was man anders nicht lernen kann (ebd.: 94);
- es gibt keine überschüssigen Ressourcen und damit keine besonderen Maßnahmen, um das Personal zu motivieren – denn „die Absicht der Motivation ruiniert die Freiwilligkeit" (ebd.: 121);
- wenn nötig wird auch „vagabundierende Führung" praktiziert, bei dem das Zepter in die Hand der-/desjenigen gegeben wird, die/der in einer bestimmten Frage die größte Kompetenz besitzt (ebd.: 47);
- man versucht sich darüber klar zu werden, dass nur kontrollieren kann, wer sich zugleich abhängig macht: „kontrollieren heißt kommunizieren und Kommunikation heißt, die Kontrolle aus der Hand geben" (ebd.: 57); die Folge davon ist „lose Koppelung"; sie signalisiert, dass Unkontrollierbarkeit nicht mit Irrationalität gleichzusetzen ist (ebd.: 78);
- und schließlich wird die Fähigkeit und Bereitschaft gefordert, nicht die eigene Ehre ins Alltagsgeschäft des Instituts zu bringen: „Denn wer es sich noch leisten kann, unvorhersehbar, also überraschungsfähig zu sein, kann schneller und effizienter zwischen Symbolen und Wirklichkeit hin- und herwechseln als der, der sich um seine Ehre sorgen muss" (ebd.: 138).

Die Liste ließe sich noch verlängern. In der Summierung fasst Baecker die Bedeutung des *postheroischen Managements* folgendermaßen zusammen:

> „Postheroisches Management ist so gesehen nichts anderes als ein Management, das sein Heldentum nicht mehr in der Verfügung über Kapitalvermögen und einer Inszenierung entsprechender Risikobereitschaften und Verantwortung sucht, sondern einen neuen Spürsinn für die sachlichen und sozialen Dimensionen der Organisation von Arbeit und der Verteilung von Verantwortlichkeit entwickelt, die damit einhergeht. Das geht nur unheroisch, weil grandiose Gesten nicht geeignet sind, andere zur Mitarbeit anzuregen" (Ebd.: 18 f.).

Aber was nützt das den Institutsmitgliedern? Abstrakt ausgedrückt: Sie profitieren von dem Fortbestand des RISP als Forschungs- und Beratungsinstitut. Konkret im Sinne des postheroischen Managements (ebd.: 50 f.) lässt sich das so formulieren: Als Frösche würden wir es nicht nur dann bemerken, dass wir beginnen, bei lebendigem Leibe gekocht zu werden, wenn wir in kochendes Wasser geworfen werden, sondern auch dann, wenn unsere Wassertemperatur nur langsam, aber kontinuierlich erhöht wird.

Nicht nur, aber nicht zuletzt auch dafür abschließend nun ganz persönlich:

Lieber Heribert,

vielen Dank für 16 Jahre postheroisches Management des RISP.

Literatur:

Baecker, Dirk (1994): Postheroisches Management. Berlin.

Baraldi, Claudio u. a. (1998): GLU. Glossar zu Niklas Luhmanns Theorie sozialer Systeme. Frankfurt a. M. (2. Auflage).

Cohen, Michael D. / March, James G. / Olson, Johan O. (1972): A Garbage Can Model of Organizational Choice. In: ASQ 17: 1 – 25.

Cyert, Richard M. / March, James G. (1963): A behavioural theory of the firm. Englewood Cliffs.

Derlien, Hans-Ulrich / Löwenhaupt, Stefan (1997): Verwaltungskontakte und Institutionenvertrauen. In: Wollmann, Hellmut u. a. (Hrsg.): Transformation der politisch-administrativen Strukturen in Ostdeutschland. Opladen: 417-472.

Grunow, Dieter / Wohlfahrt, Norbert / Beuels, Franz-R. (1992): Region und Wissenstransfer. Bielefeld.

Grunow, Dieter / Wollmann, Hellmut (Hrsg.) (1998): Lokale Verwaltungsmodernisierung in Aktion: Fortschritte und Fallstricke. Basel.

Luhmann, Niklas (1989): Kommunikationsprozesse in der Unternehmensberatung. In: ders. / Fuchs, Peter: Reden und Schweigen. Frankfurt a. M.: 209 – 227.

Luhmann, Niklas (1997): Die Gesellschaft der Gesellschaft. 2 Bde. Frankfurt a. M.

Mintzberg, Henry (1991): Mintzberg über Management. Wiesbaden.

Offe, Claus (1977): Die kritische Funktion der Sozialwissenschaft. In: WZB (Hrsg.): Interaktion von Wissenschaft und Politik. Frankfurt a. M.: 321 – 329.

Orton, J. Douglas (1990): Loosely coupled systems: a reconceptualization. In: Accademy of Management Review 15: 203-223.

Tacke, Veronika (1999): Wirtschaftsorganisationen als Reflexionsproblem. Zum Verhältnis von Neuem Institutionalismus und Systemtheorie. In: Soziale Systeme, Heft 1: 55 – 81.

Türk, Klaus (1995): Die Organisation der Welt. Opladen.

Wiesenthal, Helmut (1995): Konventionelles und unkonventionelles Organisationslernen. In: Zeitschrift für Soziologie, Heft 2: 137 – 155.

Willke, Helmut (1983): Entzauberung des Staates, Frankfurt a. M.

Modernisierungspolitik in NRW
Sozialverträgliche Technikgestaltung - 15 Jahre danach

Michael Böckler / Georg Simonis

Das Verfassen eines Festschriftartikels ist in aller Regel eine nicht ganz einfache Aufgabe: persönliche Würdigung des Jubilars, gemeinsame thematische Bezüge und wissenschaftliche Bedeutsamkeit des Beitrags sollten eine Gesamtkomposition abgeben, die dann auch noch auf relativ engem Raum ausgeführt werden muss.

Im vorliegenden Fall ergibt sich allerdings eine geradezu ideale Konstellation: Die Autoren sind Heribert Schatz seit der RISP-Projektträgerschaft für das Landesprogramm „Mensch und Technik - Sozialverträgliche Technikgestaltung" (1984-89), in deren Rahmen er Projektleiter war, als Mitarbeiter und Doktoranden, Kollegen und Nachfolger sowie häufig hilfreichem Ratgeber in den Jahren danach verbunden; erst 1997/98 hat er uns wieder als Interviewpartner zur Verfügung gestanden im Rahmen eines kleinen Werkauftrags, den wir für die Soziologen der Uni Erlangen durchführten. Leitfragestellung war dabei, welche Bedeutung die Politikwissenschaft für Prozesse der Modernisierung von Arbeit und Technik aufweist (Böckler / Simonis 1999). Die dahinterliegende Frage nach einem angemessenen Verhältnis von Wissenschaft und Praxis hat uns in der gemeinsamen Arbeit ebenso kontinuierlich begleitet wie die Skepsis gegenüber den seit längerem zu beobachtenden Prozessen einer weitgehenden Funktionalisierung von Wissenschaft für politische Praxis, die beiden Seiten nicht unbedingt bekömmlich ist.

Auf dieser Basis hat sich ein persönliches Verhältnis ergeben, das durch gemeinsame thematische und politische Interessen gespeist wird. Was liegt daher näher als eine Auseinandersetzung mit der gemeinsamen beruflichen Vergangenheit, die gleichzeitig auch ein Stück unserer Gegenwart und Zukunft darstellt, da deren Wirkungen vielfach erst heute sichtbar bzw. beurteilbar werden und die Frage „Was lehrt uns das?" ein Leitmotiv unserer weiteren Arbeit bleiben wird.

Da wir bei aller Gemeinsamkeit auch durchaus unterschiedliche Sichtweisen und Beurteilungen haben (vgl. Schatz 1986, 1991; mit anderem Tenor Böckler 1990, Böckler / Latniak 1991, Simonis 1999), werden wir im folgenden Beitrag, nach einer kurzen Einleitung zu dem Leitmotiv dieses Artikels zu der Frage, warum ein erfolgreiches Programm nicht weitergeführt wird, obwohl die Programmergebnisse das Gegenteil empfehlen (Abschnitt 1) zunächst - anknüpfend an die Programmauswertung von Alemann / Schatz / Simonis et al.(1992) und Böckler / Loß / Weiß (1994) - nochmals einige Zahlen, Daten und Fakten sowie politische Hintergründe des Programms liefern (Abschnitt 2) und diese unter Berücksichtigung der Nachfolgeprogramme QUATRO/ADAPT reinterpretieren. Abschnitt 3 wird sich - angesichts der gebotenen Kürze - ausgewählten Ergebnissen und Folgewirkungen sozialverträglicher Technikgestaltung widmen und dabei einige konzeptionelle Grundüberlegungen im Anschluss an die TA- und Sozialverträglichkeitsdiskussion der letzten Jahre skizzieren (Simonis 1999 und 2000), die es erlauben sollen, Wirkungen zu identifizieren und zu bewerten; insbesondere sollen sie dazu beitragen, die Verarbeitung der Programmergebnisse durch die Landesregierung besser zu verstehen. Zentrale These ist dabei, dass die frühere Auswertungsperspektive des Projektträgers („das Programm wirkt als Ganzes") trotz der darin bereits enthaltenen Weiterung gegenüber lediglich projektbezogenen Analysen erheblich zu kurz greift, weil sie zum einen die Rahmenbedingungen politischer Programme nicht hinreichend reflektiert, zum zweiten aber auch keine Verortung derselben als Teil eines Systems sozialverträglicher Technikgestaltung vornimmt. Mit dieser Analyse wird auch die sehr kritische Sichtweise des Jubilars auf die Perspektiven sozialverträglicher Technikgestaltung (Schatz 1991) zumindest ein Stück weit relativiert. Im letzten Abschnitt wird aus dieser erweiterten Perspektive die kritische Sichtweise von Heribert Schatz wiederum eine Bestätigung finden.

1. Deinstitutionalisierung eines erfolgreichen Programms

Regierungsprogramme haben, wie alle Dinge dieser Welt, nur eine begrenzte Lebensdauer, so auch das nordrhein-westfälische, vom Arbeits- und Sozialminister (MAGS) verantwortete Landesprogramm „Mensch und Technik - Sozialverträgliche Technikgestaltung", kurz: SoTech-Programm. Das 1984/85 im Rahmen der Landesinitiative Zukunftstechnologien gestartete Programm endete ohne größeres öffentliches Aufsehen 1994/95. Letzte Projekte wurden bis 1996 abgewickelt.

Die Politikwissenschaft hat sich mit der Frage, warum Programme beendet werden, bestenfalls randständig befasst. Nur spektakuläre Fälle wie die Deinstitutionalisierung der Friedens- und Konfliktforschung durch die CDU/CSU-regierten Bundesländer sowie schließlich die Kohl-Regierung (vgl. Koppe 1996) oder der parlamentarischen Technikfolgenabschätzung in den USA (Bimber 1996; Coates 1999) ziehen größere Aufmerksamkeit auf sich. Die Sachlage scheint klar zu sein: Regierungsprogramme werden eingestellt, weil ihr Zweck erfüllt ist, der Bedarf nicht mehr vordringlich erscheint, die Kosten gestiegen sind, oder weil die gesteckten Ziele sich als nicht erreichbar erwiesen haben. Aus institutionalistischer Perspektive betrachtet greift die an Effektivitäts- und Effizienzkritierien orientierte rationale Erklärung natürlich zu kurz. „In Ermangelung von Mechanismen, die minderwertige Lösungen automatisch eliminieren, sorgt das institutionelle Beharrungsvermögen also dafür, dass die Geschichte nicht effizient ist" (Scharpf 2000: 82 mit Verweis u. a. auf Etzioni 1988 und March / Olsen 1989). Im Falle des SoTech-Programms und der beiden oben zitierten Beispiele hat das institutionelle Beharrungsvermögen nicht ausgereicht, um die Deinstitutionalisierung zu verhindern. Hat daher die Rationalität staatlichen Handelns in diesen Fällen doch über die institutionelle Trägheit gesiegt? Können wir entgegen dem institutionalistischen Pessimismus doch auf die Rationalität staatlicher Politik bauen?

Dieser Schluss wäre voreilig. Das SoTech-Programm wurde – wie auch das amerikanische Office of Technology Assessment (OTA) – nicht wegen mangelnder Effektivität (Zielerreichung) oder zu geringer Effizienz eingestellt, sondern trotz seines Erfolges und obwohl es die gesteckten Ziele in beachtlichem Umfang erreichte und spezielle Handlungsprogramme entwickelte, die dauerhaft und mit größerer Breitenwirkung die Verfolgung und Sicherung des Ziels einer am Kriterium der Sozialverträglichkeit gestalteten Technik ermöglichen können. Die politische Logik, so unsere These, sprach gegen eine Fortsetzung des Programms, und an dieser brachen sich sowohl die ökonomische Vernunft als auch die institutionelle Trägheit.

Zur Plausibilisierung dieser These wollen wir – in der gebotenen Kürze dieses Aufsatzes – die Geschichte der Institutionalisierung des SoTech-Programms nachzeichnen sowie einige seiner Ergebnisse analysieren, vorrangig jene Folgewirkungen des Programms, die sich die Politik, die sozialdemokratisch geführte Landesregierung von NRW, nicht zu verarbeiten im Stande sah. Dabei unterscheiden wir drei Wirkungsdimensionen:

- die (nicht ganz so rudimentäre) Institutionalisierung eines pflegebedürftigen wissensbasierten Netzwerks (Systems) zur sozialverträglichen Gestaltung von Technik in NRW als einer nur von den unmittelbar Programmbeteiligten intendierten Nebenwirkung der Programmimplementation,
- die Hyperkomplexität sozio-technischer Modernisierungsprozesse, die - selbst eingeschränkt auf den betrieblichen Bereich - die Verarbeitungskapazität der Ministerialbürokratie übersteigt und
- die nicht-intendierten politischen Kosten eines auf breite Mitwirkung der Beteiligten und Betroffenen angelegten staatlichen Aktivierungs- und Mobilisierungsprogramms.

Die Deinstitutionalisierung des SoTech-Programms kann – und soll hier – als politische Folge von politischen Folgewirkungen der erfolgreichen Umsetzung des 1984/85 formulierten politischen Programms verstanden werden. Sicherlich lassen sich auch andere Geschichten seines Scheiterns erzählen. Die hier mögliche Multiperspektivität hängt mit der Unklarheit und Ambivalenz der mit dem SoTech-Programm verfolgten Ziele zusammen. In jeder der oben skizzierten drei Wirkungsdimensionen wurden im politischen Raum die Akzente unterschiedlich gesetzt:

- kurzfristiges Aktionsprogramm zur Gewinnung von Technikakzeptanz oder langfristiges und wissenschaftlich basiertes Steuerungsprogramm zur Förderung der sozialen Akzeptabilität der Anwendungspotentiale der Mikroelektronik,

- Programm zur Erforschung der sozialen Risiken und Chancen der neuen Technologien und ihrer Gestaltungsmöglichkeiten oder Programm zur konkreten Gestaltung von Technik in unterschiedlichen Praxisfeldern,

- Aktionsprogramm zur Aufklärung und Integration von Beteiligten und Betroffenen in allen möglichen gesellschaftlichen Bereichen oder auf Mitwirkung und Partizipation angelegtes Modernisierungsprogramm im betrieblichen Bereich.

Die programmatische Darstellung der Ziele des SoTech-Programms (MAGS 1985; von Alemann / Schatz / Viefhues 1985) waren zwar keineswegs beliebig offen formuliert, aber ambivalent genug, dass sich im politischen Umfeld unterschiedlichste Interpretationen entwickeln konnten. Daher bestand eine wesentliche Aufgabe der beteiligten Programmmacher darin, unterschiedliche Erwartungen zu bedienen oder abzuwehren - eine komplizierte Aufgabe, die das Programm von seinem Beginn an belastete.

2. Wandel der politischen Problemdefinition

Die Förderung sozialverträglicher Technikgestaltung durch die Landesregierung NRW lässt sich hinsichtlich unterschiedlicher Gesichtspunkte periodisieren, wobei in diesen Perioden die im Ausgangspunkt des Programms (1984/85) erheblichen, bereits angesprochenen Ambivalenzen der programmatischen Ziele – ebenso wie die Förderschwerpunkte und Instrumente – jeweils unterschiedlich akzentuiert und schließlich zu einem neuen Programm verdichtet wurden, das zwar nicht mehr originär technologiepolitisch zu verorten ist, das aber insgesamt als eine zentrale Wirkung des SoTech-Programms betrachtet werden kann und eine Vielzahl von dort entwikkelten modernisierungspolitischen Leitbildern, Gestaltungsmodellen und Instrumenten – mit einer arbeitsmarktpolitischen Akzentuierung verknüpft – fortgeführt hat:

- Die erste Periode des Programms (SoTech I: 1985-89; Fördervolumen ca. 60 Mio. DM; 110 Projekte) war gleich in mehrfacher Hinsicht eine Suchphase für alle beteiligten Akteure, weil es keinerlei Erfahrungen mit vergleichbaren Programmen gab und die Interessen sowie Zugangsweisen der unterschiedlichen Beteiligten ausgesprochen heterogen und in erheblichen Teilen inkompatibel miteinander waren. Die beschriebenen Ambivalenzen im politischen Raum haben das Programm – in Verbindung mit beständigen, von der Konzeption als gesellschaftspolitisches Innovationsprogramm her notwendigerweise auftretenden Grenzverletzungen gegenüber den Zuständigkeiten im politisch-administrativen Umfeld (Schatz 1986: 228) - in diesem Zeitraum immer wieder insgesamt in Frage gestellt. Von besonderer Bedeutung war dabei, dass der Projektträger – auf der Basis einer Interpretation der gesellschaftlichen Situation als „modernisierungspolitische Wegscheide“ – strategisch sehr stark auf die Produktion neuen Wissens und eines neuen Typus von Wissen abgestellt hat. Dies führte einerseits dazu, dass – unter Beteiligung von 86 Teams aus staatlichen und privaten Forschungseinrichtungen (von Alemann / Schatz / Simonis et al.1992: 16f.) – ein breit und interdisziplinär angelegtes Forschungsprogramm entstand, dessen Folgewirkungen in Form weiterhin bestehender Netzwerke und der Nutzung der in erheblichen Teilen hervorragenden wissenschaftlichen Ergebnisse in unterschiedlichsten institutionellen Kontexten bis heute identifizierbar sind. Andererseits ist diese Erfolgsbilanz eine, mit der die politische Administration aus verschiedenen Gründen nicht umgehen konnte. Die Zeithorizonte zwischen politisch diskutierbaren Resultaten und den nur mittel- bis langfristig entstehenden Wirkungen waren zu unterschiedlich: Lange vor dem Wirksamwerden der praktischen (positiven) Konsequenzen überwogen die eher kritisch ausgerichteten Analysen und diese bezogen sich dann – wegen der integrativ-ganzheitlich ausgerichteten gesellschaftspolitischen Orientierung des Programms – auch noch häufig auf die Geschäftsbereiche anderer Ministerien, was das Arbeitsministerium unter einen erheblichen Druck setzte.

- Vor diesem Hintergrund kann die zweite Periode (SoTech II: 1990-1994; Fördervolumen 2,5-4 Mio/Jahr; 50 Projekte) unter die Gesichtpunkte Konsolidierung und Neuaufbau subsummiert werden. Die „Frontbegradigung“ (Schatz 1991: 11), die bereits 1988 eingesetzt hatte, erfolgte durch eine Konzentrierung auf den originären Zuständigkeitsbereich des Arbeitsministeriums und eine ausgeprägte Orientierung auf konkrete Gestaltungsprojekte. Politische (jenseits von Arbeitspolitik) und lebensweltliche Fragestellungen wurden gekappt, Forschung – so sie überhaupt noch gefördert wurde – im Sinne einer konstruktiven TA eng an betriebliche Modernisierungsprojekte angekoppelt und der gesellschaftliche Diskurs – neben der dementsprechenden thematischen Engführung – auf den eher verbandlichen Dialog zurückgestutzt.

- In der dritten Periode ist das Landesprogramm SoTech formal bereits deinstitutionalisiert. QUATRO I (Qualifizierung-Arbeit-Technik-Reorganisation: 1995-2000; mit einem Fördervolumen einschließlich der EU-Gemeinschaftsinitiative ADAPT als transnationalem Teil von ca. 80 Mio. DM/Jahr) stellte aber in vielerlei Hinsicht eine Fortführung dar, ohne deren Berücksichtigung eine angemessene Einschätzung der Erfolge, Wirkungen und Restriktionen sozialverträglicher Technikgestaltung in NRW nicht leistbar ist. Bereits der Name des Programms signalisiert eine Kontinuitätslinie vom Programm „Humanisierung der Arbeitswelt“ über dessen Nachfolger „Arbeit und Technik“ bis hin zu SoTech, auf dessen arbeitspolitischem Leitbild die gesamte Programmentwicklung von Ministerium und Projektträger beruhte.

Zur Einschätzung der Folgewirkungen des SoTech-Programms und zur Erklärung seiner Deinstitutionalisierung ist es erforderlich, die Grundlinien der Programmentwicklung und deren politische Hintergründe zu rekapitulieren. Wir beziehen uns – weil es keine andere Auswertung des Programms gibt - auf eine Bilanz des damaligen Projektträgers am Institut Arbeit und Technik in Gelsenkirchen (Böckler / Loß / Weiß 1994), die im Auftrag der Regierung für das Parlament erarbeitet wurde. Dieser Auftrag basierte auf eine Entschliessungsantrag der SPD-Fraktion, die - ebenso wie der Projektträger – eine Zwischenbilanz ziehen wollte und das SoTech-Programm weiterhin im Kontext der arbeitsorientierten Technlogiepolitik verortete. Das Arbeitsministerium hat diesen Auftrag – vorsichtig formuliert – anders interpretiert, indem es eine Bilanz vorlegte, in der die Deinstitutionalisierung bereits angelegt war, ebenso wie eine Fortführung einzelner Elemente des Programms im Rahmen der in der Planung befindlichen Neuausrichtung der Arbeitsmarktpolitik in NRW.

Unter der Überschrift „Sozialverträgliche Technikgestaltung als politisches Programm" (ebd.: 7-15) zieht 1994 der Projektträger für das Landesprogramm Bilanz: Gesellschaftliche, ökonomische und politische Herausforderungen der 80er Jahre, der Wandel dieser Rahmenbedingungen zu Beginn der 90er Jahre und die zukünftigen Herausforderungen für eine Technologie- als Gesellschaftspolitik werden einerseits systematisch auf die Förderpolitik, deren Erfolge und Perspektiven zurückbezogen, andererseits wird diese Systematik an entscheidenden Punkten - eindeutig politisch motiviert – durchbrochen.

Die Thematisierung als „politisches Programm" stellt eine terminologisch-strategische Kontinuitätslinie dar und knüpft – in Rück- und Vorschau – an den ursprünglichen Anspruch an, „den technologischen Wandel zu unterstützen, und gleichzeitig sicherzustellen, dass Nutzen und Lasten gerecht verteilt, Befürchtungen praktisch entkräftet und die Bürger sowie die gesellschaftlichen Institutionen nicht überfordert werden" (ebd.: 8). Allein der Terminus „politisches Programm" beinhaltet in der politisch-administrativen Wahrnehmung eine erhebliche Differenz zu normalen Förderprogrammen, mit denen in aller Regel kein expliziter gesellschaftspolitischer (Steuerungs-)Anspruch verbunden wird, und die im Rahmen von Teilpolitiken bestimmte institutionelle Akteure bei der Wahrnehmung ihrer Aufgaben unterstützen sollen.

Die Analyse der Ausgangslage bekräftigt die bereits in den 80er Jahren thematisierten Sachverhalte: die Notwendigkeit wirtschaftlicher Modernisierungsprozesse, Akzeptanzprobleme neuer Technologien vor dem Hintergrund einer drohenden Spaltung der Gesellschaft in Modernisierungsgewinner und -verlierer sowie – eng damit verkoppelt – das Aufbrechen der bis in die 80er Jahre hinein in allen gesellschaftlichen Bereichen dominanten Fortschrittsvorstellung, technologischer Wandel ziehe automatisch sozialen Fortschritt nach sich und sei als weitgehend autonomer Prozeß dessen zentrale Triebfeder (Schatz 1986: 215-222 und 1991: 4-6; Böckler 1990: 27-45).

In der Bestimmung der zentralen Zielsetzung für die erste Phase des Programms in der Bilanz von '94, „die nutzlosen Frontstellungen zwischen Technikbefürwortern und Technikgegnern, zwischen verbreiteter Euphorie und begründeter Skepsis zu überwinden" (ebd.: 8), artikuliert sich eine Akzentverschiebung von einer vorwiegend an sozialen und politischen Kriterien orientierten Akzeptabilitätsstrategie (von Alemann / Schatz / Viefhues 1985) hin zu einer Akzeptanzorientierung, die jene Frontstellungen als „nutzlos" definiert, was sie angesichts der faktischen Interessenlagen, der politischen und gesellschaftlichen Machtasymmetrien und der mit ihnen verbundenen Entwicklungspotentiale keineswegs gewesen sind (und auch heute nicht sind). Diese Argumentationslinie wird durch Verweise auf die Erfolge des Programms sowie den Wandel der gesellschaftlichen Rahmenbedingungen zu Beginn der 90er Jahre untermauert:

> „In allen drei gesellschaftlichen Feldern (Arbeitswelt, Haushalt und Familie, Bürger und Staat / d. Verf.) konnten durchgängig Möglichkeiten aufgezeigt werden, die Chancen technologischer Innovationen zu nutzen und gleichzeitig deren Risiken zu minimieren. Von entscheidender Bedeutung für die Weiterentwicklung des Programms ist dabei der Nachweis in der Praxis gewesen, dass es effiziente Möglichkeiten der Gestaltung des technologischen Wandels gibt, die es erlauben, gleichrangig und gleichzeitig ökonomische und soziale Ziele zu verfolgen." (Ebd.: 9f.)

In diesem Zusammenhang spielen „Interessenabklärung und -aushandlung", die Produktion des dazu „notwendigen Orientierungswissens" und eine „breite Beteiligung und Diskussion" zwar noch entscheidende Bezugspunkte, die sich im Weiteren aber – sowohl hinsichtlich der Reinterpretation als auch der Weiterentwicklung des Programms – zunehmend verflüchtigten.

Die in der zweiten Phase des Programms erfolgte Konzentrierung auf den arbeitsweltlichen Bereich, verbunden mit einer massiven Zurückdrängung der Forschungsförderung zugunsten betrieblich orientierter Gestaltungsprojekte, wird mit der gestiegenen Technikakzeptanz, der bereits erarbeiteten Wissensgrundlage und dem gewachsenen wirtschaftspolitischen Druck – in Verbindung mit einer dementsprechend steigenden Nachfrage nach Programmförderung – begründet. Dabei werden allerdings einige Sachverhalte und Programmergebnisse (zumindest) sehr verkürzt und in eindeutig politischer Absicht aufgenommen: Gerade die Forschungsergebnisse des Programms dokumentieren den weiterhin erheblichen, angesichts der zunehmenden Dynamik sozialen und technologischen Wandels, steigenden Bedarf an Orientierungswissen und die Notwendigkeit eines ganzheitlichen Charakters von sozialverträglicher Technikgestaltung (Verbindung von Arbeit und Lebenswelt) sowie eines breiten gesellschaftlichen Diskurses über wünschbare Zukünfte (zusammenfassend für SoTech I: von Alemann / Schatz / Simonis et al.1992: 257-259). Davon bleibt in der zweiten Programmphase fast nichts mehr erhalten, argumentativ untermauert damit, dass die Akzeptanzkrise nicht zuletzt auf der Basis der Programmarbeiten gelöst sei: Die Beschreibung der „Aufgaben und Instrumente" (ebd.: 15-24) sowie der „Akteure" (ebd.: 24-39), die es methodisch und instrumentell zu unterstützen gilt, konstituieren ein klassisches Förderprogramm jenseits eines gesellschaftspolitischen Anspruchs. Kennzeichnend für die Weiterentwicklung des Programms ist in diesem Zusammenhang ein Zurücknehmen/Zurückdrängen des staatlichen Steuerungsanspruchs zugunsten einer förderseitigen Unterstützung der wirtschaftlichen Akteure in ihren ureigendsten Zuständigkeitsbereichen von innovativer Arbeits- und Technikgestaltung, flankierender Weiterbildung und Neujustierung der arbeitspolitischen Arrangements.

Diese Entwicklungen fanden ihre konsequente Fortsetzung in dem von der EU kofinanzierten Landesprogramm QUATRO I, das politisch explizit als Fortführung des SoTech-Programms thematisiert und in erheblichen Teilen entsprechend angelegt worden ist, was auch in der Kontinuität der Zuständigkeiten beim Ministerium und seinem Projektträger zum Ausdruck kommt. Die eher arbeitspolitischen Dimensionen, die auch in SoTech II noch politische waren und unter explizitem Bezug auf Technologiepolitik angegangen wurden, werden von arbeitsmarkt- und wirtschaftspolitischen Bezugspunkten in den Hintergrund gedrängt. Ohne die Anlage der neuen ESF-Förderphase (ab 2000/2001), in der QUATRO I als eigenständiges Programm aufgegangen ist, im Detail zu betrachten, kann mit einiger Sicherheit festgestellt werden, dass die bisher nachgezeichneten Entwicklungen damit ihre Vollendung finden: Im Zuge der Regionalisierung der Förderung hat die Landesregierung NRW ihren Steuerungsanspruch fast gänzlich zurückgenommen. Arbeitsmarktpolitische Förderschwerpunkte (sogenannte Politikbereiche) sind an die Stelle eigenständiger Programme getreten – flankiert von einer Ablösung technologiepolitischer Fragestellungen. TA und Forschungsförderung insgesamt sind fast vollständig ausgeschlossen. Statt der Entwicklung und Erprobung innovativer Modelle, Methoden und Instrumente (der Gestaltung von Arbeit-Technik-Organisation) soll bereits existierendes ‚Wissen' umgesetzt werden und statt des breiten gesellschaftlichen Diskurses soll eine Vielzahl von institutionenorientierten Teilbündnissen oder runden Tischen, flankiert durch die dementsprechenden Landesinitiativen, genutzt werden.

Diese angesichts der notwendigen Kürze leicht überpointierte Zuspitzung der SoTech-Programmentwicklung in einem Zeitraum von über eineinhalb Jahrzehnten bedarf hinsichtlich einiger Punkte einer Differenzierung und Erläuterung:

- Das im Programm entwickelte Leitbild arbeitsorientierter Modernisierung, die dementsprechenden Modelle, Methoden und Instrumente betrieblicher Gestaltungs- und Aushandlungsprozesse sind heute integraler Bestandteil von Arbeitsmarkt- und Wirtschaftspolitik - nicht nur in NRW – und bilden faktisch einen Kontrapunkt zu allen traditionalistischen oder auch an japanischen und amerikanischen Erfolgsgeschichten orientierten Rationalisierungsphantasien. In dieser Hinsicht können wir sicherlich von einer Erfolgsbilanz, die in der Bundesrepublik ziemlich einmalig ist und sogar Eingang in die Europäische Beschäftigungspolitik gefunden hat, sprechen. Die in NRW förderseitig beobachtbare Tendenz, auf der einen Seite arbeitspolitische Anliegen mit arbeitsmarktpolitischen zu verknüpfen, diese wiederum - auf der anderen Seite – stärker mit wirtschaftspolitischen Aufgabenstellungen zu integrieren, ist in erheblichem Umfang auch eine Ausstrahlungswirkung des Programms.

- Die skizzierten Ambivalenzen sind insgesamt – auch vor diesem Hintergrund betrachtet – immer bestehen geblieben, obwohl die Akzentverschiebungen im Zuge der strategischen, thematischen und institutionellen Neuausrichtung, die man wohl eher als ‚systematische Engführung' bezeichnen muß, erheblich waren. Die starke Beteiligungsorientierung des Programms z. B. ist zwar systematisch auf den betrieblichen Bereich oder den des verbandlichen Umfelds zurückgeschnitten worden, ist aber gleichzeitig in diesem Bereich ebenso systematisch gestärkt worden: In den SoTech-Nachfolgeprogrammen wird kein Betrieb mehr gefördert ohne explizite Zustimmung der betrieblichen Interessenvertretung zu dem geplanten Vorhaben. Da diese wiederum häufig auf der Schnittlinie zu eher wirtschaftspolitischen Initiativen liegen, kann der Ausstrahlungseffekt des Programms diesbezüglich als geradezu bahnbrechend gewürdigt werden.

- Die im Rahmen der Programmumsetzung neu entstandenen Institutionen, die zahlreichen Netzwerke und die Vielzahl der Forschungsergebnisse und Gestaltungserfahrungen wirken in unterschiedlichsten Kontexten (z. B. Beraternetzwerke) und in verschiedensten Formen (z. B. Konzepte der Beteiligungsqualifizierung als integraler Bestandteil betrieblicher Weiterbildung) nachhaltig fort. „Ein wichtiges Bindeglied zwischen Arbeits- und Lebenswelt" (von Alemann / Schatz / Simonis et al.1992: 257) – nämlich der gesamte Bildungsbreich – erfährt aktuell eine politische Renaissance, für die das Programm durch die Entwicklung und Erprobung eines arbeitsorientierten Modernisierungsleitbildes in erheblichem Umfang in inhaltlicher wie „diskursiv-aufklärerischer" Hinsicht entscheidende Vorarbeiten geleistet hat.

Da es kein Anliegen dieses Artikels ist, eine differenzierte Erfolgsgeschichte zu schreiben, sondern eine Erklärung dafür zu liefern, dass ein erfolgreiches Programm recht umstandslos beendet wurde, wollen wir diesen ‚Strang' nicht weiterverfolgen; für den diesbezüglich interessierten Leser bieten die bereits angesprochenen Auswertungen der beiden Projektträger hinreichend Material (von Alemann / Schatz / Simonis et al.1992; Böckler / Loß / Weiß 1994).

Vor einer zusammenfassenden Bewertung von Wirkungen, Erfolgen und Restriktionen sozialverträglicher Technikgestaltung erscheint es notwendig, nochmals einige der bereits angesprochenen Entwicklungslinien des Programms differenzierter aufzunehmen und in diesem Zusammenhang die Wirkungsdimensionen sozialverträglicher Technikgestaltung insgesamt – über den Rahmen des Programms hinausgehend – in den Blick zu nehmen.

3. Sozialverträglichkeit - vom „offenen" Konzept zum reflexiven System

Die konsequente Implementation des SoTech-Programms entsprechend der von der Landesregierung formulierten Programmkonzeption führte in drei Dimensionen zu Folgewirkungen, die vom politisch-administrativen System Nordrhein-Westfalens nur mit Mühe kleingearbeitet und die in ihrer Gesamtheit die Handlungsfähigkeit der Landesregierung bei weitem übertrafen. Wenn man sich die weitgesteckten Ziele des Programms und das „Durchführungskonzept" vor Augen führt, kann dieses Ergebnis auch nicht übermäßig verwundern. Wer hoch hinaus will, kann auch sehr tief fallen.

Als Ziel des Programms wurde im März 1985 von der Landesregierung postuliert:

> „Der Kerngedanke des hier zugrundeliegenden Konzepts von Sozialverträglichkeit ist deshalb, die Durchsetzungschancen derjenigen gesellschaftlichen Bedürfnisse und Interessen zu stärken, die von der technischen Entwicklung im Bereich der Informations- und Kommunikationstechniken besonders betroffen sind und keine angemessenen Möglichkeiten haben, sich mit gleichen Chancen an der Auseinandersetzung um die Verteilung der Nutzen und Kosten der technischen Entwicklung zu beteiligen." (MAGS 1985: 10)

Mit folgendem Durchführungskonzept sollte diese Zielsetzung erreicht werden:

> „Das Gestaltungskonzept des Forschungsprogramms stützt sich auf vier Forschungsdimensionen, die aufeinander bezogen und miteinander verschränkt sind:
>
> - Wirkungsanalyse im Sinne der Erfassung und Bewertung der Technikwirkungen (entspricht dem engeren Konzept Technikanalyse),
> - techniklenkende Gestaltungskonzepte,
> - Erarbeitung von Kompensationsstrategien und
> - Erforschung von Alternativen.
>
> Zur Einlösung des programmatischen Anspruchs werden fünf Forschungs- und Projektstrategien entworfen, die in der Forschungspraxis jedoch nicht in jedem Fall isoliert eingesetzt, sondern auch zu einem Problemkomplex in unterschiedlicher Kombination zusammengefaßt werden können" (MAGS 1985:15/16).

Wie wir bereits gezeigt haben, wurde das SoTech-Programm, den Vorgaben folgend, zu einer kleinen DFG. Zahlreiche Forschungsprojekte, viele verbunden mit einem Gestaltungsauftrag, wurden ausgeschrieben. Wegen zunehmender Kritik an dieser „Forschungslastigkeit" wurde das Programm bereits 1987/88 durch die Betonung seiner technikgestaltenden Potentiale neu ausgerichtet. Verstärkt wurden Gestaltungsprojekte initiiert. Gleichzeitig wurde durch zahlreiche Aktivitäten die Mitwirkungs- und Beteiligungskomponente des Programms verstärkt. Mit diesen Maßnahmen agierte das Programm in drei Handlungsfeldern: der Technikforschung/der Technikfolgenabschätzung, der sozio-technischen Modernisierung (Technikgestaltung), der technikpolitischen Auseinandersetzung (Mitwirkung, Partizipation, Diskussion).

In jedem dieser Handlungsfelder wurden Ergebnisse erzielt und Folgewirkungen ausgelöst, die sich zu lästigen Anforderungen an die Landesregierung auswuchsen. Auf diese politisch brisante Situation reagierend, wurde ein Krisen- und Ergebnismanagement eingerichtet, um das Programm vor seinen eigenen Ergebnissen und die Landesregierung – vor allem natürlich das Arbeits- und Sozialministerium – vor den Folgen „sozialverträglicher Technikgestaltung" zu schützen. Mit diesem Verarbeitungsmodus der systematischen Depolitisierung der programmgemäß politisierten Geister gelang es zwar das Programm zu stabilisieren und seine Institutionalisierung voranzutreiben, gleichzeitig aber wurde ihm die politische Basis entzogen. Ohne öffentlich sichtbare politische Ergebnisse verliert ein politisches Aktions- und Gestaltungsprogramm die erforderliche Absicherung im politischen Raum. Seine Deinstitutionalisierung war die letzte Konsequenz aus dieser ,liebevollen Umarmung'.

Leider gibt es bis heute keine systematischen Auswertungen des SoTech-Programms jenseits der bereits angesprochenen der beiden Projektträger am RISP und am IAT, die wegen der hochgradigen Involviertheit der Autoren sowie der eindeutig politischen Zwecksetzungen in mancherlei Hinsicht entscheidende wissenschaftliche und gesellschaftspolitische Fragen ausblenden. Diese umfassende Auswertung können wir in diesem Aufsatz natürlich auch nicht liefern. Wir wollen lediglich auf einige Ergebnisse und Wirkungen des Programms hinweisen, die möglicherweise von dauerhafterer Natur sind und die erklären helfen, warum die Landesregierung ihr eigenes Kind nicht liebte und es nach seiner Pubertät ohne weitere Unterstützung den rauhen Winden der Marktkräfte überantwortete.

Zu den selbstgestellten Forschungsaufgaben des SoTech-Programms sollte auch eine Präzisierung des Konzepts der Sozialverträglichkeit gehören. In dem gemeinsam vom zuständigen Referenten im MAGS (Dieter Viefhues) und den Leitern des Projektträgers am RISP e. V. Duisburg verfassten Grundsatzpapier zur Ausgestaltung des Programms wird freimütig formuliert: „Es muß ein erstes Anliegen des Forschungs- und Aktionsprogramms sein, klare Zielraster und Kriterienkataloge für Sozialverträglichkeit zu entwickeln." (von Alemann / Schatz / Viefhues 1985: 358) Dabei wurde vorausgesetzt, dass Ziele und Kriterien von Sozialverträglichkeit „interessenbestimmt" sind und „nur in Teilzielen zwischen den gesellschaftlichen Gruppen und ihren Akteuren übereinstimmen" (ebd.). Konsequenterweise muss auch „die Illusion aufgegeben werden, schnell und einfach eine objektivierbare und operationalisierbare Definition von Sozialverträglichkeit festschreiben und abhaken zu können. Die Diskussion um Lebensqualität sollte als Warnung dienen" (ebd.:357).

Da der einfache Weg zu einer „objektivierbaren" Definition von Sozialverträglichkeit versperrt ist, werden von den Programmmachern drei Annäherungsverfahren als Hilfskonstruktionen vorgeschlagen:

- die normativ-rechtliche Begründung von Sozialverträglichkeit, abgeleitet aus dem Sozialstaatspostulat des Grundgesetzes,
- die wissenschaftlich-(normativ) analytische Vorgehensweise: „Wissenschaft kann versuchen, eigene Eckwerte offen zu setzen, die Werte und Interessen der beteiligten Gruppen aufzugliedern und aus Katalogen von Kriterien Teilinteressen herauszufiltern, die mit adäquaten Mitteln der Gestaltung verknüpft werden können. Sie kann weiterhin die Konsequenzen bestimmter Wertpräferenzen offenlegen und diese einer Diskussion zugänglich machen" (ebd.:358),
- das politisch-prozedurale Verfahren, auf das Paschen bereits zu Beginn der deutschen TA-Debatte hingewiesen hatte: „Die Analyse der sich aus der Technologieanwendung ergebenden Folgewirkungen stellt keine Entscheidung mit wissenschaftlichen Mitteln darüber dar, ob eine Technologie angewendet werden soll. Welche Auswirkungen einer Technologie akzeptabel erscheinen, ist kein wissenschaftliches Problem. Die Frage der als zulässig erachteten Auswirkungen und der als erwünscht betrachteten Verteilung dieser Auswirkungen über bestimmte Gruppen von Personen ist politisch zu entwickeln" (Paschen 1975: 49)

Gemäß seiner Forschungsorientierung konzentrierte sich das SoTech-Programm auf die wissenschaftlich-analytische Vorgehensweise. Mehrere „Kriterienprojekte" wurden vergeben (vgl. Der Projektträger 1988: 60 ff.), die das Konzept der Sozialverträglichkeit konkretisieren und operationalisieren sollten. Im Auswertungsbericht des Projektträgers der ersten Programmphase (1985-1989) wurde als ein Ergebnis dieser Projekte festgehalten, dass sie „zwar zu heuristisch interessanten Beiträgen führten, aber das definitorische Grundproblem natürlich nicht lösen konnten" (von Alemann / Schatz / Simonis et al.1992:66). Darüber hinaus wurde aber auch festgehalten, dass von der Sozialverträglichkeit eines sozio-technischen Systems nur dann gesprochen werden könne, wenn seine Beurteilung unter vier Aspekten erfolge: Die Prüfung der Sozialverträglichkeit müsse normative, subjektive, partizipative und kulturelle Gesichtspunkte berücksichtigen.

Zur Bewältigung dieses Bewertungsdilemmas schlug der Projektträger die Prozeduralisierung des Konzepts der Sozialverträglichkeit vor. Wenn auch belastungsfähige Kriterien nicht ermittelbar sind, lassen sich doch Verfahren angeben und institutionalisieren, innerhalb deren Konsensfindung über die sozialverträgliche Gestaltung von Technisierungsprozessen erfolgen kann:

> „Technikentstehung und -nutzung sind als ein Prozeß der sozialen Organisation von Wissen auf der Basis von Interessen aufzufassen. Dieser Prozeß muß bewußter, breiter, transparenter und mit mehr Beteiligung ablaufen. Dazu kann der Staat Anstöße geben, Verfahren verbessern, Wege öffnen, Dialoge organisieren, aber er kann nicht die Ergebnisse vorgeben, meist noch nicht einmal abschätzen. Das ist sein Steuerungsdilemma." (Ebd.: 68)

Wenn der Staat auch keine definierten Ergebnisse vorgeben kann, so verbleibt ihm aber die Möglichkeit, Forschungsprojekte und Technikbewertungsverfahren anzustoßen, aus denen Gestaltungskriterien hervorgehen können, die sich programmtisch zu diskursfähigen offenen Leitbildern verdichten lassen. Statt ausgefeilter Kriterienkataloge schlug der Projektträger daher in Auswertung der Gesamtheit der SoTech-Projekte zur sozialverträglichen Gestaltung der Informations- und Kommunikationstechnologie eine Reihe von „Leitbildern der Sozialverträglichkeit" vor:

> „Technikanwender und Techniknutzer sollten innovationsoffen, partizipations- und lernfähig, gestaltungskompetent sein. Technische Systeme sollten fehlerfreundlich und risikoarm, transparent, gestaltungsoffen sein. Die Arbeitsorganisation sollte nicht diskriminierend (z. B. nach Geschlechterrollen), partizipations- und lernfördernd, humanzentriert aufgebaut sein. Anwendung und Nutzung der neuen Technologien sollten in eine staatliche Modernisierungspolitik eingebunden sein, die sozialverpflichtet, demokratiefördernd, Grundrechte sichernd angelegt ist." (Ebd.: 69)

Mit diesem Vorschlag, sozialverträgliche Technikgestaltung als Leitbild gesteuerte Technikentwicklung zu begreifen, wurden vom Projektträger Forschungsergebnisse der Arbeitsgruppe um Meinolf Dierkes am WZB aufgegriffen (Dierkes 1997; Dierkes / Hoffmann / Marz 1992), die zeigten, dass Technikgenese durch Nutzungskonzepte (Leitbilder) der Konstrukteure, Entwickler und Produzenten beeinflusst wird. Diese Ergebnisse gaben zu der Vermutung Anlass, dass die Entwicklung von Technik durch die gesellschaftliche Konstruktion und Diskussion von Leitbildern ihrer zukünftigen Nutzung gesteuert werden könnte. Durch die Verknüpfung dieser neuen

Steuerungsphilosophie - Techniksteuerung durch Leitbilder - mit den Resultaten der „Kriterienprojekte“, die gezeigt hatten, dass Konzepte von Sozialverträglichkeit nur prozedural, über verständigungsorientierte Verfahren zu gewinnen sind, ergab sich ein neuer Ansatz zur sozialverträglichen Gestaltung von Technik: Sozialverträgliche Technikgestaltung ließ sich nur noch als ein ausdifferenziertes, speziell konfiguriertes soziales System begreifen (vgl. Simonis 1999), das zwischen der Gesellschaft (soziales System), der Wirtschaft (den technikentwickelnden Unternehmen), der Wissenschaft (Technikforschung) und dem Staat (dem politisch-administrativen System) bestimmte Vermittlungsleistungen (Simonis 2000) erbringt.

Die prozeduralisierte, wissensbasierte (Leitbilder) und ‚systemisch‘ institutionalisierte Erzeugung von Sozialverträglichkeit ist beachtlich voraussetzungsvoll. Die Auswertung des SoTech-Programms lässt erkennen, dass mindestens drei miteinander interagierende Systemkomponenten vorhanden sein müssen, um die gewünschten Vermittlungsleistungen zwischen den sozialen Ansprüchen und Normen einer Gesellschaft einerseits und der sozialen Gestaltung von Technik andererseits als emergente öffentliche Güter (Sozialverträglichkeit) hervorzubringen.

Unabdingbar ist erstens die Existenz einer TA-Infrastruktur, von Einrichtungen, die Technikfolgenforschung betreiben und die Verfahren der Technikbewertung zu organisieren und zu moderieren verstehen. In NRW besteht eine auch durch Landesmaßnahmen, wie z. B. das SoTech-Programm, geförderte TA-Infrastruktur, die insbesondere auf die Erforschung und Beurteilung sozialer Technikfolgen spezialisiert ist. In keinem anderen Bundesland sind die infrastrukturellen Voraussetzungen für die Entwicklung sozialverträglicher Technik so günstig wie in NRW. Neben vielen anderen Einrichtungen ist hier auch das Rhein-Ruhr-Institut in Duisburg, das unter seinem langjährigen Direktor Heribert Schatz im vergangenen Jahr sein 20jähriges Bestehen feierte, zu erwähnen.

Zu den Aufgaben dieser TA-Infrastruktur gehören zweitens nicht nur die Technikforschung und Technikfolgenabschätzung, sondern auch die Durchführung von „folgenzentrierten“ und von „gestaltungszentrierten“ Projekten, die sich an etablierten Handlungsprogrammen und Routinen auszurichten vermögen. Mehr oder weniger ausdifferenzierte und institutionell vorrätige Handlungsprogramme stehen in NRW zur Verfügung und sind das Ergebnis der in den vergangenen Jahren durchgeführten Forschungs- und Gestaltungsprojekte und von partizipativen Verfahren, wie sie et al.im Rahmen des SoTech-Programms erprobt wurden (vgl. die Übersicht in Simonis 1999: 112). Folgenzentrierte Programme haben zum Ziel, soziale Chancen und Risiken, Folgekosten, mögliche Kompensationen und soziale Begleitmassnahmen (z. B. Bildung und Weiterbildung) zu erkunden. Gestaltungszentrierte Programme demonstrieren am Beispiel einzelner Projekte die Möglichkeiten und Chancen einer humanzentrierten und sozialen Gestaltung sozio-technischer Systeme und ihres gesellschaftlichen Umfeldes.

Das wissensbasierte reflexive System zur Förderung einer stärker am Ziel der Sozialverträglichkeit ausgerichteten Technikentwicklung muss – drittens – nicht nur eingerichtet, sondern auch dauerhaft unterhalten und am Laufen gehalten werden. Ohne öffentliche Finanzierung, sei es durch den Staat direkt oder durch gemeinnützige Stiftungen indirekt, und ohne den politischen Willen, das öffentliche Gut einer sozialverträglich gestalteten und damit an den sozialen Belangen der Gesellschaft orientierten Technikentwicklung und Techniknutzung zu erzeugen, kann sich dieses politisch konstruierte, reflexive Vermittlungssystem nicht reproduzieren. Gegenüber sozialen Belangen und Risiken, zumal wenn sie bei Einführung einer neuen Technik noch unbekannt sind, ist der Markt blind. Die Erzeugung der sozialen Akzeptabilität von Technik ist eine öffentliche Aufgabe. Ohne staatliche Intervention stellen sich häufig genug suboptimale Verhältnisse, Konflikte und Blockaden ein.

Trotz der in Nordrhein-Westfalen, nicht zuletzt als Folgewirkung des SoTech-Programms, bestehenden Infrastruktur für ein leistungsfähiges System sozialverträglicher Technikgestaltung hat sich die Landesregierung hinsichtlich der von vielen Seiten geforderten Weiterführung des Programms negativ entschieden. Weder die ausgezeichnete Bewertung des Programms durch eine „interministerielle Arbeitsgruppe Programmwirksamkeit“ Anfang der 90er Jahre, noch die rot-grünen Koalitionsverhandlungen (1995), in deren Rahmen SoTech auf der Basis eines Projektträgerpapiers Gegenstand war, konnten verhindern, dass nur die relativ umstandslos administrativ verarbeitbaren Teile des SoTech-Programms im QUATRO-I-Programm berücksichtigt und alle anderen rigoros gekappt wurden; für die im Rahmen von QUATRO I als arbeitsmarktpolitischem Programm nicht förderfähigen Maßnahmen sollten beim Wirtschaftsministerium Mittel im Rahmen des Technologieprogramms Wirtschaft (TPW) reserviert werden, was zum einen SoTech als öffentlichkeitswirksamen Programm die Basis entzog, zum anderen aber – wegen der Anbindung an das Wirtschaftsministerium und der Fördertatbestände und -richtlinien des TPW – auch keine praktischen Initiativen sozialverträglicher Technikgestaltung mehr zugelassen hat.

Die Produktion von sozialverträglicher Technik wird (noch?) nicht, im Gegensatz zur allgemeinen Technikförderung, als staatliche Daueraufgabe und als Chance einer sozialdemokratisch geführten Regierung wahrgenommen. 1984/85 bei Auflegung des SoTech-Programms ging es der Regierung um eine einmalige, sozial flankierte „Modernisierungsoffensive“ im Rahmen der „Initiative Zukunftstechnologien“ (Regierungserklärung von Ministerpräsident Rau am 13. Juni 1984). Der Umgang mit den Ergebnissen des Forschungsprogramms, die die Erzeugung von Sozialverträglichkeit als staatliche Daueraufgabe empfehlen, lassen nur den Schluss zu, dass es der Landesregierung entgegen anders lautenden Beteuerungen nur um die Herstellung von Technikakzeptanz, nicht aber um soziale Akzeptabilität und die soziale Beherrschung der neuen Technologien ging. Und insofern hat Grunwald (1996) Recht, wenn er die vorherrschend „deskriptivistische Lesart“ des Konzepts der Sozialverträglichkeit kritisiert. Wenn die Einstellung stimmt, herrscht Sozialverträglichkeit. Folgt man dieser Auffassung, ist ein Programm zur sozialverträglichen Gestaltung von Technik heute in der Tat überflüssig.

4. Auf dem Weg zu anderen Formen und Inhalten gesellschaftlicher Modernisierung?

Diese Kapitelüberschrift war zu Beginn der 90er Jahre Untertitel eines Aufsatzes (Böckler / Latniak 1991), in dem sich – teilweise in expliziter Abgrenzung zu Heribert Schatz (in der gleichen Ausgabe der Zeitschrift „Die Wechselwirkung") zwei ehemalige Mitarbeiter des Projektträgers am RISP, die nun in unterschiedlicher Funktion im IAT arbeiten, mit zentralen Ergebnissen und Perspektiven des SoTech-Programms auseinandergesetzt haben. Insbesondere staatliche Steuerungsprobleme wurden damals in den Mittelpunkt der Perspektivüberlegungen gestellt:

> „Mit der Prozeduralisierung von Politik im angesprochenen Sinn, mit der stärker an Impulsen für gesellschaftliche Selbstregulierung ausgerichteten Vorgehensweise und mit der strukturierenden, moderierenden und balancierenden Aufgabe der Administration sind – politiktheoretisch motiviert – einige Aspekte benannt, mit denen im Zuge eines Programmes die komplexen, vernetzten Probleme gesellschaftlicher Modernisierung und Umstrukturierung angegangen werden könnten (...) so müßte sich dies [eine faktisch konfliktträchtige Modernisierungsdynamik] programmbezogen nicht nur in einer Stärkung der Forschungsorientierung und in der genannten Ausgleichsfunktion niederschlagen, sondern auch darin, dass die interessenbezogene und durchaus konfliktbejahende Aufklärungsfunktion des Programms auf unterschiedlichen Handlungsebenen gestärkt wird." (Ebd.: 15)

Dieser konzeptionell angelegten Hoffnung brachte Schatz (1991: 9) auf der Basis „der Scharpfschen Theorie der Politikverflechtung und Negativkoordinierung" sowie der Erfahrungen mit der politischen Administration in NRW eine erhebliche Skepsis entgegen, die in das Fazit einmündete, dass es „bedauerlich [ist], daß das Programm mit der Konzentration auf Betriebe seine bisherige, weit über die Landesgrenzen hinaus beachtete thematisch-konzeptionelle Vorreiterrolle aufgibt. Betriebsberatung machen auch andere" (ebd.: 11). Wie sieht nun – 10 Jahre später und vor dem Hintergrund unserer bisherigen Ausführungen – eine diesbezügliche (Zwischen-)Bilanz aus?

Diese fällt sicherlich – hinsichtlich zumindest zweier zentraler Bezugspunkte – sehr gespalten aus:

- Die o. a. „Betriebsberatung" hat es im kritisierten Sinne nie gegeben; es ging über alle Programmphasen hinweg und bis hinein in die aktuelle ESF-Förderung immer um die konzeptionelle Weiterentwicklung und breite Verankerung eines arbeitspolitischen Leitbildes, letztlich um die politisch gesteuerte Durchsetzung eines alternativen Pfads, nämlich arbeitsorientierter Modernisierung gegen einen immer noch vorherrschenden Strukturkonservatismus der entscheidenden wirtschaftlichen Akteure, in dessen Rahmen die in den Humanressourcen und den demokratischen Verfahren, die nicht vor den Werkstoren und Entwicklungslaboren enden, liegenden Innovationspotenziale für wirtschaftlichen, technologischen und sozialen Wandel gleichzeitig und gleichermaßen verspielt werden.

- Die „thematisch-konzeptionelle Vorreiterrolle“ ist demgegenüber in vielerlei Hinsicht systematisch zurückgenommen worden. „Der ‚konzeptionelle Überschuß des Programms‘ gegenüber traditioneller Technologiepolitik“ (Böckler / Latniak 1991: 13) wurde thematisch – durch die eindeutige Ausgrenzung politischer und lebensweltlicher Fragestellungen, hinsichtlich des Politikfeldes (Abkopplung von der Technologiepolitik) und in Bezug auf die staatliche Aufgabe, sozialen und technologischen Wandel im Sinne gesellschaftlicher Akzeptabilität zu steuern, systematisch gekappt; die Frage, ob eine technologische Entwicklung hinsichtlich ihrer sozialen Implikate und Konsequenzen gesellschaftlich akzeptabel ist und wie dementsprechende Technologien strukturiert und sozial eingebunden sein müssten, wurden durch die abgelöst, ob sich nennenswerter Widerstand regt und wie dieser ggfls. überwunden werden kann.

Entscheidend ist in diesem Zusammenhang, dass ein gesellschaftspolitisch ausgerichtetes Modernisierungprojekt wie das SoTech-Programm in mannigfacher Weise auf staatliche Unterstützung angewiesen ist, die entscheidenden politischen Akteure aber damit offensichtlich in erheblichem Maße überfordert sind, was et al.„eine Folge begrenzter Steuerungskapazität des politisch-administrativen Systems gegenüber gesellschaftlichen Interessen- und Machtgruppen“ (Schatz 1986: 228) darstellt. Die politische Administration hat die für sie in fragmentiert-disjunktiver Form verarbeitbaren Anforderungen durchaus offensiv aufgenommen und ihre Bearbeitung auch immer wieder in Teilbereichen – wie der Arbeitspolitik – über enge Grenzziehungen hinaus vorangetrieben. Ihr vorgebliches Ziel, die Schaffung eines Systems sozialverträglicher Technikgestaltung zur Steuerung des technologischen und sozialen Wandels, hat sie – so sie es jemals hatte und wie es Heribert Schatz bereits 1991 hellsichtig vorausgesehen hatte – systematisch verfehlt.

Literatur:

Alemann, Ulrich von / Schatz, Heribert / Viefhues, Dieter (1985): Sozialverträgliche Technikgestaltung. Entwurf eines politischen Programms. In: Fricke, Werner / Johannson, Kurt / Krahn, Karl et al. (Hrsg.): Arbeit und Technik in Nordrhein-Westfalen 1985. Bonn: 349-367.

Alemann, Ulrich von / Schatz, Heribert et al.(1986): Mensch und Technik. Grundlagen und Perspektiven einer sozialverträglichen Technikgestaltung. Opladen.

Alemann, Ulrich von / Schatz, Heribert / Simonis, Georget et al. (1992): Leitbilder Sozialverträglicher Technikgestaltung, Opladen.

Bimber, Bruce (1996): The Politics of Expertise in Congress. The Rise and Fall of the Office of Technology Assessment. New York.

Böckler, Michael (1990): Sozialverträgliche Technikgestaltung. Zum Verhältnis von technologiepolitischer Reform- und sozialwissenschaftlicher Praxiswende. Bochum.

Böckler, Michael / Latniak, Erich (1991): Sozialverträgliche Technikgestaltung als politisches Programm. Auf dem Weg zu anderen Formen und Inhalten gesellschaftlicher Modernisierung? In: Wechselwirkung Nr. 50, 1991: 12-15.

Böckler, Michael / Loß, Uwe / Weiß, Walter (1994): Mensch und Technik - Sozialverträgliche Technikgestaltung - Eine Bilanz nach 10 Jahren Landesprogramm, unv. Ms. Institut Arbeit und Technik, Gelsenkirchen.

Böckler, Michael / Loß, Uwe / Weiß, Walter (1994): Arbeitsorientierte Modernisierungspolitik in Nordrhein-Westfalen - Die Landesprogramme SoTech und Quatro. In: Institut Arbeit und Technik (Hrsg.): Jahrbuch 1993/94. Gelsenkirchen: 119-123.

Böckler, Michael / Simonis, Georg (1999): Der Beitrag der Politikwissenschaft zur Versozialwissenschaftlichung von Arbeit und Industrie. In: Bosch, A. / H. Fehr, H. / Kraetsch, G. / Schmidt, G. (Hrsg.): Sozialwissenschaftliche Forschung und Praxis. Wiesbaden: 147-179.

Coutes, Joseph F. (1999): Technikfolgenabschätzung in den USA - Vergangenheit und Perspektive für die Zukunft. In: Petermann, Thomas / Coenen, Reinhard (Hrsg.): Technikfolgenabschätzung in Deutschland. Bilanz und Perspektiven. Frankfurt a. M./New York: 53-64.

Dierkes, Meinolf (Hrsg.) (1997): Technikgenese. Befunde aus einem Forschungsprogramm. Berlin.

Dierkes, Meinolf / Hoffmann, Ute / Marz, Lutz (1992): Leitbild und Technik. Zur Entstehung und Steuerung technischer Innovationen. Berlin.

Etzioni, Amitai (1988): The Moral Dimension: Toward a New Economics. New York.

Grunwald, Armin (1996): Sozialverträgliche Technikgestaltung: Kritik des deskriptivistischen Verständnisses (Graue Reihe Nr. 3 der Europäischen Akademie zur Erforschung von Folgen wissenschaftlich-technischer Entwicklungen). Bad Neuenahr-Ahrweiler.

Koppe, Karlheinz (1996): Geschichte der Friedens- und Konfliktforschung. In: Imbusch, Peter / Zoll, Ralf (Hrsg.): Friedens- und Konfliktforschung. Eine Einführung mit Quellen. Opladen: 19-62.

MAGS 1985: Sozialverträgliche Technikgestaltung. Materialien zum Programm (Hrsg. vom Ministerium für Arbeit, Gesundheit und Soziales des Landes Nordrhein-Westfalen). Düsseldorf.

March, James G. / Olson, Johan P. (1989): Rediscovering Institutions: The Organizational Basis of Politics. New York.

Paschen, Herbert (1975): Technology Assessment (TA) als partizipatorischer und argumentativer Prozeß. In: Haas, Hans (Hrsg.): Technikfolgenabschätzung, München/Wien (zit. nach von Alemann / Schatz / Viefhues 1985: 358).

Projektträger des Landesprogramms „Mensch und Technik - Sozialverträgliche Technikgestaltung" (1988): „Das SoTech-Programm nach drei Jahren". Überarbeitete und aktualisierte Fassung des Zwischenberichts von 1987. Düsseldorf.

Scharpf, Fritz W. (2000): Interaktionsformen. Akteurzentrierter Institutionalismus in der Politikforschung, UTB 2136. Opladen.

Schatz, Heribert (1986): Technologische Entwicklung und Technologiepolitik. Grundlagen und Perspektiven einer sozialverträglichen Technikgestaltung. In: Hartwich, Hans-Hermann (Hrsg.): Politik und die Macht der Technik. 16. Wissenschaftlicher Kongreß der DVPW, Tagungsbericht. Opladen: 215-230.

Schatz, Heribert (1991): Sozialverträgliche Technikgestaltung. Erfahrungen aus der Projektträgerschaft für das NRW-Programm „Mensch und Technik". In: Wechselwirkung Nr. 50, Ausg. 1991: 4-11.

Simonis, Georg (1999): Sozialverträglichkeit. In: Stephan Bröchler / Georg Simonis / Karsten Sundermann (Hrsg.): Handbuch Technikfolgenabschätzung Bd. 1. Berlin: 105-117.

Simonis, Georg (2000): Die TA-Landschaft in Deutschland - Potenziale reflexiver Techniksteuerung. In: Simonis, Georg / Martinsen, Renate / Saretzki, Thomas (Hrsg.): Politik und Technik. Analysen zum Verhältnis von technologischem, politischem und staatlichem Wandel am Anfang des 21. Jahrhunderts. PVS Sonderheft 31/2000. Opladen: 425-456.

Nur wieder eine logistische Kurve?

Dankwart Danckwerts

„Wie in allen heutigen Industrieländern zeigt der Trend des Wachstums des Eisenbahnnetzes eine logistische Kurve, die in ihrer ersten Phase schnell steigende Zuwachsraten zeigt, dann aber um die Jahrhundertwende dem Sättigungsgrad zustrebt."(Voigt 1965: 516)

Dies hat sich in den letzten zwanzig Jahren nicht geändert: Die einen beschwören die Notwendigkeit, die Dienstleistungen im Transport extensiv auszuweiten; andere beklagen eine oft schwerfällig agierende Praxis, die im Grunde die Neuerungen negiert; die wirtschaftlichen Chancen auf dem sich wandelnden Markt werden immer wieder hoch gehandelt; kümmerliche Entwicklungen von Unternehmen der Branche und Pleiten belegen das Gegenteil; die forsche Art der Argumentation wird einerseits fortgesetzt, praktische Einwände verweisen auf ihren illusionären Charakter. Dabei beziehen sich alle auf und belegen ihre Argumentationen mit der Logistik-Praxis. Bezogen auf einen Zusammenhang der unter der Bezeichnung Lean Production gefaßt ist und zu Beginn der 90er Jahre in der immer hektischer werdenden Kontroverse um Logistik zeitweilig die Diskussion dominierte, gibt das folgende Zitat einen Eindruck.

„Für die Mitarbeiter heißt schlanke Produktion, das Rationalisierungsmaßnahmen nicht den Arbeitsplatzverlust bedeuten, sondern ganz im Gegenteil ihn sicher machen.

Ihre Fähigkeiten werden bei dieser Organisationsform der Arbeit vollständig ausgeschöpft. (...) Das bei vielfältigeren Arbeitsaufgaben auch die Arbeitsfreude und damit die Produktivität und Qualität steigen, ist eine weitere positive Begleiterscheinung der schlanken Produktion!"(Daum / Piepel 1992: 40)

Auf einer Veranstaltung der evangelischen Kirche in Duisburg 1994 habe ich eine Antwort zu geben versucht auf die rhetorisch gestellte Frage „Zukunft dank Logistik?":

„Das Thema stellt eine Frage, die verbreitete Hoffnung anspricht. Um sie zu rechtfertigen, muß erst eine Antwort gefunden werden, ein Beweis ihrer Stichhaltigkeit. Dieser ist nicht theoretisch zu bringen, ergibt sich aus der Praxis, die schließlich darüber entscheiden wird, welche Realisierungen konsensfähig waren und für die nahe Zukunft sind. Ich muß hervorheben, mir geht es hier um Logistik und Verkehr vielleicht noch präziser, vor allem Logistik und Gütertransport. Verkehr wird heute weit überwiegend außerordentlich konflikthaft diskutiert, oftmals als bedrohlich gar, in jedem Falle ein Handlungsbedarf anerkannt, seine vorfindlichen Formen umzugestalten. Kann dazu Logistik beitragen? Wieviel Unwegbarkeiten in einer deregulierten Marktwirtschaft auftreten, ist nur ansatzweise auszuloten und gar nicht im Detail umfassend zu beschreiben. Ich will hier den Versuch machen, Grundlagen der aktuellen Diskussion vorzutragen sowie eine Reihe von Argumenten, die auf diesen Zusammenhang eingehen." (Danckwerts 1994: 3)

Ich verstehe den folgenden Beitrag unter der Überschrift

1. Prospekt der Evaluierung eines globalen Prozesses

als Hinweis auf eine anstehende Notwendigkeit. Eine solche Arbeit gehört erfahrungsgemäß zu den wesentlichen Beiträgen des öffentlichen Wissenschaftsdiskurses. Ihm Immanent ist in diesem Falle der Anspruch, einen wichtigen Aspekt des lebensweltlichen Zusammenhanges der Ökonomie zu befragen, inwieweit er mit dem Begriff Logistik signifikant als Modernisierung erklärt wird. Unterstellt man ihm zutreffend, die Voraussetzung für den globalen Prozess der Modernisierung in ihrem weltweiten und alle Lebensumstände umwälzenden Maße zu sein?

Logistik wird begrifflich präzisiert unter anderem mit „ganzheitlich", „Prozess", „revolutionierend", „Projekt". Für mich heißt das schließlich auch interdisziplinär, nicht praxiologisch, will sagen jedenfalls auch zu verstehen und umzusetzen unter wesentlichem Einschluss der sozialwissenschaftlichen Theorie und auch philosophischen Reflexion. Eben darauf möchte ich hinweisen, dass die Einseitigkeit der betriebswirtschaftlichen Betrachtungen, die seit Beginn an in permanenter Selbstbestätigung eine Ausschließlichkeit beanspruchten, oft in einer Banalisierung mündete, wodurch sie in der BWL und der Praxis selbst mit ihrer Einschätzung ein Ärgernis begründeten.

Hier kann ich nur einige Thesen vorstellen, mit der ich ermuntern möchte, mit einer interdiszplinären Klärung zu beginnen.

Bei der Suche nach einem Einstieg, der einen Zugriff auf das Thema erlaubt, sei zunächst auf die Zeit verwiesen, in der diese Debatte als eine um neue Rationalisierungskonzepte begann. Anfang der 80er Jahre setzte eine umfassende Debatte ein, die in den westlichen industrialisierten Ländern aus der weltweiten wirtschaftlichen Stagnation erwuchs. Es entwickelte sich so etwas wie ein kapitalismusweites Krisenmanagement. Manager, Wissenschaftler und Politiker schalteten sich in den Diskurs über die global geführten Ursachenforschungen und Lösungsentwürfe ein. Die japanische Entwicklung wurde für die Wirtschaften in vielen Ländern zum nachahmenswerten Vorbild. Was als These sinkender Profitraten interpretiert werden musste, gab die Richtung vor. Alle Bemühungen richteten sich darauf, vorhandene und neue Produktivitätsreserven zu erkennen und auszuschöpfen. Dabei ging es um durch Technik vermittelte Lösungen, organisatorisch ausgerichtete neue Arbeitsstrukturen, beschäftigungsrelevante Maßnahmen der Einsparung von Arbeitskraft oder die durch staatliche Förderprogramme unterstützten sozialen Ansätze. Drei Richtungen zeichneten sich ab:

- die Intensivierung der Produktion durch weitmöglichste Ersetzung der menschlichen Arbeitskraft durch Investitionen in neue Technologien;

- eine Konzentration der Produktionsleistungen auf die jeweiligen Kernbereiche über Verlagerungen vieler peripherer Aufgaben (Schlanke Produktion);

- die radikale Verringerung der Lager- und Transportkosten, die über Neuzuschnitte zwischen Kernproduktion und Zulieferleistungen herbeigeführt wurden.

Darüber hinaus traten in dieser Zeit langsam die erweiterten Möglichkeiten der Informations- und Kommunikationstechnologie hervor. Sie unterstützten und beschleunigten die Rationalisierungen und schufen neue industrielle Ballungsräume der Wertschöpfung. 1975 war es durch die Einführung der EDV-gesteuerten Druckmaschinen über einem langen Streik dazu gekommen, Rahmentarifvereinbarungen abzuschließen, die wesentliche Besitzstände der vorherigen Vereinbarungen des Satzdruckes über viele Jahre sicherten. Hier wurde m. E. erstmals sichtbar, welche Auswirkungen die neuen elektronischen Medien auf die Beschäftigungsverhältnisse und Unternehmesführungen haben können. Der Eindruck, dass dies ein Vorspiel für zukünftige Entwicklungen in anderen Branchen sei und die Chancen der Gewerkschaften dann geringer sein würden, gleiches zu wiederholen, prägte die innergewerkschaftliche Diskussion. Die Folgen dieses neuen Rationalisierungszusammenhanges zeichneten sich erstmals in ihrem ganzen Umfang ab.

Damit ist der Ansatz des Zusammenhanges gekennzeichnet, der „Moderne Logistik“ (ML) ausmacht und innnerbetrieblich als Computer Integrated Manifacturing (CIM) umgesetzt und vehement diskutiert wurde. Die internationale Entwicklung, die ich als „kapitalismusweites Krisenmanagement“ bezeichnete, lässt sich vielleicht ehest in den Zusammenhang der Erörterungen des japanischen „KANBAN-Systems“ (Danckwerts 1991: 41) stellen. Die Möglichkeiten seiner Übertragbarkeit auf Gesellschaften mit unterschiedlichen Wirtschaftsstilen (Ammon 1989) waren zunächst kaum erörtert worden. Jedoch wurde schon im Kontext dieses Ausschnittes der Debatte klar, welche außerordentlichen Inkompatibilitäten sich aus den Kulturräumen überschreitenden Bewegungen ergeben könnten. Die Auswirkungen der „Transplants“ genannten Typen der Übertragung von Unternehmensregimen von einem Kulturraum in einen anderen (z. B. Japan/USA), die in der frühen 90er Jahren folgten, lösten den naiven Glauben an problemlose weltweite Angleichungen ab.

„Das Ende der Massenproduktion, Studie über die Requalifizierung der Arbeit und die Rückkehr der Ökonomie in die Gesellschaft“, eine Veröffentlichung der Autoren Michael J. Piore und Charles F. Sabel (1984) gibt eine erste zusammenfassende Analyse des Umbruchs der Produktionssysteme und Arbeitsorganisationen in dieser Phase kapitalistischer Modernisierungen. Ihre sozialökonomischen, historischen Analysen die Ländervergleiche zwischen Japan, Italien, der Bundesrepublik, Frankreich und den Vereinigten Staaten geben noch heute ein beeindruckendes Bild von Details des damaligen Umbruchs. Die Wirkung der wissenschaftlichen Arbeit blieb hinter der Bedeutung der Analyse zurück. Dies lag wohl auch daran, dass die im Titel ausgesprochene Prognose sich so nun wirklich nicht in den folgenden Jahren durchsetzte. Die Zeit verlangte einfache, spekulative Aussagen, die als Handlungsempfehlungen gelten und in der wirtschaftspolitischen Kontroverse zugunsten der weltweiten Konzentrationsbewegungen wirken konnten.

Die vielfältigen Beiträge zur Auseinandersetzung über diesen Themenzusammenhang auch in Deutschland sind in den Bibliotheken zu finden. Mit der Veröffentlichung „Logistik und Arbeit im Gütertransportsystem, Rahmenbedingungen, Verlaufsformen und soziale Folgen der Rationalisierung" (Danckwerts 1991) haben wir sehr früh eine zusammenfassende Darstellung und Analyse der Auswirkungen auf die Arbeitsstrukturen vor allem im gewerblichen Bereich von Transport, Umschlag und Lagerei (TUL) gegeben. Sie wurden in den Jahren 1980–88 durchgeführt, die Veröffentlichung auf der Basis einer Förderung durch das von der Landesregierung NRW initiierte Konzept „Sozialverträgliche Technikgestaltung" (Böckler 1990) möglich.

2. Die Evaluierung, der ich mich jetzt zuwenden möchte, bildet den Versuch einer hypothetischen Zuordnung über den Zusammenhang der auslösenden Bedingungen und ihrer Erklärung als Neue Logistik.

Ein vages Beurteilungskriterium für die Entwicklung der zurückliegenden 20 Jahre ermöglicht die Bezugnahme auf ein volkswirtschaftliches Theoriemodell, das für die Analyse solcher langfristigen Prozesse hilfreich sein kann, die so genannte Langwellentheorie.

Ich unterstreiche, dass für mich dieser Ansatz eher eine produktive Provokation darstellt, als dass er ein eindeutiges und auch nur annähernd gesichertes Modell bildet. Dies ist auch zu erwähnen, weil es im Widerspruch steht zu den gängigen volkswirtschaftlichen Krisenerklärungen und Begründungen der zyklischen Entwicklungsphasen kapitalistischen Wirtschaftens. Denn die Umbrüche, die die klassischen Strukturen industriekapitalistischer Gesellschaften generell in Frage zu stellen scheinen, verlangen nach einer Antwort darüber, ob wir es mit einer neuen, nicht mehr kapitalistischen Akkumulation zu tun haben, oder aber nur einige Parameter sich verändert haben. Aus heutiger Sicht kommt für mich hinzu, dass der Unterschied zu den 70er Jahren greifbar in den jetzt eindeutig identifizierbaren Folgen der Implementation der neuen Informations- und Kommunikationstechnologie liegen. Die Aufschwungperiode der 90er Jahre in den USA kennzeichnet eine besondere und lange Wachstumsphase, die ohne signifikante externe Faktoren, wie Kriege beispielsweise, die Wirtschaft lange nicht mehr ausgezeichnet haben. Als Revolutionierung der Produktivkräfte wird sie verständlich, wenn die technologische Seite als Phase eines Langwellenzyklus interpretiert wird. Die außerordentliche Intensität der sozialen Auswirkungen, die in der Regel als Folge der Produktivitätssteigerung mit dem Verlust von Arbeitsplätzen weltweit gesehen wird, fügt sich auch in dieses Theorem. Bekanntlich gilt, dass 25 % der Arbeitskräfte ausreichen würden, die Weltbevölkerung zu ernähren.

Was klar sein sollte, für mich weisen die gegenwärtigen Prozesse mit keinem Deut auf eine nichtkapitalistische Akkumulationsform hin, sie sind vielmehr Indikatoren für einen Zusammenhang, der so beschrieben wird:

Günter Senftleben begründet in seinem Beitrag „Die Theorie der langen Wellen" aus dem Jahre 1985 ihre wissenschaftliche Beachtung:

> „Im Gegensatz zu dem historisch singulären Erklärungskonzept legen die Theoretiker der langen Wellen größeres Gewicht auf die identischen Gesetzmäßigkeiten der kapitalistischen Entwicklung und behaupten, dass dadurch die langfristigen Fluktuationen mehr oder weniger generiert würden. Vor diesem Hintergrund erscheint die sekuläre Wachstumsschwäche, die Anfang der 70er Jahre in beinahe allen kapitalistischen Ländern etwa gleichzeitig eingesetzt hat, als Äußerung einer regelmäßig wiederkehrenden langen Welle. Die beiden schweren Wirtschaftskrisen Mitte der 70er und Anfang der 80er Jahre stellen sich nun dar als Überlagerung gleichartiger Zyklenphasen. Einer langwelligen Abstiegsperiode und zweier konjunktureller Depressionsphasen." (Senftlenben 1985: 2)

Da mit dem Verweis auf diese Theorie nur die Bedeutung des gegenwärtigen Umbruchs unterstrichen werden soll, wäre ihre Stichhaltigkeit, die es hier nicht zu begründen gilt darin zu sehen, dass sich die Basis und die Wertschöpfung der Produktivkraft mit den IT-Innovationen radikal wandelt. DieVerwertungsformen bleiben jedoch dem kapitalistisch Akkumulationsschema voll und ganz verhaftet. Ich möchte mit einem weiteren Zitat aus dem Text von Senftleben dafür werben, seine Argumentation wenigstens zu überdenken.

> „In dieser Arbeit wird die These vertreten, dass innerhalb größerer Zeiträume die kapitalistische Ökonomie instabil verläuft und endogen in etwa 50jährige Wachstumszyklen hervorbringt die getragen werden von einem diskontinuierlichen Innovationsstrom. Es ist offensichtlich, dass sich die inneren Faktoren der wirtschaftlichen Veränderung noch längst nicht in dieser Zyklenbewegung erschöpfen. Die theoretische und empirische Konjunkturforschung glaubt noch weitere ökonomische Wellen nachweisen zu können (...)."

Und wenige Zeilen weiter:

> „Unsere Theorie langer Wellen beansprucht, nur einen Ausschnitt dieser komplexen Dynamik des Wirtschaftslebens zu erklären. Nicht alle inneren Veränderungsfaktoren können berücksichtigt werden. Wir beziehen nur jene ein, die längerfristig Perioden variieren und wichtig genug sind, um die Dynamik langer Wellen in ihren Grundzügen zu bestimmen." (Ebd.: 4)

Aus dem aktuellen Blickwinkel lässt sich mit einiger Plausibilität feststellen, dass wenigstens drei Entwicklungen Ende der 70er Jahre auftraten, die als Symptome des Beginnes einer so skizzierten neuen Innovationswelle gewertet werden können. Die Grundlage der angesprochenen wirtschaftlichen Situation war gekennzeichnet durch sinkende Profitraten, weltweite Dekolonialisierung und den Rüstungswettlauf zwischen den Systemblöcken in West und Ost. Das kapitalistische Weltsystem entwickelte sich zu einem oligopolistischen Markt (womit insbesondere zunächst der japanische Wirtschaftsraum gemeint ist). In der Debatte zur Überwindung der Stagnation dominierten Konzepte, die interventionistischen Staatseingriffen in Wirtschaftszusammenhänge abzubauen und marktwirtschaftliche Entwicklungen auch in den traditionell-regulatorischen Gesellschaften Westeuropas durchzusetzen. Weltweit fand dieser Prozeß bekanntlich seinen Niederschlag in den GATT-Verhandlungen und im Ergebnis der Installation einer Regulierung, die nur Geld als Lenkungsmittel im internationalen Handel zuließ. Gleichzeitig wurde, um auf das Beispiel der Bundesrepublik Deutschland einzugehen, dass ursprünglich keynesianische Prinzip der Modernisierung von Volkswirtschaften über staatliche/öffentliche Großprojekte auch forciert.

> „Man denke an den Energiebereich (kerntechnologische Großprojekte), den Verkehrsbereich (Rhein-Main-Donau-Kanal, ambitionierte Fernstraßenvorhaben, Hochgeschwindigkeitsstrecken der Bundesbahn und an die Verkabelung des ISDN." (Danckwerts 1991: 35)

Die Innovationen hatten drei Wurzeln:

Die Rationalisierungsmöglichkeiten, die von den Unternehmen genutzt wurden, betrafen im Wesentlichen (siehe z. B. Kannbahn) die Reorganisation der Produktionsabläufe in den betrieblichen Hierarchiestrukturen und arbeitsorganisatorischen Zuschnitten in den Unternehmen. Gleichzeitige Versuche, durch staatliche-begleitende sozialpolitische Maßnahmen die Beschäftigten ‚zu verjüngen' unterstützten diesen Prozeß. Eingriffe forcierter Anstrengungen, berufliche Qualifikationen zu verbessern, bewirkten, sie auf die neuen Anforderungen einzustellen. Damit konnte der Innovationsschub auch in das Kollektivsystem sozialpolitischer Vorsorge und Lebenssicherung übertragen werden.

Parallel bewirkte der Prozess der Intensivierung der wirtschaftlichen und politischen Integration in der EU seit Beginn der 80er Jahre eine Begünstigung der Formierung neuer Unternehmensstrukturen. Es ist festzustellen, dass die Deregulierung wesentlich beitrug, die nationalen Monopole aufzulösen und ihren pseudoprivaten Nachfolgern den Weg auf die internationale Bühne zu öffnen. Die Neustrukturierung übernationaler Konzerne wurde unglaublich beschleunigt. Wenngleich dieser Vorgang sich vor allem in den 90er Jahren durchsetzte, scheint es mir zutreffend auch von seiner Bedeutung in dieser früheren Phase auszugehen. Dieter Plehwe zeigte in seiner Untersuchung aus dem Jahre 1994, „Neue Logistik für deutsche Konzerne" (Plehwe 1994) im Wesentlichen zwar auf, wie die Konzentration in der Speditionsbranche im Übergang der 80er zu den 90er Jahren sich entwickelte, gibt jedoch zugleich eine Fülle von Hinweisen darauf, wie die internationalen Verpflichtungen schon in den 80er Jahren zunahmen. Anders als in der Bundesrepublik Deutschland und in der Europäischen Union, wo eine Deregulierung Voraussetzung für den forcierten Konzentrationsprozeß war und ist, konnten sich auf internationaler Bühne diese neuen Zusammenschlüsse schon entwickeln.

Von ausschlaggebender Bedeutung für die Realisierung der zwei vorgenannten komplexen Prozesse wurde in den 80er Jahren die Revolutionierung der Informations- und Kommunikationstechnologien, wie weiter oben schon angesprochen wurde. Fast vierzig Jahre nach der „Z drei" von Konrad Zuse (1941) war die Entwicklung dieser Technologie so weit gereift, dass sie zum Träger der ökonomischen Innovation wurde. Es scheint mir gerechtfertigt, diese Zeit gegen Ende der 80er Jahre anzusetzen. Elektronische Medien hatten begonnen, alle Lebensbereiche der Menschen dort, wo sie sich entfalten konnten, nachdrücklich zu strukturieren. Die Kinder wachsen mit ihnen auf, ein spielendes Lernen, eine natürlich gewordene Umgebung. In der Arbeitswelt sichtbar oder unsichtbar, jedenfalls folgenreich und wehe denen, die sich sträuben, wer zurück bleibt wird unweigerlich an die Ränder gedrängt. In der Gegenwart wird jede Neuigkeit zu einer Sensation gemacht, wird sie erst dadurch, dass das geschieht. Aber darüber sind wir eigentlich heute schon hinaus. Schleichend besetzen sie die freien Räume. Sie sind anwesend und selbstverständlich, kaum wegzudenken und das nicht nur wegen der unabsehbaren Folgen für unsere materiellen Bedingungen.

Ich möchte also mit diesem Versuch der Begründung einer Hypothese unterstreichen, dass die zurückliegenden zwanzig Jahre einen neuen kapitalistischen Akkumulationszusammenhang begründeten und von daher die ökonomischen Voraussetzungen sichern konnten, die Lebenschancen der Menschen in den industrialisierten Regionen der Welt durchschnittlich weiter zu verbessern.

3. Die Philosophie Logistik

Nachdem ich selbst mich in den zurückliegenden Jahren mehrfach an der Entwicklung von Definitionen versuchte, in denen die wesentlichen Aspekte angesprochen werden sollten, wollen sie alle mir jetzt nicht mehr reichen. Ich beschreite einen etwas anderen Weg.

> „Lo/gi/stik, die;<1: griech. logistike (techné) = Rechenkunst, zu: logistikos = zum (BE)rechnen gehörend, zu:lógos, Logos: (...)“ (Brockhaus 1995/Bd. 27: 2146)

Warum aber, bitte schön und was soll denn berechnet werden bei der Logistik? Was besorgt der Begriff, wenn er heute wie hier angedeutet aktuell verwendet wird? Es muß ja wohl um eine besondere Form von Aufgabenlösungen gehen. Dann aber liegt ein Mangel vor, der zu beheben ist. Um welche Mängel dreht es sich?

> „es [geht] darum verschiedene innerbetriebliche und außerbetriebliche Bereiche so mit einander zu verbinden, daß – die ‚richtige‘ Menge, -die ‚richtigen‘ Objekte als Gegenstände der Logistik [Güter, Informationen, Energie aber auch Personen], -am ‚richtigen‘ Ort im System, zum ‚richtigen‘ Zeitpunkt, -in der ‚richtigen‘ Qualität, -zu den ‚richtigen‘ Kosten“, zur Verfügung gestellt werden.“ (Jünemann, 1989).

Halten wir also fest, Logistik meint ein System der Berechnungen, die dazu führen sollen, möglichst umfassende Kenntnisse über die Bedingungen zu erlangen, um ein angestrebtes Ziel zu erreichen. Im Wesentlichen geht es um die richtigen Kenntnisse und die Verfügung über die Bedingungen, sie auch umzusetzen. Logistik soll also einen Mangel beheben, der sich auf einen Zusammenhang bezieht, über den meine Kenntnisse irgendwo zwischen Null und Eins, also zwischen Wissen und Nichtwissen liegen. Logistik definiert damit auch den Versuch, das Feld zwischen beiden Exponenten ‚aufzuklären‘ im Sinne einer Klarstellung von dem Richtigen und Falschen. Dies allein mit dem Zweck, sich in ihm möglichst erfolgreich bewegen zu können.

Im Dialog zwischen Agathon und Sokrates in der Frage der Sterblichkeit/Unsterblichkeit des Eros weist Diotima gegenüber Sokrates darauf hin:

> „Am Beispiel des Verhältnisses von Weisheit (...) und Unwissenheit (...) zeigt Diotima, dass es ein Mittleres (metaxy) gibt. Dies ist in diesem Falle die richtige Meinung, die das Richtige trifft, und zwar ohne es begründen zu können." (Berretz, 2000: 25)

Logistik ist die Vorstellung von dem Richtigen und, wenn sie in Bezug auf das metaxy zur Anwendung kommt, die Prüfung ihres Zutreffens. Aber sie ist niemals einfach nur richtig, auch kann die Annäherung heute weitgehend sein und morgen trifft sie nicht mehr zu. Denn das ist der Schluss, aus dem was die Erklärungen über das metaxy besagen, Logistik gibt keine Gewißheit und die Aufgaben der Berechnung wandeln sich ständig. Das Operative bezieht sich auf Bedingungen, die immer in Bewegung sind, auch und gerade weil sie sich selbst gegenüber fortlaufend verändern.

Und was meint Logistik heute nach dem vorherrschenden Verständnis? Wenn dieses deutlich geworden sein sollte, wäre es gut: Es kann über den Zusammenhang nicht mehr Eindeutigkeit geben, als in ihm selbst verborgen ist. Das Dazwischen will ausgefüllt werden. Nur wenn das gelingt, ist eine Annäherung zu erreichen, in der ein Zustand angetroffen werden kann, der mehr oder weniger von Wissenslükken geräumt sich einstellt und Verfügung vermittelt zum Handeln. Also, welche Option zum Handeln ergibt sich daraus? Schon die Frage öffnet dazu, nicht nur eine zu benennen. metaxy ist gefüllt durch Verhältnisse, Bedürfnisse, technische Mittel, Geldvermittlungen, betrifft Lebensräume, Biographien, Unterschiede, der Blick darauf hängt ab von Neugierde, Geldverfügung, Macht, politischer Verfassung, Position, Schichtzugehörigkeit. Vermutlich liegt ausgeprägt auch ein Problem in einem ‚Bedürfnis', was wohl heißt einer konstitutiven Voraussetzung des Sozialen. Was hier entwickelt wird, soll ja weiter helfen bei der Evaluierung. Gibt das folgende Zitat einen Impuls dafür?

> „Die Befriedigung des Mobilitätsbedürfnisses kann autonom aber (ökonomisch, geographisch und/oder sozial) mehr oder weniger erzwungen sein, man denke nur an den Berufsverkehr oder auch den teilweise zwanghaften Bewegungsdrang des modernen Menschen im Massentourismus." (Schatz 1998: 195)

Ja und nein. Denn wie gesagt, der aufgeklärte Zusammenhang, der sich nach dem Dialog mit Diotema über die Zeugung des Eros ergibt, auf den unser Exkurs in die griechische Mythologie basiert, findet auf der Suche nach einer Klärung der Wahrheitsfrage selbst keine Antwort, kann es auch nicht, wir zitierten schon früher: „... und zwar ohne es begründen zu können."

Jünemann's Mängel verweisen auf die Voraussetzungen, auf die bezogen der Einblick in und die Verfügung über das metaxy angenähert gelingen kann, auf Kenntnisse, Wissen, Fertigkeiten, Mittel, Einfallsreichtum, Gesetze, und vieles mehr. In jedem Falle aber gilt dieses: Es gibt nicht ein Ziel, nicht einen Weg, nicht eine Lösung und die Ungewißheiten, Fehlbeurteilungen, falschen Handlungen und Mißverständnisse werden niemals ganz beseitigt werden. Logistik ist die Rechenkunst, welche etwas ermöglicht, weil sie aufschließt. Immanent ist ihr das Streben nach Vervollkommnung. Nie gibt es ein Ende der Ungewißheit, denn jede neue Einsicht verändert. Logistik ist der Weg, der logos, ist vernunftgeleitetes Denken. Im Handeln an sich selbst gebunden, wirkt es als intelligentes Handeln. Nach einer anderen Variante: Logistik ist Alternative.

4. Der verengte Blick: das BWL-Fiasko

Wie sich dem aufmerksamen Leser gleich zeigen wird, geht es mir hier in keinem Fall um eine Denunziation, abwertende Kritik oder vergleichbares. Lange schon suche ich nach den Gründen, warum der wirtschaftswissenschaftliche Diskurs in der Praxis so desorientierende Folgen hatte. Schließlich ist der Anspruch auf intelligentere Lösungen als bisher vielfach in sein Gegenteil verkehrt worden. Gleichwohl werde ich versuchen, meine Kritik im Sinne eines Fiasko-Vorwurfes zur Anregung einer breiteren Diskussion vorzutragen. Dieser will mir nämlich darin liegen, dass die BWL den Diskurs mit den angrenzenden Disziplinen abgebrochen bzw. gar nicht aufgenommen hat. Das aber wäre bei der in Anspruch genommenen Leitposition wichtig gewesen, um Fachborinierungen bei eben den angrenzenden Feldern entgegenzutreten, wie sie im Dialog bei sich selbst zu verhindern. Wie dem auch sei, im letzten Teil meines Aufsatzes werde ich in dieser Beziehung zur Sache zu kommen.

Hans-Peter Stabenau, Vorsitzender der Bundesvereinigung Logistik und langjähriger Moderator der innovativen Logistik-Mediation über die jährlichen Kongresse der BVL dient meinem Versuch einer Ergebnisannäherung als früher Kronzeuge. Ich wähle seine Definition als einen 17 Jahre zurückliegenden Versuch, aus dem betriebswirtschaftlichen Blick einige klärende Bestimmungen zu finden. Es heißt bei ihm:

> „Logistik ist das System zur ertragsoptimalen Steuerung sämtlicher Material-und Warenbewegungen innerhalb und außerhalb eines Unternehmens von der Güterbeschaffung bis zur Lieferung der fertigen Produkte an die Verbraucher oder Nutzer." (Stabenau 1984: 11)

Seine auf wenigen Seiten vorgetragenen Anmerkungen sind in Details zutreffend, den Bewertungen folgend nachvollziehbar und über die Durchsetzung von Logistik in der Unternehmenspraxis zu finden überzeugend. Tatsache ist, es lässt sich nicht bezweifeln, dass die zwei Hinweise, „Logistik erfordert Systemdenken" und „Logistik bedeutet Neuorganisation" (ebd.) wesentliche logistische Dimension einer neuen Rationalisierung zutreffend ansprechen, mit denen die intelligenten Lösungen, die von allen Seiten als das Neue unterstrichen werden, möglich sind.

„Die Funktionsfähigkeit des Systems Unternehmung wird dann gewährleistet, (heißt es weiter) wenn die zwei Aspekte (...) Hauptansatzpunkte für das richtige Vorgehen bei der Eigengesetzlichkeit und Produktivität des zu erreichenden Unternehmenszieles richtig analysiert und die sich daraus ergebenden Konsequenzen zielgerichtet gestaltet werden." (ebd.: 12)

Ebenfalls wie in dem hier beschriebenen Zusammenhang wirken tendenziell auch in einem zweiten Vorgang, den Stabenau in seinem Eröffnungsreferat beschrieb und für essentiell ansah, Veränderungen im Sinne von Öffnungen zu alternativen und damit intelligenteren Lösungen. Wenn er unterstreicht

„Logistik bedeutet Neuorganisation", ist ihm nur zuzustimmen, denn

„überkommene Organisationsstrukturen und Führungskonzpte (...) können in ihrer letzten Konsequenz den Anforderungen bei der Gestaltung logistischer Systeme nicht gerecht werden" (ebd.: 13). In der Fortsetzung präzisiert er: „Die aufgrund einer umfassenden Systemanalyse vorgenommenen Erkenntnisse müssen in eine logistische Ablaufstruktur umgegossen werden, denen Entscheidungskompetenzen in der Aufbauorgainsation entsprechen." (Ebd.: 14)

Allein wie dies alles in einer unternehmerischen Praxis umgesetzt werden soll, deren Vorgaben sich allein eines beschränken, nämlich Kostenminimierung, bleibt in der Wirklichkeit äußerst fraglich.

„. (...) die Kostenstrukturveränderungen, also der Zwang, alle Rationalisierungsreserven mit ihren Kosteneinsparungspotentialen restlos auszuschöpfen und selbstverständlich auch die schnell sich ändernden Marktsituationen und (den) rasante(n) technlogische(n) Fortschritt" haben als externe Faktoren schließlich die Unternehmen dazu gebracht, dass der „Begriff Logistik richtig interpretiert und eingesetzt wird." (Ebd.: 10)

Um meine Absicht verständlich zu machen, diesen Ansatz kritisch zu beurteilen, formuliere ich jetzt eine These, die sich aus meinen bisherigen Ausführungen ableitet. Es stimmt, Systemdenken und Neuorganisation stehen für eine Logistikvision, deren Chance in der tiefgreifenden Reform des klassischen industriellen Kapitalismuskonzeptes liegen kann. Die monolithischen Organisationen und die durch sie bestimmten Strukturen auflösen, um sie den Monaden zu überantworten, das ist das andere, das Gegenprinzip und in ihm ist Logistik eine für alle vorteilhafte, gemeinsame Selbstorganisation. 1995 habe ich versucht, das Modell eines unternehmerischen Zusammenhanges dieser Art zu entwickeln, das als Neue Logistik Strukturen einer intelligenten Arbeitsorganisation analysierte. Als eine Quintessenz:

„Workplaces and work organization have to be orientated along lines of how logistics are defined. This means that the worker qualifications and work sequences have to apply to logistic conditions. The so-called 'structure of conditions' is built on a foundation that enables corrective or adjustment decisions in order to make offers of 'Logistic Services'." (Danckwerts 1995: 7)

Doch zurück zum Text: Haben die Monaden gleiche Ausgangsbedingungen, können sie sich mittels intelligenter Verbünde in ständig sich verändernden Prozessen generierende Konstellationen bilden. So werden die Optimierungen der Raum-Zeit-Relationen wahrscheinlicher, weil alle wesensmäßigen Bedürfnisse sich als Alternativen untereinander in Austausch bringen. Das ist wahrlich etwas anderes als die abgeschmackte Phrase Flexibilität, die heutig vorangige Reaktion auf Situationen des metaxy.

Da der Maßstab des Vergleichs in dem Versuch einer Evaluierung aus den Verhältnissen der Gegenwart entwickelt werden muss, greife ich hinein in den aktuellen Stand der Ausführungen. Das „Logistik Jahrbuch 2001“ hat in kurzer Zeit Maßstäbe gesetzt, die den Schlagwortcharakter des BWL-Diskurses neuerlich wieder beflügeln. Da soll zunächst auf die perspektivischen Äußerungen von Göpfert hingewiesen werden, die ‚wie aus heiterem Himmel‘ in allen einschlägigen Tagungen als Selbstverständlichkeiten vorgeführt werden. Nun ist ihren Argumenten in vielen Punkten nur zuzustimmen, dennoch erschreckt es, wenn ihre ‚Kooperationsstrategien‘ allerorten simplifiziert als Lösungen auftauchen, wo doch mit der These erst eigentlich die Diskussion über ihre Grenzen, Chancen und globalen Formen eröffnet worden sein sollte. Gleiches gilt es über den Entwurf „Supply Chain Synchronisation in Europa“ (Phohl / Pfohl 2001: 32) anzuführen, der als „Supply Chain Management“ gegenwärtig Furore macht. Allein auf die Beiträge hinzuweisen vermittelt den Eindruck, ‚ick bin all dor‘, wie der Igel dem Hasen zuruft, man ist also auf der Höhe der Zeit. Das scheint in etwa zu bestätigen, was Göpfert in ihrem Beitrag mit dem Hinweis auf die „einfache Tatsache“ erklärt, „dass sich Neuerungen in den Unternehmen erfahrungsgemäß viel leichter unter neuen Namen „verkaufen“ sowie verwirklichen lassen“ (Göpfert 2001: 26).

Dies sei angemerkt, weil es auch einen Hinweis darauf geben kann, wie schwierig Sprache unter dem Druck der Praxis auf die Marktparteien in der Kommunikation mit Wissenschaft verständlich vermitteln kann. Die Reflektion über Logistik trifft sich nur sehr begrenzt zutreffend mit den Machern im persönlichen Austausch. Über den „Entwicklungsstand der Logistik und Zukunftstrends“ hält Ingrid Göpfert aus Marburg Gericht. Selbst bei einer gewissen Voreingenommenheit gegenüber argumentativen Unklarheiten ist ihre Abhandlung zu vielen Vorgängerdiskussionen beeindruckend. Hohe Differenziertheit der Argumentation, kritischer Bezug auf den eigenen wissenschaftlichen Kontext und theoretischer Anspruch lassen sich anregend vernehmen. Allein die schon bei Stabenau angemeldeten Bedenken kommen mir auch hier. Die Eingrenzung auf allein eine Zieloption auch hier wirkt irritierend und kontrastiert zu den sonstigen Ausführungen. Sie schränkt die kritische Aufmerksamkeit ein, was leicht zu Fehlern in Prognosen und Empfehlungen führen kann. Denn niemand kann doch ernsthaft vertreten, dass menschliche Vergesellschaftung in ihren Regeln, den Bedürfnissen und im Erleben auf eines reduziert werden kann, die Wertschöpfung. Das mutet mir an wie eine Variante der leidigen Materialismusdiskussion, in der manch einer den menschlichen Geist aus der Materie unmittelbar und einzig entspringen sehen wollte. Wenn BWL Wissenschaft ist und nicht eine Kunst des Wirtschaftens, ist sie aufgefordert, bei denen den größeren Rahmen der die gesellschaftlichen Verhältnisse ausmachenden Bedingungen unbedingt sichtbar zu machen, die tatsächlich durch Einseitigkeiten eingeschränkt scheinen.

Auch die folgende Definition der Autorin lässt Zweifel aufkommen. Sie bindet mit dem Begriff Führung eine spezifische soziale Struktur an den Organisationszusammenhang, die auch ganz anders beschaffen sein könnte, wie ich exemplarisch anzudeuten versuchte.

> „Logistik ist eine Führungskonzeption zur Entwicklung, Gestaltung, Lenkung und Realisation effektiver und effizienter Flüsse von Objekten (Güter, Informationen, Gelder, Personen) in unternehmensweiten und unternehmensübergreifenden Wertschöpfungssystemen." (Göpfert 2001: 26)

Ich finde mich übrigens bei Stabenau bestätigt, wenn er zu einer differenzierten Argumentation und Handlung auffordert.

> „Ohne grundlegende Überprüfung und Neugestaltung unternehmensorganisastorischer Voraussetzungen wird Logistik nur ein Etikettenschwindel und kein zukunftsweisendes Instrument der Unternehmenssicherung sein." (Stabenau 1984: 14)

Zunächst ist man gespannt zu erfahren, was denn gemeint ist mit der „neuen Qualität der Unternehmensführung." Was die Zweifel nährt ist einerseits die Betonung einer Dominanz der Logistik im Kontext dieser Führungskonzeption und andererseits die Ausschließlichkeit des Bezugssystems Wertschöpfungskette. Nicht der Verweis auf beide Dominanzen wirft die Zweifeln auf, sie bestimmen wie man aus Erfahrung weiß die unternehmerische Praxis, aber gleichzeitig schränken sie die Reichweite des Logistikentwurfes derartig ein, dass er zu einem bloßen betrieblichen Nützlichkeitskriterium schrumpft. Dieser Zusammenhang kann für jeden unmittelbar einsichtig nun aber nicht ausreichen, als theoretischer Entwurf mit praktischem Bezug für eine wissenschaftliche Explikation zu gelten.

Die These des logistischen Dazwischen in der Auflösung des metaxy allein im Kontext der Geldrelationen zu verorten, wird sicherlich manch einen Befürworter finden. Deshalb ist sie dennoch nicht stichhaltig. Vor allem reicht sie nicht aus, mit der in sie eingeschlossenen Vorstellung einer Welt unendlicher Vielfalt derart simplifizierend zu verfahren. Die Geschichte der hier angesprochenen Abläufe ist so kurz, dass es nicht angemessen erscheint, sie so zu benennen. Gleichwohl bleibt bestehen, wir haben es mit einer Entwicklung zu tun, die bei aller Kürze nicht ihrem Zusammenhang folgend einen Augenblick beansprucht, sondern weitreichend auf das Zurückliegende aufbaut. Logistik hat und ist Geschichte, ist gesellschaftliche Tat und wird sich nicht so weit entfernen können von jenen Wurzeln, die sie an den Prozess der menschlichen Vergesellschaftung in allen ihren kontroversen Formen bindet.

Literatur:

Ammon, Günther (1989): Der französische Wirtschaftsstil. München.

Berretz, Ursula Helene (2001): Dem Eros fehlt also die Wahrheit. Geschlechterverhältnis und die Aporie des Begehrens in Platons Symposion. Diplomarbeit am FB 1 der Gerhard-Mercator-Universität Duisburg.

Böckler, Michael (1990): Sozialverträgliche Technikgestaltung. Bochum.

Brockhaus (1995): Enzyklopädie Bd. 27, Logistik Deutsches Wörterbuch. Mannheim.

Daum, Matthias / Piepel, Ulrich (1992): Lean Production. Philosophie und Realität. In: io Management Zeitschrift 1/1992.

Danckwerts, Dankwart (Hrsg.) (1991): Logistik und Arbeit im Gütertransportsystem. Opladen.

Danckwerts, Dankwart (1994): Zukunft dank Logistik? Duisburg.

Danckwerts, Dankwart (1995): Strukturen einer intelligenten Arbeitsorganisation. In: LuA, Heft 6/1995. Duisburg.

Göpfert, Ingrid (2001): Entwicklungsstand der Logistik und Zukunftstrends. In: Logistik, Jahrbuch 2001. Düsseldorf.

Jünemann, Reinhardt (1989): Materialfluß und Logistik. Berlin/Heidelberg/Hong Kong.

Pfohl, Hans-Christian / Pfohl, Petra (2001): Supply Chain Synchronisation in Europa. In: Logistik, Jahrbuch 2001. Düsseldorf.

Piore, Michael J. / Sabel, Charles F. (1984): Das Ende der Massenproduktion. Studie über die Requalifizierung der Arbeit und die Rückkehr der Ökonomie in die Gesellschaft. Berlin.

Plehwe, Dieter (1994): Neue Logistik für deutsche Konzerne, ‚Deregulierung', Lean Production und Großfusionen in der Speditionsbranche. Duisburg.

Schatz, Heribert (1998): Mobilitätsleitbilder in den Massenmedien. In: Uske, Hans / Völlings, Herrmann / Zimmer, Jochen / Stracke, Christoph (Hrsg.): Soziologie als Krisenwissenschaft. Festschrift zum 65. Geburtstag v. Dankwart Dankwerts. Münster: 195-205.

Senftleben, Günter (1985): Die Theorie der langen Wellen. Arbeitspapiere des FB Wirtschaftswissenschaft der Bergischen Universität-Gesamthochschule Wuppertal, Nr. 85.

Stabenau, Hanspeter (1984): Logistik – Stadortsbestimmung '84. In: Produktivität-Flexibilität durch Logistik. Lösungen für die Praxis, Band 1 Deutscher Logistik-Kongreß '84.

Voigt, Fritz (1965): Verkehr. Die Entwicklung des Verkehrssystems. 2. Band, 1. Hälfte. Berlin.

Teil II

Neue Dynamiken in Governance und Verfassung?

Die veränderte Veränderung*

Hermann Korte

1.

Auf dem kleinen Turm der englischen National-Sternwarte in Greenwich sieht man schon von ferne einen Ball auf einer Fahnenstange, genauer gesagt ist es eine runde geflochtene Boje. Jeden Tag um fünf Minuten vor zwölf wird der Ball nach oben gezogen und fällt mit dem Glockenschlage zwölf nach unten. Wer mit dem Ausflugsboot von Westminster Pier nach Greenwich reist, sieht den Turm und die kleine Boje und, wenn er zum richtigen Zeitpunkt dort ist, auch das kleine Zeremoniell.

Die Sichtbarkeit vom Fluß aus war früher wichtig, denn sie erlaubte es den Kapitänen auf der Themse und im Hafen von Greenwich, ihre Uhren zu justieren. Dies nicht etwa wegen der Lunchtime, sondern weil die genaue Zeit auf See eine unentbehrliche Hilfe ist, um exakte Ortsbestimmungen vorzunehmen. Eigentlich ist die Sache ganz einfach. Die Erdkugel ist in Längen- und Breitengrade unterteilt und jeder Punkt auf der Erde läßt sich nach Länge und Breite bestimmen. Der Äquator teilt das Erdenrund in eine nördliche und eine südliche Hälfte, der Nullmeridian in eine westliche und eine östliche Welt. Während die Lage des Äquators klar war, wurde über die Frage wo der Nullmeridian verlaufen soll, über Jahrhunderte gestritten. Die Franzosen haben lange an dem Pariser-Meridian festgehalten, aber die Engländer und die gesamte Schiffahrt rechneten schon seit dem 18. Jahrhundert auf der Basis der durch die Sternwarte in Greenwich verlaufenden Länge, so dass der Besucher dort das seltene Erlebnis haben kann, mit dem einen Fuß in der westlichen und mit dem anderen in der östlichen Hemisphäre zu stehen.

Eine Kugel wird in 360° eingeteilt und da die Erde sich in 24 Stunden einmal um die eigene Achse dreht, dreht sie sich in einer Stunde 15°. Auf dieser einfachen Basis läßt sich jede Länge nach Stunden, Minuten und Sekunden berechnen. Wer weiß, wieviel Uhr es in Greenwich ist und dies mit der örtlichen Zeit vergleicht, auf der Basis Sonnenhöchststand, überall zwölf Uhr, kann die geographische Länge aus der Differenz berechnen.

---

* Vortrag in der Reihe „Das Neue“ am 25.02.1999 im Literaturhaus Hamburg.

Im Zeitalter digitaler, quarzgesteuerter Uhren ist das überhaupt kein Problem, aber bis ins 18. Jahrhundert gab es keine Uhren, die über einen längeren Zeitraum ganz genau gingen; auf See, bei stürmischen Wetter, in der Arktis bei strengem Frost oder in der Südsee bei tropischen Temperaturen. Während schon damals jeder halbwegs ausgebildete Kapitän die geographische Breite bestimmen konnte, fuhren die Kapitäne hinsichtlich der Länge auf Verdacht, sobald sie die Küste nicht mehr sehen konnten.

Eine immer sehr genau gehende Uhr war eines der wichtigsten technischen Probleme der frühen Neuzeit. Gelöst wurde es von dem schottischen Uhrmacher John Harrison (1693-1776). Er hat fast 40 Jahre seines Lebens an einer mechanischen Uhr gebaut, bis er schließlich ein Modell vorstellen konnte, das auch unter schwierigsten Bedingungen immer auf die Sekunde genau ging. Über die Geschichte dieser Entdeckung und Erfindung hat die nordamerikanische Wissenschaftsjournalistin Dava Sobel einen detaillierten Bericht geschrieben. Die technischen Schwierigkeiten, die Konkurrenzkämpfe unter den Uhrmachern, die Abneigung, die dieser Mechaniker von den Astronomen am englischen Königshof erfuhr, hat sie in ihrem Roman „Längengrad“ aufgeschrieben.

So spannend die Einzelheiten sind, uns interessiert an der Geschichte vor allem der Zeitablauf. Mehrere Jahrhunderte war das Problem bereits bekannt, 40 Jahre arbeitete Harrison im Wettbewerb mit anderen an der Lösung und dann dauerte es noch einmal zwei Jahrzehnte, bis die neue Uhr sich durchgesetzt, d. h. in großen Stückzahlen produziert und vertrieben werden konnte. Eine weitere Grenze in der Eroberung und Erfahrung der Welt war gefallen. Die daraus abgeleitete Überlegenheit der englischen Handels- und Kriegsflotte machte aus dem Kolonialstaat das britische Empire, eine Vorherrschaft, die bis ins 20. Jahrhundert anhielt. Im Mittelalter und in der frühen Neuzeit gab es neben dem Schießpulver und der Buchdruckkunst kaum noch eine Erfindung, die die Welt so verändern, kaum eine, die so erfolgreich eine bestehende Grenze überwinden konnte.

Für unser heutiges Zeitempfinden sind 40 Jahre für eine technische Innovation eine unvorstellbar lange Zeit. Fast zwei Generationen für einen weiteren Schritt in der Entwicklung der Gesellschaften, die die Menschen miteinander bilden, entsprechen nicht mehr dem neuen Zeitgefühl des Hier und Jetzt – auch wenn manches Wichtige, wie z. B. die Suche nach einem wirkungsvollen Anti-Aids-Serum, auch schon 20 Jahre andauert, und an diesem Problem arbeitet nicht ein einzelner Mensch, sondern riesige, auf ökonomischen Erfolg getrimmte Forschungslabors.

Aber solche Einzelbeispiele langfristiger Problemlösungen können den Eindruck einer Beschleunigung unseres Lebens, die wir doch tagtäglich spüren, kaum mindern. An der Stelle der Schnellebigkeit des Lebens, wie sie in den „Roaring Twenties“ in den europäischen Metropolen empfunden wurde, ist die Schnellstlebigkeit unserer Zeit getreten. Nicht nur, dass 80 % aller technischen Güter, mit denen wir ganz selbstverständlich leben, aus den letzten vier Jahrzehnten stammen, vor allem unser Lebensalltag hat sich geändert. Wir sehen uns gezwungen, mehr in kürzerer

Zeit zu tun, alles geht uns zu langsam, obgleich doch alles schon so viel schneller geht.

Sprechen wir heute im Literaturhaus einen kleinen, genauer gesagt, einen zu kurzen Moment von der Arbeit der Schreibens. Noch vor zwanzig Jahren war die Änderung eines maschinengeschriebenen Textes schwierig. Die Korrekturtasten an den neuen elektrischen Schreibmaschinen hatten zwar das mühselige Radieren überflüssig gemacht, aber immer noch war es ein zeitraubender Vorgang. Besser war es, vorher genau zu überlegen, was man schrieb. Heute ist eine Textänderung das Normale, ein Mausklick – und schon erscheint ein scheinbar neuer Text auf dem Bildschirm. Es macht keine Mühe, den Text dann noch mehrfach zu erneuern. Wer kennt dabei nicht die Ungeduld, das nervöse Fingertrommeln, wenn er oder sie an einen veralteten, d. h. mehr als sechs Monate alten, inzwischen langsam erscheinenden Rechner gerät. Texte werden wie PKW's just in time produziert.

Das ist ein kleines Beispiel aus unserem alltäglichen Leben, nichts Besonderes – und doch eine recht zutreffende Beschreibung, denn es zeigt unsere Ungeduld im Finden von Problemlösungen. Gewinn hat nur der, der schneller ist als der andere, wer langsam ist, hat schon verloren. Diese Haltung gilt als modern und zukunftsorientiert. Im Dienstleistungsbereich ebenso wie bei politischen Reformen. Ich bin ziemlich sicher, daß jenes temporeiche Durcheinander des ersten Jahres der Rot-Grünen-Regierung unter Gerhard Schröder hier eine wesentliche Quelle hatte. Modern sein hieß schnell sein und anders agieren als der „Dicke", der in der historisch gewordenen Strickjacke am Schreibtisch thronte, die Zierfische im Aquarium mit der linken Hand fütterte und Probleme, so es dann überhaupt welche gab, aussaß. Die neue, zeitgerechte Regierung wollte ganz anders sein. Alles sollte jetzt sofort gemacht werden und wenn es nicht gleich passte, wurde es auch sofort geändert, per Mausklick eben. Als im Kanzleramt erkannt worden war, dass Regieren auch noch etwas mehr bedeutet als schnell zu sein, wurde entschieden, zukünftig auch den handwerklichen Grundlagen des Regierungshandeln Tribut zu zollen. Dass dies – so die entsprechende Pressemitteilung – sofort geschehen werde, war nicht überraschend.

2.

An dieser Stelle des Vortrages wäre es denkbar, jedenfalls liegt die Versuchung nahe, die Beschleunigung unseres Lebens als das Neue auszugeben und mit Paul Virilio eine Dromologie zu versuchen, oder mit der Band *Fury in the Slaughterhouse* „nowhere fast" zu verkünden: Nirgendwohin, aber das bitte schnell. An dieser Stelle gäbe es auch die Möglichkeit, sich an Zeitgeist-Debatten anzuschließen, die in den Feuilletons gepflegt werden und für die es auch in den Wissenschaften – zumal den philosophischen – bekannte Gurus gibt. Diese Debatten mögen in sich verständlich sein. Ich selber bin – das bitte ich zu akzeptieren, oder doch wenigstens zu entschuldigen – Soziologe. Ich befasse mich gründlich mit sozialen Prozessen und habe bei Max Weber gelernt, Kollektivbegriffe, die all zuviel undifferenzierend vereinen wollen, zu vermeiden. Sie regen zwar die intellektuelle Phantasie an, verleiten aber dazu, diese Phantasien für soziale Tatsachen zu halten.

Das fängt schon beim Begriff des Neuen an. Das Neue klingt so real, so positiv. Wir wünschen uns zum Jahreswechsel ein gutes neues Jahr, die neuen Bundesländer dokumentieren einen hoffnungsvollen Umbruch und Neubeginn. Das Neue, das klingt so stabil, festgefügt, ist wenig geeignet, die Beschleunigung, das Tempo unserer Zeit auszudrücken. Ein Fluss fließt, der Wind weht, aber das Neue ist einfach da und bleibt. Da habe ich meine Zweifel. Das Neue ist eine zarte, heranwachsende Pflanze, vielleicht nur ein Duft, eine Ahnung, eher fragil, stets von Neuem bedroht.

Noch vor drei Jahren war das Neue die japanische Herausforderung, das hat sich mittlerweile erledigt. Das Neue war die Postmoderne und auch die ist schon wieder zu Ende. Jedenfalls wenn wir Sigrid Löfflers Diktum im literarischen Kolloquium Glauben schenken, wo sie verkündete, die Postmoderne sei zu Ende. Und wer bin ich, dass ich den Worten einer wirkmächtigen Kritikerin nicht glauben sollte. Ich bin gespannt, wann von gleicher Stelle etwas Neues dekretiert wird. Ich hätte da den Vorschlag, vielleicht die zweite Postmoderne auszurufen.

Ich hoffe, hinreichend klar gemacht zu haben, dass ich einen soziologischen Zugang zum Neuen wähle, deshalb der Titel, *veränderte Veränderung*, er müsste eigentlich, um genau zu sein, „*sich verändernde Veränderungen*“ lauten. Mit ihm hoffe ich, auch dem Neuen in unserem Leben näher zu kommen und versuche das, in dem ich den aktuellsten Kollektivbegriff, nämlich Globalisierung, sozialwissenschaftlich zunächst einmal mit Inhalt auffülle.

3.

Ich knüpfe dabei an die Ergebnisse eines interdisziplinären Forschungskollegs der Daimler-Benz-Stiftung an, in dem ich mit Kolleginnen und Kollegen aus dem breiten Spektrum der Sozial- und Wirtschaftswissenschaften, unterstützt von einem Assistentenkreis drei Jahre über Globalisierung nachdenken, diskutieren und gemeinsame Statements erarbeiten konnte. Ich habe vor allem von den Ökonomen in dem Kolleg viel lernen können und bin sicher, dass umgekehrt die soziologische Sichtweise auch verstanden wurde.

Das fing schon in einem relativ frühen Zeitpunkt unserer Debatten an, als ich dem Argument Geltung verschaffte, dass es nicht allein auf die Fakten an sich ankomme, sondern auch darauf, welcher öffentliche Diskurs darüber geführt werde. Das passte auch zu der Einsicht der Ökonomen, dass die bisherigen, nationalökonomischen Messinstrumente kaum geeignet waren und sind, weder quantitative noch qualitative Indikatoren der Globalisierung zu bilden.

Das öffentliche Reden über Globalisierung war und ist für viele Beteiligte eine rhetorische Strategie, mit der Mehrheiten gewonnen werden sollen, Verhältnisse und Verhaltensweisen geändert. Die Debatte über Globalisierung kann daher für die Entscheidungen von Akteuren wichtiger sein als die tatsächlich zu Grunde liegenden Fakten, gerade wenn zu jedem Trend auch ein Gegentrend zu existieren scheint. In Deutschland etwa fühlt man sich dabei eher als Opfer und Verlierer der Globalisierung, obwohl die Zahlen von Außenhandelsüberschüssen oder Direkt-Investitionen diese Einschätzung nicht decken. Eine Situation aber, die von Menschen als real definiert wird, hat auch reale Konsequenzen.

Globalisierung wird in Deutschland als relevantes, aber schwer kontrollierbares Phänomen wahrgenommen. Länder, die größere Anpassungen schon hinter sich gebracht haben, wie Großbritannien, die sich aufgrund ihrer geringen Größe schon immer an internationale Trends anpassen mußten, wie die Niederlande, oder die sich in der Rolle der Gestalter der Globalisierung fühlen, wie die USA, weisen auch sehr andere Debatten über die Globalisierung auf als westeuropäische Staaten wie Frankreich und Deutschland.

Im Verlauf unserer Studien haben sich sechs Charakteristika herauskristallisiert, mit denen wir die Globalisierung beschreiben können. Es sind dies Entgrenzung, Heterarchie, Faktormobilität, Legitimitätserosion, Vergangenheit-Zukunfts-asymmetrie und Vielfalt der Optionen. Ich kann diese heute nicht im einzelnen darstellen, sondern begnüge mich zunächst mit dem Merkmal „Entgrenzung“, das die Funktion einer Leitidee hat.

Menschen und die kleinen und großen Gesellschaften, die sie miteinander bilden, definieren sich über Grenzen, durch Unterscheidungen zur jeweiligen Umwelt. Grenzen schaffen Identitäten, sie bestimmen darüber, wer zu etwas gehört und wer ausgegrenzt wird. Das gilt von der kleinen Einheit der Familie, über Unternehmen bis hin zu Nationen. Grenzen definieren Wirkungszusammenhänge auf Räume und ermöglichen Zuordnungen von Verantwortlichkeiten für Entscheidungen. Und, das ist auch sehr wichtig, Grenzen ermöglichen das Erkennen und unterscheiden von Differenzen.

Das zentrale Kennzeichen der Globalisierung ist, dass die bisherigen Grenzen verschwimmen, und das lässt sie als etwas Neues erscheinen. Es bleibt vorläufig noch die Systemgrenze unseres Planeten, aber bei allen anderen Grenzen wird durch die gestiegene Zahl und Intensität der Interaktionen der Unterschied zwischen Drinnen und Draußen, zwischen ‚wir‘ und die anderen zunächst verwischt, und damit auch das, was eine Grenze ausmacht. Dabei können dann durchaus kleinere, neue Grenzen entstehen, wenn die großen fallen, wie etwa nach dem Fall der Mauer. Es ist ja nicht so, dass Europa nun grenzenlos ist, es sind selbstverständlich überall neue Grenzen im Kleinen und im Großen entstanden. Veränderungen und Auflösungen von Grenzen sind an sich weder gut noch schlecht, sie müssen aber in ihren jeweiligen Konsequenzen verstanden werden, seien die nun weitreichend oder marginal.

Allerdings ist zu beobachten, daß der Prozess der Entgrenzung in den verschiedenen Bereichen der Wirtschaft, der Gesellschaft, des politischen Systems in sehr unterschiedlichen Ausmaßen und auch mit unterschiedlichem Tempo vor sich geht.

In den Debatten im Kolleg war ich am Anfang besonders davon überrascht, wie wenig bei den Nationalökonomen, aber auch bei den Betriebswirten das Verständnis dafür entwickelt war, dass gesellschaftlicher Wandel kein Sonderfall ist. Es zeigte sich aber sehr bald, dass wir zu gemeinsamen Einsichten kommen konnten, da unter der Bedingung von Entgrenzungen Wandel die einzige Konstante bleibt, es aber gleichzeitig immer schwieriger wird, Zukunft als lineare Fortschreibung der Vergangenheit zu verstehen, also das, was die Wirtschaftswissenschaftler Extrapolation nennen. Die Vorhersagbarkeit von Entwicklungen nimmt ab, das gilt vom Konsumentenverhalten über die Bedeutung einzelner Wirtschaftsstandorte wie etwa der Asien Tiger bis zum plötzlichen Auftreten neuer Wettbewerber auf kleinen und auch auf den Weltmärkten. Es ist ein wichtiger Gesichtspunkt, weil er die Art und Weise, wie wir bisher unsere Gesellschafts- und Wirtschaftspolitik verstanden haben, großen Zweifeln unterwirft.

Der Wandel scheint dabei seine eigene Beschleunigung zu entwickeln. Alles geht viel schneller, von der Produktentwicklung bis zum Aufkommen und Verschwinden politischer Ideen oder Managementmoden. Aber auch hier gibt es wiederum gegenläufige Tendenzen, nämlich den Versuch, sich an gestern erfolgreichen Methoden zu orientieren. Deshalb sind sich alle Beteiligten – Individuen, Organisationen, Unternehmen, politische Parteien – eben auch gar nicht sicher, wie sie auf die Herausforderungen, die sich mit diesen Entwicklungen verbinden, reagieren sollen. Das sind typische Probleme eines Übergangs, in dem das Alte nicht mehr wirkmächtig genug ist, sich das Neue aber noch nicht klar herausgebildet hat. Die Konsequenz daraus ist die Notwendigkeit, mit Ambivalenzen, Unsicherheiten und Überraschungen umgehen zu lernen. In der Wirtschaft wird das gerne Flexibilität genannt, wenn stabile prognostizierbare Handlungsmuster fehlen, aber wir werden sehen, dass dies auch für die Debatte, die in unserer Gesellschaft über die Zukunft geführt wird, gilt, und die mit dem Begriff Globalisierung verbunden wird.

Dies vor allem deshalb, weil Globalisierung nur wenige Probleme neu schafft, aber eben viele ungelöste verschärft. Vor allem verkürzt sich der Zeitraum für das Finden von Problemlösungen und damit erhöht sich drastisch der Gewinn bei angemessenen Reaktionen, wie aber eben der Verlust beim Versagen der Lösung dieser Aufgabe. Wie immer sind Zeiten des Umbruchs dabei Zeiten der Konflikte, Widersprüche, der ungeklärten Strukturen und diffusen Problemlagen und Zeiten des Niedergangs für die, die sich nicht anpassen konnten oder wollten. Wer zu spät kommt, das wissen wir mittlerweile, den bestraft das Leben.

4.

Bereits die bislang dargestellte Problemlage ist schwierig genug, und Manchem erscheint sie als neue, ungewohnte Herausforderung. Ich denke aber, dass diese neue Form der Internationalisierung, die vor allem mit den Begriffen Beschleunigung, Entgrenzung und einer Zunahme der Zahl der Optionen beschrieben worden ist, erst in der Kombination mit zwei anderen Entwicklungen ihre eigentliche gesellschaftliche Dramatik erhält. Es sind dies die deutlichen Veränderungen im sozialstrukturellen Aufbau unserer Gesellschaft und die Infragestellung des Gesellschaftsvertrages, der unserem gemeinsamen Leben den ordnenden und helfenden Rahmen gibt. Bevor ich also über mögliche Optionen des Handelns spreche, muss ich zu diesen beiden Entwicklungen einige Hinweise geben.

Zunächst zu den sozial-strukturellen Veränderungen. Dazu gibt es in der Soziologie hinreichend viele Veröffentlichungen, die sich im Koalitionsvertrag des rotgrünen Senates der Freien und Hansestadt Hamburg aus dem Jahr 1998 in einem einzigen Satz bestens zusammengefasst finden: Eine Spaltung geht durch die Gesellschaft.

Vordringlich sind damit Einkommensunterschiede angesprochen, die sich in unserer Gesellschaft und im Stadtstaat Freie und Hansestadt Hamburg besonders ausgeprägt beobachten lassen. Die Armutsstudien, die mein nach Wien wegberufener Kollege Jens Dangschat in Hamburg durchgeführt hat, zeigen eindrucksvoll, dass sich Einkommensunterschiede immer deutlicher ausprägen, was sich unter anderem recht anschaulich durch die zunehmende Zahl von Sozialhilfeempfängern und deren voranschreitende Konzentration in einzelnen Stadtteilen grafisch darstellen lässt.

Aber die Spaltung betrifft auch das Auseinanderdriften der jungen und der alten Generation, das Tempo des Lebens, die ungehinderte Kommunikation mit jedem und jeder. Der Rhythmus der Technomusik unterscheidet die Jungen von dem langsamen, ruhigen Gang des erfolgreichen Lebens der älteren Generation. Das geht deutlich über die stets existierenden Generationskonflikte hinaus und führt zu einer Kulturkritik in den sich als seriös verstehenden Feuilletons, die eine angeblich hemmungslose Kulturindustrie dafür verantwortlich machen.

Spaltung ist aber auch in den Chancen vorhanden, sich aktiv an der Gestaltung des gesellschaftlichen Lebens zu beteiligen. Die Teilhabe an der Gestaltung des Lebens ist in unserer Gesellschaft, die wie in anderen westeuropäischen Staaten auch stolz auf die demokratischen Strukturen ist, sehr unterschiedlich ausgeprägt.

Dabei entfernt sich die politisch-ökonomische Elite immer mehr von dem Großteil der Bevölkerung. Zum Leben dieser Menschen gehört, dass sie häufig mit Menschen anderer ethnischer Zugehörigkeit verhandeln müssen. Diese Menschen sprechen fremde Sprachen, Arbeitsplatz und Wohnort können im Laufe eines Berufslebens in mehreren Erdteilen liegen. Gewinne entstehen zunehmend auch oder ausschließlich außerhalb des eigenen Geburtslandes, lassen sich ohne grenzüberschreitenden Verkehr kaum noch erwirtschaften. In diesem Sinne sind für sie globale Entwicklungen häufig von größerer Bedeutung als nationale.

Im Alltag bewegen sich diese Menschen zunehmend segregiert vom gesellschaftlichen Alltag der Mehrzahl der Bevölkerung. Sie benutzen selten öffentliche Nahverkehrssysteme, wohnen relativ abgesondert, residieren in oberen Etagen von repräsentativen Bürotürmen. Die Sorgen und Nöte der Mehrheit der Bevölkerung, wie Wohnungsnot, Kindergartenplatzmangel, Steuerbelastung, Konkurrenz um knappe Güter, erfahren sie, wenn überhaupt, aus den Medien, wobei offenbleiben kann, was sie dort tatsächlich erfahren.

Zwischen dieser Gruppe und dem Großteil der Bevölkerung liegt als Puffer die stets ebenso engagierte wie hilflose kritisch-intellektuelle Elite. Diese Menschen leben nicht in einer ganz so stark segregierter Situation wie die politisch-ökonomische Elite, befinden sich auch nicht in einer direkten Wettbewerbsposition, etwa zu ethnischen Minderheiten. Aus humanitären, ökologischen, religiösen oder utopischen Idealen – im Allgemeinen aus einer Verknüpfung mehrerer dieser Motive – fühlen sie sich als einen Teil einer Welt. Ihr Engagement gilt der Sensibilisierung der nationalen Öffentlichkeiten für globale Zusammenhänge sowie der Mobilisierung nationübergreifender Initiativen und Bewegungen.

Dabei herrscht in dieser Gruppe angesichts der politischen Umstrukturierungen und der Initiativen der politisch-ökonomischen Elite eine gewisse Verunsicherung vor. Alte Überzeugungen werden erneut hinterfragt, statt einheitlicher Positionen sind tiefe Spaltungsprozesse zu beobachten. Zu bemerken ist dies in Fragen wie Umweltschutz in Drittweltnationen, humanitäre Aktionen in Bürgerkriegsgebieten usw. Die Folge ist das weitgehende Fehlen einer öffentlichen Gegenposition zur nationalen Politik und Medienwelt sowie eine weitgehende machtpolitische Bedeutungslosigkeit dieser Gruppe.

Aber diese beiden Gruppen haben doch immer noch die Vorstellung, sich aktiv an der Gestaltung unseres gemeinsamen Lebens beteiligen zu können. Dies unterscheidet sie und spaltet sie ab von dem größeren Teil der Bevölkerung, von einem Rest kann hier kaum gesprochen werden. Dies sind im Wesentlichen jene Menschen, die wir meinen, wenn wir von der Gesellschaft sprechen.

Diese Gruppe ist allerdings nicht homogen, sondern in sich wiederum gespalten. Sei es in Mittel- und Unterschicht, sei es in diejenigen, die Arbeit haben und diejenigen, die ohne Beschäftigung sind, sei es in Inländer mit Pass und Ausländer ohne Pass, sei es in solche, die eine Wohnung haben und die, die wohnungslos sind – in Hamburg allein ca. 80.000. Oder, wenn wir dem französischen Romancier Michel Houllebecq folgen, in solche, die täglich Sex haben und die anderen, die nie welchen haben.

Die Erfahrung hat diese Menschen gelehrt, dass Veränderungen meist Verschlechterungen ihrer Lebensumstände bedeuten. Sie stehen in einem harten Wettbewerb um die knappen Güter des Lebens – für ihre Wahrnehmung vor allem mit Menschen anderer ethnischer Zugehörigkeit. Sie sind keineswegs global orientiert, sondern ziemlich hilflos ausgesetzt dem, was mit Beschleunigung, Entgrenzung und Vielfalt der Optionen, der globalen Herausforderung, in den Wirtschafts- und Kulturteilen der Medien so gepriesen wird.

Leider gibt es in unserer föderalen, zersplitterten Kulturszene nicht jene zentralen Debatten, wie sie zum Beispiel in Frankreich zur Zeit um das zweite Buch von Michel Houllebecq geführt wird. Aber die Strukturen sinnverlassener Existenzen sind auch in Deutschland spürbar, und es wird nicht mehr lange dauern, bis sich das moderne Märchen von der Individualisierung als bildungsbürgerliche Illusion entpuppen wird.

Wenn wir über die Gesellschaft reden, sollten wir stets bedenken, dass sie gespalten ist. Sie hat sich aber keineswegs aufgelöst. Einzelne Ereignisse genügen, wie etwa die Debatte um die doppelte Staatsbürgerschaft, im Übrigen ein typisches Produkt einer sich als verantwortungsvoll verstehenden kritisch-intellektuellen Elite, um die Sorge vor Veränderungen in einem recht eindeutigen Wahlergebnis auszudrücken.

Wir haben nun zwei Elemente unserer gegenwärtigen Situation kennengelernt. Eine qualitativ neue Form von Internationalisierung, genannt Globalisierung, und eine sozial-strukturelle Problematik. Jedes Element für sich birgt Veränderungspotentiale, wobei damit noch keineswegs eine Wertung nach positiv und negativ verbunden werden kann. Aber die Kombination dieser beiden Entwicklungen ist neu, jedenfalls in dieser deutlichen Ausprägung. Es ist im Übrigen eine Situation, die für viele hochindustrialisierte Staaten gilt, dies ist keine deutsche, keine nationale Besonderheit.

Die hiesige Situation wird allerdings durch eine spezifisch deutsche Entwicklung belastet, durch die Ausgestaltung unseres Gesellschaftsvertrages, durch die spezifische Art, wie wir durch Regeln und Kontrollen unser gemeinsames Leben festgelegt haben.

5.

Ich will es noch einmal wiederholen: Gesellschaften verändern sich ständig. Generationsabfolgen, Erfindungen und Modernisierungen, Kriege und Katastrophen, Bevölkerungswachstum, Revolutionen und Reformen haben in der Vergangenheit die stetige Veränderung der Gesellschaft begleitet, abgestützt, beschleunigt oder verlangsamt. Meist fanden diese Veränderungen in Teilbereichen der Gesellschaft statt. Oft blieben sie auf diese beschränkt und hatten erst mittel- oder langfristig

Einfluss auf die Struktur der Gesellschaft insgesamt. So war z. B. die Einführung der Sozialversicherung in den 80er Jahren des vorigen Jahrhunderts durchaus nicht begleitet von Modernisierung in anderen Teilbereichen der wilhelminischen Gesellschaft.

Heute verspüren wir in unserer Gesellschaft einen enormen Problem- und Veränderungsdruck. Dieser war schon in den 80er Jahren spürbar. Bereits damals zeigten sich deutliche Verwerfungen durch unbeabsichtigte Nebenfolgen einer an sich sehr erfolgreichen Gesellschaftspolitik. Die frühen 50er Jahre waren in West-Deutschland zunächst von der (Wieder)-Herstellung wichtigster allgemeiner Grundlagen des Arbeitens und Zusammenlebens bestimmt.

Das Wirtschaftswachstum machte es dann möglich, die in der zweiten Hälfte des 19. Jahrhunderts und dem frühen 20. Jahrhundert entwickelten, theoretischen und programmatischen Zielsetzungen in die Tat umzusetzen. Dabei ist rückblickend seit den 50er Jahren eine stetige Zunahme sehr spezieller Politiken zu beobachten. Das kann nicht verwundern, denn der gesellschaftlich erarbeitete Reichtum machte auch für kleine Bereiche eine optimale Ausgestaltung denkbar. Niemand wollte in seinem Teilbereich hinter den gemeinsam erarbeiteten Möglichkeiten zurückbleiben. Reform hieß Ausdifferenzierung der Programme und immer stärkere Spezialisierungen der Leistungen.

So ging mit den Jahren die Fähigkeit zur Koordination und Kooperation, zum inhaltlichen Konsens langsam verloren. Es wurden auch keine neuen Fähigkeiten erlernt. Es gibt eigentlich auch keine Qualifikationen, die in eine andere Richtung führen könnten. Reform fand durch Ausdifferenzierung statt. Geld wurde als Ersatz für Kooperation, Koordination und Konsens in der Sache angesehen.

Jedes Einzelbeispiel ist mit seinen Regeln und Vorschriften nachvollziehbar, die Summe der Einzelfälle hat aber zu unbeabsichtigten Kosten und Folgeproblemen geführt, die von den Beteiligten weder gewollt noch vorhergesehen wurden. Dies fordert aber nun die Gesellschaft heraus. In fast fünfzig Jahren ungehinderter Ausnutzung der Produktionsfaktoren bei gleichzeitiger Ausgestaltung der sozialen Partnerschaft haben wir unsere Gesellschaft in einer Art und Weise geregelt, die fast schon an eine Regelungspathologie heranreicht. Nichts ist in unserer Gesellschaft dem Zufall überlassen. Hinzu kommt eine durchgehende Kontrolle und Überwachung aller Regelungen bis ins Kleinste. Französischer Etatismus und deutsche Gründlichkeit haben im Übrigen dafür gesorgt, dass auch die europäischen Institutionen und deren Verwaltungen hiervon immer mehr geprägt wurden.

Die deutsche Einigung hat dann mit vielfältigen Problemen und Notlagen diesen langfristigen Prozess zeitweise in den Hintergrund gedrängt und überlagert. Einige Aspekte verschärften sich, etwa die Arbeitslosigkeit, andere kamen in Form von neuen regionalen Ungleichheiten hinzu. Heute, zehn Jahre später, sind Probleme und Krisen in vielen Teilbereichen unserer Gesellschaft unübersehbar geworden. Die alten Sicherheiten können nicht zurückgewonnen werden, jedenfalls nicht mit den alten, historisch einst vernünftigen und erfolgreichen Konzepten. Eine Orientierung an vergangenen Zeiten und Konzepten wird uns schon deshalb nicht viel weiterhelfen, weil es an den alten Voraussetzungen fehlt: Erwerbsarbeit wird nicht länger die Bedeutung haben, die ihr einst zukam und andere Grundpfeiler der Gesellschaft, wie die Familie, benötigen zumindest andere Fundamente.

Und diese innergesellschaftliche Entwicklung gerät nun zunehmend unter weiteren Druck durch das, was wir Globalisierung nennen. Und dabei sehen wir, dass dies zu der Versuchung führt, neue Grenzen innerhalb und zwischen den Gesellschaften und Wirtschaften zu errichten. Diese Tendenz wird um so stärker, je mehr Bürger sich subjektiv als Verlierer fühlen und je größer die Verunsicherung der kollektiven wie individuellen Identität durch die unverstandene Dynamik der Globalisierung wird. Aber so wie seinerzeit Maschinenstürmerei keine Alternative zur Industrialisierung war, so ist heute Protektionismus ein Angebot von gestern und nicht für die Zukunft.

6.

Wir haben nun drei wichtige Elemente unserer gegenwärtigen gesellschaftlichen Situation kennengelernt.

- Erstens: die langfristigen Entwicklungen seit den 80er Jahren des 19. Jahrhunderts und speziell seit 1945, die zu einer gesellschafts- und sozialpolitisch schwierigen Situation geführt haben.

- Zweitens: eine sozialstrukturelle Gliederung unserer Gesellschaft, die für Menschen verschiedener Schichten unterschiedliche politische, soziale und kulturelle Teilhabechancen bereit hält.

- Drittens: werden diese beiden eher nationalen Gegebenheiten, die in sich schon reichlich Problematik und Konflikte bergen, mit einer in ihren Auswirkungen neuen Form der Internationalisierung unseres Lebens konfrontiert.

Meine These ist, dass die Globalisierung des Neue allein nicht repräsentiert, sondern vor allem die Kombination dieser drei sehr verschiedenen Elemente das eigentlich Neue ist. Jedenfalls muss eines klar sein: Jene alte, fast gemütlich zu nennende Form der Politik, die sich einzelne Teilbereiche zur Gestaltung vornahm, ist vorbei. Mal Sozialpolitik, mal Demokratisierung, mal soziale Gestaltung des Marktes: Jene historisch erfolgreiche Form mit Krisen und Problemen umzugehen ist dahin. Sowohl das Ausmaß der Aufgaben als auch der Druck, den Beschleunigung und Entgrenzung und die anderen Charakteristika Heterarchie, Faktormobilität, Legitimitätserosion, Vergangenheit- Zukunftsasymmetrie und die Vielfalt der Optionen erzeugen: Dies alles lässt Detaillösungen nicht länger zu.

Im 20. Jahrhundert hat sich bis in die 80er Jahre ein Verhältnis von wirtschaftlichem Handeln, politischer Steuerung und individueller Verantwortung herausgebildet, ist ein Solidaritätssystem entstanden, das Erträge für alle erkennbar machte, also das, was Sozialpolitiker Ergebnisgerechtigkeit nennen. Dieses System hat seine Meriten, aber es ist auch unübersehbar, dass es sich nicht erhalten kann. Unsere politischen und gesellschaftlichen Institutionen führen leider noch zu oft die Debatten von gestern und viele Individuen handeln inzwischen legal oder auch illegal an den Institutionen vorbei. Sie helfen sich auf ihre Weise, abseits der Regelungsvielfalt, jeder ist sein eigener Shareholder. Solidarität ist individualisiert, eine Einbahnstraße geworden.

Die Solidarität, die wir in unserer Gesellschaft kennen, ist zu einer Solidarität mit Gleichen verkommen ist. Wir sprechen zwar viel von Gemeinsinn und Solidarität, meinen dabei immer nur Gemeinsinn und Solidarität in eng beschriebenen Gruppen. Wir sind solidarisch nur mit jenen, die ähnliche bzw. gleiche Interessen vertreten. Das ist in unserer Gesellschaft sehr gut ausgebaut und, wie viele finden, viel zu gut. Die Frage ist daher für die zukünftige Gestaltung nicht, wie wir zu mehr Solidarität kommen, sondern wie wir zur Solidarität mit Fremden, mit Nichtgleichen kommen.

Gleichzeitig müssen immer mehr Menschen feststellen, dass sie Verluste erleiden. Es ist eindeutig zu beobachten, dass die wirtschaftlichen Brüche größer und schärfer werden. Einkommensunterschiede nehmen zu, mehr als wir bisher kannten und mehr als wir bisher akzeptierten. In der jetzigen Phase der gesellschaftlichen Entwicklung werden zunehmend Outsider produziert, außerdem wird ihre Position immer schwächer.

Amitai Etzioni hat den Stand der Entwicklung unserer Gesellschaft mit einem dreibeinigen Schemel verglichen, auf dem wir deshalb so bequem Platz genommen haben, weil die drei Beine Markt, Staat und Bürgerrechte aufeinander abgestimmt sind. Im Moment sieht es so aus, als ob der Markt gewissermaßen naturwüchsig als langes Einzelbein übrig bleibt. Dies ist eine von den Funktionären der Wirtschaft gern gepflegte Ansicht, dass eben der Markt alles Mögliche erzwinge.

Aber auch das ist eine rückwärts gewandte Perspektive. Sie meint nämlich durchaus nicht ein marktradikales Szenario, sondern jenes national-staatliche Hätschelsystem für die Wirtschaft, in der vom Staat mehr Subventionen ausgezahlt werden, als er Unternehmenssteuern erhält. Es ist ja nicht so, dass Unternehmen den Wettbewerb bevorzugen. Am liebsten sind ihnen staatlich garantierte Monopole, wie z. B. in der Stromindustrie, wo bis vor kurzem Manager auf gut besoldeten Quasi-Beamtenpositionen einen staatlich geschützten Markt mit garantierten Renditen verwalteten.

In dem schon erwähnten Forschungskolleg der Daimler-Benz-Stiftung haben wir uns gegen Ende vor allem mit Optionen für die Zukunft beschäftigt und dafür in drei Szenarien Gestaltungsoptionen modellhaft zugespitzt: Markt, Staat und Zivilgesellschaft. Für die drei Szenarien werden die Handlungsmöglichkeiten der Unternehmen, des Staates und der NGO‘s, der Nichtregierungsorganisationen, beschrieben.

Das ergibt eine Neun-Feldermatrix, in der zu jedem zu gestaltenden Problem unterschiedliche Strategien beschreibbar sind. Solche Szenarien können helfen bei der Suche nach neuen Lösungen, denn sie geben erste Orientierungen auf Vor- und Nachteile angestrebter Lösungen. Ich will Ihnen das an zwei Beispielen erläutern.

Nehmen wir zunächst das Beispiel Nierentransplantation. Im marktradikalen Szenario würde in einem globalen Markt alles über den Preis geregelt. Wer am meisten zahlt, bekommt die nächste Spenderniere. Im etatistischen Szenario organisiert die staatliche Verwaltung eine angemessene Vorratshaltung und eine gerechte Verteilung. Im zivilgesellschaftlichen Szenario entstehen Vereine auf Gegenseitigkeit. Sie sehen schon an diesem Beispiel, dass das Leben im marktradikalen Szenario nicht besonders lustig ist und vielen würde der Spaß daran gänzlich vergehen, wenn – und das ist das zweite Beispiel – eine Altersversorgung nur zu Marktpreisen erhältlich wird, was prinzipiell denkbar, aber politisch nicht realisierbar ist. Sie wird staatlich subventioniert und abgesichert, wird aber bei den existierenden demographischen Strukturen bald an finanzielle Grenzen stoßen. Eine private Vorsorge auf Gegenseitigkeit, wie sie historisch die Familie darstellte, ist aber für die Zukunft ebenfalls denkbar.

Gerade die Debatte über die Altersversorgung zeigt, wie beliebig zwischen möglichen Lösungswegen hin- und hergesprungen wird. Und wenn dann noch die anderen Systeme sozialer Sicherung hinzukommen, wird deutlich, dass ohne klare langfristige Perspektive entlang eines oder mehrerer Szenarien eine tragfähige Lösung nicht in Sicht kommen kann.

Besonders ungewohnt wird für Regierende und Regierte sein, den Nutzen von Elementen des zivilgesellschaftlichen Szenarios zu erkennen. Das Spektrum der zivilgesellschaftlichen Akteure reicht von der lokalen Selbsthilfegruppe bis hin zum professionell organisierten Umweltverband. Sie gewinnen zunehmend Einfluss auf Unternehmen und Regierungen. Sie arbeiten mit öffentlichem Druck und organisieren Handlungen zwischen Betroffenen. Es fällt uns allen noch schwer, uns die wirtschaftlichen und politischen Prozesse eines zivilgesellschaftlichen Szenarios vorzustellen, aber – und das ist der einzige Hinweis, den ich mir als Soziologe erlaube – ohne stärkere zivilgesellschaftliche Elemente wird sich die entstandene Situation nicht in eine neue, möglichst viele Menschen einschließende neue Ordnung unserer Gesellschaft weiterentwickeln lassen.

Das etatistische Szenario beschreibt den Status quo. Das marktradikale Szenario ist gelegentliches Wunschdenken, aber in seinen Auswirkungen ebenso ungewohnt, wie der Nutzen eines zivilgesellschaftlichen Szenarios. Es wird zukünftig darauf ankommen, aus den drei Szenarien einen neuen Blumenstrauß zusammenzustellen – der alte ist verwelkt.

Dabei ergibt sich allein aus der soziologischen Analyse des Gegenwärtigen und des Vergangenen keineswegs zwingend ein bestimmter Weg. Mehrere Zukünfte sind denkbar, eben nicht – um ein bekanntes Beispiel zu nennen – nur der Kommunitarismus. Im Gegenteil: Die Szenarien zeigen, dass es eine Vielzahl von Perspektiven gemeinsamen Lebens gibt.

Damit ich nicht mißverstanden werde: Selbstverständlich sehe ich es als meine Aufgabe an, als Gesellschaftswissenschaftler an gesellschaftspolitischen Debatten teilzunehmen. Ich tue das, indem ich meine wissenschaftlichen Kenntnisse, meine politische Überzeugung, meine Lebenserfahrung bei der Formulierung gesellschaftlicher Utopien zusammenbringe, mal in Essays, mal in der Beratung von Menschen aus Politik und Wirtschaft.

Soziologen wie ich sind Experten für gesellschaftliche Prozesse und soziale Netzwerke, aber nicht für die Beschreibung einer optimalen Lösung, der ‚guten', das heißt der richtigen Gesellschaft zuständig, wie manche Kollegen meinen. Wie zukünftig ihr gemeinsames Leben organisiert sein soll, das müssen die Menschen, zu denen gewiss auch Soziologen gehören, gemeinsam selbst herausfinden. Aber ob das nun das Neue ist – wer weiß.

Demokratie und Öffentlichkeit: ein supranationales Dilemma

Heidrun Abromeit

Seit Anfang der 90er Jahre plagt die Politikwissenschaft sich mit dem ‚Demokratiedefizit' der Europäischen Union herum (vgl. Abromeit 2001). Lösungen des Problems scheinen nirgendwo in Sicht. Der an und für sich ingeniöse Versuch, das Problem durch Verweis auf ‚output-Legitimierung' zu entschärfen (z. B. Majone 1994; Scharpf 1999), wenn nicht gar gegenstandslos zu machen, scheitert am Mangel adäquater Kriterien: Welcher Art von output – und ab welchem Schwellenwert – wäre denn die legitimierende Wirkung zuzuschreiben; ist überall akzeptabel, was in einem Land als legitimierender output gelten mag, bzw. wie wäre Akzeptanz hier mit Nicht-Akzeptanz dort zu diskontieren; und bedarf es zur Beantwortung solcher Fragen nicht doch irgendeines ‚demokratie-ähnlichen' inputs...? Vorschlägen wiederum, wie eine angemessene ‚input-Legitimierung', sprich Demokratisierung aussehen könnte, wird zumeist – und mit einiger Berechtigung – der fehlende ‚Demos' bzw. die fehlende Infrastruktur entgegengehalten.

Politikwissenschaft und Demokratietheorie stehen hier offenbar vor einem Dilemma. Theoretisch gefasst lautet es: Wie lässt sich Demokratie vom Nationalstaat abgelöst, also tendenziell ‚entgrenzt', konzeptualisieren; eher praktisch gemünzt ist die Frage nach Ansatzpunkten für eine supranationale ‚öffentliche Sphäre' und damit nach den Konstitutionsbedingungen eines supranationalen ‚Demos'. Vor allem in praktischer Hinsicht bildet der Nexus von Demos und Öffentlichkeit den Kern des Problems – aber vielleicht auch den Keim seiner Lösung. Die Fragestellung ist also nicht zuletzt medienwissenschaftlicher Natur.

Der folgende Beitrag erhebt nicht den Anspruch, eine befriedigende Lösung des Problems zu präsentieren – eher im Gegenteil. Primär wird er Fragen stellen; bestenfalls mag er Ansatzpunkte liefern, in welcher Richtung weiter gedacht und gesucht werden muss. Und statt auf empirische Befunde wird er auf Anknüpfungspunkte zu medienwissenschaftlicher Forschung verweisen, wie sie im Umkreis von Heribert Schatz geleistet wird.

1. Ein demokratietheoretischer Suchlauf – oder die Frage nach Ei oder Henne

In der klassischen Demokratietheorie spielt das Konzept der Öffentlichkeit eine zentrale Rolle – so zentral, dass Demokratie ohne Öffentlichkeit nicht gedacht werden kann.[1] Dagegen kann Öffentlichkeit durchaus ohne Demokratie gedacht werden. Zum einen ist es das ältere Konzept: Herrscher ‚repräsentierten', im Sinne der ‚öffentlichen' Zurschaustellung ihrer Macht, vor einem (undifferenzierten und nicht zum Bewusstsein seiner selbst gekommenen) Publikum. Zum anderen intendierte, als die arcana imperii prekär wurden, der Ruf nach Öffentlichkeit zwar die Kontrolle von Macht und Herrschaft, nicht aber unbedingt zugleich auch demokratische Partizipation oder gar ‚Selbstregierung'. Wenn denn – wie etwa Kants Überlegungen zur ‚Publizität' nahe legen – das Übereinstimmen staatlicher Gesetze „mit dem allgemeinen Zweck des Publikums (der Glückseligkeit)" durch ihre Öffentlichkeit gewährleistet ist (1795; in Kant 1965: 149 f.), dann bedarf es eigentlich keiner Demokratisierung, jedenfalls nicht, wenn als oberstes Ziel (politik-) philosophischer Bemühung das ‚gute Regieren' und die Auflösung von Herrschaft in Vernunft figurieren. So meint etwa auch Benjamin Constant (1814), auf Demokratie verzichten zu können: Im Licht der Öffentlichkeit (lies: Pressefreiheit) werde kein Despotismus und keine „unmoralische Politik" sich lange halten können; die volle Freiheit der „Aussprache" ist folglich ein hinreichender Garant ‚guter' Politik und ‚vernünftiger' Reformen.

Demokratie hingegen bedarf der ständigen Diskussion, des Austauschs von Argumenten, des Wettbewerbs der Meinungen und nicht zuletzt der Information; und wo anders soll all dies stattfinden als in der Öffentlichkeit? Dies gilt für die direkte Demokratie (obwohl bei Rousseau die ‚opinion publique' nicht die herausragende Rolle spielt, die man erwarten könnte, weil in den von ihm vorgestellten homogenen Einheiten der ‚Konsens der Herzen' (Habermas 1962: 113) langwierige Deliberation überflüssig zu machen scheint) ebenso wie für die repräsentative Demokratie, in der es darauf ankommt, dass die Entscheidungen der Repräsentanten sich nicht zu weit von den Wünschen der Repräsentierten entfernen. Es gilt um so mehr, als die liberalen Klassiker ihre demokratischen Postulate am Idealbild der ‚guten', ‚vernünftigen' Politik rechtfertigen. Öffentliche Diskussion, das „öffentliche Räsonnement der zum Publikum versammelten Privatleute" (Habermas 1962: 38 ff.) bleibt – auch für Demokraten – deren Garant; erst die Chance des Sieges des jeweils besten Arguments macht die Beteiligung Aller an den öffentlichen Angelegenheiten plausibel; nur die durch Öffentlichkeit erzwungene Diskontierung der eigenen (‚interessierten', ‚partikulären') Meinung durch andere, entgegenstehende Positionen führt im Endeffekt zu

1 Man muss nicht veralteten Konzepten anhängen, um hierauf auch weiterhin zu insistieren. So hat nicht zuletzt Heribert Schatz in zahlreichen Beiträgen – z. B. zum ‚dualen Rundfunk' – und in seiner Besorgnis um die Auswirkungen von Kommerzialisierung und „Mühlfenzelei" nachdrücklich auf die Relevanz der Qualität der modernen Massenkommunikation auf die Funktionsweise demokratischer Systeme verwiesen.

gemeinwohlorientierten Entscheidungen und verleiht demokratischer Politik ihre Legitimität.

Bei der Frage nach ‚Ei oder Henne' hat demnach das Konzept der Öffentlichkeit die Nase vorn; sie ist sowohl Konstitutionsbedingung wie Lebenselixier von Demokratie. Weniger eindeutig ist die Rangordnung im Hinblick auf das Verhältnis von Demos und Öffentlichkeit. Carl Schmitt (1926) zufolge zeichnet sich der von den Klassikern vorgestellte idealtypische Demos durch Homogenität aus, Schumpeter (1950) zufolge durch einen gemeinsamen Willen.[2] Im ersten Fall bedürfte er zu seiner Entstehung und Selbstdefinition eigentlich keiner Öffentlichkeit, im zweiten bleibt die Abfolge unklar: Wird der ‚Wille' im strengen Sinn als Definitionsmerkmal verstanden, ist der Demos vorgängig und Öffentlichkeit wiederum eigentlich überflüssig (bzw. nur der Selbstvergewisserung dienlich); nimmt man es weniger genau, kommt die Öffentlichkeit als die Sphäre, in der allein gemeinsame Vorstellungen sich entwickeln können, wieder ins Spiel – und zwar als Konstitutionsbedingung. Ohnehin macht Öffentlichkeit vor allem dann Sinn, wenn man statt Homogenität und Konsens Dissens unterstellt.[3] Sobald man die Fiktion vom Demos als einem kompakten Ganzen fallen lässt und sich auf die Ebene der Individuen begibt, die – als Bürger – gemeinsam einen Demos bilden, wird Öffentlichkeit zentral und ihre enge Verknüpfung mit dem Demos unabweisbar; denn wird das Individuum zum ‚Bürger' nicht erst durch den „öffentlichen Gebrauch der Vernunft" (Kant 1784), und bedarf es nicht erst der Schulung in öffentlicher Debatte, um ihn partizipations-tauglich zu machen (Mill 1859)? Doch erneut lässt sich einwenden: Macht nicht – andererseits – der ‚öffentliche Vernunftgebrauch' und die Beteiligung an öffentlicher Debatte erst dann Sinn, wenn man ‚mitreden' darf, das heißt schon über politische Bürgerrechte verfügt...?[4]

Ist die Frage nach Ei oder Henne überhaupt relevant? Sie ist es immer dann, wenn es um die Entstehung von Demokratie, um Demokratisierung geht. Wird der Demos als vorgängig gedacht, braucht man in seiner Abwesenheit von Demokratisierung gar nicht erst zu reden: Sie wäre nicht nur unmöglich, sondern sinnlos.[5] Ist dagegen der ‚öffentliche Raum' vorgängig, stehen wir nicht vor einem grundsätzlichen, sondern ‚nur' vor einem praktischen Problem. So ist denn die Frage im supranationalen Kontext besonders virulent. Die Mehrzahl der Autoren in der europäischen Demokratie-Debatte[6] konstatiert das Fehlen eines ‚europäischen Demos' und/oder einer

2 In unserem Kontext ist unerheblich, dass beide Autoren sich einen ‚klassischen' Strohmann zurechtbasteln.

3 S. hierzu in jüngster Zeit bes. Klaus Eder 1999a sowie Eder / Kantner 2001.

4 Neidhardt et al. (2000: 268 f.) sprechen denn auch von einer „zirkulären Verstärkung von Demokratie und Öffentlichkeitsentwicklung": erst die „tatsächliche Demokratisierung der Politik" gibt der Beteiligung „einen Sinn und verstärkt" sie.

5 Dass indessen auch in diesem Fall die Lage nicht gänzlich hoffnungslos sein muss, zeigt die inzwischen extensive ‚citizenship'-Debatte in Europa.

6 S. z. B. Chryssochoou 1998; Grimm 1994; Kielmansegg 1996; Scharpf 1999; Schmitter 1997.

demokratie-ermöglichenden Infrastruktur. Der letztere Mangel erscheint als prinzipiell reparabel (und damit wird sich dieser Beitrag im Weiteren beschäftigen), der erstere nicht – jedenfalls dann nicht, wenn man den Demos (wie z. B. Kielmansegg 1996) als durch gemeinsame Kultur und ‚kollektive Identität' geeinte „Erfahrungs- und Erinnerungsgemeinschaft" versteht. Diese Art von Gemeinschaft ist sicher medial verstärkbar; doch auch wenn man sich die Rolle von Intellektuellenzirkeln bei der Entstehung von Nationen in Erinnerung ruft, sind wohl Zweifel angebracht, ob sie in der modernen Gesellschaft medial herstellbar ist. Die Befunde der Medienwirkungsforschung jedenfalls weisen darauf hin, dass „die Möglichkeiten, durch Medienkampagnen kulturelle Identität in größerem Stil zu beeinflussen", eng begrenzt sind – nicht zuletzt wegen der Allgegenwärtigkeit der modernen elektronischen Medien, die eben darum „immer weniger aufmerksam wahrgenommen werden" (Saxer 1999: 116). Meckel (1994: 171 ff., 194, 212) scheint in diesem Zusammenhang sogar einer Art circulus vitiosus auf die Spur zu kommen: Ihr zufolge scheitert nämlich die Europäisierung der Massenmedien und damit ihr Vermögen, zur Ausbildung einer europäischen Identität beizutragen, eben an der mangelnden europäischen Identität der Adressaten.[7]

2. ‚Supranationale Demokratie' als theoretisches Problem

„Die Frage der Demokratie stellt sich nicht dort, wo es ein Volk gibt, sondern dort, wo Macht entsteht" (Puntscher Riekmann 1998: 204). Dass in Europa ein neues, supranationales Machtzentrum entstanden ist, ist unbestritten. Da die in diesem Machtzentrum gefällten Entscheidungen von unmittelbarer Wirksamkeit für die Bürger sind, ist das Erfordernis einer Demokratisierung unabweisbar. Was aber, wenn Demokratisierung nicht möglich ist: Gehen wir dem „Ende der Demokratie" (Guéhenno 1994), einem neuen Zeitalter der „guardianship" (Dahl 1989: 320) entgegen?

Das Dilemma, mit dem wir in der EU zu tun haben, stellt sich folgendermaßen dar:[8] (1) Es gibt anerkanntermaßen keine ‚europäische Nation' mit gemeinsamer Kultur etc., also keinen Demos als ‚kollektives Subjekt' im Kielmansegg´schen Sinne. (2) Schlimmer noch, die neue, supranationale Politik hat keine festen Grenzen – zum einen, weil sie sich in einem langsamen Erweiterungsprozess ‚mit offenem Ausgang' befindet, zum anderen wegen des Phänomens der ‚variablen Geometrie', mit engeren und weiteren Kreisen, mit unterschiedlichen Geschwindigkeiten der Inte-

7 Ähnlich, wenn auch eher theoretisch gefasst, neuerdings Neidhardt et al. 2000: 276 ff.

8 Vgl. Abromeit / Schmidt 1998; 2000.

gration, mit unterschiedlichen Reichweiten europäischer Politik und folglich unterschiedlichen ‚Betroffenheiten' von europäischen Regelungen. (3) Aus beiden Gründen ist im europäischen Fall eine klare Scheidung von innen (der Demos) und außen (seine Umwelt) unmöglich. Das erschwert die Herausbildung einer europäischen ‚kollektiven Identität'; es erschwert aber vor allem – dies auch in praktischer Hinsicht – die Festlegung des Kreises derer, die als Bürger ggf. mitzubestimmen hätten. (4) Indessen macht das Verschwimmen der Grenzen zwischen innen und außen die ‚exit'-Option zunehmend unrealistisch; um so dringlicher wäre es darum, ‚voice' zu ermöglichen. (5) Supranationale Entscheidungszusammenhänge sind im Allgemeinen funktionaler (statt territorialer) Natur. Auch hier gibt es kein ‚Auswandern': Funktionaler Betroffenheit lässt sich kaum entkommen.

Wir stehen demnach vor einem (mindestens) dreifachen – zunächst theoretischen – Problem: (1) Es gibt ein neues Entscheidungszentrum, dessen Basis – die Entscheidungs-Betroffenen – , was Identitäts- und Bewusstseinsbildung, Organisation etc. betrifft, quasi hinterherhinkt; und wir wissen nicht, wie beide Seiten, ‚oben' und ‚unten', auf vergleichbaren Stand gebracht werden können. (2) Wir haben ein Ungewissheits-Problem: Wir wissen nicht, wer wann ‚dazu gehört' und folglich als Bürger partizipationsberechtigt ist. Die gängige Methode der Demokratisierung großer Einheiten, die über die Schiene der Repräsentation, scheidet demnach aus, denn Repräsentation macht nur Sinn, wenn man die Grundgesamtheit kennt. Nun lässt eine Grundgesamtheit sich im Allgemeinen in Teileinheiten aufsplitten[9]; doch in Sachen Repräsentation hülfe uns dies nur dann weiter, wenn sich die Teilgesamtheiten ihrerseits sauber abgrenzen ließen (s. dazu weiter u.). (3) Obendrein haben wir ein Problem mit der Kongruenzbedingung der Demokratie, der zufolge Nicht-Betroffene besser nicht über Betroffene entscheiden sollten, weil das zu Ungerechtigkeit, wenn nicht gar zu Ausbeutung führt. Ein am neuen Entscheidungszentrum angesiedeltes Parlament etwa wird weder der ‚variablen Geometrie' noch dem funktionalen Charakter europäischer Politik gerecht, führt also zu Inkongruenzen (und damit zu ‚guardianship').

Eine erste vorsichtige Folgerung aus dieser Problemlage ist die, dass im supranationalen Kontext vielleicht nicht so sehr Demokratisierung generell unmöglich ist als vielmehr Demokratisierung auf dem konventionellen, repräsentativ-parlamentarischen Wege. Zweitens wird man sich wohl – notgedrungen – von der Vorstellung des *einen* kompakten Demos verabschieden müssen und stattdessen besser versuchen, über die Konzeptualisierung verschiedener Gruppierungen – ‚multipler Demoi' – weiterzukommen. Drittens schließlich sei daran erinnert, dass auch die alteuropäischen Nationalstaaten nicht mit einem Schlage und mit voll entwickeltem, ‚fertigem' Demos ins Leben traten, sondern die Nationen sich allmählich, in mühsamen und z. T. schmerzhaften Prozessen herausbildeten oder zusammenrauften – oder sogar die Anerkenntnis ihrer Nicht-Homogenität zur Basis der (quasi-) Gemeinschaftsbildung machten. Ohne damit die Nationalstaatsbildung zum allein seligmachenden Modell

9 Hierauf baut das Konzept der ‚assoziativen Demokratie' auf (s. z. B. Hirst 1994).

erklären zu wollen, lässt sich supranational hieraus die Lehre ziehen, dass die Entwicklung zu welcher Art von Vergemeinschaftung auch immer schrittweise vor sich gehen wird: im Wechselspiel der Realisierung von Betroffenheit, der Artikulation von Interessen und der zunehmend grenzüberschreitenden öffentlichen Debatte und Selbstvergewisserung. Und damit kommt die Öffentlichkeit wieder ins Spiel: Funktioniert sie auch transnational?

3. Ein empirisches Suchprogramm: Ansatzpunkte transnationaler Öffentlichkeit

a. Ein Konzept transnationaler, multipler Demoi

Wenn wir davon ausgehen, dass Demokratie im Kern Selbstbestimmung der Individuen intendiert und demokratische Institutionen darauf abzielen, ein Modicum an Selbstbestimmung auch dort zu erhalten, wo kollektive Entscheidungen – und damit Entscheidungen *über* Individuen – unumgänglich sind, dann bekommt die Vorstellung vom Demos einen anderen Sinn und Stellenwert als gängigerweise von Demokratietheoretikern angenommen. Nicht Einheit und Gemeinschaft stehen dann im Vordergrund, sondern die Präferenzen der potentiell Entscheidungs-Betroffenen bzw. -Unterworfenen. Das Konzept der notwendigen ‚kollektiven Identität' kommt erst zu einem späteren Zeitpunkt ins Spiel: wenn es um die Suche nach adäquaten Entscheidungsverfahren geht (so setzt die Mehrheitsregel Loyalität und damit ein höheres Maß an ‚kollektiver Identität' voraus als die Einstimmigkeit, da das Überstimmtwerden ertragen werden muss) oder wenn bestimmt werden soll, welche Typen von Politik legitimerweise möglich sind (z. B. erfordert redistributive Politik ein relativ hohes Maß an Solidarität und damit an Zusammengehörigkeitsgefühl).

Die vielen Einzelnen, die ihre Präferenzen zur Geltung bringen und (noch dringlicher) unliebsame Entscheidungen abwenden wollen, brauchen hierzu zunächst noch keine Gruppenidentität. Sie brauchen ‚nur' die Kenntnis ihrer eigenen Präferenzen, Information über das, was kollektiv zur Entscheidung ansteht, und ein Bewusstsein ihrer Betroffenheit. Wo und wie auch immer über (Teil-)Gesamtheiten entschieden wird: Vielfach sind davon, territorial betrachtet, nicht ‚alle' betroffen. All jene, die objektiv die Entscheidungsfolgen zu tragen haben, lassen sich im Sinne der Gruppentheorie als Referenzgruppe verstehen. Solche quasi-Gruppen sind sektoral geprägt und immer dort, wo die Entscheidungen in supranationalen Instanzen fallen, zwangsläufig transnational. Der erste Schritt zur Bildung einer ‚manifesten Gruppe' ist der erwähnte subjektive Faktor des Bewusstseins der eigenen Betroffenheit sowie des Faktums, dass man nicht als Einzige(r) betroffen ist. Sind die tangierten Präferenzen/Interessen hinreichend stark, spezifisch und dauerhaft, werden sie hinreichend häufig verletzt und finden sich hinreichend viele ‚Aktivisten', würde die Gruppe sich organisieren. Bei vielen Interessen kann dies indessen nicht vorausgesetzt werden[10] – weil sie zum Beispiel zu unspezifisch sind oder nur fallweise aktualisiert werden; bei anderen erscheint die Erfolgswahrscheinlichkeit kollektiver Aktion von vornherein so gering, dass Organisation sich ‚nicht lohnt'. Sich allein darauf zu verlassen (wie es die Pluralisten tun), dass die Leute qua Organisation ihre Interessen zur Geltung bringen werden, führt darum stets zu asymmetrischen Formen der Beteiligung. Hinzu kommt, dass die Einzelnen über höchst diverse Präferenzen verfügen; sie müssten sich folglich doppelt und dreifach organisieren. Man kann sich auch schwerlich zu jeder Einzelfrage organisieren, die auf der Entscheidungs-Agenda landet, selbst wenn das Bedürfnis nach Abwendung der Folgen momentan noch so groß ist.

Im supranationalen Kontext gelten all diese Einwände gegen die Gruppengesellschaft oder die ‚assoziative Demokratie' (Hirst 1994) noch in weit stärkerem Maße. Während im Nationalstaat unterstellt werden kann (wenn auch nicht unbedingt mit gutem Grund), dass die nicht-organisierten/nicht-organisierbaren Interessen sich auf dem Umweg über die allgemeinen Wahlen irgendwie zur Geltung bringen, entfällt supranational diese Möglichkeit; im Hinblick auf die Wahlen zum Europäischen Parlament wäre die betreffende Annahme mehr als heroisch. Gleichwohl besteht auch hier im Prinzip der legitime Anspruch auf Mitsprache bzw. auf Abwendung von Entscheidungen, die einen negativ betreffen. Doch was lässt sich von den Einheiten erwarten, die einen solchen Anspruch erheben könnten? Zunächst haben wir nur sektorale, transnationale Referenzgruppen, objektiv zusammengebunden durch die gleiche Betroffenheit, die ihrerseits mehr oder weniger wechselhaft, das heißt temporal und issue-spezifisch ist und darum im Allgemeinen nicht in Organisation münden wird. Das einzige, was die jeweilige Referenzgruppe zu einer Einheit macht, machen kann, ist der subjektive Faktor: das Bewusstsein der Gemeinsamkeit im jeweiligen Entscheidungskontext, das Bewusstsein von ‚shared risks' (Abromeit 1998), sowie das Vorhandensein von „points of reference through which issues can be defined" (Connolly 1995: 153) – und das transnational.

Nicht *einen* transnationalen Demos können wir also voraussetzen, wenn wir die Frage der Möglichkeit supranationaler Demokratie angehen, sondern eine wechselnde Vielzahl latenter Einheiten, für die der Begriff ‚multiple demoi' (Weiler 1995) sicher zu hochgegriffen ist. Er wird hier gewissermaßen polemisch verwandt: kritisch gegen die Vertreter der ‚no demos'- These gewendet. Gleichwohl macht er demokratietheoretisch Sinn: Mit diesem Begriff insistieren wir auf dem Anspruch auf Beteiligung, der auch solchen latenten, fluiden Einheiten zukommt.

10 Vgl. die umfangreiche Literatur zum Organisationsproblem.

b. Ein Konzept sektoraler Teil-Öffentlichkeiten

Das Einzige, was die fluiden, temporalen, anonymen, nicht-vergemeinschafteten ‚sektoralen multiplen demoi' aktualisieren kann, ist Öffentlichkeit. Glaubt man der Klage über die mangelnde europäische Infrastruktur, so scheint es im supranationalen Kontext bisher gerade hieran zu hapern: „Europa hat keine öffentliche Meinung" (Die ZEIT v. 29.3.1996: 51); was Öffentlichkeit und Mediensystem betrifft, hinkt der Integrationsprozess dem ökonomischen und politischen offenbar weit hinterher (vgl. Sievert 1998: 15; Gerhards 1993: 99). Aber gibt es vielleicht Potentiale oder Ansätze, die bisher zu wenig beachtet und gewürdigt werden?[11] In mehreren Forschungszusammenhängen ist man den Knospen einer transnationalen – europäischen – Öffentlichkeit empirisch auf der Spur, so auch in zwei Einzelprojekten im DFG-Schwerpunktprogramm ‚Regieren in Europa'.

Das eine der beiden, das Projekt „Von der Herausbildung europäischer Elitenöffentlichkeit zur Europäisierung nationaler Öffentlichkeit" (Klaus Eder), zeichnet die Entstehung einer europäischen, issue-spezifischen *Teil*-Öffentlichkeit vornehmlich am Beispiel der Migrationspolitik nach.[12] Gesellschaft, so definieren Eder und Mitarbeiter, ist zuvörderst ein Kommunikationsraum; mangels des *einen* europäischen Kommunikationsraums fehlt es an der *einen* europäischen Gesellschaft (womit auch die Vorstellung des einen Demos hinfällig ist). Wohl aber aktualisieren sich issue-spezifische Kommunikationsräume und damit sektorale Teil-Öffentlichkeiten, und zwar gewissermaßen von oben induziert: als Reaktion auf das, was die europäischen Institutionen an Öffentlichkeit für bestimmte, zur Entscheidung anstehende Themen entfalten. Die Reaktionsweisen darauf werden konzipiert als ‚Resonanzstrukturen', die ‚indifferent' ausfallen können (der berühmte ‚permissive Konsens', der der Öffentlichkeit genaugenommen nicht bedarf), ‚manipuliert' (die von den Veranstaltern ‚symbolischer Politik' erwünschte Reaktion) oder ‚kritisch', d. h. in Gegenposition zu den Institutionen. Der letztere Fall zwingt die Institutionen zu zusätzlichen Rechtfertigungs-Versuchen, und so kommt der eigentliche öffentliche Diskurs, kommt die Bildung der Teil-Öffentlichkeit, eines sektoralen ‚public space' in Gang. Die Teil-Öffentlichkeit ist demnach primär negativ: „volatile publics do no longer act positively.... The voice of the people is transformed into a negative voice" (Eder 1999b: 7). Diese nicht unplausible These ist von einiger Relevanz für künftige Demokratisierungs-Schritte: Sie hätten den ‚negativen' Charakter zu berücksichtigen, also Widerspruchs-Möglichkeiten zu eröffnen.[13] Solche Folgerungen zieht das Projekt

11 Immerhin kommt Sievert (1998) in seiner Dissertation zu dem – vorsichtigen – Schluss, dass die europäische Öffentlichkeit „besser als ihr Ruf" sei (343). Meckel (1994) dagegen bleibt in ihrer Untersuchung des europäischen Fernsehens weit skeptischer: Das Fernsehen jedenfalls werde auch in Zukunft ein vornehmlich „national fundiertes Medium" bleiben, dessen „integrative Möglichkeiten" eng begrenzt seien (348, 351).

12 Des Weiteren zieht das Projekt die Fallbeispiele Korruption und BSE-Krise heran.

13 An die gleiche Überlegung knüpft der von Abromeit (1998) vorgelegte Vorschlag an, die weitere Demokratisierung der EU über das Instrument direktdemokratischer Vetos zu betreiben.

selbst allerdings nicht. Vielmehr baut man dort auf einen „demokratischen Funktionalismus" (Trenz / Eder 2000: 30): einen von negativer öffentlicher Resonanz induzierten Automatismus, der Selbstlegitimierung seitens der europäischen Institutionen erzwingt (sowohl ‚symbolisch' als auch mittels verstärkten Einbaus ‚deliberativer Gremien' in den Prozess der Entscheidungsvorbereitung) und in sich schon als intrinsisch demokratisch gewertet wird. Angesichts der wachsenden Zahl regelungsbedürftiger politischer Konflikte in Europa „entsteht in Europa ein Publikum, das zuhört. Dieses Publikum ist noch kein politischer Akteur im Sinne der Demokratietheorie", aber eben doch ein „potentieller Träger eines kollektiven Meinungsbildungsprozesses" und damit eine der entscheidenden Voraussetzungen einer Demokratisierung (Eder / Kantner 2001: 19): „Eine solche europäische Öffentlichkeit lässt sich durchaus als Stimme des ‚Volkes' verstehen." (ebd.: 21). „This implies that it is difficult to avoid democracy" (Trenz / Eder 2000: 30).

c. *Transnationale Codes*

Indessen sind die vom Projekt Eder aufgefundenen ‚public spaces' ausschließlich Eliten-Öffentlichkeiten. Ihr darauf aufbauendes Konzept setzt auf Vertrauen (in das, was in deliberativen Expertenzirkeln vor sich geht) statt auf Partizipation (in transnationalen Diskursen); fehlt das Vertrauen, kommt es dann gegebenenfalls zum Protest. Das Projekt fragt nur am Rande danach, inwieweit – wie, vor allem – der betreffende öffentliche Diskurs ‚unten' ankommt, und umgeht damit eine Reihe praktisch höchst relevanter Probleme wie das unterschiedlicher Sprachen, unterschiedlicher ‚nationaler' politischer Kulturen,[14] aber auch unterschiedlicher Mediensysteme: Probleme, die zwischen Experten in Politiknetzwerken meist überwunden werden können, die aber in den Blick genommen werden müssen, wenn man nach der Existenz *transnationaler* Referenzgruppen und der Möglichkeit transnationaler Demoi fragt.

Dagegen muss das Projekt „Modellüberlegungen zur Demokratisierung der Europäischen Union" (Heidrun Abromeit), das die Berücksichtigung entsprechender Entitäten durch Gewährung von Widerspruchsrechten postuliert, nachzuweisen versuchen, dass sich in verschiedenen Mitgliedsländern auf den Weg über gemeinsame ‚points of reference' gleiche Betroffenheiten artikulieren. Grundlage der Beweisführung ist ein code-theoretischer Ansatz. Er differenziert zwischen der – latenten – transnationalen Referenzgruppe, der manifesten Gruppe mit ausgeprägter Wir-Identität (die organisierten Interessen) und dem ‚transnationalen sektoralen Demos', der lediglich durch den thematischen Code oder ‚reference point' geeint ist, in sich

14 Immerhin fielen eine Reihe interessanter Einzelbeobachtungen an, wie z. B. die, dass das Problem der Korruption an der europäischen Spitze durch die nationalen Brillen jeweils höchst unterschiedlich wahrgenommen und bewertet wird (vgl. Eder / Kantner 2001: 14).

aber zugleich durchaus unterschiedliche Interessenstandpunkte vereinigt und damit die Basis eines thematisch definierten ‚public space' abgibt. ‚Negative' und ‚positive' Haltungen i. S. des Eder-Projekts sind hier demnach zusammen gebunden.

Die empirische Aufgabe in diesem Projekt war also, herauszufinden, ob es zu bestimmten, ausgewählten Themenfeldern entsprechende transnationale Codes tatsächlich gibt: Ob sich über die nationalen (und Sprach-!)Grenzen hinweg gemeinsame Problemwahrnehmungen und -definitionen herausbilden, oder ob – und inwieweit – nationale politische Kulturen, Ideologien, Mediensysteme dazwischen schießen und zu Verzerrungen führen und ob vielleicht schon die unterschiedlichen Sprachsysteme unterschiedliche Wahrnehmungen bewirken. Hierzu wird eine Befragung (Pilotstudie) in verschiedenen europäischen Ländern durchgeführt, deren Ergebnisse noch nicht ausgewertet sind. Sie sind von erheblicher Bedeutung; denn im Unterschied zum Eder-Projekt vermuten wir, dass erst die Existenz transnationaler Codes einen – demokratie-relevanten – europäischen ‚public space' konstituiert.

Dieser wiederum ist Konstitutionsbedingung für den ‚sektoralen Demos'; das heißt (wie auch im Eder-Projekt) Öffentlichkeit ist als vorgängig zur Herausbildung von Partizipationsbedürfnissen und damit von ‚demoi' konzipiert. Indessen ist zu bedenken, dass die institutionalisierte Möglichkeit von Beteiligung – z. B. in Gestalt von Widerspruchsrechten – ihrerseits die Formation von ‚public spaces' zu befördern vermag.

4. Transnationale Öffentlichkeit und nationale Medien

Im transnationalen Kontext sind die ‚public spaces' notgedrungen national vermittelt. Das fängt bei den Sprachen an und hört bei den – mehr oder weniger ‚jingoistischen' – nationalen Mediensystemen auf. Das Problem der Sprachenvielfalt in Europa belastet zweifellos den transnationalen Kommunikationsprozess mit erheblichen Transaktionskosten. Indessen sind Sprach-, Kognitions- und Bedeutungssysteme nicht identisch. Man kann wohl davon ausgehen, dass transnationale Diskurse umso leichter fallen, je spezifischer der Themenbereich und je standardisierter die bereichsspezifischen Bedeutungssysteme sind; so haben Naturwissenschaftler, Techniker, aber auch Unternehmer global nur geringe Verständigungsschwierigkeiten. Auch fundamentale Interessen können über Sprachgrenzen hinweg gemeinsame Bedeutungssysteme und Codes erzeugen, wie die Geschichte etwa der Arbeiterbewegung oder der Frauenbewegung zeigt. Das deutet darauf hin, dass sektorale Codes generell über eine spezifische kognitive Qualität verfügen, die sie von Sprachsystemen verhältnismäßig unabhängig macht und ihren Transfer von einer Sprache zur anderen erleichtert. Was Europa betrifft, so hat sich hier zudem längst die englische

Sprache zu einer ‚lingua franca' entwickelt, die allen Funktionsträgern und Eliten leicht von den Lippen geht (ironischerweise allerdings von den Briten immer weniger verstanden wird): eine vereinfachte Funktions- oder Technokratensprache, die sich von den sonstigen lebenden Sprachen dadurch unterscheidet, das sie keine gruppenübergreifende Bindungswirkung zu entfalten vermag.

Kurz: auf der Eliten-, Experten- und ‚Aktivisten'-Ebene spielt das Sprachenproblem eine geringe Rolle. Doch gilt dies auch für die Vermittlung der auf jener Ebene kursierenden Codes nach unten, zu den Referenzgruppen? Zumindest das ‚lingua franca'-Argument kann hier nicht gelten; die Kenntnis der englischen Sprache, schon gar in ihrer Gestalt als leicht verfremdeter europäischer Technokratensprache, ist in den diversen Bevölkerungen bestenfalls rudimentär verbreitet. Zudem müssen die sektoralen – vielfach hochspeziellen, z. T. mit wissenschaftlichen Begriffen bestückten – Codes in allgemeinverständliche Sprache übersetzt werden. Auf Grund der Anonymität der sektoralen Entitäten geschieht dies nicht im face-to-face Kontakt etwa in verrauchten Hinterzimmern. Die ‚Übersetzung' und Verbreitung kann vielmehr nur über nationale Medien erfolgen.

Wann aber kann – unabhängig vom Sprachenproblem – mediale Öffentlichkeit als transnational gelten, was wäre das entscheidende Kriterium? Eder (Eder / Kantner 2001: 22) schlägt vor, dass europäische Öffentlichkeit im Sinne transnationaler Kommunikation dann entsteht, wenn „nationale (oder gar subnationale) Öffentlichkeiten supranationale Institutionen als relevante Objekte öffentlicher Kritik adressieren". Dies kann natürlich in quasi isolationistischer Weise allein durch die nationale Brille erfolgen. Sein Kriterium wäre darum m. E. durch ein weiteres zu ergänzen, nämlich um das der jeweiligen Wahrnehmung von Argumenten auch aus anderen nationalen Kontexten als ‚relevant'. Von europäischer Öffentlichkeit wäre demzufolge nicht schon dann zu reden, wenn in einem Land europäische Fragen thematisiert werden; vielmehr hätte ein transnationales Diskurselement hinzuzukommen. Als drittes Kriterium könnte man (gewissermaßen im klassischen Sinn ‚bürgerlicher Öffentlichkeit') das ja auch von Eder stark gemachte Element der Herrschaftskritik nennen, das über die bloße (nationale oder subnationale) Interessenartikulation hinausweist.

Nimmt man die vorstehenden Überlegungen zusammen, stellt sich eine Reihe praktischer Fragen, die sämtlich nur empirisch beantwortet werden können: (1) Wie ausführlich informieren nationale Medien über Sachfragen europäischer Politik, ‚europäisieren' sich also inhaltlich? (2) In welchem Ausmaß findet zwischen nationalen Medien ein Austausch statt, werden Berichte und Kommentare übernommen, gibt es im Diskurs-Sinne einen ‚free flow of information'? (3) Bildet sich in Ansätzen ein europäisches Mediensystem heraus?

Empirische Befunde zu diesen Fragen liegen bisher nur wenige vor[15]; deswegen hier nur eine Reihe mehr oder weniger kursorischer Bemerkungen, die zugleich als Aufforderung zu weiterer Forschung zu verstehen sind.

Zu (1): Die erste Frage lässt sich nur über umfangreiche vergleichende Inhaltsanalysen und im Zeitvergleich zureichend beantworten – und entsprechende Untersuchungen liegen meines Wissens bisher kaum vor. Gerhards kam 1993 (102 ff.) auf eher magerer empirischer Basis zu einem negativen Befund und bemängelte die geringe Aufmerksamkeit, die die nationalen Medien europäischen Themen zollen. Im Jahre 2001 legt die notgedrungen bruchstückhafte und selektive Primärerfahrung die These nahe, dass europäische Sachthemen in den nationalen Printmedien zwar eine wachsende Rolle spielen, aber primär durch die nationale Brille betrachtet und bewertet werden (vgl. auch Sievert 1998). Je nach Brisanz und kontinuierlicher Relevanz des Themas lassen sich immerhin ‚Themen-Karrieren' mit zunehmender Transnationalisierung des Blickwinkels beobachten (wie etwa im Fall von BSE und von genetisch manipulierten Organismen): Anfangs eher nationalistische Sichtweisen (‚die Franzosen und die Deutschen wollen die britischen Farmer vom Markt drängen'...) weichen mit der Zeit – teilweise – sachlichen Darstellungen, die dem übernationalen Stellenwert des Problems Rechnung tragen. Im Eder'schen Sinne könnten sich hierin veränderte ‚Resonanzstrukturen' niederschlagen, d. h. der Wechsel von Indifferenz zum Protest. Wachsende Ängste von Verbrauchern drängen offenbar den (engen) Erzeuger-Standpunkt in den Hintergrund und zeigen damit überdies an, dass das überkommene Bild von der ‚Volkswirtschaft' hinfällig wird: Während die Erzeuger vorrangig (z. T.) noch nationale Interessen verfolgen, fühlen die Verbraucher sich zunehmend ‚übernational' betroffen.

Zu (2): Der ‚free flow of information' wird natürlich zu einem gewissen Maß über die international arbeitenden Nachrichtenagenturen sichergestellt. Ein Austausch zwischen Medien aus verschiedenen Mitgliedsländern scheint aber die Ausnahme zu sein; vor allem Kommentare aus anderen Ländern werden in aller Regel nicht übernommen – und wenn überhaupt, dann in polemischer Absicht. Zwar gibt es europäische Verleger- und Journalistenverbände und fand z. B. 1991 eine „Europäische Tagung der Presse" statt (vgl. Kleinsteuber et al. 1994: 83 ff.), doch ging und geht es dabei nicht etwa um internen Austausch, sondern ausschließlich um Interessenvertretung gegenüber den europäischen Institutionen.[16] Initiativen zu einer verstärkten inhaltlichen Europäisierung der (Print-)Medien ergaben sich bisher nicht und sind auch nicht intendiert. So kommt Sievert (1998: 347 ff.) zu dem Fazit, dass von einem „einheitlichen kommunikativen Integrationsprozess" (jedenfalls im Bereich der Printmedien) nicht die Rede sein könne, sondern bes-tenfalls von „europäisierten nationalen (...) Kommunikationsräumen". In ihrer Untersuchung zum europäischen

15 Einschlägige Veröffentlichungen machen denn auch vorwiegend Forschungslücken und ‚Desiderata' aus – so auch Sievert (1998) in einer der wenigen vorliegenden vergleichenden empirischen Studien.

16 Pikanterweise gehörte zu den Anliegen der Verbände, Probleme, die sich aus der Pressekonzentration ergeben, doch bitte schön allein auf nationaler Ebene zu regeln (ebd.: 88).

Fernsehen macht Meckel (1994) zwar Ansätze zu zunehmender Vernetzung (insbes. der Kommunikationskonzerne und der Werbeagenturen), ja sogar eine Netzwerkbildung bei Programmproduktion und Programmaustausch aus, doch bezieht die sich offenbar ausschließlich auf die Filmproduktion (und deren finanzielle Förderung) sowie auf organisatorisch-institutionelle Aspekte (128 ff., 351 f.). Was die inhaltlich-thematische Ebene betrifft, meldet auch sie Fehlanzeige.

Zu (3): „Medien in Europa orientieren sich entweder an den geschlossenen nationalen Räumen oder aber an Sprachräumen." (Kleinsteuber et al. 1994: 139). Abgesehen von fachspezifischen Medien sind europäische Medien-Versuche bisher Ausnahmen, z. T. auch kurzlebig geblieben. Die (ursprünglich Tages-, später Wochen-) Zeitung *The European* wurde 1998 eingestellt; ein ‚Europa-TV' überlebte nur für ein gutes Jahr (1985/86); *Euronews* als kooperativ-europäische Nachrichtensendung kämpfte hart ums Überleben und wurde 1997 schließlich von ITN übernommen. Einigermaßen erfolgreich waren bisher nur die Spartenkanäle Eurosport und MTV. Wenn Schlesinger / Kevin (2000) trotzdem davon sprechen, dass Europa über hinreichende ‚public spheres' und eigene Medien verfügen, so stützen sie sich weitgehend darauf, dass z. B. die ökonomischen Eliten in Europa dieselben Blätter (namentlich die *Financial Times* und den *Economist*) lesen. Allerdings dürfte es sich dabei mehr um Internationalisierung denn um Europäisierung handeln. Ähnliches gilt für Nachrichtenkanäle wie z. B. BBC World, zumal die sich am Vorbild von CNN orientieren.

Der unterentwickelte Europäisierungsgrad des Mediensystems muss insofern erstaunen, als jedenfalls die elektronischen Medien technisch betrachtet keine Raumgrenzen kennen. Auch die weit vorangetriebene Kommerzialisierung dieser Medien begünstigt ihre Internationalisierung. Natürlich findet die in der Tat statt, doch bisher nicht im Sinne einer Europäisierung, sondern – wie Kritiker befinden – eher im Sinne einer ‚Amerikanisierung', der Uniformierung einer amerikanisch beeinflussten Massenkultur. So sind in den privaten Fernsehsendern vieler europäischer Länder dieselben oder sehr ähnliche Soaps, Spielshows und dergleichen zu sehen, doch handelt es sich dabei überwiegend um amerikanische Anleihen. Die (Unterhaltungs-) Inhalte der Sender werden damit eintöniger, aber nicht europäischer. Polemisch überspitzt könnte man folgern, dass das ‚global village' deutliche Züge einer amerikanischen Kleinstadt aufweist.[17] Immerhin zeigt dies, dass der Ausweitung der Kommunikationsräume prinzipiell weder nationale noch Sprachgrenzen entgegenstehen. Grenzen ziehen indessen die Interessen der Werbewirtschaft, der, solange das Kaufverhalten noch nicht völlig uniform geworden ist, an homogenen Kommunikationsräumen gelegen sein muss. Sie zwingen den Programmanbietern das Quotendik-

17 S. z. B. die Kritik von Müller-Doohm 1999: 87 ff. Meckel (1994: 182) zufolge ist dies allerdings eine ‚ideologische' Sichtweise. Statt mit einer hegemonialen Kultur hätten wir vielmehr mit einer „internationalen Standardisierung der Programmformate" zu tun, „die sich aus der Kommerzialisierung des Fernsehens... und allgemeineren Trends hin zu einer modernisierten und globalisierten Kultur überhaupt ergibt" – und in diesem Prozess spielten die amerikanischen Kommunikationskonzerne lediglich die „Vorreiterrolle".

tat auf und verweisen darum auf die entscheidende und bisher offenbar ‚harte' Grenze der Ausweitung der Kommunikationsräume, nämlich auf die Sehgewohnheiten der – nationalen – Publika: Den ‚Euro-Zuschauer' – so Meckel (1994: 194, 352) – gibt es nämlich (noch) nicht, ebenso wenig wie das „apriorische Integrationsbedürfnis" der europäischen Demoi.

Der fehlende Euro-Zuschauer[18] in Kombination mit dem speziellen Interesse der Werbewirtschaft wird vermutlich die europäisierende Wirkung des Aufkommens europäischer Medienkonzerne und der zunehmenden Verflechtung der Konzerne bis auf Weiteres in Schach halten. Noch sind die großen Konzerne (Murdoch, Kirch, Berlusconi, Bertelsmann u. a.) aber ihrerseits offenbar primär national orientiert; die Aufkäufe und Kapitalverflechtungen führen – noch – nicht zur inhaltlichen Egalisierung (abseits der Unterhaltungs-Sparte). Man mag sich eine solche Entwicklung auch nicht eben wünschen, würde sie doch auf eine Europäisierung im Sinne marketingorientierter Profitinteressen hinauslaufen. Zu lange schon steht die europäische Integration ohnehin einseitig im Zeichen von eng definierten Wirtschaftsinteressen.

5. Defizite europäischer Öffentlichkeit

Die vorliegenden medienwissenschaftlichen Befunde sind also einigermaßen ernüchternd. Wenn Europäisierung der Öffentlichkeit neben dem Vorhandensein paneuropäischer Programmangebote (1) die Ausbreitung einer europäischen Nachrichten-Agenda erfordert, (2) ein ‚europäisiertes' Rezipienten-Verhalten sowie (3) ein Selbstverständnis der Rezipienten im Sinne einer „citizenship... transcending the level of the member nation-states" (Schlesinger / Kevin 2000: 228), dann befinden wir uns quasi noch im nationalstaatlichen Urzustand. Dann müssen wir außerdem folgern, dass das „Öffentlichkeitsdefizit" der EU das Demokratiedefizit nicht nur verursacht (Gerhards 1993: 99), sondern – schlimmer – seine Behebung verhindert. Die Frage ist, ob man man die Latte nicht etwas tiefer hängen kann. Im Sinne der oben aufgeführten Kriterien sieht die Lage nämlich nicht ganz so düster aus, denn sowohl im Sinne der Adressierung der europäischen Institutionen (1) als auch im Sinne von Herrschaftskritik (3) lassen sich, wie die skizzierten Projektergebnisse zeigen, jedenfalls sektoral Ansätze zu transnationaler europäischer Kommunikation ausmachen.

18 Zum ‚europäischen Publikum' vgl. auch Neidhardt et al. (2000: 275 ff.), die allerdings dessen Entstehung an die vorherige Herausbildung europäischer „Gemeinsamkeitsgefühle" knüpfen, also gewissermaßen einen (Quasi-)Demos voraussetzen (s. dazu o., 1.).

Offen bleibt, was aus diesen zarten Pflänzchen wird. Zwar „entstand Europa in der Verdichtung von Kommunikation“ (Kleinsteuber et al. 1994: 50)[19], doch wie in den vergangenen Jahrhunderten findet solche ‚Verdichtung‘ auch heute fast ausschließlich auf der Ebene von Eliten statt. Des Weiteren ist Öffentlichkeit in Europa heute ein Ensemble verschiedenster funktionaler oder sektoraler Teil-Öffentlichkeiten. Es fehlt deren Verklammerung; außerdem müssen sie weitgehend ohne institutionalisierte Foren auskommen. Damit ermangelt europäische Öffentlichkeit sowohl des Über- wie des Unterbaus.

In unserem Kontext ist vor allem das Letztere misslich. Die vorangegangenen theoretischen Überlegungen verweisen auf die enge Verknüpfung von Demokratie, Demos und Öffentlichkeit. Schon im ‚normalen Staat‘ stellt sich Öffentlichkeit als essentielle Konstitutionsbedingung eines Demos dar und läuft Demokratisierung ohne Öffentlichkeit ins Leere. Um wieviel mehr gilt dies im supranationalen, tendenziell ‚entgrenzten‘ Kontext, in dem es ‚den‘ Demos im klassischen Sinn nicht gibt noch geben kann. Denkbar scheinen hier allein sektorale Demoi in funktional bestimmten ‚public spaces‘. Sie können sich nicht anders als solche erkennen – und also konstituieren – als über die entsprechenden transnationalen öffentlichen Diskurse; das heißt der Konnex ist hier so eng, dass Öffentlichkeit (bzw. Teil-Öffentlichkeit) quasi an die Stelle des (sektoralen) Demos tritt. Die Wahrnehmung des Sektors wie die Wahrnehmung der eigenen (temporären) Zugehörigkeit zu ihm erfolgt über die Rezeption des betreffenden Diskurses: Sie entscheidet über Inklusion und Exklusion. Für die aktiven Teilnehmer an dem jeweiligen Diskurs gilt dies natürlich nicht; noch stellt sich für die einschlägigen Experten ein Problem, da sie Sprachgrenzen überspringen und die fachspezifischen Codes ihnen vertraut sind. Die Gruppe der Betroffenen aber – die Referenzgruppe – bedarf der ‚Übersetzung‘; sie können den relevanten Diskurs nur über den Filter der nationalen Medien rezipieren. Das heißt zum einen, dass der Diskurs mutmaßlich mit etlichen Verzerrungen bei ihnen ankommt; das bedeutet zum anderen, dass letztlich die nationalen Medien – entweder die dort obwaltenden nationalistischen Codes oder die ökonomischen Interessen ihrer Eigner oder beides – über Inklusion und Exklusion bestimmen. Demnach sind die ‚neuen‘ transnationalen sektoralen – latenten – Demoi in einem entscheidenden Punkt nicht ‚selbst-bestimmt‘: Sie haben keinen Einfluss auf ihre eigenen Grenzen.

Die – objektiv unabweisbare – weitere Demokratisierung der EU steht damit vor einem gravierenden Problem: Sie wird, in welcher Form sie auch immer erfolgt, absehbar neue Asymmetrien erzeugen. Doch mögen wir uns vorläufig damit trösten, dass keine Demokratisierung je symmetrisch verlief.

19 Vgl. auch Hartmut Kaelble 1999.

Literatur:

Abromeit, Heidrun (1998): Democracy in Europe. New York/Oxford.

Abromeit, Heidrun (2001): The Constitutionalisation and Democratisation of the European Union: Political Science between Interpretation and Prescription. In: Haller, Max (ed.): The Making of the European Union. Heidelberg: 175-197.

Abromeit, Heidrun / Schmidt, Thomas (1998): Grenzprobleme der Demokratie: konzeptionelle Überlegungen. In: Kohler-Koch, Beate (ed.): Regieren in entgrenzten Räumen. PVS-Sonderheft. Opladen: 293-320.

Abromeit, Heidrun / Schmidt, Thomas (2000): The riddle of borderless democracy: on the search of transnational demoi. Paper presented to the IPSA World Congress, Research Committee 3, Panel 2. Quebec: August 2000.

Chryssochoou, D. N. (1998): Democracy in the European Union. London/New York.

Connolly, William (1995): The Ethos of Pluralization. Minneapolis.

Constant, Benjamin (1814): Vom Geist der Eroberung und der Anmaßung der Macht (Hrsg. von Hans Zbinden (1942). Bern.

Dahl, Robert A. (1989): Democracy and its Critics. New Haven (Conn.): Yale.

Eder, Klaus (1999a): Integration durch Kultur? Das Paradox der Suche nach einer europäischen Identität. In: Reinhold Viehoff / Rien T. Segers (Hrsg.): Kultur Identität Europa. Frankfurt a. M.: 147-179.

Eder, Klaus (1999b): The Making of a European Public. An Inquiry into Transnational Forms of Relating Politics and Society. Paper prepared for the IPSA Conference on Globalisation, Regional Integration and Democratic Governance. Brussels: 2+3 Dec. 1999.

Eder, Klaus / Kantner, Cathleen (2001): Transnationale Resonanzstrukturen in Europa. Erscheint in: KZfSS – Sonderheft, hrsg. von M. Bach. Die Europäisierung nationaler Gesellschaften. Opladen/Wiesbaden.

Gerhards, Jürgen (1993): Westeuropäische Integration und die Schwierigkeiten der Entstehung einer europäischen Öffentlichkeit. In: Zeitschrift für Soziologie, Jg. 22: 96-110.

Grimm, Dieter (1994): Braucht Europa eine Verfassung? München: Carl-Friedrich-von-Siemens-Stiftung.

Guéhenno, Jean-Marie (1994): Das Ende der Demokratie. München/Zürich.

Habermas, Jürgen (1962): Strukturwandel der Öffentlichkeit. Neuwied.

Hirst, Paul (1994): Associative Democracy. Cambridge/Oxford.

Kaelble, Hartmut (1999): Die europäische Öffentlichkeit in der zweiten Hälfte des 20. Jahrhunderts – eine Skizze. In: Geschichte und Emanzipation. Festschrift für Reinhard Rürup. Hrsg. von M. Grüttner u.a. Frankfurt/New York: 651-678.

Kant, Immanuel (1784): Was ist Aufklärung? In: Kant, Politische Schriften, hrsg. von O. H. von der Gablentz (1965). Köln/Opladen.

Kant, Immanuel (1795): Zum ewigen Frieden. In: Kant, Politische Schriften, hrsg. von O. H. von der Gablentz (1965). Köln/Opladen.

Kielmansegg, Peter Graf von (1996): Integration und Demokratie. In: Markus Jachtenfuchs / Beate Kohler-Koch (eds.): Europäische Integration. Opladen: 47-72.

Kleinsteuber, Hans J. / Rossmann, Torsten (eds.) (1994): Europa als Kommunikationsraum. Opladen.

Majone, Giandomenico (1994): The European Community: An 'Independent Forth Branch of Government'? In: Gert Brüggemeier (ed.): Verfassungen für ein ziviles Europa. Baden-Baden: 23-44.

Meckel, Miriam (1994): Fernsehen ohne Grenzen? Europas Fernsehen zwischen Integration und Segmentierung. Opladen.

Mill, John Stuart (1859): Über Freiheit. Deutsche Ausgabe (1969): Frankfurt a. M.

Müller-Doohm, Stefan (1999): Kulturelle Identität im Zeitalter der globalen Medienkultur. In: Reinhold Viehoff / Rien T. Segers (Hrsg.): Kultur Identität Europa. Frankfurt a. M.: 75-97.

Neidhardt, Friedhelm / Koopmans, Ruud / Pfetsch, Barbara (2000): Konstitutionsbedingungen politischer Öffentlichkeit: Der Fall Europa. In: Hans-Dieter Klingemann / Friedhelm Neidhardt (Hrsg.): Zur Zukunft der Demokratie. Herausforderungen im Zeitalter der Globalisierung. WZB-Jahrbuch 2000. Berlin: 263-293.

Puntscher Riekmann, Sonja (1998): Die kommissarische Neuordnung Europas, Wien/New York.

Saxer, Ulrich (1999): Kulturelle Identitätsmuster und Medienkommunikation. In: Reinhold Viehoff / Rien T. Segers (Hrsg.): Frankfurt a. M.: 98-119.

Scharpf, Fritz (1999): Regieren in Europa. Effektiv und demokratisch? Frankfurt a. M./New York.

Schlesinger, Philip / Kevin, Deirdre (2000): Can the European Union become a sphere of publics? In: Erik Oddvar Eriksen / John Erik Fossum (eds.): Democracy in the European Union. London/New York: 206-229.

Schmitt, Carl (1926): Die geistesgeschichtliche Lage des heutigen Parlamentarismus. Nachdruck (1961): Berlin.

Schmitter, Philippe C. (1997): Is it Really Possible to Democratize the Euro-Polity? In: Andreas Føllesdal / Peter Koslowski (eds.): Democracy and the European Union. Berlin u. a.: 13-36.

Schumpeter, Joseph A. (1950): Kapitalismus, Sozialismus und Demokratie. Bern.

Sievert, Holger (1998): Europäischer Journalismus. Opladen/Wiesbaden.

Trenz, Hans / Eder, Klaus (2000): The Democratic Functioning of a European Public Space. Paper prepared for the IPSA World Congress. Quebec: 1-5 Aug. 2000.

Weiler, Joseph, H. H. (1995): Der Staat über alles – Demos, Telos und die Maastricht-Entscheidung des Bundesverfassungsgerichts. Jean Monnet Working Papers 7/95.

Konkordanz als Governance

Regieren in der Europäischen Union vor und nach Nizza

Heinz-Jürgen Axt

Die Bundesrepublik Deutschland gehört sicher nicht zu den ‚klassischen' Konkordanzdemokratien so wie (zumindest lange Zeit) Österreich oder die Schweiz. Es sollte freilich nicht unterschätzt werden, dass auch das Regierungshandeln in Deutschland stark durch konsensdemokratische Formen geprägt wird, indem nämlich Entscheidungen auf nationaler Ebene in immer stärkerem Maße durch eben solche auf europäischer Ebene ergänzt, überlagert oder gar ersetzt werden. Es geht in den vorliegenden Ausführungen also um folgende *These*: Auch diejenigen Mitgliedstaaten der Europäischen Union (EU), deren politisches System sich stärker an der Mehrheitsdemokratie ausrichtet, unterliegen im Rahmen der EU-Entscheidungsprozesse einem starken Trend zur Konkordanzdemokratie. Zumindest die „vitalen" Fragen werden in der EU nach diesem Muster bearbeitet. Das ist eindrucksvoll noch einmal bei der Agenda 2000 auf dem Europäischen Rat in Berlin im März 1999 bestätigt worden. Die konsensorientierte Verhandlungspolitik trifft allerdings auf zunehmende Kritik. In dem Maße, wie sich die EU um neue Mitgliedstaaten erweitert – so wird argumentiert – sei es nicht mehr möglich, an der Konsensorientierung festzuhalten. In einer Union der bis zu 27 Mitgliedstaaten entspreche dieses Politikmuster weder dem Erfordernis der Demokratisierung noch sei es hinreichend effizient. Gefordert wird also der Übergang zur europäischen Mehrheitsdemokratie. Damit kann aber die bisherige, wenn auch nur begrenzte Problemlösungsfähigkeit der EU aufs Spiel gesetzt werden. Es ist zwar zutreffend, dass bei der erweiterten Zahl der Akteure, die zudem über relativ wenig Erfahrung in der Politik des Kompromisses verfügen, das Politikmuster der Konkordanz nur schwer durchzuhalten ist. Andererseits kann die Mehrheitsentscheidung die politische Stabilität der EU gefährden. Das bisherige kompromissorientierte Aushandeln hat es ja immerhin ermöglicht, Entscheidungen auch bei widerstrebenden nationalen Interessen zu treffen. Der Vertrag von Nizza hat die EU zwar insofern erweiterungsfähig gemacht, als die den neuen Mitgliedsländern zustehenden Sitze und Stimmen in den Organen der EU festgelegt worden sind. Am grundlegenden und stark an der Konkordanz ausgerichteten Entscheidungsmuster ist indessen wenig geändert worden.

1. Die Europäisierung des Regierens – empirische Aspekte und theoretische Orientierungsunsicherheit

Gleich ob es sich um den BSE-Skandal, die Maul- und Klauenseuche, die Gleichstellungspolitik (Frauen und Dienst an der Waffe in der Bundeswehr), den Transfer von Fußballspielern oder aber den Strukturwandel in ländlichen und altindustriellen Regionen handelt – die EU mischt in all diesen Fragen kräftig mit. Man schätzt, dass deutlich mehr als die Hälfte aller auf nationaler Ebene zu treffenden politischen Entscheidungen von der EU vorbereitet, initiiert und mit entschieden werden. Ein dichtes Netz von Verordnungen, Richtlinien und Empfehlungen der EU bindet die nationale Politik. Freilich sind es oft gerade auch die nationalen Regierungen und Verwaltungen, die die EU auffordern, politisch aktiv zu werden. Die viel beklagte „Harmonisierungswut" nimmt nicht selten ihren Ausgang in den nationalen Kapitalen. So sehr man sich auch darüber einig ist, dass die EU eine zentrale Rolle bei den politischen Entscheidungsprozessen spielt, so kontrovers sind die Positionen in der Politikwissenschaft bislang, mit welchem Ansatz das Regieren in der Europäischen Union am ehesten angemessen erklärt werden kann. Konkurrierende Ansätze vermögen zwar in Teilbereichen zu überzeugen, versagen aber in anderen Anwendungsfällen. Das macht es erforderlich, knapp den Stand der Forschung zu reflektieren und Ansatzpunkte für weitere theoretische Bemühungen zu skizzieren.

2. Erklärungsdichotomien: Intergouvernementalismus versus Multi-level governance

Um das Regieren in der EU zu erklären, haben sich zwei Ansätze entwickelt, die auf besondere Resonanz gestoßen sind: der Intergouvernementalismus und der Ansatz der Multi-level governance. Der *Intergouvernementalismus* geht davon aus, dass Staaten rational handelnde und Eigeninteressen verfolgende Akteure sind, also gemäß den Annahmen des „rational choice" verfahren. Unterstellt wird dabei, dass Staaten zunächst ihre Interessen definieren, bevor sie sich in Verhandlungsprozessen mit anderen Staaten darum bemühen, ihre eigenen Interessen durchzusetzen. Die Staaten, d. h. deren Regierungen, erscheinen als weithin unabhängige Akteure. Der Ansatz ist gerade bei der Erklärung „historischer Entscheidungen" dominant, bei denen es um grundlegende Weichenstellungen und zumeist auch Zuteilung von Finanzmitteln geht.[1] Peterson und Bomberg (1999: 10) haben mit diesem Ansatz den

1 Der Begriff „historische Entscheidungen" wird hier in einem weiten Sinne verwendet, bezieht sich also nicht nur auf Entscheidungen mit grundlegenden Kurswechseln (z. B. bei der Strukturpolitik im Jahre 1988). Bei historischen Entscheidungen ist die Politisierung gewöhnlich hoch, werden in der

Entscheidungsprozess in der EU interpretiert. Zentrale Bereiche des policy-making in der EU erscheinen weithin als „product of high-level bargaining between (...) governments" (Allen 2000: 243). Grundlegend ist der Ansatz des liberalen Intergouvernementalismus von Andrew Moravcsik (1993) geworden, der – ausgehend von der Strukturpolitik – das „policy making" in der EU insgesamt entsprechend erklärt. Distributive Verteilungskämpfe, Entscheidungsregeln (insbesondere Einstimmigkeit) und dadurch produzierte „package deals" sind entscheidende Erklärungsmomente. 1998 hatte Moravcsik die EU als ein „intergovernmental bargaining" zwischen den einflussreichen Staaten erklärt (Moravcsik 1998). Entscheidungsblockaden können, so das Verständnis der Intergouvernementalisten, bei derartigen Verhandlungsprozessen nur durch side-payments überwunden werden (Moravcsik 1993: 504).

Begrifflich hat Wallace (2000: 33) eine gewisse Präzisierung gebracht, indem er für den Terminus „Transgouvernementalismus" statt Intergouvernementalismus plädiert. Begründet wird dies damit, dass die Staaten nicht isoliert Interessen formulierten und durchsetzten, sondern immer schon in das Netz der EU eingebunden seien. Der Autor macht damit auf eine höchst kritikwürdige Annahme des Intergouvernementalismus aufmerksam (s. u.). Zusammenfassend ergibt sich beim Intergouvernementalismus ein durchaus elaborierter Forschungsstand, der allerdings – wie gerade die letzte Bemerkung deutlich macht – in Erklärungsnotstände gerät, wenn es um das Handeln der Staaten im Rahmen des europäischen Integrationsprozesses geht.

Insgesamt finden sich in der einschlägigen Literatur relevante Kritikpunkte, die auf die zentralen Schwächen des Intergouvernementalismus hinweisen, sofern er beansprucht, das Regieren in der EU insgesamt zu erklären. Zu nennen sind hier u. a.:

- Die Annahme von eindeutig abgrenzbaren nationalen Interessen ist wenig realitätsnah.
- Interessen und Entscheidungen werden nicht, wie im Intergouvernementalismus unterstellt, im „nationalen Vakuum" formuliert und getroffen (Sandholtz 1993: 3; Cram 1997: 6).
- Entscheidungen insbesondere im Europäischen Rat und Rat werden zu sehr nach dem Muster scharfer Interessengegensätze und zu wenig nach dem erkennbaren Streben nach Konsens interpretiert. Die Vertrautheit im Rat, so z. B. die Annahme von Helen Wallace (2000: 19), steht der Orientierung am reinen Interessenkalkül entgegen.
- Die Relevanz der Kommission, des Europäischen Parlaments, des Europäischen Gerichtshofs und des Ausschusswesens werden beim Politikprozess in der EU unterschätzt.

Regel (re-)distributive Akte vorgenommen und stehen Rechtsakte zur Entscheidung an, die für einen längeren Zeitraum Geltung haben.

- Netzwerke werden ignoriert.
- Es herrscht eine Staaten-zentrierte Sichtweise vor. Die Auflösung von Staatlichkeit und der Übergang zu „governance" werden nicht thematisiert (Hooghe / Keating 1994).
- Legitimität kann nur über die Durchsetzung nationaler Interessen, nicht aber durch die Förderung von Integration hergestellt werden.

Der Ansatz der *multi-level governance* wurde insbesondere von Gary Marks (1992; 1993; 1996) aus der Analyse der EU-Strukturpolitik entwickelt. Ursprünglich nur zur Interpretation dieser „policy" gedacht, hat sich der Ansatz mittlerweile zu einem umfassenden Ansatz und Alternativmodell (zum Intergouvernementalismus) zur Erklärung des spezifischen Regierens in der EU entwickelt. Mit der Verankerung in der Einheitlichen Europäischen Akte und dem beständigen Ausbau der Kohäsionspolitik, so die Annahme, habe sich der Politikprozess in der EU nachhaltig verändert. Subnationale Akteure (Regionen, Länder) seien aufgewertet worden und hätten in Partnerschaft mit der Kommission die nationalen Regierungen, den Rat und Europäischen Rat stärker unter Druck setzen können. Insbesondere bei der Politikimplementation habe sich diese neue strategische Partnerschaft geltend machen können. Die Staaten könnten nicht länger die Gestaltung der Beziehungen zur EU für sich monopolisieren. Nicht-staatliche Akteure machen ebenfalls ihren Einfluss wirksam geltend. Auch das Europäische Parlament habe diese Entwicklung gefördert. Im Ausschuss der Regionen sei schließlich zum Ausdruck gekommen, dass Regionen und Kommunen im EU-Entscheidungsprozess eine neue Qualität gewonnen hätten. Im Bereich der Finanzen hätte die Partnerschaft zwischen Kommission und Regionen dafür gesorgt, dass der redistributive Haushalt gewachsen sei.

Dieses Grundmuster der Argumentation ist freilich in mancherlei Hinsicht verfeinert worden. Bache (1998; 1999) hat auf die Rolle des Rates als „gatekeeper" für die Aktivitäten von Kommission und Regionen aufmerksam gemacht. Allen (2000) hat wiederholt argumentiert, dass die Mitgliedstaaten letztlich über die EU-Finanzen bestimmen. Marks (1996) hat eingeräumt, dass grundlegende Entscheidungen über die längerfristige Finanzordnung und die grundlegenden Rahmenverordnungen intergouvernemental geprägt sind. Pollack (1995: 285), selbst ein Intergouvernementalist, hat angeregt, das relativ eigenständige Handeln der Regionen und der Kommission so zu erklären, dass diese zwar eigenständig handeln können, dass sie dies aber gemäß einem Drehbuch tun, das von den Staaten verfasst wurde. Immer öfter ist von einem „Europa der Regionen", von der „Regionalisierung" der EU die Rede (Keating 1998). Hooghe hat die Debatte über eine „Europolity" eröffnet. Danach handeln Staaten nicht als einheitliche Akteure, sondern sind je nach in Frage stehenden Interessen zu differenzieren. Die Kommission wiederum wird als ein in Grenzen autonomer Akteur verstanden, der nicht notwendigerweise für ein Maximum an supranationaler Kontrolle eintritt. Oft begnügt sich die Kommission durchaus damit, als „pivotal actor in designing the regulations" aufzutreten (Hooghe 1996: 100). Auch Marks / Hooghe / Blank (1996) betonen, dass die Staaten angesichts der starken Entwicklungen in Richtung von multi-level governance ihre Souveränität an einen kollektiven Prozess der Entscheidungsfindung verlieren. Auch seien die Staaten nicht länger diejenigen, die in den internationalen Beziehungen die „nationalen Interessen“ uneingeschränkt vertreten könnten.

Zusammenfassend: Der Mehrebenenansatz hat Konjunktur, man kann mit ihm ein weit differenzierteres Bild vom Regieren in Europa zu gewinnen. Dabei kann freilich nicht übersehen werden, dass der Begriff inhaltlich entleert zu werden droht. Kritisch ist gegen diesen Ansatz u. a. einzuwenden:

- Das Konzept steht von seinem theoretischen Ansatz her gleichsam zwangsläufig in der Gefahr, die Rolle subnationaler Akteure überzubewerten.
- Die Aktivierung der „dritten Ebene“ wird oft einseitig auf das Wirken der EU-Politik und nicht auf innerstaatliche Prozesse zurückgeführt. Die Regionalisierungstendenzen in den Mitgliedstaaten der EU werden oft überschätzt.
- Es besteht die Gefahr, dass „multi-level-governance“ zum catch-all-Begriff entwertet und inhaltlich unbestimmt wird, weil zwar auf den Bezugsrahmen – eben das aus mehreren Ebenen gebildete und von staatlichen und nichtstaatlichen Akteuren getragene System – , nicht aber auf spezifische Funktionsmechanismen, Entscheidungsmuster und Verhaltensweisen innerhalb dieser spezifischen „polity“ rekurriert wird.
- Tendenziell wird die Bedeutung der Staaten unter- und die Entwicklung von „governance“ überschätzt.
- Der Ansatz der „multi-level-governance“ gerät in einen gewissen Erklärungsnotstand, wenn die Annahme nicht zutrifft, dass die Staaten unter den Druck subnationaler Akteure geraten.

Wenn man die geschilderten Zusammenhänge berücksichtigt, dann zeigt sich die Unzulänglichkeit der vorherrschenden dichotomen Betrachtungsweise des Regierens in der EU entweder nach dem Intergouvernementalismus oder dem Ansatz der multilevel governance. „Historische Entscheidungen“ über die Verteilung der Finanzmittel und die Verabschiedung der notwendigen Rechtsakte werden demgemäß nach dem ersten Ansatz interpretiert, weil man im Europäischen Rat und dem Rat die zentralen politischen Akteure sieht. Dem werden andere Bereiche des Politikprozesses (Programmplanung und Politikimplementation) gegenübergestellt, die wiederum nach dem Muster der „multi-level-governance“ erklärt werden, weil hier der Rolle von Kommission und (je nach Mitgliedstaat) auch den Regionen größere politische Bedeutung beigemessen wird. Der Komplexität des realen politischen Prozesse wird das nicht gerecht. Alternative Erklärungsansätze sind vonnöten.

3. Konkordanz als Alternative zur Erklärung des spezifischen Regierens in der EU

Der Begriff der *Konkordanz* ist ursprünglich demokratietheoretischer Herkunft und charakterisiert in der vergleichenden Regierungslehre einen besonderen Demokratietyp, eben die Konkordanzdemokratie (englisch: consociational democracy). Dieser Typ wird (idealtypisch) der Konkurrenz- oder Mehrheitsdemokratie, insbesondere in Großbritannien, gegenübergestellt. Statt des Mehrheitsprinzips werden Entscheidungsprozesse in Konkordanzdemokratien durch folgende Merkmale gekennzeichnet:

- Beteiligung der Minderheiten,
- Suche nach Kompromissen,
- gütliches Einvernehmen und Aushandlungsprozesse als Entscheidungsmaxime,
- Proporz- und Paritätsregeln bei der Besetzung öffentlicher Ämter zur Absicherung der Kompromissverfahren,
- anteilige Partizipation bei der Verteilung öffentlicher Finanzmittel sowie
- Zugestehen von Vetorechten (Lehmbruch 1967, 1969, 1998; Lijpart 1968, 1974, 1985, 1994; Abromeit 1993; Schmidt 1995a, 1995b).

Als Beispiele für Konkordanzdemokratien wurden immer wieder die Niederlande, die Schweiz, Belgien und Österreich, sowie der Libanon (nach 1943) genannt (Lijpart 1968; Abromeit 1993). Als Vorzüge der Konkordanz werden der Minderheitenschutz und die Integration der Konfliktparteien, als Nachteile die hohen Konsensbildungs- und Entscheidungskosten sowie erleichterte Blockademöglichkeiten gesehen.

In der Literatur wird darauf verwiesen, dass Konkordanzsysteme zwar oftmals bei Einstimmigkeit entstehen, dass sie aber keinesfalls an diese Entscheidungsregel gebunden sind. Auch unter der Bedingung von Mehrheitsentscheidungen entwickeln sich Muster der Konkordanz. Dieser Umstand wird auf das strategische Kalkül von Eliten rivalisierender politischer Lager zurückgeführt, die von Mehrheitsstrategien keine sicher kalkulierbaren Gewinne erwarten (Lehmbruch 1998: 210). Diese Annahme ist von den ‚Klassikern' der Konkordanztheorie zwar auf die innenpolitischen Bedingungen des Regierens bezogen worden. Es spricht aber wohl nichts dagegen, die Annahme auch auf trans- und supranationale Beziehungen zu übertragen. Somit ließe sich die u. a. von Helen Wallace (2000: 63) gemachte Beobachtung theoretisch begründen, dass das Streben nach Konsens („consensus building") in der EU auch da stark ist, wo Entscheidungen gemäß dem Mehrheitsprinzip möglich sind. Konkordanz bietet sich an, derartige deskriptive Feststellungen auf den ‚Begriff zu bringen'.

Eine Ausrichtung politischen Handelns an den Maximen der Konkordanz fällt den Akteuren, so kann angenommen werden, umso leichter, je weniger Politikentscheidungen und –ergebnisse transparent sind.[2] Andernfalls könnte sich die klassische Annahme der Neuen Politischen Ökonomie bemerkbar machen, wonach Politiker ihr Handeln an der Stimmenmaximierung ausrichten.

Soweit die obigen Ausführungen zur Interessenverflechtung inklusive der Feststellung plausibel erscheinen, dass unter diesen Bedingungen „nationale Interessen" nur bedingt zu identifizieren sind[3], könnte Konkordanz auch als Ansatz dienen, um bestimmte Zuteilungsverfahren – wie z. B. die lange Liste von „besonderen Situationen", die ohne überzeugende Begründung bei der Agenda 2000 fast allen Mitgliedstaaten Fördermittel der Strukturpolitik zugewiesen hat (Axt 2000a: 178f.), überzeugender als bisher zu erklären. Wo bislang – gleichsam mit Rückgriff auf eine „Blackbox" – auf den inhaltlich unbestimmten „bargaining"-Prozess intergouvernementaler Verhandlungen zurückgegriffen wurde, bietet sich ein die Motivationen und Strategien der Akteure bezeichnendes Erklärungsmuster an. Dieses könnte in etwa lauten: Politische Akteure wollen ihren Partnern aus anderen Mitgliedsstaaten ‚Niederlagen' ersparen, um sich selbst vor solchen in Zukunft zu schützen. Aus diesem Grund werden Kompromisse und Konsensentscheidungen bevorzugt. Derartige Kalküle dürften bei redistributiven Politiken wie der Strukturpolitik, wo ‚Gewinner' und ‚Verlierer' relativ einfach zu identifizieren wären, vorherrschend sein. Zu prüfen ist, ob dies auch für andere, nämlich regulative Politiktypen zutrifft. Ohne den Begriff der Konkordanz dafür zu bemühen, hat auch William Wallace die vermerkten Beobachtungen bestätigt (2000: 526).

Ist bislang Konkordanz vorwiegend mit Bezug auf nationale politische Systeme entwickelt worden, so gibt es auch einige Arbeiten, die eine Übertragung auf die trans- und supranationale Ebene aussichtsreich erscheinen lassen. Das gilt z. B. für den frühen Verweis von Lijpart (1977: 103), dass konkordanzdemokratische Kompromisstechniken in kulturell fragmentierten politischen Systemen genutzt werden, um stabilitätsbedrohende Konflikte zu vermeiden. Das Regieren in der EU findet ja wohl unter solchen Bedingungen kultureller Fragmentation statt. Donald J. Puchala (1970; 1972) hat bereits zu Beginn der 70er-Jahre als einer von wenigen die europäi-

2 Dieser Ansatz setzt sich von dem weithin vorherrschenden Bild ab, dass es im Europäischen Rat und im Ministerrat bei der Zuteilung von Finanzmitteln nur harte Konflikte gebe, die – wie Benz (2000: 152) annimmt – lediglich dadurch gemildert werden, dass Kommission und Europäisches Parlament europäische und Sachinteressen (regionaler Ausgleich) ins Spiel bringen. Demgegenüber ist die These zu prüfen, inwieweit im Rat und Europäischen Rat eine Kompromissbereitschaft im Sinne der Konkordanz gegeben ist. Diese kann dadurch verstärkt werden, dass Akteure in vielfältige Netzwerke eingebunden sind (Heinelt 1996), was Vertrautheit mit den Interessen der Gegenseite und deren Berücksichtigung fördert. Weil diese Vorgänge wenig transparent sind, ist die Gefahr einer Politisierung geringer. Letztere würde die Kompromißbereitschaft im Sinne der Konkordanz eher verringern.

3 Nationale Interessen eindeutig zu identifizieren war für die Lehre der internationalen Politik schon immer problematisch. Wie Sandholtz (1993b: 3), Cram (1997: 6) und Helen Wallace (2000: 59) zurecht festgestellt haben, gilt dies erst recht für Beziehungen innerhalb von Integrationsgebilden, die unter dem Einfluß des permanenten Dialogs der Partner stehen, so dass nationale Interessen gleichsam nicht mehr im „Vakuum" zu definieren sind.

sche Integration mit dem Ansatz der Konkordanz interpretiert. Er kommt dabei zu dem Ergebnis, dass Integration als eine Reihe von Prozessen ein Konkordanzsystem auf internationaler Ebene hervorbringt, das es den Akteuren ermöglicht, ihre *Gegensätze auszugleichen, ihre Interessen zu harmonisieren und sich gegenseitige Belohnungen* zukommen zu lassen. Puchala betont, dass die Regierungen der Mitgliedstaaten im Rahmen der Integration die Hauptakteure bleiben, dass sich aber das Aktionssystem auf vier, untereinander nicht hierarchisch geordnete Ebenen differenziert: die subnationale, die nationale, die transnationale und die supranationale Ebene. Im Rahmen dieses Mehrebenensystems dominieren statt Zwang und Konfrontation Konzession und Kompromiss die Szene. Unter den Bedingungen von Integration ist man tolerant zueinander, hat für die deklarierten Interessen der anderen Verständnis und wartet, bis Angelegenheiten entscheidungsreif sind, nimmt also Verzögerungen und auch das Vertagen von Entscheidungen in Kauf. Und bei Puchala fehlt auch nicht der Hinweis, dass Kompromiss, Konsens und die wechselseitige Befriedigung von Interessen auch da gesucht werden, wo statt Einstimmigkeit Mehrheitsentscheidungen praktiziert werden. Schließlich wird darauf verwiesen, dass für ein Konkordanzsystem atmosphärische Attribute wie Pragmatismus, Rücksichtnahme und Wissen um Interdependenz von großer Bedeutung sind. Man könnte mithin auch von Konkordanz*mentalität* sprechen.

Rund zehn Jahre später hat Hrbek den Ansatz von Puchala wieder aufgegriffen, um damit Integrationstheorien und europäische Regierungslehren zu prüfen. Hrbek sieht viele positive Aspekte bei diesem Ansatz, u. a. den dass die Integrationsforschung mit der Lehre von den internationalen Beziehungen in Verbindung gebracht wird. Freilich fehlen kritische Hinweise nicht. So wird moniert, dass die Rechtsprechung des Europäischen Gerichtshofes zu wenig Berücksichtigung finde, dass sich Konflikte durchaus an Politikinhalten und nicht nur an –methoden, wie von Puchala angenommen, entzündeten, dass Pragmatismus keineswegs allgegenwärtig sei, und dass Regierungen oft weniger handlungsfähiger als angenommen seien (Hrbek 1981: 100f.). Schließlich, so wird eingewandt, erweise sich der Ansatz von Puchala als zu statisch, weil der Systemwandel nicht mehr untersucht werde. Bedenkt man die seit Anfang der 70er Jahre eingetretenen Veränderungen der EG/EU, ist dies ein äußerst wichtiger kritischer Hinweis, den es für aktuelle Verhältnisse und Entwicklungen in der EU zu berücksichtigen gilt. Andererseits machen die Arbeiten von Puchala und die Hinweise von Hrbek aber auch deutlich, dass Konkordanz nicht notwendigerweise daran gebunden ist, dass *formelle* Proporz- und Paritätsregeln vereinbart werden. Offensichtlich genügen auch eine entsprechende Atmosphäre und Verhaltensmaximen der Akteure.

Die jüngsten einschlägigen Hinweise entstammen einem von Grande und Jachtenfuchs (2000) herausgegebenen Sammelband. Dass Konkordanzsysteme demokratietheoretisch problematisch sind, weil Verhandlungen und Kompromisssuche die Öffentlichkeit ausschließen, hebt Grande (2000: 22) im Anschluss an Lehmbruch (1998: 26) zurecht hervor. Dieses Diktum trifft sowohl für die eingangs dargestellten „historischen Entscheidungen“ als auch für Politikimplementation zu. Schmidt weitet den Ansatz der Konkordanz im o. a. Sammelband auf die EU aus. Diese kennzeichnet sich durch hohe Konsensschwellen, einen Status-quo-Bias, Abschwächung umverteilender Politik, segmentierte Politiklösung und Politikverflechtung (Schmidt 2000: 36 f.) – alles Elemente, mit denen das Konzept entwickelt werden kann, die EU als ein Verhandlungssystem zu begreifen. Mit seinem Aufsatz hat Schmidt die Konkordanz auf die Agenda der integrationsspezifischen Regierungslehre gebracht.

Besondere Beachtung verdient ein Artikel, den Matthew J. Gabel 1997 veröffentlicht hat. Konkordanz wird hier in einer Weise entwickelt, dass damit sowohl eine spezifische Politik wie etwa die Strukturpolitik, aber auch das Regieren in der EU allgemein erklärt werden kann. Dass sich in der EU eine stabile „governance" etabliert hat, obwohl der Union die klassischen Mittel zur Erzwingung von Loyalität (Armee, Polizei) fehlen, wird mit dem Vorhandensein des Konkordanzsystems erklärt. Auch die EU wird als ein durch nationale Grenzen sozial fragmentiertes System verstanden. In diesen, so die klassische Annahme der Konkordanztheorie, würde die strikte Verfolgung der Prinzipien einer Mehrheitsdemokratie die politische Stabilität gefährden. Vier Bedingungen müssen gegeben sein, um dieser Gefahr zu entgehen: Erstens müssen Eliten konsensual Entscheidungen treffen, zweitens muss die Autonomie der Minderheiten geschützt sein, drittens müssen sie proportional im Entscheidungsprozess beteiligt werden und viertens muss ihnen ein autonomer Bereich zur Regelung eigener Angelegenheiten überlassen bleiben (Gabel 1997: 465). Nach Gabel sind diese vier Bedingungen in der EU erfüllt: Entscheidungen würden zumeist konsensual getroffen. Als Nachwirkung des Luxemburg-Kompromisses von 1966 werde oftmals einstimmig entschieden, wo eigentlich Mehrheitsentscheidungen vorgesehen sind. Entscheidungsverfahren seien wenig transparent. Die Bedeutung des Europäischen Rats nehme zu. Auch das Europäische Parlament orientiere sich nur wenig an der Mehrheitsdemokratie und bevorzuge Entscheidungen nach dem Muster der großen Koalition. In den EU-Organen seien die kleinen Staaten überrepräsentiert. Und schließlich respektiere man in der EU gegenseitig die Autonomie im Bereich vitaler Interessen.

Die Stabilität des Konkordanzsystems EU scheint – entwickelt man diesen Ansatz weiter – gleichwohl bedroht:

Erstens treten im Zuge der Osterweiterung Staaten der EU bei, die über wenig Erfahrungen im Bereich des Kompromisses und der Mäßigung haben. Auch erhöht sich die Zahl der Akteure, was den Konsens erschwert. Und schließlich ist die wirtschaftliche Leistungsfähigkeit der Beitrittsländer geringer, was zu Transferzahlungen und damit zu vermehrten Entscheidungen über redistributive Politiken führen wird.

Zweitens könnte die von politischer Seite immer wieder reklamierte Überwindung des „demokratischen Defizits" der EU durchaus kontraproduktiv wirken: Einerseits könnte der Übergang zur Mehrheitsentscheidung die Grundlagen der Konkordanz untergraben. Anderseits könnte damit die politische Stabilität in der EU massiv Schaden nehmen (Gabel: 470 f.). In dieser Perspektive könnte sich – um der politischen Stabilität in der EU willen (!) – die Notwendigkeit zur *differenzierten* Integration verstärken. Wenige Staaten, die in der Lage wären, die Politik gemäß den Prinzipien der Konkordanz zu gestalten, könnten den „Integrationsmagneten" bilden, während die übrigen Staaten wirtschaftlich in einer Art Freihandelszone zusammengefasst und politisch eher nach dem Muster des Intergouvernementalismus ‚regiert' würden.

Die Ausführungen machen deutlich, dass Konkordanz insoweit ein aussichtsreicher Ansatz ist, als er – jenseits der vertraglich verankerten formellen Entscheidungsregeln – gleichsam informelle Orientierungen, „Mentalitäten" und Entscheidungsmuster, so wie sie sich in der verschiedenen EU-Organen und unter den relevanten politischen Akteuren wieder finden, auf den Begriff bringen könnte. Wie die Ausführungen insbesondere von Schmidt, Grande und Gabel gezeigt haben, bietet sich Konkordanz durchaus als Interpretationsansatz für das Regieren in der EU insgesamt an. Gerade die abschließenden Bemerkungen von Gabel versprechen, wenn sie entsprechend weiter entwickelt werden, vertiefte Einsichten in eine angesichts der Osterweiterung und der institutionellen Reformen höchst aktuelle Problematik.

Freilich können die konzeptionellen Schwächen des Konkordanzansatzes nicht übersehen werden. Bedingt durch die Verwendung in der Komparatistik ist der Ansatz mitunter auf ein Set von Merkmalen, die sogen. „favourable factors", reduziert worden, die vorhanden sein müssen, damit von Konkordanz gesprochen werden kann. Bogaards (1998) hat am Gesamtwerk von Lijpart diese Faktoren und ihre Entwicklung analysiert und problematisiert. Wie auch Steiner (1981: 351) kritisiert Bogaards (1998: 476) die theoretische Kohärenz der Lijpart'schen Faktoren. Um dem Dilemma zwischen Voluntarismus und Determinismus zu entgehen, schlägt Bogaards vor, von „struktureller Möglichkeit" („structured contingency") auszugehen. Die erwähnten „begünstigenden Faktoren" erleichtern empirischer, insbesondere quantitativer Arbeit zwar das Vorgehen, sind freilich nicht unproblematisch. Kritik am Konkordanzansatz ist auch in dieser Hinsicht u. a. von Barry (1975), Horowitz (1985) und Halpern (1986) geführt worden. Will man mit dem Ansatz der Konkordanz also das Regieren in der EU erklären, dann kommt man nicht umhin, sich erstens dieser Kritik zu stellen und zweitens den Ansatz der Konkordanz so weiterzuentwickeln, dass er das spezifische Regieren in der EU überzeugend erklären kann.

4. Die Verabschiedung der Agenda 2000 in Berlin 1999 – ein klassischer Fall von Konkordanz

Im Rahmen der Agenda 2000 sollten die Agrar- und die Strukturpolitik der EU in einer Weise reformiert werden, dass sie den Anforderungen der Erweiterung der EU durch mittel-, ost- und südeuropäische Staaten (Zypern, Malta) genügen können. An diesem Beispiel lässt sich testen, inwieweit sich der Erklärungsansatz der Konkordanz als valide erweist. Die Ausführungen konzentrieren sich auf die Strukturpolitik, können weithin aber auch für die Agrarpolitik Geltung beanspruchen.

Folgende Fragen sind an die Verabschiedung der Agenda 2000 durch den Europäischen Rat in Berlin (März 1999) zu stellen:

- Ist die Strukturpolitik inhaltlich auf die Bedürfnisse auch der Beitrittsländer abgestellt worden (*Policy-Aspekt*)?
- Genügen die zur Verfügung gestellten Finanzmittel für die erweiterte EU (*Redistributions-Aspekt*)?
- Inwieweit ist der EU 1999 eine Reform der Strukturpolitik gelungen (*Aspekt der Problemlösungsfähigkeit*)?
- Welche Bedeutung hat dabei die spezifische Art und Weise, wie in der EU Politik gemacht wird (*Aspekt des policy-making*)?
- Welche Schlussfolgerungen ergeben sich bezüglich der Reform- und Erweiterungsfähigkeit der EU (*Prognose-Aspekt*)?

Die Antworten lassen sich in folgenden *Thesen* zusammenfassen:

1. Mit der Agenda 2000 hat sich die EU im März 1999 nur höchst unzulänglich auf die Erweiterung vorbereitet.[4] Mit der Konzentration der Förderung durch die Strukturfonds auf die bedürftigsten Regionen und Personengruppen wurde nicht ernst gemacht. Abbildung 1 (im Anhang) verdeutlicht, dass die alten, für die Förderperiode 1994-99 geltenden Förderziele fast alle auch wieder in der neuen Periode von 2000-06 gefördert werden können. Abbildung 2 (im Anhang) wiederum zeigt, dass es – bis auf Irland – bei der Verteilung der zur Verfügung stehenden Finanzmittel in der neuen gegenüber der alten Förderperiode keine ‚Verlierer' gibt.

2. Die für die Beitrittsländer zur Verfügung gestellten Finanzmittel müssen als unzureichend bezeichnet werden. Der Besitzstand hat zulasten der neuen Mitgliedsländer obsiegt. Aus Abbildung 3 (im Anhang) geht hervor, dass die vier „Kohäsionsländer" (Spanien, Portugal, Griechenland und Irland) als Mitgliedsländer der EU

4 Vgl. zum Folgenden mit eingehenden Erläuterungen Axt 2000a und Axt 2000b.

in bedeutend stärkerem Maße gefördert werden als die potenziell bis zu zehn Länder, die den Beitritt zur EU anstreben. Abbildung 4 (im Anhang) verweist darauf, dass für die Erweiterung bedeutend weniger Finanzmittel zur Verfügung gestellt worden sind, als nach plausiblen Annahmen der Wissenschaft für notwendig erachtet werden.[5]

3. 1999 ist der EU keine „Reform“ sondern allenfalls eine Neuordnung der Strukturpolitik gelungen. Spätestens zum Jahre 2006, wenn die jetzige Finanzperiode ausläuft, muss sich die EU zu einer Reform durchringen, will sie die Herausforderung der Erweiterung bewältigen.

4. Dass der EU 1999 keine Reform, sondern nur eine Neuordnung der Strukturpolitik gelungen ist, hat folgenden Grund: In der Finanzperiode 1994 bis 1999 ist fast jeder Staat bei einem der Förderziele in besonderer Weise begünstigt worden, was erklärt, warum sich die Mitgliedstaaten für den Erhalt der Förderung aussprechen. Diese *Interessenverflechtungsfalle* steht durchgreifenden Reformen entgegen (Axt 2000a: 114 ff.).

Darüber dass der EU 1999 keine Reform der Strukturpolitik gelungen ist, besteht in der Wissenschaft weitgehend Konsens. Die Politikwissenschaft bleibt freilich bislang eine überzeugende Antwort schuldig, warum angesichts der oft scharfen nationalen Interessengegensätze überhaupt eine Einigung zu Stande gekommen ist. Die „Intergouvernementalisten“ argumentieren z. B. damit, dass die Regierungen als „Herren des Verfahrens“ Paketlösungen geschnürt und „side-payments“ vereinbart hätten. Diese Erklärung übersieht u. a. die Tatsache, dass die Kommission in Ausübung ihrer Initiativrolle aktiv dazu beigetragen hat, dass eine Einigung zu Stande kam. Die Kommission hat auch die Interessenverflechtung im Rahmen ihrer distributiven Aufgaben berücksichtigt. Letzteres unterschätzt der Ansatz des Mehrebenensystems („Multi-level-governance“). Dass der EU zwar keine Reform, wohl aber eine Neuordnung gelungen ist, dürfte vielmehr darauf zurückzuführen sein, dass sich in der EU ein Politikstil der *Konkordanz* herausgebildet hat, der auf Ausgleich, Kompromiss, Harmonisierung der Interessen und Verteilung nach dem Proporz setzt. Die EU ist ein Verhandlungssystem, das sich dem Majoritätsdenken und –modell gegenüber ablehnend zeigt. Und das ist nicht nur bei Entscheidungen nach dem Konsensprinzip sondern auch bei Mehrheitsentscheidungen der Fall.

5 Zur Erläuterung der Abbildung: Die linke Säule zeigt die von der EU im Rahmen des Agenda 2000-Pakets zur Verfügung gestellten Mittel, die mittlere Säule den Finanzbedarf, der sich ergeben hätte, wenn die EU eine durchgreifende Reform zustande gebracht hätte. Da dies aber nicht der Fall gewesen ist, muss die rechte Säule zum Vergleich herangezogen werden. Die finanzielle Unterausstattung ist offenkundig.

5. Was ändert Nizza?

Lassen sich die Ergebnisse der Agenda 2000 in durchaus überzeugender Weise mit dem Ansatz der Konkordanz erklären, dann ist abschließend zu fragen: Wird der Vertrag von Nizza, so wie er im Dezember 2000 beschlossen worden ist, die politischen Entscheidungsmuster in der EU radikal verändern? Werden insbesondere Entscheidungen durch Einstimmigkeit durch solche des Mehrheitsentscheids ersetzt?

Im Zeitalter permanenter Überarbeitungen des EG-Vertrags (EGV) und des EU-Vertrags (EUV) – seit 14 Jahren leben wir schließlich mit entsprechend beauftragten Regierungskonferenzen – sind folgende Kriterien an den Nizza-Vertrag anzulegen:

- Wie steht es mit dem Besetzungsmodus der Organe in der erweiterten EU?
- Erfolgt eine Legitimation der EU durch verstärkte Demokratisierung?
- Wird die EU durch gestärkte Handlungs- und Entscheidungsfähigkeit legitimiert?
- Sind die Grundlagen dafür gestärkt worden, dass die EU-Entscheidungsverfahren transparenter werden und damit die Union auf mehr Akzeptanz durch die Bürger hoffen darf?

Das Ergebnis lässt sich – stichwortartig – wie folgt zusammenfassen:

- Die EU-Organe sind in Bezug auf Besetzungs- und Verteilungsmodi auf die Erweiterung vorbereitet worden. Die Beitrittsländer wissen nunmehr, wie viele Sitze ihnen in der Kommission und im Europäischen Parlament zustehen und wie viele Stimmen auf sie bei qualifizierten Mehrheitsentscheidungen im Rat entfallen.
- Die EU ist kaum demokratischer geworden. Das hätte vor allem durch eine Ausweitung des Entscheidungsverfahrens der Mitentscheidung (Art. 251 EGV) erfolgen müssen, bei dem das Europäische Parlament (neben dem Rat) zum echten „Ko-Legislator“ geworden ist.
- Der Rat und nicht das Europäische Parlament wird als das eigentliche Entscheidungszentrum gesehen.
- Die EU ist nur wenig handlungsfähiger geworden. Die Verhinderungsmacht nimmt zu, die Gestaltungsmacht ab. Das lässt sich an der Stimmengewichtung bei qualifizierten Mehrheitsentscheidungen nachweisen. Wenn schon die Konsensdemokratie in der EU-15 suboptimale Ergebnisse zeitigt, dann wird sich das in der EU-27 potenzieren.

- Die Entscheidungsverfahren im Mehrebenensystem sind nicht transparenter geworden. Die Akzeptanz der EU durch die Bürger ist durch Nizza eher geschwächt worden. Der Grund dürfte im Bild einer sich bloß um nationale Interessen streitenden Union liegen.

- Als Erklärung für diese nur bedingt befriedigende Bilanz ist das Beharren der Mitgliedstaaten auf nationalen Interessen und die nur geringe Bereitschaft zur Abgabe von Souveränitätsrechten zu nennen.

Die Ergebnisse von Nizza lassen sich mithin – so wie zuvor schon bezüglich der Agenda 2000 – als Produkt von Entscheidungsmodalitäten, aber auch –mentalitäten begreifen, die auf Konkordanz ausgerichtet sind. Nizza hat keineswegs den Durchbruch zur Mehrheitsdemokratie in der EU gebracht, so wie dies im Vorfeld der EU-Erweiterung immer wieder gefordert wurde, um die Handlungsfähigkeit der Union sicherzustellen. Im Gegenteil, das auf Kompromiss ausgerichtete Konsensstreben hat obsiegt.

Wenn man den Grad der Überführung von bisherigen Entscheidungen nach Einstimmigkeit in solche mit Mehrheit als Maßstab dafür nimmt, inwieweit die EU vom Muster der Konkordanz Abstand nimmt und sich zur Mehrheitsdemokratie entwikkelt, dann fällt die Bilanz ernüchternd aus. Lediglich bei der Besetzung der EU-Organe, also bei Personalentscheidungen kann eine vermehrte Anwendung von Mehrheitsentscheidungen konstatiert werden. Das betrifft den Generalsekretär des Rates und seinen Stellvertreter (Art. 207 EGV), die Mitglieder der Kommission (Art. 214 EGV), des Rechnungshofs (Art. 247 EGV), des Wirtschafts- und Sozialausschusses (Art. 259 EGV) und des Ausschusses der Regionen (Art. 263 EGV).

In einigen anderen Fällen können gar Rückschritte zur Einstimmigkeit konstatiert werden. Das ist der Fall beim Erlass neuer Sozialvorschriften (Art. 137 EGV). In anderen Fällen, in denen prinzipiell der Übergang zur Mehrheitsabstimmung vorgesehen ist, sind wiederum spezielle Klauseln und Vorbehalte angebracht worden, die die qualitativen Fortschritte wieder weitgehend aushebeln. Bei der Strukturpolitik haben z. B. die Altmitglieder dafür gesorgt, dass bei der fälligen Reform im Jahre 2006 mit Einstimmigkeit entschieden werden muss und erst danach zur Mehrheitsentscheidung übergegangen wird (Art. 161 EGV). Damit ist sichergestellt, dass die Neumitglieder nicht zu ihren Gunsten die finanziellen Interessen der bisher begünstigten Empfängerstaaten übergehen können. In der Handelspolitik geht man nur im Grundsatz zur Mehrheitsentscheidung über, viele Ausnahmen schränken das Majoritätsprinzip wieder ein (Art. 133 EGV). Dasselbe gilt bezüglich der Bestimmungen zur Freizügigkeit (Art. 18 EGV). Mehrheitsentscheidungen bei der Festlegung der Haushaltsordnung wurden ebenfalls auf den 1.1.2007 verschoben. Und der Übergang zur „verstärkten Zusammenarbeit“ (Flexibilität) kann immer dann nicht mit Mehrheit entschieden werden, wenn die Einstimmigkeit von einem Mitgliedstaat wegen „wichtiger Gründe der nationalen Politik“ verlangt wird (Art. 40 EUV).

Alles in allem hat Nizza das Bild einer bei vitalen Fragen am Konkordanzmodell festhaltenden EU bestärkt. Wenn die zu diesem Politikmuster angestellten Überlegungen halbwegs plausibel sind, dann lassen sich damit erhebliche Friktionen vorhersagen, wenn die Union gefordert ist, den Erweiterungsprozess einzuleiten und gleichzeitig ihre Handlungsfähigkeit unter Beweis zu stellen. Weder das Festhalten am Konkordanzmodell noch der einfache Übergang zur Mehrheitsdemokratie erscheinen als leicht gangbare Wege bei der Bewältigung dieser Herausforderung.

Literatur:

Abromeit, Heidrun (1993): Interessenvermittlung zwischen Konkurrenz und Konkordanz. Opladen.

Allen, David (2000): Cohesion and the Structural Funds. In: Wallace, Helen / Wallace, William (Hrsg): Policy-Making in the European Union. Oxford: 243-265.

Axt, Heinz-Jürgen (2000a): Solidarität und Wettbewerb – die Reform der EU-Strukturpolitik. Gütersloh.

Axt, Heinz-Jürgen (2000b): EU-Strukturpolitik. Einführung in die Politik des wirtschaftlichen und sozialen Zusammenhalts. Opladen.

Bache, Ian (1998): The Politics of European Union Regional Policy: Multi-level Governance or Flexible Gatekeeping? Sheffield.

Bache, Ian. (1999): The Extended Gatekeeper: Central Government and the Implementation of the EC Regional Policy in the UK. In: Journal of European Public Policy, 6/1: 28-45.

Barry, Brian (1975): Political Accomodation and Consociational Democracy. In: British Journal of Political Science, 5: 478-505.

Benz, Arthur (2000): Entflechtung als Folge von Verflechtung. Theoretische Überlegungen zur Entwicklung des europäischen Mehrebenensystems. In: Grande, E. / Jachtenfuchs, M. (Hrsg.): Wie problemlösungsfähig ist die EU? Regieren im europäischen Mehrebenensystem. Baden-Baden: 141-163.

Bogaards, Mathijs (1998): The favourable factors for consociational democracy: A review In: European Journal for Political Research, 33: 475-496.

Cram, Laura (1997): Policy-Making in the European Union: Conceptual Lenses and the Integration Process. London.

Gabel, Matthew (1997): The Endurance of Supra-national Governance: A Consociational Interpretation of the European Union. In: Comparative Politics, 30: 463-475.

Gabriel, Hans / Menzel, Waltraud (1989): 1989: Neuordnung der EG-Strukturfonds. In: WSI-Mitteilungen, 10: 584-595.

Garrett, Geoffrey / Tsebelis, George (1996): An Institutional Critique of Intergovernmentalism. In: International Organization, 50: 269-299.

Grande, Edgar / Jachtenfuchs, Markus (Hrsg.) (2000): Wie problemlösungsfähig ist die EU? Regieren im europäischen Mehrebenensystem. Baden-Baden.

Halpern, Sue (1986): The Disorderly Universe of Consociational Democracy. In: West European Politics, 9: 181-197.

Heinelt, Hubert (Hrsg.) 1996: Politiknetzwerke und europäische Strukturfondsförderung. Ein Vergleich zwischen EU-Mitgliedstaaten. Opladen.

Hooghe, Liesbet (Hrsg.) (1996): Cohesion Policy and European Integration: Building Multi-Level-Governance. Oxford.

Hooghe, Liesbet / Keating, Michael (1994): The politics of European Union Regional policy. In: Journal of European Public Policy, 1/3: 367-393.

Horowitz, David (1985): Ethnic Groups in Conflict. Berkeley.

Hrbek, Rudolf (1981): Die EG ein Konkordanzsystem? Anmerkungen zu einem Deutungsversuch der politikwissenschaftlichen Europaforschung. In: Bieber, Roland / Nickel, Dietmar (Hrsg.): Das Europa der zweiten Generation. Baden-Baden: 87-103.

Keating, Michael (1998): Is there a Regional Level of Government in Europe? In: Le Gales, Paul / Lequesne, C. (Hrsg.): Regions in Europe. London: 11-30.

Lehmbruch, Gerhard (1967): Proporzdemokratie. Politisches System und politische Kultur in der Schweiz und in Österreich. Tübingen.

Lehmbruch, Gerhard (1969): Konkordanzdemokratie im internationalen System. In: Czempiel, Ernst-Otto (Hrsg.): Die anachronistische Souveränität. PVS-Sonderheft 1/1969: 139-163.

Lehmbruch, Gerhard (1998): Parteienwettbewerb im Bundesstaat. Regelsysteme und Spannungslagen im Institutionengefüge der Bundesrepublik Deutschland. Opladen.

Lijphart, Arend (1968): The Politics of Accomodation. Pluralism and Democracy in the Netherlands. Berkeley/New York.

Lijphart, Arend (1974): Consociational Democracy. In: McRae, Kenneth D. (Hrsg.): Consociational Democracy. Political Accomodation in Segmented Societies. Toronto: 70-89.

Lijphart, Arend (1977): Democracy in Plural Societies. New Haven/London.

Lijphart, Arend (1985): Power Sharing in South Africa. Berkeley Institute of International Studies.

Lijphart, Arend (1994): Democracies: Forms, performance, and constitutional engineering. In: European Journal of Political Research, 25: 1-17.

Marks, Gary (1992): Structural Policy in the European Community. In: Sbragia, Alberta M. (Hrsg.): Euro-politics: Institutions and Policymaking in the „New" European Community. Washington: 191-224.

Marks, Gary (1993): Structural Policy and Multilevel Governance in the EC. In: Cafruny, Alan / Rosenthal, Glenda (Hrsg.): The State of the European Community II. Boulder: 391-410.

Marks, Gary (1996): Politikmuster und Einflusslogik in der Strukturpolitik. In: Jachtenfuchs, M. / Kohler-Koch, B. (Hrsg.): 1996: Europäische Integration. Opladen: 313-343.

Marks, Gary / Hooghe, Liesbet / Blank, Kermit (1996): European Integration from the 1980s. In: Journal of Common Market Studies, 34/3: 341-378.

Merkel, Wolfgang (1999): Legitimitätsüberlegungen zu einem unionsspezifischen Demokratiemodell. In: Giering, Claus et al.: Demokratie und Interessenausgleich in der Europäischen Union. Gütersloh: 27-38.

Moravcsik, Andrew (1993): Preferences and Power in the European Community: A Liberal Intergovernmentalist Approach. In: Journal of Common Market Studies, 31/4: 473-524.

Moravcsik, Andrew (1998): The Choice for Europe: Social Purpose and State Power from Messina to Maastricht. London/Ithaca.

Peterson, John / Bomberg, Elizabeth (1999): Decision Making in the European Union. Houndsmills.

Pollack, Mark A. (1995): Regional Actors in an Intergovernmental Play: The Making and Implementation of EC Structural Policy. In: Rhodes, Carolyn / Mazey, Sonia (Hrsg.): The State of the European Union: building a European polity? Boulder/Co: 361-390.

Puchala, Donald J. (1970): Patterns in West European Integration. In: Journal of Common Market Studies, 9/2: 117-142.

Puchala, Donald J (1972): Of Blind Men, Elephants and International Integration. In: Journal of Common Market Studies, 10/3: 267-284.

Sandholtz, Wayne (1993): Choosing Union: Monetary Politics and Maastricht. In: International Organization, 47/1: 1-39.

Schmidt, Manfred G. (1995a): Wörterbuch zur Politik. Stuttgart.

Schmidt, Manfred G. (1995b): Demokratietheorien. Eine Einführung. Opladen.

Schmidt, Manfred G.(2000): Der konsoziative Staat. Hypothesen zur politischen Struktur und zum politischen Leistungsprofil der Europäischen Union. In: Grande, E. / Jachtenfuchs, M. (Hrsg.): Wie problemlösungsfähig ist die EU? Regieren im europäischen Mehrebenensystem. Baden-Baden: 33-58.

Steiner, Jürg (1981): Research strategies beyond consociational theory. In: The Journal of Politics, 43/4: 1241-1250.

Wallace, Helen (2000): The Policy Process. In: Wallace, Helen / Wallace, William (Hrsg.) 2000: Policy Making in the European Union. Oxford: 39-64.

Wallace, William (2000): Collective Governance. In: Wallace, Helen / Wallace, William (Hrsg.) 2000: Policy Making in the European Union. Oxford: 523-542.

Zwischen Markt und Mehr-Ebenen-System: Der regulative Staat im Zeichen von Internationalisierung

Susanne Lütz

1. Das Problem

Die zunehmende räumliche Entgrenzung von politischem und ökonomischem Handeln scheint das Machtgleichgewicht zwischen Politik und Ökonomie zu Gunsten der Ökonomie zu verschieben. Nationalstaaten, so die mittlerweile fast einhellige Meinung in der Debatte um Europäisierung und Globalisierung, haben an Handlungskapazität und Problemlösungsfähigkeit in einem territorial entgrenzten Umfeld verloren (vgl. u.a. Narr / Schubert 1994; Altvater / Mahnkopf 1996; Beck 1997; Albrow 1998; Albert et al. 1999). In immer mehr Politikfeldern findet die Formulierung von Gesetzen oder die Aushandlung verbindlicher Regeln auf der supranationalen Ebene der Europäischen Union, in zwischenstaatlichen, issuespezifischen „Regimen" (vgl. Krasner 1983; Kohler-Koch 1989; Rittberger 1993) oder gar durch Kooperation nationalstaatlicher mit privaten Akteuren in transnationalen „Politiknetzwerken" statt (vgl. Héritier et al. 1994 und Kohler-Koch / Eising 1999 zur Verwendung des Konzeptes in der Europaforschung und Nölke 2000 zur Nutzung in den Internationalen Beziehungen).

Marktteilnehmer erscheinen hingegen als die eigentlichen Nutznießer der „Deterritorialisierung": sie haben den doppelten Vorteil, ihren ökonomischen Aktivitätsspielraum zu erweitern und dabei gleichzeitig nationalstaatliche Politiken zu umgehen, die ihnen zusätzliche Produktionskosten auferlegen könnten, etwa durch die Verpflichtung zu hohen steuerlichen Abgaben oder zur Einhaltung von Sicherheitsstandards für die Produktion und ihre Produkte. Weil ökonomische Entscheidungen schneller getroffen werden, als dass Sicherheitsstandards auf internationaler Ebene ausgehandelt werden können, Denationalisierungsprozesse also ungleichzeitig ablaufen und eine „fehlende Kongruenz von Problemzusammenhang und Problemlösung" (Zürn 1992; 1998) nach sich ziehen, entsteht zwangsläufig eine politische Regelungslücke. Der Nationalstaat wird in diesem pessimistischen Szenario aufgerieben zwischen dem mobilen Kapital einerseits und den Handlungsrestriktionen des internationalen Mehr-Ebenen-Systems andererseits. Das Ergebnis wäre dann eine Spirale stetiger Absenkung sozialer Schutzstandards, das vielbeschworene „race to the bottom“ (vgl. zu dieser These McKenzie / Lee 1991; Rodrik 1997; Scharpf 1998).

In diesem Beitrag möchte ich nun dieses pessimistische und holzschnittartige Szenario nicht völlig widerlegen, jedoch differenzieren. Ich werde im Folgenden argumentieren, dass sich aus der Einbindung des Nationalstaates in zunehmend entgrenzte Marktprozesse einerseits und in Mehr-Ebenen-Strukturen der Entscheidungsfindung andererseits neue Handlungsspielräume und auch neue Formen staatlicher Intervention ergeben können. Diese werden allerdings je nach Politikfeld (Arbeitsmarktpolitik, Sozialpolitik oder Finanzmarktförderung) oder auch Politiktyp (Verteilung, Umverteilung, Regulierung) variieren. Aussagen über staatliche Handlungsspielräume sind insofern immer von „mittlerer und begrenzter Reichweite“. Im Mittelpunkt dieses Artikels wird der Fall *regulativer Politik* stehen. Hierbei handelt es sich um einen Politiktyp, welcher im Zuge ökonomischer und politischer Internationalisierung erheblichen Restrukturierungsprozessen unterliegt, die wiederum Rückschlüsse auf eine neue „Architektur von Staatlichkeit“ unter Bedingungen von Globalisierung erlauben könnten. Weiterhin werde ich auf Beispiele aus dem Regelungsfeld des Finanzmarktsektors zurückgreifen; hierbei handelt es sich um den am weitesten globalisiertesten Sektor, für den die landläufige Meinung am ehesten einen Steuerungsverlust des Nationalstaates vermutet.

2. Definition und Formen regulativer Politik

Was versteht man unter „regulativer Politik“? Regulierung nutzt das Staatsmonopol des Einsatzes legitimer Gewalt und versucht, das Verhalten von Firmen und Bürgern durch Rückgriff auf rechtliche Ge- und Verbote zu beeinflussen. Regulative Politik zielt auf die Behebung von Marktversagen dort, wo es um den Schutz der Bürger geht. Man unterscheidet zwischen einer *ökonomischen* und einer *sozialen* Regulierung: Die ökonomische Regulierung will effiziente Märkte konstituieren und solche Barrieren abbauen, die der Schaffung oder Ausbreitung des Wettbewerbes im Wege stehen. So geht es etwa darum, den Missbrauch von Monopolstellungen bestimmter Marktakteure, beispielsweise in Form von Preisdiktaten zu unterbinden. Zur ökonomischen Regulierung zählt die klassische Form der Wettbewerbspolitik, aber auch die Regelung von Preisen und Marktzugang in vormals verstaatlichten und jetzt privatisierten Wirtschaftssektoren (Telekommunikation, Rundfunk, Bahn, Elektrizität) (vgl. zum „Aufstieg des Regulierungsstaates“ in den Infrastruktursektoren Grande / Eberlein 1999; König / Benz 1997).

Die *soziale Regulierung* zielt sehr viel direkter auf den Schutz von Verbrauchern, Anlegern, aber auch auf den der produzierenden Firmen selbst. Hier geht es vielmehr darum, so genannte negative externe Effekte zu unterbinden, die die Marktteilnehmer bei der Verfolgung einer marktorientierten Handlungslogik produzieren. Solche negativen externen Effekte entstehen, wenn im Produktionsprozess umweltschädliche Emissionen ausgestoßen werden, Produkte bestimmten Sicherheitsstandards nicht entsprechen oder wenn Banken in den Konkurs gehen und dabei nicht nur eigene Kunden, sondern auch unbeteiligte Dritte schädigen (Bsp. Umweltregulierung, Arbeitsschutz, Finanzmarktregulierung). Soziale Regulierung zielt auf die Korrektur, auf das Ausbremsen des Marktes dort, wo dieser schädigt und nicht nützt (vgl. als Überblick über unterschiedliche Regulierungsfelder, Czada / Lütz / Mette 2001 und zur Finanzmarktregulierung, Herring / Litan 1995 und Goodhart et al. 1998).

3. Varianten der Internationalisierung: die negative und positive Integration von Märkten

Grundsätzlich lassen sich zwei Phasen internationaler Marktintegration unterscheiden, welche teils nacheinander, teils einander überlappend ablaufen und abgelaufen sind: die Phase der so genannten *negativen Integration*, welche durch die räumliche Expansion von Märkten gekennzeichnet ist und die der *positiven Integration*, eine Begleitung der Marktausweitung durch Schaffung oder internationale Koordination von Standards des Verbraucher-, Anleger- oder Produzentenschutzes (vgl. zu dieser begrifflichen Unterscheidung Zürn 1998). Die räumliche Expansion von Märkten begann in einigen Feldern bereits in den 70er Jahren - so überstiegen die Außenhandelsquoten im Bereich des Güterhandels zu diesem Zeitpunkt bereits das Niveau vor dem Ersten Weltkrieg - dennoch können die 80er Jahre als die eigentliche Ära der Globalisierung gelten. Im Finanzsektor ist es weniger die räumliche Ausweitung der Geschäftstätigkeit privater Banken, sondern vielmehr ein struktureller Wandel im internationalen Finanzgeschäft, der die neue Qualität dieser Expansionsphase ausmacht: So wird das Geschäft mit dem Handel von Wertpapieren (=Investmentbanking) für eine Universalbank zunehmend attraktiver im Vergleich zum klassischen Kreditgeschäft. Fortschritte in der Informations-und Kommunikationstechnik verstärken diese Entwicklung und erlauben nicht nur einen ganztägigen und globalen Börsenhandel, sondern begünstigen auch die Ausdifferenzierung globaler Märkte für immer neue und teils esoterische Finanzinnovationen (vgl. Huffschmid 1999 zu den quantitativen und auch qualitativen Dimensionen der Expansion von Finanzmärkten).

Prozesse der Marktexpansion wurden von politischer Seite unter Einsatz des Instrumentariums regulativer Politik forciert und moderiert. Bereits in den 70er Jahren begannen Nationalstaaten oftmals im Kontext neoliberaler Politikstrategien, Barrieren des grenzübergreifenden Handels mit Gütern, Dienstleistungen und Kapital abzubauen (vgl. Helleiner 1994 zur Liberalisierung des Kapitalverkehrs). In den 80er Jahren setzten Prozesse der Liberalisierung und Deregulierung vormals verstaatlichter Wirtschaftssektoren (in den Bereichen Telekommunikation, Energie, Bahn oder Rundfunksektor) ein, welche durch das Binnenmarktprogramm der Europäischen Union und auch durch eine Freihandelspolitik auf der Ebene internationaler Regime (z. B. GATT) und supranationaler Organisationen (WTO) ergänzt und verstärkt wurden.

Das Vordringen des Marktes war in einigen Sektoren begleitet von Bestrebungen zur Redefinition von Formen und Inhalten sozialer Regulierung auf internationaler Ebene (vgl. auch die Beiträge in Czada / Lütz 2000). Anstöße zur Schaffung oder Aufwertung kollektiver Sicherheitsnetze gingen oftmals auf Krisensituationen zurück, die das grenzüberschreitende Ausmaß externer Effekte offen legten. Im Umweltsektor waren dies das Bekanntwerden globaler Umweltprobleme wie der Treibhauseffekt oder die Ausdünnung der Ozonschicht, im Sicherheitsbereich die zunehmend international operierende organisierte Kriminalität, im Finanzsektor schließlich Skandale des Missbrauches von Insiderinformationen im Börsenhandel oder Finanzkrisen internationalen Ausmaßes. Territoriale Entgrenzung verstärkte damit zweifellos den Problemdruck auf die internationale Staatengemeinschaft. Zumindest in einigen Politikfeldern reagierten die Staaten darauf mit verstärkten Anstrengungen, regulative Sicherheitsstandards untereinander abzustimmen. Ob aus solchen Koordinationsprozessen letztlich die vielbeschworene „Deregulierungsspirale" hervorgeht und Standards entstehen, die zu einer Absenkung des kollektiven Schutzniveaus führen, ist eine Frage, die die politikwissenschaftliche Diskussion derzeit intensiv beschäftigt (vgl. zu einer eher positiven Einschätzung, Vogel 1995; 2001).

Unter Rückgriff auf zwei Beispiele sozialer Regulierung aus dem Finanzmarktsektor werde ich argumentieren, dass ein solch regulatives „race to the bottom" nicht unbedingt eintreten muss. Zwar ist der Nationalstaat nicht mehr souverän in der Entscheidung über Formen und Inhalte sozialer Regulierung, jedoch erfüllt er auch in neuen Koordinationsregimen zentrale Funktionen. Wir werden sehen, dass die Handlungsspielräume des Nationalstaates im Spannungsfeld zunehmend entgrenzter Marktprozesse einerseits und Strukturen der Entscheidungsfindung andererseits definiert werden, welche expliziten Mehr-Ebenen Charakter besitzen.

4. Der Fall Kapitalmarktregulierung

Börsen gelten als organisierte Märkte, auf denen Kapital in Form von Wertpapieren gehandelt wird. Typischerweise verfügt jedoch der professionelle Anbieter von Finanzdienstleistungen wie etwa ein Börsenmakler oder eine Hausbank über einen Informationsvorsprung gegenüber seinem Kunden, der ihn dazu verleitet, diesen zum eigenen Vorteil auszunutzen. So kann der private Käufer von Wertpapieren oft nur schwer einschätzen, ob seine Hausbank ihm ehrlich gemeinte Kauf-oder Verkaufsempfehlungen erteilt oder nicht vielleicht zum Kauf von Aktien rät, die sie aus eigenen Beständen gern abstoßen möchte. Das Problem *asymmetrischer Information* zwischen Insidern und weniger informierten Kunden legt somit einen staatlichen Eingriff im Interesse des Anlegerschutzes nahe, der auf die Schaffung von Transparenz über Transaktionen und Handelspraktiken abzielt (vgl. zur Kapitalmarktregulierung auch Lütz 1997).

Ironischerweise waren die Börsen als Ikonen des Kapitalismus nicht nur in Deutschland, sondern weltweit aber lange Zeit durch einen hohen Grad an Selbstregulierung durch die Marktteilnehmer gekennzeichnet. In Deutschland waren es Unternehmen als Emittenten von Wertpapieren, Makler, allen voran aber die Universalbanken als Händler, Käufer und Verkäufer von Wertpapieren, welche eine Vielzahl selbstregulierender Börsengremien besetzten. Die deutsche Börsenentwicklung war historisch eng mit der Korporatisierung des Handels verknüpft, weshalb Handelskammern zu institutionellen Trägern der Börsen wurden. Kaufmännische Handelsnormen wie die „Kaufmannsehre" und ein spezifisch clubartiges Selbstverständnis prägten die sektorale Identität. Von einer materiellen Überwachung des Börsenhandels oder auch von Eingriffskompetenzen des Bundes in das Wertpapierwesen konnte keine Rede sein. Ergebnis dieser Ordnungsstrukturen war ein Regulierungsmodell, in dem der Grad an Anleger-/Investorenschutz maßgeblich von den Produzenten/Anbietern von Wertpapierdienstleistungen festgelegt wurde. Nicht verwunderlich also, dass Regeln in Bezug auf die Transparenz von Markttransaktionen (z. B. Offenlegung von Firmenbilanzen und von getätigten Wertpapiergeschäften) und die Sanktionierung von opportunistischem Verhalten der Marktteilnehmer (z. B. Insidergesetzgebung) entweder nicht bestanden oder unterentwickelt waren. Berufsethos, Absprachen und Vertrauen kennzeichneten das alte Modell sektoraler Regulierung.

Zu Beginn der 80er Jahre vollzog sich in allen wichtigen Industrieländern eine zunehmende Formalisierung, Verstaatlichung und Zentralisierung der Börsenregulierung, verbunden mit rigideren Standards des Anlegerschutzes. Deutschland war eindeutig Nachzügler im Prozess sektoralen Umbaus und vollzog diesen erst zu Beginn der 90er Jahre nach. Kernelement des neuen deutschen Regulierungsmodells ist die Einbindung des Bundes in die Aufsicht über das Börsenwesen in Form der Einrichtung eines neuen „Bundesaufsichtsamtes für den Wertpapierhandel". Dessen Aufgabe besteht maßgeblich in der Verfolgung von Insider-Geschäften. Daneben wacht die Behörde über die Einhaltung umfangreicher Berichtspflichten z. B. in Bezug auf umfangreiche Aktientransaktionen, denen Emittenten, Kreditinstitute und Börsenmakler von jetzt an unterliegen. Außerdem repräsentiert das neue Aufsichtsamt Deutschland nun in internationalen Gremien der Börsenregulierung. Die Börsen selbst haben insgesamt an Selbstregulierungskompetenzen verloren, weil vormals selbst regulierte Tatbestände jetzt in öffentliches Recht gefasst sind bzw. der Aufsicht des neuen Bundesamtes unterliegen.

Was waren die Triebkräfte dieses Systembruches? Hinter diesem Prozess offenkundiger Re-regulierung verbirgt sich die schrittweise Diffusion eines nationalen Regulierungsmodells, welches in diesem Sektor als „hegemonial“ angesehen werden kann, nämlich das der Vereinigten Staaten von Amerika. Hegemonie bezieht sich hier auf die Verknüpfung von Marktmacht und politischer Macht auf internationaler Ebene. Amerikanische Marktmacht liegt wesentlich in der Größe des nationalen Kapitalmarktes und der Existenz großer institutioneller Anleger begründet, welche eine attraktive Kapitalquelle für das Ausland darstellen. Dies ist vor dem Hintergrund des bereits angesprochenen Strukturwandels im Rahmen des internationalen Finanzgeschäftes (=Aufwertung des Investmentbanking) besonders bedeutungsvoll. Verantwortlich hierfür sind eine Vielzahl von Faktoren, auf die ich an dieser Stelle nicht näher eingehen will. Für den Wandel des sektoralen Regulierungsregimes entscheidend ist jedoch, dass die Wünsche großer institutioneller Anleger wie Pensions- und Investmentfonds seither maßgeblich die Strategien internationaler Anbieter von Finanzdienstleistungen, solche kapitalsuchender Unternehmen und die vieler Regulierungsbehörden prägen.

Die politische Macht der USA in diesem Prozess liegt maßgeblich in der ihrer *Securities and Exchange Commission (SEC)* begründet, welche im Wertpapiersektor als die Regulierungsbehörde mit der weltweit höchsten Reputation gilt. Die SEC hat ihre Mission dem Schutz der Investoren gewidmet, den sie durch rigide Standards der Handelsüberwachung und Sanktionierung von Regelverstößen einfordert. Da diese Regulierungsphilosophie den heimischen Produzenten erhebliche Kosten auferlegt (etwa durch die Einhaltung von Informationspflichten), welche unter Bedingungen globalisierter Märkte zu Wettbewerbsnachteilen werden könnten, wirkte die SEC seit Anfang der 80er Jahre aktiv auf den Export ihres Modells hin: So benutzte die SEC gegenüber ausländischen Marktteilnehmern wie deutschen Banken das Gefälle an regulativem Sicherheitsstandard als Argument dafür, den heimischen Markt für den Vertrieb ausländischer Produkte abzuschirmen.

Umgekehrt sahen sich deutsche Banken, die nicht nur eigene Produkte vertreiben, sondern auch den heimischen Finanzplatz aufwerten wollten, einer reservierten Haltung ausländischer Investoren gegenüber. Ausländische Pensions- und Investmentfonds zogen es vor, deutsche Aktien nicht in Frankfurt, sondern lieber in New York oder London zu kaufen. Es möge ja sein, so das Argument von ausländischer Seite, dass ein auf selbst gesetzte Regeln gegründetes Modell des Anlegerschutzes funktioniere; als Ausländer kenne man jedoch dessen Regeln nicht und könne insofern nicht auf die Integrität der deutschen Marktteilnehmer vertrauen. Allen Beteiligten auf deutscher Seite wurde insofern deutlich, dass das heimische, auf Selbststeuerung abzielende Regulierungsmodell zum nationalen Wettbewerbsnachteil auf einem internationalen Markt wurde. Von da an votierten auch die deutschen Großbanken für eine Kriminalisierung des Insiderhandels und befürworteten die Einbindung des Bundes in das sektorale Aufsichtsregime. Staatliche Vertreter zeigten sich schließlich willig, die europäische Insider-Richtlinie zu verabschieden (89/592/EWG vom 13.11.1989), welche bislang von deutscher Seite blockiert worden war.

Festzuhalten bleibt für diesen Fall: Der Nationalstaat erhält neue, operative Aufgaben im Bereich der Marktüberwachung. Er profitiert von der Schwäche der Marktteilnehmer zur Selbstregulierung, welche unter neuen globalen Rahmenbedingungen offenbar nicht mehr legitimationsfähig ist. Gefordert wird der Staat als „Hüter territorialer Gewalt", welcher Verstöße gegen Regeln fairen und transparenten Marktverhaltens durch Einsatz des staatlichen Sanktionsapparates verfolgt und bestraft. Der Staat ist nicht länger souverän in der Regelformulierung; in diesem Fallbeispiel reagiert er auf Marktdruck einer international hegemonialen Macht und setzt seine Ressourcen im Interesse der internationalen Wettbewerbsfähigkeit des heimischen Marktes ein.

5. Der Fall Bankenregulierung

Die normative Begründung für eine staatliche Regulierung des Bankengeschäftes besteht darin, dass die Zahlungsfähigkeit eines Kreditinstitutes zu Kettenreaktionen führen kann, durch die negative externe Effekte über nationalstaatliche Grenzen hinaus verteilt werden (*Systemrisiko)*. Spektakuläre Bankenzusammenbrüche wie die der Banco Ambrosiano, der Herstatt-Bank oder jüngst japanischer Banken demonstrieren diesen Multiplikatoreffekt, durch den nicht nur private Anleger geschädigt, sondern auch ausländische Firmen in ihren Möglichkeiten zu Investitionen und zur Schaffung neuer Arbeitsplätze behindert werden können. Tritt der Krisenfall dann tatsächlich ein, sind es letztlich die nationalen Zentralbanken, welche als letzte Refinanzierungsinstanz (*lender-of-last resort*) fungieren und Banken finanziell unterstützen müssen. Bankenregulierung zielt darauf, diesen Fall zu verhindern; Kreditinstitute sollen gewissermaßen „vor sich selbst" geschützt werden (=Produzentenschutz), etwa durch die gesetzliche Auflage, Risikopuffer in Form von Kapitalrücklagen zu bilden.

Im Unterschied zum Kapitalmarktsektor wurde dieses Problem in den wichtigsten Industrieländern institutionell sehr unterschiedlich gelöst. Zwar waren in allen nationalen Modellen die Zentralbanken, Finanzministerien, zentrale Regulierungsbehörden oder auch organisierte Bankeninteressen selbst an der Regulierung der Bankentätigkeit beteiligt; dies jedoch mit jeweils unterschiedlicher, von nationalen Spezifika geprägter Gewichtung. So wurden in *Deutschland* Standards der Bildung von Kapitalpuffern zwischen den Spitzenverbänden des Bankengewerbes und dem Bundesaufsichtsamt fürs Kreditwesen ausgehandelt. In *Großbritannien* regelten vielmehr informelle Absprachen zwischen der *Bank of England*, dem zuständigen Ministerium und den Spitzen der *City of London* die Modalitäten der Risikoabsicherung. In *Japan* wiederum stellte das Finanzministerium *(Ministry of Finance, MoF)* die zentrale Instanz der Überwachung und Regulierung des Kreditgeschäftes dar, welche mit Hilfe von informellen Praktiken ohne Rechtsbasis operierte.

Im Unterschied zum Kapitalmarktsektor blieb auch unter Internationalisierungsbedingungen bis heute ein Großteil dieser nationalen Vielfalt erhalten. Allerdings lässt sich auch im Bankensektor seit den 70er Jahren eine Konvergenz hin auf eine eher in formalisierte Regeln eingebettete Regulierung und zum Kompetenzzuwachs spezialisierter Regulierungsbehörden beobachten, letzteres durchaus auf Kosten bisheriger Zuständigkeiten von Zentralbanken und Finanzministerien. Wir sehen also ähnlich wie im Wertpapiersektor eine Aufwertung des Nationalstaates in seiner regulativ-administrativen Rolle; gleichwohl sind die Ursachen dieser Entwicklung und die neuen Funktionen der spezialisierten Exekutive andere als im Kapitalmarktsektor.

Waren es im ersten Fallbeispiel unmittelbarer Marktdruck und die Perspektive drohender Wettbewerbsnachteile, welche die Beteiligten zum regulativen Umbau trieben, so stellten sich im Bankensektor seit den 70er Jahren immer wieder Krisen internationalen Ausmaßes ein. Nationale Zentralbanken wurden vor die Frage gestellt, wer eigentlich zuständig sei, wenn ausländische Kreditinstitute zahlungsunfähig wurden und dabei heimische Anleger schädigten. Notenbankchefs und nationale Regulierungsbehörden reagierten darauf mit einer Strategie der Kooperation auf internationaler Ebene. Diese zielte darauf ab, sich auf zentrale Standards der Kapitalabsicherung zu verständigen, denen die heimische Bankenklientel unterworfen werden sollte. Das Interesse an Kooperation war deshalb recht ausgeprägt, weil im Falle von Nicht-Einigung zu befürchten war, dass nationale Regeln vom zunehmend mobilen Finanzkapital unterlaufen würden und daraus erneut Krisensituationen resultierten, welche durch Refinanzierung der Zentralbank zu bewältigen und mit Reputationsverlust der Regulierungsbehörden verbunden waren.

Anders als im Kapitalmarktsektor bestand innerhalb der Staatengemeinschaft ein ausgeprägtes Interesse an Abstimmung in Fragen der Bankenregulierung, das sich in der Ausbildung und stetigen Verfestigung eines internationalen Regulierungsnetzwerkes manifestierte. Als Plattform hierfür dient das so genannte *Basler Komitee*, ein Gremium, das der Bank für internationalen Zahlungsausgleich in Basel angelagert ist und sich aus Notenbankchefs und Bankaufsichtsbehörden der G10-Staaten sowie der Schweiz zusammensetzt. Ergebnis der Basler Beratungen sind zwar lediglich Empfehlungen, welche aber nicht nur von den Komiteemitgliedern, sondern auch von Nicht-Mitgliedern durchaus befolgt werden. Innerhalb Europas dienen die Basler Empfehlungen als Vorlage für neue europäische Richtlinien im Bankensektor.

Als bisher größter Erfolg des Basler Regimes gilt eine internationale Übereinkunft zur Kapitalunterlegung der Kreditrisiken im Bankengeschäft aus dem Jahre 1988 („Basler Akkord"), welche zumindest für einige der größeren Industrieländer (wie etwa die USA) einen höheren Standard der Risikobegrenzung als bisher festschrieb, der auch Eingang in europäische Richtlinien fand. Seit Beginn der 90er Jahre erweiterte sich die bestehende Form zwischenstaatlicher Koordination um Kommunikation mit einer zunehmend organisierten Bankencommunity auf globaler Ebene. Neuartige Formen öffentlich-privater Koordination sind nicht zuletzt Reaktionen auf die mit dem Handel neuartiger Finanzprodukte zunehmend komplexer gewordenen Risiken des Bankengeschäftes. Problemangemessene Regulierungsformen sind nunmehr ohne das Wissen der Banken immer schwerer zu finden.

Damit besteht im Feld der Bankenregulierung eine Mehr-Ebenen-Struktur, in der Entscheidungen über Formen und Inhalte von Regeln maßgeblich innerhalb von Expertengremien auf globaler und europäischer Ebene getroffen werden. Mitglieder solcher Gremien sind Vertreter der nationalstaatlichen Exekutive, solche der nationalen Finanzministerien, der Regulierungsbehörden und der Notenbanken. Es sind strukturelle Ursachen, die neue Autonomiespielräume nationalstaatlicher Akteure in diesen Mehr-Ebenen-Strukturen bedingen: als *gatekeeper zu den oberen Entscheidungsebenen* werden insbesondere nationalstaatliche Vertreter von Regulierungsbehörden zur Hauptanlaufstelle für die Anliegen nationaler Lobbyisten wie auch für andere Teile der politischen Exekutive. Sie haben, zweitens, *Überblick über den zeitlichen Ablauf von Entscheidungsprozessen* im Mehr-Ebenen-System und können den Zeitpunkt der Interessenberücksichtigung mitbeeinflussen. Und schließlich verfügen Experten über *Wissensvorsprünge,* die angesichts einer wachsenden Komplexität der technischen Materie strategische Vorteile gegenüber Nicht-Experten wie Parlamentariern bedingen.

6. Neue Handlungsspielräume des regulativen Staates?

Grundsätzlich bleibt festzuhalten, dass die regulative Form staatlichen Handelns im Rahmen von Internationalisierungsprozessen an Bedeutung gewinnt. Auch oder vielleicht gerade in Sektoren, die ökonomisch als internationalisiert angesehen werden können, lässt sich eine zunehmende Formalisierung von Spielregeln des Verhaltens auf entgrenzten Märkten beobachten. Der Fall der Regulierung des Insiderhandels demonstriert, dass die Formalisierung von Regeln offenbar notwendig ist, um Transparenz über das Verhalten von Marktteilnehmern herzustellen. Das Beispiel der Bankenregulierung zeigt hingegen, dass sich ein Zwang zur Formalisierung auch aus Abstimmungsprozessen und international koordinierten Vereinbarungen ergibt.

Der Nationalstaat erhält zum einen neue Funktionen auf der rein operativen Ebene. Er agiert als „Hüter des Rechts". Allein die Möglichkeit des Einsatzes nationalstaatlicher Sanktionen in Form polizeilicher Gewalt ist offenbar nötig, um der Glaubwürdigkeit von Regeln auch Nachdruck zu verleihen. Staatliche Überwachung wird zu einem Gütesiegel für die Qualität von Produkten. Über den Inhalt von Regeln entscheidet der Nationalstaat nicht mehr allein; er ist Teil eines in mehreren Ebenen strukturierten Entscheidungssystems, dessen output das Ergebnis komplexer Koordinationsprozesse ist. Innerhalb dieses Systems verfügen nationalstaatliche Akteure jedoch über strukturell bedingte Autonomiespielräume, die sich aus der Kontrolle des Zugangs und Ablaufes von Entscheidungsprozessen ergeben.

Damit ist die Frage nach den im Zuge von Globalisierungsprozessen verbliebenen Handlungsspielräumen durchaus ambivalent zu beantworten: der regulative Staat widersetzt sich nicht der Entgrenzung von Märkten, vielmehr passt er sein regulatives Instrumentarium neuen Rahmenbedingungen an. Verglichen mit den redistributiven Aufgaben des keynesianischen Wohlfahrtsstaates der 70er Jahre erscheint Kritikern dieses regulative ‚Mehr' an Staatlichkeit vielmehr als deutlicher Rückzug. Anders als im alten Modell nutzt der Staat seine Ressourcen und Instrumente nun nicht mehr dazu, das heimische Territorium vor globalen Marktveränderungen abzuschotten, sondern will dieses vielmehr mit den äußeren Wettbewerbsbedingungen kompatibilisieren. Indem der Staat neue und erweiterte Aufgaben der Überwachung von Märkten und Marktteilnehmern übernimmt, agiert er in der Tradition des liberalen „Nachtwächterstaates" des 19.Jahrhunderts als „Wettbewerbsstaat" (Cerny 1993; Hirsch 1995). Gewinner solcher Adaptationsprozesse und Träger neuer Schlüsselpositionen sind spezialisierte Teile der nationalstaatlichen Verwaltung und ministeriellen Exekutive, die in transnationalen Koordinationsgremien vertreten sind. Solche Expertengremien finden sich im formal beratenden, faktisch aber vielfach vorentscheidenden Komiteewesen auf europäischer und zunehmend auf globaler Ebene. Ob und unter welchen Bedingungen Prozesse der Entscheidungsfindung in dieser Technokratie letztlich auch als demokratisch legitimiert angesehen werden können, ist eine Frage, die an dieser Stelle nicht behandelt werden konnte, die aber die Politikwissenschaft noch eine Weile befassen wird.

Literatur:

Albert, Mathias et al. (1999): Die Neue Weltwirtschaft. Entstofflichung und Entgrenzung der Ökonomie. Frankfurt a.M.

Albrow, Martin (1998): Abschied vom Nationalstaat. Staat und Gesellschaft im globalen Zeitalter. Edition Zweite Moderne. Frankfurt a.M.

Altvater, Elmar / Mahnkopf, Birgit (1996): Grenzen der Globalisierung. Münster.

Beck, Ulrich (1997): Was ist Globalisierung? Edition Zweite Moderne. Frankfurt a.M.

Czada, Roland / Lütz, Susanne (Hrsg.) (2000): Die politische Konstitution von Märkten. Opladen.

Czada, Roland / Lütz, Susanne / Mette, Stefan (2001): Regulative Politik. Zähmungen von Markt oder Technik. Reihe Grundwissen Politik, Band 28. Leverkusen (i. E.).

Cerny, Philip G. (1993): The deregulation and reregulation of financial markets in a more open world. In: Cerny, Philip G. (ed.), Finance and World Politics. Markets, Regimes and States in the Post-hegemonic Era. Aldershot/Brookfield: 51-86.

Goodhart, Charles et al. (1998): Financial Regulation. Why, how and where now? London/New York.

Grande, Edgar / Eberlein, Burkard (1999): Der Aufstieg des Regulierungsstaates im Infrastrukturbereich. In: Czada / Roland / Wollmann, Helmut (Hrsg.), Von der Bonner zur Berliner Republik. Leviathan-Sonderheft 19. Opladen: 631-65.

Helleiner, Eric (1994): States and the Remergence of Global Finance. From Bretton Woods to the 1990s. Ithaca, N.Y.

Héritier, Adrienne / Knill, Christoph / Mingers, Susanne (1994): Die Veränderung von Staatlichkeit in Europa. Opladen.

Herring, Richard, J. / Litan, Robert E. (1995): Financial Regulation in the Global Economy. Washington D.C.

Hirsch, Joachim (1995): Der nationale Wettbewerbsstaat. Berlin/Amsterdam.

Huffschmid, Jörg (1999): Politische Ökonomie der Finanzmärkte. Hamburg.

Kohler-Koch, Beate (Hrsg.) (1989): Regime in den internationalen Beziehungen. Baden-Baden.

Kohler-Koch, Beate / Eising, Rainer (Hrsg.) (1999): The Transformation of Governance in Europe. London.

König, Klaus / Benz, Angelika (Hrsg.) (1997): Privatisierung und staatliche Regulierung. Baden-Baden.

Krasner, Stephen D. (Hrsg.) (1983): International Regimes. Ithaca, N.Y.

Lütz, Susanne (1997): Die Rückkehr des Nationalstaates? Kapitalmarktregulierung im Zeichen der Internationalisierung von Finanzmärkten. In: Politische Vierteljahresschrift (38) 3: 475-497.

McKenzie, Richard B. / Lee, Dwight R. (1991): Quicksilver Capital. How the Rapid Movement of Wealth has changed the World. New York.

Narr, Wolf-Dieter / Schubert, Alexander Schubert (1994): Weltökonomie. Die Misere der Politik. Frankfurt a.M.

Nölke, Andreas (2000): Regieren in transnationalen Politiknetzwerken? In: Zeitschrift für Internationale Beziehungen 7 (2): 331-358.

Rittberger, Volker (Hrsg.) (1993): Regime Theory and International Relations. Oxford.

Rodrik, Dani (1997): Has Globalization gone too far? Washington DC: Institute for International Economics.

Scharpf, Fritz W. (1998): Globalisierung als Beschränkung der Handlungsmöglichkeiten nationalstaatlicher Politik. In: Karl-Ernst Schenk u. a. (Hrsg.), Jahrbuch für Neue Politische Ökonomie. Band 17: Globalisierung, Systemwettbewerb und nationalstaatliche Politik. Tübingen: 41-66.

Vogel, David (1995): Trading Up. Consumer and Environmental Regulation in a Global Economy. Cambridge, MA.

Vogel, David (2001): Environmental Regulation and Economic Integration. In: Esty, Daniel C../ Gerardin, Damien (eds), Regulatory Competition and Economic Integration. Oxford: 330-347.

Zürn, Michael (1992): Jenseits der Staatlichkeit: Über die Folgen der ungleichzeitigen Denationalisierung. In: Leviathan (4): 490-513.

Zürn, Michael (1998): Regieren jenseits des Nationalstaates. Frankfurt a.M.

Zur Kritik an der Staatstheorie

Die religiösen Implikationen der Lehre von der Einheit und Souveränität des Staates

Claus-E. Bärsch

1. Vorbemerkung

Heribert Schatz zählt zu den Repräsentanten jener Generation von Politikwissenschaftlern, deren Verdienst u. a. darin besteht, das Paradigma des Pluralismus in der Bundesrepublik etabliert zu haben. Dies ist allein deshalb bemerkenswert, weil noch weit über das Kriegsende hinaus – bis in die 70er Jahre – die Politikwissenschaft im Widerstreit mit der Staatslehre bzw. Staatsrechtslehre stand sowie mit einem primär am Staat orientierten Verständnis von Politik. Die Staatstheorie stand immer noch im Banne des im Wilhelmismus zur Herrschaft gelangten Dogmas von der Souveränität und Einheit des Staates und der zur wilhelminischen Staatstheorie führenden Tradition des 19. Jahrhunderts. Da nicht damit zu rechnen ist, dass das Spiel der Entzauberung und der Wiederverzauberung der Welt, wofür die Sphäre des Politischen besonders anfällig ist, aufhört, ist es aufschlussreich, sich der religiösen Implikationen des herrschenden Staatsbegriffs im Deutschland des 19. und 20. Jahrhunderts bewusst zu werden – und damit des Antipluralismus.

2. Staat als Konzeption der Einheit und Souveränität der Gesamtgesellschaft

Carl Schmitt hat den Begriff der „Politischen Theologie“ in Auseinandersetzung mit der Souveränität des modernen Staates in positiver Verwendung eingeführt. Eric Voegelin wiederum hat den politisch-religiösen Gehalt der Souveränität als Merkmal des Staates kritisiert. Dabei knüpft er an die herrschende Lehre der Definition von Souveränität an. In der Tat versteht man unter Souveränität in der herrschenden deutschen Staatslehre ursprüngliche, nicht abgeleitete Herrschaftsgewalt. Staat wird insoweit, so Voegelin, nach dieser Lehre „eine Macht über allen Mächten" (Voegelin 1959: 10) und ersetzt Gott:

> „Die vollständig ausgegliederte Schöpfungsordnung wird durch sie gleichsam dekapitiert, das göttliche Haupt wird abgeschlagen und an die Stelle des welttranszendenten Gottes tritt der Staat als die letzte Bedingung und der Ursprung seines eigenen Seins." (Ebd.: 11)

Die für die deutsche Moderne prototypische, im Begriff vom Staat enthaltene Konjugation von Politik und Religion lässt sich am besten durch einen Rekurs auf die Politische Theologie Hegels demonstrieren, der zweifellos den größten Einfluss auf die deutsche Tradition politischen Denkens gehabt hat.

Vorweg zu sagen ist, dass Politik in der deutschen Tradition auch heute noch als Handeln des Staates wahrgenommen wird. Ob man nun im Volk vom ‚Vater Staat' spricht oder von den ‚Aufgaben des Staates', die Wirtschaft zu unterstützen oder zu hemmen, Steuern einzunehmen und zu verteilen, Wohlstand zu mehren oder zu mindern, Recht zu erzeugen oder Recht zu schützen, Demokratie zu garantieren oder Freiheit zu ermöglichen: Staat ist offensichtlich ein Wesen, welches tut, macht und handelt. In der Tradition der deutschen Staatslehre des 19. und 20. Jahrhunderts fällt der Begriff des Staates unter den der Gesellschaft (vgl. Kelsen 1928a: 2; Bärsch 1974). Der primäre Wortsinn oder das genus proximum in der Lehre von der juristischen Person des Staates gleicht strukturell dem Begriff der Gesellschaft, insofern mit „Staat" eine menschliche Vereinigung, ein menschlicher Verband oder eine menschliche Verbindung bezeichnet wurde (vgl. Gerber 1865; Jellinek 1929: 180; Krüger 1966: 85). Diese Tradition reicht noch bis in die Definition des Staates im Staatslexikon aus dem Jahre 1962: „Staat" ist, wie es dort der deutschen Tradition gemäß zusammengefasst wird, „die auf Dauer angelegte Verbindung von Menschen eines bestimmten Gebietes zu einer Einheit unter einer ursprünglichen, d. h. von keiner irdischen Macht abgeleiteten, umfassenden Herrschaftsgewalt zur Verwirklichung von Gemeinschaftszwecken" (Bachem 1962: 520). In dieser Tradition steht auch Max Weber, insofern er unter Politik „die Leitung oder die Beeinflussung der Leitung eines politischen Verbandes, heute also: eines Staates" (ebd.: 1977: 7) versteht. In der Definition des Staatslexikons aus dem Jahre 1962 wird mit der Formulierung der „ursprünglichen, d. h. von keiner irdischen Macht abgeleiteten, umfassenden Herrschaftsgewalt" das Merkmal der Souveränität auf den Begriff gebracht (Kelsen 1928). Bei Max Weber ist „Staat" „diejenige menschliche Gemeinschaft, welche innerhalb eines bestimmten Gebietes" das „Monopol" „legitimer, physischer Gewaltsamkeit für sich (mit Erfolg) beansprucht" (ebd.: 8). In der Staatslehre als Disziplin der Rechtswissenschaft, in welcher Herrschaftswissen artikuliert und interpretiert wird, wurde damit Gesellschaft als ganzheitliche Einheit begriffen. Wegen des Merkmals der Souveränität als wesentlichem Merkmal von Staat oder Staatsgewalt fallen in dieser Konzeption Macht und Gesellschaft in eine ganzheitliche Einheit zusammen. Wegen der Begriffsvermischung vom Staat als „Institution" oder vom Staat als „Einheit" menschlicher Verbindungen ist mithin zu betonen, dass die verschiedenen legislativen und exekutiven Institutionen in einer Gesellschaft gemäß dieser Lehren Organe (Werkzeuge) von Staat sind. Dass mit der Lehre und dem Begriff vom Staat die „Vereinigung von Menschen" bezeichnet wurde, entspricht auch der Tradition des deutschen Idealismus (vgl. Weinacht 1968). So heißt es in § 45 von Kants „Metaphysik der Sitten“:

> „Ein Staat (civitas) ist die Vereinigung von Menschen unter Rechtsgesetzen.“

Auch in der Übersetzung des „Leviathan“ von Thomas Hobbes ist der „Staat“ nicht der Inbegriff mächtiger Institutionen, vielmehr ist der „sterbliche Gott“ eine spezifische Form von Gesellschaft. Die spezifischen Attribute von „civitas“ (commonwealth) werden mit dem deutschen Begriff „Staat“ nicht differenziert genug widergespiegelt. Die Folge des Gesellschaftsvertrages im „Leviathan“ besteht darin, dass aus der „multitudo“ der ihre Freiheit verlierenden Menschen „una persona“ wird, „vocatur civitas et respublica“. In der Übersetzung der betreffenden Stelle von J.P. Meyer[1] im berühmten 17. Kapitel wird dies noch einigermaßen deutlich:

> „Auf diese Weise werden alle Einzelnen eine Person und heißen Staat oder Gemeinwesen.“ (Hobbes 1970: 155)

Mithin kommen dem Logos von Gesellschaft als Person die Prädikate „sterblicher Gott“ oder „Leviathan“ zu:

> „So entsteht der große Leviathan oder, wenn man lieber will, der sterbliche Gott, dem wir unter dem ewigen Gott allein Frieden und Schutz zu verdanken haben.“ (Ebd.: 155)

Es ist die Vereinigung aller Einzelnen zu einer Person, die „so große Macht und Gewalt“ hervorbringt. Es ist die „essentia civitatis“, die durch Souveränität definiert wird und nicht „das Wesen eines Staates“, wie es in der deutschen Übersetzung lautet. Genauer gesagt wird von Hobbes nicht der „Staat“ definiert, der „eine Person“ sei, sondern die „civitas“, die „una persona est“. Lautet der nächste die Zuordnung der Souveränität betreffende Satz in der deutschen Übersetzung: „Von dem Stellvertreter des Staates sagt man, er besitzt die höchste Gewalt“, so ist die Konnexität von Gesellschaft und Herrschaft des „Leviathans“ so zu interpretieren: Nur der Stellvertreter der „civitas“, die „una persona est“, erhält die „höchste Gewalt“, die „supremas potestas“ oder, wie die englische Übersetzung an der Stelle lautet, die „sovereign power“.

Zu lange hat man den „Leviathan“ von Hobbes unter dem Gesichtspunkt der Konzentration der Macht behandelt. Hobbes, der als Begründer der politischen Wissenschaft gilt, führt aber eine Konzeption von Gesellschaft ein, die empirisch überhaupt nicht begründet wurde und zu begründen ist. Es muss schon zwischen den vertragschließenden Einzelnen ein Wunder geschehen, wenn aus allen Vertragsparteien eine Person wird. So auch bei Rousseau. „An die Stelle der einzelnen Person jedes Vertragsstiftenden“, so behauptet Rousseau im sechsten Kapitel seines berühmten „Contract Social“, setzt solcher Gesellschaftsvertrag sofort einen geistigen Gesamtkörper, dessen Mitglieder aus sämtlichen Stimmabgebenden bestehen, und der durch eben diesen Akt „seine Einheit, sein gemeinsames Ich, sein Leben und seinen Willen

---

1 „Quo facto, multitudo illa una persona est, et vocatur civitas et respublica.“ – „This due the multitude unity in one person is called a commenwealth, in Latin civitas.“

erhält". Nach Rousseau entsteht auf diese Weise eine „öffentliche Person". Wie dieses „gemeinsame Ich" entsteht, erklärt Rousseau nicht. Es bleibt ein Mysterium. Die Quelle für die Vorstellung von einem „geistigen Gesamtkörper" finden wir eher bei Hobbes, und hier ist sie christologischer Natur. Es ist das Dogma von der christlichen Gemeinde als „corpus Christi" oder der aller Christen als „corpus Christi mysticum". Im Folgenden gilt es indes, die Konjugation von Politik und Religion in Rücksicht auf das christlich-ekklesiologische Bewusstsein von Gesellschaft bei einem Denker nachzuweisen, der der „philosophicus teutonicus" schlechthin ist. Denn es ist Hegel, der im Zusatz zu § 270 seiner Rechtsphilosophie[2], der den Zweck des Staates zum Gegenstand hat, das Verhältnis von Staat und Religion dahingehend auf den Begriff bringt:

> „Der Staat ist göttlicher Wille als gegenwärtiger, sich zur wirklichen Gestalt und Organisation einer Welt entfaltender Geist." (Ebd.: 1969ff.)

3. Der „in Staat und Volk innewohnende Geist Gottes" in der politischen Theologie Hegels

Ohne einen Rekurs auf Hegel sollte man weder über Religion und Politik noch über die Moderne in Deutschland sprechen.[3] Hegels gesamte Philosophie ist eine „Enzyklopädie" des Wissens über das Verhältnis von Politik und Religion, das weder vor noch nach ihm so gewaltig in einem System des Wissens integriert worden ist. Die Ausgabe seiner Werke beginnt in Band 1 mit Fragmenten über „Volksreligion und Christentum" und endet im letzten Band der Gesamtausgabe – den „Vorlesungen über die Geschichte der Philosophie" – mit Aussagen „über die Natur der Freiheit, die Quelle des Übels und des Bösens, der Vorsehung usf.", welche mit einer Anmerkung über die Freiheit der Athener, einer erneuten Definition des Geistes und dem Satz „Gott will, dass allen Menschen geholfen werde" versehen sind. Das Verhältnis von Philosophie und Religion durchzieht die „Phänomenologie des Geistes" als historisch-dialektischer Christologie und daran anschließend und darauf aufbauend die Philosophie der Geschichte, der Religion, sogar die „Wissenschaft der Logik" als Lehre vom Sein, Wesen und Begriff; vor allem aber die „Grundlinien der Philosophie des Rechts", welche dem Titel nach „Naturrecht und Staatswissenschaft im Grundrisse" ist (Rechtsphilosophie: §33).

---

2 Rechtsphilosophie v. C.-E. B. im Folgenden verwendet für: Hegel: Grundlagen über die Philosophie des Rechts.

3 Hier kann nur das politisch relevante Resultat - nicht der Anfang und der Prozeß der hegelschen Dialektik selbst behandelt werden, vgl. hingegen Theunissen 1970.

In Hegels Begriff des Staates fallen alle Momente seiner Philosophie des objektiven Geistes mit seiner Theorie der Gesellschaft zusammen. Über den Staat aber sagt er:

> „Im allgemeinen ist die Religion und die Grundlage des Staates ein und dasselbe, sie sind an und für sich identisch." (Religionsphilosophie I: 236)[4]

Also kommt es darauf an zu klären, was Hegel unter Staat versteht und welche Attribute dem „Staat" nach Hegel zukommen. Schließlich geht Hegel so weit, die gesamte Realpolitik vom rechten Glauben abhängig zu machen:

> „Das Volk, das einen schlechten Begriff von Gott hat, hat auch einen schlechten Staat, schlechte Regierung, schlechte Gesetze." (Religionsphilosophie I: 237)

Zuvor soll an das christlich-ekklesiologische Bewusstsein von Gesellschaft, an die Lehre vom „corpus Christi mysticum" erinnert werden. Im Grunde aber geht es um das „Reich Gottes" sowie die Beantwortung der Frage, wer das „Volk Gottes" ist und wie das Verhältnis Mensch – Volk – Gott gestaltet ist.

Mit Recht stellt Ernst H. Kantorowicz in seinem berühmten Werk „Die zwei Körper des Königs. Eine Studie zur politischen Theologie des Mittelalters" fest, dass die „spätmittelalterlichen und modernen Staaten direkt vom kirchlichen Modell beeinflusst waren, vor allem von dem allumfassenden geistlichen Prototyp körperschaftlicher Begriffe, dem corpus mysticum der Kirche" (vgl. Kantorowicz 1990: 208; de Lubac 1969). Zurückzuführen ist dieses „Modell" auf Paulus, wonach die Mitglieder der christlichen Gemeinschaft der Leib (soma, corpus) Christi sind (vgl. 1. Kor. 17; 12, 27; Eph. 4; 4, 16). Seit der Hochscholastik wurde in Ergänzung des Dogmas von der Transsubstantiation sowie der Liturgie der Eucharistie (corpus verum, Realpräsenz von Leib und Blut) für die Qualität der Kirche als Gemeinschaft aller Christen die Lehre vom „corpus Christi mysticum" verbindlich. Auf dem Weg der Übertragung der Qualität „corpus Christi mysticum" auf nichtkirchliche Gesellschaften und Organisationen fand eine weitere, mit der Inkarnation des „Gottmenschen Christi" zusammenhängende Säkularisierung respektive Immanentisierung von Transzendenz statt, welche für das Bewusstsein von Gesellschaft bestimmend wurde – Gesellschaft als „Körperschaft" und „Person", als Subjekt von und in Geschichte.

Das Dogma von der ecclesia als corpus Christi mysticum bedeutet, dass der „Gottmensch" Christus sich mit den Mitgliedern der Kirche verbindet und dadurch die Menschwerdung Gottes, das ist die Verbindung Gottes mit den Menschen, in „geheimnisvoller" Weise fortsetzt. An der Gemeinschaft der Gläubigen wird die Wirkung des sie belebenden Geistes sichtbar. Die Christen haben – durch Christus vermittelt – an identischer Substanz, an Gott, teil. Aus strikt metaphysischer Perspektive könnte man kritisch einwenden: die Gesellschaft – sowie der Einzelne über die Gemeinschaft – wird divinisiert. Wird ekklesiologisch im corpus Christi mysti-

4 Religionsphilosophie v. C.-E. B. im Folgenden verwendet für: Hegel: Vorlesungen über die Philosophie der Religion I.

cum die einheitsstiftende Wirkung des heiligen Geistes sichtbar, ist unter sozio-politologischer Perspektive die Konstitution von Gesellschaft überhaupt von Interesse. Unabhängig davon, ob Christus „Gottmensch" ist und ob durch die Verbindung des Gottmenschen mit dem Gläubigen die Einheit der Christen bewirkt wird, reicht es aus, dass die in Gesellschaft und Geschichte handelnden Menschen an die hier knapp beschriebene Wirkung glauben und ein dementsprechendes Bewusstsein von Gesellschaft haben. Es ist der Glaube selbst, der pax und unitas impliziert, also der Glaube an das „corpus Christi mysticum", der die einheitsstiftende Wirkung haben kann und der kollektive Identität hervorruft. Die von Kantorowicz z. B. historisch nachgewiesene Übertragung des Modells auf nichtkirchliche Gemeinschaften oder Personen kann denselben Effekt haben. Aber auf Differenzierung und Varianten kann ich mich hier nicht einlassen.

Im Falle Hegels kann man allerdings nicht von einer schlichten Übertragung sprechen. In der hegelschen Auffassung über den Geist als Substanz und Subjekt von Geschichte, wonach schließlich „Staat" die „vollständige Realisierung des Geistes im Dasein ist" (Geschichtsphilosophie[5]: 30), sind aber gewisse Strukturähnlichkeiten mit dem ekklesiologischen Modell vom „corpus Christi mysticum" unverkennbar. Das folgt aus der zentralen Bedeutung der Geburt und Natur Christi für die Geschichte des sich in Geschichte und durch Geschichte realisierenden Geistes innerhalb des hegelschen Systems des Wissens. Ich brauche das hier nicht zu belegen, aber ich möchte doch Hegels Auffassung von der Natur Christi im Kontext des Kapitels über „Die Idee im Element der Gemeinde" aus den Vorlesungen über die Religionsphilosophie zitieren:

> „Christus ist in der Kirche der Gottmensch genannt worden, - diese ungeheure Zusammensetzung ist es, die dem Verstande schlechthin widerspricht; aber die Einheit der göttlichen und menschlichen Natur ist dem Menschen darin zum Bewusstsein, zur Gewissheit gebracht worden (...) es ist damit gesetzt, dass die göttliche und menschliche Natur nicht an sich verschieden ist: Gott in menschlicher Gestalt." (Religionsphilosophie II: 278)

Wenn Hegel glaubt, die „Religion und die Grundlage des Staates" seien „ein und dasselbe", so hat das in der eben zitierten Überzeugung von der zuerst in Christus realisierten „Einheit von göttlicher und menschlicher Natur" den maßgebenden Grund. Dass „Gott menschliche Gestalt" haben kann, ist die Grundlage des hegelschen Bewusstseins von Staat und Gesellschaft. Um dies näher zu spezifizieren ist es nötig, sich Hegels Begriff vom Staat und die dem Staat nach Hegel zugeordneten Attribute zu betrachten.

Die Kritik an der hegelschen Lehre vom Staat verbindet sich meist mit der Auffassung, Hegel verherrliche den preußischen Staat. Dabei wird oft assoziiert, Hegel beziehe sich auf die konkreten Institutionen des Staates. Man identifiziert die Institutionen mit dem Staat. Dieser Ansatz ist falsch. Die Bejahung oder die Verneinung der hegelschen Lehre vom Staat muss sich auf die hegelsche Auffassung beziehen,

5 Geschichtsphilosophie v. C.-E. B. im Folgenden verwendet für: Hegel: Vorlesungen über die Philosophie der Geschichte.

die Gesellschaft habe die Qualifikation substanzieller Einheit. Dies soll durch die folgenden Ausführungen noch spezifiziert werden. Hegel gebraucht nämlich die Worte Staat und Gesellschaft in den § 182, 183 (Bürgerliche Gesellschaft) äquivok. Das System der bürgerlichen Gesellschaft – charakterisiert durch Entzweiung, Besonderheit, ökonomische Bedürfnisse, Verelendung – heißt bei Hegel auch „äußerer Staat, Noth- und Verstandesstaat". Hegel wendet sich hier dagegen, daß die „Einheit" von „Staat" nur als „Gemeinsamkeit" vorgestellt werde:

> „Wenn der Staat vorgestellt wird als eine Einheit verschiedener Personen, als eine Einheit, die nur Gemeinsamkeit ist, so ist damit nur die Bestimmung der bürgerlichen Gesellschaft gemeint." (Rechtsphilosophie: §182, Zusatz)

Staat ist mithin gemäß § 182 auch eine Bezeichnung für die bürgerliche Gesellschaft. Die bürgerliche Gesellschaft ist hier die Einheit verschiedener Personen, die aber nur Einheit im Sinne der Gemeinsamkeit ist. Hingegen identifiziert Hegel gemäß der allgemeinen Ausführungen am Beginn des dritten Abschnitts des dritten Hauptteils der Rechtsphilosophie die Einheit der Gesellschaft mit der Einheit des Staates als „substanzielle Einheit". Entscheidend für das Verständnis dieser Einheit ist die Philosophie des Geistes, im Falle dieses Teiles der Rechtsphilosophie die Form des objektiven Geistes. „Der Staat ist", gemäß § 258 der Rechtsphilosophie, „als die Wirklichkeit des substanziellen Willens, die er in dem zu seiner Allgemeinheit erhobenen besonderen Selbstbewusstsein hat, das an und für sich Vernünftige". Und nur aus der hegelschen Philosophie der Vernunft ist die spezifische Einheit der Individuen zu verstehen. Die „Vernünftigkeit" besteht nach § 258 in der „Einheit der Allgemeinheit und der Einzelheit". Daraus resultiert der Unterschied zwischen der Vereinigung in der bürgerlichen Gesellschaft und der Vereinigung „Staat". Auch in § 258 wendet sich Hegel dagegen, dass „der Staat mit der bürgerlichen Gesellschaft verwechselt" wird. In der „bürgerlichen Gesellschaft" sind die Einzelnen vereinigt, weil „das Interesse der Einzelnen als solcher der letzte Zweck, zu welchen sie vereinigt sind", das Merkmal der Vereinigung ausmacht. Dass unter „Staat" eine Vereinigung der Menschen zu verstehen ist, geht aus dem nächsten Satz hervor. Nicht Staat als Institution oder Inbegriff aller Institutionen im Sinne eines übermächtigen Machtapparates macht den Unterschied aus:

> „Er hat aber ein ganz anderes Verhältnis zum Individuum, indem er objektiver Geist ist, so hat das Individuum selbst nur Objektivität, Wahrheit und Sittlichkeit, als es ein Glied desselben ist." (Rechtsphilosohie: §258)

Ist in der bürgerlichen Gesellschaft, um es zu wiederholen, „das Interesse der Einzelnen als solcher der letzte Zweck, zu welchen sie vereinigt sind", so gilt für den Staat:

> „Die Vereinigung als solche ist selbst der wahrhafte Inhalt und Zweck, und die Bestimmung der Individuen ist, ein allgemeines Leben zu führen." (Rechtsphilosophie: §258)

Aus § 258 geht somit hervor, dass Staat eine Vereinigung von Individuen ist. Es ist eine Vereinigung von Individuen mit einer besonderen Qualifikation. Es ist nicht die Vereinigung von Individuen gemäß der Formation der bürgerlichen Gesellschaft als äußerer Not- und Verstandesstaat mit allen Merkmalen der Entzweiung einer ökonomisch bestimmten Gesellschaft. Staat ist eine Vereinigung von Individuen, die gemäß der hegelschen Philosophie des Geistes folgende Attribute hat: „Wirklichkeit der sittlichen Idee", „Wirklichkeit des substantiellen Willens", „substanzielle Einheit" und „substanzielle Freiheit". Um die Vieldeutigkeit des Staatsbegriffes zu vermeiden, wird man dem hegelschen Staatsbegriff am besten gerecht, wenn man statt „Staat" „Staatsgesellschaft" liest. Der in den § 257 und 258 der Rechtsphilosophie verwendete Begriff der Substanz verweist indes darauf, dass eine Kritik der hegelschen Lehre von der Willenseinheit namens Staat eine Kritik der Phänomenologie von Substanz und Subjekt zur Voraussetzung hat, denn die Ausführungen Hegels über „das innere Staatsrecht" in den § 260 bis 329 (Verfassung, fürstliche Gewalt, Regierungsgewalt, gesetzgebende Gewalt) sind von der Philosophie des Geistes abhängig.

Wenn die Gesellschaft das Prädikat „substanziell" erhält – substanzielle Einheit, substanzieller Wille, substanzielle Freiheit – und dadurch erst wahrer Staat im hegelschen Begriffsverständnis ist, so ist es religionspolitologisch von Interesse, dass „Gott" von Hegel auch als Substanz begriffen wird (vgl. Religionsphilosophie I: 94). Gott als Substanz und Subjekt heißt nach Hegel wiederum nichts anderes als die „Bestimmung, dass Gott Mensch wird, damit der endliche Geist das Bewusstsein Gottes im Endlichen selbst habe" (vgl. Religionsphilosophie II: 276). An die Stelle des katholischen Wunders tritt die historisch-dialektische Christologie. Ausgang – die Natur Christi – und Resultat – die Identität der Gesellschaft – sind bei beiden Konzeptionen von Gesellschaft gleichzusetzen. Freilich geht Hegel vor allem mit der Vorstellung des Geistes als Freiheit weit über Evangelium und Katholizismus hinaus. Dass aber der Vergleich zwischen dem Modell von christlicher Gemeinschaft und Staat in das System Hegels passt, kann unmittelbar mit Ausführungen zur christlichen Gemeinde in den „Vorlesungen über die Philosophie der Religion" belegt werden:

> „In der Organisation des Staates ist es, wo das Göttliche in die Wirklichkeit eingeschlagen, diese von jenem durchdrungen und das Weltliche nun an und für sich berechtigt ist; denn ihre Grundlage ist der göttliche Wille, das Gesetz des Rechts und der Freiheit. Die wahre Versöhnung, wodurch das Göttliche sich im Felde der Wirklichkeit realisiert, besteht in dem sittlichen und rechtlichen Staatsleben: Dies ist die wahrhafte Subaktion der Weltlichkeit." (Ebd.: 332)

Hegels Lehre von Staat und Volk sind gleichwohl als Politische Theologie zu beurteilen. Dagegen spricht nicht, dass die Versöhnung von Einzelnem, Besonderem und Allgemeinem in der Staatsgesellschaft einer vollentwickelten Logik entspricht. In Hegels „System des Wissens" kann man die formelle Seite des denkenden Geistes von der „Endlichkeit, die er als Volksgeist in seinem Staate und dessen zeitlichen Interessen, dem System der Gesetze und der Sitten hat", nicht trennen (Enzyclopädie[6]: §552). Nach Hegel „erhebt sich" der „denkende Geist" in der Weltgeschichte über die Konkretionen der besonderen „Volksgeister" zum „Wissen des absoluten Geistes". Und genau in diesem Kontext weist Hegel auf die „Erhebung des Geistes

6 Enzyclopädie v. C.-E. B. im Folgenden verwendet für: Hegel: Enzyclopädie der philosophischen Wissenschaften.

zu Gott“ in seiner Logik hin, weshalb die von ihm selbst vorgenommenen Konjugation von Politik und Religion sowohl ein System des Wissens als auch Theo-Logik ist.[7]

In diesem Abschnitt wurde versucht, das Problem des Verhältnisses von Politik und Religion unter der Perspektive der Konstitution von Gesellschaft am Beispiel des Staatsbegriffes zu entfalten. In dem, was mit dem Staatsbegriff bezeichnet wird, nämlich die Gesamtgesellschaft als genus proximum des Staatsbegriffes, ist die Auffassung enthalten, alle Mitglieder einer Gesellschaft seien eine Einheit. Mit ihr korrespondiert das Dogma von der Souveränität dieser Einheit. Insofern man unter Souveränität höchste, nicht abgeleitete Herrschaft respektive ursprüngliche Macht versteht, wird ein Prädikat Gottes auf Gesellschaft übertragen. Insofern handelt es sich bei der Apperzeption von Gesellschaft in der deutschen Lehre von Staat als Körperschaft und Person des öffentlichen Rechts um die von Carl Schmitt konstatierte und von Voegelin kritisierte Säkularisierung des Bewusstseins von Gesellschaft.

Bevor die Politische Theologie der Gegenwart, vornehmlich die von Carl Schmitt, behandelt werden soll, sind die Strukturähnlichkeiten zwischen dem Dogma vom „corpus Christi mysticum“ und der dialektisch-politischen Theologie Hegels hervorzuheben. Dabei kommt es auf die im Okzident entwickelten Grundformen des Bewusstseins von Gesellschaft an, ohne die die Frage nach den religiösen Dimensionen der NS-Ideologie nicht beantwortet werden kann.

Wenn auch zwischen der katholischen Religion und dem hegelschen System gewaltige Unterschiede bestehen, so besteht das Gemeinsame zwischen dem Dogma vom „corpus Christi mysticum“ der Kirchengesellschaft und der hegelschen Lehre von Staat und Volksgeist im Hinblick auf die Trinität Gottes. Gemeinsam ist beiden Lehren die durch Christus vermittelte, wenn auch jeweils verschiedene Immanenz Gottes, das Wesen Christi als Sohn Gottes und die Wirkung des Geistes. In beiden Apperzeptionsmustern von Gesellschaft hat dies zur Folge, dass dem Kollektivum die empirisch nicht nachweisbaren Prädikate Einheit und Person zukommen. Nach der Lehre vom „corpus Christi mysticum“ nehmen die toten, lebenden und ungeborenen Mitglieder der Kirche an der überirdischen und überzeitlichen Substanz Gottes teil. Denn „corpus Christi“ ist ein aus Menschen bestehender Körper mit dem Attribut des Gottmenschentums. Für die Feststellung der Konjugation von Politik und Religion ist das Kriterium des jenseitigen Heils maßgebend. Ist nicht nur ausschließlich das jenseitige Heil von Bedeutung, werden alle Seiten des irdischen und gesellschaftlichen Lebens vom Dogma des „corpus Christi mysticum“ erfasst und somit für das gesamte Bewusstsein von kollektiver Identität maßgebend. Damit liegt

7 „Der denkende Geist der Weltgeschichte aber, indem er zugleich jede Beschränktheiten der besonderen Volksgeister und seine eigene Weltlichkeit abgestreift, erfaßt seine konkrete Allgemeinheit und erhebt sich zum Wissen des absoluten Geistes, als der ewig wirklichen Wahrheit, in welcher die wissende Vernunft frei für sich und die Notwendigkeit, Natur und Geschichte nur seiner Offenbarung dienend und Gefäße seiner Ehre sind. Von dem Formellen der Erhebung des Geistes zu Gott ist in der Einleitung zur Logik [vgl. insbes. § 51, C.-E.B.] gesprochen worden.“

eine Konjugation von Politik und Religion vor. Wird geglaubt, in allen Mitgliedern eines nicht nur auf jenseitiges Heil ausgerichteten Kollektivs wirke eine durch Christus vermittelte göttliche Substanz, dann liegt darin der Grund für die Kohärenz zwischen den Mitgliedern. Ist das darüber hinaus auch für das Verhältnis zu Mitgliedern anderen Gesellschaften maßgebend, dann liegt eine Konjugation von Politik und Religion vor. Wird zum Beispiel im Gegenteil geglaubt, die Christen seien zwar nunmehr im Gegensatz zu den Juden das Volk Gottes, aber das wirke sich nicht auf das Verhältnis zu den Mitgliedern des jüdischen Volkes, vor allem auf das rechtliche Verhältnis, aus, dann liegt keine Konnexität von Politik und Religion in Rücksicht auf das Wesen Christi und das dadurch bestimmte Bewusstsein von Gesamtgesellschaft vor. Die Möglichkeiten der Erweiterung und Übertragung des ekklesiologischen Bewusstseins von Gesellschaft sind zahlreich. Die ganze Menschheit, die gesamte Christenheit oder nur Teile kommen in Frage. Im Grunde geht es um das Verhältnis von Menschen zueinander und um das Verhältnis zu den Menschen anderer Gesellschaften in Form der Identität, Differenz, Inklusion oder Exklusion. In der politischen Theologie Hegels ist die Exklusivität jeweils eines Volksgeistes im Hinblick auf das Wesen Christi und den in der Welt werdenden Gott explizit in der Lehre vom Welt- und Volksgeist ausgesprochen und entwickelt worden. Bringt man wie Hegel „das Princip der Einheit der göttlichen und menschlichen Natur“ (Wesen Christi) mit „dem nordischen Princip der germanischen Völker“ (Rechtsphilosophie: §358) als Vollendung der Weltgeschichte in Verbindung, dann liegt ein Muster für ein modernes Bewusstseins von Gesellschaft und Geschichte vor,[8] das durch die Immanenz Gottes zu charakterisieren ist. Ohne religiösen Rückbezug wäre die Immanentisierung gehaltlos.

Mag Hegels völkische Illusion auch ohne realpolitische Folgen gewesen sein, weil dem deutschen Volk und der politischen Rechten Hegels Dialektik zu kompliziert ist, so ist diese Vereinigung von Ethnos und Christus zwar durch das Primat des Geistes bewirkt, hat aber gleichwohl ein Resultat, das nach heutigem Sprachgebrauch als rassistisch zu beurteilen ist. Entwickelt der in die Philosophie geflüchtete Theologe Hegel mit subtiler Dialektik, dass der „göttliche Geist“ dem „Selbstbewusstseyn“ in dessen wirklicher Gegenwart als eines „Volkes und der Individuen“[9] innewohne, reduziert der katholische Laie Carl Schmitt den „Begriff des Politischen“ auf die rohe Apokalyptik des Kampfes zwischen Gott und Satan und kämpft selbst darum, diesem Verständnis von Politik und Religion Anerkennung und Gel-

8 Das vierte welthistorische Reich (nach § 354 der Rechtsphilosophie 1. das orientalische, 2. das griechische, 3. das römische), nämlich das „germanische Reich“, hat gem. § 358 der Rechtsphilosophie folgende Qualität: „Aus diesem Verluste seiner selbst und seiner Welt und dem unendlichen Schmerz desselben, als dessen Volk das israelitische bereitgehalten war, erfaßt der in sich zurückgedrängte Geist in dem Extreme seiner absoluten Negativität, dem an und für sich seyenden Wendepunkt, die unendliche Positivität dieses seinen Innern, das Princip der Einheit der göttlichen und menschlichen Natur, die Versöhnung als der innerhalb des Selbstbewußtseyns und der Subjektivität erschienenen objektiven Wahrheit und Freiheit, welche dem nordischen Princip der germanischen Völker zu vollführen übertragen wird.“

9 „Die Sittlichkeit ist der göttliche Geist als innewohnend dem Selbstbewußtseyn in dessen wirklicher Gegenwart als eines Volkes und der Individuen desselben.“ (Enzyclopädie: § 552)

tung zu verschaffen. Indes ist Carl Schmitt nicht deshalb zu verurteilen, weil er sich auf Hegel beruft (vgl. Schmitt 1979: 76).[10] Was in Hegels Dialektik von der Negation und der Negation der Negation nur verschleiert wird und die andere Seite der frohen Botschaft der Geburt des Gottessohnes und den darin liegenden Beweis für die kommende Erlösung ausmacht, nämlich die Existenz und Inkarnation des radikal Bösen, wird von Carl Schmitt offen ausgesprochen. Gewiss sollten wir froh sein, dass der Kampf gegen die Personifikation oder die Orte des Bösen zur Zeit in der politischen Rhetorik Westeuropas keine Funktion hat. Vielleicht liegt darin sogar eine gewisse List der Vernunft, aber von Carl Schmitt können wir uns dahingehend belehren lassen, dass die von der Christologie abhängigen Konstitutionen gesellschaftlicher Identität auch die andere Seite, nämlich die der Negation des anderen zur Folge haben kann.

4. Die Einheit des Staates in der Politischen Theologie Carl Schmitts

Carl Schmitt vertritt in seiner letzten Schrift(1984b) vehement die Überzeugung, die Politische Theologie sei nicht erledigt. In seiner Schrift über den „Begriff des Politischen" führt er aus, der „Zusammenhang theologischer und politischer Denkvoraussetzungen" sei „klar" (Schmitt 1979: 64). Wenn „alle prägnanten Begriffe der modernen Staatslehre" nach Carl Schmitt „säkularisierte theologische Begriffe"[11] sind, so ist danach zu fragen, was das Säkularisierte ist. Daher soll zuerst geklärt werden, was Carl Schmitt unter Staat und Kirche versteht. Da nach Schmitt der Begriff des Staates den Begriff des Politischen voraussetzt (ebd.: 20) soll anschließend die Frage beantwortet werden, ob die Bestimmung des Politischen bei Carl Schmitt von seiner Interpretation der Theologie abhängt.

Auch bei Carl Schmitt hat „Staat" den Charakter einer Person, die als Subjekt der Politik und Geschichte entscheidet und handelt. Auch bei Schmitt fällt der Begriff des Staates unter den der Gesamtgesellschaft. Zwar unterscheidet er zwischen verschiedenen Formen der Gesellschaft und stellt die bloße Gesellschaft dem Staat gegenüber. Bei Schmitt fällt der Begriff des Staates deshalb unter den Begriff der Gesamtgesellschaft, weil genus proximum seines Staatesbegriffes das Volk ist. Er meint indes nicht die plurale Gesellschaft oder das Volk in seiner Buntheit und Vielschichtigkeit. Sein Staatsbegriff ist auf den des organisierten Volkes konzentriert:

10 „Die sach-thematische Weiterführung meiner Schrift Politische Theologie von 1922 verläuft in einer Gesamtrichtung, die bei jus reformandi des 16. Jahrhunderts ansetzt, bei Hegel einen Höhepunkt findet und heute überall erkennbar ist: von der Politischen Theologie zur Politischen Christologie."(Schmitt 1984: 11)

11 „Alle Begriffe der modernen Staatslehre sind säkularisierte theologische Begriffe." (Schmitt 1990: 49)

„Der Staat ist nach heutigem Sprachgebrauch der politische Status eines in territorialer Geschlossenheit organisierten Volkes." (Ebd.: 20)

Die von Carl Schmitt angegebenen wesentlichen Merkmale des Staates sind demnach auch wesentliche Merkmale des Volkes. Auch nach Schmitt ist Einheit das wesentliche Merkmal des Staatsbegriffes. Er ist geradezu auf die Einheit aller Mitglieder einer Gesamtgesellschaft fixiert:

„Die politische Einheit ist eben ihrem Wesen nach die maßgebende Einheit, gleichgültig aus welchen Kräften sie ihre letzten psychischen Motive zieht. Sie existiert oder sie existiert nicht. Wenn sie existiert, ist sie die höchste, d. h. im entscheidenden Fall bestimmende Einheit. Dass der Staat eine Einheit ist, und zwar die maßgebende Einheit, beruht auf seinem politischen Charakter. Eine pluralistische Theorie ist entweder die Staatstheorie eines durch einen Förderalismus sozialer Verbände zur Einheit gelangenden Staates oder aber nur eine Theorie der Auflösung oder Widerlegung des Staates." (Ebd.: 43f.)

Daraus folgt, dass Carl Schmitt Gesellschaft nach dem Muster der Identität apperzipiert. Aus seiner Polemik gegen den Pluralismus folgt, dass er die Einheit des Volkes bedroht sieht und dass das Kollektivum Volk die Qualität der Einheit haben soll. Hat ein Volk bzw. der Staat nicht den politischen Status der Einheit, existiert es bzw. er nicht mehr.

Es ist nun danach zu fragen, ob diese politische Bestimmung der als Staat formierten Gesellschaft eine theologische Entsprechung hat. Ekklesiologisch folgt Carl Schmitt dem Dogma von der Kirche als „corpus Christi mysticum":

„Sie repräsentiert die civitas humana, sie stellt in jedem Augenblick den geschichtlichen Zusammenhang mit der Menschwerdung und dem Kreuzesopfer Christi dar, sie repräsentiert Christus selbst, persönlich, dem in geschichtlicher Wirklichkeit menschgewordenen Gott." (Schmitt 1984a: 32)

Friethart Scholz (1978) hat nachgewiesen, dass Carl Schmitt schon 1917 in dem Aufsatz „Die Sichtbarkeit der Kirche. Eine scholastische Erwägung" (vgl. Schmitt 1917: 81-90) mit der Menschwerdung Gottes das Wesen der katholischen, d. h. allumfassenden Kirche bestimmte.[12] An der Immanentisierung Gottes in Form historischer Inkarnation hat Carl Schmitt stets festgehalten. In einem Brief an den französischen Philosophen Pierre Linne aus dem Jahre 1949 heißt es:

„Meine Freiheit gegenüber den Ideen ist ohne Grenzen, weil ich in Kontakt mit meinem nicht zu okkupierenden Zentrum bleibe, welches keine ‚Idee', aber ein historisches Ereignis ist: die Inkarnation des Sohnes Gottes. Für mich ist das Christentum weder an erster Stelle eine Doktrin noch eine Moral, nicht einmal (verzeihen Sie) eine Religion; es ist ein historisches Ereignis." (Schmitt 1991: 283)

Carl Schmitts Überzeugung vom Zusammenhang zwischen den politischen und theologischen „Denkvoraussetzungen" heißt im Hinblick auf die Funktion der Kirche in dieser Welt, dass diese regiert, herrscht und siegt:

„Die Kirche will die königliche Braut Christi sein; sie repräsentiert den regierenden, herrschenden, siegenden Christus." (Schmitt 1984a: 53)

12 Vgl. auch Adam 1992: 9ff.; Meier 1988; Assmann 1992.

Worüber aber siegt Christus? Hängt die Bestimmung des Politischen von dem Glauben an den herrschenden, regierenden und letzten Endes siegenden Christus ab? Aus den beiden Schriften „Der Begriff des Politischen" und „Politische Theologie" lässt sich die Antwort einfach ermitteln. Der politische Status der civitas humana als Volk respektive Staat ist durch die berühmt-berüchtigte „Unterscheidung von Freund und Feind" (Schmitt 1979: 26) bestimmt. Schmitts Vorrang des Politischen bei der Bestimmung des Staatsbegriffs sowie die „Unterscheidung von Freund und Feind" im „Sinne eines Kriteriums" zur Bestimmung des Politischen umfasst mehr als nur die Außerkraftsetzung moralischer, ästhetischer und ökonomischer Kriterien bei der Feststellung, wer der Feind sei.[13] Wenn Carl Schmitt fordert, der Feind sei „der andere, der Fremde"[14] so liegt der Schlüssel für Schmitts Unterscheidung von Freund und Feind in dem, was ihm zufolge „existentiell" ist, was „seinsmäßig" vorgegeben ist, was letzten Endes seinsmächtig ist; wie eben Schmitt Sein und Seinsgrund auslegt und interpretiert. Wenn nach Schmitt „zum Begriff des Feindes die Möglichkeit des Kampfes"[15], der „Krieg" als „äußerste Realisierung der Feindschaft" und letzten Endes die Vernichtung gehört[16], dann bezieht sich Schmitt auf den Sinn einer „seinsmäßigen Ursprünglichkeit", die theologisch zu begreifen ist.[17] Er bezieht sich auf die theologischen Voraussetzungen des Politischen, aber wendet sich entschieden gegen jede Art von Moraltheologie im Hinblick auf die „Erkenntnis existenzieller Gegensätzlichkeiten".[18] Der Sinn einer „seinsmäßigen Ursprünglichkeit" und die „seinsmäßige Negierung eines anderen Seins" bezieht Schmitt auf den Umstand, dass einige Menschen erlöst und einige Menschen nicht erlöst, einige Menschen auserwählt und einige Menschen nicht auserwählt sind. Das festzustellen ist wiederum Aufgabe der Theologen:

---

13 „Die Unterscheidung von Freund und Feind hat den Sinn, den äußersten Intensitätsgrad einer Bindung oder Trennung, einer Assoziation oder Dissoziation zu bezeichnen; sie kann theoretisch und praktisch bestehen, ohne daß gleichzeitig alle jenen moralischen, ästhetischen, ökonomischen oder anderen Unterscheidungen zur Anwendung kommen müßten. Der politische Feind braucht nicht moralisch böse, er braucht nicht ästhetisch häßlich zu sein; er muß nicht als wirtschaftlicher Konkurrent auftreten, und es kann vielleicht sogar vorteilhaft erscheinen, mit ihm Geschäfte zu machen." (Schmitt 1979: 27)

14 „Er ist eben der andere, der Fremde, und es genügt zu seinem Wesen, daß er in einem besonders intensiven Sinne existentiell etwas anderes und Fremdes ist." (Schmitt 1979: 27)

15 „Denn zum Begriff des Feindes gehört die im Bereich des Realen siegende Eventualität eines Kampfes." (Schmitt 1979: 33)

16 „Krieg ist nur die äußerste Realisierung der Feindschaft." „Die Begriffe Freund, Feind und Kampf erhalten ihren realen Sinn dadurch, daß sie insbesonders auf die reale Möglichkeit der physischen Tötung Bezug haben und behalten. Der Krieg folgt aus der Feindschaft, denn diese ist seinsmäßige Negierung eines anderen Seins." (Schmitt 1979: 33)

17 „Ebenso wie das Wort Feind, ist hier das Wort Kampf im Sinne einer seinsmäßigen Ursprünglichkeit zu verstehen." (Schmitt 1979: 33)

18 „Aber die theologische Unterstützung verwirrt öfters die politischen Begriffe, weil sie die Unterscheidung gewöhnlich ins Moraltheologische verschiebt oder wenigstens damit vermengt und dann meistens ein normativistischer Fiktionalismus oder gar ein pädagogisch-praktischer Opportunismus die Erkenntnis existentieller Gegensätzlichkeiten trübt." (Schmitt 1979: 63)

„Ein Theologe hört auf, Theologe zu sein, wenn er die Menschen nicht mehr für sündhaft oder erlösungsbedürftig hält und Erlöste von Nicht-Erlösten, Auserwählte von Nicht-Auserwählten nicht mehr unterscheidet, während der Moralist eine Wahlfreiheit zwischen Gut und Böse voraussetzt. Weil nun dies Fehlen des Politischen letzten Endes von der realen Möglichkeit eines Feindes bestimmt wird, können politische Vorstellungen und Gedankengänge nicht gut einen anthropologischen ‚Optimismus' zum Ausgangspunkt nehmen. Sonst würden sie mit der Möglichkeit des Feindes auch jede spezifische politische Konsequenz aufheben." (Ebd.: 63)

Die nicht zu übersehende religiöse Implikation der Feindbestimmung kommt wiederum in Carl Schmitts Charakterisierung der „Höhepunkte der großen Politik" zum Ausdruck (ebd.: 67). Diese Bestimmung ist ihm so wichtig, dass er sich sogar auf den chiliastischen Protestantismus Cromwells beruft. Die „Höhepunkte der großen Politik" bestehen darin, dass sich Cromwell bei der Bestimmung des Feindes auf die Vorsehung und auf Gott beruft.[19]

Heinrich Meier hat das Verdienst, den Zusammenhang zwischen der von Schmitt bereits 1922 veröffentlichten Schrift über die „Politische Theologie" und dem „Begriff des Politischen" von 1932 aufgedeckt zu haben (vgl. Meier 1988). Mir kommt es hier darauf an, dass Schmitt durch die Folie der Ideologie von Donoso Cortes die Gegensätze von „Gut und Böse, Gott und Teufel" sowie „Leben und Tod" zur Bestimmung des Freund-Feind-Verhältnisses und damit des Begriffs des Politischen macht:

„Es sind die Gegensätze von Gut und Böse, Gott und Teufel, zwischen denen ein Leben und Tod, ein Entweder-Oder besteht, dass keine Synthese und kein ‚Höheres Drittes' kennt." (Schmitt 1990: 70f.)

Das ganze vierte Kapitel „Zur Staatsphilosophie der Gegenrevolution" ist vom Lob des Carl Schmitt im Hinblick auf die von Cortes aktualisierte Apokalyptik durchzogen.[20] Die in der „Staatsphilosophie der Gegenrevolution" vehement vorgetragene Affirmation der Politischen Theologie des Donoso Cortes spricht dafür, dass Carl Schmitts Entscheidung für die Diktatur auf einem christologisch objektivem Kampf zwischen Gott und Satan beruht.[21] Dem „in geschichtlicher Wirklichkeit menschge-

19 „Betrachten wir also unsere Feinde, the Enemies to the very Being of this nation." Immer wiederholt er dieses very Being oder National Being und fährt dann fort: „Why, truly, your great Enemy is the Spaniard." Dann wiederholt er: „Der Spanier ist Euer Feind, seine enmity is put into him by God; er ist 'the natural enemy, the providential enemy', wer ihn für einen accidental enemy hält, kennt die Schrift und die Dinge Gottes nicht." (Schmitt 1979: 63 [Die im englischen Wortlaut zitierten Stellen lassen sich in einer anderen Sprache kaum wiedergeben.])

20 „Dennoch war es wohl ein Unrecht, zu übersehen, daß es sich für Cortes um eine religiöse und politische Entscheidung von ungeheurer Aktualität handelte (...) Die blutige Entscheidungsschlacht, die heute zwischen dem Katholizismus und dem atheistischen Sozialismus entbrannt ist." (Schmitt 1979: 75); „Das ist aber wesentlich Diktatur, nicht Legitimität. Donoso war überzeugt, daß der Augenblick des letzten Kampfes gekommen war, angesichts des radikal Bösen gibt es nur eine Diktatur, und der legitimistische Gedanke der Erbfolge wird in einem solchen Augenblick leere Rechthaberei." (Ebd.: 83) „Aber der Satanismus dieser Zeit war doch keine beiläufige Paradoxie, sondern ein starkes, intellektuelles Prinzip." (Ebd.: 80)

21 „Diktatur ist der Gegensatz zu Diskussion. Es gehört zum Dezisionismus der Geistesart von Cortes, immer den Extremfall anzunehmen, das jüngste Gerichht zu erwarten. Darum verachtet er die Liberalen, während er den atheistisch-anarchistischen Sozialismus als seinen Todfeind respektiert und ihm eine diabolische Größe gibt." (Schmitt 1979: 80)

wordenen Gott" (Schmitt 1984a: 32) und dem „regierenden, herrschenden, siegenden Christus" (ebd.: 53) entspricht eine theologische Bestimmung des Seins. Schmitt gibt dies in seiner 1970 erschienen Schrift „Politische Theologie II" offen zu und will „das Problem der Politischen Theologie unter die Frage nach dem Feind" stellen (Schmitt 1984b: 123).[22]

Im Jahre 1932 war der politische Status des als Staat organisierten Volkes abhängig von der Bestimmung des Feindes. Die Negation des „anderen, Fremden" war Schmitt wesentlich für die Konstitution der Einheit des Staates.[23] Die Konstitution kollektiver Identität korrespondiert in wechselseitiger Abhängigkeit mit der Negation des anderen. Der Staat und damit der politische Status des Volkes setzt nicht nur das „Politische" voraus, sondern ohne die Unterscheidung von Freund und Feind als Kriterium des Politischen gibt es überhaupt kein politisches Leben:

> „Entfällt die Unterscheidung, so entfällt das politische Leben überhaupt. Es steht einem politisch existierenden Volk keineswegs frei, durch beschwörende Proklamationen dieser schicksalsvollen Entscheidung zu entgehen." (Schmitt 1984a: 52)[24]

Carl Schmitt versucht vor allem in zwei Hinsichten mit dem am Staat orientierten Verständnis von Politik zu brechen. Erstens geht nach Schmitt dem Begriff des Staates der Begriff des Politischen voraus. Zweitens gibt Schmitt die Trennung von Gesamtgesellschaft in Form des Staates und des Volkes auf, insofern ihm zufolge der Begriff des Staates den des Volkes enthält. Dies ist nicht ohne Folgen für die in der Politik der Moderne notwendige Setzung des Verständnisses von Volk. Denn wenn dem Begriff des Staates der der Politik vorausgeht, so gilt das auch für den des Volkes. Wenn weiterhin das Kriterium des Politischen die Bestimmung des Verhältnisses von Freund und Feind ist, so ist die Bestimmung des Feindes konstitutiv für den Status des organisierten Volkes. Das Kriterium der Freund-Feind-Bestimmung enthält allerdings eine weitere Dimension. Denn Carl Schmitt glaubt an die Richtigkeit einer religiös überlagerten Bestimmung des Verhältnisses von Freund und Feind. Feind ist nicht nur der x-beliebig Fremde oder Andere. Denn wenn hohe Politik der Kampf zwischen Gott und Satan ist, ist der existenzielle Feind der Böse, und Politik besteht im Kampf gegen das Böse. Die im Kampf gegen das Böse liegende Annahme von der Macht des Bösen setzt aber selbstverständlich den Glauben an die Macht und die Existenz Gottes voraus. Da die Aussagen Carl Schmitts über Staat auch Aussagen über die Qualität von Volk implizieren, sind seine Aussagen

22 „Die Kernfrage, die sich vom Politischen her für mich ergibt, betrifft die Wirklichkeit eines Feindes, dessen reale Möglichkeit ich auch in einem restlosen enttheologisierten Gegenbild noch erkenne." (Schmitt 1984b: 124)

23 „Zum Staat als einer wesentlich politischen Einheit gehört das jus belli, d. h. die reale Möglichkeit, im gegebenen Fall kraft eigener Entscheidung den Feind zu bestimmen und ihm zu bekämpfen." (Schmitt 1979: 54); „Ein politisch existierendes Volk kann also nicht darauf verzichten, gegebenenfalls Freund und Feind durch eigene Bestimmung auf eigene Gefahr zu unterscheiden." (Ebd.: 51)

24 Vgl. auch: „Überall in der politischen Geschichte, außenpolitisch wie innenpolitisch erscheint die Unfähigkeit oder Unwilligkeit, zu dieser Unterscheidung als Symptom des politischen Endes." (Schmitt 1979: 67)

über die gewünschte Einheit und Homogenität des Staates auch Aussagen über die Qualität von Volk. Schmitts Überzeugung, dass bei Wegfall der Unterscheidung zwischen Freund und Feind das politische Leben entfalle und dass es „einem politisch existierenden Volke keineswegs frei“ stehe, der „schicksalsvollen Entscheidung von Freund und Feind“ zu entgehen, heißt vice versa, dass der Kampf gegen das Böse auch ein Kampf für Gott ist. Die im Begriff der Homogenität liegende Bedeutung von Einheit und Gleichursprünglichkeit – gleiche Ursprünglichkeit – bedeutet, dass der Wert, den Schmitt der Homogenität des Staates respektive des Volkes gibt, eine Vorstellung von Identität impliziert, die von Gott als Substanz abhängig ist.

5. Ausblicke

Die Lehre von der Souveränität des Staates und der Glaube an den Staat als höchsten Wert und Zentrum der Politik ist mit Artikel 20, Absatz 2 des Grundgesetzes unvereinbar. Denn gemäß Artikel 20, Absatz 5.1 des Grundgesetzes geht alle Staatsgewalt vom Volke aus. Eine „Staatstheorie“, die den Namen Theorie verdient und das Gebot des Artikels 20, Absatz 2 berücksichtigt, gibt es zur Zeit nicht. Wer das Dogma von der Souveränität des Staates wieder vertreten möchte, wird unweigerlich die politische Theologie zu Hilfe nehmen müssen. In außenpolitischer Hinsicht ist die Lehre von der Souveränität des Staates durch den rechtlichen Status der Europäischen Union obsolet geworden. Aus empirischer Perspektive kommt dem Volk nicht das Prädikat „Einheit“ zu (es war das Ziel Hitlers, dass dies einst der Fall sein müsste). Der höchste Wert kommt gemäß Artikel 1 des Grundgesetzes dem einzelnen Individuum und nicht der kollektiven Einheit zu. Das Volk besteht aus vielen Gesellschaften und allen Einzelnen. Die Gesellschaft ist plural und soll plural verfasst sein. Daran sind alle realen multikulturellen und – womit im Hinblick auf alle monotheistischen Religionen das Schwierigste angesprochen werden soll – multireligiösen Konflikte in unserer Gesellschaft zu messen.

Literatur:

Adam, Arnim (1992): Rekonstruktion des Politischen. Carl Schmitt und die Krise der Staatlichkeit1912-1933. Weinheim.

Assmann, Jan (1992): Carl Schmitts Lehre des Politischen. Politische Theologie zwischen Ägypten und Israel, erweit. Fassung eines Vortrags, gehalten in der Carl Friedrich von Siemens Stiftung am 14.10.1991 (Hrsg. v. Heinrich Meier). München.

Bachem, F. Julius (Hrsg.) (1962): Staatslexikon, Hrsg. im Auftrag der Görres-Gesellschaft zur Pflege der Wissenschaft im katholischen Deutschland. 6. Auflage. Freiburg.

Bärsch, Claus-E. (1974): Der Staatsbegriff in der neueren deutschen Staatslehre und seine theoretischen Implikationen. Berlin.

Gerber, Carl-Friedrich v. (1865): Grundzüge eines Systems des deutschen Staatsrechts. Leipzig.

Hegel, Georg W. F.: Enzyclopädie der philosophischen Wissenschaft.

Hegel, Georg W. F.: Grundlinien über die Philosophie des Rechts, Bd. 7. In: Werke in 20 Bänden, Theorie Werkausgabe (Hrsg. v. Eva Moldenhauer und Karl Markus Michel). Frankfurt a. M.

Hegel, Georg W. F.: Vorlesungen über die Philosophie der Geschichte, Bd. 12.

Hegel, Georg W. F.: Vorlesungen über die Philosophie der Religion I, Bd. 16.

Hegel, Georg W. F.: Vorlesungen über die Philosophie der Religion II, Bd. 17.

Hobbes, Thomas (1970): Leviathan. Stuttgart.

Jellinek, Georg (1929): Allgemeine Staatslehre. Band 3. Berlin.

Kantorowicz, Ernst H. (1990): Die zwei Körper des Königs. Eine Studie zur politischen Theologie des Mittelalters. München.

Kelsen, Hans (1928): Das Problem der Souveränität und die Theorie des Völkerrechts. Beitrag zu einer reinen Rechtslehre. 2. Auflage., Tübingen.

Kelsen, Hans (1928a): Der soziologische und juristische Staatsbegriff. Kritische Untersuchungen zum Verhältnis von Staat und Recht. 2. Auflage. Tübingen.

Krüger, Herbert (1966): Allgemeine Staatslehre. 2. Auflage. Stuttgart/Berlin u. a.

De Lubac, Henri (1969): Corpus Mysticum, Kirche und Eucharistie im Mittelalter. Eine historische Studie. Einsiedel.

Meier, Heinrich (1988): Carl Schmitt, Leo Strauss und der „Begriff des Politischen". Zu einem Dialog unter Abwesenden. Stuttgart.

Scholz, Friethart (1978): Die Theologie Carl Schmitts. In: Schindler, Alfred (Hrsg.): Monotheismus als politisches Problem? Erik Peterson und die Kritik der politischen Theologie. Gütersloh.

Schmitt, Carl (1917): Die Sichtbarkeit der Kirche. Eine scholastische Erwägung. In: Blei, Franz / Hegner, Jakob (Hrsg.): Summa. Eine Vierteljahresschrift, Heft 2, 1917: 81-90.

Schmitt, Carl (1979): Der Begriff des Politischen, Text v. 1932 mit einem Vorwort und drei Collorarien, unveränderter Nachdruck der 1963 ersch. Auflage. Berlin.

Schmitt, Carl (1984a): Römischer Katholizismus und politische Form. Stuttgart.

Schmitt, Carl (1984b): Politische Theologie II. Die Legende von der Erledigung jeder Politischen Theologie. 2. Auflage. Berlin.

Schmitt, Carl (1990): Politische Theologie. Vier Kapitel zur Lehre von der Souveränität. Berlin.

Schmitt, Carl (1991): Glossarium. Aufzeichnungen der Jahre 1951-1957 (Hrsg. V. E. Freiherr von Medem). Berlin (im Original französisch).

Theunissen, Michael (1970): Hegels Lehre vom absoluten Geist als theologisch-politischer Traktat. Berlin.

Voegelin (1959): Die politischen Religionen. Stockholm.

Weber, Max (1977): Politik als Beruf. 6. Auflage. Berlin.

Weinacht, Paul (1968): Staat. Studien zur Bedeutungsgeschichte des Wortes von den Anfängen bis ins 19. Jahrhundert. Berlin.

In neuer Verfassung?

Der Wandel des Grundgesetzes seit 1992

Robert Chr. van Ooyen

Nach den beitrittsbedingten Anpassungen (vgl. Guggenberger / Stein: 1991) haben sich seit der Arbeit der Gemeinsamen Verfassungskommission (GVK; vgl. Konegen / Nitschke 1997) eine ganze Reihe von Änderungen des Grundgesetzes ergeben. Das ist verfassungsgeschichtlich und rechtsvergleichend betrachtet nicht ungewöhnlich und hat auch damit zu tun, dass die bundesdeutsche Verfassung nicht so „flexibel" ist wie etwa die amerikanische, Änderungen also infolge auch nur geringer Variation der politischen Praxis schnell notwendig werden. Gleichwohl: Anzahl und Art überraschen schon – in formaler wie in inhaltlicher Hinsicht:

1. Föderale Dialektik? Zwischen Politikverflechtung und Wettbewerb

Mit dem „Maastricht-Vertrag" wurde 1992 der neue Art. 23 GG eingefügt (allgemein Rojahn 1995: 83 ff.). Er tritt an die Stelle, die aufgrund der Streichung des „Beitrittsartikels" infolge der deutschen Einheit seit 1990 frei (gehalten) war. Der „Europa-Artikel" setzt nicht nur das neue „Staatsziel" – besser: Politikauftrag – der Europäischen Union (Art. 23 I GG). Zugleich beginnt mit ihm die Reihe von Verfassungsänderungen der 90er Jahre, die in der für Verfassungen eher untypischen Weise textlich umfangreich und detailliert ausgestaltet wurden. Art. 23 ist einer der Kristallisationspunkte der föderalen Politikverflechtung, die sich schon längst als „doppelte Politikverflechtung" in die europäische Ebene verlängert hatte (vgl. Hrbek 1986: 31). So ergab sich seine redaktionelle Fassung vor allem aus den Forderungen der Länder, die angesichts weiterer Integrationsschritte den bisherigen verfassungsrechtlichen Integrationshebel des Art. 24 I GG ersetzen wollten. Dieser formuliert(e) in lapidarer Weise die Bundeskompetenz zur Übertragung von Hoheitsrechten auf zwischenstaatliche Einrichtungen und galt daher als ‚offene Flanke' des Föderalismus. Das bedeutete nicht nur, dass mit einer Übertragung von Bundeskompetenzen an die EU zugleich auch immer die Mitwirkungsrechte der Länder via Bundesrat betroffen waren. Die Länder hatten ja den erheblichen Verlust von Gesetzgebungskompetenzen im Katalog der konkurrierenden Gesetzgebung nicht zuletzt deshalb mitgetragen, weil er durch die Aufwertung des Bundesrats kompensiert worden war. Art. 24 I GG ermöglichte jedoch darüber hinaus – ohne Zustimmung des Bundesrats – die Übertragung von Hoheitsrechten der Länder. Auf Eingriffe in die wenigen noch verbliebenen Kompetenzen gerade seitens der mit „Landes-Blindheit" (Ipsen 1992: 176) geschlagenen EG reagierten die Länder daher umso sensibler. Das galt vor allem für die kurz vor „Maastricht" beschlossene „EG-Fernsehrichtlinie", die im innerstaatlichen Streit durch die Klage der Bayerischen Regierung schließlich vor dem Bundesverfassungsgericht landete (einführend: Müller-Terpitz 2000: 568 f.). Aus Sicht der Länder war die Gemeinschaft in den Kernbereich ihrer staatlichen Kompetenzen eingedrungen und die Bundesregierung hatte sich trotz „Bundesratsverfahren" mit der Zustimmung im Ministerrat über „existenzielle" Landesinteressen hinweggesetzt (vgl. BVerfGE 92, 203). Einen solchen „Dammbruch" galt es zukünftig zu verhindern. Subsidiaritätsprinzip und Struktursicherungsklausel, verfassungsändernde Mehrheiten und Schranken nach Art. 79 GG, schließlich die Verankerung erweiterter Beteiligungsrechte bis zur direkten Bestellung eines Vertreters der Länder im Ministerrat durch den Bundesrat (Art. 23 II-VI GG) sichern die Kompetenzen der Länder im Integrationsprozess nunmehr verfassungsrechtlich ab (vgl. ausführend: EUZBLG und die zugleich geänderten Art. 45, 50 und 52 GG[1]). Im Ergebnis ist aber hervorzuheben, dass es letztlich nicht die Länder sind, die den Kompetenzverlust haben kompensieren können, sondern allenfalls die Landesregierungen, d. h. in der konkreten politischen Praxis die Ministerialbürokratien. Wie überhaupt die gesamte bisherige Entwicklung des „kooperativen Föderalismus" so stärkt daher auch die nun verfassungsrechtlich in den Bereich der EU verlängerte Politikverflechtung den sog. „Exekutivföderalismus". Denn mit Art. 23 tritt nicht nur der Bundestag in den Schatten des Bundesrats, sondern vor allem werden die Kompetenzen der Landtage über den Bundesrat vollständig mediatisiert.

Dieser Prozess der Politikverflechtung wird in den 90er Jahren ‚dialektisch' begleitet von Bestrebungen zur „Reföderalisierung", die sich in ‚kleinerem' Umfange verfassungsrechtlich 1994 niedergeschlagen haben und aktuell im Streit um den „Wettbewerbsföderalismus" im Kontext des Länderfinanzausgleichs ausgetragen werden (vgl. Schatz / van Ooyen / Werthes 2000). Von den Änderungen der Art. 72, 74, und 75 GG[2], die wie Art. 23 GG noch auf entsprechende Vorschläge der GVK zurückgingen (vgl. Dt. Bundestag 1996; Hofmann 1993: 33 ff.), ist vor allem Art. 72 GG hervorzuheben. Hier wurde eine neue „Erforderlichkeits"- und „Rückübertra-

1 Der jeweilige Europa-Ausschuss übt hier die Rechte aus (Bundesrat: Art. 52 IIIa GG) bzw. kann dazu ermächtigt werden (Bundestag: Art. 45 GG). Art. 88 GG, der jetzt die Übertragung der Kompetenzen an eine Europäische Zentralbank ermöglicht, und Art. 24 Ia GG (Übertragung von Hoheitsrechten der Länder auf grenznachbarschaftliche Einrichtungen) bleiben hier unberücksichtigt.

2 So wurde z. B. in Art. 75 I Nr. 2 die Rahmenkompetenz des Bundes bzgl. des Films gestrichen und in Art. 74 I Nr. 18 GG das Recht der Erschließungsbeiträge explizit aus der konkurrierenden Gesetzgebung genommen. Dagegen hatte die Streichung des Art. 74 I Nr. 8 GG wohl nur symbolische Bedeutung. Wenngleich einige Landesverfassungen (z. B. Art. 6 VerfBay) eine Landesstaatsangehörigkeit ermöglichen, so ließ ja die in Art. 73 II GG geregelte Bundesstaatsangehörigkeit i.V.m. Art. 3 und 33 GG praktisch nichts übrig.

gungsklausel" formuliert, sowie die frühere Wendung von der „Wahrung der Einheitlichkeit" (Art. 72 II Nr. 3 GG a. F.) durch die der bloßen „Herstellung gleichwertiger Lebensverhältnisse" ersetzt (einführend Kunig 1996: 31 ff.). Der neue Art. 72 GG steht im Kontext zu dem parallel einfügten Art. 93 I Nr. 2a GG, der das Verfahren der abstrakten Normenkontrolle beim Bundesverfassungsgericht ergänzt. Gegenüber der vormals richterlich kaum überprüfbaren „Bedürfnisklausel" (Art. 72 II GG a. F.) soll die jetzt strengere „Erforderlichkeit" zugunsten der Länder justiziabel gemacht werden (vgl. Schlaich 1997: 89). Das drückt sich auch darin aus, dass der Kreis der Klageberechtigten in Art. 93 I Nr. 2a GG um den Bundesrat, vor allem aber um die Landtage erweitert wurde. Insgesamt ergab sich damit verfassungsrechtlich eine Akzentverschiebung – weg von dem früher durchaus begrüssten „unitarischen Bundesstaat" (Hesse 1962) – hin zur „Entflechtung" und „Refőderalisierung" des zunehmend beklagten „verkappten Einheitsstaats" (Abromeit 1992), der in der „Politikverflechtungs-Falle" saß (Scharpf 1985). Ob sich damit dieser entkommen lässt, bleibt jedoch skeptisch abzuwarten. Zu marginal sind die bisher erreichten „Entflechtungen" im Kontrast zu der mit Art. 23 GG neuerlich festgeschriebenen „(doppelten) Politikverflechtung". Und ob es sich überhaupt um eine ‚Falle' handelt, hängt im wesentlichen vom normativen Standpunkt ab. Bei ‚realistischer' Betrachtung stellt man fest, dass es ja die starken Interessen der Akteure am bestehenden System sind, die den Föderalismus bisher ganz überwiegend in diese eine Richtung trieben (vgl. Lhotta 1993: 126). Das zeigt sich nicht nur an der aktuellen politischen Praxis der Landesregierungen, die auf den föderalen Wettbewerb eigentlich nur dann rekurrieren, wenn finanzielle Belastungen zu reduzieren sind. Es wurde auch deutlich an der vom Bürger verhinderten Fusion von Berlin und Brandenburg nach Art. 118a GG.

2. Weniger „Staat": die Privatisierung von Flugsicherung, Post und Bahn

Mit den 80er Jahren hatte sich schon längst ein ‚Paradigmenwechsel' vollzogen – weg von der nachfrageorientierten Wirtschaftspolitik in Gefolge Keynes hin zu neoliberalen Modernisierungskonzepten (vgl. Lehmkuhl / Herr 1994: 631ff.). Im internationalen Kontext waren es vor allem die Regierungen Grossbritanniens (‚Thatcherismus') und der USA (‚Reaganomics'), die hierauf setzten. Auch die seit 1982 regierende konservativ-liberale Koalition forcierte diesen ‚Rückzug des Staats' zunächst durch den Verkauf direkter und indirekter Bundesbeteiligungen. Mit Beginn der 90er Jahre wurden dann in zeitlich leicht versetzten Schritten die Verfassungsänderungen zur Privatisierung angeschoben. Alle drei Fälle begleitete die Kontroverse um die grundsätzliche Problematik der Privatisierung von „hoheitlichen" Aufgaben, um die Frage, „wieviel Staat" es denn in Zukunft sein soll. Zum Teil hält die Kontroverse hierüber noch an (vgl. z. B. Herdegen 1999: 63 ff). Dies galt vor allem für die grossen Privatisierungsprojekte von Bahn und Post, die beide mit ihrer Personalstärke den Bundesdienst dominierten und in der deutschen – etatistischen – Tradition zum Inbegriff staatlicher Versorgungsleistungen zählten („Daseinsvorsorge").

Gegenüber Bahn und Post steht jedoch die 1992 vorgenommene Privatisierung der Flugsicherung in einem eigenen Kontext. Das wird schon deutlich, wenn man allein die textlich umfangreich geratenen Verfassungsänderungen im Falle von Bahn und Post (insb. Einfügung Art. 87e und Art. 143a GG bzw. Art. 87f und Art. 143b GG) vergleicht mit der in dieser Hinsicht eher ‚lapidaren' Ergänzung des Art. 87d I GG um einen weiteren Satz. Dieser überließ die Konkretisierung der Privatisierung im vollen Umfang einfach dem Gesetzgeber, weil sie sich eben nicht vor dem Hintergrund vollzog, der insbesondere für die Bahnreform typisch war. Weder verfügte die Flugsicherungsverwaltung über Hunderttausende von Beamten, die auch im Hinblick auf noch zu leistende Pensionsansprüche langsam ‚unheimlich' wurden, noch musste ein Dienstleistungsbetrieb saniert werden, dessen Defizit sich im Rahmen der deutschen Einheit weiter verschärft hatte. Im Gegenteil: Bei einer bis zum Jahr 2000 erwarteten Verdopplung des Luftverkehrs dominierte bei der Organisationsprivatisierung vielmehr „(...) der Wunsch, durch eine attraktivere Vergütung qualifiziertes Personal zu gewinnen, ohne beamtenrechtliche Strukturen verändern zu müssen" (Uerpmann 1996a: 444). Die erforderliche Verfassungsänderung – zuvor war schon eine bloß gesetzlich abgesicherte Privatisierung am Bundespräsidenten gescheitert[3] – erfolgte dann auf Vorschlag der GVK ohne weitere Kontroverse, zumal die Forderung der SPD nach Einbezug der militärischen Flugsicherung berücksichtigt worden war. Die meisten Beschäftigten der ehemaligen Bundesanstalt für Flugsicherung wechselten dann vom Beamten- in das Angestelltenverhältnis (vgl. allgemein Schönrock 2000).

Ganz anders dagegen die Privatisierung der Bahn durch Einfügung des Art. 87e GG im Dezember 1993 (einführend Uerpmann 1996b)[4]. Deren Anteil am Verkehrsaufkommen war über Jahrzehnte in der Personenbeförderung und im Güterverkehr infolge der Individualisierung des Verkehrs und des verkehrspolitischen „Vorrangs der Strasse" dramatisch gefallen. Europarechtlicher Harmonisierungsdruck, zunehmende Finanzierungslasten und die Erweiterung um die Reichsbahn infolge der deutschen Einheit forcierten den Handlungsbedarf auf Bundesebene. Demgegenüber standen die Interessen der (westdt.) Bundesbeamten an Besitzstandswahrung und der (ostdt.) Reichsbahner an Schutz vor drohender Entlassung. Dazu kamen die Forderungen der Länder hinsichtlich der Regionalisierung des Schienenpersonennahverkehrs einschließlich seiner finanziellen Folgen. Zugleich war offensichtlich, dass der Start eines Unternehmens „Deutsche Bahn" mit schwerer Schuldenlast sich selbst ad absurdum führen musste. Der Weg für die „Bahn AG" wurde dann frei, indem als

3 Richard von Weizsäcker verweigerte 1991 die Ausfertigung des Gesetzes nach Art. 82 GG. Bis heute ist das dabei ausgeübte „materielle Prüfungsrecht" des Bundespräsidenten umstritten.

4 Ausserdem: Einfügung von Art. 73 Nr. 6a, Art. 106a und Art. 143a GG sowie Anpassung von Art. 73 Nr. 6, Art. 87 I, Art. 80 II und Art. 74 Nr. 23 GG.

politischer Kompromiss die hiermit verbundenen Kosten in ein (staatliches) Bundeseisenbahn „Vermögen" geschoben wurden (vgl. Lehmkuhl / Herr: 1944: 649 f.). Verfassungsrechtlich wurden die Forderungen zusätzlich darüber abgesichert, dass der zugleich neu eingefügte Art. 106a GG einerseits den Ländern finanziellen Ausgleich für den regionalisierten Personennahverkehrs garantiert. Auf der anderen Seite erfolgte mit dem ebenfalls neuen Art. 143a GG die Garantie des Besitzstands der Bahnbeamten in der „Bahn AG" – in der für ein Privatunternehmen kuriosen und systemwidrigen Weise, dass diese „unter Wahrung ihrer Rechtsstellung" dem Unternehmen zugewiesen werden. Demgegenüber erwies sich die Überführung hoheitlicher Tätigkeit der Bahnpolizei – in dieser Hinsicht – als systemkonform: sie wurde einfach in den Bundesgrenzschutz integriert. Schon früh artikulierte Bedenken, dass eine privatisierte Bahn ohne weitere, grundsätzliche verkehrspolitische Flankierung im Wettbewerb mit der ‚Straße' verlieren und die infrastrukturelle Versorgung in der Fläche zerstört würde, bleiben jedoch bestehen[5]. Der Streckenabbau jenseits der lukrativen Fernverkehrsadern konnte durch die vage „Allgemeinwohl-Klausel" des Art. 87e IV GG bisher nicht verhindert werden.

Die Privatisierung der Post erfolgte vor analogem Hintergrund: „Entstaatlichung", europäische Marktliberalisierung/Harmonisierung und deutsche Einheit auf der einen Seite – Interessen der Beschäftigten und Sicherung ausreichender, flächendeckender Infrastruktur andererseits. Sie zeitigte bei aller ‚Variation' vergleichbare Ergebnisse, die sich 1994 als „Postreform II" verfassungsrechtlich vor allem durch die Einfügung der Art. 87f und Art. 143b GG niederschlugen (einführend Lerche 1996).[6] Vorausgegangen war die „Postreform I", die als einfachgesetzliche Regelung hinsichtlich einer weiteren Organisations- und Aufgabenprivatisierung bald an die verfassungsrechtlichen Grenzen des Art. 87 I Satz 1 GG a. F. stieß. Dabei konnten im Vergleich zu den ‚Bahnern' die ‚Postler' ihre Interessen infolge einer „strategischen Allianz" (Lehmkuhl / Herr 1994: 650) von Postgewerkschaft und SPD offenbar (noch) besser durchsetzen. Denn anders „(...) als in Art. 143a I 3, der die Entscheidung über die weitere Verwendung von Bundesbeamten dem einfachen Gesetzgeber überlässt, ordnet Art. 143b III die Weiterbeschäftigung im Bereich der Postunternehmen verbindlich an" (Uerpmann 1996c: 1681). Wie im Falle der Bahn ergibt sich hieraus die im Verbund mit Art. 143b GG textlich insgesamt umfangreich geratene Fassung, die „allzu detaillierte Festlegungen trifft" (Lerche 1996: 12) und zugleich zwischen Privatisierung und staatlicher Domäne oszilliert. Daraus folgt ein grundsätzliches Spannungsverhältnis zu Art. 33 GG (vgl. Schönrock 2000: 15), da vor allem die mit Art. 143a und Art. 143b GG gefundene Lösung der Beschäftigung von Beamten in der privatisierten Post und Bahn sich gegenüber dem verfassungsrechtlich normierten Beamtenstatus systemwidrig verhält.

---

5 In Großbritannien wird daher schon wieder über die Rückkehr zur „Staatsbahn" diskutiert.

6 Zudem angepasst: Art. 73 Nr.7, Art. 80 II und Art. 87 I GG.

3. Neues „Staatsziel“: Umweltschutz

Der Verankerung des Umweltschutzes im Grundgesetz (allgemein Scholz 1996; Seifert / Hömig 1999) waren einfachgesetzliche[7] und landesverfassungsrechtliche Regelungen vor allem seit den 70er Jahren vorausgegangen (allgemein Kloepfer 1994). Sie waren Folge eines geschärften öffentlichen Bewusstseins etwa durch den „Bericht des Club of Rome“ (vgl. Meadows 1973) und der Umweltbewegung, die sich schließlich teilweise mit der Partei der „Grünen“ auch parlamentarisch etablierte. Schon 1981 empfahl daher die von BMI und BMJ eingesetzte Kommission „Staatszielbestimmungen/Gesetzgebungsaufträge“ die Verankerung des Umweltschutzes durch eine Ergänzung des Art. 20 I GG. Und in allen Programmen der im Bundestag vertretenen Parteien fand sich früher oder später neben Demokratie, Rechts-, Bundes- und Sozialstaatlichkeit das Bekenntnis zum „Schutz der natürlichen Lebensgrundlagen“- was immer das im Einzelfall auch heissen mochte. So verwundert es nicht, dass in der GVK breiter Konsens über die verfassungsrechtliche Verankerung des Umweltschutzes herrschte (vgl. Dt. Bundestag 1996, Bd. 2: 59 ff., 789 ff.). Umstritten war jedoch das ‚Wie‘. Während vor allem CDU/CSU (und FDP) eine Regelung mit dominantem gesetzgeberischem Konkretisierungsvorbehalt favorisierte, kritisierte demgegenüber die SPD (und Bündnis 90/Die Grünen), dass ein so ausschließlich in das Belieben des Gesetzgebers gestellter Umweltschutz gegenüber den anderen Staatszielbestimmungen – etwa dem Sozialstaatsprinzip – auf einen bloßen Programmsatz herunterdrückt würde (vgl. Meyer-Teschendorf 1993: 23 ff.). Schließlich stünde es der jeweiligen Mehrheit des Bundestags dann völlig frei, ob und wie eine Konkretisierung erfolgte, und der Gehalt der verfassungsrechtlichen Normierung reduzierte sich in extremo auf eine bloße Leerformel. Wegen der nach Art. 79 II GG erforderlichen Mehrheiten ergab sich schließlich die Kompromissformel des Art. 20a GG, wonach einerseits die Konkretisierung „durch die Gesetzgebung“ erfolgt, andererseits Vollziehung und Rechtsprechung „nach Maßgabe von Gesetz und Recht“ am Schutz der natürlichen Lebensgrundlagen mitwirken. Weitergehende Vorschläge wie etwa von Bündnis 90/ Die Grünen waren dagegen ohne Aussicht auf die erforderlichen Mehrheiten. Das galt zudem für den Vorschlag des Landes Bremen, in Art. 2 I GG eine zusätzliche „Öko-Grundrechtsschranke“ einzufügen, die das Recht der freien Entfaltung der Persönlichkeit im Falle der Schädigung der natürlichen Lebensgrundlagen begrenzen sollte. Kontrovers wurde zwar auch die Frage des Tierschutzes diskutiert, der jedoch – soweit er nicht ohnehin im Schutz der natürlichen Lebensgrundlagen des Menschen mit enthalten ist – nicht unter die mit Art. 20a GG gefundene Textlösung fällt (Schmidt-Bleibtreu / Klein 1999: 552). Vor dem Hintergrund dieses anthropozentrischen Verfassungsverständnisses (vgl. Scholz 1996: 25 ff.) blieb eine ausdrückliche Normierung des Tierschutzes etwa als „Staatsziel“ überhaupt aussichtslos.

7 Vgl. z. B. die Bundesgesetze zu Abfall (1972), Immissionsschutz (1974), Wald (1975), Naturschutz (1976); auf Landesebene zuerst 1976 in der Verfassung von Baden-Württemberg (Art. 86); zu Weimar vgl. Art. 150 WRV.

In seiner verfassungsrechtlichen Ausgestaltung weist der Umweltschutz des Art. 20a GG am ehesten Parallelen mit dem Sozialstaatsprinzip auf (Art. 20 I, 28 I GG), das auch von Anfang an als konkretisierungsbedürftig galt. Denn im Unterschied zu den vielen verfassungsrechtlichen Regelungen zu Demokratie und Rechtsstaat, die vor allem über die Grundrechte auch individuelle Ansprüche unmittelbar begründen, wird eine solche Wirkung des Sozialstaatsprinzips von Ausnahmefällen abgesehen[8] bis heute grundsätzlich verneint. Wie beim Sozialstaat richtet sich der Umweltschutz daher ganz überwiegend an den Gesetzgeber, der in der Form der jeweiligen parlamentarischen Mehrheit bei seiner politischen Gestaltung über einen grossen Spielraum verfügt. Analog zum seinerzeitigen ausdrücklichen Verzicht des Verfassungsgebers, soziale Grundrechte zu verankern, normiert Art. 20a GG also kein Grundrecht mit unmittelbar anspruchsbegründender Wirkung für den einzelnen Bürger, sondern ‚nur' eine objektiv-rechtliche Norm, aus der sich – wenigstens im Regelfall – noch nicht einmal ein bestimmtes „Niveau" des Schutzes der Umwelt ableiten lässt (vgl. Schmidt-Bleibtreu / Klein 1999: 552). Die Verankerung des Umweltschutzes ist in zweierlei Hinsicht im Vergleich zum Sozialstaatsprinzip sogar noch etwas ‚schwächer'. Denn zu diesem finden sich immerhin an einigen Stellen des Grundgesetzes Regelungen von erheblicher Bedeutung. Die „Sozialpflichtigkeit" des Eigentums in Art. 14 II GG hat eben keine – wie vereinzelt gefordert – ökologische Entsprechung. Auch die Stellung des Umweltschutzes im Art. 20a GG verdeutlicht, dass auf eine Aufnahme in den ‚erlauchten Kreis' der durch Art. 79 III GG einer Verfassungsänderung im Kern entzogenen Bestimmungen des Art. 20 GG ganz bewusst und ausdrücklich verzichtet wurde. Bei all diesen Einschränkungen darf die ‚Ausstrahlwirkung' des Art. 20a allein schon hinsichtlich der Auslegung von Rechtsnormen jedoch keinesfalls unterschätzt werden. Das zeigt ja gerade auch die Entwicklung des Sozialstaatsprinzips, das auf alle drei ‚Gewalten' maßgeblich einwirkte – trotz aller Versuche, das Spannungsverhältnis von Sozial- und Rechtsstaat bis zu einer vermeintlichen Unvereinbarkeit hochzustilisieren. So ist mit Art. 20a GG auch keine „Ökodiktatur" zu erwarten, gegen die der Rechtsstaat positioniert werden muss, sondern – da die Freiheit soziale und ökologische Voraussetzungen hat – vielmehr dessen Ergänzung zum ökologischen und sozialen Rechtsstaat (vgl. Berg 1997: 435 ff.).

---

8 Etwa i.V.m. der Menschenwürde des Art. 1 I GG (z. B. Anspruch auf ein materielles Existenzminimum).

4. Ende eines Menschenrechts: das Urteil des Verfassungsgerichts zu Art. 16a

Im Falle des Asylrechts erfolgte der Verfassungswandel in zwei Etappen: durch die kontrovers diskutierte Verfassungsänderung des sog. „Asylkompromisses“ und durch eine Entscheidung des Bundesverfassungsgerichts, die in der Öffentlichkeit in dieser Hinsicht auch heute noch gar nicht voll realisiert worden ist und deshalb hier im Vordergrund steht.

Die Änderung des Grundgesetzes von 1993 löste die bisherige Regelung in Art. 16 GG durch die Einfügung des umfangreichen neuen Art. 16a GG ab. Damit wurde nach langen und zähen politischen Verhandlungen zwischen CDU/CSU und SPD das bis dahin in allgemeiner Weise garantierte Recht des Flüchtlings zwar weiterhin als Individualgrundrecht bestimmt (Art. 16a I GG), vor allem aber durch drei verfassungsrechtliche Qualifizierungen eingeschränkt: durch die jeweiligen Regelungen zu den „sicheren Drittstaaten“ (Art. 16a II GG) und „Herkunftsländern“ (Art. 16a III GG) sowie durch die den Rechtsweg nach Art. 19 IV GG verkürzende sog. „Flughafenregelung“ (Art. 16a IV GG).[9]

Gegenüber dieser zwar erheblichen Verschärfung des Asylrechts erfolgte der eigentliche ‚Dammbruch‘ jedoch erst durch das Urteil[10] des Verfassungsgerichts von 1996 (einführend Menzel 2000: 599 ff.). Darin hat das Gericht nämlich nicht nur geprüft, ob die mit dem neuen Art. 16a GG getroffenen Regelungen mit der Verfassung vereinbar seien. Dies ergab sich vielmehr als bloße Schlussfolgerung vor dem Hintergrund der viel radikaleren Fragestellung, ob das Asylrecht überhaupt der verfassungsändernden Gewalt zur Disposition stünde. Denn nach Art. 79 III GG ist es selbst der verfassungsändernden Gewalt von Bundestag und Bundesrat verwehrt, die in Art. 1 und Art. 20 GG niedergelegten Grundsätze (insb. die Menschwürde und die Strukturprinzipien: Republik, Demokratie, Rechts-, Bundes- und Sozialstaat) in ihrem Kern inhaltlich anzutasten (allgemein Bryde 1996, Bd. 3: 227 ff.). Sie sind als verfassungsgeschichtliche Erfahrung aus dem Scheitern der Weimarer Republik und folgender NS-Diktatur auf alle „Ewigkeit“ – also mindestens solange das Grundgesetz gilt – als unabänderbar festgeschrieben. Eine Verfassungsänderung unterliegt daher immer der Möglichkeit der verfassungsgerichtlichen Überprüfung am Maßstab des Art. 79 III GG („verfassungswidriges Verfassungsrecht“) – so auch der „Asylkompromiss“. In früheren Urteilen hatte das Bundesverfassungsgericht in Übereinstimmung mit der Literatur (vgl. z. B. Geiger 1994: 314) das Asylrecht grundsätzlich zur Menschenwürde des Art. 1 I GG in Beziehung gesetzt (z. B. BVerfGE 54, 341; BVerfGE 80, 315), die als höchster Rechtswert die gesamte Rechtsordnung durchdringt (BVerfGE 6, 32) – dies im vollem Bewusstsein, dass das bundesdeutsche

9 Der letzte Absatz öffnet das Asylrecht zudem noch für Regelungen insb. auf der Ebene der EU.

10 Es handelt sich um drei Entscheidungen, die zusammengezogen wurden: BVerfGE 94, 49; 94, 115; 94, 166.

Asylrecht in seiner Ausgestaltung als anspruchsbegründendes Grundrecht im Vergleich zu Regelungen anderer europäischer Staaten oder völkerrechtlicher Bestimmungen einzigartig ist. Im Urteil von 1996 vollzog das Verfassungsgericht dann eine völlige Abkehr von der bisher vertretenen Auslegung:

> „Allerdings hat das Bundesverfassungsgericht zur Bestimmung des Begriffs der politisch Verfolgten in Art. 16 Abs. 2 Satz 2 GG a. F. ausgeführt, dem Asylrecht liege die von der Achtung der Unverletzlichkeit der Menschenwürde bestimmte Überzeugung zugrunde, kein Staat habe das Recht, Leib, Leben oder persönliche Freiheit aus Gründen zu gefährden oder zu verletzen, die allein in der politischen Überzeugung... lägen... Daraus läßt sich indes nicht der Schluß ziehen, daß das Asylgrundrecht zum Gewährleistungsinhalt von Art. 1 Abs. 1 GG gehört." (BVerfGE 94, 49, 104)

Im Gegenteil, das Gericht hielt als Schlussfolgerung jetzt darüber hinaus fest:

> „Ist mithin der verfassungsändernde Gesetzgeber nicht gehindert, das Asylrecht als solches aufzuheben, ergibt sich ohne weiteres, daß die Regelung des Art. 16 a GG (...) sich innerhalb der Grenzen einer zulässigen Verfassungsänderung hält." (Ebd.)

Anstatt also den Umfang der Prüfung auf die eigentliche und damit engere Frage – nämlich nach der Konformität der Verschärfung des Asylrechts – im Lichte seiner bisherigen Urteile zu beschränken, löste das Gericht ohne Not (!) und entgegen bisheriger Rechtsprechung den Begriff des Asyls radikal von dem der Menschenwürde ab. Es gab so den Weg frei für die Abschaffung des Asylrechts als unmittelbar geltendes Individualgrundrecht, indem zukünftig seine Ersetzung durch eine bloß institutionelle Garantie möglich wird (vgl. van Ooyen 2000a: 93 ff.). Dabei vollzog das Gericht diesen Verfassungswandel ‚mühelos' mit einem lapidaren ‚Federstrich'. Im Unterschied zu den sonst ausführlichen, anspruchsvollen, ja bisweilen auch mäandernden Gerichtsentscheidungen bedurfte es für die Streichung des Asylrechts als eines auch der verfassungsändernden Gewalt entzogenen Menschenrechts an dieser Stelle des Urteils nicht einmal einer ausführlichen juristischen Begründung).[11]

5. „Grosser Lauschangriff": Einschränkung eines Grundrechts

Die in Art. 13 GG verankerte Unverletzlichkeit der Wohnung ist ein Menschenrecht. Das ergibt sich nicht nur daraus, dass die Europäische Menschenrechtskonvention mit Art. 8 EMRK eine analoge Bestimmung kennt (Text bei Randelzhofer 1998: 138). Es folgt auch unmittelbar aus der Textfassung, wonach Art. 13 I GG keine

11 Das ist höchst erstaunlich angesichts einer beispielhaften Judikatur, die einen bis ins Detail reichenden „lückenlosen" Menschenrechtsschutz entwickelt hat und die das Gericht z. B. noch jüngst – zu Recht – ausführlich prüfen ließ, ob Kreuze in staatlichen Schulen gegen die Glaubensfreiheit verstoßen (vgl. BVerfGE 93, 121 „Kruzifix"). Es ließen sich viele Beispiele nennen, um dieses Missverhältnis in den Proportionen zu illustrieren.

Spezifikation als „Bürgerrecht" enthält, die wie z. B. Art. 8 und 9 GG den Kreis der Träger auf „Deutsche" im Sinne Art. 116 GG beschränkt. Daher steht dieses Grundrecht (allgemein Papier 1999) in unmittelbarem Sinn- und Konkretisierungszusammenhang mit der Menschenwürde des Art. 1 I GG und dem hieraus in Verbindung mit Art. 2 I GG durch das Bundesverfassungsgericht vor allem im „Volkszählungs-Urteil" bestätigten allgemeinen Persönlichkeitsrecht (einführend Peilert 2000: 344 ff.). Schon im „Mikrozensus-Urteil" von 1969 hatte es ausgeführt, dass dem Menschen ein unantastbarer Persönlichkeitsbereich verbleiben muss, in dem er „sich selbst besitzt (...) in Ruhe gelassen wird und ein Recht auf Einsamkeit genießt" (BVerfGE 27,1, 6). Im Streit um die Grundgesetzänderung von 1998 ging es daher vor allem um die Frage, ob der sog. „große Lauschangriff" einen in Verbindung mit Art. 79 III GG unzulässigen Eingriff in die Menschwürde vornimmt, die sich im ‚Kern' des Grundrechts Art. 13 GG konkretisiert. Denn hiermit wird das „Abhören und Aufzeichnen des in Wohnungen nicht öffentlich gesprochenen Wortes mittels technischer Mittel durch die Strafverfolgungsbehörden, also zu repressiven Zwekken" ermöglicht (Kiefer 1997: 71).[12]

Auf der Länderebene war dies für den Fall der Prävention zwar längst in den Polizeigesetzen Anfang der 90er Jahre eingeführt und als verfassungskonform betrachtet worden. Eine Ausdehnung auch zum Zwecke der Verfolgung schon begangener Straftaten galt jedoch nach allgemein verbreiteter Ansicht als durch Art. 13 GG a. F. nicht gedeckt (vgl. Papier 1999: 21). Vor dem Hintergrund einer seit längerem überhaupt „äusserst emotionsgeladenen" Debatte (Lange u. a. 1998: 46) um die sog. „Organisierte Kriminalität" forcierten sich die politischen Forderungen nach Schaffung weiterer polizeilicher Eingriffsbefugnisse. Zudem zeichnete sich eine völlig uneinheitliche Länderpraxis ab, so dass wegen der nicht exakten Trennung von Prävention und Repression – schließlich kann jede Strafverfolgung gerade im Bereich der organisierten Kriminalität auch als Prävention begriffen werden – die Einführung des „grossen Lauschangriff" durch die „Hintertür" wenigstens teilweise drohte (vgl. Kiefer 1997: 73 ff.). Aus der Sicht menschen- und bürgerrechtlicher Argumentationen reklamierten die Gegner einer Verfassungsänderung, dass das Abhören von Wohnungen genau in den Bereich unantastbarer privater Rückzugsmöglichkeit eingreife (vgl. z. B. Leutheusser-Schnarrenberger 1998: 87 ff.; Momsen 1998: 459 ff.). Dagegen verwiesen die Befürworter auf den Missbrauch des Grundrechts durch Kriminelle, auf die vergleichbaren Regelungen anderer Rechtsstaaten und warfen den Kritikern vor, „Freiheit" und „Sicherheit" des Bürgers in ideologisierter Weise gegeneinander auszuspielen. Überdies erfolge die Einführung des „Lauschangriffs" ja nicht einfach durch Gesetz, sondern durch eine zulässige Verfassungsänderung (vgl. z. B. Stümper1998: 463 ff.; Schily 1999: 129 ff.). Die 1997 von den Fraktionen der CDU/CSU, SPD und FDP gefundene Kompromisslösung führte dann im Wesentlichen zu den neu eingefügten Absätzen Art. 13 II-VI GG, deren „Detailfreude" kritisiert wird (z. B. die in Abs. III festgelegte Größe des Spruchkörpers; Papier 1999: 26, 33). Inhaltlich ist neben den hier enthaltenen Schranken grundsätzlicher

12 Der „kleine Lauschangriff" bezieht sich auf entsprechende Maßnahmen bei „verdeckten Ermittlern".

richterlicher Anordnung hervorzuheben, dass mit Art. 13 VI (Berichtspflicht der Bundesregierung) eine besondere parlamentarische Kontrolle verfassungsrechtlich abgesichert wurde, die analog auch auf Landesebene zu erfolgen hat. Widerstand drohte dann schließlich aber doch noch: gegen das parallel von diesen Fraktionen eingebrachte Gesetz zur Verbesserung der Bekämpfung der organisierten Kriminalität, das die Verfassungsänderung auf einfachgesetzlicher Ebene konkretisierte. Denn eine ausdrückliche Berücksichtigung hinsichtlich des Zeugnisverweigerungsrechts fehlte, so dass das Abhören gerade auch der traditionell in der StPO geschützten Berufsgruppen (hier insb. Anwälte und Journalisten) ermöglicht schien. Erst im vom Bundesrat angerufenen Vermittlungsausschuss ergab sich dann auf Initiative des Bremer Bürgermeisters eine entsprechende Nachbesserung. Dabei bleibt im gesamten Kontext „Lauschangriff" bemerkenswert: Mit dieser Ausnahme einer sich gegen die Einschränkung von Bürgerrechten formierenden Öffentlichkeit, die vor allem die betroffene Presse mobilisierte, wurden die verfassungsrechtlichen und gesetzlichen Änderungen „nahezu ohne öffentliche Proteste vollzogen" (Dose 1999: 132). Offenbar ist das die Folge eines hoch sensibilisierten Bedürfnisses des Bürgers nach ‚Sicherheit'. Dies steht in einem auffallenden Kontrast zu dem empirischen Befund der Entwicklung der „inneren Sicherheit" während der letzten Jahrzehnte. Denn folgt man zumindest den einschlägigen politikwissenschaftlichen Studien, dann zeigt sich, dass die hochverflochtenen Sicherheitsapparate umfassend ausgebaut wurden (vgl. Lange 1999: 422).

6. „Frieden" im GG – und „Krieg" im Kosovo (1999)

Mit Art. 26 GG ist allgemein das Friedensgebot und speziell das Verbot der Vorbereitung eines Angriffskriegs seit 1949 verankert (einführend Geiger 1994; Maunz 1997; Kimminich 1997). Verfassungsgeschichtlich ist dies ein wesentlicher Reflex auf die Angriffskriege der NS-Diktatur, die nach Art. 6 IMG-Statut im Nürnberger Prozess gegen die Hauptkriegsverbrecher u. a. Gegenstand der Anklage waren. Art. 26 GG stellt innerstaatlich einen völkerrechtlichen Standard sicher, der vom „Briand-Kellogg-Pakt" bis zum UN-Gewaltverbot den Krieg als Mittel der Politik zu bannen sucht. Aus deutscher Sicht wird dies noch einmal explizit bekräftigt im Art. 2 des „Zwei-plus-Vier-Vertrags". Gemessen hieran war die frühere politische Praxis und offizielle verfassungsrechtliche Auslegung der Art. 24 und 87 a GG ohnehin noch viel restriktiver. Anlässlich der Anhörung in der GVK hielt der Sachverständige Isensee 1993 rückblickend fest, „daß die Bundesregierung – und zwar jedweder parteipolitischer Couleur – herkömmlich die Auffassung vertreten hat, der Bundeswehr sei von Verfassungs wegen der Einsatz außerhalb des NATO-Gebietes, wie es in Art. 6 des Nordatlantikvertrages umschrieben wird, also ‚out of area', durch das Grundgesetz, Art. 87 a Abs. 2, verboten" (Dt. Bundestag 1996, Bd.2: 383).

Die Zeitenwende von 1989/90 brachte auf internationaler Ebene eine grundlegende Zäsur. Die „humanitäre Intervention“ zum Schutz von Menschenrechten zählte bald „zu den rechtlich umstrittensten Fragen des Gewaltanwendungsverbots“ (Blumenwitz 1994: 4; allgemein Debiel / Nuscheler 1996). Insbesondere seit den Schutzmaßnahmen zugunsten der Kurden im Irak und dem Eingreifen in Somalia subsumierte man sie als „Frieden schaffende Maßnahme“ unter Kapitel VII der UN-Charta (vgl. Blumenwitz 1994: 9; Seidl-Hohenveldern / Loibl 1996: 33), das ja das strenge Interventionsverbot des Art. 2 Ziff. 7 ausdrücklich und grundsätzlich durchbricht. Dabei interpretierte man die in Art. 39 der UN-Charta vorgegebene Mindestvoraussetzung „Bedrohung des Friedens“ weit im Sinne eines positiven Friedensbegriffs, der sich nicht in der Abwesenheit von Krieg oder militärischer Gewalt erschöpft, sondern als „gute Ordnung verstanden wird“ (Blumenwitz 1994: 8). Aus deutscher Sicht war damit die Frage nach einer Beteiligung an UN- bzw. an vom Sicherheitsrat ermächtigten Maßnahmen aufgeworfen. Mit der „out of area-Entscheidung“ des Bundesverfassungsgerichts schien zunächst einmal alles ‚geklärt‘, zumal die vom Gericht vorgenommene Auslegung der Art. 24 und 87 a GG die zu diesem Zeitpunkt von der Regierung beschlossenen Beteiligungen der Bundeswehr als zulässig erachtete, der eigentliche verfassungsrechtliche Mangel dagegen in der fehlenden parlamentarischen Zustimmung („Parlamentsvorbehalt“) lag (vgl. BVerfGE 90, 286; einführend Wild 2000: 547 ff.). Dabei ist schon hervorzuheben, dass das aus dem Verständnis der Bundeswehr als „Parlamentsheer“ abgeleitete Zustimmungserfordernis für den konkreten Einzelfall eben nicht explizit in der Verfassung geregelt ist, „sondern (...) von dem Senat mit Hilfe einer umfassenden systematischen und historischen Auslegung aller auf die Streitkräfte bezogenen Regelungen entwickelt“ wurde (Richter / Schuppert 1996: 518). Beruhigt durch das Gerichtsurteil und angesichts der ‚Harmlosigkeit‘ der deutschen Beteiligung beließ man daher diese wesentliche Entscheidung weiter in den bisherigen verfassungsrechtlichen Allgemeinplätzen, obgleich entschiedener Handlungsbedarf allein aufgrund veränderter internationaler Bedingungen und eines gewandelten völkerrechtlichen Begriffsverständnisses angezeigt schien. So blieb auch die im Rahmen der GVK recht breite Thematisierung einschließlich Erarbeitung von Änderungsentwürfen ohne weitere Folgen. Dabei ging selbst der seinerzeit von der CDU/CSU und FDP vorgeschlagene Änderungsantrag, der bzgl. des Einsatzes der Bundeswehr den verfassungsrechtlich vergleichsweise größten Entscheidungsfreiraum herzustellen suchte, längst nicht an den Fall heran, der dann im Jahr 1999 vorlag: NATO-“Maßnahmen“ ohne UN-Sicherheitsratsbeschluss mit deutscher „out of area-Beteiligung“, die überhaupt schwerlich unter Art. 51 UN-Charta subsumierbar waren.

Zum ersten Mal führten bundesdeutsche Soldaten „Krieg“ (vgl. van Ooyen 1999: 83 ff.). Der in diesem Falle durch die politische Praxis bis an die Grenze des Völkerrechts- und Verfassungsbruchs vollzogene „Verfassungswandel“ konnte kaum erheblicher sein. Trotzdem wurde eine Neuregelung unterlassen, ja sogar ein parlamentarischer Diskurs über die rechtlichen Implikationen des „Kosovo-Kriegs“ blieb nahezu aus. Bedenkt man, dass bei den Themen „Asylrecht“ und „Europäische Union“ Bundestag und Bundesrat nach langen Diskussionen und Verhandlungen das

Grundgesetz mit bisher kaum gekannten Detailregelungen geändert haben – und dass in der deutschen Rechtsordnung überhaupt fast alles nun wirklich geregelt ist – dann erstaunt es ausserordentlich, dass sich die wesentliche Frage von „Krieg und Frieden" seit „Kosovo" auf die ‚filigrane' verfassungsdogmatische Rechtfertigung von „Not kennt kein Gebot" reduziert und bis heute auf jegliche Form institutionalisierter, verfahrensmäßiger und inhaltlicher Absicherung von „out of area" im Grundgesetz verzichtet wurde. Dies hatte sich schon mit dem öffentlich wenig beachteten Einsatz der Bundeswehr in Albanien zur Evakuierung deutscher Bürger angekündigt, der trotz des Urteils des Verfassungsgerichts überhaupt ohne vorherigen Parlamentsbeschluss erfolgt war (ausführlich Epping 1999: 423 ff.). Vom Ergebnis her betrachtet bedeutet das nichts anderes als die Aufhebung des Vorrangs der Verfassung, die zugleich ein vordemokratisches Politikverständnis der „Staatsräson" offenbart. Denn bei einer geltenden Verfassungslage, die in ihrer begrifflichen Allgemeinheit nichts oder auch alles zulässt, wird das Parlament – wenn nicht gar zunächst einmal die Exekutive allein – die Verfassung mit einfacher bzw. „Kanzlermehrheit" von Fall zu Fall neu ‚schöpfen'.

7. Wer ist Bürger? Das „Staatsvolk", die Ausländer und die Demokratie

Die Erosion des im Grundgesetz verankerten Begriffs des „Volks" und seine Öffnung hin zu einem modernen verfassungs- und demokratietheoretischen Begriff des Bürgers erfolgte in zwei Schritten: auf verfassungsrechtlicher Ebene durch die Einführung des kommunalen Wahlrechts für EU-Bürger infolge des „Maastricht-Vertrags" im Art. 28 I GG und einfachgesetzlich durch die jüngst vorgenommene Novellierung des Staatsangehörigkeitsrechts.

Vorausgegangen war diesen beiden Schritten der 1989 parallel in Schleswig-Holstein und Hamburg unternommene Versuch, ein kommunales Wahlrecht für Ausländer einzuführen, gegen den Mitglieder der CDU/CSU-Bundestagsfraktion und die Bayerische Landesregierung im Wege der abstrakten Normenkontrolle klagten. Das Bundesverfassungsgericht führte 1990 aus, dass Ausübung und Legitimation von Staatsgewalt auch für die kommunale Ebene den „Deutschen" im Sinne des Grundgesetzes vorbehalten bliebe (Art. 20 II i.V.m. Art. 116 I i.V.m. Art. 28 I GG)[13] und kassierte damit die Landesgesetze als verfassungswidrig (einführend Menzel 2000: 443 ff.; Isensee / Schmidt-Jortzig 1993). Immerhin gestand das Urteil jedoch

13 Im Falle Hamburgs ging es um Bezirkswahlen, so dass das Urteil hier nicht auf Art. 28 I Satz 2, sondern auf das Demokratieprinzip i.V.m. dem Homogenitätsprinzip des Art. 28 I Satz 1 GG abstellt.

auch der Position Plausibilität zu, wonach Bürger eines Gemeinwesens derjenige sein müsse, der dort ansässig, also dauerhaft der Rechtsordnung – das heißt Herrschaft – unterworfen ist (vgl. van Ooyen 2000b: 125 ff.):[14]

> „Es trifft nicht zu, daß wegen der erheblichen Zunahme des Anteils der Ausländer an der Gesamtbevölkerung des Bundesgebietes der verfassungsrechtliche Begriff des Volkes einen Bedeutungswandel erfahren habe. Hinter dieser Auffassung steht ersichtlich die Vorstellung, es entspreche der demokratischen Idee, insbesondere dem in ihr enthaltenen Freiheitsgedanken, eine Kongruenz zwischen den Inhabern demokratischer politischer Rechte und den dauerhaft einer bestimmten staatlichen Herrschaft Unterworfenen herzustellen. Das ist im Ausgangspunkt zutreffend, kann jedoch nicht zu einer Auflösung des Junktims zwischen der Eigenschaft als Deutscher und der Zugehörigkeit zum Staatsvolk als dem Inhaber der Staatsgewalt führen. Ein solcher Weg ist durch das Grundgesetz versperrt." (BVerfGE 83, 37, 52)

Das Gericht zeigte aber gleichzeitig den Weg auf, wie der (einfache) Bundesgesetzgeber durch die ‚Hintertür' den tradierten Begriff des „deutschen Volkes" auch ohne Änderung der geltenden Verfassungsrechtslage transzendieren könnte. Nämlich indem „denjenigen Ausländern, die sich auf Dauer in der Bundesrepublik Deutschland niedergelassen haben, sich hier rechtens aufhalten und deutscher Staatsgewalt mithin in einer dem Deutschen vergleichbaren Weise unterworfen sind, der Erwerb der deutschen Staatsangehörigkeit erleichtert wird" (ebd.). Schon mit Blick auf die weitere Entwicklung europäischer Integration wurde zudem festgehalten, dass Art. 79 III GG einem Kommunalwahlrecht für Ausländer im Wege einer Verfassungsänderung nicht entgegenstünde (vgl. BVerfGE 83, 37). Mit dem „Maastricht-Vertrag", der die Einführung einer sogenannten „Unionsbürgerschaft" mit kommunalem Wahlrecht vorsah (jetzt Art. 19 EGV), wurde dies 1992 durch Einfügung von Art. 28 I Satz 3 GG verankert. Die klassische völkerrechtliche Unterscheidung von In- und Ausländer wird seitdem durch eine dritte, (west)europäische Kategorie des „Unionsbürgers" ergänzt. Gleichwohl beinhaltete dies nicht den Durchbruch zu der oben genannten verfassungstheoretischen Position, wonach die Ausübung politischer Rechte einfach demokratischer Reflex der dauerhaften Norm-/Herrschaftsunterworfenheit darstellt. Das Wahlrecht für EU-Bürger blieb ja auf die kommunale Ebene beschränkt und die in der Bundesrepublik lebenden Ausländer sind überwiegend gar keine Unionsbürger. Daran haben auch die in der Folge beschlossenen Novellierungen des Staatsangehörigkeitsrecht zur erleichterten Einbürgerung einschließlich der seit Januar 2000 geltenden neuen Regelungen nur bedingt etwas geändert. Zwar hat der Gesetzgeber hiermit genau die vom Verfassungsgericht aufgezeigte „Lücke" des Art. 116 I GG genutzt, um den durch das „Abstammungsprinzip" definierten „Volksbegriff" zugunsten einer Einführung des „Territorialprinzips" aufzuweichen. Er blieb jedoch auf halbem Weg stehen, da die doppelte Staatsangehörigkeit für in Deutschland geborene „Ausländer" mit der Volljährigkeit wieder aufgegeben werden muss („Optionspflicht"). Nach wie vor ist also der „Doppelstaater" als ein ‚Diener zweier Herren' wegen seiner vermeintlichen „Loyalitäts-

---

14 Diese Idee des Bürgers lässt sich schon bei Aristoteles und Cicero im Begriff des „Staats" als Rechtsgemeinschaft finden. In der Verfassungstheorie des 20. Jahrhunderts ist sie von Hans Kelsen vertreten worden.

und Identitätskonflikte“ suspekt und nach wie vor rekurriert man auf einen Begriff von „Staatsvolk“ als einer politischen Einheit im Sinne kollektiver Identität. Das ist nicht nur Ausdruck eines antipluralistischen Verständnisses von Verfassung und Gesellschaft, das den „Staat“ immer noch in der Tradition Hegels ontologisiert und als „Lebewesen“ von eigener Substanz begreift (vgl. Möllers / van Ooyen 2000: 465f.). Es verkennt auch völlig, dass man selbst als „Staatsbürger“ schon heute verschiedenen Rechtsordnungen gleichzeitig dauerhaft unterworfen ist: als „Deutscher“ dem Grundgesetz, als „Europäer“ dem europäischen Recht als Rechtsordnung „sui generis“, bisweilen als „Bürger“ unmittelbar dem Völkerrecht.

8. Später Sieg der Aufklärung: der Gleichheitsgrundsatz

Im Rahmen einer Vorabentscheidung (jetzt Art. 234 EGV) urteilte der Europäische Gerichtshof (EuGH) über einen Rechtsstreit am Verwaltungsgericht Hannover, den eine Frau gegen die Bundeswehr angestrengte, nachdem ihr die Tätigkeit bei einer Instandsetzungseinheit verweigert worden war. Mochte es im Detail durchaus strittig sein, was unter „Waffe“ in Art. 12a IV GG (und Art. 4 III) gerade angesichts moderner Kriegsführung (z. B. Radarbedienung) zu subsumieren sei (vgl. Zuck 2000: 1702), so ließ nach h. L. Art. 12a I und IV GG einen solchen Dienst von Frauen nicht zu – auch nicht freiwillig (dagegen z. B. Brocker 1996: 126 f.). Die Konkretisierung im Soldatengesetz ergab daher, dass der Dienst von Frauen beim Bund ausschließlich im Sanitäts- und Musikbereich möglich war. Gesellschaftlich hatte sich allerdings schon längst ein Wandel vollzogen. Nicht nur, dass es eine solche Beschränkung bei anderen NATO-Mitgliedern nicht (mehr) gab, auch innerstaatlich waren ‚klassische‘ Männerdomänen für Frauen geöffnet worden. Das galt vor allem für den Polizeidienst und hier besonders für den Bundesgrenzschutz, der bis vor wenigen Jahren sogar noch Kombattantenstatus im Sinne des Völkerrechts und insoweit „paramilitärischen“ Charakter hatte. Im Bereich der EU war es die Richtlinie 76/207/EWG zur Verwirklichung des Grundsatzes der Gleichbehandlung von Männern und Frauen von 1976, die der EuGH jetzt bei seiner Entscheidung zugrunde legte. Zwar hatte das Gericht wenige Monate zuvor im Oktober 1999 den Ausschluss einer Köchin vom Dienst bei den britischen „Royal Marines“ für mit der Richtlinie vereinbar erklärt. Dies jedoch nur ausnahmsweise, weil es sich dabei um ganz spezielle Kampfeinheiten handelte (vgl. EuGH Rs. C-273/97, NJW 2000: 499 f.). In seiner Entscheidung zur Bundeswehr vom Januar 2000 erklärte der EuGH daher folgerichtig, dass der „vollständige Ausschluss von Frauen vom Dienst mit der Waffe (...) demnach nicht zu den Ungleichbehandlungen [gehört], die nach Art. 2 III der Richtlinie zum Schutz der Frau zulässig sind“ (EuGH Rs. C-285/98, NJW 2000: 498). Ohne näher auf das Verhältnis von nationalem zu europäischem Recht einzugehen (grundlegend BVerfGE 37, 271 „Solange I“; BVerfGE 73, 339 „Solange II“;

BVerfGE 89, 155 „Maastricht") – damit war klar, dass die entsprechenden innerstaatlichen Regelungen anzupassen sind. Art. 12a IV GG ist nun in der Weise geändert worden, dass Frauen „auf keinen Fall zum Dienst mit der Waffe verpflichtet werden" dürfen. Da für Männer die Wehrpflicht nach Art. 12a I GG weiterhin existiert, bleibt das Problem aber in jetzt umgekehrter Weise bestehen. Denn selbst eine verfassungsrechtlich abgesicherte lex specialis kann gegen den Kern der Gleichheitsgrundsätze des Art. 3 II und III GG verstoßen. Dies wird schließlich nur durch Abschaffung der Wehrpflicht und Einführung einer Berufsarmee lösbar sein (vgl. Meyer 2000: 37).

Wird die Gleichberechtigung von Frauen beim Bund auch vereinzelt kritisiert (z. B. Massing 2000: 525 ff.), so steht die Neufassung des Art. 12a GG in der gleichen Tradition aufklärerischer Emanzipation wie die schon 1994 nach Vorarbeiten der GVK erfolgten Änderungen von Art. 3 II zur tatsächlichen Gleichberechtigung der Frauen und Art. 3 III GG zum Diskriminierungsverbot von Behinderten. Letztere wäre, nachdem die für eine Beschlussempfehlung der Kommission erforderliche 2/3-Mehrheit erst gar nicht zustande kam (vgl. Dt. Bundestag 1996, Bd. 1: 53), fast überhaupt gescheitert. Mit den Änderungen hat sich allgemein – nach über 200 Jahren der Erklärung der Menschenrechte – die Erkenntnis durchgesetzt, dass formal-juristische Gleichbehandlung (z. B. im Namensrecht) gegenüber herrschaftsstrukturell diskriminierten Gruppen allein nicht ausreicht, sondern in den Bereich tatsächlicher Lebensverhältnisse verlängert werden muss. Von dieser Realisierung noch weit entfernt scheuen sich jedoch bis heute Gerichte nicht, de jure etwa die Anwesenheit von Behinderten im Urlaubshotel für schadensersatzfähig zu halten (vgl. Dahesch 2000). Die hier insgesamt um ein „modernes" Verständnis von Emanzipation und Gleichheit ringende rechtliche Entwicklung findet aktuell einen vorläufigen Abschluss in der sog. „Eingetragenen Lebenspartnerschaft" vom November 2000 (vgl. Das Parlament 2000: 11). Da sie auf einfachgesetzlicher Regelungsebene dem in Art. 6 GG verfassungsrechtlich verankerten Begriff der Ehe nahekommt (vgl. z. B. Diederichsen 2000: 1841 ff.), haben Bayern, Sachsen und die CDU/CSU-Bundestagsfraktion schon mit Normenkontrollklage gedroht, falls der Bundespräsident das Gesetz unterzeichnen wird.

Zusammenfassung

In neuer Verfassung? Dies lässt sich beim gewählten Gang der Untersuchung natürlich nur für die jeweils konkreten Änderungen bejahen – und hier auch nur zum Teil. Insofern bleibt die eingangs formulierte Frage natürlich eine Überspitzung. Aber unabhängig von den einzeln gefundenen neuen ‚Qualitäten' lässt sich mit einem generalisierenden Blick auf die Verfassungsänderungen feststellen: Schon bei ‚bloß' formaler Betrachtung variieren diese in erheblicher Weise. Die auffallenden Detailregelungen von fast ‚epischer' Breite sind das Ergebnis widerstreitender Interessen, die mit der Bestandsgarantie im Verfassungsrang abgesichert wurden. Dass Verfassungen – soweit sie demokratisch sind – immer auch Ausdruck des pluralistischen Gruppenprozesses und der im Kompromiss auszugleichenden Interessen sind, ist ja legitim – und nichts neues (vgl. Fraenkel 1990). Gleichwohl zeugen die hier getroffenen Regelungen von einer Tendenz, dem politischen Prozess zu ‚misstrauen' und in ‚deutscher Tradition' zunehmend vor Gericht auszutragen. Im Falle des Asylrechts zeigt sich exemplarisch, dass die Judikative diesen Machtzuwachs goutiert und „souverän", jenseits der Balancierung der „Gewalten", mal eben ‚en passant' ein Menschenrecht kassiert. Um Missverständnissen vorzubeugen: Hier wird nicht in Schmittscher Argumentation gegen den „Hüter der Verfassung" polemisiert. Im Gegenteil: Mit Kelsen (1929: 30 ff.) als dem ‚Vater' der modernen Verfassungsgerichtsbarkeit ist vielmehr darauf hinzuweisen, dass zugleich wesentliche Entscheidungen der grundsätzlichen Normierung und damit der verfassungsgerichtlichen Überprüfung überhaupt entzogen wurden. Denn die ‚Detailfreude' kontrastiert in überaus merkwürdiger Weise mit dem anderen Extrem gänzlich fehlender verfassungsrechtlicher Neuregelung. Die Frage von „Krieg" und „Frieden" wurde so bis an die Grenze des Verfassungsbruchs einer nicht justiziablen „souveränen Staatsräson" überantwortet. Auch inhaltlich ist der Wandel von Dialektik geprägt. Wollte man hieraus eine Schlussfolgerung ziehen, so ist nur klar, dass systematisch keine Klarheit herrscht. Vielmehr ‚oszillieren' die durch die Änderungen betroffenen Materien mehr oder weniger stark spannungsgeladen in uneinheitlicher Richtung zwischen gegensätzlichen Polen. Und zwar:

- der Föderalismus zwischen etablierter „Politikverflechtung" und zaghafter „Reföderalisierung",

- die Privatisierung zwischen „Marktliberalismus" und „beamteter Daseinsvorsorge" mit Statussicherung,

- die Grundrechte zwischen Aufhebung, Einschränkung und Erweiterung,

- die Begriffe Krieg und Frieden zwischen Landesverteidigung und „Angriff" im Rahmen internationaler „humanitärer Intervention", schließlich

- die Demokratie zwischen tradiertem Verständnis des „Staatsvolks" als „Stammeseinheit" und dem „modernen" eines Bürgers in der pluralistischen Gesellschaft.

- Einzige Ausnahme ist hier der Art. 20a GG, der in seiner insoweit klaren Konzeption die Reihe der fünf Strukturprinzipien des Grundgesetzes ergänzt und langfristig eine ähnliche ‚Ausstrahlwirkung' wie das Sozialstaatsprinzip entwikkeln wird. Fast alle Änderungen stehen überdies in einem Kontext der „Europäisierung“ bzw. „Internationalisierung“, der zwar nicht in jedem Fall ursächlich aber zumindest katalysierend ist.[15]

Literatur:

Abromeit, Heidrun (1992): Der verkappte Einheitsstaat. Opladen.

Berg, Wilfried (1997): Über den Umweltstaat. In: Burmeister, Joachim (Hrsg.), Verfassungsstaatlichkeit. Festschrift für Klaus Stern. München: 421-441.

Blumenwitz, Dieter (1994): Die humanitäre Intervention. In: APuZ, Nr. 47: 3-10.

Brocker, Lars (1996): Frauen als Kombattanten. Zur Verfassungsmäßikeit der Beteiligung von Soldatinnen der Bundeswehr an Kampfeinsätzen. In: ZRP, Nr. 4: 127-128.

Bryde, Brun-Otto (1996): Art. 79 GG. In: Münch / Kunig, Bd. 3: 227-263.

Dahesch, Keyvan (2000): In Deutschland ist es immer noch nicht normal verschieden zu sein. Zur Situation von Menschen mit Behinderungen. In: FR v. 29.11. (auch www.fr-aktuell.de).

Das Parlament (2000): Homosexuelle Paare können ihre Partnerschaften eintragen lassen. Eine Frage des Grundgesetzes und der Demokratie, Nr. 47: 11.

Debiel, Tobias / Nuscheler, Franz (Hrsg.) (1996): Der neue Interventionismus. Humanitäre Einmischung zwischen Anspruch und Wirklichkeit. Bonn.

Deutscher Bundestag (Hrsg.) (1996): Materialien zur Verfassungsdiskussion und zur Grundgesetzänderung in der Folge der deutschen Einigung, 3 Bde. Bonn.

Diederichsen, Uwe (2000): Homosexuelle – von Gesetzes wegen? In: NJW, Nr. 25: 1841-1844.

Dose, Nicolai (1999): Der deutsche Rechtsstaat. In: Ellwein / Holtmann: 118-132.

Ellwein, Thomas / Holtmann, Everhard (Hrsg.) (1999): 50 Jahre BRD, PVS Sonderheft, Nr. 30. Wiesbaden.

Epping, Volker (1999): Die Evakuierung deutscher Staatsbürger im Ausland als neues Kapitel der Bundeswehrgeschichte ohne rechtliche Grundlage? – Der Tirana-Einsatz der Bundeswehr auf dem rechtlichen Prüfstand. In: AöR, Bd. 124: 423-469.

Fraenkel, Ernst (1990): Deutschland und die westlichen Demokratien. 2. Aufl., Frankfurt a. M.

Geiger, Rudolf (1994): Grundgesetz und Völkerrecht. 2. Aufl., München.

Guggenberger, Bernd / Stein, Tine, (Hrsg.) (1991): Die Verfassungsdiskussion im Jahr der deutschen Einheit. Analysen – Hintergründe – Materialien. München/Wien.

15 Dies zeigt sich auch aktuell: Nach der Errichtung von UN-Gerichtshöfen zur Verfolgung der Verbrechen in Jugoslawien und Ruanda durch den Sicherheitsrat (einführend van Ooyen 1998: 333 ff.) und der Verabschiedung des Statuts des neuen Internationalen Strafgerichtshofs in Rom 1998, erfolgte jüngst die Änderung des Art. 16 II GG (betr. Auslieferung von Deutschen an EU-Staaten und internationale Gerichte).

Herdegen, Matthias (1999): Die Regulierung des Postuniversaldienstes: Abschied vom Markt? In: ZRP, Nr. 2: 63-68.

Hesse, Konrad (1962): Der unitarische Bundesstaat. Karlsruhe.

Hofmann, Hans (1993): Grundgesetz und Europäische Union. Fortentwicklung der Verfassung im Zuge des europäischen Einigungsprozesses. In: APuZ, Nr. 52/53: 33-39.

Hrbek, Rudolf (1986): Doppelte Politikverflechtung: Deutscher Föderalismus und Europäische Integration. Die deutschen Länder im EG-Entscheidungsprozeß. In: Ders. / Thaysen, Uwe (Hrsg.): Die deutschen Länder und die Europäischen Gemeinschaften. Baden-Baden: 17-36.

Ipsen, Hans-Peter (1992): Die europäische Integration in der deutschen Staatsrechtslehre. In: Baur, Jürgen F. u. a. (Hrsg.): Europarecht, Energierecht, Wirtschaftsrecht. Festschrift für Bodo Börner. Köln u. a.: 163-177.

Isensee, Josef / Schmidt-Jortzig, Edzard (Hrsg.) (1993): Das Ausländerwahlrecht vor dem Bundesverfassungsgericht. Dokumentation der Verfahren. Heidelberg.

Kelsen, Hans (1929): Wesen und Entwicklung der Staatsgerichtsbarkeit. Verhandlungen der Tagung der Deutschen Staatsrechtslehrer 1928. In: VVDStRL, Bd. 5. Berlin/Leipzig: 30-84.

Kiefer, Thomas (1997): Der landesrechtliche Lauschangriff auf dem verfassungsrechtlichen Prüfstand. In: Heesen, Dietrich u.a. (Hrsg.): Der Bundesgrenzschutz im Spannungsfeld gesellschaftlicher Entwicklungen. Reihe Arbeiten zu Studium und Praxis im BGS, Nr. 2. Lübeck: 71-78.

Kimminich, Otto (1997): Einführung in das Völkerrecht. 6. Aufl., Tübingen/Basel.

Kloepfer, Michael u.a. (1994): Zur Geschichte des deutschen Umweltrechts. Berlin.

Konegen, Norbert / Nitschke, Peter (Hrsg.) (1997): Revision des Grundgesetzes? Ergebnisse der Gemeinsamen Verfassungskommission (GVK) des Deutschen Bundestages und des Bundesrates. Opladen.

Kunig, Philip (1996): Art. 72. In: von Münch, Ingo / Kunig, Philip (Hrsg.) (1992/1995/1996): Grundgesetz-Kommentar, Bd. 3. 3. Aufl., München: 31-47.

Lange, Hans-Jürgen u.a. (1998): Memorandum zur Entwicklung der Inneren Sicherheit in der Bundesrepublik Deutschland. Regensburg.

Lange, Hans-Jürgen (1999): Innere Sicherheit im Politischen System der BRD. Opladen.

Lehmkuhl, Dirk / Herr, Christof (1994): Reform im Spannungsfeld von Dezentralisierung und Entstaatlichung: Die Neuordnung des Eisenbahnwesens in Deutschland. In: PVS, Nr. 4: 631-657.

Lerche, Peter (1996): Art. 87f GG. In: Maunz, Theodor / Dürig, Günter u. a. (Hrsg.): Loseblatt: Grundgesetz, Kommentar. München.

Leutheusser-Schnarrenberger, Sabine (1998): Der „große Lauschangriff" – Sicherheit statt Freiheit. In: ZRP, Nr. 3: 87-91.

Lhotta, Roland (1993): Der „verkorkste Bundesstaat" – Anmerkungen zur bundesstaatlichen Reformdiskussion. In: Zparl: 117-132.

Massin, Otwin (2000): „Frauen an die Gewehre". Wie durch formalrechtliches Problemhandling seitens des Europäischen Grichtshofs (EuGH) materiale (nationalstaatliche) Politiklösungen erzwungen werden. In: PVS, Nr. 3: 525-533.

Maunz, Theodor (1997): Art. 26 GG. In: Maunz, Theodor / Dürig, Günter u. a. (Hrsg.): Loseblatt: Grundgesetz, Kommentar. München.

Maunz, Theodor / Zippelius, Reinhold (1998): Deutsches Staatsrecht. 30. Aufl., München.

Meadows, Dennis u.a. (1973): Die Grenzen des Wachstums. Bericht des Club of Rome zur Lage der Menschheit 1973. Stuttgart.

Menzel, Jörg (Hrsg.) (2000): Verfassungsrechtsprechung. Hundert Entscheidungen des Bundesverfassungsgerichts in Retrospektive. Tübingen.

Menzel, Jörg, (2000): BVerfGE 83, 37/60 – Ausländerwahlrecht. Staatsvolk, Wahlvolk und die Grenzen der Ausländerpartizipation im örtlichen Bereich. In: Menzel (Hrsg.): 443-449.

Menzel, Jörg, (2000): BVerfGE 94, 49/115/166 – Asylnovelle. Von der schwierigen Beschränkung eines überforderten Grundrechts. In: Menzel (Hrsg.): 599-604.

Meyer, Berthold (2000): Wehrpflicht und Bundeswehrreform. In: APuZ, Nr. 43: 34-38.

Meyer-Teschendorf, Klaus G. (1993): Staatszielbestimmung Umweltschutz. In: APuZ, Nr. 52/53: 23-27.

Möllers, Martin H.W. / van Ooyen, Robert Chr (2000): Parlamentsbeschluss gegen Volksentscheid: Die demokratische Legitimation der Rechtschreibreform in Schleswig-Holstein. In: ZfP, Nr. 4: 458-467.

Momsen, Carsten (1998): Der „große Lauschangriff". Eine kritische Würdigung der neuen Vorschriften zur „elektronischen Wohnraumüberwachung" In: ZRP, Nr. 12: 459-463.

Müller-Terpitz, Ralf (2000): BVerfGE 92, 203 – Fernsehrichtlinie. Ein Karlsruher „Orakel" zum Bundesstaat im europäischen Staatenverbund. In: Menzel (Hrsg.): 568-574.

van Ooyen, Robert Chr. (1998): Auf dem Weg zu einer wirksamen internationalen Strafgerichtsbarkeit: eine Zwischenbilanz. In: IPG, Nr. 3: 333-338.

van Ooyen, Robert Chr. (1999): Krieg, Frieden und Grundgesetz. Verpassungspolitische Anmerkungen zur humanitären Intervention. In: Rohloff, Christoph (Hrsg.): Krieg im Kosovo – Was nun? Reihe INEF-Report, Bd. 38. Duisburg: 83-88.

van Ooyen, Robert Chr. (2000a): Einwanderungsgesetz gegen Asylrecht? Normatives Plädoyer gegen den Vorschlag, Art. 16a GG durch eine institutionelle Garantie zu ersetzen. In: Vorgänge, Nr. 4: 93-99.

van Ooyen, Robert Chr. (2000b): Zum neuen Staatsangehörigkeitsrecht. Ein Rekurs auf Hans Kelsen. In: Recht und Politik, Nr. 2: 125-128.

Papier, Hans-Jürgen (1999): Art. 13. In: Maunz, Theodor / Dürig, Günter u. a. (Hrsg.): Loseblatt: Grundgesetz, Kommentar. München.

Peilert, Andreas (2000): BVerfGE 65, 1 – Volkszählung. Das Recht auf informationelle Selbstbestimmung als Konkretisierung des allgemeinen Persönlichkeitsrechts. In: Menzel (Hrsg.): 344-350.

Randelzhofer, Albrecht (Hrsg.) (1998): Völkerrechtliche Verträge (Texte). 8. Aufl., Berlin.

Richter, Ingo / Schuppert, Gunnar F. (1996): Casebook Verfassungsrecht. 3. Aufl., München.

Rojahn, Ondolf (1995): Art. 23. In: Münch / Kunig, Bd. 1: 83-128.

Scharpf, Fritz W. (1985): Die Politikverflechtungs-Falle: Europäische Integration und deutscher Föderalismus im Vergleich. In: PVS: 323-356.

Schatz, Heribert / van Ooyen, Robert Chr. / Werthes, Sascha (2000): Wettbewerbsföderalismus. Aufstieg und Fall eines politischen Streitbegriffes. Baden-Baden.

Schily, Otto (1999): Nachbesserungsbedarf bei der Wohnraumüberwachung? In: ZRP, Nr. 4: 129-132.

Schlaich, Klaus (1997): Das Bundesverfassungsgericht. 4. Aufl., München.

Schmidt-Bleibtreu, Bruno / Klein, Franz (1999): Kommentar zum Grundgesetz. 9. Aufl., Neuwied.

Schönrock, Sabrina (2000): Beamtenüberleitung anläßlich der Privatisierung von öffentlichen Unternehmen. Diss. Berlin, http://dochost.rz.hu-berlin.de.

Scholz, Rupert (1996): Art. 20a. In: Maunz, Theodor / Dürig, Günter u. a. (Hrsg.): Loseblatt: Grundgesetz, Kommentar. München.

Seidl-Hohenveldern, Ignaz / Loibl, Gerhard (1996): Das Recht der Internationalen Organisationen einschl. Supranationalen Gemeinschaften. Köln u. a.

Seifert, Karl-Heinz / Hömig, Dieter (1999): Grundgesetz für die Bundesrepublik Deutschland. Taschenkommentar. 6. Aufl., Baden-Baden.

Stümper, Alfred (1998): Rechtspolitische Nachlese zum „Großen Lauschangriff". In: ZRP, Nr.12: 463-465.

Uerpmann, Robert (1996a): Art. 87d. In: von Münch, Ingo / Kunig, Philip (Hrsg.) (1992/1995/1996): Grundgesetz-Kommentar, Bd. 3. 3. Aufl., München: 443-453.

Uerpmann, Robert (1996b): Art. 87e. In: von Münch, Ingo / Kunig, Philip (Hrsg.) (1992/1995/1996): Grundgesetz-Kommentar, Bd. 3. 3. Aufl., München: 455-469

Uerpmann, Robert (1996c): Art. 143b. In: von Münch, Ingo / Kunig, Philip (Hrsg.) (1992/1995/1996): Grundgesetz-Kommentar, Bd. 3. 3. Aufl., München: 1677-1683.

Wild, Michael (2000): BVerfGE 90, 286 – AWACS/Somalia. Auslandseinsätze der Bundeswehr – Parlamentsvorbehalt – Verfassungsfortbildung. In: Menzel (Hrsg.): 547-550.

Zuck, Rüdiger (2000): Frauen an die Front? In: ZRP, Nr. 23: 1701-1702.

Medienfreiheit in Europa – „dienende" und/oder „verdienende" Freiheit?

Art. 5 GG, Art. 10 EMRK und Art. 11 EU-Grundrechtscharta im Vergleich

Martin Stock

1. Eine Grundrechtscharta für die Europäische Union

1.1

Auf deutsche Initiative beschloß der Europäische Rat 1999 in Köln die Ausarbeitung einer *Grundrechtscharta für die Europäische Union.*[1] Dafür setzte er ein neuartiges, wesentlich aus nationalen und Europa-Parlamentariern sowie einer Anzahl von Regierungsvertretern aus den Mitgliedstaaten bestehendes Gremium[2] (nach dessen eigenem, hernach allgemein akzeptiertem Sprachgebrauch: *„Konvent"*) ein und beauftragte es, einen Charta-Entwurf vorzulegen, welcher an die Europäische Menschenrechtskonvention (EMRK) sowie an die gemeinsamen Verfassungstraditionen der Mitgliedstaaten anknüpfen sollte. Dabei spielte – insbesondere auf deutscher Seite – auch die Vorstellung eine Rolle, dabei könnte es sich bereits um den Grundrechtsteil einer in nächster Zeit zu vereinbarenden *Europäischen Verfassung* handeln.[3]

Der Konvent trat am 17.12.1999 in Brüssel erstmals zusammen und wählte den vom deutschen Bundeskanzler als Mitglied entsandten Altbundespräsidenten und Staatsrechtslehrer Prof. Dr. Roman Herzog zu seinem Vorsitzenden (Präsidenten). Ihm stand ein sechsköpfiger sog. Redaktionsausschuß (Präsidium) zur Seite. Die Beratungen des Konvents waren öffentlich, und die wesentlichen Arbeitspapiere

---

1 Beschluß vom 4.6.1999, Europäische Grundrechte-Zeitschrift 1999: 364f.

2 Näher geregelt in dem Ratsbeschluß von Tampere vom 15./16.10.1999, Europäische Grundrechte-Zeitschrift 1999: 615.

3 Vgl. Däubler-Gmelin 1999, 16. Ebenso Leutheusser-Schnarrenberger 1999. Ähnlich weitere dort dokumentierte deutsche Stimmen. Dazu auch etwa Denninger 2000a und 2000b; Häberle 2000a.

wurden über Internet zugänglich gemacht.[4] Der Konvent stellte auch eine E-Mail-Adresse zur Verfügung, über die externe Nutzer mit ihm Kontakt aufnehmen konnten. Derartige Beiträge wurden über die Konvents-Website ebenfalls der Öffentlichkeit zugänglich gemacht. So ergab sich ein die Konventsberatungen begleitendes europaweit-vielsprachiges, inhaltlich breit gefächertes „Consilium" von Stimmen aus Politik, Verbänden, Bürgergesellschaft und Fachwelt – ein in dieser Form bislang einzigartiges, auch unter politik- und medienwissenschaftlichen Gesichtspunkten hochinteressantes Experiment mit einer elektronisch vermittelten, bereits deutlich frühkonstitutionellen europäischen politischen Öffentlichkeit.[5]

1.2

Im Brüsseler Konvent wurde eine informelle Geschäftsordnung praktiziert, welche in dem Ratsbeschluß von Tampere in den Grundzügen vorgezeichnet war. Die Staats- und Regierungschefs hatten wohl nicht so recht daran geglaubt, dass sich in dem neuen Gremium ein hinlänglich rationaler parlamentarischer Beratungsstil herausbilden werde. So hatten sie denn ein andersartiges Verfahrensreglement (*„Ratsverfahren"*) vorgegeben, bei welchem die wesentlichen Initiativen und Entscheidungen dem Präsidium und insbesondere dem *Vorsitzenden* vorbehalten bleiben sollten.[6]

Der Vorsitz[7] machte von seiner starken Stellung nun in der Weise Gebrauch, dass er relativ breite Dispute über die jeweiligen Vorlagen des Präsidiums in Gang brachte und behutsam-ergebnisorientiert moderierte. So konnte er erreichen, daß sich die – anfangs sehr disparaten und buntscheckigen – Diskussionsbeiträge der Konventsmitglieder inhaltlich nach und nach aneinander annäherten. Die Resultate mög-

4 Die Konventsdokumente waren und sind auch derzeit (Winter 2000/2001) noch zugänglich unter http://consilium.eu.int/df/default.asp?lang=de. Dort sind in deutscher Sprache 164 Dokumente einsehbar, so auch die im Folgenden zitierten. In englischer und französischer Sprache sind es weit mehr und z. T. andere Dokumente. Falls die Website geschlossen wird, s oll der Inhalt nach Auskunft des Brüsseler Konventssekretariats auf CD-Rom verfügbar gemacht werden. Eine gedruckte Ausgabe gibt es bisher nicht, und sie ist auch nicht vorgesehen. Vielleicht liegt es daran, daß dieses sehr ergiebige – auch für die weitere politische und wissenschaftliche Diskussion wichtige – Material hierzulande noch wenig bekannt ist.

5 Dazu zuletzt Häberle 2000b. Skeptisch etwa Grimm 1995: 587ff. Obige faszinierende Phänomene lassen erkennen: Wenn damit in der politischen Praxis erst einmal in unbefangener Weise der Anfang gemacht wird, kann daraus bald eine Erfolgsgeschichte werden.

6 Abstimmungen waren danach überhaupt nicht vorgesehen, nicht einmal eine Schlussabstimmung (!). Wenn „der Vorsitzende in engem Benehmen mit den stellvertretenden Vorsitzenden zu der Auffassung (gelangt), dass der von dem Gremium ausgearbeitete Charta-Entwurf für alle Seiten zustimmungsfähig ist", sollte damit schon die Endfassung des Konventsvorschlags feststehen, so der Beschluss von Tampere (Fn. 2). Näher Hilf 2000: 5.

7 Herzog war zeitweise aus privaten Gründen verhindert. Dann oblagen die Leitungsgeschäfte einem seiner Stellvertreter aus dem Präsidium. Alle Beobachter waren sich aber darin einig, daß Herzog den entscheidenden Beitrag zum Gelingen der Entwurfsarbeit geleistet habe.

lichst konsensfähig auszuformulieren, blieb dann jeweils dem (von einem kleinen Sekretariat unterstützten) Präsidium vorbehalten. Dergestalt kam schrittweise ein Gesamtentwurf zustande, welcher dann in einer sog. zweiten Lesung überarbeitet wurde. Zugleich kam innerhalb der Mitgliedstaaten, so auch in Deutschland, eine juristische und rechtspolitische Fachdebatte in Gang,[8] welche – bei überwiegend positiver Grundtendenz – den einen oder anderen Änderungs- und Ergänzungsvorschlag erbrachte, was sich über Bundestag[9] und Bundesrat[10] auf den Gang der Beratungen im Konvent auswirkte. So gelangte man in Brüssel binnen weniger Monate zu einer Entwurfsfassung, die von dem Gremium am 26.9.2000 abschließend beraten und vom Vorsitz am 2.10.2000 förmlich als definitiv „festgestellt" wurde.[11]

Dieser Entwurf hatte Kompromisscharakter und wies – neben gut gelungenen Partien – auch noch manche Schwächen und Halbheiten auf. Letzteres gilt zumal, wie noch näher darzulegen sein wird, für Art. 11 des Entwurfs, in dem *Kommunikations- und Medienfreiheit* unter allzu enger Anlehnung an *Art. 10 EMRK* normiert werden.[12] Der Konventsvorschlag erhielt nun aber doch viel Lob, er erfreute sich erst einmal breiter Akzeptanz.

1.3

Der Europäische Rat prüfte den Entwurf auf seiner Tagung vom 13. und 14.10.2000 in Biarritz und stimmte ihm einhellig zu. Nachdem sich auch das Europäische Parlament und die Europäische Kommission sowie nationale Organe, u.a. Bundestag und Bundesrat, zustimmend geäußert hatten, wurde die Charta auf der Tagung des Europäischen Rats in Nizza am 7.12.2000 feierlich verkündet.[13] Dabei beließ man es

---

8 Siehe etwa Weber 2000; Pernice 2000; Baer 2000; Zuleeg 2000; Magiera 2000. Zu den um die Jahresmitte heftig umstrittenen „wirtschaftlichen und sozialen Rechten" Meyer / Engels 2000, mit Formelkompromissen, welche Meyer – MdB (SPD) und vom Bundestag entsandtes Konventsmitglied – mit Erfolg auch in Brüssel verfocht. Zu den aus Ländersicht bestehenden Zuständigkeitsproblemen Lindner 2000 m.w.N.

9 Plenarprot. 14/105 vom 18.5.2000: 9839ff.; Plenarprot. 14/115 vom 7.7.2000: 11022ff., 11050ff.

10 749. Sitzung am 17.3.2000, Plenarprot. 109ff.; 753. Sitzung am 14.7.2000, Plenarprot. 300, 323ff.

11 Endfassung: Dok. CHARTE 4487/00 CONVENT 50 vom 28.9.2000. Auch abgedruckt in BT-Drucks. 14/4584 vom 10.11.2000 (Anlage) sowie BR-Drucks. zu 666/00 vom 1.11.2000, ferner in der Sonderbeilage zu Neue Juristische Wochenschrift 2000, Nr. 49. Amtliche Wortprotokolle des Konvents existieren nur von der Schlußberatung am 26.9.2000 (Dok. CHARTE 4958/00 CONVENT 53 vom 27.10.2000, nur franz.) und der abschließenden feierlichen Manifestation am 2.10.2000 (Dok. CHARTE 4959/00 CONVENT 54 vom 20.10.2000, nur franz.).

12 Kritisch zum Sachstand im Frühsommer 2000 Stock 2000a und 2000b (Kurzfassung). Diesbezüglich ist es später noch zu Änderungen gekommen, welche einige Pluspunkte enthalten, aber meiner Ansicht nach nicht weit genug gehen.

13 Bekanntmachung der Endfassung: ABlEG Nr. C 361 vom 18.12.2000: 1. Dazu Grabenwarter 2001. Nach dem kurzen feierlichen Auftakt der Unterzeichnung der Charta begann in Nizza das Ringen

vorsichtigerweise bei der Form einer gemeinsamen *politischen Deklaration* von Parlament, Kommission und Rat, d. h. der Charta fehlte und fehlt noch die Rechtsverbindlichkeit.

Von deutscher Seite wurde indes erreicht, daß dieser von mancherlei nationalen Egoismen und Ängsten – zumal in puncto Osterweiterung/institutionelle Modernisierung – geplagte EU-Gipfel übereinkam, im Jahre 2001 in Zusammenarbeit mit der Kommission und unter Einbindung des Europäischen Parlaments wiederum „eine umfassende Debatte mit allen interessierten Parteien ein(zu)leiten, mit Vertretern der nationalen Parlamente sowie aller Kreise, die die öffentliche Meinung widerspiegeln: Vertreter aus Politik, Wirtschaft und dem Hochschulbereich, der Zivilgesellschaft usw." Im Rahmen dieses sog. *Post-Nizza-Prozesses* soll auch die Frage behandelt werden, ob und ggf. wie die Charta als rechtsverbindliche Wertetafel in die europäischen Verträge aufgenommen werden sollte. Diese Frage soll dann auch zu den Gegenständen einer 2004 einzuberufenden weiteren Regierungskonferenz über Fragen der EU-Reform gehören.[14]

1.4

Angesichts der langsamen Fortschritte und geringen Erträge der europäischen Gipfeldiplomatie à la Nizza wurde unterdessen oftmals die Forderung laut, jene Folgekonferenz nach dem – als bewährt und richtungweisend erachteten – Brüsseler Konventsmodell zu organisieren und darauf auch schon den Post-Nizza-Prozess auszurichten (so etwa de Weck 2000 und Oldag 2001). .In dessen Verlauf mag sich bald eine stärkere Dynamik in Richtung auf eine veritable Europäische Verfassung ergeben.

Nunmehr sollte m. E. auch die Diskussion über eine angemessene, wirklich zukunftsfähige Ausgestaltung des künftigen *EU-Mediengrundrechts* noch einmal eröffnet werden. Wünschenswert wäre vor allem eine stärkere Berücksichtigung des Public-Service-Gedankens in einer modernisierten Version. Dabei sollte auch die EU-Ebene einbezogen werden. Zu einer Europäischen Verfassung gehört auch eine dauerhaft vorhandene europäische Öffentlichkeit, die durch europäische öffentliche Medien zu vermitteln und zunehmend zu intensivieren wäre. Das sei nun noch etwas näher ausgeführt.[15]

---

um die künftige Zusammensetzung der Kommission, um Ausdehnung von Mehrheitsentscheidungen, Stimmengewichtung im Ministerrat usw. Zu diesen Reformfragen Tsatsos 2000 m.w.N.

14 Vgl. die Erklärung zur Zukunft der Union, die zur Schlußakte von Nizza zählt. Näher *FAZ* Nr. 286 v. 08.12.2000: 1ff.

15 Über Zusammenhänge und Details, die im folgenden nicht berücksichtigt werden können, eingehend Stock 2001.

2. Zweierlei medienrechtliche Grundrechtskonzepte

2.1

Von Bedeutung ist hier zunächst *Art. 10 EMRK*, der die Überschrift „Freiheit der Meinungsäußerung“ trägt. Damit kann Art. 11 EU-Charta zusammengesehen werden, welcher ähnlich überschrieben ist: „Freiheit der Meinungsäußerung und Informationsfreiheit“. Diese beiden Artikel sind inhaltlich verwandt, sie sind aber nicht deckungsgleich. Wer die Textproben, die sich unten im Anhang finden (Nr. 7.2 und 7.5), vergleichend betrachtet, wird sogleich bemerken: Die ersten beiden Sätze des Art. 10 Abs. 1 EMRK[16] kehren in Art. 11 Abs. 1 EU-Charta wortgleich wieder.[17] Letzterer Artikel hat aber noch einen zweiten, nicht der Menschenrechtskonvention entstammenden Absatz, und dieser betrifft die *„Freiheit der Medien“*. Freiheit und Pluralität der Medien sollen danach „geachtet“ werden.[18] Davon scheint die Konvention noch nichts zu wissen. Wie erklärt sich dieser Unterschied?

2.2

Offenbar betrachtet die EMRK die Medienfreiheit als einen unselbständigen, implizit mitgarantierten instrumentellen Annex der allgemeinen Äußerungsfreiheit, welche in Art. 10 am Anfang steht und den gesamten Artikel beherrscht. Das ergibt sich u.a. aus der Einbeziehung eines „Weitergebens“ von Informationen usw. im zweiten Satz des Abs. 1 und aus der Erwähnung bestimmter Medienunternehmen in dessen drittem, Schrankenvorbehalte enthaltendem Satz. Dies ist ein frühes, noch gänzlich

---

16 Dafür ist im Anhang auf eine 1998 zwischen den deutschsprachigen Ländern abgestimmte neugefaßte Übersetzung der EMRK zurückgegriffen worden, wie sie im Volltext u. a. in der Beck'schen Sammlung Sartorius II (Internationale Verträge, Europarecht), Nr. 130, nachzulesen ist. Rechtlich maßgeblich sind nur die englische und die französische Fassung. Danach lautet Art. 10 Abs. 1:

„Everyone has the right to freedom of expression. This right shall include freedom to hold opinions and to receive and impart information and ideas without interference by public authority and regardless of frontiers. This Article shall not prevent States from requiring the licensing of broadcasting, television or cinema enterprises.“

„Tout personne a droit á la liberté d'expression. Ce droit comprend la liberté d'opinion et la liberté de recevoir ou de communiquer des informations ou des idées sans qu'il puisse y avoir ingérence d'autorités publiques et sans considération de frontières. Le présent article n'empêche pas les Etats de soumettre les entreprises de radiodiffusion, de cinéma ou de television à un régime d'autorisations.“

17 Das gilt auch für die englische und die französische Fassung.

18 Englisch: „The freedom and pluralism of the media shall be respected.“ Französisch: „La liberté des mèdias e leur pluralisme sont respectés.“

undifferenziertes kommunikationsrechtliches Grundrechtskonzept.[19] Ihm liegt eine Vorstellung von Kommunikationsfreiheit als „einheitlichem“ Grundrecht zugrunde, wie sie kürzlich von Kühling noch einmal entfaltet und einläßlich gewürdigt worden ist (vgl. Kühling 1999: 143ff. u. ö.). In der *pressewirtschaftsrechtlichen* Tradition stehende Autoren wie Engel sind freilich seit längerem bestrebt, jenes Einheitskonzept im Sinne einer einfachen marktorientierten Medien*unternehmer*freiheit (Tendenz- und Gewerbefreiheit) umzudeuten (Engel 1993).

Die Grundrechtscharta gibt sich mit dem Einheitskonzept nun nicht mehr zufrieden, sie verfährt anders und erwähnt neben der Meinungsäußerungsfreiheit ausdrücklich eine Medienfreiheit. Damit nähert sie sich einer neueren Handhabung an, wie sie in den Verfassungen der Mitgliedstaaten häufig vorkommt. Kurz gesagt haben wir es mit einem Prozeß der allmählichen *Verselbstständigung und Emanzipierung der Medienfreiheit von der Meinungsfreiheit* zu tun – ein Prozeß, welcher schließlich zur Herausbildung einer ganz und gar eigenständigen, zuoberst an der Public-Service-Idee orientierten und voll professionalisierten Variante eines europäischen Mediengrundrechts führen könnte.

2.3

Ein hochdifferenziertes modernes Grundrechtskonzept letzterer Art verkörpert sich beispielsweise in *Art. 5 Abs. 1 Satz 2 GG* in der Auslegung, die ihm das *Bundesverfassungsgericht* in langjähriger Rechtsprechung gegeben hat (vgl. Stock 1999). Darin wird die Medienfreiheit als *Funktionsgrundrecht* verstanden. Ich gehöre zu den Anhängern dieser Karlsruher Judikatur (eingehend Stock 1985) und habe auch versucht, etwas davon in die europarechtliche Diskussion einzubringen (s. Stock 1989). In dieser von der britischen BBC-Tradition beeinflußten nachkriegsdeutschen Version der Medienfreiheit kann man so etwas wie einen Gegenpol zu dem älteren Konzept einer einheitlichen Kommunikationsfreiheit sehen, das sich in der EMRK bis heute gehalten hat. Der Europäische Gerichtshof für Menschenrechte (EGMR), der für die Auslegung der Konvention letztinstanzlich zuständig ist, hat übrigens längst begonnen, sich von jenem Einheitskonzept interpretatorisch zu entfernen und sich dem anderen, inhaltlich anspruchsvolleren Konzept anzunähern.[20]

Auch im Brüsseler Grundrechtskonvent hatte das neue, funktionale Konzept manche Fürsprecher. Es hatte dort freilich auch entschiedene Gegner und Kritiker, vor allem solche, die in Art. 10 EMRK eine simple Medienunternehmerfreiheit hineinzudeuten und die Public-Service-Idee als mittlerweile überholt hinzustellen suchten. Nach jener wirtschaftsliberalen Ansicht sollte auch Art. 11 EU-Charta (nur?) eine

19 Wegen des Näheren sei auf die Kommentierungen des Art. 10 bei Frowein / Peukert 1996 und Villiger 1999 verwiesen.

20 Das belegte jüngst wieder der Rechtssprechungsbericht von Hoffmeister 2000.

Unternehmerfreiheit enthalten, wie sie in allgemeiner Form jetzt übrigens auch in Art. 16 EU-Charta begegnet[21] – schlagwortartig: Medienfreiheit als *kommerzialisiertes Menschenrecht.*

2.4

Herausgekommen ist dabei schließlich ein Kompromiss, der auf die „Achtung" der in den Mitgliedstaaten vorhandenen unterschiedlichen Medienstrukturen und der entsprechenden verschiedenartigen Grundrechtskonzepte hinausläuft. Die Medienfreiheit kann danach auf nationaler Ebene sowohl als Funktionsgrundrecht wie auch als Unternehmerfreiheit ausgestaltet werden. Beide Typen können auch in „dualen Systemen" nebeneinandergestellt und zusammengespannt werden, wie es in der nationalen Praxis tatsächlich fast überall vorkommt. Art. 11 Abs. 2 EU-Charta scheint insoweit ein europarechtliches non liquet zu enthalten, d. h. er gebietet den EU-Organen die Respektierung der vorgefundenen Lage und besagt dazu weiter nichts. Die europäisch-publizistische Dimension bleibt dabei allerdings sehr blaß und im politischen Raum wird schon mancherorts Nachbesserung gefordert.

Dazu noch ein paar nähere Informationen und Überlegungen, zunächst zur Public-Service-Idee und zum Typus des Funktionsgrundrechts nach der deutschen Verfassungsrechtsprechung (3.). Das ist für mich sozusagen das medienrechtliche Normalmaß, d. h. auch ein Kriterienbestand, der dann eine vergleichende Untersuchung des Art. 10 EMRK und seiner neueren interessengeleiteten Ausdeutungen erlaubt (4.). Danach komme ich wieder auf Art. 11 EU-Charta zurück und lege dar, dass und inwiefern Art. 10 EMRK, zugleich aber auch andersartige nationale Verfassungsnormen wie Art. 5 Abs. 1 GG auf diese Bestimmung der Charta eingewirkt haben, mit der Folge, daß wir es vorerst mit einem merkwürdigen, doch wohl ziemlich unausgereiften und schwächlichen Zwitterwesen zu tun haben und daß an dieser Stelle der Charta ein erheblicher, in den nächsten Jahren im Post-Nizza-Prozeß zu berücksichtigender *Revisionsbedarf* besteht (5.). Auch dann werden die beiden prinzipiell verschiedenen Grundrechtskonzeptionen aber wohl gleichermaßen fortbestehen und in öffentlich-privaten dualen Systemen koexistieren müssen (6.).

21 Art 16 lautet: „Die unternehmerische Freiheit wird nach dem Gemeinschaftsrecht und den einzelstaatlichen Rechtsvorschriften und Gepflogenheiten anerkannt."

3. Die Public-Service-Idee nach der deutschen Verfassungsrechtsprechung

3.1

Jetzt also erst einmal zu Medienfreiheit als *Funktionsgrundrecht*. Der Public-Service Gedanke, der dabei im Vordergrund steht, ist in Europa faktisch überall dort zuhause, wo es einen öffentlichen Rundfunk gibt – und das ist wohl flächendeckend der Fall.[22] In einigen Ländern, zumal im deutschsprachigen Raum, hat sich dieser Gedanke auch verfassungsrechtlich ausgeformt und er ist richterrechtlich weiter konkretisiert worden.

Das *Bundesverfassungsgericht* denkt dem Rundfunk die Aufgabe eines „Mediums und Faktors" des öffentlichen Kommunikationsprozesses zu.[23] Ihm obliegt hiernach eine Vermittlungs- und aktive Unterstützungstätigkeit bei der Entstehung und fortdauernden Regeneration einer für jedermann zugänglichen öffentlichen Sphäre. Dieser öffentliche Raum wird als Voraussetzung von Personalisation und Demokratieverwirklichung verstanden. Er soll informatorisch so ergiebig sein und so viel kommunikative Anreize und Chancen bieten, daß ein breiter demokratisch-bürgerschaftlicher Diskurs zustande kommen kann, bis in die organisierte Staatlichkeit hinein.

Als obersten Richtwert stellt die Karlsruher Judikatur dabei die *„Gewährleistung freier individueller und öffentlicher Meinungsbildung"* heraus.[24] Die massenmediale Vermittlungsfunktion, für die dieser Richtwert gelten soll, beschränkt sich nach der Rechtsprechung aber nicht auf Entstehung und Transfer von „Meinungen" in einem spartenmäßig-engen Sinn, etwa im Bereich der politischen Aktualpublizistik. Vielmehr betrifft sie das gesamte Programmangebot.[25] Dazu gehört auch so etwas wie Comedy, Emotainment, Real Life Soap, Trash, Unterhaltungsgewalt usw. Gerade auch solche postmodernen Unterhaltungsformate können unterschwellig bewußtseinsbildend wirken. Wenn insoweit abkürzend von Sicherung der *Meinungsvielfalt* gesprochen wird, heißt das der Sache nach so viel wie: Sicherung von Orientierungs- sowie Handlungs-, auch Politikfähigkeit, Gewährleistung einer *Programmqualität*, welche dafür als Voraussetzung angesehen wird, gleichsam als Lebenselixier von Demokratie und Zivilgesellschaft.[26]

---

22 Vgl. Dörr 1997: 10. Näher die Gesamtdarstellung von Holznagel 1996. Vgl. auch Hoffmann-Riem 1996.

23 Seit BVerfGE 12, 205, 260ff. (erstes Fernsehurteil).

24 Seit BVerfGE 57, 295, 319ff. (FRAG-Urteil).

25 Ständige Rechtsprechung seit dem ersten Fernsehurteil (Fn. 23).

26 Über eine Reihe von Merkmalen des Qualitätsbegriffs Schatz / Schulz 1992. Der Begriff kommt auch in neueren Regulierungs- und Steuerungsdisputen häufig vor. Überblick: Breunig 1999. Zahl-

3.2

In früheren Jahren wurde für solche Vorgänge der Identitätsbildung gern der Begriff *„Integration"* verwendet, und man sprach vom Integrationsrundfunk als genetischem und typologischem Ausgangspunkt und Normalfall der Rundfunkordnung.[27] Ob das heute noch tunlich ist, wird unterschiedlich beurteilt.[28] Jedenfalls sollte man sich vor medienfremden, illiberal-wertschweren Lesarten des Integrationsbegriffs hüten.

Medienspezifisch im Karlsruher Sinn verstanden, ist der Integrationsrundfunk auf ein immaterielles Substrat oder Fluidum angelegt, wie es in neueren diskurstheoretischen Explikationen des Öffentlichkeitsbegriffs umschrieben wird.[29] Dieser öffentliche Raum ist nicht gleichsam naturwüchsig existent, er bildet sich auch nicht ohne weiteres auf marktmäßigen Wegen heraus, sondern er ist ein kulturelles Phänomen. Er bedarf der Hilfestellung durch entsprechende normativ orientierte, relativ autonome Einrichtungen der Daseinsvorsorge. Eben darin soll die „Medium- und Faktor-"Funktion des Rundfunks nach dem Grundgesetz bestehen. Es ist die freie Wahrnehmung dieser kommunikativen Vermittlungsfunktion, die in Art. 5 Abs. 1 Satz 2 GG zum Grundrechtsinhalt wird. In diesem Sinn handelt es sich bei der Medienfreiheit Karlsruher Provenienz um ein Funktionsgrundrecht.

3.3

Wohlgemerkt geht es dabei im rechtsbegrifflichen Sinn um den *Schutzbereich* des Mediengrundrechts und nicht nur um dessen *Schranken*.[30] Der erwähnte Modernisie-

---

reiche Beiträge dazu kürzlich in der Schneider-Festschrift: Landesanstalt für Rundfunk Nordrhein-Westfalen 2000. Darin treten die oben umrissenen normativen Dimensionen des Qualitätsbegriffs allerdings nicht mehr überall in der nötigen Klarheit zutage. Unterdessen werden die Befunde der empirischen Programmforschung immer bedenklicher. Zuletzt Weiß / Trebbe 2000 (Informationsgehalt auf dem privaten Sektor weiter im Schwinden, fortschreitende Entpolitisierung). RTL und Sat1 werden wieder unverhohlen als „Unterschichtfernsehen" bezeichnet (Nolte 2001). Der „Content" erreicht neue Tiefpunkte: „Die Sender robben sich an den großen Moment heran, den öffentlichen Geschlechtsverkehr", so Niggemeier 2001 über *Big Brother III*, *House of Love*, *Girlscamp* usw. Unterdessen ist schon von realen Tötungshandlungen (Gladiatorenkämpfen, Russischem Roulette u. ä.) als nächsten oder übernächsten Attraktionen die Rede, vgl. Huster 2000: 3478.

27 Dabei wurde gern auf Rudolf. Smends Integrationslehre rekurriert. S. Stock 1985: 87ff. m.w.N. Zum Nebeneinander von Integrations- und Marktmodell in der deutschen Rundfunkverfassung der achtziger Jahre Hoffmann-Riem 1994: 222ff., 238ff.

28 Eher skeptisch zuletzt Jarren 2000.

29 Vgl. Weßler 1999: 23ff. unter Anknüpfung an Habermas 1992, Kap.VII und VIII. Vgl. auch Hohendahl 2000.

30 Der begriffliche Unterschied wird deutlich etwa bei Hoffmann-Riem 1994: 213ff.,219ff. Die jeweiligen Schrankenregelungen (Art. 5 Abs. 2 GG, Art. 10 Abs. 1 Satz 3 und Abs. 2 EMRK, Art. 52 Abs. 1 EU-Charta) bleiben im folgenden unerörtert.

rungs- und Differenzierungsprozeß hat die Herausbildung eines neuen, medienspezifischen Schutzbereichs zum Gegenstand. Es handelt sich dabei auch um die Emanzipierung der Medienfreiheit von der allgemeinen *Meinungsfreiheit*. Letztere ist in Art. 5 Abs. 1 Satz 1 GG als Meinungsäußerungs- und -verbreitungsfreiheit ausgewiesen und als *Jedermannsgrundrecht* formuliert. Gleiches gilt von der allgemeinen rezeptiven *Informationsfreiheit*. Der gedachte Emanzipationsprozeß setzt nun schon bei diesen elementaren Menschenrechten an. Von ihnen aus ist er zu begründen und zu legitimieren.

Denn die Ablösung der Medienfreiheit von der Meinungsfreiheit bezweckt eine Aufwertung und Verselbstständigung der Informationsfreiheit im Publikum. Jeder hat danach ein Recht auf die Nutzung *vielfältiger* Quellen und auf *umfassende* Information.[31] Daraus können dann auch eigene wohlinformierte Meinungsäußerungen hervorgehen und diese können anderen wiederum als Informationsquelle dienen, sie können deren Meinungsbildung und Meinungsäußerung beeinflussen usw. So zeigen sich zwischen den verschiedenen Rechten und Rechtsträgern nach Art. 5 Abs. 1 GG bestimmte Wechselbeziehungen, welche auf ein besonderes kommunikatives Sozialmodell hinauslaufen.[32] In einer derart verselbstständigten Informationsfreiheit wird eine Voraussetzung der – im Grundgesetz ungeschriebenen, aber implizit mitgarantierten – Meinungs*bildungs*freiheit erblickt.

3.4

Informieren kann man sich anhand von Äußerungen anderer, man soll davon aber nicht abhängig sein. *Unabhängige* Meinungsbildung erfordert vielmehr, dass die jeweils vorhandenen Meinungen, inklusive Tatsachenbehauptungen und Vernunftgründe, analytisch-kritisch erschlossen, journalistisch aufbereitet und zu einem qualifizierten Informationsangebot verarbeitet werden. Dazu bedarf es der – auch ihrerseits *selbstständigen*, mit der Meinungsäußerungs- und -verbreitungsfreiheit keineswegs deckungsgleichen[33] – *Medienfreiheit* nach Art. 5 Abs. 1 Satz *2* GG. Dergestalt *„dient"* diese den Jedermannsrechten des Satzes 1.[34] So ergibt sich das hiesige funktionsspezifische qualitätssichernde Solidarprinzip.

Die eigentliche Antriebskraft soll dabei ein unabhängiger Journalismus auf dem Boden des „Medium- und Faktor-"Grundsatzes sein. Das bedingt eine entsprechende

31 Das wird im Anschluß an die Verfassungsrechtsprechung insb. in Abs. 1 Satz 2 des Textvorschlags von ARD/ZDF für die EU-Medienfreiheit betont, Dok. CHARTE 44229/00 CONTRIB 103 vom 18.4.2000, auch im Anhang unter Nr. 7.3 sowie bei Eberle 2000: 135ff. (mit Erläuterungen 129ff.).

32 „Kreislaufmodell", vgl. Stock 1985: 167ff., 190ff. u. ö. im Anschluß an das FRAG-Urteil (Fn. 24).

33 Statt aller Hoffmann-Riem 1994: 210 („ein aliud").

34 Das FRAG-Urteil (Fn. 24) hat die Public-Service-Idee bekanntlich in die berühmte Formel von der Medienfreiheit als „dienender Freiheit" umgesetzt.

konsequente Professionalisierung und relative Autonomie. Dabei geht es hauptsächlich um den öffentlich-rechtlichen Rundfunk, außerdem aber auch – mit Abstrichen[35] – um den privat-kommerziellen, das heißt insgesamt um duale Systeme.

4. Art. 10 EMRK: Ein kommerzialisiertes Menschenrecht?

4.1

Nun will es das Unglück, daß das geltende *Europarecht* von alledem kaum etwas weiß. Das gilt auch für *Art. 10 EMRK*, den es jetzt mit Art. 5 GG zu kontrastieren gilt. Die Menschenrechtskonvention ist ein weltweit hochgeschätzter und verdienstvoller, mittlerweile aber schon bejahrter regionaler völkerrechtlicher Vertrag. Seine wesentlichen, immer noch beachtlichen Errungenschaften und seine großen Stärken liegen heute auf anderen Gebieten.[36]. Die kommunikationsrechtlichen Normierungen aber sind darin weniger gut gelungen und sie befinden sich nicht mehr auf der Höhe der Zeit.

4.2

Das beginnt mit folgender Merkwürdigkeit: Das Grundrechtsgefüge des Art. 10 EMRK wird insgesamt durch die *Freiheit der Meinungsäußerung* dominiert. Diese „schließt", wie Abs. 1 Satz 2 besagt, auch die Informationsfreiheit „ein". Das dürfte dahin zu verstehen sein, daß die Informationsfreiheit – auch die rezeptive, wie sie in Art. 5 Abs. 1 Satz 1 GG im Vordergrund steht – hier nur als Recht eines Einzelnen ins Auge gefaßt wird, der sich jeweils äußern, also auch die Meinungsäußerungsfreiheit betätigen will. Gleiches gilt für die dort erwähnte „Meinungsfreiheit", nach manchen Interpreten eine frühe, noch ungenaue Bezeichnung dessen, was man heute als Freiheit der Meinungs*bildung* kennt.[37] Alle drei Freiheiten sind nach diesem typologischen Ansatz personengleich, sie werden von ein und demselben Grund-

---

35 Vgl. BVerfGE 73, 118, 152ff. (Niedersachsen- Urteil). Hiernach soll auch die Privatrundfunkfreiheit im Prinzip eine „dienende Freiheit" sein. Zugleich kann sie danach in gewissem Umfang allerdings auch, wie alsbald spöttisch angemerkt wurde, zu einer „verdienenden Freiheit" werden. Das erwies sich dann in der Gesetzgebungs- und Aufsichtspraxis als schwieriges Problem, geradezu als ein Halsrätsel. Dennoch hält das Gericht daran bis heute fest.

36 Dazu etwa der interfraktionelle Antrag BT-Drucks. 14/4390 vom 24.10.2000: 50 Jahre Europäische Menschenrechtskonvention, angenommen Plenarprot. 14/127 vom 26.10.2000: 12125ff.

37 Vgl. Frowein / Peukert 1999, Art. 10 Rdnr. 3 und 4. Etwas anders Kühling 1999: 143f. m.w.N.

rechtsträger verwirklicht und sind auf dessen Meinungsäußerungsfreiheit zentriert. Dabei scheint so etwas wie ein marktorientierter Solipsismus vorzuwalten. Man mag z. B. an einen marktschreierischen ‚Meinungsmarkt' à la Hyde Park Corner denken.[38]

Wohlgemerkt bleibt das Ganze auf der Ebene der Jedermannsrechte und läuft auf so etwas wie ein Zufallsprinzip hinaus, oder auf ein Windhundprinzip, auf das Recht des Stärkeren o. ä. Hier muß jeder selbst zusehen, wie er zu den nötigen Informationen kommen und wie er seine eigenen Ansichten und Wünsche öffentlich zu Gehör bringen könnte. Die Konvention benennt noch kein Solidarprinzip, das zu einer kommunikativen Daseinsvorsorge nach Karlsruher Muster führen könnte. Sie weiß auch noch nichts von einer entsprechenden Medienfreiheit als Funktionsgrundrecht. Unabhängiger Journalismus wurde vor fünfzig Jahren in Europa noch nicht als gemeinsames Grundrechtsthema wahrgenommen. Dessen „dienende" öffentliche Aufgabe und dessen relative Autonomie zu gewährleisten, blieb den nationalen Rechtsordnungen überlassen.

4.3

Um so leichter hatten es diejenigen, die der Konvention ein *instrumentalistisches*, für Verarmungen und Vermachtungen anfälliges *Journalismusverständnis* unterschieben wollten. Dabei pflegen Verleger- bzw. Veranstalterinteressen an ungeschmälerter Marktreagibilität und unternehmensinterner Leitungsgewalt im Vordergrund zu stehen. Aus jener Sicht stellt die Informationsfreiheit im Publikum nur einen unselbstständigen Annex der Meinungsäußerungsfreiheit dar, wobei letztere nun als (positive) Tendenzfreiheit des jeweiligen Medienträgers ins Spiel gebracht wird. Die Meinungsbildungsfreiheit wird tunlichst minimiert und entleert. Manchmal wird sie sogar in einem transitiv-heteronomen Sinn umgedeutet: Der Verleger/Veranstalter bildet die Meinung der Rezipienten nach seinem Belieben, z. B. als Abklatsch seiner eigenen höchstpersönlichen Ansichten und politischen Präferenzen. Hierzu wird eine qualifizierte journalistische Vermittlungsfunktion nicht benötigt, sie wäre bei dem dubiosen Geschäft nur im Wege. Also konstruiert man auch die Medienfreiheit als unselbstständigen Annex der Meinungsäußerungs- und -verbreitungsfreiheit.[39]

Dieser Ansatz geht an der Typik *binnenplural-öffentlicher, relativ autonomer* Medien gänzlich vorbei. Er eignet sich am ehesten für außenplural-marktmäßig agierende private Tendenzmedien geringer Größenordnung, etwa für die letzten heute noch vorhandenen Reste lokalregionaler Richtungspresse. Faktisch drängt sich ge-

38 Über den „Marktplatz der Meinungen" als klassisch-liberalen Topos und über dessen heutige defiziente Befindlichkeit zuletzt Kübler 2000. Im übrigen oben Fn. 29.

39 Zu alledem näher Stock 2000a: 31ff. am Beispiel der Interpretationen Engels 1993.

genwärtig jedoch ein ganz anderer Typus in den Vordergrund, der zu mancherlei Fehlentwicklungen führen kann und von dem regulatorischen Ansatz des Art. 10 EMRK nicht adäquat erfaßt wird. Denn tatsächlich haben wir es nunmehr mit einer rein erwerbswirtschaftlich betätigten markt- bzw. machtorientierten, auf Konvergenz und Verflechtung ausgerichteten Medien*unternehmer*freiheit zu tun, beispielsweise in einer transnationalen, konkreter Gebiets- und Verbandsbezüge immer mehr ermangelnden Variante.[40] Für ein derartiges *kommerzialisiertes Menschenrecht* – womöglich als *einzige* europaweit existente Grundrechtsvariante – gibt es in der Tat ein paar machtbewußte Global Players als reale Anwärter und daneben zahlreiche beflissene Fürsprecher und Wegbereiter. Auch in der Rechtswissenschaft und im politischen Raum hat sie ihre Herolde und Lakaien längst gefunden.

4.4

Das betrifft auch die *Gemeinschaftsorgane und -politiken.* In der Medienpolitik der Europäischen Kommission beispielsweise war von dem kommerziellen Einheitskonzept noch unlängst einiges zu bemerken. Neuerdings sucht man in der Kommission indes, wenn ich recht sehe, nach einem anderen Weg, bei dem auch die *kulturell-kommunikativen* Belange der Medien wieder mehr Beachtung finden könnten.[41] Dabei geht es auch um ein anderes, differenzierteres medienrechtliches Grundrechtsverständnis. Ähnliches gilt für den Rat und zumal für das Parlament.[42]

Vom Europäischen Gerichtshof (EuGH) wiederum wird Art. 10 EMRK in einschlägigen Rechtssachen indirekt als Prüfungsmaßstab herangezogen, heute über Art. 6 Abs. 2 des Vertrags über die Europäische Union (EUV), der gewisse „prätorische“

40 Näher etwa Röper 1999. Zuletzt der KEK-Konzentrationsbericht 2000.

41 Das ergibt sich insb. aus der Mitteilung der Kommission: Grundsätze und Leitlinien für die audiovisuelle Politik der Gemeinschaft im digitalen Zeitalter, KOM (1999) 675 endg. vom 14.12.1999. Erläuternd Laitenberger 2000. Die verschiedenen jeweils aspekthaft zuständigen Generaldirektionen ziehen allerdings noch nicht alle gleichermaßen an obigem Strang. Vgl. nur die Richtlinie 80/723/EWG der Kommission über die Transparenz der finanziellen Beziehungen zwischen den Mitgliedstaaten und den öffentlichen Unternehmen vom 25.06.1980, ABlEG Nr. L 195 vom 29.07.1980: 35, in der Neufassung der Richtlinie 2000/52/EG der Kommission vom 26.07.2000, ABlEG Nr. L 193 vom 29.07.2000: 75. In dieser sog. Transparenzrichtlinie bleibt das Verständnis für den öffentlichen Mediensektor und seine funktionalen Erfordernisse noch recht unsicher. Ähnliche Ambivalenzen zeigen sich in der Mitteilung der Kommission: Leistungen der Daseinsvorsorge in Europa, KOM(2000) 580 endg. vom 20.09.2000.

42 Vgl. die Entschließung des EU-Ministerrats und des Europäischen Rats über den öffentlich-rechtlichen Rundfunk vom 25.01.1999, ABlEG Nr. C 30 vom 5.02.1999, 1 unter Anknüpfung an das neunte Protokoll zum Amsterdamer Vertrag, ABlEG Nr. C 30 vom 30.11.1997: 109. Beide Dokumente auch bei Stock 2000a: 128f. Mitte Juli 2000 fand in Lille ein Fachkolloquium der Kultur- und Medienminister der EU über europäische Zukunftsperspektiven des öffentlichen Rundfunks statt, auf dem sich wiederum gewisse Anzeichen für eine Aufwertung des Public-Service-Gedankens zeigten, vgl. Holznagel 2000. Im Europäischen Parlament (EP) werden entsprechende Resolutionen ohnehin seit längerem gefaßt.

Freiheiten impliziert.[43] Der EuGH neigt aber, wie es scheint, immer noch dazu, Art. 10 EMRK zu ökonomisieren und i. S. des kommerziellen Einheitskonzepts mit den Art. 49ff. des Vertrags zur Gründung der Europäischen Gemeinschaft (EGV) (Dienstleistungsfreiheit) zu kombinieren.[44]

5. Art. 11 EU-Charta: Irrungen und Wirrungen, Revisionsbedarf

5.1

Auf rechtspolitischer Ebene waren in früheren Jahren erste europäische Grundrechtskataloge entstanden, welche in medienrechtlicher Hinsicht über das EMRK-Niveau nicht hinausgekommen waren.[45] Auch der Brüsseler Grundrechtskonvent zeigte sich in diesem Punkt anfangs nicht sonderlich innovativ und einfallsreich.

Das Konventspräsidium unter Roman Herzog, das in dem Gremium nach den Einsetzungsbeschlüssen des Europäischen Rats eine sehr starke Stellung hatte,[46] legte sich schon frühzeitig auf Art. 10 EMRK als kommunikationsrechtliche Basisnorm fest.[47] Dieser Artikel ist inter- und nicht supranational orientiert, er ist auf freien Fluß von Ideen und Informationen zwischen den Mitgliedsländern des Europarats aus oder in der EUV-Rezeption: auf einen liberalisierten Binnenmarkt als eine Art ökonomisch-publizistische Freihandelszone, einen kommunikativ und politisch gestaltlosen „audiovisuellen Raum" o.ä. Daran stieß sich im Konvent indes anfangs kaum jemand. Noch in der Entwurfsfassung von Anfang Mai[48] hatte es im damaligen Art. 15 bei der wörtlichen Übernahme der Überschrift und der ersten beiden Sätze des

43 Dazu etwa Kingreen 1999: Rdnr. 16ff.; Stumpf 2000: Rdnr. 16ff. Zuletzt Alber / Widmaier 2000.

44 Vgl. schon Stock 1989: 196ff. Eher harmonisierend Kühling 1999: 110ff. Ähnlich Schwarze 2000; Skouris 2000. Fundstellennachweise der medienrechtlichen EuGH-Rechtsprechung bei Kingreen und Stumpf (Fn. 43).

45 So die vom EP am 12.04.1989 verabschiedete Erklärung der Grundrechte und Grundfreiheiten, ABlEG Nr. C 120 vom 16.05.1989: 51, und die EP-Entschließung zur Verfassung der Europäischen Union vom 10.02.1994, ABlEG Nr. C 61 vom 28.02.1994: 155 (Titel VIII: Von der Union verbürgte Grundrechte). Beide Dokumente auch bei Stock 2000a: 99ff., 103ff.

46 Vgl. oben 1.2.

47 Vgl. Dok. CHARTE 4112/2/00 REV 2 BODY 4 vom 27.1.2000, Nr. 11 der beigefügten Liste. Darauf basierten die Formulierungsvorschläge Dok. CHARTE 4137/00 CONVENT 8 vom 24.02.2000, Art. 11, und Dok. CHARTE 4149/00 CONVENT 13 vom 8.03.2000, Art. 15 Abs. 1.

48 Dok. CHARTE 4284/00 CONVENT 28 vom 05.05.2000.

Art. 10 Abs. 1 EMRK sein Bewenden.[49] Der Entwurf kannte noch keine Rundfunkfreiheit als im Normtext erscheinendes selbständiges Grundrecht (und auch keine Pressefreiheit). Von Rundfunk als „Medium und Faktor“ europäischer diskursivischer Öffentlichkeit, nunmehr auch als motorischer Kraft zugunsten weiterer Demokratisierung und Konstitutionalisierung, wußte der Entwurf zunächst noch gar nichts. Das sollte sich dann jedoch ändern.

5.2

Denn jetzt mehrten sich kritische Stimmen und Gegenentwürfe, die auf die Aufnahme einer ausdrücklichen Garantie von Medienfreiheit abzielten. Das medienrechtliche Defizit des Präsidiumsentwurfs wurde zumal von deutscher Seite bemerkt und beanstandet, so von dem Rechtsexperten Prof. Dr. Jürgen Meyer, der sich namens des Bundestages für die Einbeziehung der Presse- und der Rundfunkfreiheit in den Charta-Entwurf aussprach.[50] Einen weiter ausformulierten Änderungsvorschlag legten ARD und ZDF zu einer im Frühjahr 2000 vom Konvent veranstalteten Anhörung vor.[51] Darin setzten sie sich für eine begriffliche Entflechtung der Jedermannsrechte und für eine Verselbstständigung und inhaltliche Anreicherung der Informationsfreiheit nach deutschen Usancen ein und in Konsequenz dessen auch für die ausdrückliche Gewährleistung von Presse-, Rundfunk- und Filmfreiheit sowie Freiheit rundfunkähnlicher neuer Mediendienste.

Ich habe zu dem vom Konvent arrangierten Internet-Konsilium einen noch etwas weitergehenden, auch die Public-Service-Idee ausdrücklich berücksichtigenden Textvorschlag beigesteuert.[52] Darin sind Passagen aus der Bayerischen und der Sächsischen Landesverfassung und aus dem WDR-Gesetz enthalten, einschließlich einer europäisch-integrativen Nutzanwendung. Damit wollte ich dazu beitragen, daß in der Charta auch etwas von dem deutschen funktionalen Grundrechtskonzept wiederkehren würde. Ein so profiliertes neues EU-Mediengrundrecht sollte – so machte ich geltend – auch politisch-demokratische Dimensionen aufweisen und es sollte auf eine konstitutionelle Weiterentwicklung der Union zugeschnitten werden. Es sollte sich mithin auf die Gemeinschaft als nach und nach staatsähnlicher werdendes Gebilde beziehen und es könnte den politischen Integrationsprozeß – (Bundes-) Staatscharakter hin oder her – in medienspezifischer Weise voranbringen und intensivieren. Zu denken sei etwa an ein supranationales „Europäisches Fernsehen“, wie

49 Derselbe Text begegnet in der Endfassung der Charta (Fn. 11 und 13) – hier unter der Überschrift „Freiheit der Meinungsäußerung und Informationsfreiheit“ – als Art. 11 Abs. 1. Auch im Anhang unter Nr. 7.5.

50 Vgl. Dok. CHARTE 4177/00 CONTRIB 60 vom 28.03.2000, Art. 15.

51 Vgl. oben Fn. 31.

52 Dok. CHARTE 4342/00 CONTRIB 206 vom 05.06.2000, auch im Anhang unter Nr. 7.4. Text und Begründung auch in epd medien Nr. 42 vom 27.05.2000: 4ff. Ähnlich Stock 2000b.

es im Europäischen Parlament seit den achtziger Jahren immer wieder gefordert worden war. Damit wollte ich auch die – im Konvent im Frühsommer allmählich stärker werdenden – Bestrebungen unterstützen, wonach die Grundrechtscharta von vornherein als Grundrechtsteil einer künftigen Europäischen Verfassung gesehen und ausformuliert werden sollte. Unter diesem Blickwinkel erschienen mir der ARD/ZDF-Vorschlag und mein eigener zusammengenommen[53] als brauchbare, modernere Alternative zum Präsidiumsentwurf. Dem traten u. a. die deutschen Journalistengewerkschaften bei,[54] wohingegen die private Verleger- und Veranstalter-Lobby Widerspruch anmeldete.[55] Auch aus anderen Mitgliedstaaten kamen mancherlei Änderungswünsche.[56]

5.3

Das Präsidium des Konvents vermochte der ganz unterschiedlich motivierten, inhaltlich auseinandergehenden Änderungsbegehren konzeptionell kaum noch Herr zu werden. Es stand unter wachsendem Zeitdruck und machte nun den „Kompromißvorschlag", Art. 15 a.F. einen Abs. 2 mit folgendem Wortlaut anzuhängen: *„Die Presse- und Informationsfreiheit ist unter Achtung der Transparenz und des Pluralismus gewährleistet."*[57]

Hiergegen erhoben sich alsbald wieder zahlreiche Einwände. So wurde die ausdrückliche Einbeziehung des Rundfunks moniert. Der Transparenzbegriff hingegen wurde von potentiell betroffenen Medienunternehmen als unklar und unerwünscht bezeichnet.[58] In Kreisen der Medienwirtschaft wurde auch befürchtet, unter dem Gesichtspunkt der Pluralismussicherung könnte sich die Kommission veranlaßt sehen, ihre in den neunziger Jahren begonnenen Aktivitäten in Richtung auf eine euro-

53 Wie im Anhang unter Nr. 7.3 und 7.4 ersichtlich.

54 Vgl. die Stellungnahme der IG Medien Dok. CHARTE 4415/00 CONTRIB 271 vom 13.07.2000. Eine ähnliche DJV-Stellungnahme, welche nicht in die Internet-Dokumentation gelangte, ist abgedruckt in Journalist 2000, Nr. 9: 65ff.

55 Vgl. das Votum des VPRT Dok. CHARTE 4347 CONTRIB 211 vom 07.06.2000. Der BDZV legte dem Konvent ein umfangreiches Gutachten von Engel vor, das sich in den traditionellen presserechtlichen Bahnen hält, Dok. CHARTE 4346/00 CONTRIB 210 vom 07.06.2000.

56 Vgl. die Übersicht in dem Vermerk des Präsidiums Dok. CHARTE 4360/00 CONVENT 37 vom 14.6.2000, zu Art. 15.

57 Dok. CHARTE 4333/00 CONVENT 36 vom 04.06.2000, wiederholt in dem Vermerk (Fn. 56).

58 Vgl. die gemeinsame Eingabe von ARD, ZDF und BDZV (!) Dok. CHARTE 4433/00 CONTRIB 287 vom 31.08.2000 (Schreiben vom 17.7.2000). Die Rundfunkanstalten dachten dabei wohl an ihre anhaltenden Schwierigkeiten mit dem Brüsseler Beihilferegime, insbesondere an die jüngste Änderung der Transparenzrichtlinie (Fn. 41).

päische medienspezifische Konzentrationskontrolle wiederaufzunehmen.[59] Das Präsidium des Konvents reagierte hierauf zunächst mit einer Begriffserweiterung („Medienfreiheit" statt „Pressefreiheit")[60] und sodann mit der Streichung des Transparenzbegriffs. Zur sog. dritten Lesung legte es eine erneut überarbeitete Entwurfsfassung vor, in der Art. 11 Abs. 2 nunmehr lautete: *„Die Freiheit der Medien und ihre Pluralität werden gewährleistet."*[61]

Dagegen gab es indes wiederum heftige Proteste von interessierter Seite. Erstaunlicherweise machten sich solche Bedenken und Ängste Ende September auch die deutschen Bundesländer zu eigen und sie sorgten sich auch um den ungeschmälerten Fortbestand von ARD/ZDF und um ihre Rundfunkhoheit insgesamt. So intervenierte denn in ihrem Namen noch einmal der vom Bundesrat in den Konvent entsandte Thüringer Europaminister Jürgen Gnauck. Er setzte anscheinend im Präsidium in nächtlicher Stunde durch, dass der Ausdruck *„gewährleistet"* durch *„geachtet"* ersetzt wurde.[62] Diese Abschwächung wurde am nächsten Tag in der Schlußberatung des Konvents mehrfach kritisiert. Das Gremium (das darüber nach Lage der Dinge nicht abstimmen konnte) ließ sie aber endlich – sei es auch nur nolens-volens – passieren.[63] Art. 11 Abs. 2 lautet also in der Endfassung des Konvents:[64] *„Die Freiheit der Medien und ihre Pluralität werden geachtet."* So dann auch die im Dezember auf dem Gipfel von Nizza verabschiedete, als politische Deklaration verkündete neue EU-Grundrechtscharta.[65]

5.4

Ob jenes restriktive Vorgehen der Ländergesamtheit in letzter Stunde wohlüberlegt und weise war, wurde nachfolgend mancherorts – so im Europäischen Parlament und in den Kontrollgremien der ARD-Anstalten – bezweifelt. Es wurde z. B. von einem

---

59 Jene Aktivitäten hatte man szt. mittels juristischer Expertisen bekämpft, etwa Ress / Bröhmer 1998; Uwer 1998. Man hatte auch Bonner politischen Beistand zu mobilisieren gewußt und damit fürs Erste Erfolg gehabt. Näher Stock 2000a: 27ff. m.w.N. Damals waren der Pluralismusbegriff und auch schon derjenige der Transparenz in das europäische regulatorische Vokabular aufgenommen worden. Darum war letzterer Begriff den Verlegern ebenfalls etwas unheimlich.

60 Vgl. Dok. CHARTE 4422/00 CONVENT 45 vom 28.07.2000, Art. 11 Abs. 2, redaktionell korrigiert und (spärlich) erläutert in Dok. CHARTE 4423/00 CONVENT 46 vom 31.07.2000.

61 Dok. CHARTE 4470/1/00 REV 1 CONVENT 47 vom 21.09.2000.

62 Englisch: Aus „guaranteed" wurde „respected". Französisch: Aus „garantis" wurde „respectés". Vgl. Dok. CHARTE 4470/1/00 REV 1 ADD 1 CONVENT 47 vom 25.09.2000.

63 Vgl. das Wortprotokoll vom 26.09.2000 (Fn. 11).

64 S. oben Fn. 11.

65 S. oben Fn. 13.

„typischen Fall von Europhobie" gesprochen[66] und es wurde ein Nachbesserungsbedarf geltend gemacht, der vor allem die Rückkehr zur vorletzten Fassung des Art. 11 Abs. 2. („gewährleistet") zu umfassen hätte.[67] Die anderslautenden, lediglich auf die Wahrung des nationalen kompetenziellen Besitzstands ausgerichteten Länderwünsche wurden als allzu defensiv und im übrigen illusionär bewertet.

Im Zuge des Post-Nizza-Prozesses wird die Debatte über diese Fragen wohl noch einmal eröffnet werden können. Man wird gut beraten sein, über die medien- und europapolitischen Irrungen und Wirrungen des vergangenen Jahres noch einmal nachzudenken.[68] Vielleicht gelingt es ja doch noch, das funktionale Grundrechtskonzept in Art. 11 stärker abzusichern und das kommerzialisierte Einheitskonzept weiter zurückzudrängen. In der Tat spricht vieles dafür, die überstürzte, wohl auf taktisch-situativen Erwägungen und wenig realistischen Vorstellungen von einer künftigen Kompetenzabgrenzung beruhende Abschwächung der EU-Medienfreiheit, wie sie von deutscher Seite im Konvent im letzten Moment durchgedrückt worden ist, wieder rückgängig zu machen. Eine so berichtigte Fassung des Art. 11 mag dann dauerhaft rechtsverbindlich gemacht werden. Sie würde einem Europäischen Verfassungsvertrag gewiß besser anstehen.

6. Resümee und Ausblick: Auf dem Weg zu einem europäischen dualen System?

6.1

Nach der jetzigen Fassung der EU-Charta besteht die fragwürdige, auf die EMRK zurückgehende Dominanz der Meinungsäußerungsfreiheit in Art. 11 Abs. 1 dem Wortlaut nach fort. Demgemäß ist mit anhaltenden Versuchen zu rechnen, die instrumentalistische medienwirtschaftsrechtliche Deutung des Art. 10 EMRK auch auf die Grundrechtscharta zu übertragen und darin auch die Medienfreiheit nach Art. 11 Abs. 2 einzubeziehen. Dieses Übel kann nun an der Wurzel gepackt und von da aus kuriert werden, indem eine modernere Version der Jedermannsrechte, wie sie z. B. in dem ARD/ZDF-Vorschlag enthalten ist, in den endgültigen Text der Charta aufge-

66 So die deutsche EP-Abg. Karin Junker, die auch dem WDR-Rundfunkrat angehört, auf einem von der Friedrich-Ebert-Stiftung am 04.12.2000 in Bonn veranstalteten Medienforum.

67 Vgl. die gemeinsame Erklärung der Vorsitzenden der ARD-Rundfunk- und Verwaltungsräte vom 28.11.2000, nach epd medien Nr. 96 vom 02.12.2000: 19.

68 Wünschenswert wäre, dass sich auch Politik- und Medienwissenschaft in größerer Breite am Post-Nizza-Diskurs beteiligten. Bislang wird das Feld – wie in medien- und rechtspolitischen aktuellen Angelegenheiten auch sonst üblich – lediglich von ein paar mehr oder minder sachkundigen Politikern, Juristen und sonstigen praxis- und machtnahen Insidern bestellt.

nommen wird. Hier ist eine Gelegenheit zur Innovation, wie sie sich nicht alle Tage bietet.

6.2

Im übrigen gibt es auch schon nach der derzeitigen Fassung gute Gründe dafür, Art. 11 von dem undifferenzierten kommerziellen Konzept im Auslegungsweg ein Stück weit abzurücken. Mit ihrer ursprünglichen Fassung verglichen, weist die Vorschrift doch auch schon beachtliche Pluspunkte auf. Aus der Hinzufügung des Abs. 2 ergibt sich m. E., daß sich Abs. 1 nunmehr auf die dort genannten elementaren Rechte (Meinungsäußerungs-, Meinungsbildungs- und Informationsfreiheit) beschränkt und daß diesen in Abs. 2 eine Medienfreiheit als *selbstständiges*, auch für den Public-Service-Gedanken und für ein entsprechendes funktionales Konzept zugängliches Grundrecht hinzugesellt wird. Insoweit wird der bescheidene EMRK-Standard nun doch deutlich überschritten.

6.3

Dafür schlägt auch das jetzige Erfordernis zu Buche, die *„Pluralität"* der Medien zu *„achten"*. Nach einer im politischen Raum anzutreffenden Interpretation schreibt Art. 11 Abs. 2 den Gemeinschaftsorganen damit vor, die gewachsenen nationalen Medienordnungen in ihrer ganzen Komplexität zu respektieren, d. h. zu „achten" ist die „Pluralität" der verschiedenen innerstaatlich jeweils vorhandenen *Systeme und Teilsysteme.*[69] Das betrifft auch die beiden in der deutschen Diskussion geläufigen Typen programmlicher und organisatorischer Vielfalt (*Binnen-* und *Außenpluralismus*) und deren Nebeneinander in *dualen Ordnungen.* Der EU sollen diesbezüglich grundsätzlich keine eigenen Regulierungs- und Steuerungskompetenzen zukommen, etwa als Eingriffs- oder andererseits als Schutz- und Förderungskompetenzen. Die nähere Ausgestaltung der Medienordnung soll vielmehr im Prinzip Sache der einzelnen Mitgliedstaaten sein und bleiben.

Das mag auf Sichtweite ausreichen, um z. B. in Deutschland auch Bestand und Entwicklung des öffentlich-rechtlichen Rundfunks abzusichern. Auf größtmögliche nationale Gewährleistungszuständigkeit und Abschottung in EU-Richtung zu setzen, wäre allerdings auf die Dauer doch wohl aussichtslos, zumal in der Multimedia-Ära und unter Konvergenzbedingungen. Ohne eine gewisse rahmenartige, tunlichst kooperativ wahrzunehmende EU-Gewährleistungskompetenz wird es auf längere Sicht nicht abgehen. Im Sekundärrecht ist die Europäisierung heute schon in vollem Gang.

69 So der damalige nordrhein-westfälische Europaminister Detlev Samland (mündl. Mitteilung vom 11.11.2000).

Um so mehr bedarf es dafür nun auch eines angemessenen europäischen konstitutionellen Rahmens.

Man wird dabei auch schon an etwaige in Zukunft sich ergebende Kompetenzerweiterungen der Gemeinschaft denken dürfen, welche der Entwicklung relativ autonomer *öffentlicher Europamedien* zu gelten hätten. Eine *Europäische Verfassung* ist ohne solche Kompetenzen schwerlich denkbar. Denn das kann nicht oft genug gesagt werden: Zu einer EU-Verfassung gehört eben auch eine wohlinformierte und kritische europäische politische Öffentlichkeit, die durch europäische öffentliche Medien herzustellen und zunehmend zu intensivieren wäre. Der weitere Konstitutionalisierungsprozeß könnte durch qualifizierte Europamedien auch schon im Vorfeld vorangetrieben werden. Auch entsprechende informell „kompetenzansaugende" Wirkungen des Art. 11 werden nicht zu fürchten sein, falls sich die Gemeinschaftsorgane tatsächlich zu einer neuen Wertschätzung des öffentlichen Sektors durchringen und daran dann auch unbeirrt festhalten.

6.4

In diesen Zukunftsfragen bleibt ein gewisses Risiko allerdings unvermeidlich. Um so mehr wird auf Kontinuität und Mitgestaltung auf europäischer Ebene bedacht sein müssen, wer auf die längeren Linien achten und an dem großen Verfassungsdiskurs aktiv teilnehmen will. Um nun gegen die Versuchungen eines medienpolitischen Thatcherismus, eines kruden Sozialdarwinismus usw. wirklich gefeit zu sein, wird man gut daran tun, *die Public-Service-Idee ausdrücklich in den Normtext des Art. 11 aufzunehmen*, etwa so, wie ich es dem Konvent vorgeschlagen hatte.[70] Dergestalt wäre das Mediengrundrecht rechtsverbindlich zu machen. Daran könnte dann selbst die Brüsseler Wettbewerbsdirektion nicht mehr vorbeigehen, und auch nicht der EuGH.

6.5

Alles in allem läuft das auf eine EU-Medienfreiheit mit größeren funktionalen Anteilen i. S. der deutschen Verfassungsrechtsprechung hinaus, auch mit Wirkung für den privaten Sektor. Art. 11 EU-Charta stellt sich in der gedachten korrigierten Fassung als grundrechtliche Plattform öffentlich-privater nationaler und auch supranationaler dualer Systeme dar, mitsamt allen im innerstaatlichen Bereich wohlbekannten Schwierigkeiten einer derartigen Strukturvielfalt. Wir hätten es dann auch auf europäischer Ebene mit Medienfreiheit als „dienender" *und* „verdienender" Freiheit

70 Vgl. oben Fn. 52. Wer noch ein Übriges tun will, mag meinem Textvorschlag (Anhang Nr. 7.4) anfügen: „Auf rundfunkähnliche Mediendienste sind diese Bestimmungen entsprechend anzuwenden."

zu tun. Immerhin würden sich damit auch neue Möglichkeiten programmlicher Qualitätsvorsorge eröffnen. Das könnte auch weiterer innerer Kräftigung der Gemeinschaft in politicis zugute kommen.

7. Textanhang

7.1. Art. 5 GG

(1) Jeder hat das Recht, seine Meinung in Wort, Schrift und Bild frei zu äußern und zu verbreiten und sich aus allgemein zugänglichen Quellen ungehindert zu unterrichten. Die Pressefreiheit und die Freiheit der Berichterstattung durch Rundfunk und Film werden gewährleistet. Eine Zensur findet nicht statt.

7.2. Art. 10 EMRK

Freiheit der Meinungsäußerung

(1) Jede Person hat das Recht auf freie Meinungsäußerung. Dieses Recht schließt die Meinungsfreiheit und die Freiheit ein, Informationen und Ideen ohne behördliche Eingriffe und ohne Rücksicht auf Staatsgrenzen zu empfangen und weiterzugeben. Dieser Artikel hindert die Staaten nicht, für Hörfunk-, Fernseh- oder Kinounternehmen eine Genehmigung vorzuschreiben.

7.3. Art. 15 EU-Charta i.d.F. des Vorschlags Dok. CHARTE 4229/00 CONTRIB 103 (ARD/ZDF)

(1) Das Recht der freien Meinungsäußerung wird gewährleistet. Ebenso wird das Recht gewährleistet, sich aus allgemein zugänglichen, vielfältigen Quellen umfassend zu informieren. Dies schließt insbesondere den Zugang zu kulturellen Angeboten und Angeboten der Bildung ein.

(2) Die Freiheit der Presse, des Rundfunks, des Films sowie der übrigen an die Allgemeinheit gerichteten Kommunikation werden gewährleistet.

7.4. Art. 15 EU-Charta i.d.F. des Vorschlags Dok. CHARTE 4342/00 CONTRIB 206 (Stock)

(3) Der Rundfunk dient der Information durch umfassende und wahrheitsgemäße Berichterstattung und durch die Verbreitung von Meinungen. Er trägt zur Bildung und Unterhaltung bei. Er ist Medium und Faktor des Prozesses freier Meinungsbildung. Er trägt der kulturellen Vielfalt in Europa Rechnung und fördert die europäische Integration. Er nimmt damit eine öffentliche Aufgabe wahr und ist darum unabhängig in der Programmgestaltung. Unbeschadet des Rechts, Rundfunk in privater Trägerschaft zu betreiben, werden Bestand und Entwicklung von Rundfunk in öffentlicher Trägerschaft gewährleistet.

7.5. Art. 11 EU-Charta (Endfassung)

Freiheit der Meinungsäußerung und Informationsfreiheit

(1) Jede Person hat das Recht auf freie Meinungsäußerung. Dieses Recht schließt die Meinungsfreiheit und die Freiheit ein, Informationen und Ideen ohne behördliche Eingriffe und ohne Rücksicht auf Staatsgrenzen zu empfangen und weiterzugeben.

(2) Die Freiheit der Medien und ihre Pluralität werden geachtet.

Literatur:

Alber, Siegbert / Widmaier, Ulrich (2000): Die EU-Charta der Grundrechte und ihre Auswirkungen auf die Rechtsprechung. Zu den Beziehungen zwischen EuGH und EGMR. In: Europäische Grundrechte-Zeitschrift: 497-510.

Baer, Susanne (2000): Grundrechtecharta ante portas. In: Zeitschrift für Rechtspolitik: 361-364.

Breunig, Christian (1999): Programmqualität im Fernsehen. In: Media Perspektiven: 94-110.

Däubler-Gmelin, Herta (1999): Warum brauchen die Europäer eine Charta der Grundrechte? In: Vertretung der Europäischen Kommission in der Bundesrepublik Deutschland (Hrsg.): Eine europäische Charta der Grundrechte. Beitrag zur gemeinsamen Identität. Berlin: Vertretung der Europäischen Kommission: 9-19.

Denninger, Erhard (2000a): Anmerkungen zur Diskussion um Europäische Grundrechte. In: Kritische Vierteljahresschrift für Gesetzgebung und Rechtswissenschaft: 145-152.

Denninger, Erhard (2000b): Vom Ende nationalstaatlicher Souveränität in Europa. In: Juristenzeitung: 1121-1126.

Dörr, Dieter (1997): Die Rolle des öffentlich-rechtlichen Rundfunks in Europa. Baden-Baden.

Eberle, Carl-Eugen (2000): Schutz der Medienfreiheit durch ein europäisches Kommunikationsgrundrecht? In: Schwarze, Jürgen/Hesse, Albrecht (Hrsg.): Rundfunk und Fernsehen im digitalen Zeitalter. Die Sicherung von Medienfreiheit und Medienvielfalt im deutschen und europäischen Recht. Baden-Baden: 129-138.

Engel, Christoph (1993): Privater Rundfunk vor der Europäischen Menschenrechtskonvention. Baden-Baden.

Frowein, Jochen A./Peukert, Wolfgang (1996): Europäische Menschenrechtskonvention. EMRK-Kommentar. 2. Auflage. Kehl a. Rh.

Grabenwarter, Christoph (2001): Die Charta der Grundrechte für die Europäische Union. In: Deutsches Verwaltungsblatt: 1-13.

Grimm, Dieter (1995): Braucht Europa eine Verfassung? In: Juristenzeitung: 581-591.

Habermas, Jürgen (1992): Faktizität und Geltung. Beiträge zur Diskurstheorie des Rechts und des demokratischen Rechtsstaats. Frankfurt a. M.

Häberle, Peter (2000a): Europa als werdende Verfassungsgemeinschaft. In: Deutsches Verwaltungsblatt: 840-847.

Häberle, Peter (2000b): Gibt es eine europäische Öffentlichkeit? Berlin.

Hilf, Meinhard (2000): Die Charta der Grundrechte der Europäischen Union. In: Entwurf der Charta der Grundrechte der Europäischen Union. Neue Juristische Wochenschrift. Sonderbeilage zu Nr. 49: 5-6.

Hoffmann-Riem, Wolfgang (1994): Kommunikations- und Medienfreiheit. In: Benda, Ernst u.a. (Hrsg.): Handbuch des Verfassungsrechts der Bundesrepublik Deutschland. 2. Auflage. Berlin: 191-262.

Hoffmann-Riem, Wolfgang (1996): Regulating Media. The Licensing and Supervision of Broadcasting in Six Countries. New York.

Hoffmeister, Frank (2000): Art. 10 EMRK in der Rechtsprechung des Europäischen Gerichtshofs für Menschenrechte 1994-1999. In: Europäische Grundrechte-Zeitschrift: 358-369.

Hohendahl, Peter Uwe (Hrsg.) (2000): Öffentlichkeit. Geschichte eines kritischen Begriffs. Stuttgart.

Holznagel, Bernd (1996): Rundfunkrecht in Europa. Auf dem Weg zu einem Gemeinrecht europäischer Rundfunkordnungen. Tübingen.

Holznagel, Bernd (2000): Drohpotenziale. Europa und die Finanzierung des Rundfunks. In: Frankfurter Rundschau Nr. 251 v. 28.10.2000: 24.

Huster, Stefan (2000): Individuelle Menschenwürde oder öffentliche Ordnung? Ein Diskussionsbeitrag anlässlich „Big Brother". In: Neue Juristische Wochenschrift: 3477-3479.

Jarren, Otfried (2000): Gesellschaftliche Integration durch Medien? Zur Begründung normativer Anforderungen an Medien. In: Medien & Kommunikationswissenschaft: 22- 41.

Kingreen, Thorsten (1999): Art. 6 Abs. 1 und 2 EUV. In: Calliess, Christian/Ruffert, Matthias (Hrsg.): Kommentar des Vertrages über die Europäische Union und des Vertrages zur Gründung der Europäischen Gemeinschaft. EUV/EGV. Neuwied.

Kommission zur Ermittlung der Konzentration im Medienbereich (KEK 2000): Forschreitende Medienkonzentration im Zeichen der Konvergenz, Konzentrationsbericht der KEK nach § 26 Abs. 6 RStV. (Herausgeber: Die Landesmedienanstalten. Schriftenreihe der Landesmedienanstalten, Band 17) Berlin.

Kübler, Friedrich (2000): Kommunikation und Selbstbestimmung. Zu den Bedingungen der Rekonstitution individueller Autonomie im Äußerungs- und Medienrecht. In: Simon, Dieter / Weiss, Manfred (Hrsg.): Zur Autonomie des Individuums. Liber Amicorum Spiros Simitis. Baden-Baden: 209-226.

Kühling, Jürgen (1999): Die Kommunikationsfreiheit als europäisches Gemeinschaftsgrundrecht. Berlin.

Laitenberger, Johannes (2000): Grundsätze und Leitlinien der audiovisuellen Politik der Europäischen Gemeinschaft im digitalen Zeitalter. In: Schwarze, Jürgen / Hesse, Albrecht (Hrsg.): Rundfunk und Fernsehen im digitalen Zeitalter. Die Sicherung von Medienfreiheit und Medienvielfalt im deutschen und europäischen Recht. Baden-Baden: 31-43.

Landesanstalt für Rundfunk Nordrhein-Westfalen (Hrsg.) (2000): Die Mühen der Ebene. Programmqualität als Anspruch und Aufgabe. Festschrift für Norbert Schneider zum sechzigsten Geburtstag. Opladen.

Leutheusser-Schnarrenberger, Sabine (2000): Eine europäische Charta der Grundrechte: Teil einer europäischen Verfassung? In: Vertretung der Europäischen Kommission in der Bundesrepublik Deutschland (Hrsg.): Eine europäische Charta der Grundrechte. Beitrag zur gemeinsamen Identität. Berlin: Vertretung der Europäischen Kommission: 63-72.

Lindner, Josef Franz (2000): EG-Grundrechtscharta und gemeinschaftsrechtlicher Kompetenzvorbehalt. In: Die Öffentliche Verwaltung: 543-550.

Magiera, Siegfried (2000): Die Grundrechtecharta der Europäischen Union. In: Die Öffentliche Verwaltung: 1017-1026.

Meyer, Jürgen / Engels, Markus (2000): Aufnahme von sozialen Grundrechten in die Europäische Grundrechtscharta? In: Zeitschrift für Rechtspolitik: 368-371.

Niggemeier, Stefan (2000): Kommt schon! Fernsehen als endloses Vorspiel – die Sender robben sich an den großen Moment heran, den öffentlichen Geschlechtsverkehr. In: Süddeutsche Zeitung Nr. 21 v. 26.01.2001: 22.

Nolte, Paul (2001): Unsere Klassengesellschaft. In: Die ZEIT Nr. 2 v. 04.01.2001: 7.

Oldag, Andreas (2001): Europa erschlafft. In: Süddeutsche Zeitung Nr. 19 v. 24.01.2001: 4.

Pernice, Ingolf (2000): Eine Grundrechte-Charta für die Europäische Union. In: Deutsches Verwaltungsblatt: 847-858.

Röper, Horst (1999): Formationen deutscher Medienmultis 1998/99. In: Media Perspektiven: 345-378.

Schatz, Heribert / Schulz, Winfried (1992): Qualität von Fernsehprogrammen. Kriterien und Methoden zur Beurteilung von Programmqualität im dualen Fernsehsystem. In: Media Perspektiven: 690-712.

Schwarze, Jürgen (2000): Medienfreiheit und Medienvielfalt im Europäischen Gemeinschaftsrecht. In: Schwarze, Jürgen / Hesse, Albrecht (Hrsg.): Rundfunk und Fernsehen im digitalen Zeitalter. Die Sicherung von Medienfreiheit und Medienvielfalt im deutschen und europäischen Recht. Baden-Baden: 87-127.

Skouris, Wassilios (2000): Die Kommunikationsfreiheit in einer zukünftigen Europäischen Grundrechtscharta und in der jüngeren Rechtsprechung des EuGH. Ebd.: 159-167.

Stock, Martin (1985): Medienfreiheit als Funktionsgrundrecht. Die journalistische Freiheit des Rundfunks als Voraussetzung allgemeiner Kommunikationsfreiheit. München.

Stock, Martin (1989): Europäisches Medienrecht im Werden – Probleme und Chancen. In: Rundfunk und Fernsehen: 180-202.

Stock, Martin (1999): Zwischenbilanz der Rechtsprechung zur Rundfunkregulierung. Anspruch, Wirklichkeit, Perspektiven. In: Zeitschrift für Gesetzgebung. Sonderheft: Mediengesetzgebung – Zukunftsgestaltung oder Wettbewerbshindernis?: 5-17.

Stock, Martin (2000a): Medienfreiheit in der EU-Grundrechtscharta: Art. 10 EMRK ergänzen und modernisieren! Frankfurt a. M.

Stock, Martin (2000b): Eine Grundrechtscharta für die Europäische Union: Wie sollte die Medienfreiheit darin ausgestaltet werden? In: Zeitschrift für Urheber- und Medienrecht: 533-537.

Stock, Martin (2001): EU-Medienfreiheit – Kommunikationsgrundrecht oder Unternehmerfreiheit? In: Kommunikation & Recht (demnächst).

Stumpf, Cordula (2000): Art. 6 EUV. In: Schwarze, Jürgen (Hrsg.): EU-Kommentar. Baden-Baden.

Tsatsos, Dimitris Th. (2000): Die Europäische Unionsgrundordnung im Schatten der Effektivitätsdiskussion. Prolegomena zur Regierungskonferenz 2000 und die Verfassungsfrage. In: Europäische Grundrechte-Zeitschrift: 517-524.

Villiger, Mark E. (1999): Handbuch der Europäischen Menschenrechtskonvention (EMRK). 2. Auflage Zürich.

Weber, Albrecht (2000): Die Europäische Grundrechtscharta – auf dem Weg zu einer europäischen Verfassung. In: Neue Juristische Wochenschrift: 537-544.

De Weck, Roger (2000): Von unten statt von oben. Nach Nizza hat nun der EU-Bürger das Wort. In: Die ZEIT Nr. 51 v. 14.12.2000: 1.

Weiss, Hans-Jürgen / Trebbe, Joachim (2000): Fernsehen in Deutschland 1998-1999. Programmstrukturen, Programminhalte, Programmentwicklungen. Berlin.

Weßler, Hartmut (1999): Öffentlichkeit als Prozeß. Deutungsstrukturen und Deutungswandel in der deutschen Drogenberichterstattung. Opladen.

Zuleeg, Manfred (2000): Zum Verhältnis nationaler und europäischer Grundrechte. Funktionen einer EU-Charta der Grundrechte. In: Europäische Grundrechte-Zeitschrift: 511-517.

Teil III

Medien und öffentliche Verwaltung im Wandel

Zur medienpolitischen Instrumentalisierung der Konvergenzthese von Heribert Schatz

Udo Michael Krüger

Die Konvergenzthese von Heribert Schatz über Angleichungstendenzen des öffentlich-rechtlichen und privaten Rundfunks unter dem ökonomischen Konkurrenzdruck im dualen System hat in Deutschland die Medienpolitik und die Fernsehforschung der 90er Jahre nachhaltig beeinflusst. Dies liegt vor allem daran, dass sich durch die Deregulierung des Rundfunksystems die bestehenden Markt- und Machtverhältnisse im Rundfunksektor in keinem anderen Land so dramatisch verändert haben wie in Deutschland. Auch wenn gegenwärtig die Diskussion über die technologische Konvergenz von Fernsehen, Computer und Internet in den Vordergrund rückt, dürfte die kommunikationswissenschaftliche und medienpolitische Konvergenzdiskussion weiterhin aktuell bleiben, weil sie in ihrem prozessualen, an Randbedingungen geknüpften Geltungsbereich zukunftsoffen ist. Dies macht sie im Sinne einer self-fulfilling wie auch self-defeating prophecy mehrseitig instrumentalisierbar, aber eben auch angreifbar.

Um den medienpolitischen Argumentationswert der Konvergenzthese deutlich zu machen, soll im Folgenden ein Blick auf die Karriere dieser These geworfen werden. Dabei geht es vor allem um die Fragen: 1. Wie entstand die Konvergenzthese? 2. Welche Annahmen, welchen Gehalt und welche Reichweite hat sie? 3. Worin besteht die medienpolitische Instrumentalisierung? 4. Welche Bedeutung hat die Konvergenzthese für den öffentlich-rechtlichen Rundfunk? 5. Mit welchen empirischen Befunden sieht sich die These bisher konfrontiert?

1. Entstehung und Gehalt der Konvergenzthese

Heribert Schatz, Nikolaus Immer und Frank Marcinkowski formulierten die Konvergenzthese erstmals 1989 im Fazit zu einer Programm- und Inhaltsanalyse im Rahmen des Kabelpilotprojekts Dortmund, deren primärer Gegenstand die medienpolitisch erwünschte Vielfaltserweiterung im dualen Rundfunksystem war. Der

Strukturwandel gab ihnen damals Anlass zu folgendem Ausblick: „Die Konkurrenzsituation könnte auf diesem Hintergrund zu einer konvergenten Entwicklung führen, die gleichbedeutend mit einer Funktionsverschiebung des Fernsehens von den öffentlichen zu den ökonomischen Funktionen wäre" (Schatz / Immer / Marcinkowski 1989a: 5). Die Konvergenzthese entstand somit nicht aus der empirischen Überprüfung einer Rundfunktheorie, sondern sie zielte in noch vager Formulierung auf eine neue rundfunktheoretische Betrachtungsweise ab, die den bislang in Deutschland ungewohnten Rahmenbedingungen des Rundfunks im ökonomischen Wettbewerb deutlicher entsprechen sollte, aber noch keinen gesicherten Standort zwischen normativer Rundfunktheorie, Systemtheorie und Wettbewerbstheorie hatte. Den Anstoß gab eine interpretative Einschätzung der möglichen Entwicklung der Fernsehangebote am Ende der 80er Jahre, also in einer Phase, in der die Privatanbieter nach dem ersten Rundfunkstaatsvertrag von 1987 (Media Perspektiven Dokumentation 1987) erstmalig Planungssicherheit erlangt hatten und nun einen weiteren Schritt zur Marktetablierung ansteuerten.

Für die Wahrscheinlichkeit einer konvergenten Entwicklung der unterschiedlichen Programmtypen im dualen System sprachen damals mindestens drei naheliegende Gründe. Zum Ersten war absehbar, dass sich die Privatsender angesichts der breiten Nachfrage nach aktueller Information am hohen Qualitätsstandard der öffentlich-rechtlichen Nachrichtenangebote orientieren müssten, wenn sie Prestige und Zuschauer gewinnen wollten, zumal die abendlichen Hauptnachrichten eine wichtige Rolle für den Einstieg in das nutzungsstarke Abendprogramm spielen und damit Konsequenzen für die Höhe der Werbeeinnahmen haben. Zum Zweiten war absehbar, dass der Marktzutritt privater Anbieter bei einem kaum vermehrbaren Zuschauerpotential Zuschauerverluste bei den öffentlich-rechtlichen Sendern nach sich ziehen würde und dies Gegenmaßnahmen erfordern würde, um konkurrenzfähig zu bleiben und einer zunehmenden Politisierung der Rundfunkgebühren entgegenzuwirken. Eine Erhöhung der Publikumsattraktivität schien dabei am ehesten durch Ausweitung des Unterhaltungsanteils und verstärkten Einsatz von Unterhaltungselementen in Informationssendungen erreichbar zu sein. Zum Dritten sprach für eine konvergente Entwicklung der Programmangebote auch die Tatsache, dass öffentlich-rechtliche und private Anbieter von massenattraktiven Programmen im Bereich der Unterhaltung und des Sports weitgehend auf den gleichen Programmmärkten um ähnliche Produkte konkurrieren müssen.

Was die Duisburger Forscher im Bereich der wissenschaftlichen Begleitforschung als zunächst ungesicherte Hypothese formuliert hatten, wurde kurz darauf von einer den Privatfunk fördernden Medienpolitik als Prognose vereinnahmt. Den entscheidenden Anstoß zur medienpolitischen Instrumentalisierung der Konvergenzthese gab der damalige Chef der Staatskanzlei des Landes Nordrhein-Westfalen, Wolfgang Clement, indem er auf den Stendener Medientagen am 3. Juni 1989 erklärte: „Für weite Teile der Programme privater und öffentlich-rechtlicher Rundfunkveranstalter prognostiziere ich für die 90er Jahre eine konvergierende Entwicklung: Sie werden immer ähnlicher werden." (Clement 1989: 8)

Die medienpolitische Resonanz und die sich abzeichnende Eigendynamik der Konvergenzvermutung veranlasste die Autoren kurz darauf, ihre Aussage nochmals zu präzisieren: „Die Bedeutung des Begriffs Konvergenz wurde in den Diskussionen verschiedentlich falsch eingeschätzt. Wir meinen damit keine einseitige Anpassung, sondern einen Prozess des ‚Sich-Aufeinander-Zu-Bewegens'. Und das Ergebnis ist kein Einheitsbrei, sondern eine – durchaus unter Beibehaltung eigener Profile in bestimmten Programmbereichen und -genres – zunehmende Ähnlichkeit der Programme" (Schatz / Immer / Marcinkowski 1989b: 7). Zugleich relativierten sie den prognostischen Gehalt der These, indem sie zu bedenken gaben, dass „der Konvergenzprozess keineswegs zwangsläufig und irreversibel" sei (S. 7). Damit war aber die Vieldeutigkeit des Konvergenzbegriffs keineswegs eingeschränkt, sondern mit dem ambivalenten Charakter der These als self-fulfilling und self-defeating prophecy wurde den Medienpolitikern ein Teil der Verantwortung für die Entwicklung zugewiesen.

Als einer der ersten Kritiker der Konvergenzthese wies der Bielefelder Rundfunkrechtler Martin Stock auf den Stendener Medientagen am 1./2. November 1990 darauf hin, dass Konvergenz nur „von unten nach oben", aber aus verfassungsrechtlichen Gründen für den öffentlich-rechtlichen Rundfunk nicht „von oben nach unten" in Frage käme (Stock 1990: 750). Im ersten Fall würde es bei der Erfüllung des öffentlich-rechtlichen Programmauftrags bleiben, im zweiten Fall würde der öffentlich-rechtliche Rundfunk seinen Programmauftrag missachten und somit seine Gebührenlegitimation gefährden.

Die zu erwartende Umverteilung der Zuschauer, die sich seit 1985 vollzog, sinkende Anteile bei ARD und ZDF und entsprechend steigende Anteile bei RTL und SAT.1 (Konvergenz der Zuschauermarktanteile) sowie der prognostische Gehalt der Konvergenzthese im Hinblick auf die Qualität der Programmangebote, brachte den öffentlich-rechtlichen Rundfunk in ein neues Legitimationsproblem. War er vor der Dualisierung vor allem Vorwürfen politischer Unausgewogenheit und angeblicher Linkslastigkeit in der politischen Meinungsbildung ausgesetzt, so geriet er nun aus einem ganz anderen Grund in die Kritik und Defensive. Aus der Sicht privatfunkfreundlicher Medienpolitiker, die von den erwartbaren Standorteffekten der neuen Privatsender politisch wie wirtschaftlich profitieren würden, aber vor allem aus der Perspektive der Interessenvertreter des privaten Rundfunks wurde der öffentlich-rechtliche Rundfunk mit seiner Mischfinanzierung aus Gebühren und Werbeeinnahmen als ein Hindernis bei der Marktetablierung der Privatanbieter wahrgenommen. Denn mit seinen massenattraktiven Programmangeboten, die ebenso zur Erfüllung des Programmauftrags dazugehörten wie die weniger populären Informations- und Bildungsangebote, band er einen Teil des Zuschauerpotentials und mit der (begrenzten) Ausstrahlung von Werbung einen Teil des Werbepotentials. Mit Hilfe der Konvergenzthese konnte nun in der Öffentlichkeit die Vorstellung entwickelt und verbreitet werden, der öffentlich-rechtliche Rundfunk reagiere mit Qualitäts- und Funktionsverlusten auf eine Existenzkrise, die von dem erstarkenden privaten Rundfunk kompensiert werden könnte. Verknüpft mit der Behauptung, der Zuschauer könnte bei einem Verzicht auf den öffentlich-rechtlichen Rundfunk auch alles Erwünschte von privaten Anbietern bekommen und dabei noch die Rundfunkgebühren sparen (häufig dargestellt als „Zwangsabgabe"), wurde eine gesellschaftliche Debatte eröffnet, in der die akademische Rundfunkforschung unversehens in die Rolle des Legitimationsbeschaffers ohne Beweis geraten war.

Die Konvergenzthese hatte gewissermaßen den Kerngedanken eines strategischen Dilemmas zum Ausdruck gebracht, dem sich der öffentlich-rechtliche Rundfunk nun unter wachsendem Druck seiner Konkurrenten und medienpolitischen Gegner ausgesetzt sah: Würde er sich in der Konkurrenz mit den Privatsendern bei sinkenden Zuschaueranteilen und Werbeeinnahmen auf seine politischen und kulturellen Angebote beschränken, würde es zu weiteren Zuschauerverlusten mit der Folge einer gesellschaftlichen Marginalisierung kommen können (vgl. Kleinsteuber / Wiesner / Wilke 1991; Krüger 1991; 1992). Würde er dagegen dem Konkurrenzdruck mit einer Ausweitung massenattraktiver Unterhaltungsangebote zu Lasten von Informations- und Kulturangeboten begegnen, würde er seinen Programmauftrag nicht mehr in der geforderten Weise erfüllen. Beide Optionen liefen in der Konsequenz für den öffentlich-rechtlichen Rundfunk gleichermaßen auf eine Bedrohung der Gebührenlegitimation und seine Existenzberechtigung hinaus.

2. Der Konvergenzbegriff und seine medienpolitische Valenz

Zu diesem Zeitpunkt war absehbar, dass sich die kommunikationswissenschaftlich interessante und medienpolitisch brisante Konvergenzthese nur dann diskutieren und nach Regeln beforschen ließ, wenn sie in einem klaren definitorischen und operationalisierbaren Bezugsrahmen verankert war. Eine empirische Überprüfung der Konvergenzthese erforderte erstens Definitionen darüber, was genau unter Konvergenz zu verstehen sei und auf welchen Untersuchungsgegenstand bzw. worauf sie sich konkret beziehen sollte. Zweitens waren mindestens zwei zeitlich weit genug auseinander liegende Untersuchungsperioden erforderlich, um überhaupt Veränderungen empirisch feststellen zu können.

Der erste Ansatz, die Konvergenzthese im Rahmen der ARD/ZDF-Programmanalyse 1989 mit den damals verfügbaren Programmstrukturdaten zu konfrontieren, bot schon deshalb nur begrenzte Möglichkeiten, weil der zeitliche Abstand zwischen den Vergleichsperioden noch zu kurz war und es an klaren begrifflichen Definitionen mangelte, die sich empirisch umsetzen ließen (Krüger 1989). So lag es nahe, zunächst eine genauere Definition von Konvergenz zu formulieren, um die Beliebigkeit im Umgang mit dem Begriff Konvergenz einzuschränken und zwischen Anpassung, Konvergenz und Divergenz unterscheiden zu können. Bei systematischer Vorgehensweise ließ sich formale Konvergenz als Prozess einer Distanzverringerung und Divergenz als Prozess einer Distanzvergrößerung zwischen zwei Beobachtungsobjekten innerhalb eines bestimmten Zeitraumes beschreiben. Veränderungen der Distanz können auf folgende Weise zustande kommen: 1. Nur das Beobachtungsobjekt A verändert seine Ausgangsposition. 2. Nur das Beobachtungsobjekt B verändert seine Ausgangsposition. 3. Beide Beobachtungsobjekte verändern ihre Ausgangsposition. Verringert sich durch die Veränderung der Ausgangsposition die Distanz zwischen den Beobachtungsobjekten absolut, handelt es sich um Konvergenz; vergrößert sich dagegen die Distanz absolut, handelt es sich um Divergenz. Auf die Rundfunktypen im dualen System bezogen, ließen sich folgende Varianten der Distanzveränderung unterscheiden: 1. Einseitige Anpassung des öffentlich-rechtlichen Rundfunktyps, 2. einseitige Anpassung des privat-kommerziellen Rundfunks, 3. beiderseitige Annäherung, 4. einseitige Entfernung der öffentlich-rechtlichen Programme, 5. einseitige Entfernung der privat-kommerziellen Programme, 6. beiderseitige Entfernung (Krüger 1991: 90/91).

Von diesen sechs Varianten sollte diesem Verständnis zu Folge nur die Variante 3 einer „echten" Konvergenz im Sinne des „Sich-Aufeinander-Zu-Bewegens" entsprechen. Klaus Merten (1994; 1996) hat dagegen später im Rahmen seiner Konvergenzstudie für den VPRT den Begriff „gerichtete Konvergenz" eingeführt und damit auch Anpassungsprozesse in Zeitfolgen einbezogen.

In der medienpolitischen Diskussion wurde der Begriff Konvergenz allerdings zunehmend pauschaliert und für alle erdenklichen Formen von Imitationen und Anpassungen im Fernsehangebot verwendet, ohne den Randbedingungen und Bedeutungsunterschieden Rechnung zu tragen. Nähert man sich dem Begriff Konvergenz ohne Beachtung der Definitionen auf der sprachlich-semantischen Ebene, läßt sich leicht nachvollziehen, welches Potential dieser Begriff für Medienpolitiker enthielt, denen an einer Förderung des privaten Rundfunks gelegen war. Wenn dem öffentlich-rechtlichen Rundfunk in der Anfangsphase der Systemkonkurrenz ein höheres und dem privaten Rundfunk ein niedrigeres Leistungsniveau zugesprochen wird, bedeutet eine gegenseitige Annäherung der beiden konkurrierenden Rundfunktypen für den öffentlich-rechtlichen Rundfunk stets ein Qualitäts- und Funktionsverlust und umgekehrt für den privaten Rundfunk ein Qualitäts- und Funktionsgewinn. Je breiter man den Begriff Konvergenz in diesem Verständnis publizistisch vermittelte, desto größer mußte sein Nutzen für den privaten Rundfunk bei der Durchsetzung medienpolitischer Interessen werden. So avancierte Konvergenz zu einem taktisch wirkungsvollen Schlüsselbegriff in der Medienpolitik der 90er Jahre. Mit der Konvergenzthese und dem Schlagwort „Selbstkommerzialisierung" wurde bereits medienpolitisch argumentiert, bevor überhaupt ein empirischer Beleg für ihre Gültigkeit vorlag (Neumann 1992; epd/Kirche und Rundfunk 1993).

Begünstigt wurde diese Argumentation vor allem auch durch Alltagserfahrungen, die jeder nachvollziehen und als Bestätigung für Konvergenz ansehen konnte, wenn er zuerst *Meiser* (RTL) und dann *Fliege* (ARD), zuerst *Explosiv* (RTL) und dann *Brisant* (ARD), zuerst *Gute Zeiten Schlechte Zeiten* (RTL) und dann *Verbotene Liebe* (ARD) und andere Beispiele sich gleichender Sendungen beobachtete (vgl. Marcinkowski / Bruns 1996: 264). Dass dieses Konvergenzverständnis Mitte der 90er Jahre auch von hochrangigen Programmplanern beider Rundfunkveranstalter geteilt wurde, geht aus Expertengesprächen über die Einschätzung der Programmentwicklung im deutschen Fernsehen und die Strategien öffentlich-rechtlicher und privater Anbieter hervor (Nieland 1996: 154). Das Überdenkenswerte daran liegt weniger in der faktisch zutreffenden – gerichteten oder wechselseitigen – Imitation oder Adaption einzelner Fernsehformate, sondern vielmehr darin, welche Bedeutungsunterschiede nivelliert werden und welche medienpolitischen Folgeargumente sich daran knüpfen lassen.

Die medienpolitische Instrumentalisierung des Begriffs Konvergenz funktionierte durch semantische Umdeutung, indem Konvergenz als Synonym für öffentlich-rechtliche Defizite in Umlauf kam. Auf der publizistischen Ebene zielte die Strategie darauf ab, dem öffentlich-rechtlichen Rundfunk Qualitäts- und Funktionsverluste anzulasten und ihm seine spezifische Kompetenz streitig zu machen. Auf der medienrechtlichen Ebene zielte sie darauf ab, den öffentlich-rechtlichen Rundfunk auf einen möglichst engen Begriff der Grundversorgung zu fixieren, um Abweichungen von einem idealtypischen Leistungs- und Anspruchsniveau sanktionieren zu können. Im Kern ging es schon anfangs der 90er Jahre vor allem darum, das Prinzip der Mischfinanzierung des öffentlich-rechtlichen Rundfunks aufzuweichen und durch eine Neuformulierung des gesellschaftlichen Funktionsauftrags zu einer marktabhängigen Umverteilung des Zuschauer- und Werbepotentials zu gelangen. Das Vorbild hierzu lieferte das britische Trennungsmodell, nach welchem dem öffentlich-rechtlichen Rundfunk für meritorische Funktionen die Gebühren, und dem privaten Rundfunk für akzeptanzorientierte Funktionen, im wesentlichen Unterhaltung, das gesamte Werbepotential zukommen sollte. Denn jede Erweiterung und Ausdifferenzierung des öffentlich-rechtlichen Rundfunks würde die Gewinnchancen des Privatfunks verringern sowie umgekehrt jede Einschränkung des öffentlich-rechtlichen Rundfunks die Gewinnchancen des Privatfunks vergrößerte. Das Ziel, den öffentlich-rechtlichen Rundfunk auf einen engen Funktionsauftrag zu begrenzen, ist trotz „Bestands- und Entwicklungsgarantie“ und der verfassungsrechtlich gewährleisteten Rundfunkfreiheit bis zum Jahr 2000 aktuell geblieben und mit ihm auch der argumentative Gebrauch des Konvergenzbegriffs (Bertelsmann Stiftung 1997; Glotz / Groebel / Mestmäcker 1998; VPRT 1997).

3. Von der These zum Modell der Programmkonvergenz

Das Duisburger Forscherteam um Heribert Schatz hat die Konvergenzthese in den 90er Jahren theoretisch und empirisch weiter ausgearbeitet und damit unabhängig von der medienpolitischen Verselbständigung des Konvergenzbegriffs die wissenschaftliche Diskussion neu belebt (Marcinkowski 1991; Schatz 1992). Aus der anfänglichen Vermutung eines Zusammenhangs zwischen Konkurrenz und Konvergenz ist eine theoretisch fundierte Hypothese geworden. Von Interesse ist zum einen der Begründungszusammenhang und zum anderen die Frage, wie weit die Konvergenzthese überhaupt die Legitimation des öffentlich-rechtlichen Rundfunks berühren kann. Mit einer Beantwortung dieser Fragen müsste sich auch klären lassen, welche Relevanz die medienpolitische Instrumentalisierung hat.

Den Kerngedanken für ein wettbewerbstheoretisches Konvergenzmodell leitete Schatz (1994) aus ökonomischen Ansätzen der Politikwissenschaft von Downs (1968) ab. Diese Ansätze gehen auf Ideen von Adam Smith über das Zustandekommen von Gemeinwohl durch egoistisch motiviertes Handeln der Akteure zurück. Schatz übertrug das wirtschaftliche Gewinnstreben auf das Streben konkurrierender Programmanbieter nach größtmöglichen Einschaltquoten und traf folgende Annahmen: 1. Zwei Konkurrenten (öffentlich-rechtlich und privat organisiert) handeln zweck-rational. Betrachtet wird die Zeitphase der Hauptsendezeit, in der auch der öffentlich-rechtliche Programmanbieter maximale Zuschauerquoten für den Verkauf von Werbezeiten zu erzielen versucht und daher ebenso wie der private Programmanbieter ein massenattraktives Programmumfeld schaffen wird. 2. Die Zuschauerpräferenzen sind im Untersuchungszeitraum stabil, messbar und den Konkurrenten bekannt. Sie lassen sich auf einer eindimensionalen Skala der Programmqualität zwischen den Polen eines anspruchsvoll-kritischen Informations- und Bildungsprogramms und eines Programms aus Horror, Sex und Gewalt annähernd als Normalverteilung abbilden. 3. Die Programmqualität ist die einzige strategische Variable, die die Programmanbieter in ihrer Konkurrenzstrategie verändern können. Die normalverteilte Nutzungskurve der Zuschauerpräferenzen hat ihren Median nach Schatz dort, wo sich die gegensätzlichen Programminhalte am stärksten mischen bzw. ausgewogen sind. Unterstellt man, dass die öffentlich-rechtlichen Programme eher im linken Bereich der Skala, nämlich dem der anspruchsvoll-kritischen Informations- und Bildungssendungen und die privaten Programme eher im rechten Bereich der Skala, nämlich dem der boulevard- und unterhaltungsorientierten Sendungen angesiedelt sind, ergibt sich für beide Programmtypen ein Konvergenzdruck.

> „Das öffentlich-rechtliche Fernsehen müßte sich also in der Abbildung nach rechts bewegen, d. h. sein Programm in der Hauptsendezeit insgesamt unterhaltsamer gestalten, wenn es Zuschauer halten will, die stärker unterhaltungsorientiert sind und deshalb zur Konkurrenz abzuwandern drohen. Umgekehrt müßten die kommerziellen Anbieter ihr partiell schrilles und extremes Unterhaltungsprogramm in Richtung auf ein stärker informationshaltiges ‚Familienprogramm' verändern, wenn sie in der ‚Mitte' weitere Zuschauer gewinnen wollen. Dieser aus der Konkurrenz um die Zuschauergunst resultierende Konvergenzdruck würde erst dann aufhören, also in ein stabiles Gleichgewicht einmünden, wenn beide Programmanbieter sich im Median der Zuschauerpräferenz befinden. (...) Damit kommen wir zu einer neuen, präziseren Definition von Programmkonvergenz: Konvergenz ist demnach ein Prozeß der Programmangleichung zwischen konkurrierenden Anbietern in Richtung auf ein optimal an den Zuschauerpräferenzen ausgerichtetes Programmprofil, wobei der Konvergenzdruck auf einen Anbieter um so höher ist, je weiter sein Programmprofil vom Median der Zuschauerpräferenz entfernt ist." (Schatz 1994: 70)

Durch Programmangleichung stellen die Konkurrenten ein Gleichgewicht ihrer Chancen her, bei dem die Zuschauerentscheidung zugunsten eines der beiden Programme auf reinem Zufall beruht.

3.1 Die Annahmen des Modells

Im Konvergenzmodell von Schatz gelten Versuche, dem Konvergenzdruck standzuhalten oder auszuweichen, als nicht-rational. Die Zweckrationalität hinsichtlich des Konkurrenzverhaltens der Akteure erhält damit monokausalen Rang. Der öffentlich-rechtliche Rundfunk ist aber, wie Schatz selbst einräumt, in einer Weise dem Gemeinwohl verpflichtet, die während der zuschauerstärksten Phase des Tages in der Hauptsendezeit nach 20 Uhr kein unbeschränkt zweck-rationales Handeln zulässt. Folglich könnte dieses Modell zur Erklärung des Konkurrenzverhaltens zwischen öffentlich-rechtlichen und privaten Hauptprogrammen auch nur für das Werberahmenprogramm am Vorabend anwendbar sein.

Mit dem Hinweis auf die „Begrenzungen der Handlungsfreiheit eines Akteurs durch Qualitätsvorschriften für sein Programm" hat Schatz (1994: 71) die Konvergenzthese bereits selbst eingeschränkt. Was die Konvergenzthese im Kern aussagen möchte, dass „der einzige Weg zum Ziel hoher Einschaltquoten über die Angleichung des öffentlich-rechtlichen Programmprofils in Richtung auf ein massenattraktives Mittelmaß" führe (ebd.: 71), dürfte daher unter den gegebenen normativen nicht-zweckrationalen Handlungsbedingungen auch nicht realisierbar sein. Gerade für das Angebotsverhalten der öffentlich-rechtlichen Sender in den Tageszeitphasen, auf die sich die medienpolitisch vereinnahmte These meist bezieht, kommt das Modell nicht ohne erweiterte Randbedingungen aus.

Mit der Positionierung der konkurrierenden Programme auf einer qualitativen Dimension, die auf der einen Seite des Kontinuums das öffentlich-rechtliche Programm als informationslastig bis anspruchsvoll-kritisch und auf der anderen Seite das kommerzielle Programm als unterhaltungslastig bis tabuverletzend einstuft, bietet das Modell von Schatz einen interessanten Bezugsrahmen zur weiteren Betrachtung der funktionalen Differenzierung verschiedener Programmtypen. Dabei werden die komplementären Funktionen im Spektrum der öffentlich-rechtlichen Programmtypen allerdings nicht näher berücksichtigt, Schatz beschränkt sich bei seinen Modellannahmen auf die Hauptprogramme zur Hauptsendezeit. Sie werden als informationslastig charakterisiert und müssten im Modell durch den Konvergenzdruck zur Unterhaltung tendieren. Damit wird das Profil öffentlich-rechtlicher Hauptprogramme in der Ausgangsposition allerdings zu idealtypisch gesehen. Ein Rückblick in die Fernsehgeschichte zeigt, dass das ZDF einmal als der öffentlich-rechtliche Unterhaltungssender galt und dass die ARD schon zahlreiche Unterhaltungsformate zu hoher Popularität geführt hat, bevor es privaten Rundfunk gab. Die Ausgangsposition der öffentlich-rechtlichen Hauptprogramme auf dem Kontinuum des Konvergenzmodells von Schatz kommt bereits der Funktionsbeschränkung nahe, auf die sie nach den Wünschen der Privatanbieter erst reduziert werden soll.

Geht man davon aus, dass öffentlich-rechtliche und private Rundfunkanbieter volle und gleichwertige Entscheidungsfreiheit haben, die Struktur ihrer Programme in Abhängigkeit von der Konkurrenzsituation zu verändern, um bei gleicher Zielsetzung, Zuschaueroptimierung herzustellen, überlagert der Faktor Konkurrenz sämtliche anderen potentiellen Einflussfaktoren. Die Programmstruktur des Konkurrenten A würde danach die Programmstruktur des Konkurrenten B determinieren, weil Konkurrent A mit seinem Programm bzw. mit einem bestimmten Genre eine wesentlich höhere Einschaltquote erzielt als Konkurrent B, und weil die höhere Einschaltquote allein auf die Beschaffenheit des Produkts – die Zusammensetzung der Genres eines Programms bzw. die Inhalte und Präsentationsform eines Genres – zurückzuführen sei. Mit anderen Worten, die Struktur des Programms sowie die Inhalte und Präsentationsformen der Genres von Konkurrent B werden bei Konvergenz zu abhängigen Größen der Zuschauerquoten von Konkurrent A. Diese Betrachtungsweise schließt autonome, gegen den Trend gerichtete Programmentscheidungen des Fernsehens weitgehend aus.

Das kausal-deterministische Konvergenzmodell betrachtet die nationalen Konkurrenzanbieter in einem geschlossenen System. Die meisten Programminnovationen deutscher Fernsehsender waren aber schon vor dem Hinzutreten privater Sender und sind auch seitdem weiterhin US-Importe oder Adaptionen amerikanischer Erfolgsformate. Wenn das Frühstücksfernsehen oder eine Gameshow in Deutschland zuerst bei einem Privatsender und dann erst bei einem öffentlich-rechtlichen Sender zu sehen war, kann man fragen, ob dies ein Beleg für Konvergenz der Programme in Deutschland ist oder ob es sich hierbei nur um einen Time lag bei der Übernahme international erfolgreicher Formate handelt. Wie hätten sich die öffentlich-rechtlichen Fernsehprogramme, -genres und -formate entwickelt, wenn es in Deutschland nicht zur Zulassung konkurrierender Privatsender gekommen wäre? Es ist kaum anzunehmen, dass die öffentlich-rechtlichen Programme heute noch auf dem Stand von 1985 wären. Dieses Gedankenexperiment eines Wandels durch Diffusion von Programminnovationen ließe sich praktisch leicht umsetzen, wenn man die Fernsehformate von 1960, 1980 und 2000 vergleichen würde.

In der Logik des Konvergenzmodells von Schatz müssten öffentlich-rechtliche und private Konkurrenten ihre Programmstruktur allein in Abhängigkeit von der erwarteten Zuschauerquote einander angleichen. Der öffentlich-rechtliche Rundfunk müsste also bei Begünstigung massenattraktiver Sendungen zu Lasten von Minderheitsinteressen seine gesellschaftlich gesetzten Programmnormen missachten. Anders formuliert könnte man sagen: Erst dann, wenn der öffentlich-rechtliche Rundfunk seine Programmnorm missachtet, handelt es sich um normativ relevante Konvergenz, dagegen wären nicht-normverletzende Programmveränderungen im Hinblick auf Konvergenz ohne Relevanz. Schließt man den Einfluss von Programmnormen aus, wird der Konvergenzthese der medienpolitisch relevante Gehalt, der ihre Brisanz erst ermöglicht, entzogen. Schatz führt selbst eine Reihe einschränkender Bedingungen für den Geltungsbereich seines Modells an, insofern liegt es nahe, das Modell aufzugreifen und es an der Stelle zu erweitern, an der seine Erklärungs- und Prognosekraft an Grenzen stößt.

3.2. Der Faktor „Programmnorm"

Bezieht man in das Modell von Schatz neben dem Faktor „Konkurrenz" auch den Faktor „Programmnorm" von vornherein mit ein, ergibt sich für den öffentlich-rechtlichen Rundfunk erst eine realistische Ausgangssituation, die den verfassungsrechtlichen Rahmenbedingungen, wie sie das Bundesverfassungsgericht 1986 im vierten Rundfunkurteil (Niedersachsenurteil) formulierte, hinreichend Rechnung trägt. In dieser Ausgangssituation werden dem öffentlich-rechtlichen Rundfunk durch die Verpflichtung, die „unerlässliche Grundversorgung" zu gewährleisten (BVerfGE 1986), Handlungsschranken gesetzt. Bleibt man im Bild von Martin Stock, wird dem öffentlich-rechtlichen Rundfunk die „obere" Position verordnet und dem privaten Rundfunk die „untere" Position zugebilligt. Ohne hierbei auf die Problematik von Programmnormen näher eingehen zu müssen (vgl. Weiß 1992; 1994; 1996), lässt bereits deren Existenz erwarten, dass sie einen wesentlichen Einfluss auf das Konkurrenzverhalten der Programmanbieter haben. Während dem öffentlich-rechtlichen Rundfunk durch den Faktor „Programmnorm" ein bestimmtes Leistungssoll abverlangt wird, verfügt der private Rundfunk über einen größeren Freiheitsspielraum, so dass sich bei ihm der Einfluss des Faktors „Konkurrenz" voll auswirken kann. Der öffentlich-rechtliche Anbieter kann seine Leistungen nicht verringern, der private Anbieter könnte sich dagegen programmstrukturell und inhaltlich dem öffentlich-rechtlichen Rundfunk annähern, wenn sich dies als gewinnversprechende Konkurrenzstrategie erweist. In diesem Fall würde er auch möglicherweise äquivalente Funktionen übernehmen. Zwar ist von seiten der privaten Fernsehanbieter wiederholt argumentiert worden, ebenso wie der öffentlich-rechtliche Rundfunk Grundversorgungsfunktionen zu erfüllen (Glotz / Groebel / Mestmäcker 1998), doch weder die Argumentationsweise noch die empirischen Befunde über private Informationsleistungen, an denen sich die meritorischen Funktionen hauptsächlich erweisen müssten, können dies bislang hinreichend stützen (Krüger 1996a; 1996b; 2000).

Vergleicht man das Konvergenzmodell, wie es Schatz entworfen hat, in den Prämissen und den daraus abgeleiteten Prognosen für konvergentes Konkurrenzverhalten zwischen einem öffentlich-rechtlichen und einem privaten Programmanbieter mit der modifizierten Variante, ergeben sich folgende Zusammenhänge:

Abb. 1 Modifikation der Konvergenzthese

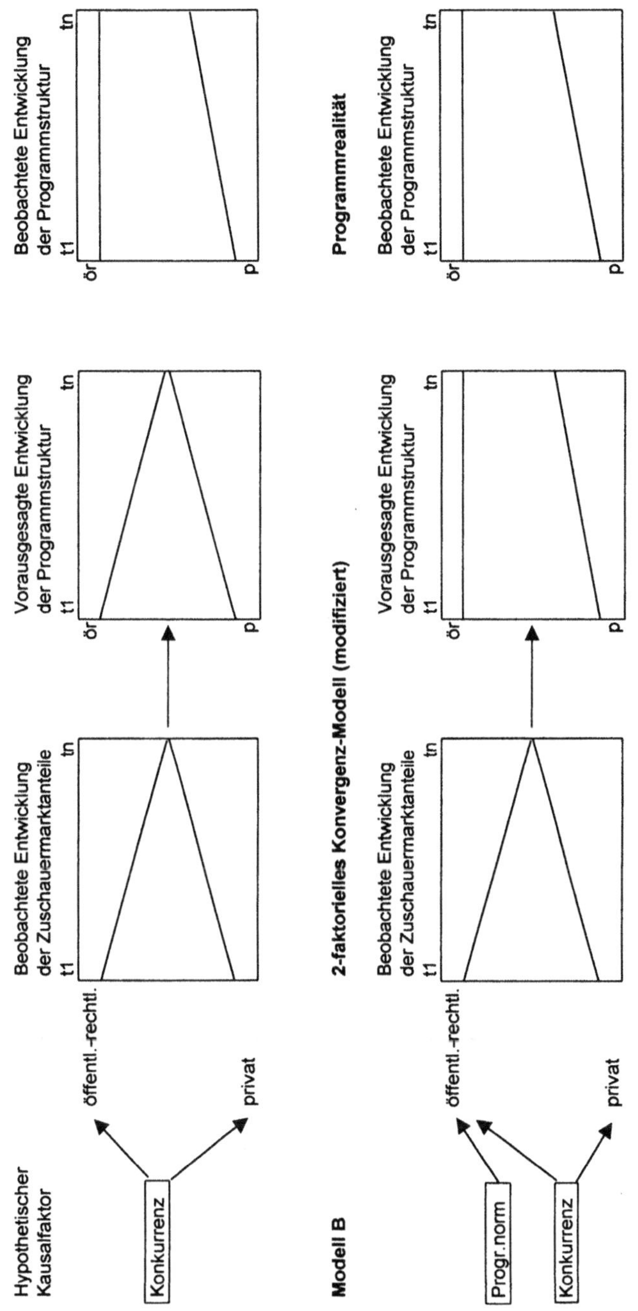

Modell A (Abb. 1) illustriert die monokausale Version der Konvergenzthese von Schatz. Verglichen wird in drei Figuren die Entwicklung zwischen den beiden Zeitpunkten t1 und t2. Die erste Figur entspricht der Zuschauerkonvergenz und verdeutlicht, wie sich die Zuschauermarktanteile, die zum Zeitpunkt t1 noch weit auseinander lagen, bis zum Zeitpunkt t2 aufeinander zu bewegt haben. Die zweite Figur entspricht der von der Konvergenzthese vorausgesagten Entwicklung konkurrierender Programmangebote und zeigt, wie die zum Zeitpunkt t1 unterschiedlichen Angebote bis zum Zeitpunkt t2 bis zur Übereinstimmung konvergieren. Die dritte Figur verdeutlicht die empirisch ermittelte Entwicklung der Programmstrukturen der konkurrierenden öffentlich-rechtlichen und privaten Sender. Sie zeigt im Vorgriff auf die Ergebnisse langfristiger Programmstrukturanalysen, dass die Programmrealität von der Prognose abweicht.

Das Modell B veranschaulicht die Ambiguität, in der sich der öffentlich-rechtliche Rundfunk durch den Einfluss der beiden Faktoren Programmnorm und Konkurrenz befindet. Die erste Figur zeigt wieder die Zuschauerkonvergenz und entspricht Modell A. Die zweite Figur zeigt, wie sich die vorausgesagte Programmentwicklung verändert und von der monokausal bedingten Voraussage in Modell A unterscheidet, wenn der Faktor Programmnorm hinzukommt. Die dritte Figur zeigt wieder die mit Modell A übereinstimmende empirische Programmrealität. Löst man die Ambiguität, in der sich der öffentlich-rechtliche Rundfunk befindet, in der Weise auf, dass der Faktor Programmnorm größeren Einfluss auf die Entscheidungen über die Programmgestaltung erhält als der Faktor Konkurrenz, könnte man für den öffentlich-rechtlichen Anbieter Programmstrukturstabilität voraussagen. Durch diese Erweiterung des Konvergenzmodells lässt sich tendenziell Einklang zwischen vorausgesagter und empirisch nachweisbarer Programmrealität herstellen (Krüger 1996b; 2000).

Die beiden Varianten verdeutlichen die für alle weiteren Betrachtungen wesentliche Definition einer normativ relevanten Konvergenz. Private Programmstrukturen und Genres können sich im für sie gesetzlich zulässigen Rahmen zwar beliebig verändern, um die erwünschte Zuschauerquote zu erzielen. Öffentlich-rechtliche Programmstrukturen und Genres können sich im gesetzlich zulässigen Rahmen dagegen nur soweit verändern, wie ihre normativen Funktionsanforderungen erfüllt bleiben. Normativ relevante Veränderungen öffentlich-rechtlicher in Richtung privater Programmprofile wären danach unzulässig, normativ relevante Veränderungen privater in Richtung öffentlich-rechtlicher Programmprofile wären dagegen zulässig.

4. Konvergenz auf Genreebene

Im Unterschied zur Programmkonvergenz bei Schatz befassten sich Marcinkowski und Bruns (1996) mit konvergenten Entwicklungen in einzelnen Programmgenres. Als Alternative zur komparatistischen Differenzmethodik, die von „unähnlichen Fällen" (öffentlich-rechtlich versus privat) ausgehe, schlugen Marcinkowski und Bruns ein „konkordanzmethodologisches" Design vor. Mit Hinweis auf die Einführung ähnlicher Sendungsformen in den öffentlich-rechtlichen und privaten Programmen (Boulevardmagazine, Daily Soaps, aktuelle Nachtmagazine, Daily Talkshows etc.), die offenkundig Imitation erkennen lasse, verlagerten sie den Vergleich unterhalb der Programmstruktur auf die inhaltlich-qualitative Ebene einzelner Sendungsformen. Auf dieser Ebene fanden Bruns und Marcinkowski anhand inhaltsanalytischer Merkmalsvergleiche im Genre Konvergenzen und führen hierzu an anderer Stelle aus: „Dabei lassen sich sowohl gleichzeitige, beiderseitige Anpassungen beobachten (‚echte' Konvergenz), wie auch die einseitige Imitation erfolgreicher Komponenten des jeweiligen Konkurrenten (‚gerichtete' Konvergenz). Insoweit gibt es zwar Leit- und Folgemedien, nur sind die Rollen zwischen öffentlich-rechtlichen und privaten Anbietern keineswegs fest verteilt. Mal setzten die Öffentlich-rechtlichen den Trend, ein anderes Mal die Privaten." (Bruns / Marcinkowski 1996: 476)

Bei dieser Betrachtungsweise der Angebotsentwicklung auf Genreebene werden die quantitativen Programmstrukturunterschiede ausgeklammert. Konvergenz wird in den Merkmalen der Sendungen vermutet. Ferner werden beide Formen von Distanzverringerungen, „echte" und „gerichtete" Konvergenz, unter einem Konvergenzbegriff subsumiert. Damit werden Anpassungsprozesse, deren Richtung von entscheidender Bedeutung ist, allerdings in ihren Richtungen neutralisiert. Während die Ebene des Gesamtprogramms, auf der Schatz argumentiert, nur eine Bezugsgröße und eine Analysegröße hat, nämlich die Gesamtsendedauer und die darauf bezogenen Programmstrukturanteile, handelt es sich auf der Ebene der Genres um mehrere unterschiedlich große Programmsegmente, in denen außerdem noch unterschiedlich gerichtete Veränderungen stattfinden können. Das bedeutet ferner, es könnte innerhalb der Programmstruktur zweier Sender hinsichtlich spezifischer Genremerkmale Konvergenz bei Serien und Divergenz bei Politikmagazinen geben. Dies könnte aber auch umgekehrt der Fall sein. Als Vergleichskriterien werden Merkmale der Präsentationsform und des Inhalts verwendet. Geht man nun davon aus, dass Form und Inhalt nicht nur unabhängige Dimensionen sind, sondern als solche auch eine in Bezug auf Konvergenz qualitativ unterschiedlich zu interpretierende Bedeutung haben, stellt sich die Frage, welche normativen Konsequenzen die Veränderungen in Form und Inhalt haben. Dabei wäre zu klären, wie man Veränderungen in diesen Dimensionen aus konvergenztheoretischer Sicht interpretieren darf. Welcher Schluss wäre daraus zu ziehen, wenn man feststellen würde, dass die Präsentationsformen von Nachrichten, Magazinen und Talkshows in den öffentlich-rechtlichen und privaten Programmen ähnlicher, zugleich aber die Unterschiede ihrer Inhalte größer werden?

4.1 Die normative Bedeutung von Form und Inhalt

Nach der Aussage von Schatz, dass sich die Sender hinsichtlich Programmstrukturen, Inhalten und Präsentationsformen „Aufeinander-Zu-Bewegen" und der Aussage von Marcinkowski und Bruns, dass dabei mal die einen und mal die anderen den Trend angeben, werden Distanzveränderungen in Programmstrukturen, Inhalten und Präsentationsformen gleichwertig behandelt. Mit anderen Worten, Konvergenz könnte danach zum Beispiel in folgenden Konstellationen auftreten:

Öffentlich-rechtliche Sender passen ihre Inhalte tendenziell den privaten Sendern an, und private Sender passen ihre Präsentationsformen tendenziell den öffentlich-rechtlichen Sendern an.

Private Sender passen ihre Inhalte tendenziell den öffentlich-rechtlichen Sendern an, und öffentlich-rechtliche Sender passen ihre Präsentationsformen den privaten Sendern an.

Eine Gleichwertigkeit dieser Konstellationen im Sinne normativ relevanter Konvergenz wird aber durch den Faktor Programmnorm nicht gedeckt. Andernfalls müsste man davon ausgehen, dass die Imitation einer Präsentationsform (das Studiodesign der Nachrichtensendung, der Moderationsstil oder die Länge von Magazinbeiträgen) ebenso viel zur Informationsvielfalt und Aufklärung beiträgt wie die inhaltlich vielfältige Thematisierung und kritische Analyse der Rentenreform. Wenn eine solche Gleichwertigkeit von Programminhalt und Präsentationsform nicht mit dem Faktor Programmnorm vereinbar ist, kann sie auch nicht als Kriterium für normativ relevante Konvergenz zugelassen werden. Entscheidend bleibt somit die Vorrangigkeit von Inhalten gegenüber den Präsentationsformen. Damit wären äußere, leicht wahrnehmbare Ähnlichkeiten auf der formal-ästhetischen Ebene der Präsentation für die Konvergenzdiskussion ohne substantielle Bedeutung. Sie kommen eher als Indikatoren der Modernisierung von Stilen und Formaten in Betracht.

Abb. 2 Systematik des Konvergenzbegriffs auf der Genreebene "aktuelle und politische Informationssendungen"

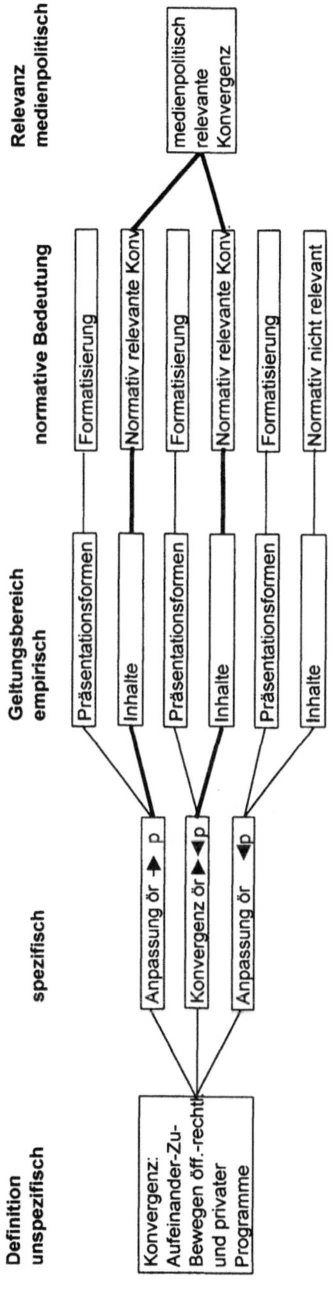

Abb. 2 illustriert diese Überlegungen anhand einer Systematik des Konvergenzbegriffs, bezogen auf die Genreebene, hier im Fall aktueller und politischer Informationssendungen. Unterschieden wird der Konvergenzbegriff nach drei Differenzierungsstufen, und zwar unspezifisch, analytisch und normativ. Der unspezifische Gehalt von Konvergenz entspricht den o. g. Aussagen von Schatz und Bruns / Marcinkowski. Der analytische Gehalt geht wieder von formalen Distanzveränderungen aus und unterscheidet zunächst zwischen 1. Anpassung öffentlich-rechtlicher an private Sender, 2. „echter" Konvergenz als gegenseitige Anpassung und 3. Anpassung privater an öffentlich-rechtliche Sender. Jede dieser drei formalen Distanzverringerungen kann voneinander unabhängig in den Inhalten und in den Präsentationsformen stattfinden. Unterstellt man, dass Inhalte und Präsentationsformen in normativer wie medienpolitischer Sicht nicht gleichwertig sind, erscheint es notwendig, sie auch in Bezug auf die Konvergenzthese unterschiedlich zu gewichten. Distanzverringerungen in den Präsentationsformen werden daher als Formatisierung, Distanzverringerungen in den Inhalten als normativ relevante Konvergenz interpretiert. Werden Darbietungsformen und Gestaltungsmittel von Magazinen bei öffentlich-rechtlichen und privaten Anbietern ähnlicher, aber die inhaltliche Themenpräferenz bleibt gleich oder wird unterschiedlicher, spricht dies für Konvergenz der Formate, aber nicht für normativ relevante Konvergenz. Anders ausgedrückt bedeutet dies: Nicht alles, was konvergiert, ist auch relevante Konvergenz. Genau hierin liegt das Problem missbräuchlicher medienpolitischer Instrumentalisierung dieses Begriffs.

Diese Überlegungen führen schließlich zu dem Ergebnis, dass sich die Frage der Konvergenz darauf zuspitzt, ob der öffentlich-rechtliche Rundfunk seine Positionierung in einer Weise verändert hat, die seine Funktionen im Sinne der geforderten Programmnormen durch Angebotsveränderungen einschränkt.

Dabei rückt das öffentlich-rechtliche Programmangebot wieder ins Zentrum der Betrachtung. Für öffentlich-rechtliche Programme wäre normativ relevante Konvergenz im Sinne der definitorischen Systematik nicht zutreffend, solange sich folgende Befunde in den Programmangeboten nachweisen lassen:

- Programmstrukturstabilität;
- Signifikanter Unterschied in Umfang und Struktur des Informationsangebots;
- Inhaltliche Strukturstabilität in typisch öffentlich-rechtlichen Programmsparten;
- Signifikanter inhaltlicher Strukturunterschied in typisch öffentlich-rechtlichen Programmgenres.

Würde sich die medienpolitische Diskussion auf solche Kriterien beziehen, müsste sie diese Kriterien an der Programmrealität falsifizieren, und zwar periodisch, weil die Konvergenzthese als eine im Spannungsfeld zwischen Norm und Wettbewerb offene These verstanden wird.

5. Zwischenbilanz zur Konvergenzforschung

Die medienpolitische Instrumentalisierung der Konvergenzthese hat sich in den 90er Jahren erwartungsgemäß auch auf die empirische Fernsehforschung ausgewirkt. Beide Lager des dualen Rundfunksystems müssen verständlicherweise ein Interesse daran haben, die These in ihrem Sinne zu bestätigen bzw. zu widerlegen. Betrachtet man die bekannteren publizierten Untersuchungen, ist allerdings festzustellen, dass speziell zum Test der Konvergenzthese angelegte Studien äußerst rar sind. Dies mag an der Ausgangssituation liegen, denn einen Konvergenzbeweis zu führen, der über temporäre oder illustrative Belege hinausgehen muss, erscheint angesichts des Gehalts und der Offenheit der These aufwendiger und schwieriger als Belege gegen die Konvergenzthese zu finden. Je nach dem, aus welcher Interessenlage und welcher Fragestellung Konvergenz empirisch untersucht worden ist, liegen teils bestätigende und teils widersprechende Befunde vor. So finden sich empirische Belege für Konvergenz öffentlich-rechtlicher und privater Programmstrukturen bei Donsbach / Dupré (1994), Merten (1994; 1996) und Medien Tenor (1998). Die als Konvergenzbeweis präsentierte Studie von Klaus Merten im Auftrag des Verbands Privater Rundfunk und Telekommunikation (VPRT) hatte seinerzeit wohl die größte medienpolitische Resonanz, erfuhr aber wegen ihrer methodischen Anlage auch Kritik (Hohlfeld / Gehrke 1995: 86-95; Krüger 1998c: 169-178). Belege, die eher gegen Konvergenz sprechen, ergeben sich aus der langfristigen Trendfortschreibung der ARD/ZDF-Programmanalyse (Krüger 1996b; 1998b; 2000), die kontinuierlich im Auftrag der ARD/ZDF-Medienkommission durchgeführt worden ist. Gegen eine Programmkonvergenz sprechen ebenfalls die Trenddaten der AGF-Sendungscodierung für die Gesamtsendezeit, und auf die Hauptsendezeit bezogen, wird darüber hinaus eine programmstrukturelle Anpassungstendenz der Privatsender an die öffentlich-rechtlichen Sender festgestellt (Kliment / Brunner 1998: 58). Auf diese Befunde stützt sich die in Abbildung 1 dargestellte Figur für empirische Programmrealität.

Wechselt man die Perspektive und bilanziert die wenigen Studien zur Konvergenz auf Genreebene (Inhaltsanalysen von Nachrichten- und politischen Informationssendungen), findet man auch hier unterschiedliche Befunde und Interpretationen (Pfetsch 1996; Marcinkowski / Bruns 1996; Bruns / Marcinkowsi 1997). Ein Vergleich von einzelnen Nachrichtenstudien aus unterschiedlichen Zeiträumen unter konvergenztheoretischer Fragestellung zeigt, dass die Nachrichtenformate zwar tendenziell ähnlicher geworden sind, es gibt jedoch keine Belege dafür, dass die öffentlich-rechtlichen Sender ihre Angebotsleistungen verringert und ihre inhaltlichen Strukturen denen der privaten Sender angeglichen haben (Krüger 1998a).

Fazit

Die Konvergenzthese von Heribert Schatz hat sich in den 90er Jahren als ein Leitfaden erwiesen, an dem sich eine Reihe zentraler Fragen zum Rundfunkwandel entwickeln und diskutieren ließen. Aus der facettenreichen Debatte um einen medienpolitisch wertbesetzten Begriff sowie aus den teilweise widersprüchlichen Befunden wissenschaftlicher Untersuchungen, die entweder direkte oder indirekte Aussagen zur Konvergenz enthalten, lässt sich am Ende der 90er Jahre etwa folgende Bilanz ziehen: Nicht alles, was im Bereich der elektronischen Medien konvergiert oder dafür gehalten wird, ist normativ relevant und in Bezug auf den öffentlich-rechtlichen Rundfunk auch medienpolitisch relevant. Medienpolitische Relevanz hat die Konvergenzthese für den öffentlich-rechtlichen Rundfunk nur insoweit, wie die speziell von ihm geforderten gesellschaftlichen Funktionen berührt werden. Manche Ergebnisse verschiedener Untersuchungen zur Konvergenzthese erscheinen durch Design- und Darstellungseffekte widersprüchlicher, als sie tatsächlich sind. Dort wo Datenbasis und Instrument kompatibel sind oder kompatibel gemacht werden können, sind auch meist die Ergebnisse ähnlich. Die Problematik liegt offenbar weniger in der Konvergenzthese selbst als im wissenschaftlichen und medienpolitischen Umgang mit ihr.

Literatur:

Bertelsmann Stiftung (1997): Kommunikationsordnung 2000. Gütersloh.

Bruns, Thomas / Marcinkowski, Frank (1996): Konvergenz Revisited. Neue Befunde zu einer alten Diskussion. In: Rundfunk und Fernsehen 4/96: 461-478.

Bruns, Thomas / Marcinkowski, Frank (1997): Politische Information im Fernsehen. Eine Längsschnittstudie zur Veränderung der Politikvermittlung in Nachrichten und politischen Informationssendungen. Schriftenreihe Medienforschung der Landesanstalt für Rundfunk Nordrhein-Westfalen, Band 22. Opladen.

BVerfGE 73 (1986): 118 ff.

Clement, Wolfgang (1989): Die Medienlandschaft der 90er Jahre. Vortrag bei den Stendener Medientagen am 3.6.1989. In: epd/Kirche und Rundfunk 44: 3-12 sowie auszugsweise in Funkreport 23/89: 6-8, hier zitiert: 8.

Donsbach, Wolfgang / Dupré, Danièle (1994): Mehr Vielfalt oder „more of the same" durch mehr Kanäle? Möglichkeiten zum Unterhaltungsslalom im deutschen Fernsehen zwischen 1983 und 1991. In: Bossart, Louis / Hoffmann-Riem, Wolfgang (Hrsg.): Medienlust und Mediennutz. Unterhaltung als öffentliche Kommunikation. München: 229-247.

Downs, Anthony (1968): Ökonomische Theorie der Demokratie. Tübingen.

epd/Kirche und Rundfunk (1993): Schäuble stellt Gebührenfinanzierung in Frage, Nr.1 vom 9.1.93: 12.

Glotz, Peter / Groebel, Jo / Mestmäcker, Ernst-Joachim (1998): Zur Wirklichkeit der Grundversorgung. Über den Funktionsauftrag öffentlich-rechtlicher Rundfunkanstalten. In: Hamm, Ingrid (Hrsg.): Fernsehen auf dem Prüfstand. Aufgaben des dualen Rundfunks. Gütersloh: 87-102.

Hohlfeld, Ralf / Gehrke, Gernot (1995): Wege zur Analyse des Rundfunkwandels. Opladen.

Kleinsteuber, Hans J. / Wiesner, Volkert / Wilke, Peter (1991): Public Broadcasting im internationalen Vergleich. Analyse des gegenwärtigen Stands und Szenarien einer zukünftigen Entwicklung. In: Rundfunk und Fernsehen 1/91: 33-54.

Kliment, Tibur / Brunner, Wolfram (1998): Fernsehen in Deutschland. Angebotsprofile und Nutzungsmuster im dualen Rundfunksystem. In: Hamm, Ingrid (Hrsg.): Die Zukunft des dualen Systems. Gütersloh: 231-321.

Krüger, Udo Michael (1989): Konvergenz im dualen Fernsehsystem? Programmanalyse 1989. In: Media Perspektiven 12/89: 776-806.

Krüger, Udo Michael (1991): Zur Konvergenz öffentlich-rechtlicher und privater Fernsehprogramme. Entstehung und empirischer Gehalt einer Hypothese. In: Rundfunk und Fernsehen 1/91: 81-96.

Krüger, Udo Michael (1992): Programmprofile im dualen Fernsehsystem 1985-1990. Schriftenreihe Media Perspektiven, Band 10. Baden-Baden.

Krüger, Udo Michael (1996a): Boulevardisierung der Information im Privatfernsehen. Nichttagesaktuelle Informations- und Infotainmentsendungen bei ARD, ZDF, RTL, SAT.1 und Pro Sieben 1995. In: Media Perspektiven 7/96: 362-374.

Krüger, Udo Michael (1996b): Tendenzen in den Programmen der großen Fernsehsender 1985 bis 1995. In: Media Perspektiven 8/96: 418-440.

Krüger, Udo Michael (1998a): Zwischen Konkurrenz und Konvergenz: Fernsehnachrichten öffentlich-rechtlicher und privater Rundfunksysteme. In: Kamps, Klaus / Meckel, Miriam (Hrsg.): Fernsehnachrichten. Prozesse, Strukturen, Funktionen. Opladen: 65-84.

Krüger, Udo Michael (1998b): Modernisierung bei stabilen Programmstrukturen. Programmanalyse 1997: ARD, ZDF, RTL, SAT.1 und Pro Sieben im Vergleich. In: Media Perspektiven 7/98: 314-330.

Krüger, Udo Michael (1998c): Zum Stand der Konvergenzforschung im dualen Rundfunksystem. In: Klingler, Walter / Roters, Gunnar / Zöllner, Oliver (Hrsg.): Fernsehforschung in Deutschland. Themen, Akteure, Methoden. Teilband 1. Baden-Baden: 151-184.

Krüger, Udo Michael (2000): Unterschiedliches Informationsverständnis im öffentlich-rechtlichen und privaten Fernsehen. In: Media Perspektiven 7/2000: 278-295.

Krüger, Udo Michael / Zapf-Schramm, Thomas (1994): Programmanalyse 1993 von ARD, ZDF, SAT.1 und RTL. Stabile Strukturen bei steigender Programmdynamik. In: Media Perspektiven 3/94: 111-124.

Marcinkowski, Frank (1991): Die Zukunft der deutschen Rundfunkordnung aus konvergenztheoretischer Sicht. In: Gellner, Winand (Hrsg.): An der Schwelle zu einer neuen Rundfunkordnung. Grundlagen, Erfahrungen und Entwicklungsmöglichkeiten. Berlin: 51-74.

Marcinkowski, Frank (1997): Politische Macht und Publizität von Politik. Das Verhältnis zweier Medien und die Empirie des „dualen" Fernsehsystems. In: Schatz, H. / Jarren, O. / Knaup, B. (Hrsg.): Machtkonzentration in der Multimediagesellschaft? Opladen: 46-64.

Marcinkowski, Frank / Bruns, Thomas (1996): Politische Magazine im dualen Fernsehen. In: Schatz, Heribert (Hrsg.): Fernsehen als Objekt und Moment des sozialen Wandels. Opladen: 255-286.

Media Perspektiven Dokumentation (1987): Staatsvertrag zur Neuordnung des Rundfunkwesens. Dokumentation, II/1987: 81-88. Begründung zum Staatsvertrag zur Neuordnung des Rundfunkwesens (ebd.): 89-102.

Medien Tenor (1998): Konvergenz auf fast allen Kanälen, Nr. 71 vom 15. April 1998: 8-12.

Merten, Klaus (1994): Konvergenz der deutschen Fernsehprogramme. Eine Langzeituntersuchung 1980-1993: Münster/Hamburg.

Merten, Klaus (1996): Konvergenz der Fernsehprogramme im dualen Rundfunk. In: Hömberg, Walter / Heinz Pürer (Hrsg.): Medien-Transformation. Zehn Jahre dualer Rundfunk in Deutschland. Konstanz: 152-171.

Neumann, Bernd (1992): Selbstkommerzialisierung. Das englische Modell als langfristige Perspektive. In: Medium 1/92: 28f.

Nieland, Jörg-Uwe (1996): Veränderte Produktionsweisen und Programmangebote im Fernsehen: Strategien und Entscheidungsprozesse der Kommunikatoren. In: Schatz, Heribert (Hrsg.): Fernsehen als Objekt und Moment des sozialen Wandels. Opladen: 125-202.

Pfetsch, Barbara (1996): Konvergente Fernsehformate in der Politikberichterstattung? Eine vergleichende Analyse öffentlich-rechtlicher und privater Programme 1985/86 und 1993. In: Rundfunk und Fernsehen 4/96: 479-498.

Schatz, Heribert (1992): Auf dem Prüfstand. Zur Weiterentwicklung der Konvergenz-Hypothese. In: Medium 1/92: 49-52.

Schatz, Heribert (1994): Rundfunkentwicklung im „dualen System": die Konvergenzhypothese. In: Jarren, Otfried (Hrsg.): Politische Kommunikation in Hörfunk und Fernsehen. Elektronische Medien in der Bundesrepublik Deutschland. Opladen: 67-80.

Schatz, Heribert / Immer, Nikolaus / Marcinkowski, Frank (1989a): Der Vielfalt eine Chance? Empirische Befunde zu einem zentralen Argument für die „Dualisierung" des Rundfunks in der Bundesrepublik Deutschland. In: Rundfunk und Fernsehen 1/89: 5-24.

Schatz, Heribert / Immer, Nikolaus / Marcinkowski, Frank (1989b): Keineswegs zwangsläufig. Die Zukunft des „dualen Rundfunksystems". In: epd/Kirche und Rundfunk Nr. 53 vom 8. Juli: 5-7.

Stock, Martin (1990): Konvergenz im dualen Rundfunksystem? In: Media Perspektiven 12/90: 745-754.

VPRT (1997): Medienordnung 2000 plus. Unveröff. Rahmenkonzept. Bonn.

Weiß, Hans-Jürgen (1992): Programmforschung für die Landesmedienanstalten. Funktion, Aufgaben, Probleme. In: DLM Jahrbuch 92. München: 41-52.

Weiß, Hans-Jürgen (1994): Programmforschung zwischen Programmrecht und Programmrealität. In: Media Perspektiven 10/94: 497-504.

Weiß, Hans-Jürgen (1996): Programmnormen, Programmrealität und Programmforschung. In: Hömberg, Walter / Pürer, Heinz (Hrsg.): Medien-Transformation. Zehn Jahre dualer Rundfunk in Deutschland. Konstanz: 227-243.

Programmqualität in einer veränderten Medienlandschaft

Zum Verhältnis von Alltagsdramatisierung und Medienperformanz

Udo Göttlich / Jörg-Uwe Nieland

1. Einleitung

Konnte in früheren Phasen der Medienentwicklung noch relativ leicht zwischen informativen und unterhaltenden Programmformaten, zwischen non-fiktionalen und fiktionalen Inhalten unterschieden werden, kennzeichnet den aktuellen Medienwandel eine vielschichtige Verwischung derartiger Merkmale. Zunächst sind Genremischungen aller Art, sowohl zwischen fiktionalen Genres als auch zwischen fiktionalen und non-fiktionalen Angebotsformen, zu beobachten und augenblicklich erleben wir eine weitere Steigerung: das Entstehen von Hybridformaten. Gleichzeitig spielen mediale Erlebnisse gegenüber nichtmedialisierter Erfahrung eine wachsende Rolle. Im Internet und durch Online-Dienste kommt es - gerade in Hinblick auf den virtuellen Charakter - zu einer weiteren Transformation medialer Erfahrung. Der skizzierte Wandel mündet in der Herausbildung „entgrenzter Medien".

Die Analyse der Medienentwicklung und speziell der Programmqualität scheint damit vor eine neue Herausforderung gestellt, wenn die Analysekriterien mit den veränderten Verhältnissen Schritt halten wollen.[1] So dürfte etwa der Aspekt des Vergnügens, der sich mit fiktionalen Angeboten verbindet, mit den Kriterien der klassischen Medienanalysen (wie beispielsweise. Wahrhaftigkeit, Richtigkeit und Vollständigkeit) kaum umfassend bewertet werden können. Es müssen daher neue, auf die Besonderheiten der unterschiedlichen Formate und Darstellungsformen anwendbare Kategorien für die weitere Forschung entwickelt werden. Ohne diesen Schritt werden die Ziele einer Analyse von Programmqualität, etwa mit Blick auf die Leistung öffentlich-rechtlicher und privat-kommerzieller Anbieter, kaum weiter umsetzbar. Nachfolgend werden wir erste Überlegungen zur Erweiterung eines Kriterienkatalogs zur Analyse von Medienqualität und Medienperformanz diskutieren,

---

1 Zu den genannten Forschungsfeldern liegen zahlreiche Arbeiten von Heribert Schatz und seinen Mitarbeitern vor. Stellvertretend seien Schatz 1996, Göttlich / Nieland / Schatz 1998 sowie Schatz / Schulz 1992 und die Auseinandersetzung über die Konvergenzthese (vgl. den Beitrag von Krüger in diesem Band) genannt.

die wir im Rahmen eines Forschungsprojektes zu täglichen Serien im Rahmen des DFG-Schwerpunktprogramms „Theatralität" angestellt haben.[2] Bezugspunkte der Analye sind Fragen zur Rolle und zum Stellenwert der Alltagsdramatisierung in Unterhaltungsangeboten, bezogen auf die Dimensionen der Privatisierung, Personalisierung, Intimisierung und Emotionalisierung sowie des Kult-Marketing.

2. Medienperformanz ein Thema der Medien- und Kommunikationswissenschaft?

Die Analyse der Performativität von Medienangebote hat mit Blick auf die Vermittlungsfrage von Werten und Normen sowie auf die Einhaltung und Bestimmung öffentlichkeitsrelevanter Funktionen eine lange Tradition in der Medien- und Kommunikationswissenschaft. In dem auf diese Problematik konzentrierten Buch „Media Performance. Mass Communication and the Public Interest" aus dem Jahre 1992 gibt Denis McQuail eine umfassende Übersicht über das Thema und die damit zusammenhängenden Fragestellungen, die von rechtlichen Regulierungsfragen bis in die Nachrichtenwerttheorie und die Qualitätsdebatte reichen. Insbesondere die Regulierung des Rundfunks und des Fernsehens unterliegt in den jeweiligen nationalkulturellen Kontexten von Beginn an spezifischen Kriterien zur Sicherstellung der öffentlichen Anteilnahme und des öffentlichen Interesses an den ausgestrahlten Programmen. So folgte bereits die FCC (Federal Communication Commision) für die Zulassung und Regulierung des US-amerikanischen Rundfunks im Federal Communication Act aus dem Jahre 1934 den bis heute - wenn auch in veränderter Form - geltenden Kriterien der balance, heterogeneity, dynamism, localism, diversity. Die Relevanz dieser sowie vergleichbarer Kriterien zeigte sich für die Bundesrepublik Deutschland zum einen in der Phase der Etablierung eines öffentlich-rechtlichen Rundfunks in der Nachkriegszeit, zum anderen unter neuen Vorzeichen seit der Zulassung des privaten Rundfunks im Jahre 1984.[3]

Die duale Rundfunkordnung der Bundesrepublik Deutschland baut auf die unterschiedlichen – sich aber auch ergänzenden - Leistungs-, Angebots- und Orientierungstrukturen des öffentlich-rechtlichen und des privaten Rundfunks. Die Rund-

2 Dieser Beitrag stellt eine stark überarbeitete Fassung unseres Aufsatzes „Alltagsdramatisierung und Medienperformanz. Aspekte und Dimensionen entgrenzter Medien" dar, der in dem von Erika Fischer-Lichte u. a. hrsgg. Sammelband „Performativität und Ereignis" im Rahmen des DFG-Schwerpunktprogramms „Theatralität" erscheinen wird.

3 Mit der durch die Digitalisierung und Datenkompression möglich werdenden Expansion der multimedialen Angebote ergeben sich erneut Anforderungen an die Regulierung. Vgl. für einen Überblick zur Medienpolitik in der BRD Schatz / Habig / Immer 1990 sowie im Weiteren die Beiträge in Schatz 1996 und aktuell Schwarzkopf 1999.

funkfreiheit als Staatsziel soll sich durch die Kombination beider Säulen wechselseitig befördern, da es durch die in den Strukturen verankerten unterschiedlichen Programmorientierungen „zugleich Möglichkeiten der Kompensation der Nachteile eines Systems durch die Vorteile des anderen und umgekehrt" gibt (Hoffmann-Riem 2000: 7). Dieses der „Idee der strukturellen Diversifikation" folgende Prinzip dient zugleich in programmlicher Hinsicht der Förderung des publizistischen Wettbewerbs, dass heißt der Ausbildung einer Angebotsvielfalt, die in medien- und kommunikationswissenschaftlicher Hinsicht zu einer Auseinandersetzung mit den Dimensionen und Bewertungskriterien der Medienperformanz führt.

Angesichts der Angebotsvermehrung in Verbindung mit der zunehmenden Unterhaltungsorientierung vieler Zuschauer sind die Analysen der Medienentwicklung und der Medieninhalte auf fiktionale und sowie unterhaltende non-fiktionale Angebote auszudehnen und um die entsprechenden Kriterien zu erweitern.[4] Mit Bezügen zur politikwissenschaftlichen Kommunikationsforschung liegen inzwischen Arbeiten u. a. von Dörner (1998 und 2000), Renger (2000a und 2000b), Göttlich / Nieland (1997 und 1999) sowie Nieland (2000) vor. Da der Unterhaltungskommunikation eine entscheidende Bedeutung für die (politische) Orientierung zufällt, sollten die bislang entwickelten Perspektiven mit demokratietheoretischen Überlegungen zum Verältnis von Medien und Politik (Sarcinelli 1997; die Beiträge in Sarcinelli 1998 sowie Sarcinelli / Schatz 2001) und Fragen nach der „demokratischen Medienperformanz" (Voltmer 1998/99) verbunden werden.

Der im Rahmen dieses Beitrags in Anschlag gebrachte Begriff der Performanz wurzelt zwar in einem theaterwissenschaftlichen Begriffsverständnis, das an der Aufführung eines Stückes oder einer Handlung vor einem Publikum orientiert ist, schließt aber dennoch darüber hinausreichende Dimensionen mit Blick auf die Fragen der demokratischen Medienperformanz mit ein. Der Performativitätsbegriff selber hat in den Kultur- und Sozialwissenschaften bislang relativ uneinheitlich Verwendung. Von dem im Rahmen dieses Beitrags weiter auszuführenden demokratie- und medienbezogenen Performativitätsverständnis lassen sich folgende weitere Begriffe oder Konzepte unterscheiden. So trifft man auf Performanz:

- „im Sinne der generativen Linguistik als prozeßhafte und kreative Aktualisierung von Kompetenz;
- im Sinne der Sprechakttheorie, als das was man tut, während man spricht;
- im anthropologischen Sinne als charakteristisch für Rituale und Zeremonien;
- im Sinne ästhetischer Praktiken von Performances als Inszenierung (...);
- im Sinne technologischer und ökonomischer Diskurse als Leistungs- und Durchsetzungsvermögen in Konkurrenzsituationen." (Fischer-Lichte / Kolesch 1998)

4 Diesem Anspruch folgt beispielsweise das DFG-Projekt „Daily Soaps und Kult-Marketing", welches seit 1996 im Rahmen des Schwerpunktprogramms „Theatralität" gefördert wird.

Die Dimensionen der Medienperformanz, die mit Blick auf die demokratische Rolle und Funktion des Mediums nun gegenüber den aufgeführten bereichsspezifischen Konzepten in das Zentrum der Betrachtung geraten, lassen sich für eine erste Annäherung folgendermaßen in einem Schema darstellen:

Abb.1: Dimensionen demokratischer Medienperformanz

Funktion	Performanz		Struktur	
	Qualität	Handeln	Rechtliche Regeln	Publizistische Regeln
Information	Vielfalt	Selektion	Verfaßtheit	Nachrichtenfaktoren
			Konzentrations-Kontrolle	Pro-Contra-Format
	Objektivität	Deskription	Wahrheitspflicht	Recherche- und Darstellungsverfahren
Kontrolle	Kritik	Investigation	Privilegien und Schutzrechte Schutzrechte	Unabhängigkeit
Orientierung	Strukturierung	Interpretation	Tendenzschutz	Redaktionelle Linie

Quelle: Voltmer 1998/99: 64.

Während der Performativitätsbegriff im Sinne ästhetischer Produktion aber auch im anthropologischen und soziologischen Sinne jeweils mit einer Aufführung vor einem Publikum bzw. mit einem an bestimmte Regeln gebundenen Handlungsvollzug eines Akteurs geknüpft ist, fußt das hier zugrunde gelegte Begriffsverständnis auf der Vorstellung funktionaler Vermittlungsaufgaben eines Mediums oder von Medien, die spezifische Transformationsregeln von Ereignissen einschließen. Konkret handelt es sich hierbei um die Transformation von Ereignissen zu Berichten über Ereignisse nach den im obigen Tableau aufgetragenen Dimensionen der demokratischen Medienperformanz. Es geht – um es in Anlehnung an das Performanzverständnis der generativen Linguistik zu formulieren – um die prozesshafte und kreative Aktualisierung von Ereignissen.

Unter der Rubrik *Performanz* in der Abb.1 sind die Dimensionen und Kriterien aufgeführt, die der Einlösung der funktionalen Zielsetzung des Berichtens über Ereignisse – vorwiegend in non-fiktionalen Angeboten – dienen. Die zur Einlösung dieser Zielsetzung gehörende Informations-, Kontroll- und Orientierungsfunktion beinhalten jene Dimensionen, die der Öffentlichkeitsfunktion eines Mediums dienen bzw. diese herstellen. Im Fall von Nachrichten- und Informationsmedien handelt es sich überwiegend um die drei genannten Funktionsbereiche, die für die Einlösung dieses Ziels stehen. Zur Sicherung der Informationsfunktion eines Mediums gehören auf der qualitativen Ebene Vielfalt und Objektivität und auf der Handlungsebene – hier von Seiten der Produktion aus gesehen – die Aspekte der Selektion und Deskription. Kritik ist das Merkmal der Kontrollfunktion – ebenfalls von der Produktionsseite her gesehen – und beruht auf der aktiven Nachforschung zu Ereignissen, die den in diesem Tableau aufgeführten Transformationsregeln für ihre Aufbereitung und Darstellung unterliegen.

Unter der Rubrik *Struktur* sind die Dimensionen und Kriterien aufgeführt, die die Darstellung eines Ereignisses institutionell und organisatorisch rahmen bzw. dieser vorausliegen. Die in der Rubrik *Performanz* berücksichtigten Aspekte werden durch diese Strukturleistungen erst realisierbar, d. h. nachprüfbar gestaltet – etwa für ein bestimmtes Publikum. Abb. 1 enthält also die Transformations- bzw. Performanzregeln oder -kriterien, nach denen ein Ereignis für ein Publikum nachvollziehbar gestaltet wird. Das heißt zum Beispiel auf der strukturalen Ebene, dass die performative Leistung nach den rechtlichen Regeln des Rundfunks organisatorisch und institutionell abgesichert und einklagbar sein muss.

Die behandelten Aspekte verdeutlichen, dass Performanz als öffentlichkeitsrelevante Größe für die Sicherung und Aufrechterhaltung von Kommunikation und demokratischer Willensbildung entscheidend ist, wobei auffällig ist, dass die Dimension der Unterhaltung in dem obigen Schema zur demokratischen Medienperformanz ausgeblendet ist. Es handelt sich um Transformations- bzw. Performanzregeln im Sinne von Darstellungsregeln für politisch relevant erachtete Ereignisse. Eine solche Einschränkung des Modells verwundert aktuell jedoch, da gerade dem Unterhaltungsangebot – beispielsweise dem Infotainment – unter Bedingungen des Medienwandels eine mit der Leistung des Informationsangebots vergleichbare öffentlichkeitsrelevante Bedeutung zugesprochen werden muss. Aufgrund der Forschungstraditionen und der Forschungsschwerpunkte fehlen in der Kommunikationswissenschaft dazu bislang jedoch weiterführende Analysen.

Mit den nachfolgenden Überlegungen wollen wir die Debatte um die Medienperformanz mit Blick auf den Unterhaltungsaspekt und den Prozess der Ausbildung entgrenzter Medien erweitern.[5] Anhand der für unseren Projektzusammenhang entscheidenden Dimensionen der *Alltagsdramatisierung* und des *Kult-Marketing* sollen weitere Aspekte herausgearbeitet werden, die eine Perspektivenerweiterung erlauben, ohne dass wir dazu an dieser Stelle auf konkrete Beispiele näher eingehen können. In Anlehnung an Turner geht es uns um die Struktur des „performative genres" Fernsehunterhaltung als Darstellungsbereich spezifischer Ereignisse und bei dieser Struktur wieder um einen Ausschnitt aus einem größeren Zusammenhang.

5 Vgl. zum Begriff „entgrenzter Medien" Schulze (1995). Dieser Begriff verweist auf im Zuge der Medienevolution auftretenden Hybridisierungen von Medien, u. a. durch technische Konvergenzen, wodurch sich Medienfunktionen, die einem Medium zugeordnet wurden, nun mit Funktionen und Möglichkeiten eines anderen Medium ergänzen, das heißt die Funktionsgrenzen sich auflösen, etwa bei Multimedia.

3. Alltagsdramatisierung als neue Dimension kultureller Performanz

Für die Erweiterung des von Voltmer vorgeschlagenen Medienperformanzmodells um die Dimension der Unterhaltung lässt sich zu einer ersten Eingrenzung auf den Zugang zur Bewertung und Analyse der Performativität des Fernsehens von John Fiske und John Hartley in ihrem Buch „Reading Television" (1978) eingehen. Als kennzeichnend für die Performanz des Mediums haben Fiske und Hartley unter der Leitidee der „bardischen Rolle" (1978: 88) des Mediums gerade jene funktionale Aspekte herausgearbeitet, die die (öffentliche) Bedeutung des Mediums mit seinen Unterhaltungsangeboten in den Vordergrund stellen. Die performative Rolle des Mediums in der „Vermittlung" unterhaltender Ereignisse besteht bei ihnen darin, dass es:

- den kulturellen Konsens über das Wesen und die Erscheinung der Realität *artikuliert* und diesen gewissermaßen naturalisiert,
- die Individuen in das bestehende dominante Wertesystem *einbindet*, indem es Orientierungen und Statusgewißheiten vermittelt, die die impliziten Ideologien abschatten, die zum Beispiel in Mythen verborgen liegen,
- die Taten kultureller Repräsentanten interpretiert, erklärt, rechtfertigt und *verherrlicht* und diese Mythologie des Individuums als Ankerpunkt nutzt, Individuen an das gesellschaftliche Werteverständnis zurückzubinden,
- die praktische Rolle der Kultur versichert, indem die Ideologien und Mythologien als affirmative und konfirmierende Instrumente zur Beherrschung des Unvorhersehbaren eingesetzt werden,
- *selbskorrigierend* gegenüber eigenen Fehlwahrnehmungen wirkt und so die eigene ideologische Sicht auch gegenüber Wandlungstendenzen sowie Einflüssen dritter aufrechterhält,
- die Individuen über ihren kulturellen Status und ihre Identität *aufklärt* und darüber,
- das Gefühl kultureller Zugehörigkeit und Sicherheit *sichert* und *vermittelt*. (vgl. Fiske / Hartley 1978: 88f.)[6]

Das sich in dieser Aufzählung abzeichnende Performanzverständnis des Fernsehens beinhaltet Aspekte, die in den meisten der auf das Informationsangebot konzentrierten Modelle der demokratischen Medienperformanz in ähnlicher Form auch abgedeckt werden, ohne dabei jedoch dem Unterhaltungsangebot selber eine orientierende Leistung zuzusprechen bzw. die Unterhaltung als gleichrangige Größe in die bestehende Modellbildung mit einzubinden. Vielleicht liegt in dieser scheinbaren Nähe der Performanzmerkmale auch einer der Gründe dafür, dass es bislang keine Erweiterung der Medienperformanzmodelle um den Unterhaltungsaspekt gab. Als eine erste These ist daher an dieser Stelle zu formulieren, dass gerade den Aspekten der Alltagsdramatisierung diese orientierende Funktion zuzusprechen ist, ja das unter dramatologischen Gesichtspunkten (vgl. dazu Lipp 1994) die Analyse der Medienkultur nur damit einen vollständigen Charakter für sich reklamieren kann.

6 Übertragung aus dem Englischen durch die Autoren.

Belege für die Stichhaltigkeit dieser These lassen sich in dem derzeit wohl aktuellsten Buch zu Fragen kultureller Performanz von John Tulloch (1999) mit dem Titel „Performing Culture“ finden, auf dessen Einlassungen zur Rolle und Reichweite des Performanzbegriffs für weiterführende Überlegungen unbedingt zurückgegriffen werden sollte.[7] Seine Position zeichnet sich besonders dadurch aus, dass er in Anschluß an Raymond Williams Theorie zur Alltagsdramatisierung (vgl. Williams 1998) nicht nur die Prozesshaftigkeit von Kultur in den Vordergrund stellt und dabei kulturelle Alltagspraxen als eigentlichen Forschungsgegenstand von Aufführungsanalysen und Ereignissen in den Blick nimmt. Tullochs Stellungnahme bekräftigt auch noch einmal den grundsätzlichen Bruch mit der – vor allem in Deutschland noch immer gängigen – Abgrenzung von Hoch- und Massen- bzw. Populärkultur. Dieser Bruch überspringt nicht die fortbestehende Dichotomieproblematik, die Position macht aber deutlich, dass auf der Alltagsebene und in Alltagspraxen die Bereiche oftmals ineinanderfließen und daher die Aufrechterhaltung der Grenzen ins Leere geht, will man die Prozeßhaftigkeit kultureller und medialer Performanz unter Gesichtspunkten der Alltagsdramatisierung – die im gewissen Sinne auch eine Entalltäglichung des Alltags beinhaltet indem das „Normale“ nun darstellenswert ist – analysieren. Versteht man Performativität als Grundelement der gesellschaftlichen Konstruktion von Wirklichkeit, dann gilt es vor dem Hintergrund der Fernseh- und Medienentwicklung zu klären, welche Rolle der Ebene des Alltags mit seinen Ereignissen und der gleichzeitigen Dramatisierung dieser Ereignisse – auf die man verstärkt in den Medienangeboten und den unterschiedlichsten Genre trifft – im Kontext der gesellschaftlichen Konstruktion der Wirklichkeit zukommt (vgl. Göttlich 1995 und 1998). Mit Blick auf die eingetretenen Veränderungen im Prozess des Medienwandels bleibt es die Aufgabe, jeweils zu Fragen, unter welchen kontextuellen Bedingungen die Leute handeln und vor allem unter welchem Einfluss ihre alltäglichen kulturellen Praktiken stehen. Was bedeutet das für den Stellenwert der Unterhaltungskommunikation bzw. um welche Kriterien und Dimensionen sind die Performanzmodelle der Medienkommunikation zu erweitern?

4. Alltagsdramatisierung und Fernsehen

Der Begriff der Alltagsdramatisierung, auf den es für die Bestimmung der Medienperformanz nachfolgend für unser Thema der Fernsehunterhaltung im Wesentlichen ankommt, geht auf die Arbeiten von Raymond Williams als einem der Gründerväter der Cultural Studies in seinen Arbeiten zum Drama und zur Dramenentwicklung zurück (vgl. bes. Williams 1998). Folgt man zu einer historischen Problembetrachtung der Einschätzung Raymond Williams zur Rolle des Dramas in der Gegenwart,

7 An dieser Stelle würde das den vorgesehenen Rahmen sprengen.

so muss man als erstes herausstellen, dass Drama und dramatisierte Erzählungen nicht mehr länger mit dem Theater verbunden sind, sondern in Film und Fernsehen für die Mehrheit der Bevölkerung weitaus präsenter sind, als es das Theater jemals hat sein können (Williams 1998). Für das späte zwanzigste Jahrhundert geht Williams vor dem Hintergrund der massenhaften Verbreitung dramatisierter Erzählformen dabei sogar von einer dramatisierten Gesellschaft aus, womit unter Bedingungen der Mediengesellschaft und der Ausbildung entgrenzter Medien der Zusammenhang von Aspekten der Alltagsdramatisierung und ihrer Performativität – sprich der spezifischen Regeln folgenden Aufbereitung von Ereignissen – berührt ist. Erkennbar wird, wie auch für Williams – mit Tulloch vergleichbar – Performativität als Grundelement der Konstruktion gesellschaftlicher Wirklichkeit thematisiert wird. Das Grundproblem besteht an dieser Stelle in dem Einfluss auf die Alltagswahrnehmung durch die stetige Wahrnehmung von im spezifischen Sinne den Alltag dramatisierenden Erzählungen. Als entscheidend dafür hebt Williams hervor, dass sich nicht nur die Anzahl im ausgehenden 19. Jahrhundert und im ganzen 20. Jahrhundert drastisch ausgeweitet hat, sondern mit dieser massenhaften Verbreitung ist auch ein Wandel des Ortes, an dem diese Aufführungen zu betrachten sind, einhergegangen. Die Bühne als Aufführungsort spezifischer Ereignisse ist durch den Fernseher ersetzt worden, der nun selber performative „Qualitäten" angenommen hat.

Einen für die Erklärung der Rolle von Medienperformanz und der weiten Verbreitung dramatischer Erzählungen nicht unerheblichen Grund erkennt Williams in der zunehmenden Auflösung traditioneller Bindungen, Orientierungen und gesellschaftlicher Normen, die zu spezifischen, u. a. durch das Fernsehen geleisteten Repräsentation gemeinsamer Symbole – in die Ereignisse überführt werden – zwinge. Als Voraussetzung für den Zusammenhalt der gegenwärtigen Gesellschaft und Kultur betont er somit die Notwendigkeit für Bilder und Repräsentationen, die Einblick darin gewähren, wie sich das Alltagsleben gestaltet. Die Vermittlung ist an die Performanz der Medien gebunden, für die es auf die Performanzregeln zu achten gilt.

Anscheinend kommt das Fernsehen mit seinen dramatisierten Alltagswelten dieser Forderung am weitesten entgegen, was nicht zuletzt auch an der orientierenden Leistung der „Dramen" über den Alltag liegen dürfte. Mit Blick auf das Fernsehen geht Williams vor diesem Hintergrund von einer kulturellen Kontinuität in der Verbreitung dramatisierter Erzählformen aus, die für ihn mit den naturalistischen Dramen Ibsens und Strindbergs auf der Guckkastenbühne beginnt und in den Wohnzimmern der Fernsehzuschauer endet, in denen heute die Dramen aus dem „Flimmerkasten" auch an dem Ort rezipiert werden, in denen sie ursprünglich auf der Bühne spielten: In jenen abgeschlossenen und beleuchteten Räumen, in denen die Menschen sitzen und auf Nachrichten von außerhalb warten, da ihnen für die meisten gesellschaftlichen Bereiche jeder unvermittelte Zugang genommen ist. Im Ergebnis führt die mit dem Fernsehen bewirkte weite Verbreitung dramatisierter Erzählformen nach Williams schließlich dazu, dass die dramatisierten Konventionen

> „zutiefst in unsere jeweiligen lebendigen Beziehungen eingearbeitet und in ihnen verarbeitet sind. Sie stellen unser Art zu sehen und zu wissen dar, die wir täglich anwenden. Und so lange die Konventio-

nen gelten, so lange die Beziehungen gelten, werden sie vom Großteil der Praxen bestätigt." (Ebd.: 248)

Die sich auch an dieser Stelle mit Tullochs prozessualen Performativitätsbegriff deckende Position lässt sich auch folgendermaßen resümieren: Alltag und Alltäglichen als Gegenstand dramatischer Darstellung verweist schon immer auf Inszenierungs- und Dramatisierungszwänge, die nicht allein in der Auswahl von „darstellenswerten" Lebensbereichen, sondern in der Entdeckung des Alltags als Gegenstand der Dramatisierung selber liegen.[8] Ideal oder Widerspiegelung, naturalistische Determinanten oder bürgerliche Normen, Konzentration auf psychologische Entwicklungen oder Bearbeitungen historischer Ereignisse sowie schlichter Alltagssituationen sind nur einige der Koordinaten, in die dramatisierte Stoffe und Geschichten historisch eingebunden waren und sind. Vor diesem Entwicklungshintergrund ist es die „Vielfalt der Zeichensysteme", die aus den Beiträgen und Arbeiten verschiedener Künstler – Literaten, Schauspieler, Dramatiker – entstehen, die „Drama befähigt, seine umfassende Mimesis der ‚Wirklichkeit' zu produzieren" (Esslin 1989).

Diese Feststellung hebt nachdrücklich die Koordinationsleistung der Kommunikate in der Alltagswahrnehmung hervor und verweist auch auf den Kern des medientheoretischen Problems, dass die Alltagswahrnehmung – also die Wahrnehmung von alltäglichen Ereignisse – heute untrennbar von der Medienwahrnehmung verläuft, ja, dass die Dramatisierung des Alltagslebens mit der Präsentation von Dramen über den Alltag zu den zentralen Merkmalen der Fernsehkultur zählt. Was impliziert nun vor diesem Hintergrund die Vorstellung der Alltagsdramatisierung im Fernsehen unter Gesichtspunkten der Medienperformanz?

Überträgt man diese zusammenfassend genannten Elemente nun auf das Fernsehen, so lässt sich insbesondere für die Serienunterhaltung die dramatische Position als wesentliche Größe bestimmen. Die *dramatische* Grundhaltung der Serien und besonders die der Daily Soaps ist wie auch schon in den klassischen Dramen die dialogische. Die meisten der dargestellten Handlungen beruhen auf der Spannung, die aus der Gegensätzlichkeit und der Divergenz der Rollen entsteht. Dazu ist die Perspektivität in das Werk selbst hineinverlegt, dass heißt die Darstellung findet aus der Sichtweise der Akteure selber statt und ist dabei wesentlich über Dialoge vermittelt. Es gibt z. B. auch keinen Ich-Erzähler oder andere Erzählpositionen. Die Sichtweisen auf Ereignisse und Handlungen wechseln mit den jeweiligen Rollen und der Darsteller, resp. der imaginierende Leser oder Zuschauer identifiziert sich jeweils mit der Einzelperspektive, während das Gesamtwerk die Vielzahl der Perspektiven gegeneinander stellt. Für das Genre der Endlosserien ist jedoch nicht nur die narrative Offenheit oder der Dialog die maßgebliche Gestaltungsform. Genauso relevant ist die Innenhaltung, die Spannungspolarität und die mit der narrativen Endlosigkeit in enger Beziehung stehende Vielperspektivität – die nicht in Widerspruch zum inhaltlichen und thematischen Reduktionismus steht, der das Genre

8 Vgl dazu besonders Auerbach (1946), der zu diesem Prozess die entscheidenden Entwicklungsphasen anhand exemplarischer Werke und Dramen der Weltliteratur nachgezeichnet und aufgearbeitet hat.

zumeist wegen der Darstellung sich immer wiederholender Alltagsausschnitte und der Konzentration auf bestimmte Themen zumeist auszeichnet. Zugleich fällt den Stilmitteln der Intimisierung, Emotionalisierung und Privatisierung die Aufgabe zu, den Nahbereich des Alltags und privater Schicksale zu dramatisieren (Göttlich 2000) Und an dieser Stelle begegnen wir auch der performativen Funktion von Medien: Denn die Soaps wie auch das weitere Unterhaltungsangebot strukturieren durch ihre tägliche Aussendung nicht nur den Tagesablauf, sondern bilden eine Folie für die Alltagskommunikation (vor allem von Jugendlichen) selber. Das heißt,. dieses Angebot schlägt auf die Alltagsseite und deren Gestaltung durch, so wie Williams es in seiner These formuliert und damit als zentrale Forschungsaufgabe ausgeschrieben hat.

In einem ersten Zwischenschritt lässt sich mit Blick auf die bis hier behandelten und diskutierten Punkte das Tableau der Medienperformanz um die Funktion der Unterhaltung folgendermaßen weiter ausfalten:

Abb.2: Tableau zur Medienperformanz mit den Funktionen Information und Unterhaltung

Funktion	Performanz		Struktur	
	Qualität	Handeln	Rechtliche Regeln	Publizistische Regeln
Information	Vielfalt	Selektion	Verfaßtheit	Nachrichten-Faktoren
			Konzentrations-Kontrolle	Pro-Contra-Format
	Objektivität	Deskription	Wahrheitspflicht	Recherche- und Darstellungs-Verfahren
	Non-fiction/ fiction	Dramatisierung, Konflikt, Spannung		Tabloid
Unterhaltung	Drama	Dialog		Narrativität, Fiktionalität
Kontrolle	Kritik	Investigation	Privilegien und Schutzrechte	Unabhängigkeit
Orientierung	Strukturierung	Interpretation	Tendenzschutz	Redaktionelle Linie

Zunächst einmal ist die Dimension der Informationsfunktion auf der performativen Ebene um den Aspekt der Fiktion und zugleich damit der Grenzziehung zur Non-Fiktionalität zu erweitern. Des Weiteren sind zu der nun eingeführten Unterhaltungsfunktion, die in dem Begriff Dramatisierung gefaßten Performanzmerkmale zu beachten. Generell kommt es zu einer Erweiterung der Funktionsdimension um die Performanzkriterien Drama und Dialog, die auf der strukturellen Seite den bislang vernachlässigten Aspekt der Narrativität und Fiktionalität als publizistische Regel begründen. Mit den hier genannten, zur Unterhaltung und zur Alltagsdramatisierung gehörenden Aspekten und Dimensionen ist die Erweiterung aber noch keineswegs abgeschlossen. Die mit dem Begriff des Kult-Marketing bezeichneten Marketing- und Merchandisingstrategien, die im aktuellen Entwicklungsprozess der Unterhaltungskommunikation ebenfalls in den Vordergrund treten, schließen eine Vielzahl neuer Formen der Publikumsansprache und Werbemaßnahmen ein, die nicht zufällig mit der Angebots- und Spielform des Unterhaltungsangebots und dabei besonders von Daily Soaps und den neuen Real Life Soaps in einem Zusammenhang stehen und damit die Perspektive auf die Alltagsdramatisierung erweitern. Für die deutschen Endlosserien spielt dabei der Rekurs auf Jugendszenen mit ihren Symbolen und Lebensstilen die zentrale Rolle. Ziele dieser Strategien sind:

- die Entwicklung eines Sender- und Programmimages,
- die Schaffung von Senderbindung,
- der Aufbau und die Pflege des „Audience Flows",
- das Beobachten, Darstellen und Schaffen von Moden, Trends,
- der Auf- und Ausbau eines Präsentations- und Absatzmarktes (Göttlich / Nieland 1998a: 419).

An dieser Stelle wird der Punkt berührt, an dem durch das Hineinwirken des Kult-Marketing die Re- und Neukombination der geschilderten Genrekonventionen einsetzt und sich Inszenierungsweisen des Alltäglichen herausbilden, die in der Schaffung zusätzlicher, mit den Soaps aufs engste verbundenen populärkulturellen Ereignissen und Erlebniswelten bestehen.

5. Performanz und Marketingstrategien

Belege für den Siegeszug der neuen Marketingstrategien und Kultinszenierungen lassen sich vor allem beim Genre der Daily Soaps und neuerdings auch bei den Real Life Soaps wie z. B: *Big Brother* finden. Bei den Endlosserien ist es zunächst das genretypische Erzählkonzept der ineinander verschachtelten und mit einem Cliffhanger miteinander verbundenen Geschichten über den Alltag, das die Basis für die vorwiegend jugendkulturelle Ansprache bildet. Insbesondere Jugendliche sind aufgrund der frühzeitigen Gewöhnung an Endlosgeschichten in ihrer Mediensozialisation mit den Erzählformen und Inhalten vertraut. Dies führt dazu, dass die formalen, inhaltlichen und marketingbezogenen Strategien inzwischen auch in anderen Unterhaltungsangeboten eine immer wichtigere Rolle spielen (vgl. Göttlich / Nieland 1998b: 168).

In Anlehnung an das von Bolz / Bosshart (1995) begrifflich entwickelte Konzept des Kult-Marketing können auch die Markeninszenierungen im Umfeld der deutschen Daily Soaps diesen Strategien zugerechnet werden. Dieses Konzept bezeichnet zunächst einmal die Reaktion der Werbewirtschaft, des Marketing sowie der Produzenten von Konsumgütern auf die Kontingenzen des Marktes. Die in Reaktion darauf entwickelten Vermarktungsstrategien suchen eine Verbindung zwischen der Werbung, den Marketing- und Merchandisingstrategien mit den Daily Soaps über jugendkulturelle Symbolwelten und den damit in der Populärkultur verbundenen „Kulten“ herzustellen. Diese Verbindung soll ordnende und faszinierende Konsumanlässe bieten. (vgl. Bolz / Bosshart 1995: 74f.). Ziel ist es, neue Moden, Stile, Trends und Symbole – vor allem aber Marken – über spezielle Inszenierungen bei den Jugendlichen zu verankern. Dazu sind zum Beispiel die Figuren der Serien beinahe allgegenwärtig, sie tauchen nicht nur täglich in der Soap auf sondern sind auch in Werbeclips, auf Promotion-Events, in Fanmagazinen, Lifestyle-Magazinen und in Musikproduktionen zu sehen. Einige werden zu Popstars, deren Karrieren dann wiederum dem Soap- und Senderimage dienen. Dabei fällt auf, dass Kultstatus besonders jenen Tendenzen, Moden oder Stilen zufällt, die auf eine leichte Wiedererkennbarkeit angelegt sind und Kommunikation sowie Verständigung auch zwischen verschiedenen Gruppen ohne argumentativen Aufwand, vor allem durch Symbole Moden und Lifestyle ermöglichen. Dem Kult um Marken und Stars kommt damit eine ordnende Funktion zu, die früher von bestimmbaren gesellschaftsstrukturellen Variablen wie Alter, Klasse, Stand und Schicht bzw. Beruf bestimmt wurde: Wer versteht, gehört dazu, wer Erklärungen benötigt, ist ausgeschlossen.

Bewusst werden in den deutschen Soaps daher unterschiedliche Brücken zur Jugendkultur gebaut. Gerade die Verweise auf die (Pop-)Musik haben sich bestens bewährt. So tauchen in fast jeder Daily Soap bekannte Gesichter aus den einschlägigen Musikclips bzw. Musiksendungen auf. Beispielhaft sind die Rollen, die Oli P., Christian Wunderlich und Jeannette Biedermann in den Grundy/UFA-Soaps bekleideten. Protagonisten wie Petzokat., Wunderlich und Biedermann die zuerst Schauspieler in den Soaps waren, stehen alsbald für bestimmte Musikstile und damit verbunden für eine Authentizität in verschiedenen Szenen, was noch durch Kleidung und Accessoires dieser Personen unterstrichen wird. Und noch einem weiteren entscheidenden Ziel dient der kontinuierliche Austausch zwischen den Soaps und den Musikszenen. Der Struktur nach sind Daily Soaps ein standardisiertes Produkt, wobei sich das Angebot des einen Senders von dem eines anderen Senders in diesem Sektor nur dauerhaft dadurch deutlich abgrenzen lässt, wenn man eine unterscheidbare Verpackung für die annähernd gleichen Geschichten und Dramatisierungsweisen liefert. Das Programm-Design, in dessen Dienst die Musikgruppen treten, bietet eine Gelegenheit dazu. Zugleich stellen die Musikgruppen weitere Verbreitungswege der Soap über die Ausstrahlung der einzelnen Serienfolgen hinaus sicher. Die

Musikgruppen stehen im Dienst der Absatz- und Marktanteilssteigerung des Ausgangsprodukts der Serie und des Senders.

Als Multiplikatoren des Soap-Images funktionieren im Weiteren auch die Fanmagazine zu den einzelnen Soaps, die eine weitere Brücke zwischen populärkulturellen Ereignissen und den Soaps bieten, indem sie oftmals als Ankündigungsorgane für die zusätzlichen Aktivitäten im Soap-Umfeld dienen. Verlost werden beispielsweise Teilnahmen an Sportveranstaltungen mit den Serienstars oder auch Statistenrollen. Wer auf dem Laufenden bleiben will, also etwas über „das Private" der Serienhelden erfahren will, ist auf diese Magazine angewiesen. Zusammenfassend kann festgehalten werden, dass die Soap-Macher folgende Ziele verfolgen:

- Aufgreifen von (Musik-)Trends,
- Präsentieren von (Musik-)Produkten,
- Rationalisierung der Figurenentwicklung und
- Schaffung von hohen Wiedererkennungs- und Identifiktionswerten für die einzelnen Figuren (Göttlich / Nieland 1998c: 200; Nieland 1999: 66f.).

Wie (ökonomisch) erfolgreich das Kult-Marketing ist, zeigt sich daran, dass inzwischen ganze Lifestyle-Settings von der Inszenierung erfasst werden. Denn das Aufgreifen, Präsentieren und Verstärken von Trends der Jugendkultur findet sich nicht nur im Bereich der Popmusik. So sind die Soaps gerade für Moden und Stile von der Kleidung bis zu Wohnungseinrichtungen, Accessoires, Frisuren u. ä. mehr Trendverstärker. Bemerkenswert ist daran, dass – im Gegensatz zu den US–amerikanischen Soaps – „alltagstaugliche" und „bezahlbare" Moden und Accessoires präsentiert werden. Damit ergeben sich unmittelbare Alltagsbezüge, die nicht von vornherein auf bestimmte Schichten und Lebensstile festgelegt sind und Gelegenheiten zu Kombinationen bieten, was dem mit dem Begriff der „bricolage" beschriebenen Verhalten in jugendkulturellen Szenen entgegenkommt. Bricolage wird hier als spezifische Umgangsweise mit Zeichen und Symbolen verstanden, die aus ihren ursprünglichen Bedeutungskontexten durch Aneignungen in neue Kontexte überführt und dabei umgedeutet werden. Resultat ist eine Vermischung unterschiedlicher Zeichen und Symbolsysteme zu einer neuen Bedeutungseinheit, über die die Gruppe kommuniziert.

Gerade die jüngste Entwicklung auf dem Pop-Musik-Markt zeigt an, dass vor dem Hintergrund der neuen Kult- und Markeninszenierungen eine neue Art von Stars entstanden ist. Die Rahmenbedingungen erwachsen der Kommerzialisierung und Differenzierung des Fernsehen; dies bedeutet für die Stars selbst, dass sie es nur zum semi-berühmten Teilzeitkult bei vorher definierten Zielgruppen bringen können. Gleichzeitig aber ist – Dank über 30 Kanälen – gerade für solche Karrieren viel Platz und Bedarf (vgl. Hammerstein / Jakobs / Tuma 1999: 245). Der Star der 1. Big- Brother-Staffel Zlatko Tprhovski ist dafür das beste Beispiel. Hier findet sich auch die Anknüpfung an die spezifische Form der Alltagsdramatisierung, denn mit Stars wie Verona Feldbusch, Monika Lewinsky und eben Sladdi sind wir in die Ära des dauernden Plebiszits eingetreten – weshalb der Star alten Stils auch keine Chance mehr hat: Musiker müssen sich ins Studio zurückziehen und neue Songs erarbeiten. Filmschauspieler verschwinden für Dreharbeiten von der Bildfläche – nur wer nichts richtig kann und nichts richtig tut, steht fürs tägliche Plebiszit im Fernsehen und den Zeitungen zur Verfügung (Seidel 1999: 15). Vor diesem Hintergrund von der „Schreinemakerisierung unserer Medienwelt" (Weischenberg) zu sprechen, grenzt an Untertreibung (Nieland 1999: 71), vielmehr scheint nach Jahren der PR-Maschinerien und des Medienrummels sowie der unablässigen Warnungen der unterschiedlichsten gesellschaftlichen Instanzen uns vor der Macht der Darstellung zu warnen - das Leben zur Kunst geworden zu sein, so dass das eine nicht mehr vom anderen zu unterscheiden ist (Gabler 1999: 12).

6. Mediale Performativität und gesellschaftliche Kommunikation

An dieser Stelle können wir abschließend festgehalten, dass unter Performanzgesichtspunkten nicht nur die Ausarbeitung und Bestimmung des Aspekts der Alltagsdramatisierung, der untrennbar mit der Entstehung von Medienrealitäten verbunden ist, wichtig ist. Zentral ist auch die Bestimmung der Inszenierungsstrategien, die nicht nur Ausdruck und Träger theatraler Prozesse in der Populärkultur sind, sondern auf die transformative Wirkung des Theatralen in der Medienkommunikation hindeuten. Gemeint sind hier besonders Prozesse der Eventisierung, mit denen nicht nur neue Bühnen und Plattformen für die Präsentation etwa von Lebensstilen entstehen, sondern auch das Hineinwachsen dieser Bühnen in den Alltag selber, als unverzichtbare Foren für die Präsentation des Selbst (vgl. Willems 2000). Diese Entwicklung – über die Strategien der Alltagsdramatisierung und des Kult-Marketing weitreichenden Aufschluß erlauben – ist zum einen Ergebnis von unterschiedlichen Rationalitäten, die dem Ziel der Marktsicherung und Absatzsteigerung dienen und auf Theatralität zum Zweck der Erlebnissteigerung setzen. Zum anderen ist sie Resultat der zunehmenden Grenzverwischung zwischen Realität und Fiktion, zwischen Event und Alltag, die von der Inszenierung unterschiedlichster Ereignisse – in den Medien und der mit diesen Medien verbundenen Ereignissen – ihren Ausgang nehmen. Die in Abb.1 aufgeführten und diskutierten Performativitätskriterien sind in dieser Hinsicht nicht nur wegen der immer deutlicher in den Vordergrund tretenden Unterhaltungsaspekte mit ihren Performanzmerkmalen zu erweitern sondern auch mit Blick auf die Konsequenzen, die aus der Entwicklung entgrenzter Medien resultieren, weiter zu bearbeiten. Dazu haben wir das Tableau in einem ersten Schritt (Abb.2) zunächst um den Aspekt der Unterhaltung erweitert und müssen nun in einem dritten Tableau (Abb.3) die Dimension des Kult-Marketing mit aufnehmen, womit sich auch die notwendige Erweiterung der Kontroll- und der Orientierungsfunktion auf den Dimensionen der *Performanz* und der *Struktur* ergibt:

Abb.3: Tableau zur Medienperformanz entgrenzter Medien bezogen auf die Dimensionen Alltagsdramatisierung und Kult-Marketing

Funktion	Performanz		Struktur	
	Qualität	Handeln	Rechtliche Regeln	Publizistische Regeln
Information	Vielfalt	Selektion	Verfaßtheit	Nachrichtenfaktoren
			Konzentrationskontrolle	Pro-Contra-Format
	Objektivität	Deskription	Wahrheitspflicht	Recherche- und Darstellungsverfahren
	Non-fiction/ fiction	Dramatisierung, Konflikt, Spannung		Tabloid
Unterhaltung	Drama	Dialog		Narrativität, Fiktionalität
	Erlebnis/Event	Vergnügen	(ökon. Regeln)	Kult-Marketing
Kontrolle	Kritik	Investigation	Privilegien und keit	Unabhängig-
	Bricolage	Kreativität	Schutzrechte	
Orientierung	Strukturierung	Interpretation	Tendenzschutz	Redaktionelle Linie
	Szenen/Life-Style	Identifikation		

Die Dimensionen der Informations-, Kontroll- und Orientierungsfunktion sind nun nicht nur wie in Abb.2 um die Dimension der Unterhaltungsfunktion ergänzt. Zu den Performanzkriterien sind zusätzlich die Dimensionen und Aspekte hinzugekommen und erfasst, die mit der Alltagsdramatisierung und dem Kult-Marketing auf der Handlungsebene wie auch auf der Qualitätsebene zentral werden: Dramatisierung, Dialog und Vergnügen haben in den entgrenzten Medien eine funktionale Bedeutung, die sich auf die Kontroll- und Orientierungsfunktion unmittelbar niederschlagen. Neben Kritik ist nun auch die Möglichkeit zur Bricolage – als der Fähigkeit mit heterogenen Zeichen- und Symbolsystemen zu kommunizieren – Performanzmerkmal der Kontrollfunktion und beruht auf dem kreativem Umgang mit Medienangeboten. Auf der Orientierungsebene wird dieses Muster durch die Szene- und Life-Style-Orientierung mit dem Ziel der aktiven Identifikation ergänzt. Das auf diesem Wege um die Dimension der Unterhaltung und des Kult-Marketing erweiterte Tableau zur Medienperformanz kann in der vorliegenden Form dennoch nicht als endgültig entwickelt und diskutiert betrachtet werden.

7. Resümee

Hauptziel unseres Beitrags war eine erste Erweiterung des Medienperformanzmodells, das bislang in der Medien- und Kommunikationswissenschaft dominant ist und das im Wesentlichen den Informationsangeboten sein Hauptaugenmerk zollt. Bereits der Aspekt des Infotainment macht deutlich, dass sich ein solches Modell nur mit der Ausblendung relevanter Teile des Angebots gesellschaftlicher Kommunikation durchhalten lässt, freilich mit der Gefahr, Artefakte zu schaffen. Unter den Bedingungen der Alltagsdramatisierung, zu denen mit Tulloch gesprochen die Ko-Präsenz und gegenseitige Abhängigkeit zählt, wird die Abkehr vom traditionellen Verständnis linearer Kommunikation möglich und das Verhältnis von Performativität und der gesellschaftlichen Konstruktion von Wirklichkeit zentral, für die das Unterhaltungsangebot eine Vielzahl an Modellen bereithält, die das verwirklichen bzw. ermöglichen, was nach Tulloch *Performanz* mit ausmacht: „that performances are narratives of personalized exchange with the potential to subvert routine" (Tulloch 1999: 85). Welche Verschränkungen die mediale und alltags- bzw. lebensweltliche Ebene dabei eingehen und welche Bedeutungen der Sinn- und Zeichensysteme in der Rezeption relevant werden, ist die Aufgabe weiterer Forschung, die neben der Wechselwirkung von medialer Beeinflussung der Alltagswelt - hier auch verstanden als Theatralisierung des Alltags – auch dem weiteren hineinwachsen des Alltags und seiner Dimensionen in die Medien nachgehen muss.

Literatur:

Auerbach, Erich (1946): Mimesis. Dargestellte Wirklichkeit in der abendländischen Literatur. Bern.

Bente, Gary / Fromm, Bettina (1997): Affektfernsehen. Motive, Angebotsweisen und Wirkungen. Opladen.

Bleicher, Joan-Kristin (1998): Ritualisierungen und Inszenierungsstrategien des Fernsehprogramms. In: Göttlich, Udo / Nieland, Jörg-Uwe / Schatz, Heribert (Hrsg.): Kommunikation im Wandel. Zur Theatralität der Medien. Köln: 54-72.

Bleicher, Joan-Kristin (1999): Fernsehen als Mythos. Poetik eines narrativen Erkenntnissystems. Opladen.

Bolz, Norbert / Bosshart, David (1995): Kult-Marketing. Die neuen Götter des Marktes. Düsseldorf.

Brown, Keith (1998): Macedonian Culture and its Audiences. An Analysis of *Before the Rain*. In: Hugh-Freeland, Felicia (ed.) : Ritual, Performance, Media. London: 160-176.

Carlson, Marvin (1996): Performance: a Critical Introduction. London.

Dörner, Andreas (1997): Politik in der medialen Erlebnisgesellschaft. Neuere Literatur zum Verhältnis von Politik und Populärkultur. In: Politische Vierteljahresschrift, Jg.38. H4: 831-844.

Dörner, Andreas (1998): Medien als politische Identitätsgeneratoren. Zur Inszenierung des Republikanismus in der amerikanischen Medienkultur. In: Politische Vierteljahresschrift, Jg.39, H.1: 3-27.

Dörner, Andreas (2000): Politische Kultur und Medienunterhaltung. Zur Inszenierung politischer Identitäten in der amerikanischen Film- und Fernsehwelt. Konstanz.

Esslin, Martin (1989): Die Zeichen des Dramas. Theater, Film, Fernsehen. Reinbek b. Hamburg.

Fiebach, Joachim (1989): Theatralitätsstudien unter kulturhistorisch-komparatistischen Aspekten. In: Ders. / Mühl-Benninghaus, Wolfgang (Hrsg.): Spektakel der Moderne. Bausteine zu einer Kulturgeschichte der Medien und des darstellenden Verhaltens. Berlin: 9-67.

Fischer-Lichte, Erika (1983): Semiotik des Theaters. Das System der theatralischen Zeichen. Bd.1. Tübingen.

Fischer-Lichte, Erika / Kolesch, Doris (1999): Vorwort. In: Paragrana, Bd.7, H.1: 11.

Fiske, John (1989): Reading the Popular. London.

Fiske, John / Hartley, John (1978): Reading Television. London.

Gabler, Neil (1999): Das Leben, ein Film. Der Erfolg der Wirklichkeit durch das Entertainment. Berlin.

Göttlich, Udo (1995): Der Alltag als Drama – Die Dramatisierung des Alltags. In: Müller-Doohm, Stefan / Neumann-Braun, Klaus (Hrsg.): Kulturinszenierungen. Frankfurt a. M.: 89-113.

Göttlich, Udo (1998): Medien und Theatralität des Alltäglichen. Göttlich, Udo / Nieland, Jörg-Uwe / Schatz, Heribert (Hrsg.): Kommunikation im Wandel. Zur Theatralität der Medien. Köln: 257-260.

Göttlich, Udo (2000): Zur Reinszenierung des Privaten in Daily Soaps. Konsequenzen der Alltagsdramatisierung in der Unterhaltungskommunikation. In: Paus-Haase, Ingrid / Schnatmeyer, Dorothee / Wegener, Claudia (Hrsg.): Wenn die Information zur Unterhaltung wird. Fernsehen zwischen Fiction und Non-Fiction. Bielefeld: GMK-Reihe: 190-209.

Göttlich, Udo / Nieland, Jörg-Uwe (1997): Politischer Diskurs als Unterhaltung? Präsentationslogiken von Daily Soaps als Wegweiser. In: Schatz, Heribert / Jarren, Otfried / Knaup, Bettina (Hrsg.): Machtkonzentration in der Multimediagesellschaft. Opladen: 188-200.

Göttlich, Udo / Nieland, Jörg-Uwe (1998a): Daily Soap Operas. Zur Theatralität des Alltäglichen In: Willems, Herbert / Jurga, Martin (Hrsg.): Die Inszenierungsgesellschaft. Opladen: 417-434.

Göttlich, Udo / Nieland, Jörg-Uwe (1998b): Daily Soaps als Experimentierfeld der Fernsehunterhaltung. In: BLM (Hrsg.): Vom Boulevard- zum Trsch-TV: Fernsehkultur im Wandel. (Dokumentation des Rundfunkkongresses 1997) München: 155-177.

Göttlich, Udo / Nieland, Jörg-Uwe (1998c): Daily Soaps als Umfeld von Marken, Moden und Trends. Von Seifenopern zu Lifestyle-Inszenierungen. In: Jäckel, Michael (Hrsg.): Die umworbene Gesellschaft. Opladen: 179-208.

Göttlich, Udo / Nieland, Jörg-Uwe (1999): Politik in der Pop-Arena. Neue Formen der Politikvermittlung. In: Transit. Europäische Revue. Bd.17. Wien: 110-123.

Göttlich, Udo / Nieland, Jörg-Uwe (2000): Inszenierungsstrategien in deutschen Daily Soaps: Theatralität und Kult-Marketing am Vorabend. In: Fischer-Lichte, Erika / Pflug, Isabel (Hrsg.): Inszenierung von Authentizität. Tübingen: 143-161.

Göttlich, Udo / Nieland, Jörg-Uwe / Schatz, Heribert (Hrsg.) (1998): Kommunikation im Wandel. Zur Theatralität der Medien. Köln.

Goffman, Erving (1969): Wir alle spielen Theater. Die Selbstdarstellung im Alltag. München.

Gurvitch, Georges (1956): Sociologie du théâtre. In: Les nouvelles, Jg.35, Nr.4: 196-210.

Hall, Stuart (1980): Encoding and Decoding in the Television Discourse. In: Hall, Stuart / Hobson, Dorothy et al. (eds.): Culture, Media, Language. London: 128-138.

Hammerstein, Konstantin v. /Jacobs, Hans Jürgen / Tuma, Thomas (1999): Die Show ist die Show ist die Show. In: Der Spiegel 10/1999: 242-246.

Hoffmann-Riem, Wolfgang (2000): Thesen zur Regulierung der dualen Rundfunkordnung. In: Medien und Kommunikationswissenschaft, Jg.48, H.1.: 7-21.

Hugh-Freeland, Felicia (ed.) (1998): Ritual, Performance, Media. London.

Keppler, Angela (1994) Wirklicher als die Wirklichkeit? Das neue Realitätsprinzip der Fernsehunterhaltung. Frankfurt.

Krotz, Friedrich (1998): Kompatibel nach vielen Seiten. Zum Konzept Theatralität als Verbindungsstück zwischen literatur- und sozialwissenschaftlicher Medienforschung. In: Göttlich, Udo / Nieland, Jörg-Uwe / Schatz, Heribert (Hrsg.): Kommunikation im Wandel. Zur Theatralität der Medien. Köln: 253-256.

Kruger, Loren (1993): Placing the occasion. Raymond Williams and Performing Culture. In: Dworkin, D.L. / Roman, L.G. (eds.):Views Beyond the Border Country. Raymond Williams and Cultural Politics. London: 55-71.

Lipp, Wolfgang (1994): Drama Kultur. Berlin.

McQuail, Denis (1992): Media Performance. Mass Communication and Public Interest. London u. a.

Morley, David (1992): Television Audiences and Cultural Studies. London.

Nieland, Jörg-Uwe (1999): Kult- und Markeninszenierungen: Reaktion auf den Fernsehwandel. In: Schicha, Christian / Ontrup, Rüdiger (Hrsg.): Medieninszenierungen im Wandel. Münster/Hamburg: 62-73.

Nieland, Jörg-Uwe (2000): Politics goes popular. Anmerkungen zur Popularisierung der politischen Kommunikation. In: Kamps, Klaus (Hrsg.): Trans-Atlantik, Trans-Portabel. Die Amerikanisierungsthese in der politischen Kommunikation. Opladen/Wiesbaden: 307-330.

Rapp, Uri (1973): Handeln und Zuschauen. Untersuchungen über den theatersoziologischen Aspekt in der menschlischen Interaktion. Darmstadt/Neuwied.

Renger, Rudi (2000a): Eine Theorie vom nächsten Donnerstag! Zum Journalismus in der Populärkultur. In: Göttlich, Udo / Winter, Rainer (Hrsg.): Politik des Vergnügens. Zur Diskussion der Populärkultur in den Cultural Studies. Köln.

Renger; Rudi (2000b): Geringfügige Nachrichten. Populärer Journalismus zwischen wissenschaftlicher Agnosie und theoretischer Pluralismus. In: Paus-Haase, Ingrid / Schnatmeyer, Dorothee / Wegener, Claudia (Hrsg.): Information, Emotion, Sensation. Wenn im Fernsehen die Grenzen zerfließen. Bielefeld: 12-29.

Sandbothe, Mike (1998): Theatrale Aspekte des Internets. In: Göttlich, Udo / Nieland, Jörg-Uwe / Schatz, Heribert (Hrsg.): Kommunikation im Wandel. Zur Theatralität der Medien. Köln: 209-226.

Sarcinelli, Ulrich (1997): Von der Parteien- zur Mediendemokratie? Das Beispiel Deutschland. In: Schatz, Heribert / Harren, Otfried / Knaup, Bettina (Hrsg.): Machtkonzentration in der Multimediagesellschaft. Beiträge zu einer Neubestimmung des Verhältnisses von politischer und medialer Macht. Opladen: 34-45.

Sarcinelli, Ulrich (Hrsg.) (1998): Politikvermittlung und Demokratie in der Mediengesellschaft. Beiträge zur politischen Kommunikationskultur. Schriftenreihe der Bundeszentrale für politsche Bildung Band 352. Bonn.

Sarcinelli, Ulrich / Schatz, Heribert (Hrsg.) (2001): Mediendemokratie im Medienland? Inszenierungen und Themensetzungsstrategien im Spannungsfeld von Medien und Parteieliten am Beispiel der nordrhein-westfälischen Landtagswahl im Jahr 2000. Abschlussbericht. Untersuchung im Auftrag der LfR. Ms. Landau/Duisburg.

Schatz, Heribert (Hrsg.) (1996): Fernsehen als Objekt und Moment des sozialen Wandels. Faktoren und Folgen der aktuellen Veränderungen des Fernsehens. Opladen.

Schatz, Heribert / Habig, Christopher / Immer, Nikolaus (1990): Medienpolitik. In: v.Beyme, Klaus / Schmidt, Manfred G. (Hrsg.): Politik in der Bundesrepublik Deutschland. Opladen: 331-359.

Schatz, Heribert / Schulz, Winfried (1992): Qualität von Fernsehprogrammen. Kriterien und Methoden zur Beurteilung von Programmqualität im dualen Fernsehsystem. In: Media Perspektiven 11/1992: 690-712.

Schwarzkopf, Dietrich (Hrsg.) (1999): Rundfunkpolitik in Deutschland. 2 Bände. München.

Schieffelin, Edward L. (1998): Problematizing Performance. In: Hugh-Freeland, Felicia (ed.): Ritual, Performance, Media. London: 194-207.

Schulze, Gerhard (1995): Das Medienspiel: In: Müller-Doohm, Stefan / Neumann-Braun, Klaus (Hrsg): Kulturinszenierungen. Frankfurt a. M.: 363-378.

Seidel, Claudius (1999): Banalfixiert. In: Süddeutsche Zeitung Nr. 64 v. 18.03.1999: 15.

Tulloch, John (1990): Television Drama. Agency, Audience and Myth. London.

Tulloch, John (1999): Performing Culture. London.

Voltmer, Katrin (1998/99): Medienqualität und Demokratie. Eine empirische Analyse publizistischer Informations- und Orientierungsleistungen in der Wahlkampfkommunikation. Baden-Baden.

Weischenberg, Siegfried (1997): Neues vom Tage. Die Schreinemakerisierung unserer Medienwelt. Hamburg.

Willems, Herbert (1997): Rahmen und Habitus. Zum theoretischen und methodischen Ansatz Erving Goffmans: Vergleiche, Anschlüsse und Anwendungen. Frankfurt a. M.

Willems, Herbert / Jurga, Martin (Hrsg.) (1998): Die Inszenierungsgesellschaft. Ein einführendes Handbuch. Opladen.

Willems, Herbert (2000), Events: Kultur – Identität – Marketing. In: Gebhardt, Winfried / Hitzler, Ronald / Pfadenhauer, Michaela (Hrsg.): Events. Soziologie des Außergewöhnlichen. Opladen: 51-73.

Williams, Raymond (1998): Drama in einer dramatisierten Gesellschaft: In: Göttlich, Udo / Nieland, Jörg-Uwe / Schatz, Heribert (Hrsg.): Kommunikation im Wandel. Köln: 238-253.

Gefühle und Politik

Kommunikatives Handeln in der Politik

Thomas Schierl

Emotionen sind in den Politikwissenschaften nach wie vor ein unterbelichtetes Thema. Das mag damit zusammenhängen, dass, geprägt von seiner jüngeren Geschichte, besonders in Deutschland ein normativer Politikbegriff Politik als kognitiv-rational dominierten Prozess konzipiert. Im Folgenden soll gezeigt werden, dass auch mit vernünftigem Handeln zwangsläufig Emotionen verbunden sind und Emotionen durchaus funktionales Element innerhalb eines rationalen Entscheidungsprozesses sein können.

Das Emotionale in der Politikwissenschaft

Gegenüber den menschlichen Emotionen hatte die Philosophie und Wissenschaft schon von frühsten Zeiten an ein sehr problematisches Verhältnis. Als deutliche Zeugnisse mögen hierfür beispielhaft die altindischen Lehren, der Buddhismus (ab ca. 500 v. Chr.) oder die Lehren Platons mit seiner Dreiteilung zwischen Denken, Wollen und Fühlen dienen. Emotionen galten im Altertum und Mittelalter bei den meisten Denkern und Schulen als etwas a priori Negatives, das entweder als Ursache des Leidens allgemein oder spezifischer als Widersacher eines von Vernunft geleiteten Handelns identifiziert wurde.[1] Kant verglich Gefühle sogar mit Geisteskrankheit und verachtete das Emotionale auf das Entschiedenste (Ulich / Mayring 1992: 18f.).

Bis ins 20. Jahrhundert hinein wirkt die klassische Affektenlehre auf Denken und Handeln in der Gesellschaft ein. Den zentralen Punkt dieser Lehre stellt die Frage dar, wie die Moral die Kontrolle über Leidenschaften behalten kann. Kontrolle und

---

1 Zu den wenigen Ausnahmen gehört Aristoteles, der es als „vernünftig [empfand], affektiv betroffen zu sein" (Wörner 1981: 78).

Beherrschung der Gefühle sind ein entscheidender kultureller Leitwert, der erst beim Wechsel in die „hedonistische Gesellschaft“ in der zweiten Hälfte des 20. Jahrhunderts seine Verbindlichkeit und Relevanz endgültig verliert.[2]

Selbst in der Psychologie wurden Emotionen kaum thematisiert. Noch in den 30er Jahren des 20. Jahrhunderts prophezeiten Psychologen bestimmter Richtungen sogar das baldige Verschwinden des Emotionsbegriffs aus der wissenschaftlichen Terminologie, da er praktisch keinen Erklärungswert biete. Emotionen wurden zu dieser Zeit häufig nicht einmal als Konstrukt aktzeptiert, und wenn doch, dann zumindest nicht näher erforscht. Diese Ignoranz gegenüber Emotionen wurde im 20. Jahrhundert vor allem durch das Vordringen des Behaviorismus und die sogenannte „kognitive Revolution“ begünstigt, die zu einer Vorherrschaft rationalisitischer Betrachtungsweisen menschlichen Handelns führte. Trotz dieser dominierenden Sehweise erwacht Anfang der 60er Jahre mit den Arbeiten beispielsweise von Schachter und Singer ein gewisses Interesse an Emotionsforschung (Schmidt-Atzert 1996: 11), das aber erst Anfang der achtziger Jahre, begleitet von einem einflussreichen und viel beachteten Plädoyer von Klaus Scherer (1981) für die Emotionspsychologie, in relevantem Maße zunimmt.

In den Sozialwissenschaften, beispielsweise im Bereich der Kommunikationswissenschaft (speziell auch in der Medienwirkungsforschung), stehen weit überwiegend immer noch primär kognitive Prozesse im Fokus der Aufmerksamkeit unter Vernachlässigung emotionaler Prozesse bzw. Begleitprozesse, die in ihrer Bedeutung häufig nicht ausreichend gewürdigt und in ihrem Einfluß deutlich unterschätzt werden. Eine Neubewertung der Bedeutung emotionaler gegenüber kognitiven Prozessen ist aber dringend notwendig, um menschliches Verhalten sinnvoll beschreiben und erklären zu können (Winterhoff-Spurk 1999: 58).

Auch in der Politikwissenschaft wird das Thema Emotionen mehr oder weniger ausgeklammert, wie auch die Politische Psychologie, und zwar von Psychologie wie Politikwissenschaft gleichermaßen, stark vernachlässigt wird. Beide Gebiete befruchten sich in ihrer Arbeit nur wenig. So gehen von der Politischen Psychologie nur selten Impulse für die allgemeine psychologische Forschung aus, wie andererseits die Politische Psychologie lediglich sehr lose an die Entwicklungen in der allgemeinen Psychologie angebunden ist. Die Politische Psychologie ist sowohl in Forschung, Lehre als auch Berufsbild unscharf ausgebildet und weist, im Gegensatz zu anderen Spezialisierungsgebieten der Psychologie, einen niedrigen Grad an Institutionalisierung auf (Krampen 1986: 232).

2 Die Sehnsucht der Gefühle bricht zumindest in der Kunst bereits im 17 Jahrhundert zaghaft durch, wie Neuschäfer (1985) anhand des klassischen Dramas im 17. Jahrhundert zeigt. Die Affektkontrolle, zu der, so die Ansicht, in erster Linie Männer der Oberschicht (im Gegensatz zu Frauen und der Unterschicht allgemein) fähig waren, woraus sich wiederum deren Privileg zu Herrschaft in Gesellschaft und Politik ableitete, wurde von diesen Männern vielfach als traumatisch anmutende Last empfunden (s. Kessel 2000).

Dies gilt vor allem für das Gebiet der Bundesrepublik, was sich zu einem großen Teil auf die jüngere Geschichte Deutschlands zurückführen läßt. Denn gerade im Nationalsozialismus wurde der Begriff der Politischen Psychologie als programmatisches Schlagwort stark mißbraucht. Apologetisches Schrifttum wie beispielsweise die unselige Broschüre des Bonner Professors W. Poppelreuter „Hitler, der politische Psychologe" fügten der Politischen Psychologie Imageschädigungen schlimmsten Ausmaßes zu (Geuter 1986: 221).[3] In der Zeit des Nationalsozialismus bot Deutschland „als Beitrag zur Politischen Psychologie keine Leistung, sondern vielmehr ein Problem: Die jüngere deutsche Geschichte wurde indirekt zum Motor und Testfall für die Politischen Psychologie" (Preiser 1986: 215).

Die nationalsozialistische Vergangenheit bildet(e) den Haupthintergrund für eine Politische Psychologie in Deutschland, oftmals mit dem Versuch begründet, eine Wiederholung des NS-Vergangenheit zu vermeiden (Krovoza / Schneider 1988: 15). Diese stabile assoziative Verknüpfung der Disziplin mit den Auswüchsen dieser verhängnisvollen Zeit führte aber letztendlich auch zu einer emotionalen Aufladung der Einstellung gegenüber der Politischen Psychologie (und diese Bewertung ruht eben dominant auf Emotionen und scheint nur selten kognitiv gesteuert), so dass in Deutschland Politische Psychologie immer einen gewissen unangenehmen Beigeschmack hat, besonders wenn deren thematischer Fokus Emotionen – gerne kurzschlüssig als Synonym für das irrationale Moment des Menschlichen verstanden – in irgendeiner Weise mit einschließt.

Die Aversionen und Vorbehalte gegenüber Politischer Psychologie ließen und lassen sich teilweise immer noch in beiden Lagern, aus denen sich diese als Disziplin rekrutiert, feststellen. Seitens des Psychologen war die Aversion gegen das Reizwort „politisch" sogar lange so hoch, daß Arbeiten zum Thema Politische Psychologie nicht mit den Arbeiten anderer Spezialgebiete der Psychologie zusammen innerhalb einer Fachzeitschrift dargestellt werden konnten, sondern praktisch als eine Art privater Beilage veröffentlicht werden mußten (Preiser 1986: 217).

Betrachtet man die deutsche wissenschaftliche Literatur zur Politischen Psychologie, so zeigt sich, dass ein wesentlicher Beitrag zu diesem Gebiet vor allem von der kritischen Theorie geleistet wurde (Krovoza / Schneider 1988: 17ff.). Dies gilt nicht nur für deren generellen Beitrag zur Politischen Psychologie, sondern im besonderen auch für deren Auseinandersetzung mit dem Thema Politik und Emotion, wobei sie letzterer eine wesentliche Bedeutung im politischen Prozess zuweist (Claussen 1980; Horn 1989). Claussen beispielsweise hält es deshalb auch explizit für bedenklich, wenn nicht gar gefährlich, dass überwiegend auf eine „wissenschaftlich fundierte Auseinandersetzung mit dem Problemkomplex menschlicher Emotionalität"

3 Poppelreuter, der in dieser Publikation die NS-Bewegung als Kampf der Psychologie gegen die Unpsychologie darstellte, schreckte auch nicht davor zurück, Hitlers „Mein Kampf" als „Lehrbuch der politischen Psychologie" in einem Psychologiekurs studieren zu lassen. Wobei Geuter (1986: 221) weiter darauf hinweist, dass solche Schriften, wie die von Poppelreuter, eher die Träume eines Psychologen decouvrierten, als dass sie den wirklichen Einfluß der Psychologie zu dieser Zeit repräsentierten.

verzichtet wird. Denn sich dem Problem nicht zu stellen, kann nicht helfen Vorurteile und Ideologien abzubauen (Claussen 1980: 189).

Emotionen als funktionales Element vernünftigen Handelns

Insofern scheint es dringend notwendig, dem Thema Emotion weniger stark emotional geleitet gegenüberzutreten und diese ihrer Bedeutung als Einflussfaktor auf Wahrnehmung und Verhalten entsprechend zu untersuchen. In dem hier nachfolgend nur skizzenhaft zu entwickelnden Ansatz wird Emotionen eine wesentliche Rolle im politischen Handeln bzw. speziell auch im politischen kommunikativen Handeln zugewiesen.

Denn aus dem Blickwinkel neuerer emotionspsychologischer Ansätze erscheint ein Ignorieren oder gar Verdammen von Emotionen wie das Unterstellen oder Einfordern einer rein kognitiv-rationalen Handlungsweise als wenig zielführend. Vielmehr ist im Sinne eines integrativen Ansatzes von einer permanenten und zwangsläufigen Interaktion zwischen Emotion und Kognition auszugehen, die die Grundlage ökonomischer Informationsverarbeitung und Verhaltensweisen bildet (Mandl / Huber 1983). Dabei müssen Emotion und Kognition als komplementär und nicht mehr als in eine Richtung ursächlich gedacht werden, ausgehend davon, dass beide nicht unabhängig voneinander funktionieren können (Ulich 1989: 27).

Emotion und Kognition sind im menschlichen Verhalten untrennbar miteinander verbunden. Es gibt weder ein rein emotionales noch ein rein kognitiv gesteuertes Verhalten, sondern höchstens eine jeweils zeitweilige emotionale oder kognitive Dominanz in der Verhaltenssteuerung. Dies hat Auswirkungen a) auf die menschliche Kommunikation und b) allgemein menschliches Handeln.

Menschliche Kommunikation ist generell sowohl emotional als auch kognitiv basiert. Denn jegliche relevanten Informationen müssen bipolar angelegt sein, also über einen kognitiven wie emotionalen Anteil verfügen. Rein kognitive Botschaften sind nach Auffassung Ciompis gar nicht möglich, da sie keine Relevanz bilden und somit keine Aufmerksamkeit produzieren können. Selbst Botschaften, die hundertmal wiederholt werden, finden keine Beachtung, sofern sie nicht in der Lage sind einen emotionalen Eindruck zu hinterlassen. Dies gilt für alle Vorschriften, Hinweise, Lustquellen, Nachrichten – sie werden so lange ohne Wirkung bleiben, solange sie nicht gleichzeitig – in der Diktion Ciompis – mit einem „affektiven Stempel“ oder „Imprint” versehen werden. Ebenso können aber auch Emotionen alleine keine Botschaft bilden. Denn selbst die heftigsten Emotionen, beispielsweise bei Unglücksfällen oder Katastrophen, sind in irgendeiner Weise an Kognitionen gebunden, zumindest an Raum- und Zeitstrukturen, die dem Affekt zugeordnet werden.

Informationen sind also „immer und notwendig nicht nur eine kognitive, sondern auch eine affektive Differenz" (Ciompi 1992: 171).

Aber nicht nur menschliche Kommunikation verfügt zwangsläufig über eine emotionale Komponente, sondern auch das Handeln allgemein. Ausgehend von einem Erwartung-Wert-orientierten Handeln, sind sowohl die Erwartungen emotional basiert, denn vom Handelnden werden Informationen zur Einschätzung der Wahrscheinlichkeiten von Erwartungen benötigt, die selbst eine teilweise emotionale Komponente haben, als auch die zugrundeliegenden Werte. Letztere lassen sich in implizite und selbstattributierte unterteilen, wobei die impliziten primär emotional ausgebildet sind und die selbstattributierten einen höheren kognitiven Anteil haben (Rheinberg 2000: 187ff.).[4]

Die neurologischen Arbeiten Damasios zeigen aber, dass Emotionen nicht nur an allen Entscheidungsprozessen beteiligt sind, sondern darüber hinaus, dass ihre Einflußnahme in diesen Prozessen durchaus funktional sein kann, im Hinblick auf ein möglichst vernünftiges Handeln. Eine der Grundlagen für Damasios Theorieansatz bilden seine Forschungen mit Patienten, die aufgrund eines Unfalls oder einer Krankheit eine Läsion der ventromedialen präfrontalen Hirnregionen zu beklagen hatten. Eine Läsion dieses Bereichs führt zu einem Verlust von Emotionen. Während zwar sämtliche intellektuellen, vor allem. kognitive Fähigkeiten komplett erhalten bleiben, sind diese Patienten nicht mehr in der Lage Gefühle auszubilden bzw. zu empfinden. Wie sich in seiner Arbeit zeigte, verlieren sämtliche Patienten mit einer solchen Hirnschädigung, trotz der erhaltenen kognitiven Kompetenzen (!), weitgehend ihre vorher vorhandene Fähigkeit im sozialen Raum vernünftig zu handeln (Damasio 1995). Der Mangel an Emotionen führt also zu einem Defekt in der Entscheidungsfindung, woraus sich umgekehrt schließen läßt, dass Emotionen teilweise eine Notwendigkeit für ein vernünftiges Entscheidungsverhalten darstellen.

Im Entscheidungsprozeß übernehmen Emotionen zwei wichtige Funktionen: erstens die Funktion einer Evaluation der alternierenden Handlungsoptionen und zweitens die Funktion der Aktivierung. Dies soll kurz erläutert werden.

In ihrer Entwicklung machen Menschen ständig Erfahrungen mit bestimmten Verhaltensweisen, die nämlich entweder zu tendenziell positiven oder negativen Ergebnissen führen und ebenso positiv oder negativ emotional erlebt werden. Die in solchen Verhaltens/Ergebnis-Konstellationen gemachten Erfahrungen werden dann entsprechend dem emotionalen Erlebnis vom Betroffenen markiert. Diese emotionalen Markierungen wiederum können dann in einer Entscheidungssituation beim Auftreten einer Vielzahl von unterschiedlichen Handlungsoptionen eine erste Evaluationsgrundlage darstellen. Während schlechte oder gefährliche Handlungsoptionen umgehend negativ bewertet und in einer Vorselektion ausgeschieden werden,

4 Letztlich können die Schlussregeln, nach denen intern die Verarbeitung von Inputs in Outputs bewerkstelligt wird, nur willkürlich (ergo emotional) festgelegt werden und kein Produkt der Vernunft sein, da ihre logische Begründung in einen infiniten Regreß logischer Schritte führen würde (Simon 1993: 14ff.).

treten bewährte und sichere Handlungsoptionen in den Vordergrund. Dies bedeutet natürlich nicht, dass dieser Prozess, vor allem wenn genügend Zeit für eine ausgedehnte und sehr sorgfältige Entscheidungsfindung zur Verfügung steht, nicht durchaus noch einmal kognitiv hinterfragt werden kann und (emotional) ausgeschiedene Optionen noch einmal überdacht oder gar ausgeführt werden.

Emotionale Markierungen nehmen dem Handelnden also nicht das Denken ab, sondern unterstützen es nur, indem sie gefährliche und günstige Wahlmöglichkeiten jeweils ins rechte Licht rücken. Das Ganze läßt sich als ein automatisches System zur Beurteilung von Vorhersagen verstehen, das außerordentlich unterschiedliche Szenarien antizipierend evaluiert (Damasio 1995: 239).

Gerade sehr komplexe Entscheidungen im sozialen Raum bedürfen dieser Reduktion von Entscheidungskomplexität einer automatischen Evaluation, um überhaupt sinnvoll getroffen werden zu können. Denn andernfalls würden solche Entscheidungen unangemessen viel Zeit in Anspruch nehmen bzw. sie wären überhaupt nicht zu treffen, da sich der Entscheider in den Verästelungen ihrer jeweiligen Berechnungen verlieren würde. Die komplexen Modelle der präskriptiven Entscheidungstheorien sind nur für außergewöhnlich folgenschwere und langfristige Entscheidungen in Wirtschaft und Politik sinnvoll. Aber auch in diesen Bereichen werden sie in der Praxis nur bedingt angewendet, da man häufig nicht nach optimalen, sondern lediglich nach befriedigenden Lösungen sucht; es dominiert die Strategie des „Durchwurstelns“ (Eisenführ / Weber 1999; Bamberg / Coenenberg 2000). Sehr elaborierte Entscheidungsverfahren sind hingegen typisch für Damasios Patienten mit ventromedialen präfrontalen Hirnläsionen. Selbst weniger bedeutende Entscheidungen werden von diesen analytisch angegangen, führen aber aufgrund der fehlenden Möglichkeit emotionaler Markierung der positiven wie negativen Optionen letztendlich überwiegend zu einer ineffizienten und wenig vernünftigen Entscheidung.

Emotionen können aber, sofern es der aktuelle Entscheidungsdruck zulässt, auch eine Reassurance-Funktion übernehmen. Das heißt, die favorisierte Handlungsoption wird als Vorentscheidung zugelassen und dann in einem weiteren präaktionalen Evaluationsprozess noch einmal emotional auf Erwartung und Wert überprüft. Hinterlässt sie bei diesem Evaluationsprozess nicht das positive Gefühl einer für die Situation adäquaten Entscheidung, wird der Entscheidungsprozeß erneut gestartet. Führt dieser Prozeß zur Auswahl einer anderen Handlungsoption wird diese wiederum einer emotionalen Bewertung unterzogen, ist aber die vorherige Option erneut das Ergebnis dieses Prozesses, so wird man sie unter Umständen als nicht gute, aber in der Situation bestmögliche Entscheidung wahrnehmen.

Hinterlässt die ausgewählte Handlungsoption allerdings eine positives Gefühl, so wird man diese als anstehende Handlung akzeptieren. Diese durch die Evaluation erlangte positive Emotion ist insofern von hoher Bedeutung, als sie das Gefühl hinterlässt, vernünftig oder zumindest in Anbetracht der Situation richtig und gut gehandelt zu haben. Das erlangte Gefühl ist im Bewußtsein der Unwägbarkeit zukünftiger Entwicklungen bzw. der Folgen von Entscheidungen in komplexen, sozialen Räumen die notwendige Rückversicherung im Entscheidungsprozess.

Im Anschluß an die präaktionale Evaluation können Emotionen auch eine aktivierende Funktion übernehmen. Wird die ausgewählte Handlungsoption emotional positiv bewertet, kann diese positive Emotion den notwendigen Impuls zur Aktivierung des gewählten Handlungsvorganges bzw. der dazu notwendigen Willensprozesse geben – die Handlung wird ausgeführt.

Abb.: 1

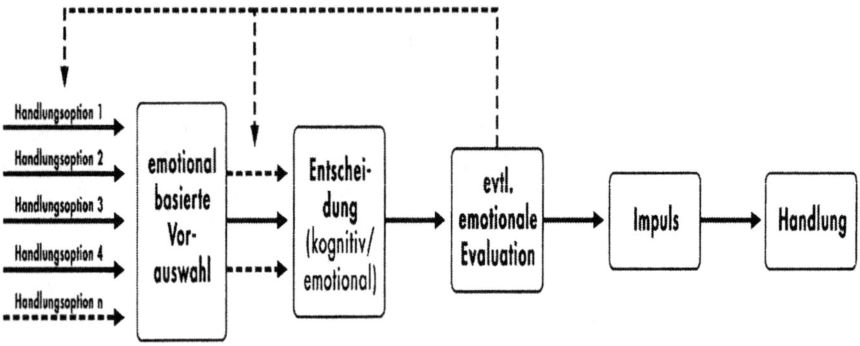

In dem obigen Abriss wurde versucht, ein Modell in seinen Grundzügen zu entwikkeln, das Handeln allgemein und somit auch politisches kommunikatives Handeln im Speziellen als ständig von Emotionen durchwirkt, konzipiert. Wenn diese Ausführungen auch deutlich machen wollen, dass Emotionen einen notwendigen und sinnvollen Part in Entscheidungsprozessen übernehmen, so soll das entwickelte Modell aber keinesfalls implizieren, dass Entscheidungen gänzlich ohne kognitiv-rationale Denkprozesse zustande kommen. Wie vorher erwähnt, ist menschliches Handeln immer sowohl emotional als auch kognitiv bestimmt. Der jeweilige Anteil des einen wie des anderen innerhalb dieses Prozesses – also welche Polarität jeweils innerhalb des Prozesses dominiert – wird durch eine Vielzahl von endogenen wie exogenen Faktoren bestimmt. Was mit den obigen Ausführungen ebenso wenig nahegelegt werden soll, ist die Ansicht, dass menschliches Handeln emotional determiniert ist, das heißt Menschen die teilweise aus ökonomischen Gründen automatisiert ablaufenden emotionalen Prozesse nicht überwinden oder kognitiv korrigieren könnten. Denn ganz im Gegenteil können kognitive Prozesse jederzeit auf ihren Wert und ihre Ergebnisse hin kognitiv überprüft werden. Je nach Notwendigkeit, persönlicher Relevanz und Bedeutung der Entscheidung können Menschen jederzeit auf elaborierte, kognitiv dominierte Entscheidungsmodelle zurückgreifen und den Entscheidungsprozess einer ausführlichen, kognitiv-rationalen Analyse unterziehen.[5]

5 Wobei auch die Entscheidungsmodelle der präskriptiven Entscheidungstheorie eher prozeduraler Art sind. Das heißt, der Entscheidungsprozeß als solcher kann kognitiv-rational gestaltet werden. Die eigentliche Entscheidung selbst wird aber immer auch von emotionalen Komponenten mit getragen werden (vgl. auch Fußnote 4).

Es zeigt sich aber, dass das Mitwirken von Emotionen im Entscheidungsprozeß keinesfalls zu schlechten und ineffektiven Entscheidungen führen muss. Wie Damasios Forschung deutlich machen, können Emotionen sogar den Entscheidungsvorgang vereinfachen und damit auch optimieren, wohingegen die komplette Eliminierung von Emotionen eher dysfunktional ist, da vernünftige Entscheidungen in komplexen sozialen Räumen ohne Emotionen kaum zu bewerkstelligen sind.

Emotionen und politisches Handeln

Betrachtet man den politischen Prozess, so zeigt sich, dass Emotionen sowohl aus einer vertikalen als auch aus einer horizontalen Perspektive heraus besehen einen bedeutenden Anteil am politischen kommunikativen Handeln haben.

Vertikale Prozesse

Unter der vertikalen Perspektive politischer Kommunikation soll die Kommunikation zwischen der politischen Akteursebene und der gesellschaftlichen Ebene verstanden werden. Bei unserer Analyse gehen wir von einem stark vereinfachten Modell aus, das zwischen diese beiden Ebenen noch eine weitere Ebene der (medialen) Vermittlung einzieht.

Abb. 2:

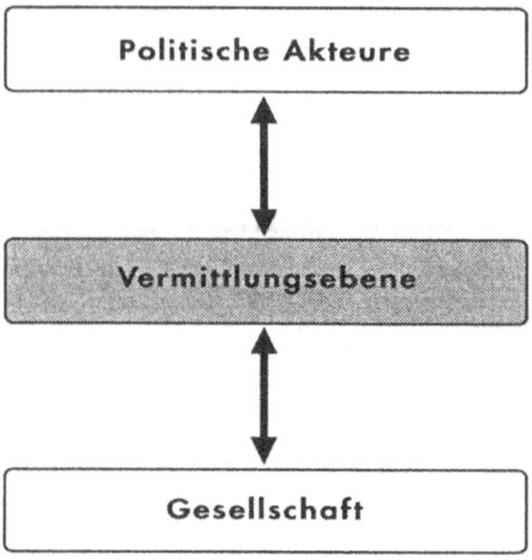

Die Beobachtung der Politik durch die Gesellschaft

Gesellschaft beobachtet Politik, wobei diese selbst in der Regel Beobachter 2. Ordnung ist und Politik über die Vermittlungsebene (z. B. journalistische Medien), die Beobachter 1. und 2. Ordnung stellt, vermittelt bekommt. In diesen Beobachtungen 1. und 2. Ordnung werden aber nicht nur politische Sachverhalte (issues) wahrgenommen, sondern zu einem hohen Anteil auch Emotionen. Denn emotionale Informationen bieten den Beobachtern einen (so empfunden) hohen Orientierungswert über die Persönlichkeiten politischer Akteure, den Zustand und die Befindlichkeit eines politischen Systemes oder dessen Beziehung zu einem anderen politischen System.

Neben den „harten" Faktoren werden in die Beurteilung einer beruflichen Kompetenz, und dies gilt für die Politik genauso wie für andere Bereiche beispielsweise in der Wirtschaft, immer auch „weiche" Faktoren, die sich auf die emotionale Persönlichkeit beziehen, einbezogen. Gerade eine Führungskompetenz verbindet man weniger mit fachlicher Qualifikation als mit emotionaler Bildung (vgl. auch Goleman 1996). Insofern ist es vielleicht nicht all zu erstaunlich, dass auch Gesellschaft und ihre Bürger bei politischen Akteuren deren „weiche" Faktoren aufgrund ihrer emotionalen Ausstrahlung bewertet. Dass eine solche affektive Bewertung bei einem großen Teil der politischen Akteure vorgenommen wird, und das in Sekundenschnelle, zeigen deutlich die Untersuchungen von Frey (1999).

Gerade für politisch wenig Interessierte haben Emotionen eine hohe Orientierungsfunktion, auch in Bezug auf die Befindlichkeit politischer Systeme. Denn Interesse an politischen Sachverhalten entsteht bei wenig Involvierten nur angesichts von Krisenzuständen des Staates. Bedrohungen erhöhen die politische Aktivität (Meynaud / Lancelot 1965; Dahrendorf 1972). Emotionen können hier eine sehr fein aufnehmende seismographische Funktion übernehmen, da Krisenzustände, wie auch Veränderungen allgemein, immer von Emotionen der Akteure begleitet werden. Ein entspanntes von Lächeln begleitetes Auftreten der politischen Akteure wird hier – im Gegensatz zu aggressiven verbalen oder gar handgreiflichen Übergriffen im Bundestag – das beruhigende Gefühl übermitteln, alles sei in Ordnung.[6] So lange die (auch oberflächliche) Beobachtung der Politik keinen Grund für das Auftreten negativer Gefühle liefert, wird diese nur peripher beachtet und emotional evaluiert. Erst bei der Auslösung negativer Emotionen, die Gefahr signalisieren, setzt eine tiefergehende Beschäftigung mit diesem Thema ein. Denn wie die Untersuchungen von Schwarz (1987) zeigten, lösen negative Stimmungen die Suche nach Gründen für

6 Wie wichtig emotionale Informationen auch von der Vermittlungsebene genommen werden, zeigt sich eben nicht nur bei dem den Eigengesetzlichkeiten des Mediums , wie zum Beispiel der notwendigen Telegenität von Ereignissen (und Emotionen sind sehr telegen), folgenden Fernsehen, sondern teilweise sogar in der Qualitätspresse. So schrieb die *FAZ* beispielsweise anlässlich des Staatsbesuches des iranischen Staatspräsidenten Chatamis im Juli 2000 auf Seite 1: „Der studierte Philosoph [Chatami] erläuterte souverän, ausgeglichen und freundlich lächelnd die Eigenheiten der iranischen Tradition und Geschichte." (Frankfurter Allgemeine Zeitung v. 12.07.2000:1)

eine solche negative emotionale Befindlichkeit aus. In einer schlechten Stimmung tritt das eher holistisch geprägte emotionale Denken in den Hintergrund und weicht einem stärker kognitiv gesteuerten, sequentiellen Denken.

Neben der Orientierungsfunktion übernehmen Emotionen auch die Funktion der Reduktion von Komplexität. Der politische Prozess ist in seiner gesamten Komplexität besonders von politisch niedrig und mittel stark involvierten Bürgern nicht mehr zu überblicken. Emotionen helfen hier, diese Komplexität zu reduzieren und mit überschaubarem Aufwand zu einer mindestens befriedigenden Entscheidung (beispielsweise Wahlentscheidung) zu kommen.[7]

Problematisch wird die Funktion der Emotionen im politischen Handeln erst durch deren bewußte und gezielte Instrumentalisierung durch die politischen Akteure. Denn angesichts der Wirksamkeit und dem Wissen darüber speisen Politiker ganz bewusst Emotionen in das Beobachtungssystem ein. Emotionen sind damit nicht mehr natürlicher und notwendiger Teil des menschlichen bzw. politischen Handelns, sondern werden dann bewußt und teilweise bewusst manipuliert oder zumindest moduliert eingesetzt.[8]

Abb. 3

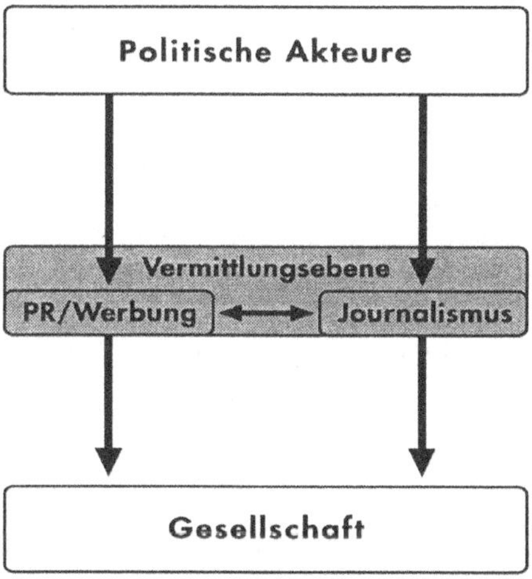

7 „Selbst ein Entscheid, der aufgrund eines optimalen Informationsstandes und nach reiflicher Überlegung getroffen wurde, muss den reflektierenden Wähler unbefriedigt lassen. Zu viele Ungewißheiten bleiben. Angesichts dieses Sachverhaltes [scheinen aber] überraschend wenige Bürger (...) wegen ihres Verhaltens am Wahltage von Skrupeln geplagt zu werden." (Steck 1980: 116)

8 Thomas Meyer (1992) weist zurecht darauf hin, dass symbolisches Handeln schon immer Bestandteil der Politik war, allerdings früher in Übereinstimmung mit der politischen Realität. Symbolisches Handeln sollte lediglich die Realität unterstreichen und nicht – im Gegensatz zu heute – ihre Wahrnehmung verändern.

Diese Einspeisung von Emotionen geschieht sowohl über die Vermittlungsebene der journalistischen Medien als auch über die der politischen PR und Werbung (wobei die Permeabilität der gemeinsamen Kanalgrenze ständig zunimmt). Emotionen übernehmen in beiden Vermittlungskanälen, trotz ihrer Unterschiedlichkeit dahingehend, dass es sich bei PR/Werbung um eine push-Kommunikation (Informationen hier also in die Medien und Gesellschaft ‚gedrückt' werden) und bei journalistischen Medien eher um pull-Kommunikation (Informationen hier also vorzugsweise abgefragt werden) handelt, ähnliche Aufgaben. Einerseits sollen Emotionen aktivieren und Aufmerksamkeit bei den potentiellen Empfängern (a) die Vermittlungsebene[9]; b) die Gesellschaft) produzieren, wozu sich emotionale Informationen generell, aber besonders auch TV-vermittelt, hervorragend eignen (Schierl 2001a und 2001b). Auf der anderen Seite können mit Hilfe von Emotionen komplexe Beziehungen, Tatbestände oder Befindlichkeiten, dabei allerdings den Sachverhalten oftmals nicht annähernd gerecht werdend, relativ schnell und einfach übermittelt werden – die Kognition kapituliert hier oftmals vor der Komplexität der Sachdimension.[10]

Die Beobachtung der Gesellschaft durch die Politik

Ebenso wie seitens der Politik Emotionen eingespeist werden, speist auch die Gesellschaft, allerdings überwiegend unbewusst und nicht gezielt, Emotionen in den politischen Prozess ein, da Politik wiederum Gesellschaft beobachtet. Diese Beobachtung findet hauptsächlich als Beobachtung 2. Ordnung statt und zwar über journalistische Medien als auch über Demoskopie bzw. Marktforschung. Daneben gibt es aber auch eine direkte (wie auch immer verzerrte) Beobachtung der Gesellschaft durch die politischen Akteure als Mitglieder dieser Gesellschaft. Bei dieser Beobachtung von Gesellschaft fokussieren die Interessen der politischen Akteure aber weniger auf Meinungen zu Sachthemen als vielmehr auf Stimmungen der Gesellschaft. Besonders die politische Marktforschung erhebt zunehmend allgemeine

9 Die meisten Nachrichtenwertfaktoren sind primär emotional oder haben zumindesteine starke emotionale Komponente.

10 Mit dem damaligen Durchschwimmen des Rheins von Umweltminister Töpfer wurde nicht nur, wie Meyer (1992: 79ff.) kritisiert, etwas kommuniziert, was den Tatsachen nicht entsprach, nämlich, dass der Rhein inzwischen von seinem Schadstoffgehalt unbedenklich sei, da man ja scheinbar wieder darin schwimmen kann. Dieses Beispiel (als eins von ungezählten) verdeutlicht auch sehr gut, was für einen hohen, allerdings nicht eindeutigen Informationsgehalt eine solche symbolische Handlung, die in einer sehr kurzen Meldung übermittelt werden kann, hat. Sie vermittelt je nach Interpretation möglicherweise folgende Aussagen: (1) Der Rhein ist wieder sauber; (2) Man kann wieder darin schwimmen; (3) Der Minister glaubt selbst daran; (4) Der Minister ist dafür verantwortlich; (5) Er belegt dies mit seiner Gesundheit; (6) Dieser Minister steht hinter seinen Aufgaben; (7) Dieser Minister ist kein Schreibtischhengst, sondern ein Macher; (8) Diesem Mann kann man vertrauen usw.

Stimmungsbilder und die (emotionalen) Rankings einzelner politischer Akteure auf der Beliebtheits- bzw. Popularitätsskala.

Abb. 4

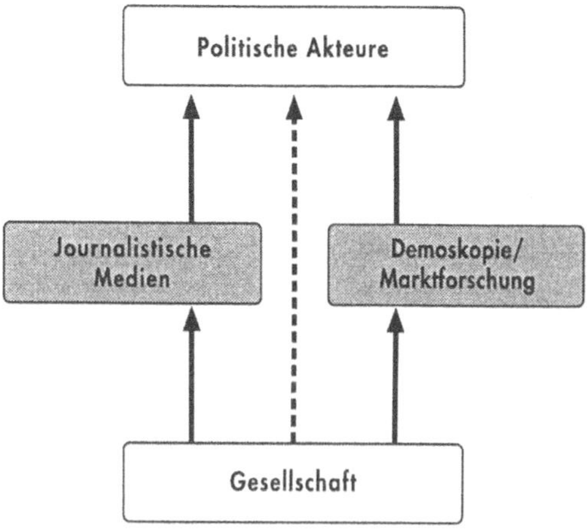

Die seitens der Gesellschaft eingespeisten Emotionen werden von der Politik sowohl kognitiv als auch emotional weiterverarbeitet und beantwortet. Besonders die erhobenen Marktforschungsdaten zu emotionalen Befindlichkeiten bilden die Grundlage für stark kognitiv geprägtes Handeln. Durch die Umwandlung der holisitischen Qualität von Emotionen in quantitative Daten sind sie stärker der Kognition zugänglich und werden so primär kognitiv-rational berechnet in das politische Kalkül einbezogen.

Die über die journalistischen Medien, vor allem das Fernsehen, eher qualitativ als quantitativ übermittelten emotionalen Befindlichkeiten und Stimmungsberichte der Gesellschaft werden wiederum auch von der Politik bzw. ihren Akteuren zu einem großen Teil holisitisch wahrgenommen. Nur vereinzelt werden sie einer sequentiellen logischen Analyse unterzogen, bzw. oft fällt diese nur partiell aus, so dass die so vermittelten emotionalen Informationen zu einem wesentlichen Teil ein emotional basiertes Handeln mit niedrigerer kognitiver Kontrolle auslösen.

Ein Modell wechselseitiger Einspeisung von Emotionen

Fügt man die obigen Befunde zusammen, so kommt man zu einem Interaktionsmodell der unterschiedlichen Beobachtungs- bzw. Einspeisungsebenen. Es zeigt sich, dass über PR/Werbung als push-Kommunikation Emotionen seitens der politischen Akteure eingespeist werden. Über die Ergebnisse der Demoskopie/Marktforschung als Abfrage von Stimmungen und Befindlichkeiten (pull-Kommunikation) werden wiederum Emotionen der Gesellschaft in den politischen Prozess eingespeist. Die journalistischen Medien hingegen nehmen eine ambivalente Stellung in diesem Prozess ein, da über sie sowohl Emotionen der Gesellschaft als auch der Politik (push- wie pull-Kommunikation) einspeist werden. Das Modell konzipiert die wechselseitige Einspeisung und Beobachtung von Emotionen der unterschiedlichen Ebenen als einen dynamischen zirkulären Prozess.

Abb. 5

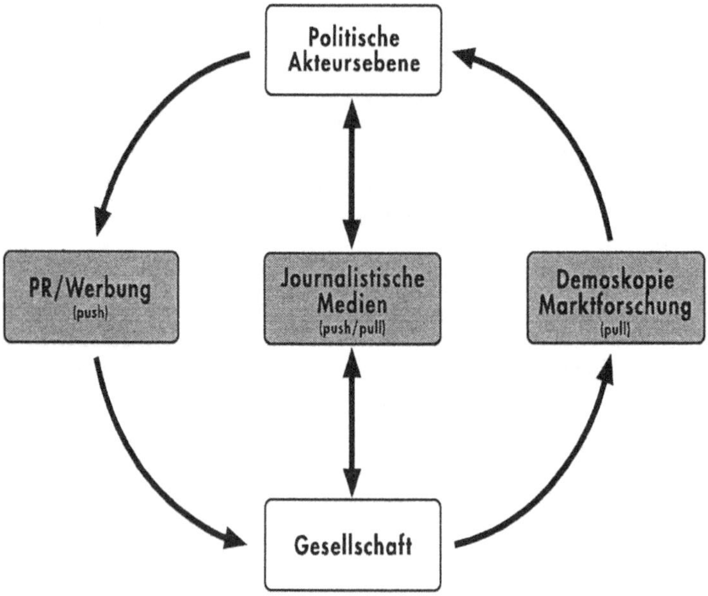

Horizontale Prozesse

Aber Emotionen spielen nicht nur in vertikalen Prozessen eine sehr wichtige Rolle, sondern ebenso auf den jeweiligen horizontalen Ebenen. So wird politisches Handeln oder die ihm vorgelagerten Einstellungen, Präferenzen, Motivationen, Entscheidungen auf der Ebene der Gesellschaft bzw. ihrer Bürger zu einem sehr wesentlichen Teil von Emotionen geprägt. Dies zeigt sich beispielsweise an der sehr frühen Ausprägung von Parteipräferenzen. Wie US-amerikanische Untersuchungen zeigten, haben sich diese Präferenzen schon bei der Hälfte der 8-jährigen ohne jegliches Wissen um die wichtigsten programmatischen oder personellen Konstitutionen der jeweiligen Parteien ausgebildet. Diese Präferenzen entwickeln sich zumeist übereinstimmend mit denen der Eltern, aber nicht in der Weise, dass diese die Kinder in ihre politische Richtung drängen, als solche vielmehr über einen unbewußten, affektiven Lernprozeß zu eigen gemacht werden (Wasmund 1979: 200f.; Steck 1980: 122). Ähnlich wird auch ein nationales Bewußtsein, zwar häufig noch mit sehr nebulosen Vorstellungen, schon in der Kindheit ausgebildet. Hess und Torney konnten sogar schon nationale Feindbilder bei amerikanischen Schulkindern der Elementarklassen nachweisen (referiert in Steck 1980: 157f.).

Eine solche emotional geprägte Ausbildung von Einstellungen, Präferenzen und Motivationen können unterschiedliche Funktionen für die einzelnen Mitglieder von Gesellschaft übernehmen, beispielsweise integrierende oder Komplexität reduzierende. Das heißt, dass einerseits durch emotionale Präferenzen ein integrierendes Wir-Gefühl aufgebaut werden kann (durch Parteipräferenzen auf der Mesoebene, durch nationales Bewußtsein auf der Macroebene), andererseits das Handeln (vor allem Wahlhandeln) in dem von vielen, besonders den politisch wenig involvierten Bürgern in seinen ganzen Abläufen und Konsequenzen nicht mehr zu überblickenden politischen Prozess wesentlich vereinfacht wird, indem sie einfach primär emotional ausgebildeten Präferenzen folgen. Es ist keine neue Beobachtung, dass Sachfragen nur eine untergeordnete Rolle bei der Wahlentscheidung spielen. Unabhängig von den jeweiligen issues haben viele Wähler schon lange vor einer Wahl ihre Wahlentscheidungen vorgenommen, wobei die Einstellungen der jeweiligen Parteien zu bestimmten, auch die Interessen des Wählers betreffenden Sachverhalten den Wählern oftmals gar nicht bekannt sind. Befragungen von Wählern zu den Gründen für eine spezifische Wahlentscheidung verdeutlichen, dass der weit überwiegene Anteil der Befragten lediglich emotionale, nur diffus verbalisierbare Beweggründe hierfür angeben kann (Wasmund 1979: 202ff.). Emotional ausgebildete Präferenzen nehmen also zumindest in Zeiten ‚normaler' (also nicht von einer Krise bestimmten) Politik vielen Wählern die rational-kognitiv nur mit höchstem Aufwand zu treffende Wahlentscheidung ab.

Während das wenig auf issues bezogene, stark emotional geprägte politische Handeln von Wählern inzwischen mehr oder weniger zum Allgemeinplatz geworden ist, wird der Anteil und die daraus erwachsende Bedeutung emotional basierten Handelns auf der Ebene der politischen Akteure teilweise noch nicht in angemessenem

Maße wahrgenommen bzw. akzeptiert. Weitgehend konstatiert wird das emotionale Handeln noch im Bereich der nationalen Politik – und dort v. a. bezogen auf seine dysfunktionalen Auswirkungen. Eines von vielen Beispielen stellt hier die Emotionalisierung der politischen Diskussion dar, mittels oft vorschneller Diffamierungen des politischen Gegners oder seiner Ideen durch den vielfach sehr stark hinkenden Vergleich mit angeblich äquimorphen Erscheinungen der Zeit des Nationalsozialismus. Hiermit sollen durch die Erinnerung an hoch emotional markierte Gegebenheiten bestimmte issues oder Personen auch wiederum emotional markiert werden, um sie einer weitergehenden kognitiv-rationalen Behandlung zu entziehen.[11] Aber abgesehen von einer solchen negativen Emotionalisierung der politischen Auseinandersetzung, sind Emotionen auch im politischen Aushandlungsprozess auf der Akteursebene primär funktional, da sie auch hier wieder Orientierung, Reduktion von Komplexität und Reassurance bieten.

Nur sehr wenig wird die Bedeutung des Emotionalen hingegen in den internationalen Beziehungen beachtet, besteht hier doch oftmals der Anspruch, dass internationale Beziehungen eine eigene Welt darstellen, gepaart mit der „Anmaßung der Regierenden, rational und vernünftig im Sinne von Bürgern und Bürgerinnen zu agieren". Psychologen haben scheinbar nur wenig Interesse an internationalen Beziehungen (zumindest aus ihrer fachlichen Perspektive als Psychologen) und Politikwissenschaftler bleiben gegenüber psychologischen Argumentationen sehr skeptisch (Birckenbach 1988: 284f.). Dabei sind internationale Beziehungen und die gegenseitige Wahrnehmung der handelnden Staaten in sehr starkem Maße von Emotionen geprägt. Als ein prominentes Beispiel für die von Emotionen durchwirkte wechselseitigen „Erwartungserwartungen" mag hier die von Eifersüchteleien, Angst und Misstrauen bestimmte Politik der Supermächte und Industrienationen gegenüber den so genannten Dritte-Welt-Ländern dienen (Roloff 1979: 223f.).

Auch in den Prozess der internationalen Beziehungen werden – bewusst wie unbewusst – von den teilnehmenden Akteuren ständig Emotionen eingespeist. Umgekehrt müssen sie aber auch ständig beobachtet werden, da die sozialpsychologische Binnenstrukturierung eines Staates grundlegende Bedeutung für seine Außenbeziehungen hat. „Die Außenpolitik eines Staates bleibt unverständlich ohne Kenntnisse seiner inneren Verhältnisse, wie das aktuelle Verhalten eines Menschen unbegreiflich ist, wenn man nicht seine innerpsychischen Dispositionen beachtet." (Steck 1980: 156)

Emotionen sind bis auf einige angeborene primäre Gefühle nicht genetisch festgelegt, sondern werden innerhalb gewisser Grenzen in der Ontogenese individuell ausgebildet. So bilden sich individuelle emotionale Schemata durchaus unterschiedlich aus, abhängig von der jeweiligen Kultur, in der sie entstehen (Ulich/Mayring 1992: 119ff.; Ratner 1999). Diese je nach Staat bzw. Kultur jeweilig unterschiedlichen emotionalen Schemata müssen aber gegenseitig von den miteinander agieren-

11 Einen vorläufigen Kulminationspunkt dieser Entwicklung stellte im März 2001 die dominant emotional geführte Patriotismus/Nationalismus-Debatte, mit ausgelöst durch die Bemerkungen des Ministers J. Trittin zur Skinheadgesinnung des politischen Gegners, dar.

den Staaten verstanden und beachtet werden, um möglichst konfliktfreie Beziehungen miteinander unterhalten zu können. Denn gegenseitige Beobachtung und richtige Interpretation des jeweiligen Handelns und seiner Folgen ist Voraussetzung für die Vermeidung von Konflikten und – in ihrer schärfsten Form – Kriegen.

Wenn hier auf die Bedeutung der Emotionalität und die notwendige Beobachtung von Emotionen innerhalb internationaler Beziehungen verwiesen wird, dann ist dies nicht gleichbedeutend damit, dass notwendig positive Emotionen aufgebaut werden müssten bzw. das Sympathie zwischen agierenden Staaten bestehen muss. Im Gegenteil muss lediglich Klarheit über die Wertigkeit und Qualität der Emotionen bestehen, damit adäquat, also diesen Emotionen angemessen, gehandelt werden kann. Es ist durchaus möglich, mit seinem Intimfeind zu koexistieren, sofern man weiß, inwieweit dieser von welchen negativen Emotionen geleitet ist und so diesen gegenüber angemessen reagieren kann.

Auf der anderen Seite werden in den Prozess der internationalen Beziehungen seitens der politischen Akteure durchaus ganz bewusst Emotionen als taktisches und wohl kalkuliertes Mittel eingespeist, wobei das Prekäre solcher demonstrativen Emotionen darin liegt, dass es seitens des Beobachters nicht zu bestimmen ist, ob es sich dabei um bewusste oder unbewusste Einspeisungen handelt. Ein geradezu klassisches Beispiel für demonstrative Emotionen gilt immer noch Chruschtschows Rede vor der UNO, bei der er zur nonverbalen Unterstützung seines verbalen Vortrags mit seinem Schuh auf das Rednerpult schlug. Dem Beobachter ist wie erwähnt nicht zugänglich, ob dieser Ausbruch nicht lediglich eine kühl kalkulierte kommunikative Handlung war. Sofern dieser ‚emotionale Ausbruch‘ aber ganz bewusst kommuniziert wurde und rein kognitiv gesteuert war, vermittelte er dem Ausland auf höchst subtile Weise das Gefühl, dass die sowjetische Außenpolitik sehr unberechenbar sei. Insofern kann also die Einspeisung von Emotionen durchaus ein stark kognitiv basiertes Steuerungselement innerhalb des politischen Handlungsinstrumentarium darstellen.

Fazit

Politisches (kommunikatives) Handeln ist sowohl aus einer vertikalen wie aus einer horizontalen Perspektive auf allen Handlungsebenen von Emotionen durchzogen, die von den unterschiedlichen Akteuren jeweils eingespeist und wiederum beobachtet werden. Ein solches Handeln wird, wie neuere Emotionstheorien nahelegen, nie ausschließlich kognitiv-rational sein können, sondern immer auch emotional kobasiert sein müssen, was aber zu einem guten Teil durchaus funktional ist. Was allerdings möglich ist und dies sollte auch Ziel der politischen Akteure wie Forderung der Gesellschaft sein, ist eine graduelle Schwerpunktsetzung hin zu einer überwiegend informativen, kognitiv gesteuerten Kommunikation, so dass Sachverhalte stärker im Vordergrund stehen als das sie umgebende emotionale, symbolische (im Sinne von die Wahrnehmung von politischer Realität modulierende) Handeln.

Die Vorstellung, dass unser Handeln vor allem in Bereichen, die nach verbreiteter Einstellung vornehmlich der Rationalität und dem kognitiven, sachlich-logischen Denken vorbehalten sein sollten, zwangsläufig auch emotional basiert ist, wird vielfach immer noch größtes Unbehagen bereiten. Aber solche (teilweise auch) emotionalen Vorbehalte gegenüber Emotionen helfen wenig weiter. Denn Problemignoranz schafft keine Problemlösungen. Emotionen „werden auch in noch so disziplinierten Dialogstrategien nicht einfach dadurch verschwinden, daß man nicht von ihnen spricht“ (Birckenbach 1988: 295). Vielmehr sollten Emotionen als Grundlage von Handeln und sicherlich auch die bestehende Gefahren ihres Mißbrauchs oder ihrer Dysfunktionalität zukünftig durch die Sozialwissenschaften besser erforscht und bewusst gemacht werden.

Literatur:

Bamberg, G. / Coenenberg, A. G. (2000): Betriebswirtschaftliche Entscheidungslehre. 10. Aufl., München.

Birckenbach, H.-M. (1988): Zur politischen Psychologie der internationalen Beziehungen. Kritischer Literaturbericht. In: König, H. (Hrsg.): Politische Psychologie heute (Leviathan, Sonderheft 9). Opladen: 283-295.

Ciompi, L. (1992): Affektlogik. 3. Aufl., Stuttgart.

Claussen, B. (1980): Affekte und politische Bildung. Stichworte zu einem ungelösten Problem. In: Hartmann, K. D. (Hrsg.): Politische Bildung und politische Psychologie. Texte zu einem notwendigen Dialog. München: 179-214.

Dahrendorf, R. (1972): Fundamentale und liberale Demokratie. Über Teilnahme und Initiative in der modernen Politik. In: Dahrendorf, R.: Konflikt und Freiheit. Auf dem Weg zur Dienstklassengesellschaft. München: 255-237.

Damasio, A. R. (1995): Descartes‘ Irrtum. Fühlen, Denken und das menschliche Gehirn. München.

Damasio, A. R.(2000): Ich fühle, also bin ich. Die Entschlüsselung des Bewusstseins. München.

Eisenführ, F. / Weber, M. (1999): Rationales Entscheiden. Berlin/Heidelberg/New York.

Frey, S. (1999): Die Macht des Bildes. Bern/Göttingen/Toronto/Seattle.

Geuter, U. (1986): Politik und Psychologie im Nationalsozialismus. In: Schorr, A. (Hrsg.): Bericht über den 13. Kongreß für Angewandte Psychologie. Band 1: Arbeits- und Organisationspsychologie, Ausbildung in Psychologie, Politische Psychologie, Verkehrspsychologie. Bonn: 220- 223.

Goleman, D. (1996): Emotionale Intelligenz. München/Wien.

Horn, K. (1989): Politische Psychologie. Frankfurt a. M.

Kessel, M. (2000): Das Trauma der Affektkontrolle. Zur Sehnsucht nach Gefühlen im 19. Jahrhundert. In: Benthien, C. / Fleig, A., / Kasten, I. (Hrsg.): Emotionalität. Zur Geschichte der Gefühle. Köln/Weimar/ Wien: 156-177.

Krampen, G. (1986): Zur Vernachlässigung der Politischen Psychologie in der jüngeren Geschichte der Psychologie. In: Schorr, A. (Hrsg.): Bericht über den 13. Kongreß für Angewandte Psychologie. Band 1: Arbeits- und Organisationspsychologie, Ausbildung in Psychologie, Politische Psychologie, Verkehrspsychologie. Bonn: 232- 235.

Krovoza, A. / Schneider, C. (1988): Politische Psychologie in der Bundesrepublik. In: König, H. (Hrsg.): Politische Psychologie heute (Leviathan, Sonderheft 9). Opladen: 13-35.

Mag, W. (1990): Grundzüge der Entscheidungstheorie. München.

Mandl, H. / Huber, G. (1983): Theoretische Grundpositionen zum Verhältnis von Emotion und Kognition. In: Mandl, H. / Huber, G. (Hrsg.): Emotion und Kognition. München/Wien/Baltimore: 1–60.

Meyer, Th. (1992): Die Inszenierung des Scheins. Frankfurt a. M.

Meynaud, J. / Lancelot, A. (1965): La participation des Francais á la politique. Paris.

Neuschäfer, H.-J. (1985): Das anthropologische Paradigma der Affektenlehre und seine Krise im klassischen Drama Spaniens und Frankreichs. In: Gumbrecht, H.-U. / Link-Heer, U. (Hrsg.): Epochenschwellen und Epochenstrukturen im Diskurs der Literatur- und Sprachhistorie. Frankfurt a. M.: 197-212.

Preiser, S. (1986): Walter Jacobsen und die Politische Psychologie in der Bundesrepublik Deutschland – Einige Anmerkungen zu ihrer Entwicklung und Etablierung: Dem Mentor zum 90. Lebensjahr. In: Schorr, A. (Hrsg.): Bericht über den 13. Kongreß für Angewandte Psychologie. Band 1: Arbeits- und Organisationspsychologie, Ausbildung in Psychologie, Politische Psychologie, Verkehrspsychologie. Bonn: 215- 219.

Ratner, C. (1999): Eine kulturpsychologische Analyse der Emotionen. In: Friedlmeier, W. / Holodynski, M. (Hrsg.): Emotionale Entwicklung. Funktion, Regulation und soziokultureller Kontext von Emotionen. Heidelberg/Berlin: 243-258.

Rheinberg, F. (2000): Motivation. 3. Aufl., Stuttgart/Berlin/Köln.

Roloff, E.-A. (1979): Von der Vernunft der Autorität zur Autorität der Vernunft: Psychologische Aspekte einer Theorie zwischenstaatlicher Interaktionen. In: Moser, H. (Hrsg.): Politische Psychologie. Weinheim Basel: 219-244.

Scherer, K. R. (1981): Wider die Vernachlässigung der Emotion in der Psychologie. In: Michaelis, W. (Hrsg.): Bericht über den 32. Kongreß der Deutschen Gesellschaft für Psychologie in Zürich 1980. Göttingen: 287-306.

Schierl, T. (2001a): Text und Bild in der Werbung. Bedingungen, Wirkungen und Anwendungen. Köln.

Schierl, T. (2001b): Werbung im Fernsehen. Möglichkeiten und Grenzen der Steuerung werblicher Effektivität. Opladen/Wiesbaden (im Erscheinen).

Schmidt-Atzert, Lothar (1996): Lehrbuch der Emotionspsychologie. Stuttgart/Berlin/Köln.

Schwarz, N. (1987): Stimmung als Information. Berlin.

Simon, H. A. (1993): Homo rationalis. Die Vernunft im menschlichen Leben. Frankfurt a. M./New York.

Steck, P. (1980): Grundzüge der politischen Psychologie. Bern/Stuttgart/Wien.

Ulich, D. (1989): Das Gefühl. 2. ergänzte Auflage, München.

Ulich, D. / Mayring, P. (1992): Psychologie der Emotionen. Stuttgart/Berlin/Köln.

Wasmund, K. (1979): Wählerverhalten. In: Moser, H. (Hrsg.): Politische Psychologie. Weinheim/Basel: 194-218.

Winterhoff-Spurk, P. (1999): Medienpsychologie. Stuttgart/Berlin/Köln.

Wörner, M. H. (1981): „Pathos" als Überzeugungsmittel in der Rhetorik der Aristoteles. In: Craemer-Ruegenberg, I. (Hrsg.): Pathos, Affekt, Gefühl. Freiburg/München: 53-78.

Opinion Leader: A Promising Idea!

Michael Jäckel

1. ‚Das Gewöhnliche ungewohnt machen'

Als Pierre Bourdieu sich vor wenigen Jahren mit der Bedeutung des Fernsehens auseinandersetzte, war sein Ziel unter anderem, die Bedeutung dieses Mediums für das politische und kulturelle Leben zu beschreiben. Im engeren Sinne wird man Bourdieu nicht mit der Meinungsführerforschung in Verbindung bringen, wenngleich seine Kapitaltheorie insbesondere auch den sozialen Beziehungen Rechnung trägt. Wichtiger ist im vorliegenden Zusammenhang eine Feststellung, die aufgrund der eingebauten Paradoxie neugierig macht. Gemeint ist folgender Passus: „Darin besteht das Problem des Soziologen: das Gewöhnliche ungewohnt zu machen; es so zu schildern, daß sichtbar wird, wie außergewöhnlich es ist." (Bourdieu 1998: 27) Adressiert war diese Mitteilung an Journalisten und deren Selektionskriterien, die durch Bevorzugung ungewöhnlicher Situationen der Wirklichkeit eine andere Färbung geben. Aber sie lässt sich auch auf andere Phänomene übertragen, beispielsweise auf das Verhältnis von Medienberichterstattung und interpersonaler Kommunikation.

Denn häufig sind es die zufälligen und plötzlichen Eingebungen, die zu Entdekkungen führen, denen in der Wissenschaft fortan eine große Aufmerksamkeit zukommt. Der amerikanische Wissenschaftjournalist Michael Macrone hat sicherlich auch nicht zufällig den Titel „Heureka" (1996) für sein Buch über bedeutende Ideen der Wissenschaftsgeschichte gewählt. Die Meinungsführer sind dort zwar nicht genannt, aber es ändert nichts an ihrer zufälligen, oder anders formuliert: nichtintendierten Entdeckung. Da Paul Felix Lazarsfeld (1901-1976) und seine Mitarbeiter für akribisches Zahlenstudium bekannt waren, dürfte des Rätsels Lösung auch darin zu finden sein, dass bestimmte Erwartungen enttäuscht wurden. Im Falle der Analyse des amerikanischen Präsidentschaftswahlkampfs war dies die Annahme, dass die politische Urteilsbildung Ergebnis eines groß angelegten Reiz-Reaktions-Experiments mit den Massenmedien und anderen öffentlichen Kommunikationskanälen (z. B. Wahlkampfveranstaltungen) als unabhängiger Variable (Reiz) und dem Wahlverhalten der Bevölkerung als Empfänger dieser Angebote sei (vgl. Lazarsfeld et al. 1969). Letzteres entsprach somit der abhängigen Variable (Reaktion). Das war der gewohnte Blick einer Kommunikationswissenschaft, die sich noch etwas schwer tat mit der Beantwortung einer schlecht definierten Fragestellung: Welche Wirkung haben Medien auf die Gesellschaft? Die Beobachtung, dass Medienangeboten zugeschriebene Effekte durch Alltagskommunikation kanalisiert bzw. in ihrem Wirkungsradius begrenzt werden, erschien vor diesem Hintergrund als ungewöhnlich.

Die nachfolgende Abbildung soll veranschaulichen, wie das so genannte Stimulus-Response-Modell durch Integration des Zwei-Stufen-Fluss-Konzeptes erweitert werden kann. Die Unterscheidung einer Mikro- und Makroebene lässt sich auch als ‚bringing men back in' interpretieren. Der Fehlschluss auf einen direkten Effekt wird durch einen ‚Umweg' korrigiert, indem die Mehrheit der Bevölkerung über aktivere Teile der Bevölkerung erreicht wird (Gefolgschaft) und auf diese Weise eine Vielzahl von Entscheidungen (Wahlverhalten) folgt, die zusammengenommen nicht mehr das Merkmal bzw. die Eigenschaft einzelner Personen, sondern ein aggregiertes Phänomen darstellen (Wahlergebnis).

Abb. 1: Der Zwei-Stufen-Fluss der Kommunikation als Makro-Mikro-Modell

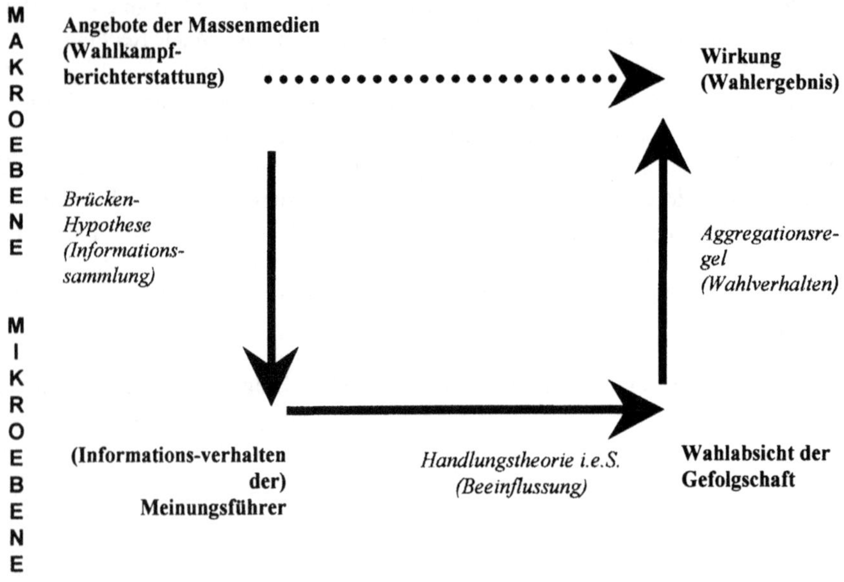

Quelle: Eigene Erstellung.

Wenn unter Bezugnahme auf diese Wahlstudie von einer zufälligen Entdeckung der Meinungsführer gesprochen wird, schließt diese Feststellung gleichwohl nicht aus, dass es keine Möglichkeit der Erklärung geben könnte. Orientiert man sich an diesem Modell, dann muss für den Übergang von der Makro- auf die Mikroebene spezifiziert werden, warum sich Meinungsführer beispielsweise durch ein bestimmtes Informationsverhalten auszeichnen und in der Lage sind, bestimmte Wirkungen wahrscheinlicher zu machen als andere. Der erste Teil dieser Aufgabe wird durch die Formulierung von Brückenhypothesen gelöst (vgl. ausführlicher hierzu Jäckel 2001). Auf der Mikroebene kann dann auf Handlungstheorien oder Theorien der Beeinflussung zurückgegriffen werden. Offensichtlich hat man auch Erklärungsansätze gefunden. Denn sonst hätte Gabriel Weimann im Fazit seines Buches „The Influentials" nicht schreiben können: „The opinion leaders concept, changed, modified, and re-modified, is still a living, developing, and promising idea." (Weimann 1994: 286) „Promising" kann dabei sowohl vielversprechend, aber auch verheißungsvoll, hoffnungsvoll, aussichtsreich oder erfolgversprechend meinen. Eine diesbezügliche ‚Spurensuche' führte Weimann unter anderem zu Moses. Das folgende Beispiel hat insofern etwas von ‚verheißungsvoll' und ‚erfolgversprechend' zugleich. Der Auszug der Israeliten aus Ägypten stellte Moses vor große Probleme, der aus Enttäuschung über die ausweglose Situation Gott um Hilfe bat. Als Antwort erhielt er die folgende Hilfestellung bzw. Anleitung:

> „Da sprach der Herr zu Moses: ‚Versammle siebzig von den Ältesten Israels vor mir, Männer, die Du als Älteste des Volkes und Anführer kennst; bring sie zum Offenbarungszelt!' Dort sollen sie sich mit Dir zusammen aufstellen. Dann komme ich herab und rede dort mit Dir. Ich nehme etwas von dem Geist, der auf Dir ruht, und lege ihn auf sie. So können sie mit Dir zusammen an der Last des Volkes tragen, und Du mußt sie nicht mehr allein tragen." (Numeri 11, 16-17, zit. nach Weimann 1992: 89)

Hier erscheint der Zwei- bzw. Mehr-Stufen-Fluss der Kommunikation als ein göttliches Instrument.

Im Falle der „People's Choice"-Studie gingen die Schlussfolgerungen soweit,

> „daß nur bei etwa fünf Prozent [der] Befragten die politische Richtung durch die betreffende Wahlkampagne geändert wurde, und [Lazarsfeld u. a.] neigten dazu, auch diesen kleinen Beitrag mehr dem Einfluß von Personen aus der unmittelbaren sozialen Umgebung als dem der Massenmedien zuzuschreiben." (Hovland 1972: 58)

Hauptgrund war die geringe Chance für ‚cross-pressure'-Kommunikation einerseits und häufige Hinweise auf die Konsultation von bzw. Orientierung an Personen aus dem eigenen sozialen Umfeld. Das Netzwerk sozialer Beziehungen, das Lazarsfeld auch einmal als „ever-shifting web of social relations" bezeichnete, sollte mit Hilfe dieser Hinweise zu einem „understandable system of manageable knowledge" werden (zit. nach Jonas 1976: 335). Meinungsführerschaft schien eine plausible Antwort zu sein. Aber um etwas ‚understandable' zu machen, muss wohl das Ungewöhnliche an diesem vermeintlich selbstverständlichen Phänomen spezifiziert werden.

2. Ausgewählte Ergebnisse der Meinungsführerforschung

Einige Ergebnisse der Columbia-Forschung und der Meinungsführerforschung sollen daher im Folgenden erwähnt werden:

- Das Geben und Nehmen von Informationen wird als Charakteristikum von Binnengruppenkommunikation hervorgehoben. Man spricht von quasi-natürlichen Wegen des Einflusses.
- Die Möglichkeit des Feedback macht interpersonale Kommunikation aus. Die Medienbotschaft lässt sich dagegen nicht unterbrechen, Diskussionen und Rückfragen sind (weitgehend) ausgeschlossen.
- Der Begriff ‚Einfluss' wird häufig durch die Vorstellung eines Teilens gemeinsamer Auffassungen ergänzt. Diese Übereinstimmung korrespondiert mit eher homogenen Kommunikationsumfeldern. In diesem Sinne dominiert soziale Nähe über soziale Distanz.
- In Diskussionen werden die Medienthemen eigentlich erst relevant. Informationslücken werden deutlich. Meistens erfährt man dort, was man alles nicht erfahren hat. Ausschließlicher Medieneinfluss kann nur dort wahrscheinlich werden, wo ein Eingebundensein in Kommunikationsnetze ausbleibt.
- Themen, über die nicht gesprochen wird, verlieren schnell an Aktualität und werden vergessen. Umgekehrt sind jene Themen, die häufig Gegenstand von Diskussionen sind, durch ein hohes Ausmaß an Redundanz bzw. die immer wiederkehrende Zirkulation unterschiedlichster Informationen mit neuen Nuancen gekennzeichnet. Hier liegt das Kurzzeitgedächtnis der Gesellschaft.
- Die Dominanz der sozialen Nähe (z. B. im Sinne geringer Statusdifferenzen) schließt vertikale Formen der Meinungsführerschaft nicht aus. Es darf aber angenommen werden, dass diese Einflussketten für die Mehrheit eher selten und nicht ausdrücklich beabsichtigt entstehen.
- Meinungsführer gelten als (starke) Persönlichkeiten mit hohem Informationsbedürfnis- und niveau, die für unterschiedlichste Diffusionsprozesse (Verbreitung von Ideen und Produkten) von zentraler Bedeutung sind. Sie bewegen sich in größeren und heterogeneren Netzwerken als ihre Gefolgschaft. Zu dieser Heterogenität können auch so genannte ‚weak ties' beitragen, die neue und gelegentlich unkonventionelle Ideen in relativ geschlossene Netzwerke ‚importieren' können.
- Ohne (gegenseitiges) Vertrauen ist die Chance auf entscheidungsrelevante interpersonale Kommunikation gering.

Jenseits einer für Marketingzwecke instrumentalisierten Opinion Leader-Forschung, die sich auf Multiplikatoreneffekte und Ausstrahlungswirkungen konzentriert und das Phänomen auf die Ebene des Trendsetting reduziert, ist es für eine kommunikationswissenschaftlich geleitete Auseinandersetzung wichtig, die Wege des Einflusses und die Grundlagen des Erfolgs zu bestimmen. Die drei W's von Katz sind dabei von zentraler Bedeutung (vgl. Weimann 1994: 264):

- Wer man ist: die Personifizierung bestimmter Werte
- Was man weiß: Kompetenz in bestimmten Bereichen
- Wen man kennt: strategische soziale Platzierung.

3. Kritik der Meinungsführerforschung

Diese hier nur ausschnitthaft wiedergebenen Resultate der Meinungsführerforschung blieben nicht ohne Widerspruch, insbesondere die Favorisierung eines „limited effects"-Modells von Medienangeboten. Todd Gitlin beispielsweise identifizierte einen „administrative point of view" (Gitlin 1978: 224) und einen harmonischen Gleichklang mit dem „swelling positivist mode of American social science" (Gitlin 1978: 231). Dabei hatte Lazarsfeld in einem Interview mit dem Forscherehepaar Lynd einmal gesagt, dass er ein „Marxist auf Urlaub" sei und von 8 bis 17 Uhr Sozialforschung praktiziere (zit. nach Kern 1982: 179).

Ergänzend zu einer methodisch-konzeptionellen Kritik, die sehr rasch den Nachweis erbringen konnte, dass von der Abwesenheit eines One-Step-Flow nicht ausgegangen werden kann (vgl. den Überblick bei Jäckel 1999: 114ff.), wollte man das ‚powerful media'-Paradigma nicht zugunsten alltäglicher Formen des Austauschs von Meinungen und Einstellungen opfern. Man stellte in Zweifel, dass

- diese Formen des Einflusses funktional äquivalent sind (Medienangebote versus interpersonale Kommunikation),
- Machtdifferenzen (zwischen Medienanbietern und Einzelpersonen) nicht ausreichend operationalisiert werden und daher eine „behaviorization of power" (zit. nach Weimann 1994: 240) dominiert,
- der Medienproduktion und der Struktur ihrer Inhalte keine angemessene Berücksichtigung zukommt,
- Meinungsführer gelegentlich als ein ubiquitäres Phänomen erscheinen, das sich in allen Themenbereichen und Handlungsfeldern des Alltags nachweisen lässt (Politik, Werbung, Mode, Diffusion von Innovationen); in Verbindung mit der Diskussion um generelle versus spezifische Meinungsführerschaft wurde hier das zugrunde liegende Abstraktionsniveau in Frage gestellt,
- im Falle des Nachweises einer Dyade oder Kette von Interaktionen die erste Stufe des Modells nur indirekt über die Annahme einer intensiveren (und das heißt auch: selektiveren) Nutzung der Medienangebote mitgedacht wird,
- der Kernbefund insofern lauten muss: Meinungsführer sind informierter und zugleich resistenter gegenüber bestimmten Formen der Beeinflussung (durch Medienangebote).

Eine Vielzahl der gerade genannten Kritikpunkte wurde zu einem Zeitpunkt formuliert, als das amerikanische Mediensystem ein Fernsehsystem geworden war und ganz neue Diskussionen über Wirkungsfelder und Wirkungsketten ausgelöst hatte. Stellvertretend für die durch dieses Medium ausgelöste Diskussion sei hier auf

Gerbner verwiesen, der das Fernsehen als Nachfolgeinstitution der Kirche deklarierte und ein „centralized system of storytelling“ (Gerbner et al. 1994: 18) mit weitreichenden Kultivierungseffekten konstatierte.

4. Über die Wahrscheinlichkeit von Einfluss

Konzentriert man sich auf die Frage, welche Voraussetzungen gegeben sein müssen, damit Einfluss überhaupt praktisch werden kann, ergeben sich aus soziologischer Sicht wichtige Zusatzkriterien für Meinungsführung. Die meisten Beispiele in „The People's Choice“ verweisen entweder auf nebensächliche Aspekte, z. B. die Kenntnisnahme negativer Beurteilungen von Präsidentschaftskandidatin in Gesprächen, an denen man selbst unmittelbar gar nicht beteiligt gewesen ist. Solche zufälligen Ereignisse können nur dann entscheidungsrelevant sein, wenn bereits ein hohes Maß an Unsicherheit vorliegt. Auch der häufige Hinweis auf das Vermeiden unsympathischer Kommunikation setzt dem Wirkungsradius eines Meinungsführers Grenzen, die mit sachlichen Argumenten nicht leicht zu überwinden sind. Man sucht die Bestätigung im Sinne einer Selbstvergewisserung durch Dritte. Dabei kann Unsicherheit durchaus eine Rolle spielen. Um diese Unsicherheit reduzieren zu können, muss ein mögliches Aktivitätenspektrum gegeben sein, das Abhilfe schaffen kann. Gerade hier kommt dem Vertrauen eine Schlüsselwärterfunktion zu. Es ermöglicht Aktivitäten, die sonst nicht ausgeführt worden wären. Das betrifft den Ratsuchenden und den Ratgebenden gleichermaßen. Es impliziert aber auch bestimmte Wege der Anschlusskommunikation.

Talcott Parsons (1902-1979) hat in seinem Beitrag „On the Concept of Influence“ die grundlegende Idee illustriert, dass jedes Sozialsystem über so genannte generalisierte Austauschmedien verfügen muss, die den jeweiligen Akteuren die Gewissheit geben, dass deren Einsatz bestimmte Verhaltensweisen in Interaktionen wahrscheinlich macht. Die Anschlussfrage muss lauten, wann diese Medien notwendig werden und unter Beweis stellen müssen, dass sie etwas erfüllen, was von ihnen erwartet wird. Aus dieser Perspektive definiert Parsons Einfluss als ein Integrationsmedium, das zum Einsatz kommt, wenn in unterschiedlichen Handlungsfeldern die Zentrifugalkräfte die Zentripetalkräfte übertreffen.

In diesem Zusammenhang ist interessant, dass Parsons an einer Stelle auch auf eine Studie der Columbia-Schule (die „Voting“-Studie) hinweist und in der Praxis des Wahlverhaltens eine Bestätigung für ein „diffuse kind of belonging-togetherness“ (Parsons 1969: 418) identifiziert. Solidarität mit bestimmten Zielen wird mobilisiert. Eine wichtige Voraussetzung scheint hier das Bedürfnis zu sein, sich mit „„my kind of people““ (Parsons 1969: 419) auseinanderzusetzen. Das Homogenitätsargument findet hier Unterstützung (s. o.). Jeder Anstieg des Rollenpluralismus erhöht gleichwohl die Gefahr von „cross-pressuring“ (Parsons 1969: 419). Dieser Einwand lenkt den Blick auf soziale Differenzierungen und die Zunahme der Wahrscheinlichkeit, dass unterschiedlichste Formen des Einflusses auf Akteure einwirken, die sich nicht um das Kriterium der Konsistenz bemühen.

Insbesondere in solchen Situationen ist es infolgedessen wichtig, über Selektionskriterien zu verfügen bzw. Orientierungshilfen zu kennen oder selbst die Bereitschaft aufzubringen, sich an Diskussionen zu beteiligen und aus einer passiven Rezeptionsrolle herauszutreten (und sei es auch nur fragend). Initiative in diesem Bereich zu zeigen gilt als eine Form politischer Partizipation, die der modernen Gesellschaft als unverzichtbares Requisit gilt. Nicht die einseitige Belehrung, sondern die Beteiligung an öffentlichen Diskussionen ist gemeint. Zugleich enthält dieser Wunsch die Aufforderung, sich unerbetenen Formen der Einflussnahme aktiv entgegenzustellen. Idealtypisch gesprochen soll sich letztlich der zwanglose Zwang des besseren Arguments (vgl. Habermas 1985) durchsetzen. Dies muss nicht als generelle Aufforderung zur bedingungslosen Kommunikation gelesen werden. Bereits Merton hat in ‚Patterns of Influence‘ von realen und potentiellen Meinungsführern gesprochen (vgl. Merton 1968). Dies kann im weiteren Sinne auch als tatsächliche oder eventuelle Partizipation interpretiert werden. Bevor dieser Aspekt eine kurze empirische Illustration erfährt, soll eine weitere soziologische Tradition Erwähnung finden, die Meinungsführerschaft im Sinne des Zwei-Stufen-Fluss-Konzepts als etwas Ungewöhnliches erscheinen lässt: die Wissenssoziologie.

Berger und Luckmann haben in Anlehnung an Alfred Schütz (1899-1959) die Vis-à-Vis-Situation als Prototyp aller gesellschaftlichen Interaktion bezeichnet, weil sie die ständige Reziprozität ermöglicht und alle weiteren Formen des Austauschs davon ableitbar sind. Die Anonymität einer Kommunikation steigt mit fehlender Reziprozität (Rückkopplung) und sie kann auch nur scheinbar durch parasoziale Interaktion kompensiert werden. Insofern erlebt man „die Alltagswelt in verschiedenen Graden der Nähe und Ferne, räumlich wie zeitlich“ (Berger/Luckmann 1969: 25). Die Unterscheidung einer ‚Welt in meiner Reichweite‘ und einer ‚Welt potenzieller Reichweite‘ nimmt darauf Bezug. Mit beiden Welten korrespondiert Vertrautheitswissen (meine Reichweite) und Bekanntheitswissen (potenzielle Reichweite). Welche praktische Bedeutung haben beispielsweise Informationen über die öffentliche Meinung in England? In den Massenmedien dominieren diese Fernweltberichte, gerade auch im Bereich der Politik, die ohnehin zu einem genuinen Medienthema geworden ist. Dabei können sich bestimmte Formate zu Institutionen entwickeln: Die Veröffentlichung von Popularitätswerten (z. B. Politbarometer) hat positive und negative Verstärkungseffekte zur Folge (vgl. hierzu insbes. Münch 1995: 119). An diesen Popularitätswerten hat interpersonale Kommunikation ihren Anteil, aber Medienangebote und interpersonale Kommunikation sind in dieser Hinsicht nicht als äquivalent zu betrachten.

5. Die Bereitschaft zur Meinungsäußerung: empirische Befunde

Eine direkte Bezugnahme auf bestimmte Medienangebote erlaubt die nun folgende empirische Illustration nicht. Die zur Verfügung stehenden Umfragedaten halten diese Möglichkeit nicht bereit. Als Grundlage dienen die Ergebnisse der Allgemeinen Bevölkerungsumfrage für die Sozialwissenschaften aus dem Jahr 1998, ein Survey, der erstmals seit dem Beginn dieser Umfrage im Jahr 1980 auch Fragen zur Mediennutzung enthalten hat. Die folgenden Ausführungen beziehen sich nur auf die Teilstichprobe in den alten Bundesländern.

Zunächst interessiert die Diskussionsbereitschaft bzw. die Bereitschaft zur Meinungsäußerung, wobei in dem Befragungskontext die politische Kommunikation im Vordergrund stand. In einem ersten Schritt wurde überprüft, wer gegenüber Bekannten und/oder am Arbeitsplatz schon einmal seine politische Meinung geäußert hat oder dies gegebenenfalls tun würde. Das Ergebnis dieser Auswertung ergab, dass nur 12 % der Befragten als passiv bezeichnet werden können. 77 % haben diese Bereitschaft auch schon einmal in die Praxis umgesetzt, weitere 10 % würden es gegebenenfalls tun, hatten aber bislang offensichtlich noch keine Veranlassung dazu. Insgesamt ist diese eher informelle Form der Kommunikation weit verbreitet, auch Meinungsführerschaft mag hier von Bedeutung sein. Aber an diesem Befund die ‚promising idea' festzumachen, würde dem Vorwurf der Ubiquitarität noch zusätzliche Nahrung geben. Auch lässt sich der Wirkungsradius dieser häufig informellen und beiläufigen Kontakte nicht leicht bestimmen.

Eine deutliche Reduzierung der Zustimmung registriert man hingegen, wenn als Kriterium die Teilnahme an öffentlichen Diskussionen (z. B. in Versammlungen) zugrunde gelegt wird. Das Ergebnis kann der nachfolgenden Tabelle 1 entnommen werden:

Tabelle 1: Absicht zur und vergangene Teilnahme an öffentlichen Diskussionen (Angaben in %, alte Bundesländer, n = 1936)

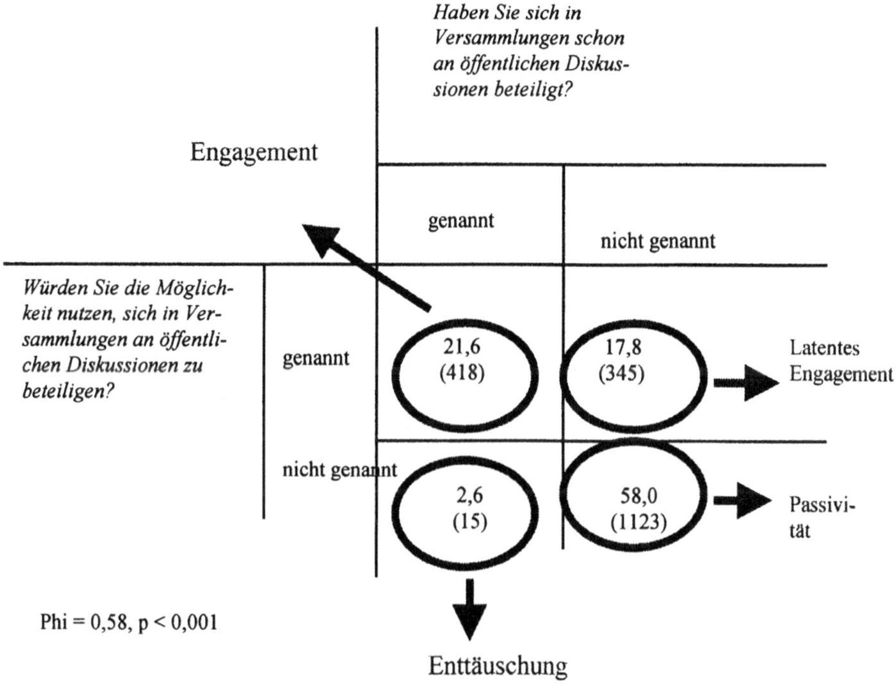

Quelle: ALLBUS 1998, eigene Berechnungen.

Ca. 22 % der Befragten aus den alten Bundesländern haben sich schon einmal an öffentlichen Diskussionen beteiligt, weitere 18 % würden die Möglichkeit dazu nutzen, aber 58 % würden es weder in Erwägung ziehen noch haben sie sich bislang in solchen Veranstaltungen zu Wort gemeldet. Weitere 3 % haben es schon einmal praktiziert, würden es gegenwärtig aber nicht tun. Den auf diese Weise ermittelten Gruppen (siehe Tabelle 1) werden die Bezeichnungen ‚Engagement', ‚latentes Engagement', ‚Enttäuschung' und ‚Passivität' zugeordnet. Die Gruppe der ‚Enttäuschten' wird in der weiteren Analyse nicht mehr berücksichtigt.

Hinsichtlich ihrer Medienpräferenzen lassen sich die verbliebenen Gruppen wie folgt charakterisieren:[1] Passive halten das Fernsehen im Falle widersprüchlicher Meldungen über ein und dasselbe Ereignis für das glaubwürdigste Medium, sie sind überrepräsentiert, wenn es um die Präferenz für unterhaltende Angebote im Fernsehen geht (Shows, Quizsendungen, Spielfilme etc.). Personen hingegen, die sich

1 Die empirischen Ergebnisse, die im Folgenden beschrieben werden, können auf Anfrage vom Verfasser in Tabellenform oder auch graphischer Aufbereitung zur Verfügung gestellt werden.

durch Diskussions- und Artikulationsbereitschaft auszeichnen, betrachten Tageszeitungen und Wochenzeitschriften überdurchschnittlich häufig als glaubwürdig. Ähnlich verhält es sich – etwas weniger deutlich – im Falle jener, die sich gegebenenfalls an öffentlichen Diskussionen beteiligen würden. Es ist anzunehmen, dass mit ‚Zeitschriften' insbesondere politische Wochenzeitungen gemeint sind. Auch die Gruppe der Passiven erreicht hier überdurchschnittliche Werte, wird aber vermutlich andere Angebote im Sinn haben. Engagement bedeutet aber keineswegs, dass dem audiovisuellen Medium im Rahmen des Informationsverhaltens ein nur geringer Stellenwert zukommt. 30 % der Befragten, die sich durch starke Fernsehpräferenzen im Informationsbereich auszeichnen, gehören in die Gruppe der Engagierten (Durchschnittswert: 22 %). Wenngleich Artikulationsbreitschaft noch kein hinreichendes Indiz für Meinungsführerschaft ist, decken sich diese Merkmale doch mit den typischen Merkmalen von Personen, die für die ‚promising idea' stehen. Eine Detailanalyse der Tageszeitungspräferenzen (=Interesse an Rubriken einer Tageszeitung) untermauert diese Parallelen. Nationale und internationale Nachrichten werden besonders von jenen bevorzugt, die sich durch öffentliches Engagement auszeichnen, lokale und regionale Nachrichten sowie Sportberichterstattung finden dagegen in der Gruppe der Passiven eine überdurchschnittliche Akzeptanz[2]. Dass in allen hier beschriebenen Beispielen eine empirische Feinanalyse eine noch genauere Benennung der Differenzen gestatten würde, ist bekannt, aber aufgrund des vorliegenden Datenmaterials nicht realisierbar.

Über die Medienpräferenzen hinaus kann auch die soziale Position der Gruppenmitglieder näher bestimmt werden. Engagiertsein geht einher mit höherer formaler Bildung und einer Überrepräsentanz in den mittleren Altersgruppen. Auf die Frage, welcher sozialen Schicht man sich subjektiv zurechnet, ergibt sich darüber hinaus ein häufiges Votum für die Mittel- und Oberschicht. Wer sich als passiv – gemessen am hier zugrunde gelegten Kriterium – erweist, platziert sich selbst in der Regel in der Unterschicht.

6. Implikationen für die öffentliche Meinungsbildung

Diese wenigen empirischen Befunde, die hier nicht weiter vertieft werden können, spiegeln ein vertrautes bzw. hinreichend bekanntes Bild wider. Es zeigt die Konturen einer Öffentlichkeit, die nach wie vor durch ein deutliches Ungleichgewicht aktiver und passiver Akteure charakterisierbar ist. Beide Bereiche bedürfen gleichwohl der weiteren Differenzierung. In Anlehnung an Milbrath könnte auch von unterschiedli-

2 Eine Korrespondenz zu Mertons Unterscheidung von locals und cosmopolitans (vgl. Merton 1968) liegt gleichwohl nicht vor. Sie entspricht bekanntlich einer Binnendifferenzierung des Meinungsführer-Phänomens.

chen Mischformen von Gladiatorenaktivitäten und Zuschaueraktivitäten gesprochen werden (vgl. den zusammenfassenden Überblick bei Gabriel/Brettschneider 1998: 284ff.). Aber auf der Ebene der ‚durchschnittlichen' Betrachtung sind die Parallelen zu den Befunden der politischen Partizipationsforschung eindeutig. Gabriel und Brettschneider stellen fest:

„Wenn man die empirischen Befunde [der Partizipationsforschung] mit dem demokratietheoretischen Ideal einer politisch aktiven Bürgerschaft vergleicht, ergibt sich in Deutschland wie in anderen Demokratien eine deutliche Kluft: Abgesehen von der Stimmabgabe bei Wahlen ist die aktive politische Beteiligung eine Sache von Minderheiten. Noch in einer weiteren Hinsicht weichen Ideal und Wirklichkeit voneinander ab. Nicht alle Personen nutzen in gleichem Maße ihr Recht zur politischen Einflußnahme: Angehörige der Ober- und Mittelschicht partizipieren stärker an der Politik als Unterschichtangehörige; die Partizipationsbereitschaft steigt mit dem Bildungsniveau, dem Einkommen und dem beruflichen Status; Männer beteiligen sich häufiger als Frauen; und schließlich ist die politische Aktivität der mittleren Altersgruppe überdurchschnittlich groß." (Ebd.: 287)

Noch wichtiger aber sind die Implikationen für Prozesse der (öffentlichen) Meinungsbildung. Wer nach den hier verwandten Indikatoren als passiv gilt, muss keineswegs als politisch uninteressiert gelten. Für die persönliche Urteilsbildung mag das Urteil bekannter oder unbekannter Dritter von Bedeutung sein und nicht jeder, der sich in der Öffentlichkeit zu Wort meldet, kann bereits sicher sein, dass seine Meinung Anhänger findet. Wenn darüber hinaus der Befund einer geringen sozialen Distanz mitgedacht wird, ergibt sich beispielsweise die Anschlussfrage, wie in sozialen Schichten, denen das aktive politische Element aus unmittelbarer Anschauung eher fremd ist, Gefolgschaft realisiert wird. Unter Umständen ist das informelle Element hier von größerer Bedeutung und eine geeignete Beschreibung für den Prozess der Meinungsbildung in passiven Öffentlichkeiten.

Naheliegend ist die Schlussfolgerung, dass die Chancen für die so genannte virtuelle Meinungsführerschaft steigen. Bereits Reimann (1974) stellte fest: Es „ist anzunehmen, daß die Massenmedien Meinungsführer kreieren" (Reimann 1974: 145). Dies hat zur Konsequenz, dass diesen normalerweise die Einbettung in Bezugsgruppen fehlt. Darüber hinaus „kann der Einfluß nicht nur der Massenmedien durch Meinungsführer, sondern auch derjenige der Meinungsführer (in ihren Bezugsgruppen) durch die Massenmedien (durch unvermittelte Transmission) geschwächt werden" (ebd.).

Der Ausbreitungs- und Reichweitenvorsprung der Massenmedien begünstigt zumindest die Entstehung virtueller Meinungsführer, die im Zuge einer wachsenden Medienintegration vieler öffentlicher Bereiche zahlenmäßig zunehmen. Das Management des Medienauftritts ist zu einer Berufssparte geworden (vgl. Eisenstein 1994: 164ff.) und wichtiger Bestandteil der Aufmerksamkeitserzeugung. Habermas hat diese Entwicklung bereits in seiner Untersuchung des Strukturwandels der Öffentlichkeit antizipiert und eine Verlagerung der öffentlichen Kommunikation in medial arrangierte Ereignisse festgestellt (vgl. Habermas 1990: 248ff.).

Aber dies muss nicht bedeuten, dass auch die Wirkung der Massenmedien im klassischen Sinne (Stichwort: powerful media) dadurch wieder ansteigt. Der Nachweis, dass diese virtuellen Meinungsführer wirklich einflussreicher sind, ist bislang nicht geführt worden. Einiges spricht statt dessen für eine neue Beziehung zwischen Sprecher und Zuhörer, für ein Bemühen um Rückversicherung gerade dort, wo man sich als Stellvertreter für viele Gleichgesinnte ausgibt. Es bedeutet für den aktiven Teil der Bevölkerung eben auch ein Einlassen auf die Dynamik der öffentlichen Meinungsbildung. Folgende Entwicklungen sind hier zu beobachten:

- ein Fortbestehen von aktiven und passiven Öffentlichkeiten;
- eine hohe Selbstreferenz der Medienarena, die zunehmend auch als solche wahrgenommen wird und infolge dessen sehr kommunikationsinstensiv geworden ist. Die Paradoxie „Man kann nicht nicht kommunizieren." ist einmal als Grundregel der face-to-face-Interaktion (Watzlawick et al. 1996) formuliert worden. Sie gilt für Medienauftritte um so mehr;
- eine Zunahme der Skepsis gegenüber medienvermittelter Kommunikation mit einem Fortwirken dieses ‚confidence gap' auf allen Ebenen der Folgekommunikation;
- eine relative Autonomie des Publikums dieser Kommunikation, das sich darauf einlässt, aber nicht in der Absicht, sich überzeugen zu lassen. Diffusive Informationsmotive dominieren über konkrete Informationsabsichten;
- eine Entwicklung von Meinungsführerschaft in unterschiedlichen Arenen der Öffentlichkeit mit gegenwärtig unklarer Bestimmbarkeit der (Integrations-) Effekte.

Welche Konsequenzen hat dies für die Modellierung des zugrunde liegenden Vorgangs? Zunächst wird er komplexer und weniger formalisierbar. Die Ebenen, auf denen Selektionen stattfinden, lassen sich nicht ohne weiteres einer Makro- oder Mikroebene zuordnen. Medien treffen z. B. Entscheidungen aufgrund publizierter Popularitätswerte, Medienplattformen werden zu begehrten und umkämpften Stätten des öffentlichen Austauschs von Argumenten, interpersonale Kommunikation über Medienereignisse und andere entscheidungsrelevante Aspekte des Alltags finden auch losgelöst von diesen Austragungsorten in anderen öffentlichen und halböffentlichen Zusammenhängen statt, passive Formen der Zurkenntnisnahme bleiben daneben distanzierte Formen privater Skepsis, die sich vorwiegend vor dem Bildschirm artikuliert. Öffentliche Meinungsbildung ist somit Teil eines nicht leicht durchschaubaren Mikro-Makro-Puzzles geworden. Wenn in Abbildung 2 dennoch von Makro- und Mikroebene gesprochen wird, soll damit in erster Linie die Kontinuität zur einleitend präsentierten Abbildung 1 gewahrt werden. Dass sich Abgrenzungsprobleme ergeben, soll damit nicht bestritten werden.

Abb. 2: Eine Erweiterung des Zwei-Stufen-Flusses der Kommunikation

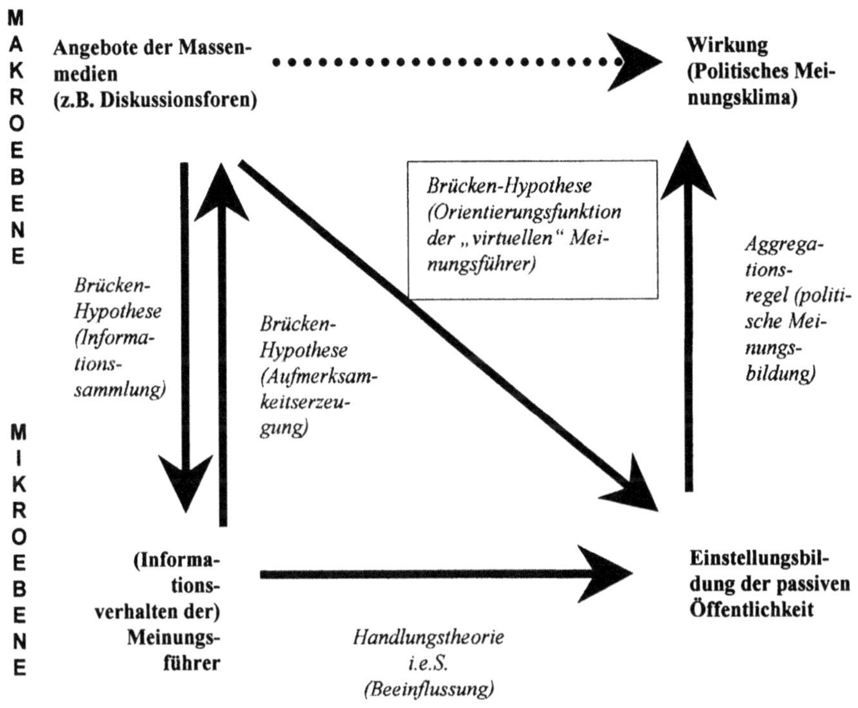

Quelle: Eigene Erstellung.

Welche Konsequenzen ergeben sich daraus für die promising idea ‚opinion leader'? Zunächst wohl die Einsicht, dass die Zeiten für Vorbilder schwieriger geworden sind. Jeder weiß, dass sie notwendig sind, aber wenn es um öffentliche Angelegenheiten geht, ist die Gesellschaft sowohl liberaler als auch unnachgiebiger geworden. Dieser Erwartungshaltung gerecht zu werden, erfordert gelegentlich übermenschliche Fähigkeiten und das mag auch erklären, dass fiktionale Personen so populär sind.

Aber noch wichtiger ist ein abschließender Hinweis, der von den Pionieren der Meinungsführerforschung übernommen wird. In einem kleinen Unterkapitel von „Personal Influence" schrieben Katz und Lazarsfeld unter der Überschrift „Einige Einschränkungen":

„Wir haben versucht, zu zeigen, daß auch die anscheinend persönlichen Meinungen und Einstellungen eines Menschen Nebenprodukte der zwischenmenschlichen Beziehungen sein können, (...) daß Meinungen und Einstellungen oft in Verbindung mit anderen Personen aufrechterhalten, manchmal gebildet und manchmal nur verstärkt werden. Kurz, wir haben versucht, Beweise für unsere Auffassung anzuführen, daß der individuelle Ausdruck der Meinungen und Einstellungen, kritisch betrachtet, keine rein individuelle Angelegenheit ist."(Katz / Lazarsfeld 1962: 78)

Offensichtlich handelt es sich um ein Phänomen, das sich der leichten wissenschaftlichen Beobachtung entzieht. Ein Grund hierfür mag heute auch einer Paradoxie der Moderne entspringen: als Individualist Orientierungsbedürfnis eingestehen zu wollen. Die bekannte Frage aus der Meinungsführerforschung ‚Is anyone following?' ist insofern noch immer sehr aktuell. Vielleicht wäre hier auch ein Bereich zu identifizieren, in dem das Ungewöhnliche als etwas Gewöhnliches wiederentdeckt werden könnte.

Literatur:

Berger, Peter / Luckmann, Thomas (1969): Die gesellschaftliche Konstruktion der Wirklichkeit. Eine Theorie der Wissenssoziologie. Frankfurt a. M.

Bourdieu, Pierre (1998): Über das Fernsehen. [Aus d. Franz.] Frankfurt a. M.

Eisenstein, Cornelia (1994): Meinungsbildung in der Mediengesellschaft. Eine Analyse zum Multi-Step Flow of Communication. (Studien zur Kommunikationswissenschaft, Band 1). Opladen.

Gabriel, Oskar W. / Brettschneider, Frank (1998): Politische Partizipation. In: Jarren, Otfried / Sarcinelli, Ulrich / Saxer, Ulrich (Hrsg.): Politische Kommunikation in der demokratischen Gesellschaft. Ein Handbuch mit Lexikonteil. Opladen/ Wiesbaden: 285-291.

Gerbner, George et al. (1994): Growing Up with Telecision: The Cultivation Perspective. In: Bryant, Jennings / Zillmann, Dolf (eds.): Media Effects: Advances in Theory and Research. Hilssdale, New Jersey: 17-41.

Gitlin, Todd (1978): Media Sociology: The Dominant Paradigm. In: Theory and Society 6: 205-253.

Habermas, Jürgen (1985): Theorie des kommunikativen Handelns. 2 Bände. 3., durchgesehene Auflage. Frankfurt a. M.

Habermas, Jürgen (1990): Strukturwandel der Öffentlichkeit. Untersuchungen zu einer Kategorie der bürgerlichen Gesellschaft. [Zuerst 1962] Frankfurt a. M.

Hovland, Carl I. (1972): Über die Vereinbarkeit widersprechender Ergebnisse aus der massenmedialen und der experimentellen Wirkungsforschung [zuerst 1959]. In: Badura, Bernhard / Gloy, Klaus: Soziologie der Kommunikation. Eine Textauswahl. Stuttgart: 57-77.

Jäckel, Michael (1999): Medienwirkungen. Ein Studienbuch zur Einführung. Wiesbaden.

Jäckel, Michael [unter Mitarbeit von Jan Reinhardt] (2001): Über welche Brücke muss man gehen? Die Mehr-Ebenen-Analyse und ihre Relevanz für die Rezeptionsforschung. In: Rössler, Patrick / Hasebrink, Uwe / Jäckel, Michael (Hrsg.): Theoretische Perspektiven der Rezeptionsforschung. München: 35-58.

Jonas, Friedrich (1976): Geschichte der Soziologie 2. Von der Jahrhundertwende bis zur Gegenwart. Reinbek bei Hamburg.

Katz, Elihu / Lazarsfeld, Paul Felix (1962): Persönlicher Einfluß und Meinungsbildung. [Aus d. Amerik., zuerst 1955] Wien.

Kern, Horst (1982): Empirische Sozialforschung. Ursprünge, Ansätze, Entwicklungslinien. München.

Lazarsfeld, Paul et al. (1969): Wahlen und Wähler. Soziologie des Wahlverhaltens. [Aus d. Amerik.] Neuwied/Berlin.

Macrone, Michael (1996): Heureka! Das archimedische Prinzip und 80 weitere Versuche, die Welt zu erklären. [Aus d. Amerik.]. München.

Merton, Robert King (1968): Patterns of Influence: Local and Cosmopolitan Influentials [zuerst 1949]. In: Merton, Robert King (ed.): Social Theory and Social Structure. New York: 441-474.

Münch, Richard (1995): Dynamik der Kommunikationsgesellschaft. Frankfurt a. M.

Parsons, Talcott (1969): On the Concept of Influence. In: Parsons, Talcott (ed.): Politics and Social Structure. [Zuerst 1963] New York: 405-429.

Reimann, Horst (1974): Kommunikations-Systeme. Umrisse einer Soziologie der Vermittlungs- und Mitteilungsprozesse. Heidelberger Sociologica, Band 7. 2., revidierte Auflage. Tübingen.

Watzlawick, Paul u. a. (1996): Menschliche Kommunikation. Formen, Störungen, Paradoxien. [Aus d. Amerik., zuerst 1967] 9., unveränderte Auflage. Bern u.a.

Weimann, Gabriel (1992): Persönlichkeitsstärke: Rückkehr zum Meinungsführer-Konzept? In: Wilke, Jürgen (Hrsg.): Öffentliche Meinung. Theorie, Methoden, Befunde. Freiburg/München: 87-102.

Weimann, Gabriel (1994): The Influentials. People Who Influence People. Albany.

Die Lokalpresse im Kontext kommunaler Wahlkämpfe

Eine Fallstudie aus Nordrhein-Westfalen

Frank Marcinkowski

1. Fragestellung und Untersuchungsanlage

Wenn die unmittelbare Konfrontation der Bürger mit Politik an erster Stelle im Lokalen stattfindet, dann richten sich auch ihre politischen Informationsbedürfnisse zuvorderst an die lokale Öffentlichkeit und deren publizistische Organe. Die Frage, wie Lokalmedien diese Aufgabe erfüllen, ist in der Kommunikationswissenschaft lange Zeit stiefmütterlich behandelt worden. Erst im Zuge der voranschreitenden Pressekonzentration, die - beginnend in den 60er Jahren - im Verlaufe der 70er Jahre eine immer größere Zahl an Ein-Zeitungskreisen mit sich brachte, setzte eine intensivere Erforschung der Lokalberichterstattung ein. Einen weiteren Aufmerksamkeitsschub zog die lokale Publizistik auf sich, als mit der Entwicklung des lokalen Rundfunks ab Mitte der 80er ein zusätzlicher Strukturwandel lokaler Öffentlichkeit Platz griff. Dabei stand vor allem das nordrhein-westfälische Zwei-Säulen-Modell für den Lokalfunk im Zentrum des wissenschaftlichen Interesses (nicht zuletzt von Seiten der Duisburger Medienforschung um Heribert Schatz), dass mit seiner organisatorischen Trennung von betriebswirtschaftlichem Denken und Programmverantwortung verbesserte Grundlagen für ein anspruchsvolles und informationsorientiertes Radio schaffen sollte. Bundesweit haben sich freilich die Hoffnung nicht erfüllt, der lokale Hörfunk könne die Defizite lokaler Kommunikation und Öffentlichkeit nachhaltig abbauen. Nach wie vor zeigen vorliegende Studien ein kritisches Bild der Qualität lokaler Berichterstattung. Zu den immer wieder festgestellten Schwächen des Lokaljournalismus gehören (vgl. Jarren 1993: 301 und Jonscher 1995: 453-488):

- Die übermäßige Orientierung an den politischen und ökonomischen Eliten, die zu einer deutlichen ausgeprägten Korrespondenz von publizistischer Prominenz- und Amtshierarchie führt,

- die dementsprechend eingeschränkten Zugangs- und Berücksichtigungschancen für nachrangige und nicht-etablierte soziale und politische Gruppen zur lokalen Öffentlichkeit,

- die Entpolitisierung der Inhalte bei gleichzeitiger Simplifizierung und Personalisierung von Politik,

- die weitgehend kritiklose und konfliktarme Berichterstattung über Kommunalpolitik bei gleichzeitig geringer Neigung zur journalistischen Kommentierung,

- der Verlautbarungsstil des Lokaljournalismus, mit seiner extensiven Nutzung, journalistischer Vorprodukte,

- die wenig partizipationsförderliche Aufbereitung und -präsentation politischer Information (wenig Hintergrund oder chronologische Darstellung von Abläufen).

Das gilt speziell für die lokalen Pressemedien, noch immer die gewichtigsten Träger lokaler Öffentlichkeit. Im kommunalpolitischen Alltag ist insoweit für die Mehrzahl der Bürger von einer Unterversorgung mit Informationen auszugehen, die tatsächliche Entscheidungshintergründe transparent machen, Probleme beim Namen nennen und zur unmittelbaren Beteiligung anregen.

Vor diesem Hintergrund geht der vorliegenden Beitrag der Frage nach, wie die lokalen Pressemedien ihrem Informationsauftrag im Vorfeld kommunaler Wahlgänge nachkommen. Politische Wahlen auf allen föderalen Ebenen gelten trotz erweiterter Partizipationsmöglichkeiten im repräsentativen System noch immer als Höhepunkte demokratischer Mitwirkung der Bürger an Politik. Wahlkämpfe sind insoweit immer auch Hochzeiten politischer Kommunikation, die Parteien und Medien eine beträchtliche kommunikative ‚Bringschuld' aufbürden. Auch wenn das Bild vom ‚gut informierten' Wähler vielfach auf demokratietheoretischer Idealisierung beruhen dürfte, steht ausser Frage, dass kompetitive Wahlen bei der Entfaltung ihre legitimatorischen und partizipativen Soll-Funktionen auf die Qualität öffentlicher Diskurse angewiesen sind. Die Frage, ob und wie Politiker und Journalisten den Anforderungen an ihre Politikvermittlungsleistungen unter den Bedingungen moderner „Mediendemokratien" gerecht zu werden versuchen, ist Gegenstand einer ausgreifenden Forschungsliteratur. „Nichts ist so gut erforscht wie die Wahlkommunikation", vermerken die Herausgeber eines jüngst erschienenen Bandes zum Thema (Bohrmann / Jarren / Melischek / Seethaler 2000: 9). Überblickt man den Bestand politischer Kommunikationsforschung, wird man der Einschätzung unumwunden zustimmen. Für die lokale Wahlkampfkommunikation gilt sie freilich nicht. Hier geht die politologische Vernachlässigung des kommunalen Wahlverhaltens mit der medien- und kommunikationswissenschaftlichen Randlage lokaler Kommunikation eine ungute Allianz ein, so dass unser Wissen über die ‚Leistung' der Medien im kommunalen Wahlkampfgeschehen auf wenige Fallstudien beschränkt bleibt (Lutz et al. 1990).

Dem werden im Folgenden die Ergebnisse einen neueren Studie zum Thema hinzugefügt. Den politischen Kontext bildet die Kommunalwahl vom 12. September 1999 in Nordrhein-Westfalen, die aufgrund einer Reihe von Änderungen in Gemeindeordnung und Kommunalwahlrecht (Wegfall der „Doppelspitze" und Urwahl eines hauptamtlichen Bürgermeisters, Senkung des Wahlalters, Abschaffung der 5%-Sperrklausel, Wahlberechtigung für EU-Ausländer) mit zusätzlichen Ansprüchen an die Informationsleistung von Politik und Medien verbunden war. Die Untersuchung beruhte auf einer standardisierten, quantitativen Inhaltsanalyse aller politischen Beiträge der Lokalteile von drei im Untersuchungsgebiet erscheinenden Tageszeitungen,[1] jeweils ohne reine Veranstaltungsankündigungen, aber inklusive der Leserbriefe. Der Abgrenzung von politischen und nicht politischen Beiträgen, seit Jahren ein Kardinalproblem der inhaltsanalytischen Forschung, liegt in dem Fall ein politikwissenschaftliches und kein verwaltungsrechtliches Verständnis von kommunaler Selbstverwaltung zugrunde. Unter kommunalpolitischer Berichterstattung wurde dementsprechend verstanden:

- jede publizistische Bezugnahme auf Forderungen nach und Kritik an Maßnahmen von Stadtrat und Stadtverwaltung, sowie alle Willensbildungs- und Entscheidungsprozesse auf dem Weg zu solchen Maßnahmen, sowohl innerhalb von Rat und Verwaltung als auch zwischen städtischen Gremien und Bürgerschaft (Politics);

- jede publizistische Bezugnahme auf Organe des kommunalpolitischen Institutionensystems (Stadtrat und seine Ausschüsse, Fraktionen, Bürgermeister, Verwaltung) sowohl in ihrer politischen als auch in ihrer repräsentativen Funktion (Polity);

- jede publizistische Bezugnahme auf kommunalpolitische Entscheidungen und Maßnahmen, ihre Inhalte, Durchführung und Folgen (Policy).

---

1 Das Untersuchungsgebiet bildet die kreisangehörige Gemeinde Hilden (Kreis Mettmann), die am Fuße des bergischen Landes in der Nähe der Großstädte Düsseldorf, Wuppertal, Solingen und Köln gelegen ist. Nach dem Landesplanungsgesetz gilt Hilden als ein typisches Mittelzentrum in der Ballungsrandzone. Mit einer Bevölkerungsdichte von 2.129 E/qkm gehört die Gemeinde zu den am dichtesten besiedelten Städten des gesamten Bundesgebietes. In der Stadt leben rund 55.000 Einwohner, 44.891 davon waren am 12. September 1999 wahlberechtigt. Wirtschaftlich wird die Stadt von Handel und Dienstleistungen geprägt. Die Zahl der Arbeitsplätze im verarbeitenden Gewerbe hat sich demgegenüber in den letzten 20 Jahren praktisch halbiert. Die Arbeitslosenquote liegt mit gut 8% deutlich unter dem Landesdurchschnitt. Die lokale Zeitungslandschaft wird von drei Regionalzeitungen geprägt: der *Rheinischen Post (RP)*, *Westdeutschen Zeitung (WZ)* und der *Neuen Ruhr/Rhein-Zeitung (NRZ)*. *Rheinische Post* und *Westdeutsche Zeitung* haben ihren Verlagssitz in Düsseldorf. Beide Unternehmen arbeiten in Produktion und Vertrieb seit Jahren zusammen, eine Kooperation, die durch wechselseitige Beteiligungen abgesichert ist. Die *Neue Ruhr-/Rhein-Zeitung* ist ein Unternehmen der WAZ-Gruppe mit Sitz in Essen. Alle drei Zeitungen bieten im regionalen Mantel ortsbezogene Lokalteile für Hilden an, allerdings in unterschiedlichem Umfang, der zwischen 1 bis 1,5 Seiten (*NRZ*) und 1,5 bis 2 Seiten täglich variiert. Kombiniert werden die Hildener Teile mit dem Lokalteil Düsseldorf und mit weiterer örtlicher Berichterstattung aus den Nachbargemeinden im Kreis Mettmann.

Der Untersuchungszeitraum erstreckte sich vom 1. Mai des Wahljahres bis zum Tag der Kommunalwahl in NRW am 12. September 1999. Analyseeinheit war jeder politische Artikel (synonym wird der Begriff „Beitrag" verwendet) in einem der genannten Blätter. Für jede Analyseeinheit wurden zunächst eine Reihe von identifizierenden Merkmalen festgehalten. Kodiereinheit der Untersuchung, also der einzelne „Fall", für den die zentralen inhaltlichen Merkmale festgehalten wurden, ist das berichtete „Ereignis". Aktuelle Einzelereignisse sind räumlich und zeitlich begrenzt. Sie besitzen einen erkennbaren Anfang und ein zumindest absehbares Ende: eine Ratssitzung, eine Diskussionsveranstaltung, eine Einzelentscheidung, eine Einweihung etc. Ereignisse sind durch Ort, Datum und thematischen Bezug gegeneinander abgrenzbar (zur Definition und methodischen Umsetzung Kepplinger 1998: 164). Eine Untersuchungseinheit (Zeitungsartikel) konnte durchaus über zwei (oder mehr) thematisch, örtlich und zeitlich unterschiedene Ereignisse berichten (eine Gremiensitzung und eine anschließende Pressekonferenz), so dass sich die Zahl der einbezogenen Beiträge (758) und die Anzahl der verschlüsselten Ereignisse (1038) unterscheiden.[2]

Alle folgenden Auswertungen sind zeitvergleichend angelegt. Um die Spezifika medialer Wahlkampfberichterstattung herauszuarbeiten, wurde der gesamte Untersuchungszeitraum in zwei Phasen unterteilt: die Vorwahlkampfzeit von Mai bis einschließlich Juli 1999 und die ‚heiße' Phase des Wahlkampfs in den letzten sechs Wochen vor dem Wahlsonntag. Vor dem Hintergrund der oben genannten Schwächen lokaler Medienberichterstattung wird überprüft, ob sich die politischen Informationsleistungen der Lokalpresse im eigentlichen Wahlkampf in der einen oder anderen Weise vom journalistischen Routinebetrieb des Vorwahlkampfs signifikant unterscheiden.

2. Die politische Berichterstattung lokaler Printmedien im Kommunalwahlkampf

Der erste Blick gilt dem bloßen Umfang der Berichterstattung über Lokalpolitik und damit der Erwartung, dass Umfang und Intensität der lokalpolitischen Berichterstattung vor dem Wahltermin stetig zunehmen, weil auch das Informationsbedürfnis der Leser und Wähler mit der Nähe zur Entscheidung ansteigt. In der langfristigen Betrachtung über knapp fünf Monate kann man tatsächlich nachweisen, dass sich der Umfang der politikbezogenen Berichterstattung im Wahlkampf gegenüber dem ‚Normalmaß' fast verdoppelt. Exakt mit Beginn der 31. Kalenderwoche steigt der Berichterstattungsumfang (aus dem tiefen ‚Sommerloch' kommend) rasant an, das Gleiche gilt für die Linie der berichteten Ereignisse. Der Befund ist zum Teil damit

2 Ich danke Katrin Stoberock (Gerhard-Mercator-Universität Duisburg) für die gewohnt zuverlässige Durchführung der Datenerhebung.

zu erklären, dass die Zeitungen in dieser Woche damit begannen, eingesandte Kurzportraits aller Wahlkreiskandidaten zu veröffentlichen. Ohne diese ‚Serviceleistung' wäre eine Intensivierung der Berichterstattung zwar ebenfalls nachweisbar, die Werte lägen aber lediglich 1,5 bis 2 Prozentpunkte über den Werten des Frühjahrs, also in etwa auf dem Niveau der 36. Kalenderwoche. Das heißt, der erhöhte Berichterstattungsausstoß in der letzten Wahlkampfphase beruht im Wesentlichen auf Dienstleistung der Lokalzeitungen, nicht etwa auf redaktioneller Eigenleistung. Innerhalb der letzten sechs Wahlkampfwochen finden sich keine markanten Ausschläge.

Abb. 1: Entwicklung des kommunalpolitischen Berichterstattungsumfangs der Lokalpresse in den letzten 18 Wochen vor der Wahl (in % des Gesamtumfangs)

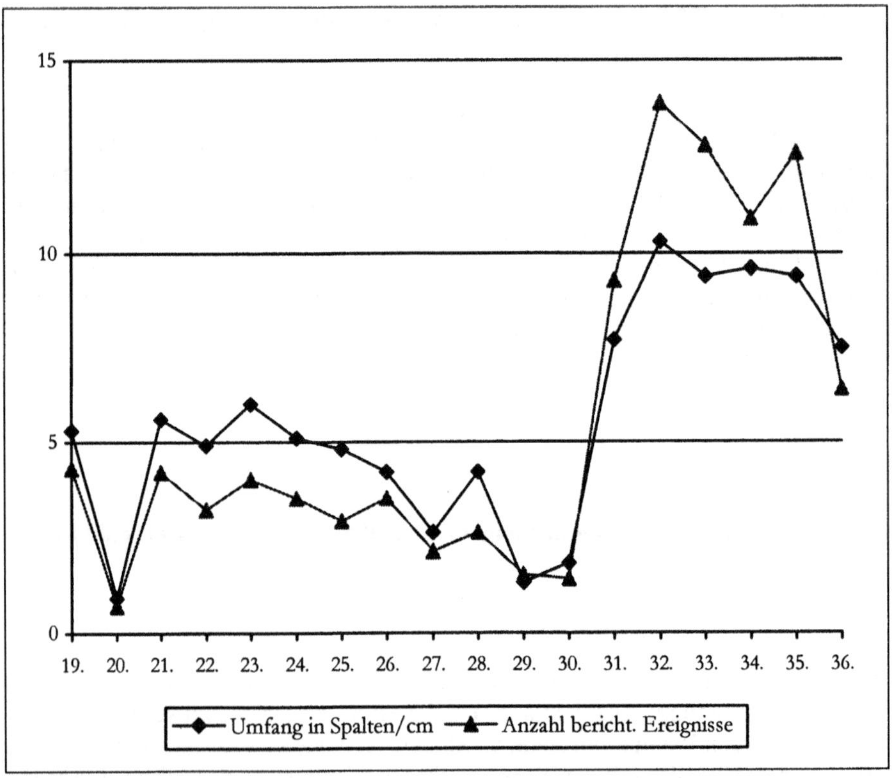

Der Berichterstattungsumfang geht leicht, aber kontinuierlich zurück und erreicht seinen tiefsten Punkt in der letzten Woche vor dem Wahlsonntag. Gemessen an beiden Indikatoren ist unmittelbar vor der Wahl eine gewisse Politikmüdigkeit der Lokalredakteure unübersehbar.

Die thematischen Bezüge der lokalpolitischen Berichterstattung wurden entlang der typischen kommunalpolitischen Handlungs- und Aufgabenfelder kodiert. Im Hinblick auf den Wahlkampf wurden zusätzlich „binnenstrukturelle" Ereignisse ohne sachpolitischen Bezug (Kandidatennominierung, parteiinterne Flügelkämpfe etc.) und „unpolitische" Ereignisse mit Beteiligung von Spitzenrepräsentanten kommunalpolitischer Institutionen (Feste, Eröffnungen, Fassanstich etc.) erfasst.[3] Um gleich mit den letztgenannten Themenfeldern zu beginnen, muss die Aufmerksamkeit auf die letzten beiden Zeilen der Tabelle 1 gerichtet werden.

Tabelle 1: Thematische Bezüge der kommunalpolitischen Berichterstattung von Lokalzeitungen (in %; Mehrfachnennungen zugelassen)

	Frühjahr/ Sommer 1999	‚Heiße' Wahlkampfphase	Gesamt
Baupolitik	8,7	3,9	5,4
Verkehrspolitik	14,6	1,3	5,5
Kinder-, Jugend- und Schulpolitik	8,0	1,3	3,4
Verwaltungspolitik	3,7	0,3	1,4
Haushalt und Finanzen	4,3	1,3	2,3
Kulturpolitik	4,6	2,1	2,9
Wirtschaftsförderung	3,4	0,9	1,7
Umweltpolitik/Naturschutz	3,4	1,3	2,0
Energiepolitik	1,9	0,4	0,9
Sozial- und Gesundheitspolitik	4,0	0,9	1,9
Ausländerpolitik	1,9	1,0	1,3
Stadtentwicklung (ohne Bauen u. Verkehr)	13,1	3,6	6,7
„Politics" ohne Ressortbezug	17,6	77,3	58,4
Gesellige Anlässe mit pol.Repräsentation	10,5	4,6	6,5
Summe (N)	323	699	1022

3 Da jedes berichtete Ereignis auch mehrere thematische Bezüge haben kann, durch die es inhaltlich und sachlich gekennzeichnet ist, etwa wenn die Entscheidung für die Ausweisung eines Gewerbegebiets aus umweltpolitischer und wirtschaftspolitischer Perspektive thematisiert wird, waren Mehrfachkodierungen grundsätzlich zugelassen. Sachliche Bezüge wurden nur dann kodiert, wenn sie in der Berichterstattung explizit hergestellt wurden.

Ihnen ist zu entnehmen, dass im politischen Normalbetrieb zusammen genommen immerhin mehr als ein Viertel aller thematisierten Sachverhalte auf diese beiden Themenkategorien entfallen. In sachpolitischer Hinsicht können lediglich die Themenfelder Stadtentwicklung und Verkehr einigermaßen mithalten. Alle anderen lokalpolitischen Handlungsfelder fallen demgegenüber stark ab. Das gilt in noch verstärktem Masse für den eigentlichen Wahlkampf. Hier dominieren politische Themen ohne direkten Policy-Bezug die Medienberichterstattung ganz eindeutig. Sachthemen haben in der Lokalpresse kaum noch eine Chance. Das liegt unter anderem daran, dass ein beträchtlicher Teil des Raums für lokalen Politikberichterstattung im Wahlkampf durch die oben erwähnten Kandidatenportraits gebunden wird. Schließt man die entsprechenden Beiträge aus der Berechnung aus, verringert sich der Wert für Beiträge ohne Ressortbezug merklich, liegt aber mit gut 42 % auch dann noch enorm hoch. Bei allem Verständnis dafür, dass gerade in Wahlkampfzeiten inner- und interparteiliche Vorgänge, Personalentscheidungen, Mitgliederversammlungen, fraktionsinterne Auseinandersetzung und reine Inszenierung naturgemäß an Bedeutung gewinnen, würde man trotz Wahlkampf von einer informationsorientierten Berichterstattung ein deutliches Übergewicht auf Seiten der Darstellung sachpolitischer Maßnahmen und Positionen erwarten können. Die Erwartung wurde im vorliegenden Fall offensichtlich enttäuscht. Selbst die repräsentativen Funktionen der politisch-administrativen Funktionsträger, der Händedruck zum runden Geburtstag, der Auftritt bei allerlei Festen und Feiern, die Übergabe und Entgegennahme von Auszeichnungen usw., werden im Wahlkampf noch häufiger zum Pressethema, als die drängendsten Probleme der Bürger. Das lässt sich eindrucksvoll belegen, wenn man die Ergebnisse einer parallel durchgeführten Umfrage unter der wahlberechtigten Bevölkerung der Gemeinde heranzieht (vgl. Marcinkowski 2001). Dabei wurden 1020 repräsentativ ausgewählte Wähler in Form geschlossener Fragen nach ihrer Einschätzung der Wichtigkeit von insgesamt acht lokalpolitischen Themen gefragt, die im Wahlkampf diskutiert wurden. Auf einem Skalometer von 1 (sehr wichtig) bis 5 (ganz unwichtig) wurden dabei vier der abgefragten Items von mehr als der Hälfte der Befragten als „sehr wichtig" oder „wichtig" bezeichnet und zwar in der Reihenfolge:

- der Erhalt unbebauter Freiflächen im Gemeindegebiet (69,1 %)
- die Belastung durch den Straßenverkehr (59,9 %)
- Filz und Klüngel im Rathaus (53,8 %)
- die Einrichtung eines Kultur- und Kommunikationszentrums (51,4 %)

Die entsprechenden Themenkategorien sind in Tabelle 1 in den ersten vier Zeilen platziert. Dabei wurde der Freiflächenerhalt unter die Kategorie „Baupolitik" gefasst, das Verkehrsproblem taucht als eigenständige inhaltsanalytische Kategorie auf, die Forderung nach einem Kultur- und Kommunikationszentrum für Jugendliche und junge Erwachsene wurde unter Jugendpolitik rubriziert und die Befürchtung hinsichtlich Korruption und Klüngel im Rathaus wurde in der Medienanalyse unter Verwaltungspolitik kodiert. Die Anteilswerte für die genannten Themenkategorien sprechen eine deutliche Sprache. Einem gesteigerten Interesse von 50 % bis 70 % der Bevölkerung steht eine Thematisierungsintensität von praktisch Null bis knapp 4 % in der ‚heissen' Phase des Wahlkampfs gegenüber. Das ist umso erstaunlicher, als drei dieser vier Themen im Frühjahr und Sommer des Jahres einen prominenten Rang auf der Presseagenda einnehmen konnten. Im Wahlkampf selbst müssen sie die Wähler auf allen vier Themenfeldern, die in der Bürgerschaft für besonders wichtig gehalten werden, mit einer journalistischen ‚Notration' abspeisen lassen (vgl. mit ähnlichem Befund zur Kommunalwahl in Leipzig 1990, Lutz et al. 1991).

Die Akteursstruktur der lokalpolitischen Presseberichterstattung wurde auf einem stark disaggregierten Niveau erhoben, so dass beispielsweise die Berücksichtigung von Funktions- und Mandatsinhabern derselben Partei getrennt erfasst werden konnten. Für die Auswertung muss diese weit verzweigte Kategorie aus Gründen der Übersichtlichkeit wieder stärker zusammengefasst werden. Als „Akteure" der Berichterstattung wurden diejenigen Personen oder Institutionen verkodet, die an dem berichteten Ereignis aktiv (d. h. als Verantwortliche für tätliche oder kommunikative Handlungen) und dominant beteiligt sind. Akteure sind also Subjekte (nicht Objekte) des Ereignisses. Bei allen institutionellen bzw. korporativen Akteuren (also „der Stadtrat", „die Verwaltung"), werden zusätzlich zu der abstrakten Formulierung auch alle Vertreter, Repräsentanten, Sprecher etc. („ein Mitarbeiter der Bauverwaltung") erfasst. Da an Ereignissen prinzipiell mehrere Akteure beteiligt sein können, waren Mehrfachnennungen zugelassen. Insgesamt wurden im gesamten Untersuchungsmaterial 2045 Akteursnennungen im zuvor definierten Sinne ausgemacht. Über deren Verteilung gibt Tabelle 2 Auskunft.

Tabelle 2: Akteursstruktur der kommunalpolitischen Berichterstattung von Lokalzeitungen (in %; Mehrfachnennungen zugelassen)

	Früh-jahr/Sommer 1999	‚Heiße' Wahlkampf-phase	Gesamt
Kandidaten, davon:	9,3	14,0	11,9
- Bürgermeisterkandidat SPD	5,6	3,9	4,6
- Bürgermeisterkandidat CDU	1,9	3,6	2,9
- Bürgermeisterkandidat FDP	0,7	2,5	1,7
Bürgermeisterkandidat Grüne	0,6	2,1	1,4
- Bürgermeisterkandidat dUH	0,5	1,9	1,3
Verwaltung, davon:	27,5	13,4	19,5
- Stadtdirektor	3,5	2,2	2,8
- Stadtverwaltung allgm.	14,9	5,8	9,7
- Kreisverwaltung	1,2	0,7	0,9
- Landesverwaltung	3,6	1,3	2,3
- städt./öffentl. Einrichtungen	4,3	3,4	3,8
Stadtrat, davon:	16,1	10,0	12,8
- Stadtrat/Fachausschüsse allgm.	8,0	5,0	6,3
- SPD-Fraktion	2,4	1,2	1,7
- CDU-Fraktion	1,9	2,1	2,1
- Grüne-Fraktion	2.0	1,0	1,5
- CSF—Fraktion	1,8	0,7	1,2
Politische Parteien, davon	17,4	46,7	34,0
- SPD	2,7	2,9	2,8
- CDU	4,6	12,2	8,9
- FDP	3,6	7,7	5,9
- Grüne	2,7	8,0	5,7
- FW dUH	1,0	7,1	4,5
- FW BA	2,8	8,8	6,2
Vereine, Verbände, Initiativen	5,4	3,9	4,5
Unternehmen, Wirtschaftsverbände	5,9	1,1	3,2
Einzelbürger	18,1	10,9	14,0
Summe (N)	882	1163	2045

Naturgemäß konzentriert sich in Wahlkampfzeiten ein beträchtlicher Teil der Medienaufmerksamkeit auf die Kandidaten, in diesem Fall auf die Bewerber um das erstmals per Direktwahl vergebene Hauptamt des Bürgermeisters. In Hilden entfallen demnach rund 14 % aller Akteursnennungen der Berichterstattung in den letzten sechs Wochen vor der Wahl auf einen der fünf Kandidaten. Das scheint kein überzogen hoher Wert zu sein. Dabei unterscheiden sich die beiden aussichtsreichsten Bewerber (die tatsächlich später in die Stichwahl gingen) hinsichtlich ihrer Medienpräsenz kaum voneinander. Der SPD-Bewerber, der als ehrenamtlicher Bürgermeister und mithin als ‚Titelverteidiger' ins Rennen ging, konnte freilich in der Vorwahlzeit einen klaren Publizitätsbonus (übrigens: noch vor dem Stadtdirektor) verbuchen.[4] Die Bewerber der übrigen Parteien und Gruppierungen wurden gewissermaßen entsprechend ihres (partei-)politischen Gewichts wahrgenommen und berücksichtigt. Regelrecht ‚totgeschwiegen' wurde freilich niemand. Die eigentlichen ‚Gewinner' der Wahlkampfkommunikation sind allerdings die politischen Parteien. Sie steigern ihre medialen Publizitätschancen gegenüber dem politischen ‚Normalbetrieb' um gut 30 Prozentpunkte. Alle anderen kommunalpolitischen Akteure, der Stadtrat, die Stadtverwaltung, aber auch die zivilgesellschaftlichen Akteure verlieren demgegenüber im Wahlkampf deutlich an Medienaufmerksamkeit. Wahlkampfkommunikation ist demnach auch auf lokaler Ebene vor allem Parteienkommunikation. Dabei zeigt sich im untersuchten Fallbeispiel ein klarer Publizitätsvorsprung der CDU, der freilich nicht auf die besondere Fürsorge einer ihr nahestehenden Zeitung zurückzuführen ist. Das lässt sich schon daran ablesen, dass die parteipolitische Gewichtung in allen untersuchten Blättern sehr ähnlich ausfällt. Noch deutlicher wird das Publizitätsdifferential zwischen den Parteien, wenn man lediglich die Fälle (berichtete lokalpolitische Ereignisse) betrachtet, in denen mindestens ein Vertreter der Parteien (egal ob Kandidat, Mandatsträger oder Parteipolitiker) aktiv und dominant auftritt. Dann führt die CDU die Aufmerksamkeitshierarchie mit gut 67 % an, vor der SPD mit 44 %, FDP und Grünen mit 22 % bzw. 26 % und schließlich den Freien Wähler von der „Bürgeraktion" mit 16 % (ohne Abbildung). Tatsächlich hatte die CDU im Wahljahr aufgrund interner Querelen, die mit Parteiaustritten und der Abspaltung einiger Mandatare (CSF-Fraktion) endete, nachhaltig für Schlagzeilen gesorgt, die die Partei bis in den Wahlkampf hinein verfolgten und gegenüber der politischen Konkurrenz jedenfalls ein deutliches Mehr an Medienpublizität produzierten. Die SPD war als Partei im gesamten Untersuchungszeitraum regelrecht ‚abgetaucht' und verliess sich, angesichts der negativen Vorzeichen von Seiten der Bundespolitik, offenbar ganz auf die Popularität ihres Kandidaten vor Ort. Bemerkenswert ist schließlich auch, dass die jüngste politische Gruppierung der untersuchten Gemeinde, die Wählervereinigung BA, mit ihren Repräsentanten im Vergleich zu den ‚kleineren' Konkurrenten ein durchaus beachtliches Medienecho erzeugen konnte.

Eine weitere Facette dieses Bildes liefert die Untersuchung der Frage, wer in der Medienöffentlichkeit wie häufig als „Sprecher" auftritt. Um das zu prüfen wurde zu jedem berichteten Ereignis festgehalten, welcher der oben genannten Akteure entweder wörtlich (in Anführungszeichen) oder in indirekter Rede (im Konjunktiv) zu Wort kommt. Im Falle der institutionell verfassten Akteure (Verwaltung, Stadtrat, Parteien etc.) handelt es sich dabei natürlich immer um einzelne Vertreter oder Repräsentanten. Im Gegensatz zur obigen Auswertung (Tab. 2) geht es hier also nicht darum, dass über einen Akteur gesprochen wird, sondern dass er selbst zu Wort kommt. Dem entspräche in der Rundfunkberichterstattung die Einschaltung von O-Tönen. Das Ergebnis entspricht den Erwartungen, so dass auf eine weitere Tabelle

4 Der Amtsbonus schlug sich auch in der Visualisierung der Berichterstattung nieder. Was die Anzahl der Abbildungen in den drei Zeitungen anging, lag der Amtsinhaber weit vor allen Konkurrenten.

verzichtet werden kann: Auch hinsichtlich der ungefilterten Artikulationschancen dominieren die Sprecher politischer Parteien mit Anteilswerten um 38 % die Lokalberichterstattung der Presse und zwar im politischen Normalbetrieb wie im eigentlichen Wahlkampf. Auch die Stadtverwaltung hat mit einem Anteil von über 20 % vergleichsweise gute Chancen zur direkten Artikulation, wobei allein auf den Stadtdirektor, der zugleich für ein Ratsmandat kandidierte, über 9 % aller kodierten Sprecheräußerungen entfielen, mehr als auf jeden der Bürgermeisterkandidaten. Die Repräsentativvertretung der Bürgerschaft, der Stadtrat, hat in der Medienöffentlichkeit eine deutlich schwächere Stimme (ca. 8 %), sie ist primär Objekt der Berichterstattung. Sprecher von Vereinen, Initiativen, Gruppen und der ‚normale' Bürger besitzen im Vergleich zu ihrer generellen Medienpublizität erstaunlich gute Chancen, in der Politikberichterstattung der Lokalzeitungen ungefiltert zu Wort zu kommen. Jedenfalls vereinen diese beiden Kategorien zusammen fast 30 % aller gefundenen Stellungnahmen auf sich, in der heißen Wahlkampfphase gar mehr als ein Drittel. Hier spielt allerdings die Art der Beiträge eine entscheidende Rolle. Tatsächlich entfallen die meisten Äußerungen von Vertretern dieser Kategorien auf Leserbriefe. Würde man die Auswertung auf redaktionelle Beiträge beschränken, wären die Artikulationschancen ‚peripherer' Akteure deutlich geschmälert. Das heißt, zivilgesellschaftliche Akteure kommen immer dann zu Wort, wenn sie sich selbst zu Wort melden.

Bei jeder dieser publizierten Stellungnahmen wurde ausserdem festgehalten, ob ein anderer kommunalpolitischer Akteur dabei explizit angesprochen wird. Das war in rund 78 % aller erfassten Stellungnahmen der Fall, mit allerdings bemerkenswerten Unterschieden zwischen den Zeitperioden. In der Vorwahlzeit werden rund 30 % aller Äusserungen adressatenunspezifisch in den öffentlichen Raum gesprochen, in der unmittelbaren Wahlkampfphase sind es nur noch knapp 10 %, was bedeutet, dass sich im Wahlkampf die wechselseitigen Bezugnahmen medienöffentlicher Sprecher merklich verdichten. Die daraus resultierende „Quasi-Interaktion" in der Medienöffentlichkeit werden in Tabelle 3 abgebildet. Die Werte beruhen auf höher aggregierten Akteurskategorien und fassen den gesamten Untersuchungszeitraum von 18 Wochen zusammen.

Tabelle 3: Quasi-Interaktion in medienöffentlichen Stellungnahmen kommunalpolitischer Akteure (in %)

	Sprecher				
Adressat	Parteien u. FWG	Stadtrat	Verwaltung	Bürgerschaft	Wirtschaft
Parteien u. FWG	26,3	36,4	6,7	25,9	8,3
Parteien u. FWG	26,3	36,4	6,7	25,9	8,3
Stadtrat	15,0	24,2	5,0	17,0	-
Stadtrat	15,0	24,2	5,0	17,0	-
Stadtverwaltung (inkl. städt. Einrichtungen)	27,5	24,2	31,7	37,5	66,7
Stadtverwaltung (inkl. städt. Einrichtungen)	27,5	24,2	31,7	37,5	66,7
Bürgerschaft	28,8	15,2	50,0	19,6	25,0
Bürgerschaft	28,8	15,2	50,0	19,6	25,0
Unternehmen und Wirtschaftsverbände	2,5	-	6,7	-	-
Unternehmen und Wirtschaftsverbände	2,5	-	6,7	-	-
N	160	33	60	112	12
N	160	33	60	112	12

Auch wenn die Fallzahlen in einigen Spalten gering sind, wird doch ein bemerkenswerter Befund recht deutlich. Die Stellungnahmen aus der Bürgerschaft sind erwartungsgemäß durchweg an Akteure des politischen Aktivsystems (Verwaltung, Parteien, Stadtrat) gerichtet. Diese sprechen ihrerseits über die Medien größtenteils miteinander. Das trifft vor allem für die Parteien und Fraktionen zu, deren Vertreter ihre medienöffentliche Stimme in 40 % bis 60 % der Fälle an Politiker anderer Parteien und Fraktionen richten. Allein die Vertreter der Verwaltung adressieren in namhaftem Umfang die Bürgerschaft. Die Politik nutzt insoweit die Medien ebenso häufig für ‚Selbstgespräche' wie für Bürgeransprache und unmittelbare Politikvermittlung. Der zivilgesellschaftlichen Peripherie dienen demgegenüber die Medien in mehr als 80 % aller möglichen Fälle dazu, das politische Zentrum zu adressieren.

Interessant ist auch hier die Differenzierung der Befunde nach zeitlichen Phasen. Eine solche Betrachtung zeigt nämlich (Tab. 4), dass sich die ‚Entdeckung' des Bürgers als ein besonderes Merkmal des Wahlkampfes auch in den lokalen Medien wiederspiegelt. Im ‚Normalbetrieb' liegt der Anteil an Binnenkommunikation bei fast 70 %, wenn politisch-administrative Akteure in den Medien zu Wort kommen. Nicht nur auf den ‚Straßen und Plätzen', auch in den Medien ist die Bürgerschaft vor allem in den letzten Wochen vor dem Wahltermin ein begehrter Ansprechpartner. Der Anteil an Aussagen, die Politiker im Wahlkampf über die Lokalpresse an ihn richten, liegt um beinahe 20 Prozentpunkte höher, als zu den Zeiten, wo die Wählerstimmen nicht unmittelbar im Vordergrund stehen.

Tabelle 4: Quasi-Interaktion in medienöffentlichen Stellungnahmen differenziert nach Zeitphasen (in %)

	Frühjahr/Sommer 1999		‚Heiße' Wahlkampfphase	
	Sprecher			
Adressat	Politisches Zentrum	Gesellschaftl. Peripherie	Politisches Zentrum	Gesellschaftl. Peripherie
politisches Zentrum	71,1	75,3	52,2	75,0
gesellschaftl. Peripherie	28,9	24,7	47,8	25,0
N	159	89	67	44

Neben den Inhalten gilt die wissenschaftliche Aufmerksamkeit der Aufmachung lokaljournalistischer Politikberichterstattung. Dabei geht es primär um die oben referierte Vermutung, Lokalzeitungen ‚pflegten' eine weitgehend kritiklose und konfliktarme Berichterstattung über Kommunalpolitik bei gleichzeitig geringer Neigung zur journalistischen Kommentierung. Um diese These zu prüfen, wurden eine Reihe unterschiedlicher Merkmale erfasst, zunächst die Frage, ob das jeweilige Ereignis in der Berichterstattung als konfliktbehaftet dargestellt wird. Hier ging es ausdrücklich nicht um den ‚objektiven' Charakter des Ereignisses, sondern um den Charakter der journalistischen Aufbereitung. Als Konflikt oder Kontroverse wurde die Kontrastierung von Meinungsunterschieden bezeichnet. Verschlüsselt wurde eine solche Gegenüberstellung auch dann, wenn in der Berichterstattung nur eine Meinung ausdrücklich erwähnt (zitiert, referiert) wird, die Kenntnis der anderen (kontroversen) Meinung jedoch erschlossen bzw. als bekannt vorausgesetzt werden kann. Es musste sich jedoch um eine aktuelle, auf das berichtete Ereignis bezogene Auseinandersetzung handeln, nicht um einen Dauerkonflikt (im Sinne von cleavage).

Tabelle 5: Kontroversität der Standpunkte in der Politikberichterstattung von Lokalzeitungen (in %)

	Frühjahr/Sommer 1999	‚Heiße' Wahlkampfphase	Gesamt
Keine Kontroverse	65,4	90,5	82,6
Geringe Kontroversen	24,0	8,9	13,7
Deutliche Kontroversen	9,0	0,6	3,3
Krisenhafte Kontroversen	1,6	0,0	0,5
N =	321	694	1015

Erwartungsgemäß ist das Bild der Kommunalpolitik in den Medien eher konfliktarm. Über 80 % der berichteten Ereignisse werden als konfliktfrei dargestellt (vgl. Spalte „Gesamt"), in gut 17 % der Fälle lässt die Berichterstattung kontroverse Meinungen und Positionen erkennen. Macht man sich klar, dass auch in der Kommunalpolitik der Konsens aller Beteiligten und Betroffenen den seltenen Ausnahmefall darstellt, lassen die Ergebnisse auf eine spezifische ‚Verzerrung' der lokalpolitischen Wirklichkeit schließen: Die Darstellung beschränkt sich offenbar in den allermeisten Fällen auf eine einzige Sichtweise der Dinge. Die wenigen berichteten Kontroversen werden ‚gemäßigt' präsentiert (sachliche Auseinandersetzung um divergierende Positionen und Meinungen), deutliche Kontroversen (heftige Auseinandersetzung mit schwerwiegenden Vorwürfen, ohne dass freilich die Lauterkeit von Personen oder die Rechtmäßigkeit des Verhaltens bestritten wird) finden sich kaum, krisenhafte Kontroversen (stark emotionalisierte Auseinandersetzung mit persönlicher Verunglimpfung, in der dem anderen die Lauterkeit abgesprochen und die Rechtmäßigkeit des Verhaltens bestritten wird) gar nicht. Erwartungsgemäß sind die Leserbriefe deutlich stärker konfliktorientiert (rund 70 % verweisen auf Kontroversen) als der redaktionelle Teil der Berichterstattung (rund 25 %). Wenn der Leser also etwas über kommunalpolitische Interessenkonflikte und Auseinandersetzungen erfahren will, ist er gut beraten, die Leserbriefe zu beachten, von den Redaktionen selbst wird er diesbezüglich eher schlecht bedient. Erstaunlich ist schließlich auch, dass die Wahlkommunikation der Schlussphase, von der ja angenommen wird, sie sei ein Wahl-‚Kampf' der Meinungen und Positionen, im Spiegel der Lokalpresse noch einmal friedlicher daherkommt als der politische Lokaljournalismus insgesamt. Auch hier kann man wieder auf die Service-Leistungen für Parteien und Wähler (Kandidatenportraits) verweisen, die üblicherweise eher für die Vorstellung der Personen als für Sachauseinandersetzungen genutzt werden. Aber auch ohne diese Beiträge erscheint die politischen Presseberichterstattung im finalen Wahlkampf zu 75 % konfliktfrei und damit noch stärker auf Harmonie und Konsens ausgerichtet, als der lokaljournalistische Normalbetrieb.

Nun muss die mangelnde Berücksichtigung kontroverser Interessen und Meinungen keineswegs bedeuten, dass die Lokalmedien ihre Kritik- und Kontrollfunktion vollständig vernachlässigen. Tatsächlich zeigt sich, das rund 60 % der berichteten politischen Ereignisse, bei denen eine entsprechende Kodiererentscheidung möglich war, als „Probleme" oder „Versäumnisse" gedeutet werden, entsprechend 40 % als kommunalpolitische „Leistungen" oder „Erfolge". Dieses Verhältnis verändert sich zwischen den beiden Perioden nicht signifikant. Auch wenn der Anteil an „good news" im Vergleich zu überregionalen Print- und Funkmedien, denen eine durchgängige Tendenz zur „Negativität" (bad news are good news) bescheinigt werden kann (statt vieler: Kepplinger 1998),[5] relativ hoch erscheint, kann der Lokalpresse keine ausgesprochene ‚Schönfärberei' vorgeworfen werden. Auch hier muss wieder in Erinnerung gerufen werden, dass diese Zahlen nicht einfach die Ereignislage erfassen sondern die Berichterstattungsmuster der Presse. Denn die Medien können

5 Kepplinger, der die hier verwendete Messvorschrift entwickelt hat, ermittelt in *FAZ*, *SZ* und *Welt* in der Periode 1993 bis 1995 ein Verhältnis von 23:77 zuungunsten der Leistungen (vgl. Kepplinger 1998: 69).

einen Sachverhalt, beispielsweise die gestiegene Zahl von Arbeitsplätzen im Stadtgebiet, einfach nur berichten oder ihn als Effekt kommunalpolitischer Wirtschaftsförderung (also „Leistung“) präsentieren. Für die Kodiererentscheidungen waren die eindeutigen Bewertungen des Sachverhalts im Beitrag maßgeblich, egal von wem sie stammen, vom Berichterstatter selbst oder von den Akteuren, die er zu Wort kommen lässt.

Um diese Frage zu beantworten, soll ein abschließender Blick auf die Inhalte der O-Ton Stellungnahmen geworfen werden, von denen zuvor (Tab. 3 und 4) schon die Rede war. Die Grafik zeigt, dass letztlich nur drei Aussagetypen eine bedeutsame Rolle spielen, wenn externe Sprecher in der Medienberichterstattung zitiert werden. Zunächst Lob und Zustimmung, ein Aussagetypus, der in der Schlussphase des Wahlkampfs deutlich seltener anzutreffen ist als in der Berichterstattung der Vorwahlzeit. Ankündigungen von Handlungen repräsentieren eine typische Form von ‚symbolischer‘ Ankündigungspolitik, die nichts ‚kostet‘ aber manches in Aussicht stellt und gerade daher in Wahlkämpfen so beliebt ist. Tatsächlich steigt der entsprechende Wert im Wahlkampf leicht, wenn auch nicht signifikant an. In den weitaus meisten Fällen werden Sprecheräußerungen aber dazu genutzt, Kritik an den Maßnahmen anderer zu üben und Widerspruch gegen die von ihnen vertretenen Auffassungen anzumelden. Das gilt vor allem für den heißen Wahlkampf, wo fast 60 % aller Statements für Kritik und Widerspruch genutzt werden. Lob und Zustimmung spenden vor allem (zu mehr als 45 %) die Sprecher politischer Partein, vermutlich primär sich selbst. Handlungsankündigungen gehen zu etwa gleichen Anteilen von rund 40 % auf die Stadtverwaltung und wiederum die Parteien zurück. Kritische Stellungnahmen stammen schliesslich zu gut 35 % von Parteivertretern, aber zu gut 47 % von zivilgesellschaftlichen Akteuren und aus der Bürgerschaft selbst (alle Werte nicht in der Tab.).

Tabelle 6: Inhalte von O-Ton Stellungnahmen in der Politikberichterstattung von Lokalzeitungen (in %)

	Frühjahr/Sommer 1999	‚Heiße‘ Wahlkampfphase	Gesamt
Verteidigung, Rechtfertigung	3,8	5,7	4,4
Lob und Zustimmung	12,0	6,6	10,3
Erfolgs- oder Harmoniebehauptung	12,0	4,7	9,7
Ankündigung von Handlungen	19,7	21,7	20,3
Artikulation von Forderungen	8,1	1,9	6,2
Artikulation von Kritik oder Widerspruch	39,3	57,5	45,0
Misserfolgsbehauptung	3,4	0,9	2,6
Warnung	1,7	0,9	1,5
Summe (N)	234	106	340

Der oben indizierte kritische Impetus der Berichterstattung ist folglich zu großen Teilen auf die Beiträge externer Sprecher zurückzuführen und mithin gleichsam 'importiert'. Der 'Eigen'-Beitrag der Medien dazu ist ein eher indirekter: Er beschränkt sich darauf, jenen externen Kommentatoren selektiv Sprecherpositionen in der Berichterstattung einzuräumen, von denen Widerspruch zu erwarten ist. Im Falle kritischer Stimmen aus der Bürgerschaft geht es dabei vor allem um die gelegentliche Veröffentlichung von Leserbriefen. Auf direktem Weg steuert die Lokalpresse wenig zur Meinungsbildung im engeren Sinne bei: Darauf verweist nicht zuletzt der Umstand, dass sich in 18 Wochen Politikberichterstattung von drei Lokalredaktionen, darunter die heiße Phase des Kommunalwahlkampfs, gerade drei Kommentare fanden: Das sind 0,4 % der gesamten politischen Berichterstattung.

3. Diskussion der Befunde

Insgesamt entsprechen Inhalte, Struktur und Präsentationsweise der hier untersuchten lokalen Presseberichterstattung ziemlich genau den eingangs formulierten Erwartungen, die in vielen wissenschaftlichen Studien anhand anderer Untersuchungsmaterialien gewonnen worden sind. Das Bild eines elitenfixierten, konfliktarmen und wenig meinungsfreudigen Lokaljournalismus hat auch für den engeren Bereich der politischen Berichterstattung lokaler Printmedien seine Berechtigung.

Die Sondersituation des kommunalen Wahlkampfes ändert wenig an den Routineprogrammen des Lokaljournalismus. Rein quantitativ steigt der Umfang politischer Berichterstattung messbar an. Der Befund ist aber kaum als journalistische Reaktion auf den steigenden Informationsbedarf der Bürger zu interpretieren, sondern hängt vielmehr damit zusammen, dass die medienbezogenen Aktivitäten der konkurrierenden Parteien und Wählergemeinschaften (Pressemitteilungen und -konferenzen, Leserbriefe) ebenso zunehmen, wie die Anzahl inszenierter Ereignisse (Wahlkampfversammlungen und „Polit-Events") die unmittelbar auf Medienresonanz angelegt sind. Bei gegebener Orientierung lokaler Publizistik an punktuellen Ereignissen und aufwandsarmen Vorprodukten ergibt sich daraus fast zwangsläufig ein Mehr an Berichterstattung. Auf inhaltlicher Ebene führt diese Art der Berichterstattung zur Ablenkung von zentralen Sachthemen kommunaler Politik und Verwaltung. Gerade im Wahlkampf geraten Programme, Positionen und Themen gegenüber dem Wahlkampfgeschehen im engeren Sinne in den Hintergrund der Medienöffentlichkeit. Das spricht dafür, dass auch auf kommunaler Ebene die Wahlkämpfe von den Parteien zunehmend entpolitisierter geführt werden. Es zeigt aber auch, dass die Lokalpresse dem keine adäquate Eigenleistung entgegenzusetzen haben, womit die Leserinteressen auch im Wahlkampf einen eher nachrangigen Stellenwert einnehmen.

Im Hinblick auf die handelnden (und „sprechenden") Akteure ist die kommunale Selbstverwaltung aus Sicht der hier analysierten Zeitungen eher Verwaltung als

Politik. Die „unpolitische“ Verwaltung in Rathaus, Kreisbehörde und Land dominiert als Subjekt der politischen Berichterstattung das Alltagsbild, und ihre Sprecher haben in der Medienöffentlichkeit vor allem gegenüber der Bürgervertretung (Stadtrat) hervorgehobene Chancen direkter Artikulation. In der Sondersituation des Wahlkampfes verschieben sich die Gewichte vorübergehend zugunsten der politischen Parteien. Auch hier fällt auf, dass das eigentliche Entscheidungsorgan der Kommunalpolitik, der Gemeinderat, in den Medien deutlich unterrepräsentiert ist. Für journalistischen Normalbetrieb wie für Wahlkampfberichterstattung gilt gleichermaßen, dass die Lokalpresse in hohem Maße auf die politisch-administrativen Eliten der Gemeinde fixiert ist. Selbst wenn man die beiden Wählervereinigungen als politische Newcomer herausrechnet, dominieren die etablierten Kräfte des kommunalpolitischen Aktivsystems (Rat, Verwaltung, Parteien) das Bild der Kommunalpolitik in den Medien gegenüber den Akteuren der gesellschaftlichen ‚Peripherie‘ (Initiativen, Vereine, Einzelbürger) ganz eindeutig. Das Verhältnis ihrer Repräsentation liegt ungefähr bei 70:20 zuungunsten der zivilgesellschaftlichen Akteure, die in den Sonntagsreden nur zu gerne beschworen werden. Die lokalpolitische Berichterstattung ist also nach wie vor (und auch im untersuchten Fallbeispiel) in hohem Maße elitenfixiert. Und: Dieses Muster ist kein Zufallsprodukt sondern beruht offenbar auf eingefahrenen Routinen des lokalpolitischen Pressejournalismus, denn die Gewichtungsverhältnisse der Akteure sind - bei aller unterstellbaren Differenz ihrer redaktionellen Linien - in der Tendenz in allen untersuchten Blättern gleichermaßen vorzufinden. Zivilgesellschaftliche Akteure und interessierte Bürger haben vornehmlich dann gute Chancen zu Wort zu kommen, wenn sie sich mit Einsendungen bei den Redaktionen selbst melden. Wie gut die Chancen tatsächlich sind, kann freilich erst durch eine detaillierte Input/Output-Analyse ermittelt werden, die eingesandte und publizierte Inputs miteinander vergleicht. Inhaltsanalytisch sind lediglich die Mitteilungen nachweisbar, die den redaktionellen Selektionsmechanismus erfolgreich durchlaufen haben. Hier konkurrieren zwei Mechanismen lokaljournalistischer Nachrichtenauswahl: die Präferenz für publizistische Vorprodukte (Mitteilungen, Stellungnahmen, Leserbriefe) und die Fixierung auf politisch-administrative Eliten.

Diese Orientierung lässt sich auch anhand der journalistisch erzeugten Interaktionsmuster innerhalb der politischen Berichterstattung nachweisen: Sie spiegeln vornehmlich den Elitendiskurs wieder. Erst in der Schlussphase des Wahlkampfs wenden sich die Matadore über die Medien wieder häufiger an die Bürger, auf dessen Stimme sie hoffen. Dass dieser, von Politikern praktizierte und Journalisten abgebildete Kommunikationsstil für politische Mobilisierung nicht hinreicht, machen nicht zuletzt sinkende Raten der Wahlbeteiligung deutlich.[6] Und schließlich zeigen die oben präsentierten Analysen, dass die überwiegend ‚heile‘ Welt der Lokalmedien, mit ihren auf Erfolg, Gelingen und Leistung gepolten Berichten aus Vereins- und Kulturleben, auch auf die Politikberichterstattung abfärbt und bis in den Wahlkampf hineinreicht. Ein Gegengewicht wird hier nur dann geschaffen, wenn die besser informierten Teile der politischen Aktivbürgerschaft die Leserbrief-

6 Die Beteiligung an der Kommunalwahl vom 12. September 1999 lag im Untersuchungsgebiet bei 55,8 %.

spalten der Lokalzeitungen als technisches Verbreitungsmediun für ihre Einschätzungen und Positionen nutzen.

Literatur:

Bohrmann, Hans / Jarren, Otfried / Melischek, Gabriele / Seethaler, Josef (Hrsg.) (2000): Wahlen und Politikvermittlung durch Massenmedien. Opladen.

Jarren, Otfried (1993): Lokale Medien und lokale Politik. In: Roth, Roland / Wollmann, Hellmut (Hrsg.): Kommunalpolitik. Politisches Handeln in der Gemeinde. Opladen: 296-308.

Jonscher, Norbert (1995): Lokale Publizistik. Theorie und Praxis der örtlichen Berichterstattung. Ein Lehrbuch. Opladen.

Kepplinger, Hans Mathias (1998): Die Demontage der Politik in der Informationsgesellschaft, Freiburg/München.

Lutz, Brigitta / Scherer, Helmut / Schulz, Wilfried / Kecke, Anita / Wagner, Helga (1991): Politische Kommunikation im Umbruch. Zur Rolle der Zeitungen im ersten freien Kommunalwahlkampf in Leipzig, in: Publizistik 36: 428-445.

Marcinkowski, Frank (2001): Kommunales Wahlverhalten zwischen Bundestrend und Eigengesetzlichkeit. Eine Fallstudie aus Nordrhein-Westfalen. Polis – Arbeitspapiere aus der FernUniversität Hagen. Hrsg. v. Arthur Benz / Roland Czada / Georg Simonis. Nr. 50/01 (in Vorbr.).

Lag es am schönen Wetter?

Vorder- und Hintergründiges zur Beteiligung an der Landtagswahl 2000 in der Stadt Duisburg

Frank Faulbaum

1. Einleitung

Der 14. Mai 2000 war in Nordrhein-Westfalen kein gewöhnlicher Tag. Es handelte sich nicht nur um einen Sonntag, an dem im bevölkerungsreichsten Land der Bundesrepublik ein neuer Landtag gewählt werden sollte, sondern um einen Tag, der sich durch ein besonders schönes Wetter auszeichnete. Es war ein warmer Frühsommertag, an dem die Sonne aus einem klaren blauen Himmel die Menschen anzulachen schien und der dazu einlud, endlich einmal wieder mit der Familie oder allein die Sachen zu packen, um in der Natur einen unbeschwerten Sonntag zu verbringen bzw. eines der zahlreichen Ausflugsziele anzusteuern. Wann soll man unter diesen Bedingungen wählen? Sollte man vor dem Ausflug frühmorgens noch schnell beim Wahllokal vorbeifahren, um seinen Stimmzettel auszufüllen oder sollte man es darauf ankommen lassen, ob man am späten Nachmittag zeitig genug vom Ausflug zurückkam, um noch zur Wahl gehen zu können? Oder sollte man auf die Absicht zu wählen angesichts des schönen Frühsommertages gleich von vornherein verzichten?

Die Landtagswahl war insgesamt, und insbesondere in der Stadt Duisburg, durch eine enttäuschende Wahlbeteiligung gekennzeichnet. Die landesweite Wahlbeteiligung hatte mit 56.7 % ihren historischen Tiefsstand bei Landtagswahlen erreicht, in Duisburg war die Wahlbeteiligung mit 52.6 % noch deutlich schwächer. Wie das Amt für Statistik, Stadtforschung und Europangelegenheiten der Stadt Duisburg feststellte (2000: 8), ist das Wahlverhalten durch die Duisburger Wahlberechtigten seit 1975 durch einen deutlichen Rückgang der Wahlbeteiligung gekennzeichnet. Dabei wird als besonders bedenklich angesehen, dass in Gebieten mit struktureller Benachteiligung unter den 18-24-jährigen nur 17.2 % zur Wahl gingen.

Als Erklärungen für den Rückgang der Wahlbeteiligung lassen sich verschiedene Ansätze heranziehen. Bürklin und Klein (1998) diskutieren in diesem Zusammenhang zwei zentrale Thesen, die Normalisierungsthese und die Krisenthese. Gemäß der Normalisierungsthese handelt es sich bei der rückläufigen Wahlbeteiligung im Grunde um einen demokratietheoretisch unbedenklichen Angleichungsprozess an die Verhältnisse in anderen fortgeschrittenen Demokratien. Aufgrund einer Erosion des Wahlpflichtbewusstseins, das heißt der Vorstellung, dass die Wahlteilnahme Bürgerpflicht ist, und aufgrund der durch den Individualisierungsprozess rückläufigen Bindungs- und Prägungskraft sozio-kultureller Milieus beteiligen sich politisch inaktive und wenig interessierte Bürger nicht länger an demokratischen Wahlen. Dieses Verhalten stellt dabei aber keine Kritik an den bestehenden Verhältnisse dar. Anders gestaltet sich die Erklärung im Rahmen der Krisenthese. Gemäß dieser These manifestiert sich in der rückläufigen Wahlbeteiligung die wachsende Unzufriedenheit vieler Bürger mit der Politik im Allgemeinen und dem Verhalten der politischen Eliten im Besonderen. Diese Unzufriedenheit existiert auch unter den Gebildeten und Interessierten, wobei deren Ursachen sowohl in tagespolitischen Einflüssen als auch in längerfristigen strukturellen Änderungen liegen können. Im Einzelnen werden als erklärende Variable genannt: Individualisierung und Dealignment (Rückgang der Intensität der affektiven Parteibindung), Politikverdrossenheit (wachsende Unzufriedenheit mit der Politik und den Politikern), Vertrauensverlust der politischen Herrschaftsträger und Institutionen, Veränderung der Wertorientierungen (Rückgang der Pflicht- und Akzeptanzwerte, Abnahme des staatsbürgerlichen Pflichtbewusstseins, abnehmende Bereitschaft der Einordnung in Kollektive, wachsendes Bedürfnis nach erweiterten Partizipationsrechten und Selbstentfaltungsmöglichkeiten), gestiegene qualitative Ansprüche an demokratische Mitsprache.

Im vorliegenden Fall der Landtagswahl 2000 bestanden die tagespolitischen Ereignissen vor allem in der CDU-Parteispendenaffäre sowie in der Flugaffäre, über die in den Medien intensiv berichtet wurde. Die Diskussion über die Parteispendenaffäre hatte zwischen November 1999 und Februar 2000 ihren Höhepunkt erreicht, was sich in sinkenden Prozentwerten der Parteipräferenz für die CDU sowie steigenden Prozentwerten für die SPD ausdrückte. Unmittelbar vor den Landtagswahlen zeichnete sich jedoch ab, dass die CDU offensichtlich ihre Talsohle durchschritten hatte. In diesem Zusammenhang spielte möglicherweise eine Rolle, dass der CDU-Parteitag im März 2000 Angela Merkel zur Parteivorsitzenden gewählt hatte. Ein Vergleich zwischen zwei Duisburger Bürgerumfragen im Herbst 1999 und im Frühjahr 2000 legt angesichts gestiegener Zustimmung zur SPD den Schluss nahe, dass sich das Thema „Parteispenden“ weiter ausgewirkt hat (vgl. Amt für Statistik, Stadtforschung und Europaangelegenheiten 2000: 15). Auf der anderen Seite ist die Parteipräferenz nicht unabhängig von der starken Personalisierung des Landtagswahlkampfs zu sehen, wobei die Sympathien und die Kompetenzzuschreibungen eindeutig zugunsten von Wolfgang Clement ausfielen. Nach einer Umfrage des Sozialwissenschaftlichen Umfragenzentrums der Universität Duisburg im April 2000 unter 1225 Wahlberechtigten, trauten 59.8 % der Befragten Wolfgang Clement die „Steuerung des Schiffs NRW“ am ehesten zu, aber nur 15.3 % dem Gegenkandidaten Jürgen Rüttgers.

Nachdem die niedrige Wahlbeteiligung bekannt geworden war, wurde wie immer fieberhaft nach Erklärungen gesucht, wobei sich vordergründig das schöne Wetter als Erklärungsmöglichkeit anbot. In der Tat war dies die Erklärung, die von offizieller politischer Seite, und auch vom Autor dieses Artikels, in vielen aktuellen Interviews am Abend des Wahlsonntags sowie am Tag danach angeboten wurde. Die sich daran anschließende Frage, warum Menschen nicht trotz des schönen Wetters eine Möglichkeit gesucht haben, ihren Stimmzettel auszufüllen, kam dabei zweifellos oft etwas zu kurz.

2. Die Duisburger Nichtwähler: Ergebnisse einer kleinen Umfrage

Um Hinweise auf mögliche Gründe dafür zu erhalten, warum Duisburger Wahlberechtigte nicht zur Urne gingen, wurde zwei Monate später eine kleine computerunterstützte Telefonumfrage unter 875 zufällig ausgewählten Duisburger Wahlberechtigten durchgeführt, deren Fragenprogramm aus Kostengründen nur kurz sein musste und daher leider einige Variablen nicht berücksichtigen konnte. Von diesen gaben nur 666 (76.1 %) an, zur Wahl gegangen zu sein, während 209 (24.9 %) angaben, dies nicht getan zu haben. Angesichts des hohen, amtlich festgestellten Nichtwähleranteils von 52.6 % muss der niedrige Prozentsatz von Nichtwählern in der Umfrage überraschen. Dies konnte einerseits bedeuten, dass weniger als 50 % der Nichtwähler bereit waren, an der Umfrage teilzunehmen, oder dass weniger als 50 % der teilnehmenden Befragten bereit waren, sich zur ihrer Entscheidung zu bekennen, oder dass wir eine Mischung beider Möglichkeiten vor uns haben. Es spricht einiges für die zuletzt genannte Möglichkeit. Einige mögliche Gründe für das Fernbleiben von der Wahl wie etwa mangelndes politisches Interesse, Politikverdrossenheit etc. kommen prinzipiell auch als Ursache für die Nichtteilnahme an der Umfrage in Betracht. Andere Gründe wie Effekte der sozialen Erwünschtheit im Sinne einer nicht eingestandenen Verletzung einer Bürgerpflicht, sprechen dagegen eher dafür, die Nichtwahl nicht zuzugeben. Über die Verweigerungsgründe bei einer Umfrage wissen wir wenig, da es Standesrichtlinien verbieten, Verweigerer erneut zu kontaktieren.

Die bekennenden Nichtwähler, die an der Umfrage teilgenommen haben, wurden nach den Gründen für ihre Nichteilnahme an der Landtagswahl befragt. Die Ergebnisse sind in Tabelle 1 dargestellt. Die Tabelle zeigt, wie viel Prozent der Befragten den betreffenden Grund für zutreffend hielt.

Tabelle 1: Gründe für die Nichtwahl (n=209)

Gründe	Prozent in %
Die gewählten Volksvertreter halten ihre Versprechen nicht	67
Mich hat diese Wahl nicht genügend interessiert	44
Als Durchschnittsbürger habe ich keinen Einfluss auf die Politik	39
Ich bin politisch nicht interessiert	33
Ich konnte mich nicht entscheiden, wen ich wählen sollte	31
Ich war der Meinung, die SPD gewinnt sowieso	30
Ich hatte Wichtigeres zu tun	29
Ich wollte wählen, konnte aber nicht zum Wahllokal kommen	24
Ich meinte, nicht genug von Politik zu verstehen	19
Ich fühlte mich vom Wahlkampf abgeschreckt	19
Ich wollte auf jeden Fall das schöne Wetter ausnutzen	19
Ich war krank	15
Ich war im Urlaub	14
Ich nehme aus Überzeugung nie an Wahlen teil	12
Ich hatte den Wahltermin vergessen	12

(Mehrfachnennungen möglich)

Wenn man diesen Ergebnissen Glauben schenken will, so bilden das mangelnde Vertrauen in die Politik und ihre Vertreter den Hauptgrund, gefolgt von mangelndem Interesse an der Wahl, dem Gefühl, die Politik nicht beeinflussen zu können (geringe Political Efficacy) und dem mangelnden allgemeinen politischen Interesse die wesentlichen Gründe. Auch der Mangel an programmatischen Alternativen wie er sich in der Aussage ausdrückt „Ich wusste nicht, wen ich wählen sollte“ könnte eine nicht unbedeutende Rolle gespielt haben. Die Zustimmung zu der Aussage „Ich war der Meinung, die SPD gewinnt sowieso“ drückt möglicherweise die typische Erfahrung eines Duisburger aus, dass die SPD so fest im Sattel sitzt, dass man durch das eigenen Wahlverhalten keinen wirksamen Einfluss nehmen kann, entweder in dem Sinne, das man sich als SPD-Wähler auf die anderen Wahlberechtigten verlassen kann oder in dem Sinne, dass man als Wähler einer anderen Partei an der SPD-Mehrheit sowieso nichts ändern kann.

Eine explorative Faktorenanalyse der Korrelationen zwischen den oben aufgeführten Gründen ergab folgende Dimensionen (Ladungen in Klammern):

Mangelndes politisches Interesse

Indikatoren:

- Ich meinte nicht genug von Politik zu verstehen (.801)
- Ich bin politisch nicht interessiert (.736)

Situative Responsivität

Indikatoren:

- Ich hatte Wichtigeres zu tun (.832)
- Ich wollte auf jeden Fall das schöne Wetter ausnutzen (.789)

Vertrauensverlust

Indikatoren:

- Ich hatte den Wahltermin vergessen (-.632)
- Die gewählten Volksvertreter halten ihre im Wahlkampf abgegebenen Versprechen sowieso nicht (.692)
- Mich hat diese Wahl nicht genügend interessiert (.554)

Objektive Verhinderung durch Krankheit

Indikatoren:

- Ich konnte mich nicht entscheiden, wen ich wählen sollte (-735)
- Ich konnte nicht zum Wahllokal kommen (.551)
- Ich war krank (.571)

Abneigung gegen Wahlen und die Art ihrer Durchführung

Indikator:

- Ich fühlte mich vom Wahlkampf abgeschreckt (.811)
- Ich nehme aus Überzeugung nie an Wahlen teil (.499)

Die in Tabelle 1 dargestellten Ergebnisse werden bestätigt durch die qualitative Auswertung der Kategorie „Sonstiges“ einer halboffenen Frage nach möglichen thematischen Gründen, die den Wählern gestellt wurde (vgl. Tabelle 2).

Tabelle 2: Warum glauben Sie, sind so viele Wahlberechtigte nicht zur Wahl gegangen? (n=585)

Gründe	**Prozent**
Unzufrieden mit der Politik, Politikverdrossenheit	33.0
Desinteresse	18.6
Wetter zu gut, Termin ungünstig	17.1
Skandale um Parteien und Politiker	10.4
Versprechen werden nicht eingehalten, mangelndes Vertrauen	8.0
Andere Gründe	12.9

(keine Mehrfachnennungen)

Die Ergebnisse zeigen, dass Gründe wie Politikverdrossenheit, mangelndes Politikinteresse, etc. nicht nur im Bewusstsein der Nichtwähler, sondern auch im Bewusstsein der Wähler verankert sind. Die hier nicht zu beantwortende Frage ist, ob diese Gründe bereits mögliche, zukünftig aktivierbare Handlungsbereitschaften ausdrükken.

Auf jeden Fall war die Wahl für fast ein Drittel der Nichtwähler in Duisburg nicht von der Bedeutung, dass sie sich von wichtigeren anderen Dingen hätten abbringen lassen. Für rund ein Fünftel war es explizit das schöne Wetter. Die naheliegende Vermutung, dass vor allem die politisch Nichtinteressierten das schöne Wetter ausnutzten, traf allerdings nicht zu. Von den politisch Nichtinteressierten und den Interessierten wollten nahezu gleich viele das schöne Wetter ausnutzen (30.8 % bzw. 31.5 %). Anders sieht es aus beim Zusammenhang zwischen politischem Interesse und der Bewertung der Aussage „Ich hatte Wichtigeres zu tun“. Von denen, die angaben, politisch nicht interessiert zu sein, nannten 66.7 % auch als Grund, dass sie Wichtigeres zu tun hatten, während dies nur bei 18.2 % der politisch Interessierten der Fall war.

Tabelle 3: Das schöne Wetter

Sonstige Gründe	**ausnutzen in %**	**nicht ausnutzen in %**
Die gewählten Volksvertreter halten ihre Versprechen nicht	71.8	64.8
Mich hat diese Wahl nicht genügend interessiert	61.5	38.2
Als Durchschnittsbürger habe ich keinen Einfluss auf die Politik	33.3	40.0
Ich bin politisch nicht interessiert	30.8	31.5
Ich konnte mich nicht entscheiden, wen ich wählen sollte	30.8	30.3

Tabelle 3 enthält für alle für die Ausnutzung des schönen Wetters relevanten sonstigen Gründe die Prozentsätze der Wahlberechtigen, die das schöne Wetter ausnutzen wollten. Angesichts des Sachverhalts, dass es sich jeweils um dichotome Variablen handelt, bei denen die Verweigerungen und „Weiss-nicht"-Antworten nur minimaler Größenordnung und überdies gleichverteilt sind, reicht die Angabe der Prozentwerte für die „Trifft zu"-Kategorie aus. Aus der Tabelle ist zu ersehen, dass es Gründe gibt, die sich auf die Bereitschaft, das schöne Wetter auszunutzen, auswirken können. Hierzu gehören in erste Linie das Interesse an der Wahl, die Meinung, dass die SPD sowieso gewinnt, die Meinung, Wichtigeres zu tun zu haben und die Überzeugung, dass die gewählten Volksvertreter ihre Versprechen nicht halten, Das Ergebnis für die Variable „Ich hatte Wichtigeres zu tun" ist natürlich nicht überraschend, da für einige Befragte das Wichtigere möglicherweise das schöne Wetter selbst war. Dies ergibt sich bereits aus den Ergebnissen der Faktorenanalyse, die beide Variablen als Indikatoren für eine zugrundeliegende latente Variable „situative Responsivität" darstellbar erscheinen lässt.

Sieht man sich genauer an, mit welchen Thematiken besondere Unzufriedenheiten der Nichtwähler mit der Politik verbunden werden, so ergeben sich die in Tabelle 4 dargestellte Häufigkeiten.

Tabelle 4: Gründe: Unzufriedenheiten mit bestimmten Themenbereichen (n=209)

Themenbereiche	Ja in%	Nein in%
Ökosteuer	61.5	32.2
Steuerreform	56.7	28.8
Rentendiskussion	57.7	34.1
Gesundheitsreform	51.4	38.0
Ausländergesetzgebung	36.1	47.1

(Die Prozentwerte der „Weiß nicht"-Antworten sind nicht aufgeführt, Mehrfachnennungen waren möglich.)

Zur Bewertung der Ergebnisse muss erwähnt werden, dass die Frage nicht persönlich gestellt wurde. Vielmehr wurden die Teilnehmer an der Umfrage nach ihrer Meinung gefragt, aus welchen der in der Tabelle aufgeführten Gründe Wahlberechtigte nicht zur Wahl gegangen sein könnten.

3. Zusammenfassung und Schlussfolgerungen

Die Ergebnisse der hier vorgestellten Duisburger Nichtwählerbefragung können wegen der geringen Fallzahl nur Tendenzen aufzeigen. Diese sprechen für eine differenzierte Betrachtung situativer Argumente wie des Wetterarguments. Zwar ergibt sich klar eine Dimension der situativen Responsivität. Die Frage aber, warum der situative Faktor verhaltensrelevant wurde, führt wie zu vermuten war, auf eine weitere Schicht von Gründen.

Die primären Gründe waren bei der Wahl in Duisburg eher jene, die für die in der Einleitung geschilderte Krisenthese sprechen. Vertrauensverlust und Politikverdrossenheit sowie mangelndes Interesse an der Wahl wurden nicht nur direkt genannt, sondern scheinen teilweise auch hinter situativen Argumenten zu stehen. Als weiterer wichtiger Grund spielte vermutlich die Überzeugung eine Rolle, dass die regierende Partei keinen ernstzunehmenden Gegner zu fürchten brauchte und daher mit ziemlicher Sicherheit das Rennen machen würde. Hier wird sichtbar, dass es besonders dann schwer wird, Stammwähler zu aktivieren, wenn eine Partei, wie im vorliegenden Fall die SPD, zumindest am Ort schon sehr lange mit sicheren Mehrheiten regiert.

Insgesamt bietet das Ergebnis dieser kleinen Umfrage zwar keine wirklich neuen Gesichtspunkte, stützt aber empirisch oft geäußerte Vermutungen über die Gruppe der Nichtwähler. Es legt auch nahe, die Rolle situativer Reize als Schwellenwerte für das Wählerverhalten zu untersuchen. Im Rahmen eines RC-Modells etwa werden situative Einflüsse dann verhaltensdominant, wenn der Nutzen, auf sie zu antworten, dem des Urnengangs übersteigt. Die Frage ist, wo die individuellen Indifferenzpunkte liegen und von welchen Variablen sie abhängen. In diesem Zusammenhang kann auch die das Wahlpflichtbewusstsein bzw. die Wahlnorm als ein Faktor in Betracht gezogen werden, der den Indifferenzpunkt heraufzusetzen vermag.

Literatur:

Amt für Statistik, Stadtforschung und Europaangelegenheiten der Stadt Duisburg (2000).

Landtagswahl 2000: Die endgültigen Ergebnisse in Duisburg. Duisburg: Stadt Duisburg.

Bürklin, W. / Klein, M. (1998): Wahlen und Wählerverhalten. Opladen.

50Plus – Fernsehen für den reifen Zuschauer

Georg Ruhrmann

Als Mitte der 80er Jahre eine Debatte um die ‚Zukunft' des deutschen Fernsehens begann, würdigte man kaum die Bedeutung des Fernsehens für ältere Menschen. Die Optik war auf größere Zusammenhänge gestellt, denn zu lange hatten Sozialwissenschaftler die wesentliche Bedeutung von Fernsehen als Medium *und* Faktor sozialen Wandels (vgl. Schatz 1996; Bruns et. al 1996) ignoriert. Zwar glaubte man im Kontext der Debatte um die Entwicklung des Fernsehens im dualen System, dass mehr Vielfalt im Fernsehangebot die Generationen zusammenbringe und damit die Gesellschaft auch demokratischer mache (vgl. Groebel u. a. 1995: 19ff.). Oder doch zumindest ein halbwegs zutreffendes öffentliches Bild vom Altern vermittele (vgl. Niederfranke / Schmitz-Scherzer / Filipp 1999: 37ff.). Galt das auch für die neuen privat-kommerziellen Programme? Jedenfalls war nicht voraussehbar, dass ein paar Jahre später im Osten für viele ältere Deutsche ein erheblicher und ernstzunehmender Bedarf an zusätzlichen Orientierungsangeboten, aber auch an leichten Unterhaltungsprogrammen entstehen würde. Ein Bedarf, der in auffälligem Kontrast stand zu Erfahrungen und Anforderungen des erlebten Systemumbruchs in Ostdeutschland.[1]

Wer mit Fernsehen Geld verdienen wollte – und darum geht es in Deutschland ganz wesentlich – im Unterschied zu Amerika (vgl. Hilt 1997), nur die jungen Zuschauer brächten die Quote, nur sie wären interessant für den Werbemarkt. Aus der Sicht der Wirtschaft galten ältere Menschen eigentlich nicht als werbeattraktive Zielgruppe. Inzwischen sind Ältere angesichts der tendenziell besseren Altersversorgung durchaus als eine kaufkräftige Zuschauergruppe erkannt worden. Man kann also annehmen, dass sich hier ein großes Entwicklungspotenzial auch aufgrund längerer Lebenserwartungen, kürzerer Lebensarbeitszeiten und wachsendem Anteil an der Weltbevölkerung ergibt.

Die Deutschen werden immer älter. Auf diese Formel lässt sich die längerfristige Entwicklung der Altersstruktur bringen. Während sich die demographische Altersverteilung bislang noch als Pyramide beschreiben ließ, nähert sie sich immer mehr der Form eines Pilzes an: Bereits heute sind ein Drittel der Bundesbürger über

1 Ich danke Martha Friedenthal-Haase, Michaela Maier, Mandy Fickler und Jens Woelke für die thematische Sensibilisierung, für Hinweise sowie Korrekturen und für eine konstruktive Kritik.

50 Jahre alt. Ein Viertel aller Deutschen sind 60 Jahre und älter. Diese Anteile werden sich nach Berechnungen des Statistischen Bundesamts bis zur Mitte dieses Jahrhunderts deutlich erhöhen. Mindestens jeder zweite Bundesbürger wird dann über 50 Jahre alt sein (vgl. von Kondratowitz 1999: 236ff.; Tews 1999: 138ff.).

Die ältere, reifere Generation bildet – „obwohl sie trotz unentwegten Redens über das Alter in der Mediengesellschaft" (Göckenjan 2000: 12) von der Medienforschung bisweilen eher randständig behandelt wird (vgl. jedoch Grajczyk / Klingler / Zöllner 1998; Doh 2000) - eine immer wichtigere Konsumentengruppe. Sie verfügt über viel Geld und damit eine hohe Kaufkraft. Hinzu kommen Ersparnisse, ausgezahlte Lebensversicherungen, Abfindungen, Wegfall von Mietbelastungen und/oder Hypotheken, das Ende der finanziellen Versorgung der Kinder u.a.m. Alle diese Faktoren lassen ein beträchtliches Vermögen entstehen, das deutlich über dem der jüngeren Bevölkerung liegt. So macht das Vermögen der Älteren einen deutlich überproportionalen Anteil am Gesamtvermögen Deutschlands aus. Auch das durchschnittliche frei verfügbare Einkommen der über 50jährigen ist überdurchschnittlich.

Ziel der nachfolgen Ausführungen ist es, ausgehend von Bemerkungen zur Haushaltsausstattung mit elektronischen Medien, zunächst die Funktion des Fernsehens für ältere Menschen zu erörtern. Angesprochen werden Befunde zur Mediennutzung älterer Menschen, die sich auch als Zielgruppen für Fernsehanbieter typisieren lassen. Abschließend werden vor allem auf der Basis gerontologischer Befunde weiterreichende Perspektiven einer altersbezogenen Fernsehforschung aufgezeigt.

1. Medienausstattung und Funktionen

Alter spielt eine wesentliche Rolle bei der Frage, welche technischen Geräte angeschafft werden. Reinhold Sackmann und Ansgar Weymann (1994: 33ff.) haben bereits Anfang der 90er Jahre für die Ausstattung mit Fernsehen, vor allem aber auch mit dem Computer mehr oder weniger deutliche Kohorteneffekte feststellen können. Grundsätzlich weicht die Ausstattung mit Empfangsgeräten im Bereich der elektronischen Verbreitungsmedien bei älteren Menschen deutlich vom Bevölkerungsdurchschnitt ab, allerdings erst und dann deutlich zunehmend in der Altersgruppe der ab 60-jährigen. Diese Gruppe verfügt über eine deutlich weniger vielfältige Ausstattung, etwa bei Stereoanlagen, Videorecordern oder beispielsweise CD-Playern.

Das Alltagsverhalten der ab 50-jährigen unterscheidet sich deutlich von dem der jüngeren Generationen in der Bevölkerung (vgl. Doh 2000: 425ff.). Mehr freie Zeit steht zur Verfügung und mehr Zeit wird zu Hause verbracht. Die Mobilität geht zurück. Dies gilt in besonderer Weise für die nicht berufstätigen Älteren in Ruhestand und Rente. Damit steht bei den ab 50-jährigen für die Nutzung medialer Angebote – mehrheitlich zu Hause genutzt – ein im Verhältnis zur Gesamtbevölkerung deutlich erhöhtes Zeitpotential zur Verfügung, was sich vor allem in einer vermehrten Fernsehnutzung zeigt. Der Stellenwert des Fernsehens ist Ausdruck der ihm zugeschriebenen Funktionsvielfalt bzw. kulturellen Leistungen (vgl. Kübler 2000: 18ff.; Schumacher 2000: 144f.). Angesprochen sind die inhaltlichen Erwartungen an das Medium, die gefühlsmäßige Komponente der Nutzung, sowie die Einschätzung darüber, wie sich das Medium zeitlich in den Tagesablauf einordnet.

Fragt man ältere Menschen nach Ansichten über Medien und subjektive Aspekte ihrer Nutzung, so zeigt sich folgendes Bild (s. Tab. 1).

Ältere Menschen stimmen besonders häufig der Aussage „finde im Fernsehen immer etwas Interessantes“ zu. Viele der über 70-jährigen glauben, „Fernsehen hilft gegen das Alleinsein”. Altersspezifisch hohe Zustimmung finden auch die Statements „ist in vieler Hinsicht anregend”, „hilft, Zeit sinnvoll zu verbringen”, „trägt zum Wohlbefinden bei” oder „ist wie ein Freund”. Fernsehen wird emotional insgesamt als positiv empfunden, was sich mit zunehmendem Alter noch verstärkt. Fernsehen erfüllt damit eine soziale Orientierungsfunktion, indem es ältere Menschen nicht nur informiert, sondern wesentliche soziale Entwicklungen und Veränderungen einordnet und interpretiert. Es ist damit aber auch ein wichtiges Instrument für die Ausbildung und den Erhalt von (para-)sozialen Beziehungen (vgl. Vorderer 1992).

Relativiert werden solche Funktionsbeschreibungen allerdings durch empirische Befunde zur Darstellung der Alten in den Medien, insbesondere im Fernsehen und in der Fernsehwerbung: Die wenigen Studien zum Bild älterer Menschen im Fernsehen zeigen, dass diese nicht nur in *Nachrichtensendungen*, sondern auch in *Spielfilmen* und in *Serien* unterrepräsentiert sind. Ältere Menschen sind via Fernsehen kaum wahrnehmbar (vgl. Donicht-Fluck 1994; Friedan 1995; Doh 2000). Ihre Darstellung ist zudem einseitig; die vielfältigen Aspekte des Alters werden nicht gezeigt. Außerdem werden Männer im Vergleich zu Frauen im Verhältnis 4:1 überrepräsentiert. Gerade Frauen werden in Rahmenhandlungen und Rollen gezeigt, die der sozialen Realität im Alter diametral widersprechen. Wenn überhaupt, finden sich ältere Männer im besten Fall als Repräsentanten politischer Systeme oder als Zeitzeugen in den Medien wieder. Außerhalb dieser besonderen (Elite-)Rolle kommen sie in öffentlich-rechtlichen Sendern nur selten als Experten zu Wort (vgl. Jürgens 1994). Ansonsten werden ältere Männer und Frauen „in der Regel als passive Wesen vorgeführt: als Opfer, Kranke, Sterbende in Unfall-, Kriegs- oder Katastrophensituationen (...). In diesem Sinne wirken sie wie Statisten. Transportiert wird die Botschaft, ältere Menschen seien krank, hilflos und inkompetent“ (Niederfranke / Schmitz-Scherzer / Filipp 1999: 36). Die *Fernsehwerbung* betont körperliche Fitness, Jugendlichkeit und physische Attraktivität, gezeigt werden die

‚jungen' Alten im Familienkreis in zumeist gut situierten Verhältnissen. So ist es auch nicht verwunderlich, dass der Ältere als Werbeträger über lange Zeit eher in der Rolle des kultivierten Genießers auftritt und für Produkte mit längerer Reifezeit wirbt wie etwa Wein und Käse. Im Bereich der Arzneimittelwerbung sind es vor allem im Rahmen der Selbstmedikation Produkte für ein natürlich gesundes Leben (vgl. Thürkow 1985; Tews 1991; Schmidt / Spieß 1997).

Tabelle 1: Aussagen älterer Menschen zum Fernsehen (Angaben in %)

	Trifft voll und ganz zu / trifft überwiegend zu			
	Gesamt (ab 14J.)	50-59J.	60-69J.	ab 70J.
Hilft, Zeit sinnvoll zu verbringen	29	28	37	48
Trägt zum Wohlbefinden bei	33	31	36	49
Ist gemessen an Leistungen preiswert	31	31	33	39
Finde immer etwas Interessantes	57	57	64	71
Nutze ich eher gewohnheitsmäßig	51	50	54	54
Ist in vieler Hinsicht anregend	44	45	54	59
Nimmt eigentlich zuviel Zeit in Anspruch	39	36	33	39
Führt zur Vereinsamung	40	40	31	25
Hilfe gegen Alleinsein	50	32	54	62
Bietet Orientierung zur Alltagsbewältigung	22	22	27	33
Ist fast wie ein Freund	19	19	27	34
Greift Alltagsprobleme auf, die viele interessieren	52	53	58	62
Fasst heiße Eisen an	57	57	62	61
Hilft, freie Zeit zu füllen	68	67	70	71
Lässt sich mit anderen Tätigkeiten kombinieren	27	24	25	28
Achtet auf Qualität	32	34	37	42

Quelle: Massenkommunikation V nach Grajczyk / Klingner / Zöllner 1998: 88.

2. Zur Typisierung älterer Fernsehzuschauer

Fernsehen ist eine wesentliche Alltagsbeschäftigung älterer Menschen. Die tägliche Sehdauer älterer Menschen nähert sich einem Wert von vier Stunden täglich und beträgt damit bis zu einer Stunde mehr als die der Durchschnittsbevölkerung. Bezogen auf Ost- und Westdeutschland ist festzustellen, dass die älteren Menschen, insbesondere Frauen in den neuen Bundesländern noch mehr fernsehen als die Senioren in Westdeutschland. Im Vergleich zu den Werten aller Zuschauer werden ältere Menschen zu den Hauptzeiten der Fernsehnutzung in deutlich stärkerem Maße erreicht.

Nach einer relevanten Untersuchung lässt sich die bundesdeutsche Bevölkerung in neun verschiedene Typen unterteilen, die auf der Ermittlung von Lebensstilmerkmalen basieren (vgl. Gleich 1999).

Tabelle 2a: Mediennutzertypen nach Altersgruppen

		Altersgruppen in Jahren				
	Gesamt	14-29	30-49	Ab 50	50-64	Ab 65
Die jungen Wilden	7	29	1	0	0	0
Die Erlebnisorientierten	10	29	9	0	1	0
Die Leistungsträger	9	14	14	3	5	0
Die Neuen Kulturorientierten	5	8	8	2	3	0
Die Unauffälligen	14	13	26	5	8	2
Die Aufgeschlossenen	13	5	22	11	15	6
Die Häuslichen	17	1	12	30	30	31
Die Klassisch Kulturorientierten	14	1	5	26	26	26
Die Zurückgezogenen	10	0	4	21	12	12
Gesamt in %	100	100	100	100	100	100
Befragte(n)	2999	677	1004	1318	767	551

Tabelle 2b: Mediennutzung nach Altersgruppen[2]

		Altersgrupen ab 50J.						
	Gesamt	Männer	Frauen	Volksschule	Weiterf. Schule	Abi, Studium	West	Ost
Die jungen Wilden	7	0	0	0	0	0	0	0
Die Erlebnisorientierten	10	1	0	0	1	0	1	0
Die Leistungsträger	9	6	1	2	4	8	4	2
Die Neuen Kulturorientierten	5	2	2	1	3	5	2	1
Die Unauffälligen	14	7	4	6	5	4	7	3
Die Aufgeschlossenen	13	17	7	9	17	12	12	9
Die Häuslichen	17	33	28	39	24	11	27	38
Die Klassisch Kulturorientierten	14	19	32	16	31	50	28	23
Die Zürückgezogenen	10	16	25	27	13	10	20	24
Gesamt in %	100	100	100	100	100	100	100	100
Befragte(n)	2999	574	744	791	280	246	889	428

Quelle: ARD/ZDF Basisstudie nach Grajczyk / Klingler 1999: 202

Vier dieser Typen erweisen sich für die ab 50jährigen als bedeutsam. 30 Prozent der Bundesbürger dieses Alters zählen zu den „Häuslichen", während in der Gesamtbevölkerung der Anteil 17 % ausmacht. Das Durchschnittsalter in dieser Gruppe liegt bei 59 Jahren, der Altersschwerpunkt zwischen 50 und 68 Jahren. In dieser Gruppe dominieren fest gefügte, traditionelle Wertvorstellungen. 26 Prozent der Älteren lassen sich als „Klassisch Kulturorientierten" (Gesamtbevölkerung 14 %) typisieren, mehrheitlich gehören zu dieser Gruppe Frauen, Bürger mit hoher formaler Bildung sowie mit einem überdurchschnittlichem Interesse an klassischer Kultur.

2 Die Tabelle wurde zur besseren Überschaubarkeit in zwei Hälften aufgeteilt.

21 Prozent der ab 50-jährigen gehören zur Gruppe der „Zurückgezogenen" (Gesamtbevölkerung 10 %), zwei Drittel davon sind Frauen, das Durchschnittsalter liegt bei 65 Jahren. Hier dominieren unterdurchschnittliche Schulbildung, traditionelle und häusliche Werte bzw. Orientierungen. Die „Aufgeschlossenen" mit 11 Prozent (Gesamtbevölkerung 13 %) bei den ab 50-jährigen sind eine weitere interessante Gruppe. Hierzu zählen Männer, die vorwiegend berufstätig sind.

Man kann zusammenfassen: „Je geringer der formale Bildungsgrad, um so höher der Anteil der ‚Häuslichen' und ‚Zurückgezogenen': Je höher der Bildungsgrad, um so höher der Anteil der ‚Aufgeschlossenen' und der ‚Klassisch Kulturorientierten'."(Grajzyk / Klingler 1999: 204)

3. Forschungsperspektiven

Für die weitere Forschung ergeben sich eine Reihe von bisher wenig beachteten Fragen, vor allem auf der Grundlage gerontologischer Befunde. So kann man versuchen, Dimensionen eines altersbezogenen Fernsehens zu benennen und auf der Basis erster empirischer Befunde komplexere Typologien (vgl. Ruhrmann 1996; Ruhrmann / Nieland 1997; Gorgs / Meyer 1999) zu entwickeln. In einem weiteren Schritt wäre dann auch ein Modell zu entwickeln, welches alterspezifisches Fernsehverhalten angemessen beschreiben und erklären kann.

Für die Analyse altersbezogenen Fernsehens erscheinen folgende Dimensionen besonders relevant:

Alterserleben

Stärker als das tatsächliche Alter scheint das subjektiv empfundene Alter ein angemessenes Differenzierungskriterium zu sein, vor allem wenn man ältere Menschen als Zielgruppen von Fernsehangeboten beschreiben will. Man kann hier unterscheiden, wie alt sich Menschen fühlen, wie alt sie aussehen, was alte Menschen tatsächlich tun und wofür sie sich interessieren (vgl. Pinquart / Stecher 1999: 153). Man kann auch nach Zeitabschnitten im Familienlebenszyklus mit seinen jeweiligen Neuorientierungen unterscheiden: etwa wenn Kinder den Haushalt verlassen oder der Eintritt in den Ruhestand erfolgt.

Bilder vom Alter im Fernsehen

Das Alter hat viele Facetten: Die soziale Realität, in der ältere Menschen tatsächlich leben, lässt sich von ihren Selbstbildern sowie von Fremdbildern bzw. von den Bildern, die jüngere Menschen vom Alter haben, unterscheiden. Sie dominieren als Vorstellungen auch Denken und Sprechen über Altern im Alltag bzw. in Alltagsgesprächen bei der Fernsehaneignung (vgl. Hepp 1998). Vorrangig werden Altersbilder damit Leitbilder für das Altern (vgl. Niederfranke / Schmitz-Scherzer / Filipp 1999: 35ff.). Doch (wie) geht das Fernsehen mit diesen Bildern um:

- Werden die Alten entsprechend ihres demographischen Anteils in der Bevölkerung repräsentiert?
- Wird die Vielfalt des Alterns dargestellt?
- Wie wird Altern im Fernsehen bewertet?
- Welche Zusammenhänge existieren zwischen Werbung, Werberezeption und Lebensstil (vgl. Hölscher 1998)?

Validierung von Selbstbeschreibungen

Eine solche Validierung umfasst die Angaben der Älteren in Bezug auf ihre Werte, Lebensziele, Lebens- und Konsumstile. Wie ist etwa der häufig anzutreffende Eindruck älterer Menschen zu erklären, dass die Gesellschaft ihre Normen und Werte vernachlässigt oder gar verliert, gleichwohl Großeltern ihre Enkel in vielen Punkten besser verstehen als die Eltern ihre Kinder selbst? Schließlich bieten sich auch motivationale Orientierungen als ein wichtiges Unterscheidungskriterium an.

Eine andere Frage betrifft die Selbst- und Fremdbilder sowie Stereotypen älterer Menschen (vgl. Lehr / Niederfranke 1991: 38ff.; Pinquart / Stecher 1999: 154; Niederfranke 2000: 386ff.). (Wie) verändern sich diese Bilder im Kontext der Zugehörigkeit altersbezogener Milieus (vgl. Tokarski 1998) und unter Berücksichtigung des Fernsehkonsum? Kann Fernsehen noch Leitbilder vermitteln, etwa bezogen auf Krankheit, Gesunderhaltung und Gesundheitstraining oder aber auch den Umgang mit Schmerzen (vgl. Kanowski 1991: 227ff.; Ruoß 2000: 319ff.). In welchem Verhältnis stehen Isolation, häusliche Zurückgezogenheit einerseits sowie neue Kontaktmöglichkeit und Anschlusskommunikation durch und aufgrund von Fernsehen andererseits?

Expressives Verhalten

Die Beschreibung von Merkmalen des expressiven Verhaltens setzt eine angemessene Konzeptionierung von fernsehbezogener Aufmerksamkeit, von kognitiven und emotionalen Schemata sowie Wirkungsspektren voraus (vgl. Olbrich 1991; Janke / Hüppe 1991; Rusch 1993; Ruhrmann / Woelke 1998; Mangold 1998: 641ff.). Wie ist die Medienkompetenz bzw. die media literacy mit ihren kognitiven, emotionalen, ästhetischen und instrumentellen Dimensionen bei älteren Menschen strukturiert (vgl. Hilts 1997; Doelker 1998; Meyrowitz 1998; Riggs 1998; Kübler 2000). Welche Erfahrungen und Fertigkeiten (vgl. Mathey 1991), welches Wissen und welche Verhaltensweisen werden durch Fernsehen beeinflusst. Behindert ein starker Fernsehkonsum bzw. Fernsehen als erlebte parasoziale Interaktion die Realisierung expressiven Verhaltens im Alltag, z. B. Sexualität (vgl. Zank 2000), aber auch in therapeutischen Kontexten (vgl. Pinquart 2000).

Fähigkeiten und Fertigkeiten im Alter

Kaum erforscht sind auch Fragen zum Verhältnis physischer und kognitiver Fähig- und Fertigkeiten. Welche Auswirkungen haben physiologische Beeinträchtigungen im Alter auf das Fernsehen. Welche Probleme haben alte Menschen beim Fernsehen? Wie wirkt sich schlechtes Hören auf das Verständnis von Fernsehsendungen aus? Schauen die Leute nur noch Musiksendungen und keine Infosendungen, weil sie diese Angebote akustisch ‚besser' wahrnehmen können? Wie wirkt sich die schlechtere Fähigkeit zur Farbunterscheidung auf das Interesse an bestimmten Sendungen aus? Wie verfolgen alte Menschen schnelle Schnittfolgen? Wie müssen Filme geschnitten sein, damit sie für alte Menschen angenehm sind. Zusätzlich zu den physiologischen Besonderheiten älterer Menschen sind kognitive Fähigkeiten von Einfluss auf die Fernsehnutzung und das Fernseherleben. Hiermit ist gemeint, wie ältere Menschen heutige Medienangebote vor dem Hintergrund ihrer entwicklungspsychologisch betrachtet spezifischen Erfahrungen interpretieren und verstehen können. Hier könnten sich insbesondere zwischen den Sprachkonzepten in den Medien und auf Seiten der älteren Zuschauer Differenzen ergeben, die ein gegenseitiges Verstehen erschweren. Hinzu treten neue Elemente beispielweise in der Bildsprache. Hier ist weitgehend ungeklärt, wie ältere Zuschauer Filme wahrnehmen und verstehen, die Zeitlupen, Überblendungen und ‚Special Effects' umfassen, deren Erzeugung und Visualisierung dieser Zuschauergruppe unbekannt sind?

Mediensozialisation

Mediensozialisation kann als einer der zentralen Erklärungsfaktoren für die unterschiedliche Fernsehnutzung von Jungen und Alten sowie in Ost und West gelten (vgl. Maier / Ruhrmann 2000). Hier lassen sich interessante Interaktionsmuster entdecken. Befragte aus den neuen Bundesländern, deren aktuelle Mediensozialisation längere Zeit zurückliegt (ältere Zuschauer), bauen eine positivere und selbstverständlichere Einstellung zum Medium Fernsehen auf als westdeutsche

Befragte, welche die Debatte um das duale System miterlebt haben. Damit kann nur zum Teil die längere Sehdauer in den neuen Bundesländern erklärt werden sowie auch die Präferenz privater Anbieter: durch den dort deutlich geringeren Rechtfertigungsdruck hinsichtlich des Fernsehkonsums können Zuschauer in Ostdeutschland leichter die Inhalte nutzen, die ihren Bedürfnissen entgegenkommen (vgl. IP Deutschland 2000). Dies sind in erster Linie die Unterhaltungsangebote, bei denen generell den privaten Anbietern eine größere Kompetenz zugesprochen wird. Sowohl die ambivalente Haltung der Westdeutschen zu Unterhaltungsprogrammen als auch die tendenzielle Ablehnung politischer Information in Ostdeutschland lassen sich – neben einer Reihe anderer Faktoren (vgl. Peiser 1996) - durchaus als Kohortenphänomene klassifizieren. Da nach Expertenprognosen das Durchschnittsalter der Bevölkerung steigt und ältere Zuschauer durchschnittlich mehr fernsehen, lässt dies einen Anstieg der Sehdauer gerade in Ostdeutschland vermuten.

Neue Fernsehangebote

Zu erwägen ist, ob und inwieweit spezielle Fernsehangebote für alte Menschen Sinn machen. Zunächst ist davon auszugehen, dass sie nicht mehr alle neuen Fernsehformate nutzen. Was das Verhältnis der Älteren zur Technik angeht, ist zu fragen, wieweit sie an neuen medientechnologischen Entwicklungen teilhaben (vgl. Mollenkopf 1998; Doh 2000)? Bestehen Tendenzen zur Ausgrenzung älterer Menschen? Oder wie kann die Netz-Nutzung mit dem Ziel erfolgen, soziale Kontakte zu pflegen und die Informationssuche zu aktivieren: indem alte Menschen aufgeschlossen sind, via Multimedia und durch Formen eines vereinfachten interaktiven Fernsehens Handlungs- und Entscheidungskompetenzen (zurück)zugewinnen. Damit eröffnen sich älteren Menschen vielfältige Chancen zur Selbstgestaltung, zur Selbsttätigkeit sowie zur Teilnahme an der Gesellschaft; eine Stärkung des sozialen Beziehungssystems ist möglich. In Verbindung mit neuen Informations- und Bildungsangeboten ergeben sich möglicherweise neuartige Perspektiven eines Dienstleistungsfernsehens, das weit über das Angebot eines reinen Einkaufskanals hinausgeht.

Regionalisierung und Globalisierung

Regionalisierung und Globalisierung beziehen sich auf die Analyse der Ausdifferenzierung von Medienangeboten und ihrer Publika innerhalb verschiedener Regionen und Kulturen. Dazu zählen Fragen nach dem Zusammenhang von erlebter sowie im Fernsehen präsentierter Versorgung mit Freizeit- und (Weiter)Bildungsangeboten (vgl. statt anderer: Tokarski 1991; Maier 2000), von Bildern altersgerechter Mobilität und Verkehrsmöglichkeiten (vgl. Mathey 1991; Kaiser 2000) sowie auch des Mediendiskurses zum Zusammenleben von Seniorinnen und Senioren ausländischer Herkunft mit den Deutschen (vgl. Geiger / Brandenburg 2000: 281).

Veränderungen in der Publikumsforschung

Angesichts des Standes der Erforschung des Konsumentenverhaltens (vgl. Kroeber-Riel / Weinberg 1998), der zunehmenden Bedeutung von Motiven des konkreten Fernseherlebens kann man von einer gestiegenen Aktualität psychographischer Ansätze in der (angewandten) Publikumsforschung sprechen (vgl. Gunter / Furnham 1992; Ruhrmann / Nieland 1997; IP Deutschland 2000). Gerade angesichts des heterogenen Entdeckungs- (Tiefenpsychologie) und Verwendungszusammenhanges (Marktforschung) von „Psychographics" wäre zu prüfen, wie soziodemographische und psychographische Dimensionen bzw. Merkmalskombinationen älterer Menschen miteinander verknüpft werden könnten.

4. Fazit

Vorgestellt wurden eine Vielzahl von Dimensionen, die für eine Analyse altersbezogenen Fernsehens besonders relevant erscheinen. Die Diskussion macht deutlich, dass der Zusammenhang zwischen Fernsehen und Alter aufgrund demographischer, politischer medialer und technischer Entwicklungen nicht ein Thema gerontologischer Forschung bleiben wird (und kann). Aufgrund der vielfachen und wechselseiten Bezüge von Motiven und Bedingungen der Fernsehzuschauer, der Struktur von Fernsehangeboten und den Zielen von Angebotsproduzenten kann Fernsehen nicht nur im Kontext des Verstehens vorhandener Angebote durch ältere Zuschauern diskutiert werden. Eine solche Entwicklung deutet sich bereits in den angesprochenen Veränderungen in der Publikumsforschung an. Insgesamt stellen sich für die Entdeckung und Prognose vielfältiger Momente in diesem Beziehungssystem aber auch neue Anforderungen an die wissenschaftliche Forschung. Dies wird eigenständige psychologische, soziologische sowie kommunikations- und medienwissenschaftliche Studien herausfordern.

Literatur:

Bruns, T. / Marcinkowski, F. / Nieland, J.-U. / Ruhrmann, G. / Schierl, T. (1996): Das analytische Modell. In: Schatz, H. (Hrsg.): Fernsehen als Objekt und Moment des sozialen Wandels. Faktoren und Folgen der aktuellen Veränderung des Fernsehens. Opladen: 19-56.

Doelker, C. (1998): Neue Medienkompetenz gefordert: Künstliche Wirklichkeit und Imagination in Konkurrenz. In: Klingler, W. / Roters, G. / Zöllner, O. (Hrsg.): Fernsehforschung in Deutschland. Themen - Akteure - Methoden. Teilband 2. Baden-Baden: 729-742.

Doh, M. (2000): Medien. In: Wahl, H.-W. / Tesch-Röhmer, C. (Hrsg.): Angewandte Gerontologie in Schlüsselbegriffen. Stuttgart/Berlin/Köln: 424 - 429.

Donicht-Fluck, B. (1994): Bilder des Alterns in den USA im 20. Jahrhundert und ihr Einfluß auf die amerikanische Altenpolitik und Alten-Sozial-Politik. Berlin: Deutsches Zentrum für Altersfragen.

Friedan, B. (1993): The Fountain of Age. London.

Geiger, I. / Brandenburg, H. (2000): Seniorinnen und Senioren ausländischer Herkunft. In: Wahl, H.-W. / Tesch-Röhmer, C. (Hrsg.): Angewandte Gerontologie in Schlüsselbegriffen. Stuttgart/Berlin/Köln: 281–289.

Gleich, U. (1999): Über 50jährige als Zielgruppe für Marketing und Werbung. Argumente für die differenzierte Ansprache einer vernachlässigten Altersgruppe. In: Media Perspektiven 6/99: 301-311.

Göckenjan, G. (2000): Das Alter würdigen. Altersbilder und Bedeutungswandel des Alters. Frankfurt a. M.

Gorgs, C. / Mayer, P. (1999): Fernsehen und Lebensstile. Eine empirische Studie über den Medienkonsum am Beispiel der Stadt Augsburg. München / Mering.

Grajczyk, A. / Klingler, W. / Zöllner, O. (1998): Fernsehverhalten älterer Menschen. Daten zur TV-Nutzung der ab 50jährigen. In: Klingler, W. / Roters, G. / Zöllner, O. (Hrsg.): Fernsehforschung in Deutschland. Themen - Akteure - Methoden. Teilband 1. Baden-Baden: 85-210.

Grajczyk, A. / Klingler, W. (1999): Mediennutzung der ab 50jährigen. In: Media Perspektiven 4/99: 202-216.

Groebel, J. / Hoffmann-Riem, W. / Köcher, R. / Mahrenholz, E. / Mestmäcker, E. J. / Scheithauer, I. / Schneider, N. (1995): Bericht zur Lage des Fernsehens für den Präsidenten der Bundesrepublik Deutschland. Gütersloh.

Gunter, B. / Furnham, A. (1992): Consumer profiles. An introduction to psychographics. London/New York.

Hepp, A. (1998): Fernsehaneignung und Alltagsgespräche. Fernsehnutzung aus der Perspektive der Cultural Studies. Opladen.

Hilt, M. L. (1997): Television News and the Elderly. Broadcast Managers' Attitudes toward Older Adults. New York/London.

Hölscher, B. (1998): Lebensstile durch Werbung? Zur Soziologie der Life-Style-Werbung. Opladen.

IP Deutschland (2000): Deutschland - Einig Fernsehland!? Nutzungsmuster und Einstellungen in Ost und West. Köln.

Janke, W. / Hüppe, M. (1991): Emotionalität. In: Oswald, W. D. / Herrmann, W. M. / Kanowski, S. / Lehr, U. / Thomae, H. (Hrsg.): Gerontologie. Medizinische, psychologische und sozialwissenschaftliche Grundbegriffe. Stuttgart/Berlin/Köln: 88-124.

Jürgens, H.-W. (1994): Untersuchung zum Bild älterer Menschen in den elektronischen Medien. Kiel.

Kaiser, H. J. (2000): Mobilität und Verkehr. In: Wahl, H.-W. / Tesch-Röhmer, C. (Hrsg.): Angewandte Gerontologie in Schlüsselbegriffen. Stuttgart/Berlin/Köln: 261-267.

Kanowski, S. (1991): Gesundheit und Krankheit im Alter. In: Oswald, W. D. / Herrmann, W. M. / Kanowski, S. / Lehr, U. / Thomae, H. (Hrsg.): Gerontologie. Medizinische, psychologische und sozialwissenschaftliche Grundbegriffe. Stuttgart/Berlin/Köln: 227-232.

Kondratowitz von, H. J. (1999): Alter und Altern. In: Albrecht, G. / Groenemeyer, A. / Stolberg, F. W. (Hrsg.): Handbuch soziale Probleme. Opladen: 236–254.

Kroeber-Riel, W. / Weinberg, P. (1996): Konsumentenverhalten. 6., völlig überarbeitete Auflage. München.

Kuebler, H.-D. (2000): Mediale Kommunikation. Tübingen.

Lehr, U. M. / Niederfranke, A. (1991): Altersbilder und Altersstereotype. In: Oswald, W. D. / Herrmann, W. M. / Kanowski, S. / Lehr, U. / Thomae, H. (Hrsg.): Gerontologie. Medizinische, psychologische und sozialwissenschaftliche Grundbegriffe. Stuttgart/Berlin/Köln: 38-46.

Maier, G. (2000): Bildungsangebote. In: Wahl, H.-W. / Tesch-Röhmer, C. (Hrsg.): Angewandte Gerontologie in Schlüsselbegriffen. Stuttgart/Berlin/Köln: 255-260.

Maier, M. / Ruhrmann, G. (2000): Einstellungen zum Fernsehen in Ost- und Westdeutschland. Unveröff. Manuskript. Jena.

Mangold, R. (1998): Emotionale Wirkungsaspekte während der Fernsehrezeption. In: Klingler, W. / Roters, G. / Zöllner, O. (Hrsg.): Fernsehforschung in Deutschland. Themen – Akteure – Methoden. Teilband 2. Baden-Baden: 641-660.

Mathey, F. J. (1991): Fertigkeiten. In: Oswald, W. D. / Herrmann, W. M. / Kanowski, S. / Lehr, U. / Thomae, H. (Hrsg.): Gerontologie. Medizinische, psychologische und sozialwissenschaftliche Grundbegriffe. Stuttgart/Berlin/Köln: 143-157.

Meyrowitz, J. (1998): Multiple Media Literacies. In: Journal of Communication 48, 1: 96 – 108.

Mollenkopf, H. (1998): Altern in technisierten Gesellschaften. In: Clemens, W. / Backes, W. (Hrsg.): Altern und Gesellschaft. Gesellschaftliche Modernisierung durch Altersstrukturwandel. Frankfurt a. M./New York: 217-236.

Niederfranke, A. / Schmitz-Scherzer, R. / Filipp, S. – H. (1999): Die Farben des Herbstes. Die vielen Gesichter des Alterns heute. In: Niederfranke, A. / Naegele, G. / Frahm, E. (Hrsg.): Funkkolleg Altern. Die vielen Gesichter des Alterns. Opladen: 11-50.

Niederfranke, A. (2000): Altenpolitik. In: Wahl, H.-W. / Tesch-Röhmer, C. (Hrsg.): Angewandte Gerntologie in Schlüsselbegriffen. Stuttgart/Berlin/Köln: 386-392.

Olbrich, E. (1991): Denken und Problemlösen. In: Oswald, W. D. / Herrmann, W. M. / Kanowski, S. / Lehr, U. / Thomae, H. (Hrsg.): Gerontologie. Medizinische, psychologische und sozialwissenschaftliche Grundbegriffe. Stuttgart/Berlin/Köln: 68-77.

Peiser, W. (1996): Die Fernsehgeneration. Eine empirische Untersuchung ihrer Mediennutzung und Medienbewertung. Opladen.

Pinquart, M. / Stecher, L. (1999): Die Alterswahrnehmung im mittleren Erwachsenenalter. In: Silbereisen, R. K. / Zinnecker, J. (Hrsg.): Entwicklung im sozialen Wandel. Weinheim: 153-168.

Pinquart, M. (2000): Ergebnisse der Psychotherapieforschung. In: Wahl, H.-W. / Tesch-Röhmer, C. (Hrsg.): Angewandte Gerontologie in Schlüsselbegriffen. Stuttgart/Berlin/Köln: 109-113.

Riggs, K. E. (1998): Mature Audiences. Television in the Lives of Elders. New Brunswick, NJ/London.

Ruhrmann, G. (1996): Fernsehen im Alltag. In: Schatz, H. (Hrsg.): Fernsehen als Objekt und Moment des sozialen Wandels. Faktoren und Folgen der aktuellen Veränderung des Fernsehens. Opladen: 333-370.

Ruhrmann, G. / Nieland, J.-U. (1997): Interaktives Fernsehen. Entwicklung, Dimensionen, Fragen, Thesen. Opladen.

Ruhrmann, G. / Woelke, J. (1998): Rezeption von Fernsehnachrichten im Wandel. Desiderate und Perspektiven der Forschung. In: Kamps, K. / Meckel, M. (Hrsg.): Fernsehnachrichten. Prozesse, Strukturen, Funktionen. Opladen: 103-110.

Ruoß, M. (2000): Schmerz im Alter. In: Wahl, H.-W. / Tesch-Röhmer, C. (Hrsg.): Angewandte Gerontologie in Schlüsselbegriffen. Stuttgart/Berlin/Köln: 319 - 323.

Rusch, G. (1993): Fernsehgattungen in der Bundesrepublik Deutschalnd. Kognitive Strukturen im Handeln mit Medien. In: Kreuzer, H. / Thomsen, C. W. (Hrsg.): Geschichte des Fernsehens in der Bundesrepublik Deutschland. München: 289-321.

Sackmann, R. / Weymann, A. (1994): Die Technisierung des Alltags. Generationen und technische Innovationen. Franfurt a. M./New York.

Schatz, H. (1996): Fragestellung, analytischer Zugang und Aufbau der Untersuchung. In: Schatz, H. (Hrsg.): Fernsehen als Objekt und Moment des sozialen Wandels. Faktoren und Folgen der aktuellen Veränderung des Fernsehens. Opladen: 9-18.

Schmidt, S. J. / Spieß, B. (1997): Die Kommerzialisierung der Kommunikation. Fernsehwerbung und sozialer Wandel 1956 – 1989. Frankfurt a. M.

Schuhmacher, H. (2000): Fernsehen fernsehen . Modelle der Medien- und Fernsehtheorie. Köln.

Tews, H. P. (1991): Altersbilder. Über Wandel und Beeinflussung von Vorstellungen vom und Einstellungen zum Alter. 16. KDA Forum Köln: Kuratorium Deutsche Altershilfe.

Tews, H. P. (1999): Von der Pyramide zum Pilz, Demographische Veränderungen in der Gesellschaft. In: Niederfranke, A. / Naegele, G. / Frahm, E. (Hrsg.): Funkkolleg Altern. Die vielen Gesichter des Alterns. Opladen: 137-186.

Thürkow, K. (1985): Altersbilder in massenmedialen, massenkulturellen und künstlerischen Werken. Ein Literaturbericht. Berlin: Deutsches Zentrum für Altersfragen.

Tokarski, W. (1998): Alterswandel und veränderte Lebensstile. In: Clemens, W. / Backes, W. (Hrsg.): Altern und Gesellschaft. Gesellschaftliche Modernisierung durch Alters-strukturwandel. Frankfurt a.M./New York: 109-119.

Vorderer, P. (1992): Fernsehen als Handlung. Filmrezeption aus motivationspsychologischer Perspektive. Berlin.

Zank, S. (2000): Sexualität. In: Wahl, H.-W. / Tesch-Röhmer, C. (Hrsg.): Angewandte Geronotologie in Schlüsselbegriffen. Stuttgart/Berlin/Köln: 153-168.

Filmpolitik zwischen kulturellem Anspruch und wirtschaftlichen Erwartungen

Manfred Mai

1. Einführung

Die Bedeutung der Filmpolitik als Politikfeld („policy") im Verhältnis zu anderen Politikfeldern entspricht ihrem Stellenwert als Thema innerhalb der Politikwissenschaft. Während die institutionelle Zuständigkeit für die Filmpolitik bei der EU, beim Bund und in den Ländern relativ klar geregelt ist, scheint die Politikwissenschaft das Thema Film weitgehend den Literatur- und Kulturwissenschaften zu überlassen, wobei die „Filmwissenschaft" eine Mischung von beiden sein will. Deren Paradigmen und Kategorien entstammen überwiegend aus dem Repertoire der jeweils angesagten Trends: Konstruktivismus, Dekonstruktivismus, Strukturalismus, cultural studies usw., die in immer kürzeren Zeitabständen durch Gegenströmungen, Renaissancen oder Entlarvung spezifischer (gender- oder ethnic-biased) Sichtweisen abgelöst werden. Die Relevanz derartiger Studien für das Politikfeld Film entspricht dem Ertrag ästhetischer Reflexionen über das Design von Computergehäusen für das Wesen der Informationsgesellschaft.

Einer kaum überschaubaren Anzahl von Studien über die Codierung der Politik im Medium des Films stehen kaum Studien über den Film als Gegenstand der Politik gegenüber. Selbst in den Standardwerken zur Medienpolitik kommt Film im Verhältnis zu anderen Massenmedien eher am Rande vor. Das Thema Film wird darin meist im Zusammenhang mit dem Thema Fernsehen abgehandelt, was auf den ersten Blick plausibel ist. Obwohl der Film ungefähr doppelt so alt ist wie das Fernsehen, wurden etwa die von David Riesman und der „Kritischen Theorie" begonnene Auseinandersetzung mit dem Film von heutigen Sozialwissenschaftlern nicht weitergeführt.[1] Als *das* Leitmedium der Gegenwart ist das Fernsehen – trotz Internet – für

1 Mit dem Verdikt: „Lichtspiele und Rundfunk brauchen sich nicht mehr als Kunst auszugeben. Die Wahrheit, dass sie nichts sind als Geschäft, verwenden sie als Ideologie, die den Schund legitimieren soll, den sie vorsätzlich herstellen" (Horkheimer / Adorno 1971: 108) hat die „Kritische Theorie" nicht gerade dazu ermuntert, die Massenmedien zum Gegenstand sozialwissenschaftlicher Analysen zu machen, die mehr sind als die Entlarvung der Kulturindustrie als affirmative Ideologie. David Riesman mag dagegen genau diesen Verdacht mit seiner Meinung zu bestätigen, dass „Filme auf

die einschlägigen Forschungsinteressen der Sozialwissenschaften zweifellos ergiebiger als der Film.

Im Folgenden soll der Versuch unternommen werden, die wirtschaftliche und kulturelle Dimension des Films als eigenständiges Politikfeld zu skizzieren. Dazu gehört auch der Bezug auf den Diskurs über Staats- und Politikversagen. Neben dieser policy-Dimension geht es dabei auch um die Dimensionen der politics und die der polity: Die Akteure, Institutionen ihre Interessen und Strategien gilt es daher ebenso zu würdigen wie die für das Politikfeld Film zentrale Auseinandersetzung über das Verhältnis zwischen wirtschaftlicher und kultureller Filmförderung.

2. Filmpolitik – Konturen und Interdependenzen eines Politikfeldes

2.1 Von der technischen Erfindung zur sozialen Innovation

Der Film entstand im Kontext von Jahrmarktattraktionen und Varietés, wo nur wenige Minuten lange Kurzfilme als Pausenfüller die Gäste unterhielten. Ihre Inhalte bestanden meist in Alltagsszenen. Historische Vorläufer des Films waren u. a. Schattenspiele, „lebende Bilder“, Panoramen, Dioramen (Klooss / Reuter 1980: 44) sowie gezeichnete oder fotografierte Bewegungssequenzen, die man für wenige Sekunden in Guckkästen betrachten konnte, wo sie für den Betrachter zu einer zusammenhängenden Bewegung verschmelzen. Den technischen Innovationen (Fotografie – insbesondere die Schnellfotografie, die schnelle Bewegungen festhalten konnte – , Kamera, Projektor u. a.) folgten bald ökonomische und organisatorische: Filme wurden gegen Entgelt einem Publikum in eigens dafür errichteten Filmtheatern – den Kinos – gezeigt. Als die Geburtsstunde des Films gilt daher das Jahr 1895, wo in Paris zum ersten Mal einem zahlenden Publikum ein Film vorgeführt wurde. Bereits zuvor gab es z. B. im Berliner „Wintergarten“ und in Köln Filmvorführungen vor einem Publikum, das Filme von 1-2 Minuten Länge neben dem eigentlichen Programm konsumierte. Die Reaktionen der Zuschauer und der Presse auf die Filmvorführungen waren teilweise sehr begeistert. Insofern bestätigt sich darin das von Heribert Schatz für das Fernsehen postulierte Grundbedürfnis des Individuums, „über seine biologisch-körperliche Begrenztheit hinaus mittels artifizieller Medien Erfahrungen, Eindrücke, Stimulationen zu erfahren, die durch die sensuellen Fähigkeiten des Menschen, dem „Nah-Sehen“ , nicht oder nicht in dieser Weise möglich

vielen gemeinhin nicht beachteten Wegen befreiend wirken können und dass man sie gegenüber der verächtlichen Kritik seitens intellektueller Snobs ebenso verteidigen muss, wie gegenüber den immer auf der Lauer liegenden Interessenverbänden, die durch die Filme hindurch das Publikum zu all den frommen Tugenden erziehen wollen, die im Elternhaus und in der Schule zu kurz gekommen sind“ (Riesman 1958: 305).

sind. (...) Es ist der Wunsch, andere virtuelle Realitäten zu erleben, die Realität zu virtualisieren oder die Virtualität zu realisieren“ (Schatz 1998: 26f).

Schon 13 Jahre nach der ersten öffentlichen Aufführung eines Films in einem Kino existierte in Europa und in den USA eine „florierende große Kinoindustrie, eine durchkommerzialisierte Abspielbasis“ und ein Millionenpublikum (Engell 1992: 16). Film ist seitdem ein Massenmedium. Die heute oft beklagte Kommerzialisierung des Films stand bereits bei seiner Entstehung ebenso Pate wie die Ausdifferenzierung verschiedener Funktionen wie Verleih und Produktion. Der ‚Markt‘ bestand zunächst nicht nur in Varietétheatern sondern zunehmend in den Kinos selbst, die sich recht bald zu den eigentlichen Abspielstätten und damit Nachfragern für Filme entwickelten. Die Entwicklung des Films folgte in seiner Anfangszeit fast ausschließlich den ökonomischen Interessen der Patentinhaber (Thomas A. Edison, die Gebrüder Lumière u.a.) und Filmvorführer sowie den technischen Möglichkeiten der Filmherstellung und -vorführung. Dass Film etwas mit Kunst und Politik zu tun haben könnte, wäre den meisten Zeitgenossen abwegig erschienen.

2.2 Film als Propaganda und Kunst

Während des Ersten Weltkriegs wurde der Film von allen Kriegsparteien für Propagandazwecke genutzt. In Deutschland war es General Ludendorff, der im Film eine Waffe erkannte und seine weitere Entwicklung zur Chefsache erklärte. 1917 appelliert er an das deutsche Kriegsministerium: „Der Krieg hat die überragende Macht des Bildes und des Films als Aufklärungs- und Beeinflussungsmittel gezeigt (...). Gerade aus diesem Grund ist es für einen glücklichen Abschluss des Krieges unbedingt erforderlich, dass der Film überall da, wo die deutsche Einwirkung noch möglich ist, mit dem höchsten Nachdruck wirkt.“ (zitiert in: Saul 1984: 23). Mit der Errichtung eines „Bild- und Filmamtes“ (Bufa) 1918, das dem Kriegsministerium unterstand, wurden alle filmrelevanten Aktivitäten gebündelt, einschließlich erster Ansätze der Filmförderung. Es folgte gegen Ende des Krieges die Gründung der „Universum Film AG“ (Ufa), an der die deutsche Wirtschaft (u. a. die Deutsche Bank und die AEG) maßgeblich beteiligt war (vgl. Engell 1992: 133). Damit war bis 1945 die monopolartige Struktur der deutschen Filmwirtschaft festgelegt. Das Interesse der Politik am Film bestand ausschließlich in seiner Propagandawirkung – und an der Zensur.

Bereits während des Ersten Weltkrieges zeigte sich, dass der Kinobesuch eines der meist genutzten Zerstreuungsmittel (an der Front und „Heimatfront“) war – eine Erfahrung, die sich im Zweiten Weltkrieg bestätigen sollte. Unter dem Aspekt des Durchhaltewillens wurden sowohl der Unterhaltungsfilm als auch der eigentliche Propagandafilm dem Primat der Kriegsführung unterstellt. Perfektioniert wurde dieses Prinzip im „Dritten Reich“ . Je weiter die Krieg fortschritt, um so aufwendiger wurden die Filmproduktionen. Wie wichtig das Reichspropagandaministerium die Filmproduktion einschätzte zeigt die Tatsache, dass selbst in den letzten Kriegswochen noch Filme fertiggestellt wurden, obwohl die Studios längst ausgebombt waren und die Drehorte mit der Front wandern mussten. Absurder und bezeichnender Höhepunkt dieser ‚Filmpolitik' war der Abwurf von Filmrollen des Durchhaltefilms *Kolberg* über der Festung La Rochelle zur „Premiere" Ende Januar 1945, um deutsche Landser zu ermutigen. Wie so oft, hat auch an diesem Film Josef Goebbels den Regisseur Veit Harlan noch zu Änderungen genötigt, damit das Epos wegen der Schilderung (historischer) Schlachtszenen nicht zu deprimierend wirkt.

Unmittelbar nach dem Ersten Weltkrieg wurde in allen Filmländern (zu Kriegsbeginn hatten die USA, wo die Hälfte aller damaligen Filme produziert wurden, Frankreich als Hauptproduzent abgelöst) der Film als neuartiges künstlerisches Ausdruckmittel entdeckt. Viele Filmtheoretiker versuchten das Spezifische an diesem neuen Medium auf den Begriff zu bringen und konzeptionell zu nutzen. Zu den klassischen Positionen gehört auch Bert Brechts Theorie über den Film. Schon 1922 formulierte er „Ewige Wahrheiten" :

> „Die Konkurrenz der Filme unter sich gleicht dem Wettrennen von Droschkengäulen, wobei das Hauptaugenmerk auf Purpurschabracken und die Bemalung der Gäule gerichtet wird. – Dieses Tempo können die Dichter nicht aushalten.
>
> Wenn die Filmindustrie meint, Kitsch schmecke besser als gute Arbeit, so ist das ein verzeihlicher Irrtum, hervorgerufen durch die unbegrenzte Fähigkeit, Kitsch zu fressen (...), sowie durch jene Dichter, die unter höherem Niveau Langeweile verstehen, durch die ‚unverstandenen Dichter', die unter Ausschluss der Öffentlichkeit vortragen. Der Irrtum der Dichter aber, die Filme für Kitsch halten und Filme schreiben, ist unverzeihlich. Es gibt wirksame Filme, die auch auf Leute wirken, die sie für Kitsch halten, aber wirksame Filme, die von Leuten stammen, die sie für Kitsch halten, gibt es nicht." (Brecht 1967: 137)

Ein anderer Filmpionier, der die künstlerischen Möglichkeiten dieses Massenmediums erkannte, war der Filmkritiker, Regisseur und Produzent René Clair. Die Tatsache, dass der Film für die Massen attraktiv war, zog nach seiner Erfahrung deshalb so viele Filmpioniere an, weil Malerei, Theater, Dichtung und Musik gerade zum Gegenteil, zur Abkehr von den Massen, neigten. Prophetisch notierte er damals noch, dass der „schlimmste Irrtum, dem wir in unserem Taumel verfielen, der [war], dass wir für alle Zukunft eine bestimmte Filmkunst im Auge hatten und nicht darauf gefasst waren, dass technische Neuerungen ihre Züge verändern könnten." (Clair 1995: 27)

Was in den 20er Jahren folgte war die Herausbildung einer neuen Kunst mit einer eigenständigen Ästhetik, die sich von anderen Künsten unterschied. Waren viele Filme zu Beginn noch an der Dramaturgie des Theaters orientiert, entdeckte man bald, dass Montage, Schnitte und verschiedene Kameraperspektiven Ausdrucksmöglichkeiten bieten, die andere Künste nicht haben: Diese Techniken werden als die spezifischen Ausdrucksmittel des Films erkannt, die dem Regisseur und Drehbuchautor z. B. eine eigenständige Interpretation literarischer Vorlagen und neue Erzählweisen ermöglichen. Vor der Entdeckung dieser Techniken erinnerte der Film mehr oder weniger an ein abgefilmtes Theaterstück. Die Montage erlaubt dagegen die Gestaltung anderer Zeitstrukturen und das fast beliebige Zusammenführen von Ereignissen und damit Herstellung von Zusammenhängen. Film – auch wenn es sich um einen „Dokumentarfilm" handelt – ist damit immer eine durch diese Mittel inszenierte oder interpretierte Realität und niemals die Realität selbst, wie naive Filmtheoretiker anfangs glaubten.

Film als Propaganda wurde auch von Lenin („Für uns ist der Film die wichtigste aller Künste") erkannt und vor allem durch den sowjetischen Filmtheoretiker und Regisseur Sergej M. Eisenstein beherzigt. Seine Filme (u. a. Streik, Panzerkreuzer Potemkin) gelten bis heute als Meisterwerke der Filmkunst, in denen ausgiebig von der Möglichkeit der Montage Gebrauch gemacht wird, um durch den „Zusammenprall der Bilder" im Zuschauer Ideen auszulösen und Einsichten zu bewirken (vgl. Krusche 1977: 662).[2]

Die Vielfalt der künstlerischen Manifeste der Filmgeschichte soll hier nicht weiter thematisiert werden. Auch heute noch bestimmen die Theorien über das Verhältnis von revolutionärer Form und Inhalt im Film viele Diskurse (vgl. die Diskussionsbeiträge in: Kultusminister NRW 1989). Mit der Entdeckung des Films als eine eigenständige Kunstform konstituierte sich ein Spannungsverhältnis zwischen dem Film als Kunst und dem Film als Wirtschaftsgut, das nicht nur akademische Diskurse sondern auch die Filmpolitik bis heute prägt.

2.3 Filmpolitik im Verhältnis zu anderen Politikfeldern

Wie jedes Politikfeld so ist auch die Filmpolitik mit anderen Politikfeldern mehr oder weniger eng verknüpft. Die formelle Anbindung an Regierungsressorts gibt diese Vielfalt nur teilweise wieder. So ist Filmpolitik – als Kulturpolitik – in erster Linie eine Angelegenheit der Bundesländer und seit 1998 teilweise auch des „Bundesbeauftragten für Angelegenheiten der Kultur und Medien (BKM)" . Als Wirtschaftszweig und Teil der Medienwirtschaft ist die Filmindustrie eine Angelegenheit der Wirtschaftspolitik im Bund und in den Ländern, die wie jede andere Branche in den Genuss von Förderprogrammen, Bürgschaften oder sonstigen Zuwendungen kommt.

Filmpolitische Fragestellungen gehen aber weit über diese klassische Zuständigkeitsregelungen hinaus und erfordern zu ihrer Lösung nicht selten ein ganzes Bündel von Maßnahmen, deren Durchführung in der Verantwortung fast aller Ressorts und Politikebenen liegen. So ist etwa die Errichtung eines Multiplexkinos eine Angelegenheit der lokalen Kulturpolitik und Städteplanung. Mit dem Kinoboom in den 90er Jahren haben immer mehr Multiplexkinos das Gesicht und den Freizeitwert vieler

2 Dass die revolutionäre Form dieser Filme und anderer Kunstwerke kurze Zeit später von sowjetischen Ideologen als formalistisch und tendenziell dekadent abgelehnt und viele Künstler deshalb verurteilt wurden, ist ein anderes Kapitel.

Städte verändert.[3] Fast immer ging einer Entscheidung für den Bau eines solchen Kinokomplexes eine Diskussion in den kommunalen Gremien voraus, da nicht nur die vorhandene Kinokultur sondern auch die Verkehrs- und Bauinfrastruktur nachhaltig verändert wird. In vielen Kommunen wurde die Ansiedlung von Multiplexen nur deshalb gefördert, weil man sich davon eine Steigerung der Attraktivität der Innenstädte versprach. Das Interesse der Stadtplaner traf sich mit dem Interesse der Filmwirtschaft nach mehr und vor allem attraktiveren Abspielflächen für ihre Produkte. Damit wurden zugleich viele kleine Kinobetreiber in den Ruin getrieben, was wiederum Folgen für die Vielfalt des Filmangebots hat. Weil die Multiplexbetreiber in erster Linie an einer Auslastung ihrer Kinosäle interessiert sind, bleibt wenig Raum für kulturell wertvolle Filme, wie sie oft in Filmkunsttheatern gezeigt wurden. Ihre Unterstützung war schließlich eine Angelegenheit der Filmstiftungen der Länder. Anders hätte das kulturpolitische Ziel, eine möglichst große Vielfalt an künstlerisch anspruchsvolleren Filmen jenseits des Mainstreams zu fördern, nicht erreicht werden können.

Je mehr sich die Film- und Fernsehwirtschaft in Deutschland zu einer Wachstumsbranche mit nennenswerten Umsätzen und Arbeitsplatzeffekten entwickelte, um so mehr wurde Filmpolitik – als Teil der Medienpolitik – zur Standortpolitik in den Bundesländern.[4] Wenn in den Feuilletons beklagt wurde, dass Medienpolitik zur bloßen Standortpolitik ‚verkommen' sei, fühlten sich die Standortpolitiker bestätigt. Kein Film konnte so schlecht sein, dass er den Verzicht auf Investitionen in die Filmwirtschaft rechtfertigte. Bei der Ansiedlung eines Automobilwerkes fragt schließlich auch niemand danach, ob die dort produzierten Autos gut oder schlecht sind – entscheidend ist einzig die Höhe der Investitionen und Anzahl der geschaffenen Arbeitsplätze.

Die Ansiedlung von Film- und Fernsehproduktionen wurde vor allem in Nordrhein-Westfalen Teil einer Strategie des wirtschaftlichen Strukturwandels. Dies ist um so bemerkenswerter, als in diesem Bundesland bis in die 80er Jahre eine nennenswerte Landschaft an Filmproduzenten ebenso wenig existierte wie eine Infrastruktur aus Dienstleistern, Studios und Qualifizierungseinrichtungen. Selbst die größte Anstalt der ARD, der WDR, hat ihre Filme überwiegend bei der WDR-Tochter Bavaria in München produzieren lassen. Durch die standortpolitischen Anstrengungen der nordrhein-westfälischen Landesregierung ist es zwar gelungen, Köln als die Rundfunkhauptstadt in Deutschland zu etablieren, aber das Ziel, dauerhafte Strukturen einer sich wirtschaftlich weitgehend selbst tragenden Filmindustrie zu schaffen, wurde verfehlt. Noch immer sind München und Berlin/Babelsberg die

---

3 1990 gab es in Deutschland 23 Multiplexe, 1997 bereits 409 (Jarothe 1998: 372).

4 Eine Untersuchung der Deutschen Instituts für Wirtschaftsforschung beziffert die gesamtwirtschaftliche Bedeutung der deutschen Filmwirtschaft mit einer Bruttowertschöpfung von 5,25 Milliarden DM. Dies entspricht einem Anteil von nicht einmal 0,2 Prozent am BIP. Die Anzahl der Erwerbstätigen betrug in allen filmwirtschaftlichen Produktionsunternehmen ca. 21.600 plus ca. 18.500 freie Mitarbeiter (Stand jeweils 1997) (Seufert 1999: 18ff.).

eigentlichen Orte der Filmproduktion in Deutschland. So ist der Versuch, in Köln ein internationales Filmfestival zu etablieren ebenso gescheitert wie der Versuch, internationale Großproduktionen – von bemerkenswerten Ausnahmen abgesehen – anzusiedeln.

Dass dieses Bundesland (auch im Ausland) inzwischen als Filmland einen Namen hat, verdankt es der 1991 gegründeten „Filmstiftung Nordrhein-Westfalen“ , die in den ersten zehn Jahren über 400 Filme und Projekte mit 500 Millionen DM gefördert und damit einen Ausgabeeffekt von mehr als eine Milliarde DM erzielt hat. Auch hier wird deutlich: Filmpolitik ist primär Wirtschafts- und Standortförderung. Die Publikumsresonanz der von der Filmstiftung geförderten Filme ist dagegen eher bescheiden. Neben Publikumserfolgen wie *Knockin' on Heavens Door* gab es viele Flops. Eine Bewertung des künstlerischen Niveaus verbietet sich bei den klaren standortpolitischen Vorgaben beinahe von selbst, auch wenn es zwei Filme (*Farinelli* und *Schtonk* 1992 und 1993) zu Oskar-Nominierungen brachten.

Die Unterordnung der Filmpolitik unter entweder kulturpolitische, wirtschaftpolitische oder standortpolitische Zielsetzungen führt auch dazu, dass indirekte Maßnahmen wie steuerliche Begünstigungen von Filmfinanzierungsfonds und die Förderung von Infrastrukturen dem Film zugute kommen und damit im weiteren Sinne auch Elemente der Filmpolitik sind. Dazu gehören insbesondere Qualifizierungsmaßnahmen und die Schaffung eines besonderen Ambiente, das gerade für diese Branche typisch ist. Es gibt kaum eine Branche, deren Personal auf ein bestimmtes Ambiente ihrer Arbeits- und Lebenswelt so großen Wert legt wie die Filmschaffenden. Selbst länger dauernde Filmproduktionen an anderen Orten als Berlin oder München haben das kreative Personal nicht dazu bewegen können, ihren Wohnsitz zu verlagern.

Ein solches Ambiente geht weit über die üblichen ‚weichen‘ Standortfaktoren hinaus, die auch in anderen Branchen für die Rekrutierung von Personal eine Rolle spielen. Als ein Grund dafür wird angeführt, dass das Personal für eine Filmproduktion immer wieder aufs Neue von einem Produzenten zusammengestellt werden muss, der dabei auf ein möglichst enges Netzwerk von ‚Kreativen‘ (Casting-Agenturen, Schauspieler, Kameraleute, Aufnahmeleiter u. a.) zurückgreift. Eine Filmproduktion ähnelt damit einer virtuellen Firma, in der ebenfalls für eine begrenzte Zeit ein konkretes Projekt bearbeitet wird und anschließend alle vertraglichen Bindungen enden.[5] Damit ist verständlich, dass eine Standortpolitik, die nur mit Zuschüssen arbeitet, zwar eine Chipfabrik auf die grüne Wiese locken kann, aber keine Filmstudios. Allenfalls gibt es Mitnahmeeffekte in Form von Zweigniederlassungen. Dieser ‚Eigensinn‘ des Filmschaffens setzt jeder ausschließlich standortpolitisch motivierten Filmförderung Grenzen, es sei denn, Fragen der Effizienz und Kosten spielten überhaupt keine Rolle.

5 Ein guter Indikator für die Netzwerke in der Filmproduktion ist das Verhältnis zwischen festangestellten Mitarbeitern und Freien Mitarbeitern. Soweit überhaupt Angaben zu projektgebundenen ‚Freien‘ gemacht werden beträgt ihre Relation zu den Festangestellten nicht selten 1:10 und höher (vgl. Bundesverband Deutscher Filmproduzenten 1997: 65ff.).

Da sich der Faktor Personal nicht nur an den neuen Standorten als Engpass der Filmproduktion herausstellte, wurden verschiedene Ausbildungsinstitutionen geschaffen. Letzteres gehört eigentlich zur Bildungspolitik. Die Bedürfnisse der Filmwirtschaft sind jedoch zu speziell, als dass der Qualifizierungsbedarf durch die vorhandenen Einrichtungen gedeckt werden könnte.[6] Alles dies sind klassische Kollektivgüter: Jeder in der Filmbranche profitiert von den ‚human ressources', aber keiner will in die Kosten investieren. Wie bei der klassischen Aus- und Weiterbildung ist auch hier die staatliche Bildungspolitik gefordert, entsprechend tätig zu werden.

Filmpolitik mit dem Ziel, die Produktion von Filmen aus kulturellen und/oder wirtschaftlichen Gründen zu fördern, muss alle diese verschiedenen Aspekte berücksichtigen und ihre Ziele mit einem Bündel aus allen diesen Maßnahmen erreichen: Sie muss sich in der Städteplanung ebenso engagieren wie in den Investitionen in die Infrastruktur und der direkten Filmförderung. Erst die Gesamtheit aller dieser Maßnahmen erhöht die Chance darauf, dass die selbst gesteckten filmpolitischen Ziele erreicht werden. Eine ausschließliche Konzentration auf nur eine Strategie (direkte Produktionsförderung) oder nur ein Instrument (Bürgschaften) macht dagegen ein Politikversagen wahrscheinlicher. Filmpolitik besteht daher wie andere Politikfelder in einem der Spezifik des Steuerungsobjekts angemessenen Instrumenten- und Strategiemix.

3. Akteure und ihre Interessen in der Filmpolitik

Aus dem kurzen Rückblick in die Filmgeschichte wurde deutlich, dass Filme zunächst eine rein wirtschaftliche Angelegenheit waren. Das änderte sich spätestens um die Zeit nach dem Ersten Weltkrieg. Diese seitdem existierenden zwei Welten des Films, die künstlerische und die wirtschaftliche, finden auch ihren Ausdruck in den verschiedenen Institutionen und Verbänden des Films, obwohl es unter ihnen viele gemeinsame Interessen gibt.

Die Akteure der Filmwirtschaft und ihre Interessen sind trotz des gemeinsamen Nenners, Filme zu produzieren und zu vermarkten, sehr heterogen. Neben den ‚großen' Verbänden wie der „Verband Deutscher Spielfilmproduzenten", die „Spitzenorganisation der Filmwirtschaft" (SPIO), der „Arbeitsgemeinschaft Neuer Deutscher Spielfilmproduzenten" gibt es Verbände, die eine bestimmte Teilbranche ver-

6 So gibt es in Nordrhein-Westfalen bis heute keine Filmhochschule, die als Nährboden und Anziehungspunkt für Talente wirken könnte. Erst in den letzten Jahren wurden, nicht zuletzt auf Betreiben der Filmstiftung NRW, eine „Filmschule" in Köln gegründet, wo fast alle filmrelevanten handwerklichen Fähigkeiten (einschließlich des Schreibens von Drehbüchern) erlernt werden können.

treten, wie der „Verband der Filmverleiher", der „Verband Deutscher Filmexporteure" oder der „Bundesverband Video" sowie Verbände, bei denen Filmpolitik als Teil der Medienpolitik vertreten wird. Letzteres gilt z. B. für die Gewerkschaften (IG Medien) und für den in der Medienpolitik sehr einflussreichen „Verband Privater Rundfunk und Telekommunikation" (VPRT). Regionale Bedeutung haben in Nordrhein-Westfalen noch der „Verband der Fernseh-, Film- und Videowirtschaft (VFFV)" und der „Spielfilmverband NRW". Allen organisierten Interessen des Films ist die Erwartung gemeinsam, dass der Staat für sämtliche Aspekte des Filmschaffens gute Rahmenbedingungen schafft und möglichst viel Geld in die Filmförderung steckt. Unterschiedliche Auffassungen gibt es bei den Filmverbänden darüber, welche Institutionen nach welchen Regeln wofür Geld verteilen sollen (vgl. Deutscher Bundestag 1997).

3.1 Produzenten

Die zentralen Akteure der Filmwirtschaft sind die Produzenten. Aus diesem Grund sind sie die Hauptadressaten filmpolitischer Maßnahmen und wichtigste Klientel der jeweiligen Administration. Der Produzent ist ein Unternehmer, der aus einer literarischen Vorlage, einer Idee oder einem „Plot", an dem er die Rechte hat, ein Drehbuch von einem Autor schreiben lässt, einen Regisseur engagiert, der dieses Drehbuch umsetzt, Schauspieler, Kameraleute und sonstige Spezialisten (z. B. für Spezialeffekte oder Musik) verpflichtet und sich nicht zuletzt um die Vermarktung und Finanzierung dieses Projekts bemüht. Filmproduzenten gehen dabei ein hohes persönliches Risiko ein. Der Erfolg eines Films ist selbst unter Beachtung branchenüblicher Erfahrungen und ‚eiserner Regeln' kaum planbar. Hinterher lässt sich ein Flop ebenso leicht erklären wir ein Erfolg: Dafür werden mal der Regisseur, die Erzählweise des Drehbuchautors oder ein gerade populärer Filmstar verantwortlich gemacht.[7]

Filmpolitische Maßnahmen setzen zunächst an der Verbesserung der Situation der Produzenten an. Ihnen soll das Filmschaffen durch direkte und indirekte Maßnahmen erleichtert werden. Dazu gehören u. a. (verlorene oder bedingt rückzahlbare) Zuschüsse zur Herstellung, zur Stoffentwicklung, zu Messepräsentationen sowie Darlehen und Bürgschaften (vgl. Media Desk 1992).

Das größte Problem der deutschen Produzentenlandschaft seit dem Ende des Zweiten Weltkriegs ist ihre Zersplitterung in kleine und mittelständische Unternehmen. Nicht zuletzt auf Betreiben der US-Filmlobby hatten die Alliierten im Nachkriegsdeutschland die zentralistische Filmproduktion zerschlagen (vgl. Saul 1984:

7 In kaum einem anderen Wirtschaftsbereich scheint zudem die Marktforschung vergeblicher und der Zufall um so wirksamer zu sein als im Filmgeschäft. Auch hier erweist sich der Instinkt eines Produzenten oft als sicherste Garantie. Erfolgreiche Produzenten wie etwa de Laurentis haben es immer verstanden, Trends zu setzen und nicht zu kopieren. Für die Masse der deutschen Produzenten ist dies allein deshalb eine Utopie, weil sie nicht annähernd über die finanziellen Ressourcen wie die wirklich ‚Großen' im Filmgeschäft verfügen.

29). Während die Auflösung zentraler zugunsten föderaler Strukturen im Rundfunk politisch motiviert und nachvollziehbar ist, standen hinter der Zerschlagung der Filmindustrie primär wirtschaftspolitische Ziele, auch wenn man das mit der Propagandawirkung des Ufa-Konzerns rechtfertigen wollte. Auch andere Konzerne wurden nach dem Krieg entflochten. Im Gegensatz etwa zur Stahl- oder Chemieindustrie hat sich die Filmwirtschaft bis heute nicht von dieser Entflechtung erholt, zumal die Startbedingungen für deutsche Nachkriegsproduzenten denkbar schlecht waren: Drehgenehmigungen, Filmmaterial, Studios und Kapital waren Mangelware. Um so leichter fiel es amerikanischen Filmproduzenten und -verleihern, ihre Produkte in den deutschen Kinos abspielen zu lassen.[8]

Dennoch gelangten in den frühen 50er Jahren wieder deutsche Filme in die Kinos, die sich um so mehr der Gunst der Zuschauer erfreuten, je unpolitischer ihr Inhalt war. Zur Krise des Films kam es nicht nur aufgrund des Niveaus der damaligen Filme, sondern mehr noch wegen der zunehmenden Konkurrenz des Fernsehens. Vom Nachkriegsrekord mit 817,5 Millionen Zuschauern im Jahr 1956 sank die Zahl der Kinobesucher kontinuierlich auf 181 Millionen im Jahr 1969 (Saul 1984: 35). Mit dem qualitativen und quantitativen Niedergang des deutschen Films bei gleichzeitigem Siegeszug des Fernsehens schien das Thema Film für die Politik erledigt. Alle gut gemeinten Maßnahmen der Filmförderung in den 50er und 60er Jahren wie Filmpreise, Prädikate und Steuervergünstigungen waren vergeblich.

3.2 Fernsehanstalten

Weil die Filmproduzenten im Fernsehen die Hauptursache für ihren Niedergang erkannten, schworen sie, „keinen Meter Film dem Fernsehen“ (Ungureit 1992: 86) zur Verfügung zu stellen. Es sollte viele Jahre später gerade das verhasste Fernsehen sein, das der Filmwirtschaft neue Perspektiven eröffnete. Zunächst kam es Mitte der 70er Jahre zum „Film-Fernseh-Abkommen“, mit dem sich ARD und ZDF verpflichteten, die Filmwirtschaft mit Co-Produktionen und Vorabkäufen von Fernsehrechten (a.a.O.: 89) zu unterstützen. Mit dem ‚medienpolitischen Urknall‘ 1984, wo die ersten privaten TV-Sender das bis dahin bestehende öffentlich-rechtliche Rundfunkmonopol mit dem Segen der höchsten Gerichte und nach heftigen politischen Auseinandersetzungen brachen, entstand ein enormer Bedarf an Filmen. Zunächst deckten sich die Privatsender mit billiger US-Serienware ein. Sinkende Zuschauerquoten und im Free-TV kaum noch refinanzierbare Kosten für die Rechte an US-Spitzenfilmen führten dazu, dass die Sender immer mehr Filme und Serien bei heimischen Produzenten in Auftrag gaben. In dieser Entwicklung sah sich die Politik bestätigt: Statt mit deutschem Geld (Rundfunkgebühren und Werbeerträge) US-Produktionen zu fördern, bleibt das Geld am jeweiligen Senderstandort. Stabilisie-

8 „1948 überschwemmten ausländische Filme den Markt. 1949 belegten sie 90 % der Spieltage. Der Anteil der neu produzierten deutschen Filme sank im gleichen Jahr auf nur noch sieben Prozent.“ (Saul 1984: 29)

rend wirkten vor allem die Mitte der 90er Jahre bei fast allen Sendern eingeführten Weekly oder Daily Soaps (vgl. Nieland 1996). Sie binden nicht nur viele personelle und finanzielle Ressourcen an einem Standort, sondern sorgen – mangels entsprechenden Qualifizierungseinrichtungen – auch für eine Professionalisierung der Film- und Fernsehproduktion. War früher das Theater das Sprungbrett für eine Filmkarriere, so ist es heute eher die Daily Soap. Mit dieser Form der Produktion hat die Medienwirtschaft den Anschluss an die auch in anderen Branchen üblichen Standards der Industrialisierung erreicht. Aus dem eher handwerklichen Unikat wurde ein arbeitsteilig hergestelltes Produkt. Dennoch bleibt eine Besonderheit, die die Filmproduzentin Regina Ziegler (1987: 253) betont: „Das Ziel der Produktion von Massenkultur ist der leicht verkäufliche Film und die Produktion von Werten. Film ist ein Kulturwirtschaftsfaktor."

Das Verhältnis der Filmproduzenten zum Fernsehen ist heute zwar immer noch durch gewisse Vorbehalte geprägt, aber es ist nicht mehr durch eine dogmatische Haltung belastet. Man weiß um die gegenseitige Abhängigkeit und arrangiert sich. Dennoch wird das Verhältnis der Filmproduzenten zum Fernsehen immer wieder thematisiert. Ihnen geht es in erster Linie um die Sicherung ihrer wirtschaftlichen und künstlerischen Unabhängigkeit.[9] Je mehr sie von den Aufträgen des Fernsehens leben[10], um so mehr müssen sie sich Vorgaben bezüglich des Formats, der Zielgruppe, der Inhalte usw. fügen. Hauptkritikpunkt der Produzenten ist, dass sie die Rechte an das Fernsehen verlieren und somit keine Möglichkeit haben, diese Rechte selbst auszuwerten. Dies gilt als der wichtigste Grund für die Kapitalschwäche der überwiegend kleinen und mittelständischen Unternehmen der Filmwirtschaft und zugleich als Ansatzpunkt für filmpolitische Maßnahmen.

Tatsache ist, dass die Fernsehanstalten direkt (als Auftraggeber) und indirekt (durch Abgaben an die Filmförderungsanstalt FFA des Bundes und Beteiligung an den Filmförderungseinrichtungen der Bundesländer) die wichtigsten Partner der Filmwirtschaft in Deutschland sind. Aus diesem Grund beanspruchen die Fernsehsender – öffentlich-rechtliche wie private – in der Filmpolitik eine immer größere Kompetenz. Sie lehnen mit Hinweis auf ihr Risiko die Produzentenforderung nach verkürzten Laufzeiten (derzeit 7 Jahre) für ihre Rechte ab.

9 „Das Ziel bleibt der unabhängige Produzent." (Günter Rohrbach, Vorsitzender des Bundesverband Deutscher Fernsehproduzenten. In: Jahrbuch 1998: 11)

10 1997 betrug das Auftragsvolumen von TV-Anstalten in die freie Produktion über 2,5 Milliarden DM (Bundesverband Deutscher Fernsehproduzenten 1997: 23).

4. Strukturen und Instrumente der Filmförderung

Gemäß dem Doppelcharakter des Films als einerseits Wirtschaftsgut und andererseits Kulturgut sind in Deutschland zwei weitgehend voneinander unabhängige Förderstrukturen entstanden, die sich auch in unterschiedlichen administrativen Strukturen wiederfinden. Nicht selten geraten beide miteinander in Konflikt: Wird bei der Förderung von Filmen ein vorhergehender Kinoerfolg des Produzenten belohnt (Referenzfilmprinzip)[11], so wird das von den Siegelwahrern der Filmkunst als Kapitulation vor dem Diktat des Kommerzes kritisiert. Umgekehrt wird eine Filmförderung ohne jegliche Prognose für die mögliche Auswertung von Wirtschaftspolitikern als selbstgerechte Verachtung des Publikums unter dem Vorwand künstlerischer Freiheit abgelehnt.[12] Diese (kaum überzeichneten) Positionen bilden den Kern der Auseinandersetzungen zwischen den beiden filmpolitischen Lagern. Kontrovers war auch die Rolle der Filmförderungsanstalt des Bundes (FFA). Die wirtschaftlichen Filmförderer warfen ihr Versagen bei dem Bemühen vor, den deutschen Film zu fördern. Stattdessen hätten die Bundesländer mit ihren jeweiligen Filmförderungseinrichtungen das Thema Film überhaupt wieder wirtschaftlich attraktiv gemacht. Als Konsequenz bleibe nur die Auflösung oder deutliche Umstrukturierung der FFA (vgl. Deutscher Bundestag 1997). Ein ausschließlich kulturelle Filmförderung sei heute allenfalls als Nachwuchsförderung akzeptabel.

4.1 Die wirtschaftliche Filmförderung

Aus der Sicht des wichtigsten Filmlandes, die USA (gemessen an der Produktionsmenge hält Indien seit Jahren die Spitzenstellung), erscheint die Frage nach dem Charakter des Films müßig. Er wurde politisch nie als etwas anderes gesehen denn als Geschäft, aus dem sich die Politik herauszuhalten hat. Filme wurden und werden privat finanziert. Eine staatliche Förderstruktur existiert in den USA nicht (Jarothe 1998: 49ff.). Diese Abstinenz hindert jedoch die US-Regierung nicht daran, die ohnehin guten Exportchancen amerikanischer Filme durch entsprechende Regelungen in internationalen Handelsabkommen noch zu verbessern. Für Filme müsse gelten, was für alle anderen Waren auch gilt: der freie Handel. Die Exportbilanz zwi-

11 Dieses Prinzip ist der Kern des FFG und gilt seit 1968. Der Produzent hat nach dem FFG einen Anspruch auf Filmförderungsmittel, wenn sein letzter Film innerhalb von zwei Jahren 250.000 Zuschauer (bei Prädikats- oder auf Festivals ausgezeichneten Filmen: 130.000) erreicht hat. Den bewilligten Betrag muss der Produzent für seinen nächsten Film verwenden.

12 Ein Höhepunkt dieses Streits war die Weigerung des damaligen Innenministers Friedrich Zimmermann (CSU), die Förderung für den Film *Das Gespenst* von Herbert Achternbusch auszuzahlen, wobei mit populistischen Argumenten von seiten des Innenministers über den vermeintlichen Publikumsgeschmack und insbesondere über eine mögliche Verletzung religiöser Gefühle nicht gespart wurde.

schen Europa und den USA fällt sehr einseitig zu Gunsten der USA aus. Das Potenzial an europäischen Fernsehsendern erschließt sich nach wie vor überwiegend für amerikanische Produktionen, während der Export europäischer Filme eine vernachlässigbare Größe ist – was vor allem für deutsche Filme gilt. Ein Folge dieses Ungleichgewichts ist, dass mit jedem Erfolg amerikanischer Filme in europäischen Kinos oder mit jeder Ausstrahlung eines amerikanischen Films in einer europäischen Fernsehstation die US-Filmindustrie mit europäischem Geld finanziert wird.[13] Dieses zu ändern ist das erklärte Ziel der Filmpolitik der EU.

Innerhalb der EU ist es vor allem Frankreich, das gegen diese Auffassung auftritt und dem Import amerikanischer Filme mit dem Hinweis auf den Kulturcharakter des Films einen Riegel vorschieben will. Als nationale Maßnahme hat Frankreich den Rundfunkanstalten Quoten für französische audiovisuelle Produkte vorgeschrieben – was von den USA als Verstoß gegen internationale Handelsabkommen gewertet wird. Für die US-Filmindustrie ist das Beharren auf dem kulturellen Charakter audiovisueller Produkte nur ein Vorwand. Zwar werden auch die EU-Kommission und mehr noch das Europaparlament nicht müde, den Kulturcharakter der Filme und ihre identitätsstiftende Bedeutung hervorzuheben. Die Filmpolitik der EU ist dennoch stark vom Verständnis des Films als Wirtschaftsgut geprägt.

Ihre Maßnahmen und Instrumente zielen daher auf die Unterstützung europäischer Produzenten, wobei europäische Koproduktionen besonders gefördert werden. Es hat sich jedoch gezeigt, dass solche Koproduktionen von den Zuschauern eher verhalten aufgenommen werden. Man will eher einen typisch italienischen oder spanischen Film sehen und nicht die als ‚Europudding' verspotteten Koproduktionen. Der weitgehende Misserfolg dieser Filmförderung macht das Haupthindernis der europäischen Filmwirtschaft deutlich, das sie beim Kampf um Marktanteile auf dem Weltmarkt gegenüber US-Produktionen haben: die relative kleinen kulturellen und sprachlichen Räume. Ein in dänischer oder niederländischer Sprache gedrehter Film trifft auf eine begrenzte Sprachgemeinschaft und selbst Synchronisation und Untertitelung sind allenfalls in Europa beim Zuschauer akzeptiert. In den USA haben Filme nur dann eine Chance, wenn sie in Englisch produziert wurden. Auch dies ist eine Eigenart des Films, das ihn von allen anderen Wirtschaftsgütern unterscheidet.

Die von vielen europäischen Produzenten geforderte Konsequenz daraus, auch europäische Filme in Englisch zu drehen – oder zumindest zweisprachig – ist umstritten. Die Aussicht, dadurch den Export europäischer Filme in die USA zu erhöhen, dürfte gering sein. Zu groß ist der Abstand zwischen den europäischen Filmproduzenten zu den amerikanischen in nahezu allen Belangen.[14] Während in den USA

13 „Jeder zweite Arbeitsplatz in der amerikanischen Filmindustrie ist demnach inzwischen mit dem internationalen Verkauf von Spielfilmen und Programmen ins Ausland finanziert. Alle Prognosen sagen voraus, dass dieser Trend anhalten wird." (Bundesverband Deutscher Fernsehproduzenten 1997: 14)

14 Wie groß dieser Abstand ist zeigt die Reaktionen auf den Eröffnungsfilm der Berlinale 2001 *Enemy at the Gates* . Er ist mit 180 Millionen DM der teuerste je in Deutschland gedrehte Film. Dass er bei

ein gewaltiger Binnenmarkt existiert sind die Chancen, einen in einer europäischen Sprache gedrehten Film in dem jeweiligen Sprachraum wirtschaftlich auswerten zu können, begrenzt. Hinzu kommt, dass auch der weltweite Vertrieb von US-Verleihfirmen beherrscht wird. Es ist nur konsequent, dass die Verleih- und Technologieförderung europäischer Filme auch zu den Maßnahmen der wirtschaftlichen Filmförderung gehört.[15]

Die wichtigsten Instrumente der Filmförderung in Deutschland waren lange Zeit das „Referenzfilmprinzip" und die Projektfilmförderung auf der Grundlage des FFG (Hentschel / Reimers 1992: 73). Spätestens mit der Einführung des privaten Fernsehens und dem damit gestiegenen Bedarf an Produktionen wurde Filmpolitik wieder etwas ernster genommen – als Standortpolitik (vgl. Mai 1998). Die Länder Berlin, Bayern und Hamburg begannen in den 80er Jahren ihre regionalen Filmförderungen auf- und auszubauen. Neben den wirtschaftlichen Effekten spielte dabei – besonders in Nordrhein-Westfalen – auch ein gewisser Prestigefaktor eine Rolle. Aus dem Land mir einer im Niedergang befindlichen Schwerindustrie sollte ein aufstrebendes Medienland werden. Die Etats dieser Ländereinrichtungen blieben zunächst bescheiden. Das änderte sich mit der Gründung der Filmstiftung NRW. Gesellschafter waren zunächst das Land NRW und der WDR, das ZDF und SAT.1 sind später dem Gesellschafterkreis beigetreten. Die in 10 Jahren erzielten wirtschaftlichen Effekte – durch die Förderung von über 400 Filmen und Projekte wurde ein Ausgabeeffekt von mehr als einer Milliarde DM erreicht – haben zumindest eine vorher kaum bestehende Infrastruktur ausgebaut und gefestigt.

Andere Bundesländer, vor allem Bayern, Hamburg und Berlin, haben inzwischen ebenfalls Filmförderungseinrichtungen nach einem ähnlichen Modell gegründet oder deutlich ausgebaut. Der Etat der Filmstiftung NRW beträgt etwa 70 Mio. DM pro Jahr und ist damit nach der französischen Filmförderung die zweitgrößte Einrichtung dieser Art in Europa. Die Gründung finanzstarker Länderfilmförderungen wurde von den Produzenten auch mit einem weinenden Auge gesehen. Die Finanzierung wird durch immer mehr ‚Töpfe' in Bund, Ländern und EU schwieriger, zumal jede Filmförderung Bedingungen an den Dreh- oder Herstellungsort stellt.[16]

---

der Kritik und beim Publikum durchgefallen ist und vermutlich nicht annähernd seine Kosten wieder hereinbringen wird, ist für die Produzenten nicht entscheidend. Man ist stolz darauf, der Welt gezeigt zu haben, dass man solche Filme in Deutschland drehen kann und das technische know-how beherrscht. Das Muster, Deutsche Studios als „Billig-Hollywood" (Weingarten / Wolf 2001: 226) zu empfehlen, entspricht dem Verhalten von Schwellenländern, die zeigen wollen, dass sie auch Plastikspielzeug herstellen können.

15 Das Anfang 2001 in Kraft getretene MEDIA Plus Programm der EU sieht die verstärkte Finanzierung von Projektpaketen im Bereich des Vertriebs, durch die die Strukturierung des Marktes gefördert wird, sowie die Unterstützung von Pilotprojekten im Bereich neuer Technologien vor. In den Vorgängerprogrammen MEDIA I und II spielte dies noch keine Rolle.

16 Die Geschäftsführer aller Filmstiftungen versichern, dass sie in dieser Frage flexibel sind – sonst kämen ja nur noch Roadmovies ins Kino.

Durch die Gründung dieser Filmstiftungen in den Bundesländern verschob sich nicht nur das Leitbild der Filmförderung weiter zu Gunsten der Wirtschaftsförderung sondern auch die eigentliche Zuständigkeit in Sachen Filmpolitik auf die Länderregierungen. Dem Bund verblieb mit der FFA nur noch ein komplementäres Förderungsinstrument, das nach Ansicht der Bundesländer und der Fernsehveranstalter überlebt hat. Dabei war mit dem Filmförderungsgesetz (FFG) die 1968 gegründete FFA jahrelang fast konkurrenzlos. Ihr und damit der Bundesregierung (die FFA unterstand dem Innenministerium) wurde nicht zuletzt von den Produzenten schlicht Versagen vorgeworfen. Der Marktanteil deutscher Filme in den Kinos, der wichtigste Indikator für den Erfolg, stieg nicht über 10 Prozent. Daran hat auch das Herumkurieren an einzelnen Elementen des FFG (Konzentration auf „Qualitätsfilme", Referenzfilmprinzip, Staffelung der Kinoabgabe u. a. m.) nichts geändert. Die Geschichte der FFG-Novellierungen lesen sich wie eine Fallstudie über Politikversagen, wo statt der eigentlichen Ziele nur „Schnulzenkartelle" gestärkt und Mitnahmeeffekte bewirkt wurden (vgl. Hundertmark / Saul 1984: 13ff.).

Die Macht der politischen Akteure hat sich seitdem deutlich verschoben: Filmpolitik in Deutschland wird heute von den ‚Filmländern' Bayern, Berlin, Brandenburg und Nordrhein-Westfalen, eventuell noch von Hamburg, betrieben. Der Bund hat sich trotz Reform der FFA aus den großen filmpolitischen Debatten weitgehend zurückgezogen – er könnte ohnehin kaum etwas gegen die Interessen der Filmländer ausrichten. Auch die Anbindung der Filmpolitik beim 1998 eingesetzten „Bundesbeauftragten für Angelegenheiten der Kultur und Medien" (BKM) hat daran wenig ändern können. Der BKM darf die Berlinale eröffnen und die Filme und Schauspieler auszeichnen, die es ohne die Länderförderung nicht gäbe.

4.2 Die kulturelle Filmförderung

Gegenüber dem Schub, den die Filmförderung aus standortpolitischen Gründen erfuhr, geriet die kulturelle Filmförderung in den Hintergrund. Diese Entwicklung ist wesentlich hausgemacht. Die Institutionen der Filmkultur mit ihren verschiedenen Fördermodellen – öffentlich-rechtlich oder selbstverwaltet – haben es in mehreren Jahren nicht geschafft, den deutschen Film nennenswert zu fördern. Trotz einiger Ausnahmen (Wim Wenders, Wolfgang Petersen, Roland Emmerich u. a.), die nicht zufällig nach Hollywood gingen, blieb der deutsche Film ohne Anerkennung bei Festivals und ohne Chancen auf dem internationalen Markt.

Zur notorischen Strukturschwäche der parzellierten Produzentenlandschaft kam ihre marktfeindliche Einstellung, die durch die Logik der kulturellen Filmförderung noch bestärkt wurde. Ein kommerzieller Misserfolge galt vielen als Beleg für künstlerische Qualität, die sich dem Massengeschmack verweigert. Dass ein Film keinen Verleih fand, galt auch als Beweis für den ‚Widerstand' der Filmememacher im Medium der Ästhetik.

Das System der kulturellen Filmförderung führte dazu, dass die Orientierung an einer möglichen wirtschaftlichen Auswertung ausgeblendet wurde. Die Entscheidung darüber, welcher Film gefördert wird, oblag Gremien, in denen Filmkunstschaffende dominierten. Diese quasi Selbstverwaltung entsprach den Forderungen vieler Filmemacher, die damit auch eine Staatsferne beabsichtigten – andernfalls bestand der Verdacht auf Zensur. Das Ergebnis dieser Art Filmförderung bestand in Filmen, die nur dem Geschmack der Gremienmitglieder entsprachen („Gremienfilm") – ein Publikum oder Verleiher musste nicht überzeugt werden. Dass derartige Filme an jedem Publikum vorbei gefördert wurden, ist eine logische Folge dieses Fördersystems. Der ehemalige Produzent und jetzige Geschäftsführer der „Filmbüros NRW“ , dem kulturellen Pendant zur Filmstiftung NRW, Michael Wiedemann, brachte es auf den Punkt:

> „Die Filmproduktion ist in der beneidenswerten Lage, sich ihre Produkte mit bis zu 80 Prozent subventionieren zu lassen. Weil das so ist, hat sich überwiegend Subventionsdenken breitgemacht. Durch die Möglichkeit quasi risikolos zu produzieren, sind die Produzenten davon entbunden worden, an das Publikum zu denken. Schlimmer noch: Es hat sich die Mentalität durchgesetzt, Gewinne zu privatisieren und Verluste zu sozialisieren.“ (Hundertmark / Saul 1984: 57)

Das Versagen dieses Modells der Filmförderung hat nicht zuletzt auch zur Legitimation der wirtschaftlichen Filmförderung gedient. Dennoch gibt es nach wie vor die Förderung von Filmen aus kulturpolitischen Gründen. Sie untersteht in er Regel den Kultusministerien der Länder. Gegenstand der Förderung sind nicht nur künstlerisch ambitionierte Filmprojekte sondern auch Kurz-, Dokumentar- oder Nachwuchsfilme. Unterstützt werden auch kleinere Festivals, die in erster Linie der Nachwuchsförderung dienen, aber auch den Markt nicht völlig ignorieren. Es ist durchaus möglich, dass dabei auch Mittel aus der wirtschaftlichen Filmförderung eingesetzt werden. Die kulturelle Filmförderung ist heute eher eine Ergänzung zur wirtschaftlich motivierten Filmpolitik und es wird immer Diskussionen darüber geben, ob man die wesentlich kleinere Filmkulturförderung nicht besser in den anderen Strukturen aufgehen lässt. Dies ist eine politische Entscheidung. Wenn die Strukturen und Institutionen der kulturellen Filmförderung mit denen der wirtschaftlichen Filmförderung zusammengeführt werden, dürfte es bald keine eigenständige Filmkultur mehr geben.

5. Ausblick

Die Grenzen des Wachstums der deutschen Filmindustrie scheinen erreicht zu sein. Das Privat-Fernsehen greift lieber auf Gameshows, Reality-Formate (*Big Brother*), Comedys oder Quizsendungen als Quotenbringer zurück, so dass die Aufträge für die Filmwirtschaft ausbleiben. Die aus Gründen der Standortsicherung betriebene Angebotspolitik der Länder hat zu Überkapazitäten bei den Studios geführt. Auch der Ausbau der Multiplexe hat vielerorts seine Grenzen erreicht. Seit dem kurzen Kinoboom in den 90er Jahren stagniert deshalb das Produktionsvolumen zumal auch die Überraschungserfolge wie *Lola rennt* oder *Knockin' on Heavens Door* keine Fortsetzung fanden. Zu groß ist dagegen die Liste der mit großen Summen geförderten Filme, die in den Kinos gefloppt sind.

Diese Entwicklung gibt denen Recht, die das Fernsehen als Co-Produzent oder Auftraggeber für die Filmwirtschaft auch mit einem weinenden Auge sahen. Zwar wurden von den Produzenten die Etats der TV-Anstalten für Serien, „TV-Movies" u. a. gern angenommen, aber die ästhetischen und inhaltlichen Erwartungen des Fernsehens unterscheiden sich deutlich von den Ansprüchen an einen ‚richtigen' Film – die *Titanic* ist eben kein *Traumschiff*. Es spricht auch nicht gerade für die Zukunftsfähigkeit des deutschen Films, dass die Grenzen zwischen Kinofilm und Fernsehfilm immer mehr verschwimmen. In den USA sind diese Grenzen auch aufgrund der strengeren Regelungen für Fernsehproduktionen bezüglich der ‚political correctness' anders gezogen. In den ‚richtigen' US-Filmen muss der Regisseur darauf nicht so viel Rücksicht nehmen.[17]

Filmpolitisch bedenklich ist auch die in den letzten Jahren rapide zunehmende Konzentrationstendenz auf dem deutschen Produzentenmarkt. Eine Studie des Formatt-Instituts (2000) spricht von der „größten Konzentrationswelle in ihrer Geschichte. Nachdem ausgehend von der Nachfrage des privaten Fernsehens zunächst ein Gründungs-Boom und später ein Produktions-Boom entfacht worden sind, ist derzeitig die horizontale Konzentration das prägende Merkmal." Zudem gründen immer mehr TV-Anstalten eigene Produktionsfirmen, die nur noch für die Bedürfnisse des jeweiligen Senders produzieren und damit den Markt für die Produzenten, die zu keiner der TV-Senderfamilien (die KirchGruppe, Bertelsmann und die Öffentlich-Rechtlichen) in Deutschland gehören, noch enger machen. Der Verlust an unabhängigen Produzenten ist damit eine der größter Bedrohungen für die kulturelle Vielfalt der Filmproduktionen. Das filmpolitische Ziel, der Erhalt einer vielfältigen europäischen Filmkultur in möglichst vielen Genres (Braunschweig / Keidel 1992: 53), wird damit ebenfalls nicht erreicht. Die Medienpolitik ist hier in einem Dilemma: Auf der einen Seite unterstützt sie ARD und ZDF bei ihren Bemühungen, Filmproduzenten an sich zu binden, eigene Produktionsgesellschaften zu gründen oder filmrelevante Redaktionen auszulagern (outsourcing). Auf der anderen Seite wird durch diese Strategie der Fernsehanstalten der Spielraum für unabhängige Produzenten immer enger. Die Politik begnügt sich mit dem Versprechen der Fernsehan-

17 So darf in amerikanischen TV-Filmen weder geraucht, geflucht oder Alkohol getrunken und jeder Verdacht eines gender- oder ethnic-bias muss vermieden werden. Die auch in Deutschland beliebte englische TV-Serie *Fitz* – die Titelfigur ist ein kettenrauchender Polizeipsychologe mit vielen ‚Schwächen' – wurde deshalb in den USA neu gedreht, wo der Figur als erstes das Rauchen abgewöhnt wurde. Der Regisseur, der keine schwarze Richterin und weiße Serientäter präsentiert, muss sich rechtfertigen. Um so mehr blühen im Untergrund Produktionen, die um so lustvoller gegen diese Auflagen verstoßen und sich bei ihren rassistischen Ausfällen (etwa in den so genannten „hate radios") auf das Recht auf freie Meinungsäußerung berufen.

stalten, weiterhin hohe Summen in die Förderung der heimischen Produktion zu investieren. Das Ergebnis kann nur in fernsehkompatiblen Stoffen und Formaten bestehen. Das eigentliche Ziel der Filmpolitik, die Schaffung einer wirtschaftlich starken und kulturell anspruchsvollen Filmproduktion, wird damit einmal mehr verfehlt.

Auch die Börsenparty scheint vorbei: Wurde die Notierung von Filmaktien am Neuen Markt zunächst als innovativer Weg zur Filmfinanzierung begrüßt, so sind gerade diese Aktientitel seit Ende 2000 mit am Deutlichsten abgestürzt. Die ebenfalls als innovatives Finanzierungsinstrument begrüßten Filmfonds haben sich auch nicht gerade als effektiv herausgestellt. Auf mittlere Sicht dürfte damit das Vertrauen privater Anleger und der Banken in Filmproduktionen erschüttert sein. Eine zeitlang schien es, als sei es der Politik durch die Übernahmen von Bürgschaften gelungen, dass die Kreditwirtschaft die Filmproduzenten wie normale mittelständische Kreditnehmer behandelt, auch wenn sie keine Immobilien als Sicherheit bieten können

Die filmpolitischen Bemühungen der letzten 10 Jahre haben zweifellos bewirkt, dass die deutsche Filmwirtschaft überhaupt noch existiert und an einigen Standorten nennenswerte Investitionen getätigt hat. Es bleibt abzuwarten, ob die Filmwirtschaft auch weiterhin von der Politik die Unterstützung erhält wie in den letzten 10 Jahren. Ohne politische – also finanzielle – Unterstützung wird sich die Filmproduktion in Deutschland kaum selbst tragen können. Der Traum, wieder an die Weltgeltung des deutschen Films der Weimarer Zeit anzuknüpfen, wird mit den bestehenden Strukturen der Filmförderung auch bei deutlicher Erhöhung der Fördertöpfe kaum zu erreichen sein. Solange einige wenige Filmförderungsinstitutionen in den Bundesländern sich aus standortpolitischen Gründen gegenseitig Konkurrenz machen, wird es kaum möglich sein, wirklich große Projekte auf den Weg zu bringen. Ohne eine grundlegende Änderung der Strukturen der Filmwirtschaft wird Film als „content" immer mehr zu einem Glied in der Verwertungskette des Fernsehens und zunehmend des Internet. Eben dies scheint das eigentliche Interesse der Medienpolitik zu sein, der sich das Filmschaffen unterzuordnen hat.

Literatur:

Braunschweig, Stefan / Keidel, Hannemor (1992): Film- und Fernsehproduktion in Europa zwischen Markt und Förderung. In: Hentschel, Kurt / Reimers, Karl Friedrich (Hrsg.) (1992): Filmförderung. Entwicklung / Modelle / Materialien. 2. Auflage. München: 29-58.

Brecht, Bert (1967): Gesammelte Werke 18: Schriften zur Literatur und Kunst I. Frankfurt a. M.

Bundesverband Deutscher Fernsehproduzenten e. V. (Hrsg.) (1997): Jahrbuch '98. München.

Clair, René (1995): Kino. Vom Stummfilm zum Tonfilm. Kritische Notizen zur Entwicklungsgeschichte des Films 1920-1950. Zürich.

Deutscher Bundestag 1997: Wortprotokoll der öffentlichen Anhörung zum Thema „Novellierung des Filmförderungsgesetzes und Strukturreform der wirtschaftlichen Filmförderung des Bundes" des Ausschusses für Wirtschaft am 14.05.1997 in Bonn.

Engell, Lorenz (1992): Sinn und Industrie. Einführung in die Filmgeschichte. Frankfurt/New York.

Formatt-Institut (2000): DLM-Expertise „Produzenten". Dortmund. Manuskript.

Horkheimer, Max / Adorno, Theodor W. (1991): Dialektik der Aufklärung. Frankfurt a. M.

Hundertmark, Gisela / Saul, Louis (Hrsg.) (1984): Förderung essen Filme auf... Positionen – Situationen – Materialien. München.

Hentschel, Kurt / Reimers, Karl Friedrich (Hrsg.) (1992): Filmförderung. Entwicklung / Modelle / Materialien. 2. Auflage. München.

Jarothe, Sabine (1998): Die Filmpolitik der Europäischen Union im Spannungsfeld zwischen nationaler Förderung und US-amerikanischer Mediendominanz. Frankfurt a. M./Bern u.a.

Klooss, Reinhard / Reuter, Thomas (1989): Körperbilder. Menschenornamente in Revuetheater und Revuefilm. Frankfurt a. M.

Krusche, Dieter (1977): Reclams Filmführer. 3. erweiterte Ausgabe. Stuttgart.

Kultusministerium Nordrhein-Westfalen (Hrsg.) (1989): Film in der Revolution – Revolution im Film. Diskussionsbeiträge und Arbeitsergebnisse aus einem Symposium des Landes NRW vom 08.-10.12.1989 in Essen.

Mai, Manfred (1998): Der Strukturwandel in der Medienwirtschaft – Konsequenzen für die Medienpolitik. In: Mai, Manfred / Neumann-Braun, Klaus (Hrsg.): Von den „Neuen Medien" zu Multimedia. Baden-Baden: 93-117.

Media Desk Germany (Hrsg.) (1992): Das MEDIA Handbuch. Über die Projekte des MEDIA-Programms 1991-1995 der Europäischen Gemeinschaften zur Unterstützung der europäischen audiovisuellen Industrie. Hamburg.

Nieland, Jörg-Uwe (1996): Veränderte Produktionsweisen und Programmangebote im Fernsehen: Strategien und Entscheidungsprozesse der Kommunikatoren. In: Schatz, Heribert (Hrsg.): Fernsehen als Objekt und Moment des sozialen Wandels. Opladen: 125-202.

Riesman, David (1958): Die einsame Masse. Reinbek.

Schatz, Heribert (1998). Veränderungen des Fernsehens im gesellschaftlichen Modernisierungsprozess. In: Mai, Manfred / Neumann-Braun, Klaus (Hrsg.): Von den „Neuen Medien" zu Multimedia. Baden-Baden: 22-33.

Saul, Louis (1984): Film und Staat: Ein historischer Abriss. In: Hundertmark, Gisela / Saul, Louis (Hrsg.): Förderung essen Filme auf. Positionen – Situationen – Materialien. München: 23-38.

Seufert, Wolfgang (1999): Wirtschaftliche Bedeutung des TV-Marktes für die deutsche Filmwirtschaft. Studie im Auftrag der Bayerischen Landeszentrale für neue Medien. München. BLM-Schriftenreihe Band 54.

Ungureit, Heinz (1992): Film-Fernseh-Abkommen als Zukunftsperspektive. In: Hentschel, Kurt / Reimers, Karl Friedrich (Hrsg.): Filmförderung. Entwiclung / Modelle / Materialien. München: 83-97.

Weingarten, Susanne / Wolf, Martin (2001): Die Stille nach dem Stuss. In: Der SPIEGEL 7/2001:226f.

Ziegler, Regina (1989): Film – Luxus oder Lebensmittel? In: Deutsches Institut für Wirtschaftsforschung (DIW) (Hrsg.): Dienstleistungen – Neue Chancen für Wirtschaft und Gesellschaft. Berlin: 253-258.

Die sozio-technische Gestaltung von telemedialen Kommunikationsplattformen

Peter Mambrey

1. Zur sozialen Gestaltung von Informationstechnik

In seiner Rede über „die zwei Kulturen“ 1959 in Oxford wies Charles P. Snow eindrucksvoll darauf hin, dass zwischen Naturwissenschaften auf der einen und Kulturwissenschaften auf der anderen Seite „eine Kluft gegenseitigen Nichtverstehens, manchmal – und zwar vor allem bei der jüngeren Generation – Feindseligkeit und Antipathie, in erster Linie aber mangelndes Verständnis“ besteht (Kreuzer 1987: 21). Diese Feststellung gilt nicht nur für die Vergangenheit, sondern auch noch für die Gegenwart. In der Regel ist es nicht das Gegeneinander der Disziplinen, sondern einfach das Nebeneinander, ohne wechselseitig wahrzunehmen, welche Beiträge andere Disziplinen zur Erkenntnis oder Lösung von Problemen der eigenen Disziplin leisten. Diese Kluft finden wir international vor, sie ist kein Charakteristikum z. B. deutscher Universitäten.

Durch das Programm „Mensch und Technik – Sozialverträgliche Technikgestaltung“, das 1984 zur Förderung, Erforschung und sozialen Gestaltung von modernen Informations- und Kommunikationstechnologien vom Land Nordrhein-Westfalen aufgelegt worden war, sind Ansätze entstanden, diese Kluft zu überbrücken. Heribert Schatz hat dieses Programm verantwortlich mitgeprägt (v. Alemann / Schatz 1986). Die Schriftenreihe „Sozialverträgliche Technikgestaltung“, in der die Forschungsberichte vorgestellt wurden, hat die Auseinandersetzung mit „Mensch und Technik“ gerade für die Sozialwissenschaft in Deutschland mit geprägt. Obwohl mehrheitlich noch – ganz im Tenor der Zeit – die Folgen und Wirkungen von Technik für die Menschen das Forschungsziel waren, finden sich auch Ansätze zur sozio-technischen Systemgestaltung. Dadurch wurde das Konzept der Sozialwissenschaft als Gestaltungswissenschaft von Informations- und Kommunikationstechniken und -medien (IuK-Techniken) in Deutschland weit verbreitet, das seit seiner Konzeption durch Reese, Kubicek, Lange und Lutterbeck (1979) ein Nischendasein fristete. Das Verständnis von Sozialwissenschaft als Gestaltungswissenschaft, die eine sozial verantwortliche Entwicklung und Enkulturation von IuK-Techniken und -medien in Arbeits- und Lebenszusammenhängen zum Ziel hat, wurde hier als Konzept von etlichen Forschern aufgegriffen und umgesetzt. So gewann neben der kritischen Wirkungsforschung, die meist ex-post und analytisch-deskriptiv arbeitet, die soziotechnische Gestaltungsforschung an Gewicht, die meist ex-ante und präskriptiv handelnd in Lebenswirklichkeiten eingreift.

In dem Abschlussbericht „Leitbilder sozialverträglicher Technikgestaltung" zum Programm 1992 fordern v. Alemann, Schatz, Simonis et al. die sozialen Gestaltungskompetenzen für Technik zu entwickeln und nicht passiv die Ausgestaltung hinzunehmen oder die Folgen nachträglich abzufedern. „Die technischen Innovationen sind durch soziale Innovationen zu ergänzen. Dazu ist eine neue Gestaltungskultur zu entwickeln, die soziale Innovationsfähigkeit bei Technikentwicklung fördert und prämiert. Technikgestaltung ist ein sozialer Prozeß, dessen Beeinflussbarkeit viel breiter erkannt werden muß." (1992: 258)

2. Wahrnehmung und Handeln: Zur Rolle von Metaphern als soziale Denkbilder in der IuK-Technikgestaltung

Die telemediale Unterstützung von Gruppenarbeit (Computer Supported Cooperative Work: CSCW) oder des kollaborativen Lernens (Computer Supported Collaborative Learning: CSCL) beschäftigt sich mit der Analyse und Gestaltung von Arbeits- und Lebensumwelten, wobei Kooperation, Koordination und Kommunikation der Akteure technikgestützt ist. „Technology is clearly a major factor in the design of organizational structures" (Mintzberg 1979: 249). Technik unterstützt das einzelne Individuum bei seiner Wahrnehmung: „Auf der Grundlage dessen, was eine Person denkt, sieht sie je andere Dinge, in dem, was sie sagt, und was sie in dem Gesagten sieht, verändert das, was sie denkt und was sie dann zur näheren Beobachtung in künftigem Sagen aussortiert." (Weick 1995: 224) Wir folgen dem Organisationsverständnis von Weick, dem es in erster Linie darum geht, wie Organisationen ihre Umwelt und sich selbst verstehen: Wie erfolgt der Prozess der sozialen Konsensbildung, der einen Austausch über ein gemeinsam geteiltes Gedächtnis, Projektionen, Traditionen, Konventionen und Regeln aber auch Auslassungen (blinde Flecke) benötigt? Welchen Metaphern und Leitbildern folgen die Organisationsmitglieder? Kann man als Entwickler Metaphern und Leitbilder von außen in die Organisation einbringen und somit den Prozess gestalten?

Wir wollen uns hier mit den Metaphern und Werkzeugen beschäftigen, die zur Erschließung eines gemeinsam geteilten Gedächtnisses genutzt werden. Wir gehen von der Annahme eines Gruppengedächtnisses aus, das man metaphorisch als Wissenslandschaft (Knowledge Landscape) bezeichnen kann, die von jedem Organisationsmitglied individuell gesehen und interpretiert wird. Es kann als Bestandteil des sozialen, kollektiven Gedächtnisses (Halbwachs 1985) gesehen werden. Auf die Funktionen eines sozialen Gedächtnisses weisen Assmann und Assmann (1994: 114ff.) hin. Die eine ist die Koordination, also die Ermöglichung von Kommunikation durch Herstellung von Gleichzeitigkeit innerhalb einer Kultur, die andere ist die Kontinuität, die aus der synchronen Dimension hinaus in eine diachrone Dimension führt. „Das Gedächtnis ist das Organ der Diachronie, der Ermöglichung von Ausdehnung in der Zeit." (Assmann / Assmann 1994: 115) Den historisch veränderlichen Zusammenhang von Kommunikation, Gedächtnis und Medien bezeichnen sie als Kultur (ebd.: 114). Das gemeinsam geteilte Gedächtnis ist nicht objektiv da, sondern wird durch Kommunikation erzeugt und verändert. Deshalb sind die Metaphern und Werkzeuge so wichtig, mithilfe derer dieser Wahrnehmungs- und Konstruktionsprozess erfolgt. Metaphern sind sprachliche Äußerungen, die nicht wörtlich gemeint sind (Computermaus; Desk Top; Papierkorb etc.). Es ist eine sprachliche Form, die in ihrer Funktion zum Leitbild wird, z. B. „bloodless war" als Strategie der aktuellen us-amerikanischen Kriegführung, die sich jedoch nur auf die eigenen Soldaten bezieht (Grin 2000). Leitbilder sind symbolisch generalisierte Kommunikationsmedien, die Orientierungen für die Technikentwicklung und –nutzung vermitteln (Mambrey; Paetau; Tepper 1995: 30ff.). Individuell sind sie kognitiver Aktivator und ermöglichen eine kollektive Projektion und interpersonelle Stabilisation (Dierkes et al. 1992). Für Rigotti, die sich mit der Macht der Metaphern und der sprachlichen Bilder in der Politik auseinandergesetzt hat, sind Metaphern Denkbilder, im Gegensatz zu Karikaturen, die Sichtbilder seien (Rigotti 1994: 17).

Krippendorf (1994: 79) nennt die Metapher der „übertragbaren Botschaft" die wohl einflussreichste Erfindung in der Geschichte der Kommunikation. Sie passte sich mehreren technologischen Revolutionen an, wie Buchdruck, Radio und Fernsehen und gilt auch noch für Anrufbeantworter und andere digitale Medien. Diese technischen Erfindungen zur Unterstützung einer transportierbaren Botschaft, die außerhalb des Gedächtnisses gespeichert werden kann, reduziert das Kommunikationsproblem auf ein Speicher- oder Verteilsystem, ohne zu berücksichtigen, dass Informationen nur durch menschliche Interpretation zu Wissen werden kann. Durch den Transport der Informationen in unterschiedliche situative und kontextuelle Räume hinein, können sie zwar dekodiert werden, ohne jedoch sicher zu sein, wie sie interpretiert werden.

Die wissenschaftliche Auseinandersetzung mit Metapern für die Systementwicklung ist nicht neu. Schon vor zwanzig Jahren forderten Rumelhart und Norman (1981) den Einsatz von „real world metaphors" für die Unterstützung beim Erlernen von Computersystemen. Die Nutzbarkeit bei der Systemanalyse zeigten Moran und Carroll (1996) auf. Auf die wesentliche Rolle des Benennens anstelle formaler Beschreibung weist Shum hin: „Open-ended, ill-structured, „wicked" problems (Rittel / Weber 1973) are rendered manageable only through the exploratory process of framing and reframing views in order to better understand constraints on the solution space. Being able to succinctly „name" the key issues in such problems is much of the work in solving it." (Shum 1996: 197) Hier wird auch deutlich, dass zwar eine dominante Metapher die Perspektiven bündelt, es aber die sich daraus ergebenden metaphorischen Szenarios sind, die bei Analyse und Design das Problemlösen bestimmen (Mambrey / Paetau / Tepper 1995: 116). Wie Organisationen metaphorisch zu sehen sind und welche Auswirkungen die Sichtweisen auf die Steuerung, Kultur und den Output haben, hat Gareth Morgan (1989) eindrucksvoll beschrieben: Organisation als Maschine, Organismus, Gehirn, Kultur, Politisches System, psychisches Gefängnis etc. „Different assumptions and organizing principles generate different designs." (Morgan 1989, S. 23)

Speziell für CSCW-Systeme entwickelte z. B. Twidale (1993) die Metapher einer „Cocktailparty", um das Erlernen von Regeln und Etiketten bei der verteilten, elektronischen Kommunikation zu erleichtern. Häufig gebraucht wird die Marktmetapher, um auf die von Menschen erwartete Reziprozität beim Austausch von Informationen hinzuweisen. Die den damaligen CSCW-Systemen zugrundelegende Metapher war dem entgegen die der Harmonie wie bei Arbeitsbienen in einem Bienenkorb (Beehive-Metaphor) und leider nicht die der Reziprozität wie bei Marktbeziehungen. Das gemeinsam geteilte Verständnis und die gemeinsam geteilte Interpretation von Metaphern ist gerade bei verteilten Kommunikationssystemen von zentraler Wichtigkeit zur adäquaten Nutzung der Funktionen (Mark / Mambrey 1997). Welche Metaphern leiteten bisher die Wahrnehmung und das Design von Computersystemen, über die Menschen miteinander digital kommunizierten?

2.1 Bisherige Metaphern der IuK-Techniken

Die Papiermetapher war in den 60er und 70er Jahren des letzten Jahrhunderts das Leitbild, an dem sich Entwicklung und Anwendung orientierte. Es ist immer noch dominant. Ausgabemedium war ein alphanumerischer, zeilenorientierter Bildschirm. Es handelte sich um die Darstellung einer zweidimensionalen Fläche, das Eingabemedium war die Tastatur. Die damalige Vorstellung des Wesens eines Computers war die des Automaten. Es waren Einzelplatzsysteme.

Die Fenstermetapher (Windows) leitete vor ca. dreißig Jahren einen Umbruch in der Entwicklung und -nutzung von Computern ein, die zu einer erheblichen Erweiterung des Nutzerkreises führte: statt auf eine zweidimensionale Papieremulation zu sehen, konnte man verschiedene Fenster öffnen und so auf gespeicherte Daten zugreifen. Zwar blieb die Darstellungsform zweidimensional, durch die technische Umsetzung der Fenstermetapher wurde jedoch der Eindruck von Räumlichkeit erweckt, so dass aus 2d nun 2 ½ d wurde. Man konnte mehrere Fenster jeweils versetzt aufeinanderlegen. Ordner (Folder) wurden als zusätzliche Gliederungshilfe genutzt, in denen die Daten enthalten waren. Doch diese Erfindung von Xerox mutet heute so anachronistisch an, wie die Schachtelpüppchen, die russischen Matrioschkas: Wenn man aktiv damit spielt, sie einpackt und auspackt, weiß man, wie viele es sind und welche wie angemalt ist. Legt man sie eine Zeitlang aus der Hand, ist diese Kenntnis weg. Es bleibt dann nur die Draufsicht, was sich darunter verbirgt, erschließt sich nicht. So bleibt die alte Bibliothekarweisheit, dass der Aufwand gleich bleibt: manche stecken ihn in das Ablegen der Daten, manche in das Auffinden. Als zusätzliches Eingabeinstrument eröffnete die Maus einen neuen Spielraum bei der Manipulation von Daten, der in der höheren Geschwindigkeit und der einfacheren Exploration von zweidimensionalen Flächen bestand. Die Vorstellung vom Computer war die des Werkzeugs.

2.2 Aktuelle Metaphern: der gedachte, belebte Raum (Media- oder Cyberspace) und als Vorschlag der ausgestaltete Raum: die Wissenslandschaft (Knowledge Landscape)

Seit Anfang der neunziger Jahre des letzten Jahrhunderts wird die Türmetapher (Portal) verwendet, die einen gedachten Eintritt in „media spaces" (Dourish 1993) ermöglicht. Benford (1992) nennt dies „from room to cyberspace". Es geht in der Forschung und Entwicklung seither um die Strukturierung und das Verstehen des gedachten Raumes: „Structuring the design space by formulating appropriate design rationale questions" (Bellotti / MacLean / Moran 1991: 80). Leider findet sich häufig als technische Realisierung immer noch ein Systemverständnis, das auf der Windows- und Ordnermetapher aufsetzt: man geht von Raum zu Raum, dem jeweils Funktionalitäten zugeordnet sind.

Das wesentliche Strukturmerkmal dabei hat sich jedoch geändert: Es geht nicht mehr um die Abbildung von Realitäten, sondern um die individuelle Reflexion in virtuellen Deutungsräumen, die sozial konstruiert wurden. Als entscheidende Verkomplizierung dieser schon anspruchsvollen Gestaltungsaufgabe kommt bei verteilten, kooperativen Systemen die Notwendigkeit hinzu, die Systeme so zu gestalten, dass Aktionen anderer im virtuellen Raum wahrzunehmen sind (Gruppenwahrnehmung), auf Basis von Gruppengedächtnissen zu interpretieren sind und Handlungen erfolgen, die ebenso von den anderen Gruppenmitglieder verstanden werden. Die Vorstellung des Computers wandelt sich vom Werkzeug zum Medium in Kommunikationsräumen, wie C. A. Petri schon 1962 formulierte.

Bildschirmbasierte 2d-Darstellungen werden durch Fenstertechniken zu 2 ½ d-Evokationen und raumbasierte 3d-Techniken (z. B. CAVE) sollen ermöglichen, Repräsentationen der Wirklichkeit glaubwürdig darzustellen. Eine zunehmende Zahl von Hilfsmitteln (Devices wie Dataglove, Head Mounted Displays etc.) machen zumindest prototypisch die Immersion in gedachte Räume möglich. Evokationen können aber schon mit herkömmlichen Mitteln des 2d-Bildschirmes hervorgerufen werden.

Das Beispiel (Schaubild 1) macht die Veränderungen deutlich, obwohl es auch noch auf Kästen als Gestaltungsprinzip zurückgreift:

Schaubild 1: Belebte Räume

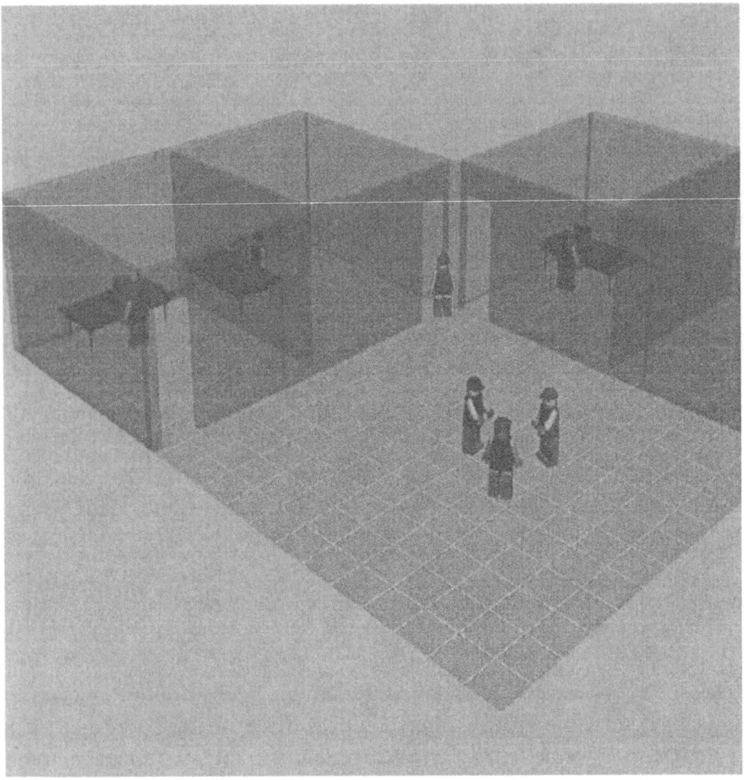

Hier wurde ein sozialer, virtueller Deutungsraum aufgespannt, der auf einem Bildschirm darstellbar ist (vgl. Broll et al. 1999). Bei dem Betrachter wird die Möglichkeit evoziert, zeit- und ortsunabhängig dabei sein und handeln zu können. Die Legofiguren, die a) reale Personen im Arbeitsleben oder einer Freizeitgemeinschaft, b) artifizielle Informationsquellen wie Messgeräte, die bestimmte Zuständen anzeigen oder auch c) synthetische Daten wie Musik repräsentieren können, evozieren:

- Anwesenheit: Sie sind als Avatar von Personen oder Softwareagenten zu sehen und vermitteln durch diese Repräsentation den Anschein von Existenz;
- Aufmerksamkeit: Sie bewegen sich in unterschiedlicher Form und unterschiedlichen situativen Kontexten;
- Lokomotion: Sie können sich im gedachten Raum bewegen;
- Navigation: Situativer Kontextwechsel ist durch Raumwechsel oder Ortswechsel in Bezug auf andere Avatare möglich;
- Handlung: Sie verhalten sich in einer Weise, der bestimmte Tätigkeiten zugeschrieben werden kann, sie können Aktionen auslösen;
- Ko-orientierung und Interaktion: Sie können gemeinsam oder nebeneinander Aktionen auslösen, die von allen wahrnehmbar sind und auf die jeder reagieren kann;
- Evokation von Stimmungen: Durch Aktionen können Sie beim Betrachter Stimmungen auslösen. Keine Aktion evoziert beim Beobachter Langeweile, Nachlaufen oder Durchlaufen bzw. zu große Nähe evoziert Verärgerung, Purzelbäume bzw. unkonventionelles Verhalten evozieren Fragen etc.

Diese Darstellung und Erläuterung zeigt mit Einschränkung, wie mächtig der Metaphernwechsel zum belebten, gedachten Raum in die individuelle Wahrnehmung eingreifen wird. Die Evokationen werden durch das Prinzip und die Anwendung der Repräsentation hervorgerufen. Es geht um das erneut Darstellen = re-präsentieren. Nach Claude Cadoz (vgl. 1998: 11) ist der Computer nichts anderes als ein Mittel zur Repräsentation, das universellste, das der Mensch je entwickelt hat. Das Neue daran ist der Grad der Vollständigkeit der Repräsentation, die man aus dem Computer erlangt, und der Nutzen, den man daraus ziehen kann. Eine flächige Höhlenmalerei konnte ebenfalls den Weg zu ergiebigen Jagdgründen beschreiben, die Möglichkeit der Vervollständigung, Verteilung und Manipulation von Informationen sind aber durch digitale Techniken extrem gewachsen.

Zwischenmenschliche Kommunikation und Interaktion mit Artefakten werden möglich ohne Ort- und Zeitzwänge und dies bei gesteigerten Ausdrucksmöglichkeiten. Anders als die „künstliche Intelligenz", bei der der Computer an Stelle eines Menschen mit der wirklichen Welt interagieren soll, ersetzt die virtuelle Realität die wirkliche Welt durch einen Computer, um ihn mit dem Menschen interagieren zu lassen. Dabei ersetzt der Mensch das Verhältnis zu seiner veränderlichen Welt durch ein Verhältnis zu der Repräsentation dieser Welt. Die Repräsentationen werden mit Eigenschaften und Attributen der natürlichen Umwelt ausgestattet, an die man gewöhnt ist. Ob dies ethisch gerechtfertigt ist, kann man in Zweifel stellen. Diese Diskussion findet in den Massenmedien jedoch bereits statt. Wir konstruieren medial Alltagsleben (*Lindenstrasse*, Soap-Operas etc.) und erleben, dass viele Zuschauer sich daran orientieren. Diese Inhalte sind jedoch von der Methodik zu trennen, da sie dafür nicht verantwortlich ist.

Diese Paradigmenerweiterung fällt nicht vom Himmel, sie ist seit Jahrzehnten in Einzelfällen vorgedacht, die man in der wissenschaftlichen Literatur und auch aus der Kunst kennt. Moderne Kommunikationstheorien sehen Kommunikation als Prozess von Information, Vermittlung und Verstehen und folgen nicht mehr der Idee der monolinearen, intendierten Wirkung bei Medien. Abbildung und Vermittlung von Realitäten als objektives Konzept werden in Abrede gestellt: Objektivität ist die Annahme, man könne ohne Beobachter beobachten (v. Förster 1993). Vielmehr werden gerade in der Kommunikationsforschung die Konstruktionen von Wirklichkeiten, die Simulation von Wirklichkeiten oder die sozio-technische Konstruktion gemeinsam geteilter, virtueller Deutungsräume untersucht. Wir gehen einen Weg der Entwicklung von Wirklichkeiten (vgl. Merten 1994: 141ff.).

Schaubild 2: Rekursionen von Wahrnehmung

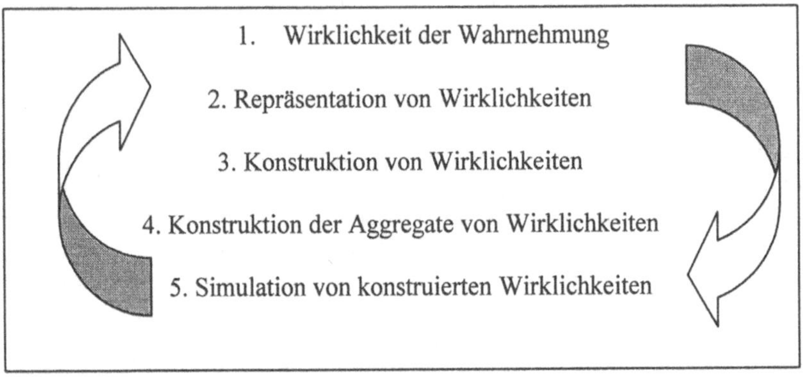

Die Wahrnehmung erzeugt ihre Bedeutungen und Aggregate selbst. Laut Merten (1994) sind Medien die Lieferanten von Wirklichkeitsentwürfen, die inhaltlich bestimmbar sind. Daraus entwickeln sich wiederum neue Aggregate der Kommunikation, z. B. Teilöffentlichkeiten, Szenezeitungen oder Community Networks, so dass eine Evolution der Kommunikation stattfindet. Dies bedeutet eine ständige Erweiterung der Inhalte, Formen und Plattformen (Aggregate) der Kommunikation.

3. Telemediale Gemeinschaften und deren Vernetzung

von Alemann, Schatz, Simonis u. a. (1992) bezeichneten die sozialverträgliche Technik-gestaltung als Zukunftsaufgabe. Es gab damals Vorstellungen, sozialverträgliche Kriterien für den Technikeinsatz und die Nutzung verbindlich festzulegen, im Systementwicklungsprozess technisch zu realisieren und eine entsprechende Nutzung zu erreichen. Kriterien lassen sich jedoch weder einfach erfassen noch in Hardware, Software oder Organisationsstrukturen als Rahmenbedingungen für das Individuum handlungsleitend umsetzen. Ein ingenieursmässiges Umsetzen sozialer Kriterien oder konkreter organisatorischer Ziele in sozio-technische Realität stellt sich immer mehr als naives Unterfangen heraus, da es unter aanderen die Festlegung gemeinsamer Erwartungen und Ziele, die Art der Aneignung von Technik und das soziale Lernen der Anwender nicht ausreichend erfasst und die Dynamiken und Komplexitäten der Anwendungsrealität unzureichend berücksichtigt.

Aktuelle Gestaltungsansätze gehen also über die Technikgestaltung hinaus in Richtung der Gestaltung von sozio-technischen Umgebungen für Interessengemeinschaften (Communities of Practice) (vgl. Lave / Wenger 1991), insbesondere virtuellen, telemedial vernetzten Gemeinschaften in unterschiedlichen Sektoren der Gesellschaft. Schlagworte verdeutlichen die sozio-technischen Visionen, die als „denglische“ Aufschriften von selten inhaltlich gefüllten Platzhaltern dienen: E-Learning, E-Business, E-Governance, E-Government etc. Es geht um die telemediale, digital gestützte Durchdringung und netzwerkartige Verknüpfung der Kommunikationsarbeit von Personen und von Artefakten, die einer Gemeinschaft zuzurechnen sind. Der Gemeinschaftsbegriff ergänzt den Gruppenbegriff, weil er zusätzlich zu Strukturen und Inhalten auf die Kommunikationsprozesse der Mitglieder als Werkzeug zur Identitätsstiftung verweist. Kollektiver Austausch und eine (oft nur erhoffte = latente) Reziprozität machen aus einer Gruppe eine Gemeinschaft. Die Mitglieder müssen aktiv und präsent sein und im Kontext einer als gemeinsam erlebten Zielsetzung miteinander kommunizieren. „Eine Gemeinschaft ist ein gemeinsamer Besitz, der durch die Investitionen der Mitglieder geschaffen wird. Je mehr man hineinsteckt, desto mehr bekommt man heraus.“ (Dyson 1997: 49)

Gemeinschaften gemeinsamer Erfahrung

Die Erforschung elektronischer Gemeinschaften ist seit den Anfängen von E-Mail und News Groups ein immer wichtigeres Forschungsfeld geworden. Dabei hat sich herausgestellt, dass zur gemeinsamen Zusammenarbeit sozio-technische Innovationen notwendig sind, damit ein Ergebnis produziert werden kann. Es werden 4 Arenen gesehen, innerhalb derer sich Gruppenprozesse vollziehen: „(1) same time and same place (face-to-face meeting); (2) same time, different places (a telephonic or video conference); (3) different times, same place (group record keeping, such as a project notebook); and (4) different times, different places (dispersed projects and committees)“ (Sproull / Kiesler 1991: 79). Häufig wird nur die 4. Kategorie als virtuelle Gemeinschaft begriffen, insbesondere wenn sie über digitale Techniken kommuniziert. Jede Gemeinschaft ist mit Einschränkung. nach virtuell, nämlich ‚gedacht‘, weil sie in den Köpfen entsteht und ständig rekonstruiert werden muss. Virtuelle Gemeinschaften sind meistens insofern Lerngemeinschaften, als sie sich eines gemeinsamen Problembereichs bilden. Das Lösen von (Teil-)Problemen erfordert individuelles und gemeinsames Lernen. Leben und Überleben hängt somit ganz wesentlich vom Lernen ab. Die Abwendung von der Sichtweise des Lernen als individuelle Speicherung neutraler und objektiver Informationen (kognitionspsychologische Sicht) zu einer ganzheitlichen Betrachtung gerade der situativen und kulturellen Faktoren bewirkten insbesondere Jean Lave und Etienne Wenger (1991). Es ist ein radikales Umdenken und Umformulieren des Konzepts Lernen. Es wird Wert auf die Person als Ganzes und auf die sozialen Handlungen des Umfeld gelegt. Lernen ist kein individueller mnemotechnischer Akt mehr, sondern ist sozial inspiriert.

Lernen nach Lave und Wenger findet statt als ein Prozess der Teilhabe an Gemeinschaften gemeinsamer Praxis (z. B. Berufe). Es ist zu Beginn eine periphere Teilhabe am Geschehen, das sich nach und nach graduell im Engagement und in der Komplexität steigert. Die Gemeinschaft der Teilhabenden ist deshalb so wichtig, weil dadurch – und nicht durch individuelle Reflexion – unterschiedliche Perspektiven über denselben Sachverhalt zwischen Personen ausgetauscht werden. Kenntnis erwirbt man durch Perspektivenspiegelung eines Sachverhaltes. Die enorme Praxisrelevanz erhält dieses Konzept von Lernen durch die Tatsache, dass Menschen durch Wahrnehmung von Handlungen und Problemlösen lernen und nicht durch das Reproduktion von Wenn-Dann-Lösungen oder Regeln und Vorschriften.

Frei übersetzt ist nach Lave und Wenger (1991: 21) Lernen in Communities of Practice durch periphere Teilhabe nicht allein das Handeln in Teilhabestrukturen. Es ist ein aktiver Prozess, in dem der Lernende eine aktive Rolle spielt. Er macht dies erst von fern beobachtend, dann aber auch mitgestaltend im Zentrum der Aktivitäten. Es ist ein interaktiver Prozess, bei dem sich der Lernende in verschiedenen Rollen wiederfindet, als Neuling, als Verantwortlicher in Bereichen mit geringer Wichtigkeit bis hin zum verantwortlichen Experten. Der Prozess ist teils kulturell, in unserem Fall organisationskulturell vorstrukturiert, es bleibt aber immer eine selbstorganisierte Gemeinschaft, da Individuen handeln. Notwendig sind folgende Bedingungen:

- ein gemeinsames Unterfangen, das immer wieder neu ausgehandelt wird (joint enterprise),
- ein gegenseitiges Engagement (mutual engagement),
- gemeinsam über die Zeit geschaffene Routinen, Konventionen und Artefakte der Gemeinschaft (shared repertoire).

Neben Lave und Wenger geht der Ansatz des situativen Handelns auf Suchman (1987) zurück, die aufgezeigt hat, dass Handlungen in einem situativen Kontext eingebettet sind und dieser situative und soziale Kontext diese Handlungen auch bedingt. Benutzerverhalten folgt also nicht allein kognitiv repräsentierten Plänen, die von extern als Struktur vorgegeben werden können (Suchman 1987).

Die Vernetzung von Gemeinschaften durch Kommunikationsplattformen

Unter der Überschrift „telemediale Kommunikationsplattformen" verstehen wir Systeme, bei denen mehrere, räumlich getrennte Benutzer zu beliebigen Zeitpunkten in der Lage sind:

- Dokumente bzw. Links (elektronisch aktivierbare Verweise) zu diesen Dokumenten abzulegen;
- Adressen von WWW-Seiten abzulegen;
- Kommentare, Antworten und Fragen zu Fragen einzugeben;
- Inhalte zu bewerten;
- Bilder, Texte und ggfs. gesprochene Annotationen einzugeben;
- Eine Verbindung zu e-mail-basierter Kommunikation herzustellen;
- Ein Ordnersystem im Sinne einer elektronischen Ablage einzurichten;
- Örtlich verteilte synchrone Kommunikation aufzubauen.

Andere Benutzer können diese Arten von abgelegter Information wieder abrufen und darauf reagieren. Beispiele sind unterschiedliche Infrastrukturen, die im WWW angeboten werden, Lotus Notes, BSCW u. a. Solche Systeme können z. B. genutzt werden, um organisationsweites Lernen zu fördern, kooperative Projektarbeit zu ermöglichen oder das firmeneigene Informationsmanagement im Intranet zu organisieren.

Kommunikationsplattformen zum organisationalen Lernen

Organisationales Lernen betrifft die Weiterentwicklung des relevanten Wissens in einer Organisation, organisatorische Wissensbasis genannt, die Schaffung kollektiver Bezugsrahmen sowie die Erhöhung der organisationalen Problemlösungs- und Handlungskompetenz. Das Wissen einer Organisation setzt sich aus individuellen und kollektiven Wissensbeständen zusammen, auf die eine Organisation zur Lösung ihrer Aufgaben zurückgreifen kann. Es umfasst Artefakte, Symbole, Daten und Informationsbestände, auf welchen individuelles und organisationales Wissen aufbaut (vgl. Probst / Raub / Romhardt 1998: 44).

3. Konzeptionelle Überlegungen zur sozio-technischen Gestaltung telemedialer Kommunikationsplattformen

Wie kann sozio-technische Gestaltung von telemedialen Kommunikationsplattformen methodisch unterstützt werden? Um dies zu erreichen, sollen in diesem Zusammenhang noch wenig erforschte Methoden aus der empirischen Sozialforschung eingesetzt werden. Insbesondere sollen die Gestaltungsziele identifiziert und während der Anwendung und Nutzung kommunikative Gruppenprozesse unterstützt werden. Die Arbeit folgt einem neuen Leitbild des Softwareengineering in der angewandten Informatik. Gestaltungsziele sozio-technischer Systeme sollen dabei nicht mehr dem Leitbild des „Abbildens“ in der Softwareentwicklung oder dem Leitbild des „Unterstützens“ folgen (vgl. Baukrowitz / Boes / Eckhard 1994), sondern dem Leitbild der „Ko-konstruktion“. Gestaltungsziele werden dabei durch Interaktion von Akteuren, Artefakten und Organisationszielen unter Mediation von Entwicklern konstruiert. Unter Softwareengineering wollen wir die Anwendung von Strategien, Methoden, Werkzeugen und Kontrollinstrumenten im gesamten Prozess der Softwareentwicklung und Enkulturation einschließlich des Managements verstehen (vgl. Horn / Kerner 1995).

Die konventionelle Herangehensweise

War noch das Wiederauffinden der eigenen Daten in eigener Ablage eine Frage von individuellen, kognitiven Fähigkeiten und von Mnemotechnik, so ist durch das kollaborative Arbeiten eine neue Dimension erreicht, weil Ablegen und Auffinden nicht mehr individuell zusammenfällt, sondern auf viele Personen, unterschiedliche Zeiten mit entsprechend vielen situativen Kontexten und Perspektiven auf die Sachen verbunden ist. Des Weiteren wird die Kooperation und Kommunikation in Arbeitskontexten von gegenseitiger Konkurrenz um Ressourcen geprägt: Gerade das Wissen ist dabei entscheidend. Eine öffentliche Bereitstellung oder Aufbau gemeinsamer Datenbestände ist zwar aus Organisationsperspektive sinnvoll, verstößt aber gegen die Erwartung der Reziprozität der Handelnden (Grudin 1988). Diese Konfliktsituationen werden durch die technischen und sozialen Innovationen hervorgerufen und sind völlig kontraproduktiv, da man ja Verbesserungen des organisationalen Lernens erreichen will und keine zusätzlichen Reibungspunkte. Lösungsansatze können sein: verstehende Analyse der Wirklichkeiten, inkrementelles Entwickeln und Anpassen, Argumentation, Beteiligen, Überzeugen, Schulen.

Eine erweiterte Herangehensweise: Der Einbezug von Visualisierung und Metaphern – Vom belebten zum gestalteten Raum: die Wissenslandschaft

Die konventionellen Ansätze haben sich bewährt, wenn man nahe an den Bedarfen und Gewohnheiten der Anwender bleibt und eine große Akzeptanz und reibungsloses Funktionieren anstrebt. Bei evolutionären, stetigen Entwicklungen verändert sich die Wirklichkeit in geringen, vorhersehbaren Schritten. Dies ist mitarbeitergerecht, wenn bei der evolutionären Entwicklung auf Beteiligung, Schulung und Betreuung wert gelegt wird (BMWiT – POLITEAM 1998). Anders ist es, wenn innovativ von einer Techniklinie (asynchroner und synchroner Telekooperation) und von einem Leitbild (organisationales Lernen) gedacht wird und sprunghaft bestehende organisationale Realität in neue organisationale Realität transformiert werden soll. Um diesen Sprung zu erreichen, ohne dass den Mitarbeitern ein System übergestülpt wird, das ihnen fremd ist und das bisherige Arbeiten (Regeln und Konventionen, Wissen, Vertrauen, Entlohnung, Verhalten, Hierarchien etc.) ersetzt, ist ein erweitertes Vorgehen nötig, das im Folgenden vorgestellt wird und empirisch umgesetzt werden soll. Es setzt sich aus vier Teilbereichen zusammen, die zur Grundlage des Entwurfs werden: verstehende Analyse von intersubjektiven Wirklichkeiten, Entwicklung eines metaphorischen Szenarios, Kontrastierung der organisationalen Kultur und Analyse des „Story Telling" innerhalb einer Organisation.

Schaubild 3: Methodische Schwerpunkte bei der Konzeptbildung

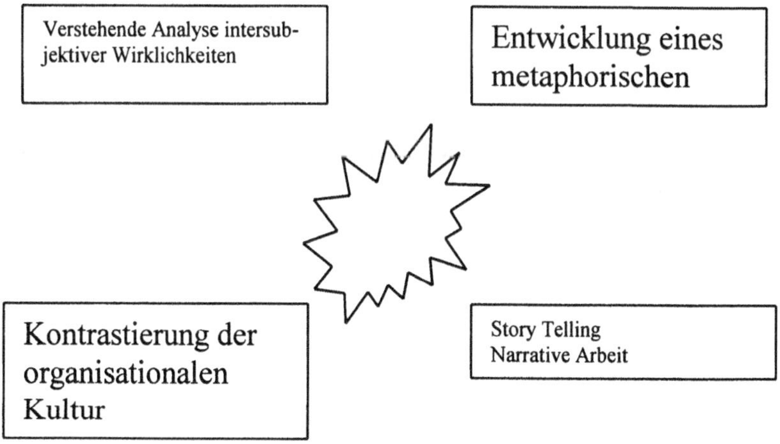

Verstehende Analyse intersubjektiver Wirklichkeiten

Durch Anwendung von Methoden der qualitativen Sozialforschung werden die bisher gängigen, angewandten Vorgehen und Werkzeuge zum organisationalen Lernen in der Organisation analysiert, dargestellt und durch Gruppendiskussionen und Workshops mit den Mitarbeitern zu einem intersubjektiven „rich picture" textuell und bildlich zusammengefasst. Dabei sollten Verfahren der Visualisierung angewandt werden, die über das Textuelle hinausgehen.

Fotografie als seriöse wissenschaftliche Forschungsmethode wird kaum in der Praxis erprobt (Patton 2000). Es gibt reichhaltige Erfahrungen mit der Auswertung von Videos. Das Foto in Analyse- und Entscheidungsprozessen der Systementwicklung einzusetzen, ist jedoch neu, wenn es konzeptionell in zwei Analyseansätze eingebunden ist:

Zum einen wird es eingesetzt, um einzelne Perspektiven bzw. Standpunkte zu identifizieren. Aus feministischer Perspektive hat Donna Haraway herausgearbeitet, dass von Geschlecht, Schichtzugehörigkeit, Rasse und anderen Faktoren die eigene Verortung zu einem situativen Wissen führt, dass bestimmte Perspektiven öffnet und andere schließt (Haraway 1991). Durch subjektive Interpretation von Bildern können so Informationen über das situative Wissen des Einzelnen erarbeitet werden und einer Gruppendiskussion als Material dienen. So können Interessen und Perspektiven nicht während der sozio-technischen Gestaltung verloren gehen, weil sie gegen „herr"schende Interessen (Törpel 2000: 24) inkompatibel sind. Ob man aus dieser Subjektivierung zu intersubjektiven Deutungen von Bildern kommen kann, z. B. die Konsensbildung bei einer Konzeptentscheidung erleichtert, ist eine interessante Forschungsfrage.

Dieser zweite Aspekt verweist auf das Foto als von einer Gruppe (Gemeinschaft) geteiltes Artefakt, das auch als „boundary object" (Star 1987) begriffen werden kann. Als „boundary object" wird ein stabiles Artefakt verstanden, dass unterschiedliche Resonanzen und Evokationen erzeugt, je nachdem, in welcher Gruppe/Interessenlage es sich befindet. Ein Beispiel über den Verlauf und der jeweils unterschiedlichen Bewertung eines „boundary objects" gibt ein Beispiel aus der deutschen Ministerialverwaltung, wo eine Laufmappe mit Inhalten in unterschiedlichen physischen und psychischen Orten (auf dem Dienstweg vom Minister zum Referenten und zurück) ganz unterschiedliche Resonanzen evoziert (Mambrey / Robinson 1997). Fotos zur Offenlegung situativer individueller Faktoren und gemeinsam geteilter Perspektiven sind somit ein zentrales Element des methodischen Vorgehens. Fotos von Wissenslandschaften lassen sich erstellen, z. B. der Schreibtisch, die Ablage, die Verzeichnisstruktur und anderes mehr. Dieses erfolgt durch die Designer in unmittelbarer Kooperation mit Mitarbeitern und Gewährsleuten der Organisation. Gewährsleute sind dabei diejenigen Mitarbeiter, die einen besonders guten Überblick über den Bereich haben und ihn reflexiv vermitteln können.

Entwicklung eines metaphorischen Szenarios

Ausgehend von der Metapher einer Wissenslandschaft soll ein metaphorisches Szenario entwickelt werden, das diesem Leitbild zugehörige weitere Metaphern beinhaltet sowie die dazu zugehörigen Techniken. Das könnte so aussehen: Landschaften haben Strukturen, haben Licht und Schatten, Quellen und Senken, Berge und Täler, sie haben Fauna und Flora, sie sind unterschiedlich dicht besiedelt, sie haben Infrastrukturen, Stimmungen, Gerüche, Eigenschaften etc. Die Merkmale sind ganz unterschiedlich ausgeprägt. Es ist darauf zu achten, zwischen Bildern, die Repräsentationen sind und Metaphern strikt zu trennen. Bilder können metaphorisch interpretiert werden, sie selbst sind keine Metaphern! Diese Bezeichnung gilt nur für den Ausdruck resp. seiner Repräsentation, das Wort bzw. Wortkompositum.

Kontrastierung der organisationalen Wissenskultur

Bei einer Kontrastierung geht man von einem bekannten Sachverhalt aus. So nimmt man eine Beschreibung, wie mit einem Sachverhalt, z. B. der Speicherung und Weitergabe von Wissen umzugehen ist. Dann fragt man nach den Auslassungen bzw. dem Gegenteil, um so den „blinden Fleck" bei einer Beobachtung aus Organisationssicht zu entdecken. Dabei versucht man methodisch offen zu sein, um die Archäologie der Sachverhalte darzustellen (Foucault 1981). So lässt sich z. B. beschreiben, welche schriftlichen Anweisungen es zur Weiterbildung gibt, um daraus zu schließen, welche Bereiche nicht geregelt sind.

„Story Telling" als narrative Arbeit der Organisationsmitglieder über die Organisationskultur

Story Telling, das „Geschichtenerzählen" innerhalb von Gemeinschaften, ist ein Mittel, um zu gemeinsam geteilter Imagination und dann auch zu gemeinsamen Aktionen zu kommen (Ricoeur 1994). Ricoeurs Analyse der Entwicklung imaginativer Praktiken zeigt auf, dass Imagination die Ausgangslage sozialer Handlungen sind. Imagination und ihre Äußerung in Geschichten schematisiert und re-präsentiert die Welt. Diese sprachlichen Re-präsentationen der Welt, die in Geschichten erfolgt, aber auch in Texten etc. erfolgen kann, können zu neuen gemeinsam geteilten Problemsichten, Lösungsansätzen und Verhalten führen. Ein Entdecken und Analysieren solcher „Stories" kann für das Offenlegen und Verstehen der Organisationskultur und für das Verhalten der Organisationsmitglieder hilfreich sein. Inwieweit so ein Vorgehen über das Verstehen von Organisation auch zum Gestaltung von Organisationskultur genutzt werden kann, ist eine interessante Forschungsfrage, die empirisch umgesetzt werden soll.

5. Fazit

Die Integration von Sozialwissenschaftlern in die Systementwicklung führt natürlich nicht automatisch zu einer Aufhebung der zwei Kulturen, wie in der Einleitung besprochen, und zu einer Ausrichtung auf sozialverträgliche oder menschenzentrierte Technik. Es ist aber einfacher möglich, Kenntnisse und Fähigkeiten der Disziplin im Umgang mit sozialen Faktoren in die Systemgestaltung mit einfließen zu lassen. Die Systementwicklung von Anwendungssystemen, wie hier die telemedialen Kommunikationsplattformen, hat nicht den Status einer ingenieurswissenschaftlichen Disziplin, sondern muss auf viele unterschiedliche Aspekte von Disziplinen zurückgreifen, wenn man der Komplexität von Anwendungs-systemen gerecht werden will.

Die hier angesprochenen Verfahren und Werkzeuge sind in ganz unterschiedlichem Maße teils deskriptiv und explorativ. Sie sollen eine Diskussion und möglicherweise Evokation zukünftiger Realitäten zwischen den beteiligten Anwendern und Systementwicklern ermöglichen. Sicherlich ist das Vorgehen noch vage, es ist nicht empirisch überprüft, ob es funktioniert, es ist nicht empirisch überprüft, ob es bessere Resultate zeigt als herkömmliche Verfahren und es ist völlig unklar, ob eine Generalisierung möglich ist, auch wenn in einem konkreten Fall das Verfahren zum Erfolg führt. Es ist m. E. jedoch notwendig, sich Gedanken über neue Verfahren und Konzepte zur Systementwicklung zu machen, die sowohl innovative Neuerungen anstreben und die Mitarbeiter dabei zu beteiligen. Innovation und Partizipation sollten keine Gegenpole bilden, sondern zusammen zu sozio-technischer Innovation beitragen. Zukunft kann man nicht entdecken, man kann sie nur gestalten. Als wesentliche Anforderung an die Systementwicklung sehe ich die methodische Antwort auf das Übergehen von der bildlichen Repräsentation zum gedachten Raum in CSCW-Systemen. Dabei kann man Metaphern und Visualisierungen (Fotos) systematischer einsetzen als bisher, so dass methodische Innovationen inhaltliche Innovationen des organisationalen Lernens ermöglichen.

Literatur:

Alemann von, Ulrich / Heribert Schatz (1986): Mensch und Technik. Grundlagen und Perspektiven einer sozialverträglichen Technikgestaltung. Opladen.

Alemann von, Ulrich / Schatz, Heribert / Simonis, Georg et al. (1992): Leitbilder Sozialverträglicher Technikgestaltung. Ergebnisbericht des Projektträgers zum NRW-Landesprogramm „Mensch und Technik – Sozialverträgliche Technikgestaltung". Opladen.

Assmann, Aleida / Jan Assmann (1994): Das Gestern im Heute. Medien und soziales Gedächtnis. In: Merten, Klaus / Schmidt, Siegfried J. / Weischenberg, Siegfried (Hrsg.): Die Wirklichkeit der Medien. Opladen: 114-140.

Baukrowitz, Andrea / Boes, Andreas / Eckhardt, Bernd (1994): Software als Arbeit gestalten. Konzeptionelle Neuorientierung der Aus- und Weiterbildung von Computerspezialisten. Opladen.

Bellotti, V.M.E. / MacLean, A. / Moran, T.: Structuring the design space by formulating appropriate design rationale questions. SIGCHI Bulletin, 23 (4): 80-81.

Benford, S. (1992): From rooms to cyberspace. Models of interaction in large virtual computer spaces. Working Paper NOTT-4.3 Nottingham University.

Broll, Wolfgang / Gräther, Wolfgang / Meier, Ecckehart / Pankoke-Babatz, Uta / Prinz, Wolfgang (1999): Place People in Context – the Awareness Forum. In: Bullinger, H. J. / Ziegler, J. (eds.): Proceedings of HCI International '99. Lawrence Erlbaum Assoc. Mahwah, New Jersey: 462-466.

Bundesministerium für Wirtschaft und Technologie (1999): Telekooperation in der öffentlichen Verwaltung. Organisatorische Leitsätze für Anwender. Bonn.

Cadoz, Claude (1998): Die virtuelle Realität. Bergisch Gladbach.

Dierkes, Meinolf / Hoffmann, Ute / Martz, Lutz (1992): Leitbild und Technik. Zur Enstehung und Steuerung technischer Innovationen. Berlin.

Dourish, Paul (1993): Culture and Control in Media Space. Proceedings of the European CSCW, Milan, Kluwer : 125-137.

Dyson, Ester (1997): Release 2.0 – Die Internetgesellschaft. Spielregeln für unsere digitale Gesellschaft. München.

Förster von, H. (1993): Wissen und Gewissen. Versuch einer Brücke. Frankfurt a. M.

Foucault, M. (1981): Archäologie des Wissens. Frankfurt a. M.

Grin, John (2000): Bloodless War or Bloody Nonsense. In: Grin, John / Grunwald, Armin (eds.): Vision Assessment: Shaping Technology in 21st Century Society. Towards a repertoire for Technology Assessment. Berlin: 71-98.

Grudin, Jonathan (1998): Why CSCW Applications Fail: Problems in the Design and Evaluation of Organizational Interfaces. In: Proceedings of the Conference Computer-Supported Cooperative Work, September 26-29. Portland, Oregon: 85-93.

Halbwachs, Maurice (1985): Das Gedächtnis und seine sozialen Bedingungen. Frankfurt a. M.

Halbwachs, Maurice (1985): Das kollektive Gedächtnis. Frankfurt a. M.

Haraway, Donna (1991): Situated Knowledges: The Science Question in Feminism and the Priviledge of Partial Perspective. In: Simians, Cyborgs, and Women: The Re-invention of Nature. Routledge, New York

Horn, Christian / Kerner, Immo O. (Hrsg.) (1995): Lehr- und Übungsbuch Informatik. Band 1: Grundlagen und Überblick. Leipzig.

Kluge, Annette (1999): Erfahrungsmanagement in lernenden Oragnisationen. Göttingen.

Kreuzer, Helmut (Hrsg.) (1987): Die zwei Kulturen. Literarische und naturwissenschaftliche Intelligenz. C.P. Snows These in der Diskussion. München.

Krippendorf, Klaus (1994): Der verschwundene Bote. Metaphern und Modelle der Kommunikation. In: Merten, Klaus / Schmidt, Siegfried J./ Weischenberg, Siegfried (Hrsg.): Die Wirklichkeit der Medien. Opladen: 79-113.

Lave, Jean / Wenger, Etienne (1991): Situated learning – Legitimate peripheral participation. New York.

Mambrey, Peter (1994): Die technische Metapher als Kommunikationsmedium und Konstruktionshilfe. In: Technik und Gesellschaft. Jahrbuch 7: Konstruktion und Evolution von Technik. Frankfurt a. M./New York.

Mambrey, Peter / Paetau, Michael / Tepper, August (1995): Technikentwicklung durch Leitbilder. Neue Steuerungs- und Bewertungsinstrumente. Frankfurt a. M./New York.

Mambrey, Peter / Robinson, Mike (1997): Understanding the Role of Documents in a Hierarchical Flow of Work. In: Hayne, Stephen C. / Wolfgang Prinz (eds.): The Integration Challenge – Group '97. Proceedings of the International ACM SIGGROUP Conference on Supporting Group Work. Nov. 16-19. Phoenix, Arizona/New York: 119-127.

Mambrey, Peter / Tepper, August (1999): Technology Assessment as Metaphor Assessment. Visions Guiding the Development of Information and Communiction Technologies. In: Grin, John / Grunwald, Armin (eds.): Visions Assessment: Shaping Technology in 21th Century Society. Towards a Repertoire for Technology Assessment. Berlin/Heidelberg/New York: 33-52.

Mark, Gloria / Mambrey, Peter (1997): Models and Metaphors in Groupware: Towards a Group-Centered Design. In: Howard, Steve / Judy Hammond, Judy / Lindgaard, Gitte (eds.): Human-Computer Interaction – INTERACT '97 Sydney/London: 477-484.

Merten, Klaus (1994): Evolution der Kommunikation. In: Merten, Klaus / Schmidt, Siegfried J. / Weischenberg, Siegfried (Hrsg.): Die Wirklichkeit der Medien. Opladen: 141-162.

Mintzberg, Henry (1997): The Structuring Of Organizations – A Synthesis of the Research. Prentice Hall Englewood Cliffs, New .Jersey.

Moran, Thomas P. / Carroll, John M. (eds.) (1996): Design Rationale. Concepts, Techniques, and Use. Mahwah, New Jersey.

Morgan, Gareth (1989): Creative Organization Theory – A Resourcebook. Newbury Park, California.

Patton, Jason W. (2000): Picturing Commutes: Informant Photography and Urban Design. Rensselaer Polytechnic Institute. Troy, New York.

Petri, Carl Adam (1962): Kommunikation mit Automaten. Bonn.

Probst, Gilbert / Raub, Steffen / Romhardt, Kai (1998): Wissen Managen. Wie Unternehmen Ihre Wertvollste Ressource optimal Nutzen, 2. Auflage. Frankfurt a. M.,.

Reese, Jürgen / Kubicek, Herbert / Lange, Bernd-Peter / Lutterbeck, Bernd / Reese, Uwe (1979): Gefahren der informationstechnischen Entwicklung. Frankfurt a. M.

Ricoeur, Paul (1994): Imagination in discourse and action. In: Robinson, G. / Rundell, J. (eds): Rethinking imagination: culture and creativity. London.

Rigotti, Francesca (1994): Die Macht und ihre Metaphern. Über die sprachlichen Bilder der Politik. Frankfurt a. M.

Rittel, H.W. / Weber, M.M. (1973): Dilemmas in a general theory of planning. Policy Science, 4: 155-169.

Rumelhart, D. E. / Norman, D. A. (1981): Analogical processes in learning. In: Anderson, J. R. (ed.): Cognitive Skills and their Acquisitions. Hillsdale, New Jersey: 335-360.

Shum, Simon Buckingham (1996): Analyzing the Usability of a Design Rationale Notation. In: Moran, Thomas P. / Carroll, John M. (eds.): Design Rationale. Concepts, Techniques, and Use. Mahwah, New Jersey : 185-216.

Sproull, Lee / Kiesler, Sara (1991): Connections. New Ways of Working in the Networked Organization. Cambridge u.a.

Star, Susan Leigh (1989): The Structure of Ill-Structured Solutions: Boundary Objects and Heterogeneous Distributed Problem Solving. In: Gasser, Les / Huhus, Michael N. (eds.): Distributed Artificial Intelligence. Volume II. London: 37-54.

Suchman, Lucy A. (1987): Plans and situated actions. The problem of human-machine communication. Cambridge et al.

Törpel, Bettina (2000): Do Computers Transform People into Women and Men? In: Balka, Ellen / Smith, Richard (eds.): Women, Work And Computerization – Chaerting a Course to the Future. Dordrecht: 17-25.

Twidale, Michael (1993): Rules of etiquette at the global cocktail party: issues of metaphor in CSCW design. Working Paper. COMIC –LANCS-4-3. Lancaster.

Ulich, Eberhard (1992): Lern- und Entwicklungspotentiale in der Arbeit – Beiträge der Arbeits- und Organisationspsychologie. In: Sonntag, K. (Hrsg.): Personalentwicklung in Organisationen. Psychologische Grundlagen, Methoden und Perspektiven. Göttingen: 107-135.

Weick, Karl E. (1995): Der Prozeß des Organisierens. Frankfurt a. M.

Leitbilder des elektronischen Parlaments

Stephan Bröchler

Die Diskussion um die Folgen des Internet für die Demokratie erinnert an eine Debatte, die England zum Ende des 18. Jahrhunderts polarisierte und die von William Hogarth satirisch ins Bild gesetzt wurde. In zwei Kupferstichen „Gin Lane" und „Beer Street" aus dem Jahre 1751 karikiert er drastisch zugespitzt die unterschiedlichen Wirkungen von Alkohol für das Gemeinwesen. In „Gin Lane" zeichnet er die katastrophalen Folgen des Genusses von hochprozentigem Schnaps, die in wirtschaftlichem und gesellschaftlichem Niedergang und dem Zerfall der Ordnung bestehen. Ganz im Unterschied die Bewertung der Folgen des Biergenusses, der zu wirtschaftlicher Prosperität, Wohlfahrt und zur Blüte des Gemeinwesens führe. Auch in der Diskussion über die Folgen des Einsatzes neuer Informations- und Kommunikationstechniken für Staat und Gesellschaft wird häufig zum Mittel der „Schwarz-Weiss-Malerei" gegriffen. Auf der einen Seite steht das Internet als düstere Utopie eines allmächtigen, weil umfassend informierten Überwachungsstaates. Auf der anderen Seite wird das Internet als Geburtshelfer einer Cyberdemokratie gepriesen: eine hoffnungsvolle vom Licht der Aufklärung angestrahlte Vision für einen effizienten Staat, eine florierende Wirtschaft und eine sich selbst direkt demokratisch organisierende Gesellschaft.

Inzwischen jedoch weicht diesem überbordenden normativen Diskurs eine nüchterne Betrachtungsweise und ernüchternde Analysen (Schmalz-Bruns 2001). Die gesellschaftlichen Veränderungen und ihre positiven oder negativen Implikationen für die Demokratie, die durch das Internet eintreffen sollen, sind nicht zu sehen. Zwischen Hoffnungen und Befürchtungen einerseits und der Realität andererseits besteht eine deutliche Kluft. Als Ausweg aus diesem Dilemma zwischen normativen Erwartungen und enttäuschender Realität soll in diesem Aufsatz versucht werden, den normativen Erwartungshorizont mit einem institutionellen Ansatz zu verbinden. Der Beitrag diskutiert aus Sicht des Parlaments die Bedeutung moderner Informations- und Kommunikationstechniken. Im Zentrum steht die Frage, ob das Internet einen Beitrag zur Erhöhung der Interessenberücksichtigungsfähigkeit des Parlaments leistet. Die Auseinandersetzung mit dem Thema ist dabei sowohl aus Sicht der sozialwissenschaftlichen Technikforschung als auch der politikwissenschaftlichen Parlamentsforschung interessant. Die sozialwissenschaftliche Forschungsrichtung thematisiert die Nutzung des Internet vor allem im Bereich der interaktiven Kommunikation. Leitbildern wird dabei eine wichtige Orientierungs- und Steuerungsfunktion für die Technikentwicklung beigemessen. Aus politikwissenschaftlicher Sicht ist es angesichts diagnostizierter Krisenphänomene (wie Politikverdrossenheit) wichtig zu fragen, ob die internetgestützte aktive Beteiligung der Bürger einen Beitrag dazu leisten kann, die demokratische Legitimation und somit auch die Akzeptanz des Parlaments zu stärken. Der Beitrag argumentiert, dass die bisherige Anwendung und Nutzung neuer Informations- und Kommunikationstechniken einschließlich des Internet nicht zu einer stärkeren Berücksichtigung der Interessen der Bürger geführt hat. Es wird diagnostiziert, dass das Parlament die Gestaltungsoffenheit und –notwendigkeit des Internet als eines Instruments zur Erhöhung der Interessenberücksichtigung nicht ausreichend erkannt hat. Der Grund hierfür wird im Festhalten an einem Leitbild der Technik gesehen, dass auf die Verbesserung der Informationsversorgung der Parlamentarier und der interessierten Bürger fixiert ist und die Möglichkeiten interaktiver Kommunikation zu wenig berücksichtigt. Der Beitrag plädiert für ein neu zu entwickelndes Leitbild, das eine aktivere Beteiligung der Bürger am Parlamentsgeschehen zum Gegenstand hat. Im Sinne des neuen Leitbildes werden Anforderungen an die Nutzung des Internet durch das Parlament benannt und Handlungskorridore für institutionelle Reformen der Volksvertretung skizziert.

Die Überlegungen, die dazu formuliert werden, sind vorläufig und skizzenhaft. Denn es ist offen, ob sich das Parlament darauf einlässt, neue Handlungskorridore für ein beteiligungsorientiertes Leitbild auszuloten. Nur: Wenn das Internet als ein sozio-technischer, an normativen Kriterien gestaltbarer Prozess begriffen wird, dann ist es seitens der sozialwissenschaftlichen Technikforschung und besonders der Politikwissenschaft notwendig, diese Gestaltungsmöglichkeiten zu erkunden, selbst wenn die Anwendung und Nutzung des Internet durch das Parlament andere Pfade einschlägt.

1. Stärken und Schwächen des informationsorientierten Leitbilds des elektronischen Parlaments

In diesem Kapitel wird das prägende Technikleitbild der Nutzung des Internet durch das Parlament herausgearbeitet. Im Zentrum steht dabei die Frage, ob das Leitbild das Internet im Rahmen der bestehenden IuK-Nutzungen einbettet oder ob es neue Anwendungs- und Nutzungsformen des Internet fördert. Der Begriff elektronisches Parlament weist dabei auf die wachsende Bedeutung neuer Informations- und Kommunikationstechniken unter Einschluss des Internet als Instrumente der Aufgabenerfüllung hin.

Wichtige Beiträge zur Beantwortung der Frage können Ergebnisse der sozialwissenschaftlichen Technikforschung liefern. Zwei Aspekte dieser transdisziplinär orientierten Forschungsrichtung sind dabei von besonderer Bedeutung: der Nachweis des sozio-technischen Charakters neuer Techniken und die Bedeutung von Leitbildern für die Technikgestaltung.

- Die sozialwissenschaftliche Technikforschung konnte zeigen, dass die Entwicklung neuer Techniken nicht – wie zuvor unterstellt (z. B. Schelsky 1979) – einer technischen Eigenlogik folgt, sondern vielmehr einem mehrstufigen rückgekoppelten sozio-technischem Gestaltungsprozess unterliegt, an dem unterschiedliche staatliche und gesellschaftliche Akteure beteiligt sind (Simonis 1999). Dabei wurde gezeigt, dass im Rahmen des Gestaltungsprozesses besonders nicht-technische Faktoren, wie die gesellschaftliche bzw. organisatorische Einbettung, eine bedeutende Rolle spielen (von Alemann / Schatz / Simonis 1992; Lange / Seeger 1997). Die größten Gestaltungsspielräume bestehen dabei am Beginn von Enkulturations- und Technisierungsprozessen.

- Studien zur Technikgenese zeigen die Bedeutung von Leitbildern für die Durchsetzung der bestimmenden Anwendungen neuer Techniken (Barben 2000; Dierkes / Canzler / Marz / Knie 1995; Dierkes / Hoffmann / Marz 1992; Dierkes 1988). Dabei ist es nicht ungewöhnlich, dass Technikleitbilder im Prozess von der Invention über die Durchsetzung bis zur Anwendung wechseln. Ein Beispiel von vielen ist der Leitbildwechsel beim Phonographen. Zunächst am Leitbild des akustischen Geschäftsbriefes orientiert, setzte sich im Verlauf der Technikverbreitung das Leitbild Abspielgerät für Musikschallplatten durch. Solche und weitere Beispiele (Flichy 1995; Latzer 1997; Kubicek 1997) verweisen nicht nur auf die Variabilität vorausgreifender Technikentwürfe, sondern auch auf die Dynamik der Technikentwicklung. So können zu Beginn des Technikentwicklungsprozesses keine sicheren Prognosen über die spätere Anwendung und Nutzung getroffen werden.

Die Ergebnisse der sozialwissenschaftliche Technikforschung können dazu beitragen, die Anwendungs- und Nutzungspotenziale des Internet für das Parlament auszuloten. Unter dem Aspekt des sozio-technischen Charakters zeigt sich, dass das Internet ein noch junges und gestaltungsoffenes Medium darstellt. Es baut auf früheren Entwicklungen der Iuk-Technik auf, ermöglicht jedoch darüber hinaus neue Nutzungsformen, wie polydirektionale Interaktion, die erhöhte Raum- und Zeitunabhängigkeit, neue digitale Speicher-, Reproduktions- und Distributionsmöglichkeiten sowie Kommunikation über Netzwerke (Mambrey 1999: 343). Dabei sind für die Nutzung des Internet als eines interaktiven Informations- und Kommunikationsmediums besonders die Möglichkeiten zur Gruppenkommunikation interessant, da sie Potenziale birgt, die Dichotomie von Individual- und Massenkommunikation zu überschreiten (Morris / Organ 1996; Latzer 1997; Kubicek 1997).

Tabelle 1

<table>
<tr><th></th><th>An einen</th><th>An wenige Berechtigte</th><th>An viele, prinzipiell alle</th></tr>
<tr><td>Von einem</td><td>Telefon, email</td><td>(kommerzielle)
Online-Datenbanken,
On-Demand Dienste mit Registrierung und</td><td>Datex-J,
Videotext,
Ansagedienste
Rundfunk
Freie On-Demand Dienste</td></tr>
<tr><td>Von wenigen (Berechtigten)</td><td></td><td>Geschlossene Benutzergruppen in
Datex-J
Newsgroups
Mailboxen
Chat</td><td rowspan="2">Newsgroups
Und
List-server</td></tr>
<tr><td>Von vielen</td><td>Elektronische Umfragen
(Ted)</td><td></td></tr>
</table>

(nach Kubicek 1997: 232)

In Bezug auf Nutzungsstrategien der Parlamente lassen sich Arbeiten von Mambrey / Vorwerk / Wurch (1991), Kubicek / Hagen (1999), Zittel (2000) Caldow (1999) und Smith / Gray (1999) sowie Bröchler (2001) dahingehend interpretieren, dass das Parlament – wie bereits bei früheren IuK-Techniken – das Internet als Arbeitsinstrument in die bestehenden Verfahren der Parlamentsarbeit einbettet. Die Autoren unterstreichen damit den reinforcement-Ansatz, der die Pfadabhängigkeit technischer Innovationen betont (Laudon 1977; Danziger / Dutton / Kling / Kraemer 1982; Bellamy 1999). Dabei zeigt sich, dass Anwendung und Nutzung des Internet sich einem bestimmten Technikleitbild zuordnen lassen.

Am Beispiel des Deutschen Bundestag lässt aus dem bisherigen Muster der Kontextualisierung neuer IuK-Techniken – unter Einschluss des Internets – ein bestimmendes Technikleitbild zeichnen. Dieses Leitbild wird im folgenden als informationsorientiertes Technikleitbild bezeichnet. Dieses Leitbild ist dadurch charakterisiert, dass es auf die intra-organisatorische Nutzung im Rahmen der Aufgaben des Parlaments zentriert ist. Das Technikleitbild stellt dabei die stattfindende fortschreitende Informatisierung der Parlamentsverwaltung in den Dienst, die Informiertheit des Parlaments zu erhöhen und die Informationsversorgung der Bürger über die Arbeit der Volksvertretung zu verbessern. Entsprechend lassen sich zwei Zielgruppen differenzieren: zum einen die einzelnen Parlamentarier, die durch Informatisierung in der Wahrnehmung ihres politischen Mandats unterstützt werden sollen und zum anderen am Parlamentsgeschehen interessierte Bevölkerungsgruppen (z. B. politisch interessierte Bürgerinnen und Bürger, Lehrer, Journalisten, Wissenschaftler).

- Die Informatisierung der Abgeordneten kommt im Ausbau der IuK-technischen Infrastruktur der Abgeordnetenbüros (und auf der Fraktionsebene) zum Ausdruck. Der Parlamentarier ist heute nicht mehr nur ein homo politicus, sondern wird auch mehr und mehr zu einem homo connectus. Dem Berufsparlamentarier werden von der Verwaltung des Deutschen Bundestages die notwendigen Netze, Hard- und Software sowie Dienste für die PC-gestützte Büroarbeit zur Verfügung gestellt (Bröchler 2001: 223). Das Internet ist heute nach den Printmedien, die häufigste Informationsquelle in den Abgeordnetenbüros (Bröchler / Elbers 2001). Doch das Internet wird zunehmend zur Selbstpräsentation der einzelnen Abgeordneten genutzt. Selbstverständlich ist eine eigene Internetpräsentation der Parlamentarier jedoch noch lange nicht. Nur etwas mehr als ein Drittel (286 von 669 Abgeordneten des Deutschen Bundestages) verfügen heute über eine eigene homepage im Webangebot des Deutschen Bundestages.[1]

- Moderne IuK-Technik und besonders das Internet haben zu einer Ausweitung der Angebotspalette im Bereich der Öffentlichkeitsarbeit des Parlaments geführt. Augenscheinlich wird die Informatisierung auf den offiziellen Webseiten des Deutschen Bundestages (http://www.bundestag.de). Auf der homepage bietet sich allen Interessierten mit Internetzugang ein breit ausdifferenziertes mehrsprachiges Angebot dar (Fühles-Ubach / Neumann 1998; Marschall 1998; Schiller 1998). Dabei sind vor allem der Informationsteil und der interaktive Teil des Angebots von Interesse: Hier wird den Besuchern die Möglichkeit zu unterschiedlichen Nutzungsformen geboten. In einem Informationsteil besteht sowohl die Möglichkeit bereits aufbereitete Informationen abzurufen als auch spezifische Informationswünsche durch Recherchen in Datenbanken des Bundestages zu befriedigen. Über das Internetprogramm können die Parlamentsdebatten verfolgt werden. Neben dem Informationsteil besteht auch die Möglichkeit zur Kommunikation mit den Abgeordneten, sei es in Form von e-mail oder im Rahmen interaktiver Kommunikation zu einzelnen aktuellen Themen in moderierten Foren, an denen sich die Parlamentarier beteiligen. Der Schwerpunkt der Nutzungsmöglichkeiten des Internetprogramms des Deutschen Bundestages liegt dabei in der Informationsversorgung, der um einzelne interaktive Komponenten ergänzt wird.

Im Folgenden sollen die Leistungen und Grenzen des informationsorientierten Leitbilds gezeigt werden. Offenkundig hat die bisherige Nutzung des Internet und PC-gestützter Anwendungen die Voraussetzungen für die Informationsversorgung sowohl der Abgeordneten als auch interessierter Bürger verbessert. Die Abgeordneten können sich schneller über aktuelle Entwicklungen auf dem Laufenden halten. Im Bereich der Public Relations stellt das Webangebot ein nützliches Instrument dar, um das parlamentarische Geschehen den Bürgern besser zu vermitteln. Das informationsorientierte Leitbild kommt jedoch dann schnell an seine Grenzen, wenn man es dahingehend befragt, inwiefern es die Möglichkeiten des Internet nutzt. Es zeigt sich, dass das Internet heute lediglich eine Ergänzung bestehender IuK-technischer Anwendungen darstellt. Im Rahmen des informationsorientierten Technikleitbildes bleiben sowohl in Bezug auf die netzgestützte Arbeit der Parlamentarier als auch hinsichtlich der Öffentlichkeitsarbeit, die interaktiven Nutzungsmöglichkeiten weitgehend ungenutzt. Die Studie „The Virtual Ballot Box“ (Caldow 1999) des IBM eigenen ‚Institute for Electronic Democracy‘ befragte Abgeordnete in 14 europäischen Ländern und zeigte, dass das Internet fast ausschließlich die Erledigung schon bestehender Aufgaben und Tätigkeiten unterstützt. Am Beispiel der Nutzung des e-mail wird dies besonders deutlich. So nutzen die Abgeordneten das e-mail besonders für die tägliche Büroarbeit (94.5 %), für den Kontakt mit Interessengruppen (76.5 %) sowie für die Kommunikation mit den Wählern im Wahlkreis (69.8 %). Auch

1 Stand: 03.04.2001.

das ambitionierte Internetprogramm des Deutschen Bundestages nutzt das Internet noch unzureichend. Drei Aspekte geben unter diesem Blickwinkel Anlass zur Kritik. Der interaktive Teil des Webangebotes ist im Vergleich zum Informationsteil nur marginal vertreten. Die Diskussion in den Foren erfolgt eher zwischen dem teilnehmenden Publikum als zwischen Netzbürgern und Politikern. Es ist keine erkennbare Vorsorge dafür getroffen worden, dass die Diskussionsbeiträge der Teilnehmer Einfluss auf das Parlamentsgeschehen nehmen können. Die aktive Teilnahme der Netzbürger an den Diskussionsforen des Bundestages ist zum heutigen Zeitpunkt zwar zwang- und formlos aber leider auch fruchtlos. Eine zentrale Ursache für mangelhafte Nutzung der interaktiven Potenziale des Internet liegt in der Fixierung des leitenden informationsorientierten Technikbildes auf die intra-organisatorische Nutzung neuer IuK-Techniken. Das Parlament, so die hier vertretene These, steht heute vor der Wahl, am informationsorientierten Leitbild festzuhalten oder eine Diskussion über ein neues Technikleitbild des Parlaments zu beginnen. Welche Option ergriffen wird, ist dabei völlig offen. Denn das derzeit prägende Leitbild geht mit Startvorteilen ins Rennen. So entspricht die Nutzung des Internet als Ergänzung bestehender IuK-technischer Anwendungen der Logik des bisherigen Technisierungspfades. Darüber hinaus kann die bisherige Einbettung neuer Techniken zu Recht darauf verweisen, die Informiertheit des Parlaments und der Bürger erhöht zu haben. Demgegenüber sprechen technische und demokratietheoretische Überlegen dafür, Initiativen für ein stärker beteiligungsorientiertes Technikleitbild einzuleiten. Denn die Optionen zur interaktiven netzgestützten Kommunikation schaffen Voraussetzungen, die Interessenberücksichtigungsfähikeit des Parlaments zu erhöhen und die Bürger zu motivieren, sich intensiver am politischen Diskurs zu beteiligen. Die Entwicklung eines beteiligungsorientierten Leitbildes ist jedoch voraussetzungsvoll: Es ist nicht technokratisch zu verordnen, sondern erfordert eine gesellschaftlich geführte diskursive Leitbildentwicklung (Canzler / Dierkes 2001). Soll das Internet als ein politisches Massenmedium genutzt werden, müssen Rahmenbedingungen dafür geschaffen werden, dass prinzipiell alle Bürger die gleichen Chancen besitzen, sich am politischen Netzdiskurs zu beteiligen. Seitens des Parlaments erfordert die Einbindung des politischen Netzdiskurses in die parlamentarischen Willensbildung die Bereitschaft zu Lernprozessen und den Mut zu institutionellen Reformen.

2. Restriktionen des beteiligungsorientierten Leitbildes

Die Chancen für die Durchsetzung eines beteiligungsorientierten Technikleitbildes für das Parlament sind an eine Reihe von Voraussetzungen geknüpft. Im Folgenden muss eine Konzentration auf vier strukturelle Faktoren erfolgen, von denen angenommen wird, dass sie für die Stärkung der gesellschaftlichen Interessenberücksichtigung des Parlaments durch das Internet besonders relevant sind:

- die Entwicklung des Internet muss technisch so weit vorangeschritten sein, dass es als politisches Massenmedium aller Bürger in Anspruch genommen werden kann,
- es müssen für alle Bürger prinzipiell die gleichen Nutzungschancen bestehen am Netzdiskurs teilzunehmen,
- die Nutzer müssen Gewissheit besitzen, dass die Nutzung des Internet weitgehend ohne Risiken (wie Datenmissbrauch) erfolgt,
- das Parlament muss über geeignete Instrumente und Verfahren verfügen, um den Netzdiskurs in die parlamentarische Willensbildung einfließen lassen zu können.

Im Folgenden wird die Frage diskutiert, ob die genannten Voraussetzungen bereits heute erfüllt sind oder wo auf Handlungsbedarfe hingewiesen werden muss.

Entwicklungsstand: Das Internet ist im Vergleich zu der Entwicklung zu Presse, Rundfunk oder Fernsehen ein junges Medium. Erst seit den 90er Jahren konnten breitere Anwendungs- und Nutzungserfahrungen gewonnen werden, die über die militärische (ARPANET) und wissenschaftliche Anwendung (NSFNET) des Netzes hinaus gehen. Im Rahmen der sozialwissenschaftlichen Technikforschung wird argumentiert, dass die Verbreitung des Internet an der Schwelle zu einem Massenmedium steht (Kubicek / Hagen 2000). Doch der Sprung in ein höheres Niveau von Öffentlichkeit wird Zeit für Lernerfahrungen im Umgang mit dem neuen Medium benötigen. So stellen sich sowohl neue Anforderungen an die technische Konfiguration als auch an die gesellschaftliche bzw. organisatorische Einbettung des Internet als (zukünftiges) Massenmedium (ebd.: 15). Das Internet ist am Beginn des 21. Jahrhunderts noch auf der Suche nach seiner bestimmenden Nutzung. Heute lässt sich nicht entscheiden, ob der Anwendungsschwerpunkt stärker im Bereich der Informationsversorgung oder interaktiver Kommunikationsformen liegen wird.

Nutzungschancen: Obwohl der Anteil der Internetnutzer weiter steigt, stellt das Internet derzeit noch kein Massenmedium dar.[2] Zum Ende des Jahres 2000 nutzen ca. 29 % der deutschen Erwachsenen das Internet (Forschungsgruppe Wahlen online 2001: 4). Die nähere demoskopische Analyse zeigt dabei zum Teil starke Unterschiede, wer das neue Medium nutzt und wer nicht:

- Geschlecht: Trotz steigender Nutzungsraten des Internet verfügen nur 24 % der Frauen über einen Internet-Zugang, im Unterschied zu 36 % der Männer (Forschungsgruppe Wahlen online 2001: 4).
- Alter: Das Internet erweist sich als junges Medium, nicht nur aufgrund seiner technischen Konfiguration und der geringen gesellschaftlichen Einbettung, sondern auch, weil es gerade junge Menschen nutzen. Über 50 % der 18-29 jährigen und über 44 % der 30-39 jährigen verfügen über einen Internetzugang. Doch mit steigendem Alter sinkt die Zahl der Nutzer drastisch. In der Altersgruppe der 50-59 jährigen und der älter als 60 Jahre alten Bürgerinnen und Bürger besitzen nur noch 33 % bzw. 8 % einen Zugang (Forschungsgruppe Wahlen online 2001: 1).

2 Die Klassifizierung Massenmedium erscheint sinnvoll, sofern mehr als 50 % der Haushalte über einen Access verfügen und das Internet mindestens gelegentlich nutzen (vgl. auch Kubicek 1998: 62).

- Bildung: Die Nutzung des Internet hängt stark mit dem formalen Bildungsabschluss zusammen. So besitzen nur 14 % mit Hauptschulabschluss im Unterschied zu 56 % mit Hochschulreife einen Internetzugang (Forschungsgruppe Wahlen online 2000: 9).

- Berufsgruppen: Betrachtet man die Nutzung des Internet nach Berufsgruppen, so stellt das Internet ein Medium der Angestellten und besonders der Selbständigen dar. 48 % der Selbständigen und 36 % der mittleren bzw. 31 % der leitenden Angestellten nutzen das Internet. Demgegenüber verfügen nur 2 % der ungelernten Arbeiter über einen Netzzugang (Forschungsgruppe Wahlen online 2001: 2).

- Milieus: Differenziert man die Internetnutzer in Deutschland nach sozialen Milieus, so zeichnen sich deutliche Schwerpunkte ab. Das traditionelle bürgerliche Milieu, das traditionelle Arbeitermilieu und das konsummaterialistische Milieu, die zusammen 33 % der Gesamtbevölkerung repräsentieren, rekrutieren nur 7 % aller Nutzer des neuen Mediums. Im Unterschied hierzu kommen das postmoderne Milieu, das moderne Arbeitermilieu und das statusorientierte Milieu zusammen auf 47 % der Internetnutzer, obwohl diese Milieus nur 29 % der Gesamtbevölkerung ausmachen (Forschungsgruppe Wahlen online 2000: 15f.).

- Potentielle Nutzer und Nicht-Nutzer: Demoskopische Untersuchungen gehen davon aus, dass sich die Zahl der Bürgerinnen und Bürger mit Internetzugang weiter erhöhen wird. Doch noch lange nicht alle Bürger beabsichtigen sich einen Zugang zum Internet zu verschaffen. Laut Ergebnissen der Forschungsgruppe Wahlen liegt der Anteil derer, die in absehbarer Zeit keinen Zugang planen bei 52 % (Forschungsgruppe Wahlen online 2000: 7).

Fasst man die Erkenntnisse über die Nutzung des Internet zusammen, so zeigt sich, dass am Beginn des 21. Jahrhunderts die Chancen am politischen Netzdiskurs teilnehmen zu können, ungleich verteilt sind. Heute verfügt selbst in der wohlhabenden westlichen Demokratie Deutschland nur eine „Info-Elite" von knapp einem Drittel über einen Internetzugang. Im Unterschied zu vielen Entwicklungsländern Afrikas und Mittelamerikas, die schon kaum über die notwendigen infrastrukturellen Voraussetzungen für die Nutzung des Internet verfügen (Afemann 1996), sind es in Deutschland unterschiedlich verteilte Zugangs- und Nutzungschancen der Bevölkerung, die eine Teilhabe am Netzdiskurs blockieren und zu einer Variante der „digitalen Spaltung" führen.

Sicherheit im Umgang mit dem Internet: Die Frage der Sicherheit bei der Nutzung des Internet ist ein wichtiges Kriterium, ob das neue Medium zu einem Massenmedium wird. Eine Studie der Forschungsgruppe Wahlen „Online-Banking und E-Commerce" zeigt, dass diejenigen die heute noch kein online-banking betreiben, als Hauptgrund angeben, dass das Internet „zu unsicher" (31 %) sei (Forschungsgruppe Wahlen Online 2000: 7). Für das elektronische Parlament ist die Frage der Sicherheit des Internet konstitutiv. Die Relevanz beginnt nicht erst bei der Durchführung von elektronischen Wahlen. Bereits die Versorgung der Bürger mit netzgestützten Informationen des Parlaments (eigene Webseiten im Internet) oder der Kontakt zum Abgeordneten via e-mail erfordern verlässliche Sicherheitsstandards. Dies gilt in besonderem Maße für partizipative interaktive Kommunikationsformen zwischen Wählern und Gewählten. Doch die Nutzung des Internet ist nicht sicher, sondern risikoreich. Bei den Risiken des Internet kann zwischen der Verwundbarkeit des Internet als eines Techniksystems und der Verletzlichkeit der Gesellschaft durch das neue Medium unterschieden werden (Roßnagel 1989 und 1997). Die Verwundbarkeit des Internet kommt in einer Reihe von Risiken zum Ausdruck, wie Verlusten der Verfügbarkeit, Integrität, Vertraulichkeit und Verbindlichkeit der Daten (Köhntopp 1996: 218f.). Doch das Internet ist nicht nur in technischer Hinsicht ein verwundbares sondern auch ein gesellschaftlich verletzliches Medium. In den Blickpunkt der Analyse der Verletzlichkeit des Internet rücken dabei die Folgen eines Ausfalls oder einer Störung für die Gesellschaft und das politische System. Wichtige Aspekte der Verletzlichkeit des Internet sind:

- der Missbrauch durch Hacker,
- die weltweite strafbare Verbreitung von Informationen (z. B. Rassismus, Gewalt, Pornographie),
- „Angriffe auf Zahlungssysteme, Sicherungstechniken und Sicherheitsinfrastrukturen für Verschlüsselung und Signaturen,
- Manipulation und Ausforschung neuer Hilfsmittel wie Intelligent Agents,
- Störung, Zerstörung oder gezielte Überlastung von Systemen der Internet-Provider,
- Angriffe auf Netzinfrastrukturen und deren Unterstützungssysteme (etwa die Stromversorgung),
- Nutzung neuer Telekommunikationsdienstleistungen für betrügerische Angebote, das Etablieren von Phantomfirmen oder auch die Verbreitung von Falschinformationen“ (Roßnagel 1997: 206)

Auch heute sind die Forderungen nach datensparsamer Technik (Erhebung nur wirklich erforderlicher Daten), einer strengen Zweckbindung des Umgangs mit Daten und der Transparenz bezüglich wo, wie lange und welche Daten gespeichert und übermittelt werden, weitgehend uneingelöst (Köhntopp 1996: 216). Die Verwundbarkeit des Internet und die Verletzlichkeit der Gesellschaft, durch die rasche Verbreitung und Integration von Telekommunikations- und Rechnersystemen, stellt keine Phantomdebatte dar, sondern verweist auf reale Gefahren. Anfang des Jahres 2001 wurden weltweit Internetfirmen wie Yahoo und amazon sowie der Nachrichtensender CNN durch den Virus „I Love You“ blockiert und lahmgelegt. Im Februar wurde der Internetrechner des Landtags von Nordrhein-Westfalen abgeschaltet, weil man einen Virusangriff befürchtet hatte.

Interessenberücksichtigungsfähigkeit: Der Deutsche Bundestag verfügt während des gesamten Politikzyklus (Windhoff-Héritier 1987: 64ff.) der Problemdefinition, der Agenda-Gestaltung, der Politikformulierung, der Politikimplementation, der Termination, der Policy-Reaktion und der politischen Verarbeitung über keine Instrumente oder Verfahren die netzgestützt artikulierten Interessen der Bürger systematisch in die parlamentarische Willensbildung einzubinden. Dabei besitzt das Parlament eine Reihe von Schnittstellen zur Öffentlichkeit. Beispiele sind die Hearings im parlamentarischen Gesetzgebungsverfahren oder im Rahmen von Enquete-

Kommissionen. Doch auch in diesen Gremien kommt nur eine spezifische Teilöffentlichkeit zu Wort (Beyme 1997: 207ff.): Repräsentanten von Interessengruppen, Sachverständige und Wissenschaftler. Im Rahmen der verschiedenen Debatten über die Reform des Deutschen Bundestages ist es bis heute nicht gelungen, neue Foren und Formen der Bürgermitwirkung und der Stärkung des öffentlichen Diskurses zu institutionalisieren (Ismayr 2000: 465f.). Die netzgestützt artikulierten Interessen bleiben somit bis auf weiteres für die Wahrnehmung des Parlaments off-line.

Die Analyse der vier Faktoren zeigt, dass heute keine der Voraussetzungen für die Durchsetzung eines beteiligungsorientierten Technikleitbildes für das Parlament in vollem Umfang vorliegen: Das Internet hat weder technisch noch von der gesellschaftlichen Einbettung her den qualitativen Sprung zum Massenmedium bereits hinter sich gebracht, die Nutzungschancen des neuen Mediums sind gesellschaftlich ungleich verteilt, es bestehen erhebliche technische wie gesellschaftliche Risiken bei der Nutzung des Internet und das Parlament verfügt über keine organisatorischen Verfahren der Interessenberücksichtigung, um den politischen Netzdiskurs systematisch in seine Willensbildung einfließen zu lassen.

Angesichts dieser Ergebnisse bestehen auf den ersten Blick gute Gründe an das Internet keine Erwartungen für eine Stärkung der Interessenberücksichtigung der Netzbürger zu richten. Eine solche Perspektive erscheint jedoch bei einem zweiten Blick verfrüht angesichts dessen, dass sich das Internet in einem frühen Entwicklungsstadium befindet, in dem keine sicheren Prognosen über bestimmende Anwendungs- und Nutzungsformen möglich sind. Als Konsequenz der Ergebnisse wird vielmehr erheblicher politischer Handlungsbedarf festgestellt: Bestehende Gestaltungschancen der frühen Entwicklungsphase zu nutzen, Initiativen für eine bessere Chancengleichheit der Internetnutzung zu ergreifen („Zugang für alle"), die Risiken des Internet zu reduzieren und Handlungskorridore zu identifizieren, im Rahmen dessen der internetgestützte politische Diskurs in die parlamentarische Willensbildung eingeflochten werden kann.

3. Ausblick: Ansatzpunkte für die Institutionalisierung des politischen Netzdiskurses im Parlament

Bis dato bindet das Bundesparlament im Rahmen der repräsentativen Demokratie Deutschlands die gesellschaftlichen Interessen der einzelnen Bürger in das Parlamentsgeschehen nur wenig ein: Bei der Wahl zum Deutschen Bundestag über das aktive und passive Wahlrecht (Artikel 38 GG) und im Rahmen des Petitionsrechts über die Bitten und Beschwerden der Bürger (Artikel 17 GG). Im Unterschied zu den meisten Länderparlamenten Deutschlands (Ismayr 2000: 31f.) sowie der Bundesversammlung der Schweiz (Linder 1999: 235ff.) oder des österreichischen Nationalrats (Pelinka / Rosenberger 2000: 69ff.), kann der Bundestag direktdemokratisch geäußerte Interessen im Rahmen von Volksbefragungen, -initiativen, -bescheiden oder -entscheiden nicht in seine Willensbildung einfließen lassen (Ausnahmen Art. 29 und Art. 118a GG). Auch bei Anhörungen im Rahmen des Gesetzgebungsverfahren nutzt das Parlament nicht die Möglichkeit, Kritik und Anregungen der Bürger aufzunehmen. Dies gilt ebenso für parlamentarische Fragestunden und bei der Einsetzung von Enquete-Kommissionen. Dabei versperrt das Grundgesetz dem Parlament keineswegs die Möglichkeit, die Interessen der Bürgerinnen und Bürger stärker zu berücksichtigen. Artikel 5 Grundgesetz stellt sogar die Voraussetzungen für eine stärkere Interessenberücksichtigung, die Meinungs- und Informationsfreiheit der Bürger, unter den Schutz der Verfassung. Dabei sieht Art. 20 Absatz 2 GG die Möglichkeit vor, dass die Bürger nicht nur in Wahlen, sondern auch in Form anderer Abstimmungen ihre Souveränität ausüben können. Auch die erheblichen Gestaltungsspielräume im Rahmen der Geschäftsordnung des Deutschen Bundestages bleiben ungenutzt. Die Bedeutung des Bürgers ist zwischen den Wahlperioden hinsichtlich seines Einflusses auf das Parlamentsgeschehen auf die Rolle des politisch interessierten Zuschauers bzw. des Petenten reduziert.

Im Rahmen des beteiligungsorientierten Leitbildes des Parlaments wäre das neue Medium so zu gestalten, dass eine breitere Palette unterschiedlicher gesellschaftlicher Interessen Berücksichtigung findet. Dabei sind es besonders die neuen Möglichkeiten zur Gruppenkommunikation, die für das Parlament von besonderem Interesse sind. Die Nutzung des Internet als interaktives Medium zur Stärkung der parlamentarischen Interessenberücksichtigung erfordert von den parlamentarischen Akteuren jedoch Offenheit für Lernprozesse im Umgang mit dem neuen Medium und die Reorganisation bestehender Verfahren der parlamentarischen Willensbildung. Am Beginn eines solchen Prozesses neuer Aneignungsformen des Internet sollte im Rahmen von Pilotanwendungen Raum für kontrollierte institutionelle Lernprozesse gegeben werden. Dabei erscheint es zunächst sinnvoll, bestehende Gremien der parlamentarischen Willensbildung um die Komponente netzgestützter Interessenartikulation zu ergänzen. Erfahrungen könnten in folgenden Bereichen gesammelt werden:

- bei öffentlichen Anhörungen im Rahmen des Gesetzgebungsverfahren;
- im Rahmen von Fragestunden an die Regierung;
- bei der Identifikation und Diskussion gesellschaftlich relevanter Themen von Enquete-Kommissionen;
- für die Themenfindung der parlamentarischen Technikfolgenabschätzung.

Damit der Chor der Netzbürger verstehbar wird und in die Willensbildung einfließen kann, sollte auch darüber nachgedacht werden, wie den unterschiedlichen Interessen eine Stimme gegeben werden kann. Die Interessen könnten dabei durch einen in seinen Artikulations- und Delegationsrechten gestärkten Petitionsausschuss oder durch eine neu zu schaffende Institution des Netzbürgeranwalts vertreten und in die parlamentarische Willensbildung eingebracht werden.

Literatur:

Afemann, U. (1996): Zur Bedeutung der neuen Kommunikationstechnologien in der >Dritten Welt< am Beispiel des Internet. In: Bulmahn, E. / van Haaren, K. / Hensche, D. / Kilper, M. / Kubicek, H. / Rilling, R. (Hrsg.): Informationsgesellschaft - Medien – Demokratie. Marburg:.219-233.

Alemann von., U. / Schatz, H. / Simonis, G. u. a. (1992): Leitbilder sozialverträglicher Technikgestaltung. Opladen.

Barben, D. (2000): Leitbildforschung. In: Bröchler, S. / Simonis, G. / Sundermann, K. (Hrsg.): Handbuch Technikfolgenabschätzung. Berlin: 167-182.

Barben, D. / Dierkes, M. / Marz, L. (1988): Leitbilder – ihre Rolle im öffentlichen Diskurs und in der wissenschaftlich-technischen Entwicklung der Biotechnologie, WZB papers, FS II 93-110. Berlin.

Bellamy, C. / Raab, C. D. (1999): Wiring-up the Deck-Chairs? In: Parliamentary Affairs, Volume 52, Number 3, July 1999: 518-534.

Beyme, K. von (1997): Der Gesetzgeber. Opladen.

Bröchler, S. (2001): Does technology matter? Die Rolle von Informations- und Kommunikationstechniken in Regierung und Parlament. In: Simonis, G. / Martinsen, R. / Saretzki, T. (Hrsg.): Politik und Technik, PVS-Sonderheft 31. Opladen: 213-231.

Bröchler, S. / Elbers, H. (2001): Berufs- und Arbeitswelt der persönlichen wissenschaftlichen Mitarbeiter der Abgeordneten des Deutschen Bundestages. Zwischenbericht: Ergebnisse einer internetgestützten Befragung. Hagen (Ms.).

Caldow, J. (1999): The Virtual Ballot Box: A Survey of Digital Democracy in Europe, Institute for Electronic Government, IBM Corporation. New York (www.ieg.ibm.com).

Canzler, W. / Dierkes, M. (2001): Informationelle Techniksteuerung: öffentliche Diskurse und Leitbildentwicklung. In: Simonis, G. / Martinsen, R. / Saretzki, T. (Hrsg.): Politik und Technik, PVS-Sonderheft 31. Opladen: 108-131.

Coleman, S. / Taylor, J. A. / van De Donk, W. (1999): Parliament in the Age of the Internet. In: Parliamentary Affairs, Volume 52, Number 3, July 1999: 365-370.

Danziger, J. / Dutton, W. / Kling, R. / Kraemer, K. (1982): Computers and Politics. New York.

Dierkes, M. / Hoffmann, U. / Marz, L. (1992): Leitbild und Technik. Berlin.

Dierkes, M. / Canzler, W. / Marz, L. / Knie, A. (1995): Politik und Technikgenese. In: Verbund Sozialwissenschaftliche Technikforschung (Hrsg.): Mitteilungen Heft 15. Köln: 7-28.

Flichy, P. (1995): Dynamics of Modern Communication. London.

Forschungsgruppe Wahlen Online (2000): Online-Banking und E-Commerce, Ergebnisse aus repräsentativen Bevölkerungsumfragen und einer Online-Umfrage. Mannheim (www.fgw-online.de).

Forschungsgruppe Wahlen Online (2001): Aktuelle Internet Ergebnisse. Mannheim (www.fgw-online.de).

Fühles-Ubach, S. / Neumann, H.-P. (1998): Zwei Jahre Deutscher Bundestag im Internet. In: Nachrichten für Dokumentation (NfD) 49: 205-210.

Gellner, W. / Korff, F. von (1998): Demokratie und Internet. Baden-Baden.

Grimmer, K. / Kuhlmann, S. / Meyer-Krahmer, F. (Hrsg.) (1999): Innovationen in globalisierten Arenen. Opladen.

Ismayr, W. (2000): Der Deutsche Bundestag. Opladen.

Kleinsteuber, H. J. / Hagen, M. (1997): Konzepte elektronischer Demokratie in den USA und Deutschland: Darstellung einiger Positionen und Erörterung von Pro & Contra. In: Loccumer Protokolle, Evangelische Akademie Loccum: 127-148.

Köhntopp, M. (1996): Datenschutz in der Informationsgesellschaft. In: Bulmahn, E. / van Haaren, K. / Hensche, D. / Kilper, M. / Kubicek, H. / Rilling, R. (Hrsg.): Informationsgesellschaft - Medien – Demokratie. Marburg: 212-218.

Kubicek, H. (1997): Das Internet auf dem Weg zum Massenmedium? - Ein Versuch, Lehren aus der Geschichte alter und anderer neuer Medien zu ziehen. In: Werle, R. / Lang, C. (Hrsg.): Modell Internet? Entwicklungsperspektiven neuer Kommunikationsnetze. München: 213-239.

Kubicek, H. (1998): Das Internet 1995 – 2005. Zwingende Konsequenzen aus unsicheren Analysen. In: Leggewie, C. / Maar, C. (Hrsg.): Internet und Politik. Von der Zuschauer- zur Beteiligungsdemokratie. Köln: 55-69.

Kubicek, H. (2000): Von bundestag.de zum e-parlament. In: Blickpunkt Bundestag, April 3/2000: 4-5.

Kubicek, H. / Hagen, M. (1999): Gesellschaftliche Partizipation per Internet? Zur Anschlußbedürftigkeit interaktiver Medien. Bremen (http://infosoc.informatik.uni-bremen.de/hagen/Partizipation.Pdf).

Lange, B.-P. / Seeger, P. (1997): Die Technisierung der Medien und ihre Gestaltbarkeit - Eine Einführung. In: Lange, B.-P. / Seeger, P.: Technisierung der Medien. Strukturwandel und Gestaltungsperspektiven. Baden-Baden: 1-3.

Laudon, K. (1977): Communications Technology and Public Participation. New York.

Leggewie, C. / Maar, C. (1998): Internet und Politik. Von der Zuschauer- zur Beteiligungsdemokratie. Köln.

Linder, W. (1999): Schweizerische Demokratie. Bern/Stuttgart/Wien.

Lösche, P. (2000): Der Bundestag – kein „trauriges", kein „ohnmächtiges" Parlament. In ZParl, Heft 4/2000: 926-936.

Mambrey, P. (2000): Neue interaktive Medien eröffnen Potentiale für digitale politische Partizipation und neue Formen von Öffentlichkeit. In: Martinsen, R. / Simonis, G. (Hrsg.): Demokratie und Technik. Opladen: 335-361.

Mambrey, P. / Vorwerk, E. / Wurch, G. (1991): Computer im Deutschen Bundestag. Opladen.

Mambrey, P. / Neumann, H.-P. / Sieverdingbeck, K. (1999): Bridging the Gap between Parliament and Citizen - the Internet Services of the German Bundestag. In: Parliamentary Affairs, Volume 52, Number 3, July 1999: 480-492.

Marschall, S. (1998): Wirkungen von Online-Kommunikation auf das Kommunikationsmanagement von Organisationen - am Beispiel der PR des Deutschen Bundestages. In: Rössler, P. (Hrsg.): Online-Kommunikation, Beiträge zu Nutzung und Wirkung. Opladen: 189-205.

Pelinka, A. / Rosenberger, S. (2000): Österreichische Politik. Wien.

Pordesch, U. / Roßnagel, A. (1997): Untersuchungen zur Verletzlichkeit einer vernetzten Gesellschaft. In: Werle, R. / Lang, C. (Hrsg.): Modell Internet? Entwicklungsperspektiven neuer Kommunikationsnetze. München: 187-209.

Roßnagel, A. / Wedde, P. / Hammer, V. / Pordesch, U. (1989): Die Verletzlichkeit der Informationsgesellschaft. Opladen.

Schelsky, H. (1961): Der Mensch in der wissenschaftlichen Zivilisation. In: Ders.: Auf der Suche nach Wirklichkeit. München: 449-499.

Schiller, Dietmar (1998): Parlamente Online: Zum Strukturwandel parlamentarischer Öffentlichkeit im Internet-zeitalter, in: Gellner, Winand / Korff, Fritz von (Hrsg.): Demokratie und Internet, Baden-Baden: 127-142.

Schmalz-Bruns, R. (2001): Internet-Politik. Zum demokratischen Potenzial der neuen Informations- und Kommunikationstechnologien. In: Simonis, G. / Martinsen, R. / Saretzki, T. (Hrsg.): Politik und Technik, PVS-Sonderheft 31. Opladen: 108-131.

Smith, C. F. / Gray, P. (1999): The Scottish Parliament: (Re-)Shaping Parliamentary Democracy in the Information Age. In: Parliamentary Affairs, Volume 52, Number 3, July 1999: 429-441.

Simonis, G. / Martinsen, R. / Saretzki, T. (2001) (Hrsg.): Politik und Technik, PVS-Sonderheft 31. Opladen.

Simonis, G. (1999): Die Gestaltung sozio-technischer Innovationen als Gegenstand politikwissenschaftlicher Forschung und Lehre. In: Grimmer, K. / Kuhlmann, S. / Meyer-Krahmer, F. (Hrsg.): Innovationen in globalisierten Arenen. Opladen: 105-117.

Werle, R. / Lang, C. (Hrsg.) (1997): Modell Internet? Entwicklungsperspektiven neuer Kommunikationsnetze. München.

Windhoff-Héritier, A. (1987): Policy-Analyse. Frankfurt/New York.

Zittel, T. (1998): Repräsentativverfassung und neue Kommunikationsmedien. In: Gellner, W. / Korff, F. v.: Demokratie und Internet. Baden-Baden: 111-125.

Zittel, T. (2000): Elektronische Demokratie - ein Demokratietypus der Zukunft, in: ZParl, Heft 4/2000: 903-925.

Stand und Entwicklung der Medienkonzentration im Fernsehbereich[1]

Hardy Gundlach

1. Horizontale Medienkonzentration im Fernsehbereich

Die Deregulierung des Rundfunksektors Anfang der 80er Jahre hat eine dynamische Entwicklung der Rundfunkwirtschaft bewirkt. Durch die Zulassung privater Fernsehveranstalter kam es zum Abbau des Duopols der öffentlich-rechtlichen Fernsehprogramme der Arbeitsgemeinschaft der öffentlich-rechtlichen Rundfunkanstalten der Bundesrepublik Deutschland (ARD) und des Zweiten Deutschen Fernsehens (ZDF). Als Folge des Wettbewerbs der Fernsehsender hat eine fortschreitende Ausdifferenzierung und Vermehrung des Programmangebots stattgefunden, wodurch sich die Versorgung der Zuschauer entsprechend den tatsächlichen, vielfältigen Wünschen verbessert. Der volkswirtschaftliche Effekt des Wettbewerbs ist, dass er eine Verbesserung der Marktergebnisse bzw. der allokativen Effizienz des Sektors der Rundfunkwirtschaft bewirkt. Deutlich wird dies zum Beispiel anhand der kontinuierlich steigenden Zahl der Programmangebote. So stieg nach den Berechnungen des Deutschen Instituts für Wirtschaftsforschung (DIW) die Zahl der Fernsehprogramme (Hörfunk) zwischen 1986 und 1998 von 22 (65) auf 103[2] (239) (vgl. Seufert 2000: 164ff.). Ein Teil der aktuellen Dynamik der Marktzutritte wird auch durch die Arbeit der Kommission zur Ermittlung der Konzentration im Medienbereich (KEK) sichtbar. Als Organ für die abschließende Beurteilung von rechtlichen Fragen der Sicherung der Meinungsvielfalt beim privaten Fernsehen hat sie zwischen Mai 1997 und Januar 2001 insgesamt 77 Anträge[3] auf eine erstmalige Zulassung zur Veranstaltung bundesweiter Fernsehprogramme bearbeitet (siehe unter http://www.kek-online.de).

---

1 Der Autor ist Referent bei der Kommission zur Ermittlung der Konzentration im Medienbereich (KEK). Der vorliegende Beitrag gibt nicht die Auffassungen der KEK wieder. Er stellt die eigenen Ansichten des Autors dar.

2 Darunter an privaten Fernsehprogrammen: 23 bundesweite Programme (Pay-TV-Pakete nur einmal gezählt als Programm; bundesweite Drittfenster nicht gezählt), 13 Regionalfenster, 14 Regionalprogramme, 37 Lokalprogramme (mit mehr als 1 Stunde Produktion pro Woche).

3 Bei Programmpaketen benötigt jedes einzelne Programm eine Sendelizenz.

Gemessen am direkten Beitrag zum Bruttoinlandsprodukt – auch bei Einbeziehung der Vorleistungsbezüge der Rundfunkunternehmen – ist die gesamtwirtschaftliche Bedeutung des Rundfunkbereichs als relativ gering einzuschätzen. Allerdings zeigen die gesamtwirtschaftlichen Vorteile des privaten Rundfunks wie die Zuwächse an Bruttowertschöpfung, Beschäftigten und Steueraufkommen eine sehr starke regionale Konzentration auf die Standortregionen Bayern (insbesondere Region München), Region Berlin, Nordrhein-Westfalen (insbesondere Region Köln/Düsseldorf) und Hamburg (vgl. BLM 1999; FORMATT 1999; Seufert 2000: 164f.).

Im Unterschied zu der relativ geringen gesamtwirtschaftlichen Bedeutung der Rundfunkwirtschaft wird die gesellschaftliche Relevanz des Sektors als sehr hoch angesehen. Dies betrifft insbesondere die Relevanz des Fernsehens für die Meinungsbildung. Nach wie vor gilt die Rechtsprechung des Bundesverfassungsgerichts zum Art. 5 Abs. 1 Satz 2 GG, das heißt zur Rundfunkfreiheit. Danach besteht die Verpflichtung für den Gesetzgeber, durch eine Ordnungspolitik sicherzustellen, dass die Vielfalt der bestehenden Meinungen möglichst breit und vollständig Ausdruck findet (s. BVerfGE 57, 295, 320; BVerfGE 74, 297, 324). Die entsprechende Rundfunkordnung ist durch die Medienpolitik der Länder zu gestalten.

Im vorliegenden Beitrag wird davon ausgegangen, dass die Medienpolitik zur Sicherung der Meinungsvielfalt im Fernsehen eine Branchenstruktur als erforderlich ansieht, die sich so weit wie möglich am föderalen Staatsaufbau orientiert, aus einer Mehrzahl voneinander unabhängiger publizistischer Einheiten und aus einer die Funktionsfähigkeit des politischen Wettbewerbs in der repräsentativen Demokratie sichernden Trägervielfalt zusammensetzt. Die demokratischen Parteien begreifen nach wie vor das Fernsehen als ein wirkungsmächtiges Instrument der Politik, das zum Beispiel im Zusammenhang mit Wahlen oder Staatskrisen einen starken Einfluss auf die Meinungsbildung hat. Die verfassungspolitisch geprägten Diskussionen zur Rundfunkfreiheit sehen auch langfristige Effekte.

In der geltenden dualen Rundfunkordnung haben die öffentlich-rechtlichen Rundfunkprogramme die Grundversorgung sicherzustellen, damit der Rundfunk für die freie und öffentliche Meinungsbildung Medium und Faktor ist (vgl. BVerfGE 74, 297, 325f., 333ff.; BVerfGE 83, 238, 302f., 305f.). Zur Sicherung der Meinungsvielfalt beim privaten Rundfunk ist frühzeitig die Entstehung von politischer Medienkonzentration bzw. von vorherrschender Meinungsmacht zu verhindern. Das Bundesverfassungsgericht fordert eine präventive Kontrolle der Medienkonzentration zur Verhinderung vorherrschender Meinungsmacht, weil sich „einmal eingetretene Fehlentwicklungen wegen des dadurch entstehenden, auch politisch einsetzbaren Einflusses nur schwer rückgängig machen lassen." (BVerfGE 73, 159)

Schaubild 1: Zuschaueranteile der Fernsehsender in Deutschland: 1985 bis 2000

		Westdeutschland							Deutschland								
Fernsehprogramm	Sendebeginn	1985	1986	1987	1988	1989	1990	1991	1992	1993	1994	1995	1996	1997	1998	1999	2000
ARD	Nov. 1954	43,4	44,9	42,2	37,9	31,7	30,8	27,5	22,0	17,0	16,3	14,6	14,8	14,7	15,4	14,2	14,3
ZDF	April 1963	42,6	40,2	40,7	36,2	32,4	28,8	25,6	22,0	18,0	17,0	14,7	14,4	13,4	13,6	13,2	13,3
ARD III	60er Jahre u. 1992	10,2	10,1	10,5	10,7	10,4	9,0	8,8	8,3	7,9	8,9	9,7	10,1	11,6	12,3	12,5	12,7
RTL	Jan. 1984	0,4	0,7	1,2	4,1	10,0	11,5	14,4	16,7	18,9	17,5	17,6	17,0	16,1	15,1	14,8	14,3
SAT.1	Jan. 1984	-	-	1,5	5,8	8,5	9,0	10,6	13,1	14,4	14,9	14,7	13,2	12,8	11,8	10,8	10,2
3sat	Dez. 1984	-	-	-	-	-	-	-	-	0,8	1,0	0,9	0,9	0,9	0,9	0,9	0,9
Tele 5/DSF	Jan.88, seit Jan. 93 DSF				-	-	0,6	1,9	3,0	1,3	1,2	1,3	1,1	1,2	1,1	1,3	1,2
ProSieben	Jan. 1989					-	1,3	3,8	6,5	9,2	9,4	9,9	9,5	9,4	8,7	8,4	8,2
Eurosport	Feb. 1989										1,2	1,2	1,2	1,1	1,1	1,1	1,0
Premiere (2)	Feb. 91 bis Sept. 99							-	-	-	-	-	≈0,7	≈0,7	≈0,7	≈0,5	—
Kabel 1	Feb. 1992								-	1,6	2,0	3,0	3,6	3,8	4,4	5,4	5,5
arte	Mai 1992								-	0,1	0,2	0,2	0,3	0,3	0,3	0,3	0,3
n-tv	Nov. 1992								-	-	0,3	0,3	0,3	0,5	0,6	0,7	0,7
VOX	Jan. 1993									1,3	2,0	2,6	3,0	3,0	2,8	2,8	2,8
RTL 2	März 1993									2,6	3,8	4,6	4,5	4,0	3,8	4,0	4,8
Super RTL	April 1995											-	2,1	2,3	2,9	2,8	2,8
tm3	Aug. 1995											-	-	0,3	0,6	1,0	1,0
DF1 (2)	Juli 96 bis Sept. 99												-	-	-	≈0,2	—
Kinderkanal	Jan. 1997													0,6	0,9	1,3	1,2
Phoenix	April 1997													-	0,3	0,4	0,4
Premiere World (2)	Okt. 1999 (Relaunch)															≈0,3	≈1,1
N24	Jan. 2000																kA

3:00 bis 3:00 Uhr, Zuschauer ab 6 bzw. 3 Jahre (1), Mo.-So., Anteile an der täglichen durchschnittlichen Sehdauer in allen Panels, Angaben in Prozent; Quellen: Kabel & Satellit, epd medien, Funkkorrespondenz, Media Perspektiven, Medienspiegel; dort angegebene Quelle: GfK-Fernsehforschung/AGF (vgl. auch KEK 1999/2000: 96); die Grundgesamtheit dieser Messung der Zuschaueranteile beinhaltet nicht vollständig die Außer-Haus-Nutzung und die etwa 7 Mio. Menschen umfassende ausländische Wohnbevölkerung (vgl. KEK 2000: 374 f.)

(1) Bis Dezember 1994 bezogen sich alle Durchschnittsberechnungen auf die Zuschauer ab sechs Jahre - einschließlich der mitsehenden Fernsehgäste. Seit Januar 1995 werden zwar zusätzlich die Sehaktivitäten der drei- bis fünfjährigen Kinder berücksichtigt, aber der quantitativ bedeutsamere Fernsehkonsum der Gäste wird nicht mehr mitgezählt, so dass der Kreis der potentiellen Zuschauer kleiner geworden ist.

(2) Seit dem 01. Oktober 1999 sind die Abonnenten und Programme von DF1 und Premiere in „Premiere World" aufgegangen. Die Angaben zu den Zuschaueranteilen von Premiere, DF1 und Premiere World basieren auf Schätzungen, die die KEK gemäß § 27 RStV durchgeführt hat. Bei den Angaben zu DF1 und Premiere World ist zu berücksichtigen, dass sich die geschätzten Zuschaueranteile auf das Gesamtprogrammpaket beziehen. DF1 und Premiere World sind Programmplattformen, die auch Programme verbreiten, die nicht von dem Plattformbetreiber selbst veranstaltet werden. Solche Drittprogramme sind zum Beispiel Disney Channel, 13th Street, Universal Studios, Planet und Seasons.

Vor dem Hintergrund dieser gesellschaftspolitischen Rahmenbedingungen hat der Wettbewerb im Rundfunk ein starkes, dynamisches Wachstum des Rundfunkangebots bewirkt. Gleichwohl zeigen sich bei der Zuschauernutzung weiterhin enge, oligopolistische Marktverhältnisse. Beim bundesweit verbreiteten Fernsehen haben sich vier Sendergruppierungen etabliert, die nahezu 95 % des in durchschnittlichen Sehdaueranteilen gemessenen Bedarfs der Zuschauer an Fernsehprogrammen erfüllen (zu diesem Messkonzept vgl. KEK 1999). In zwei Gruppierungen werden die öffentlich-rechtlichen Fernsehprogramme aufgeteilt, die von der ARD oder dem ZDF veranstaltet werden. Allerdings werden mehrere Programmteile (z. B. Frühstücksfernsehen) und Programmkanäle (Kinderkanal, Phoenix, 3sat, arte) von ihnen gemeinsam veranstaltet. Im Bereich des privaten Fernsehens wird der überwiegende

Teil der Zuschauernachfrage durch Fernsehprogramme versorgt, die von der Kirch-Gruppe oder der RTL Group (vormals CLT-UFA) beherrscht werden. Beim Pay-TV nimmt die Programmplattform Premiere World (bis Oktober 1999 Premiere digital und DF1) und damit die KirchGruppe eine Monopolstellung ein.

Schaubild 2: Verfestigte Marktstrukturen: Zuschaueranteile der Fernsehprogramme

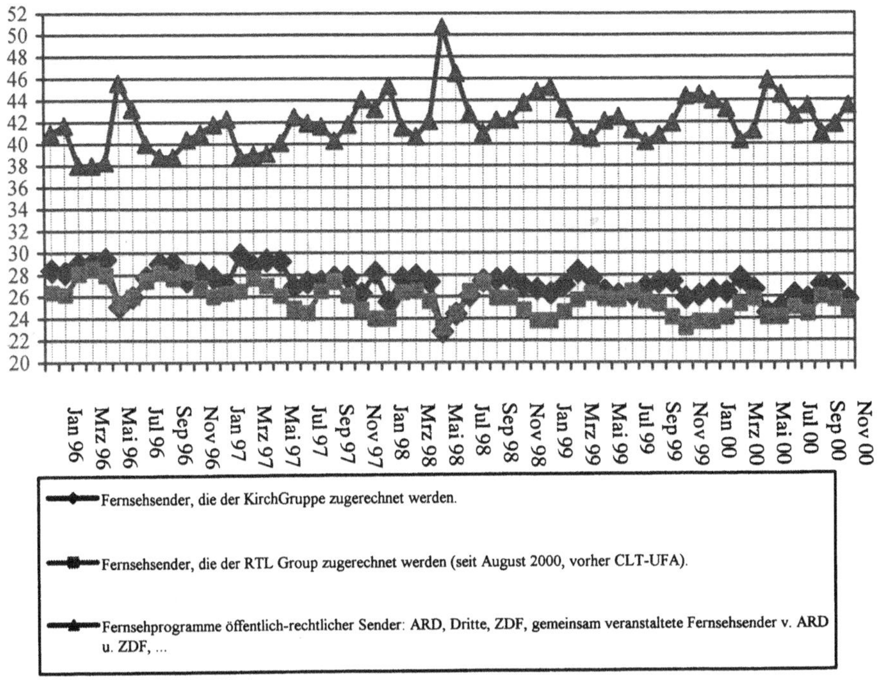

Quelle: GfK-Fernsehforschung/AGF; Stand Januar 2001; vgl. http://www.kek-online.de

Die Schwankungen bei den Zuschaueranteilen der Sendergruppierungen zeigen, dass zwischen den Gruppierungen der öffentlich-rechtlich verfassten Veranstalter und den privaten Sendergruppierungen intensive Wettbewerbsprozesse stattfinden. Dies zeigt die Entwicklung der Zuschaueranteile seit 1996 (Schaubild 2). Sie unterstützt auch die Hypothese, dass das enge Oligopol kaum durch die Zutritte von Außenseitern bedroht ist. Das Oligopol erweist sich bislang als sehr stabil. Zur Zeit existiert am Rande nur eine geringe Zahl von Sendern mit kleinen Zuschaueranteilen, die aber für einige Zielgruppen von Musik-, Sport- oder Nachrichteninteressierten von Bedeutung sind.

Der Grund für die engen Marktstrukturen sind hohe Marktzutrittsschranken. Die Marktzutrittsschranken schützen die in den 80er Jahren als Erste eingetretenen Medienkonzerne und deren Fernsehsender weitgehend vor einer nachfolgenden Außenseiterkonkurrenz. Die wichtigsten Marktzutrittsschranken entstehen durch die ausgedehnte vertikale Integration und durch die langfristigen vertikalen Vertragsbeziehungen zur Programmbeschaffung. Beim Pay-TV und Digitalfernsehen und im Zuge der Konvergenz wird aber auch die vertikale Integration zur Kontrolle der technischen Übertragungs- und Vertriebswege und damit des Zugangs hin zum Zuschauer eine bedeutende Marktzutrittsschranke.

Als Konvergenz wird unter technischen Aspekten verstanden, dass sich bei den durch Netze gekennzeichneten Übertragungstechnologien die ursprüngliche Trennung von Telefonnetz für Sprachübertragungen und Breitbandnetz für die Übermittlung von Bewegtbildern auflöst. Die traditionellen Breitbandnetze für das Kabelfernsehen und die Satelliten werden als Folge der Konvergenz das Angebot breitbandiger interaktiver Dienste und Programme erlauben, deren Verbreitung auf dem Internet-Protokoll (IP) basiert. Das World Wide Web (WWW) wird zunehmend für die Übertragung und den Abruf von digitalisierten Fernseh- und Videoangeboten attraktiv. Die technischen Möglichkeiten des Abrufs von Fernseh- und Videoübertragungen über das Internet in einer ausreichenden und damit in einer vom Zuschauer gewohnten Qualität sind derzeit noch sehr begrenzt. Es bedarf hierzu einer Konvergenz digitalisierter Netze durch eine kostenintensive Aufrüstung, die die Übertragungsgeschwindigkeit (Bitfolgefrequenz) so stark erhöht, dass eine stabile Internetverbindung zur fließenden Übertragung von Bewegtbildern möglich wird. Die derzeitigen Bandbreitenprobleme lassen solche Bildqualitäten nicht zu. Die Entwicklung steckt in Deutschland derzeit noch in den Kinderschuhen. Zum Beispiel wird die derzeitige Aufrüstung des Telefonkabels der Deutsche Telekom AG (DTAG) durch die als „T-DSL" bezeichnete ADSL- (Asynchrone Digital Subscriber Line) Technik kaum ausreichen, eine attraktive Bildqualität für den Abruf von Fernsehübertragungen über das Internet herzustellen (vgl. KEK 2000: 208). Auch im Bereich der Breitbandnetze für das Kabelfernsehen sind erst noch umfangreiche Aufrüstungsinvestitionen zu leisten.

Allerdings zeigen die weltweiten Entwicklungen, dass sich die Medien- und Telekommunikationsunternehmen auf die neuen Übertragungstechnologien einstellen. Bei den Unternehmen forcieren die Erhöhung der Übertragungskapazitäten durch die digitale Datenkompression und die Möglichkeiten des Internets die vertikale Integration von Rundfunkveranstaltung, Programmproduktion, Übertragungsnetzen, Internetplattformen und interaktiven Dienstleistungen. Die bei der traditionellen Fernseh- und Telekommunikationstechnologie etablierten Unternehmen sind bestrebt, ihre strategisch günstige Marktstellung zu nutzen, um die neuen Märkte zu besetzen. Es fusionieren Unternehmen, die über eine starke Stellung beim Zugang zu Inhalten und Programmressourcen verfügen, mit Unternehmen, die den Zugang zum Zuschauer über Internetzugangsdienste (Internet Service Provider, Online-Dienste) und die digitalisierten Übertragungswege kontrollieren. An der vertikalen Konzentrationstendenz sind Internetfirmen, Kabelnetzbetreiber und traditionelle Medienunternehmen beteiligt. Zum Beispiel sind die aktuellen Fusionen von America Online (AOL)/Time Warner und Vivendi/Canal+/Seagram auch Teil der Strategie, die vertikale Integration von Inhalteangeboten wie zum Beispiel Musik, Fernsehprogramme, Filme, Nachrichten und die Rechte daran mit einem Anbieter von

Internetzugang und Online-Diensten zu erreichen. Zugleich besitzen die Beteiligten auch eigene Kabelnetze (vgl. EG 13.10.2000 Vivendi/Canal+/Seagram; EG 11.10.2000 IP/00/1145).

2. RTL Group und KirchGruppe

Seit Anfang 1997 sind der KEK die Aufgaben der Herstellung von Transparenz über die Beteiligungsverhältnisse beim bundesweiten privaten Fernsehen und der Beurteilung der rechtlichen Fragen der Medienkonzentration zugewiesen worden. Die Regulierung der Medienkonzentration fällt eindeutig in die Zuständigkeit der Länder. Der Grund für die Einrichtung der KEK als eine neue Organisationsform der Landesmedienanstalten mit bundesweiter Wirksamkeit lag darin, eine Kontrolle der Medienkonzentration unabhängig von den ökonomischen Standortvorteilen einiger Länder durchzuführen (vgl. Jochimsen 1999). Entsprechend ihrem gesetzlichen Auftrag (§ 26 Abs. 6 RStV) erstellt sie alle drei Jahre oder auf Anforderung der Länder einen Konzentrationsbericht. Im ersten Bericht (vgl. KEK 2000) wird unter anderem ein Ergebnis ihrer bis dahin dreijährigen Prüfungspraxis hervorgehoben: Danach bildeten „die weiteren in diesem Bericht dargestellten Veranstaltergruppierungen (...) im Berichtszeitraum kein erhebliches Gegengewicht gegen die CLT-UFA und die KirchGruppe. Diese sind mit Abstand die dominierenden Kräfte im bundesweiten Fernsehen. Lediglich die Programmangebote der öffentlich-rechtlichen Rundfunkanstalten sind derzeit in der Lage, hinsichtlich der Zuschauerresonanz (...) den Einfluss der beiden privaten Gruppen einzugrenzen." (KEK 2000: 24) Der Bericht stützt damit die Vermutung, dass die Verhinderung der Entstehung vorherrschender Meinungsmacht im bundesweiten privaten Fernsehen im Kern eine Kontrolle des inneren Wachstums dieser beiden Medienkonzerne und ihrer Sendergruppierungen darstellt. Darüber hinaus geht es um die Verhinderung einer nahezu monopolistischen Vermachtung des privaten Fernsehsektors, die als Folge einer weitgehenden Zusammenarbeit der beiden privaten Oligopolisten entstehen würde. Das reale Interesse an einer Monopolisierung oder an einer kollektiven Beherrschung des privaten Fernsehens durch die beiden Medienkonzerne zeigte sich anhand der früheren, durch das europäische Wettbewerbsrecht untersagten Pläne zum Aufbau der digitalen Pay-TV- und Technikplattform (EG 27.05.1998 Bertelsmann/Kirch/Premiere und EG 27.05.1998 Deutsche Telekom/BetaResearch).

Schaubild 3: Veranstalterbeteiligungen und Programme der RTL Group (vereinfachte Darstellung)

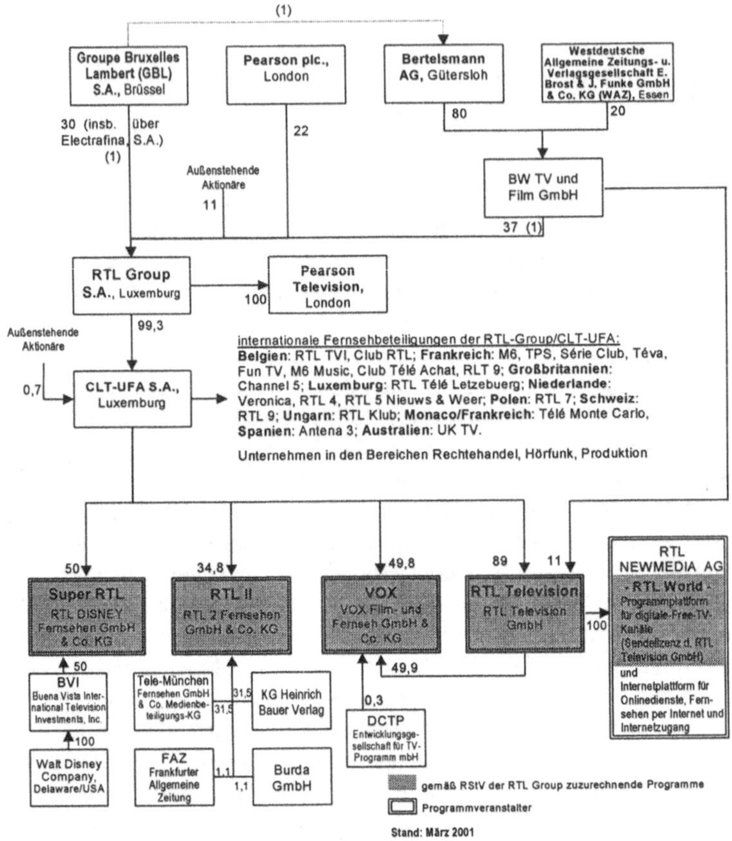

Quellen: Erstellt anhand von Angaben aus KEK 2000 und aktuellen Presseberichten.

(1) Laut Pressemitteilung vom 05.02.2001 ist eine Umstrukturierung geplant, die vorsieht, dass sich die GBL mit 25,1 % – davon sind 0,1 % ohne Stimmrechte –, an der Bertelsmann AG beteiligt. Durch einen Aktientausch wird sich der Anteil der Bertelsmann AG an der RTL Group von zur Zeit 37 % um die derzeitige 30 %ige Beteiligung der GBL/Electrafina auf 67 % erhöhen.

Bei der RTL Group (vormals CLT-UFA S.A.; Fernsehsender in Deutschland: RTL Television, RTL II, Super RTL, VOX) handelt es sich um einen internationalen Mischkonzern. Die Hauptgesellschafter sind Groupe Bruxelles Lambert S.A. (GBL), Brüssel, Pearson plc., London, und Bertelsmann AG, Gütersloh. Die Verflechtungen zwischen RTL Group, Bertelsmann AG und WAZ stellen eine multimediale Konzentration der Bereiche Fernsehen, Hörfunk, Film- und Fernsehproduktion, Rechtehandel, Buch, Presse, Musik, Internetzugangs- und Online-Dienste dar. Durch Pearson plc. ist ein international führender Fernsehproduzent Bestandteil der RTL Group. Die Schwerpunkte liegen auf Game-Show-Formaten, Fernseh-, Dramaserien und Seifenopern sowie dem breiten Spektrum der Unterhaltungsprogramme. Die GBL wird gemeinsam von den Familien des belgischen Unternehmers Albert Frère und des kanadischen Unternehmers Paul Desmarais beherrscht. Die Beteiligung der GBL an der RTL Group kann als Bestandteil einer internationalen Strategie der Diversifikation oder der diagonalen Konzentration betrachtet werden. Sie stellt einen Teil eines weitverzweigten Mischkonzerns dar. Zu dem Konzern zählen Beteiligungen, die außer den Bereichen Medien und Telekommunikation auch Unternehmen der Versorgungs-, Bau-, Metall-, Ölindustrie, Chemie und Feinmechanik umfassen. Viele der Geschäftsfelder beinhalten Netz- und Versorgungsinfrastrukturen und damit Kernbereiche der öffentlichen Daseinsvorsorge (Energie-, Gas-, Wasserversorgung, Abfallentsorgung, Telekommunikations- und Kabelfernsehnetze), die deshalb auch von öffentlichen Regulierungen und Aufträgen geprägt sind (vgl. KEK 2000: 237ff.).

Die Unternehmensgruppe um den Münchener Filmhändler Dr. Leo Kirch beherrscht im werbefinanzierten Fernsehen die Sender SAT.1, Pro Sieben, Kabel 1, DSF, N24, verschiedene Regionalprogramme und im Pay-TV-Bereich die Programmplattform Premiere World. Es besteht im Pay-TV-Bereich über die Vermarktung, das Programmangebot und die digitale Empfangs- und Zugangstechnologie eine Zusammenarbeit mit der Deutsche Telekom AG (DTAG) (vgl. MMR 1/2001: X).

Schaubild 4: Fernsehbeteiligungen der KirchGruppe (vereinfachte Darstellung)

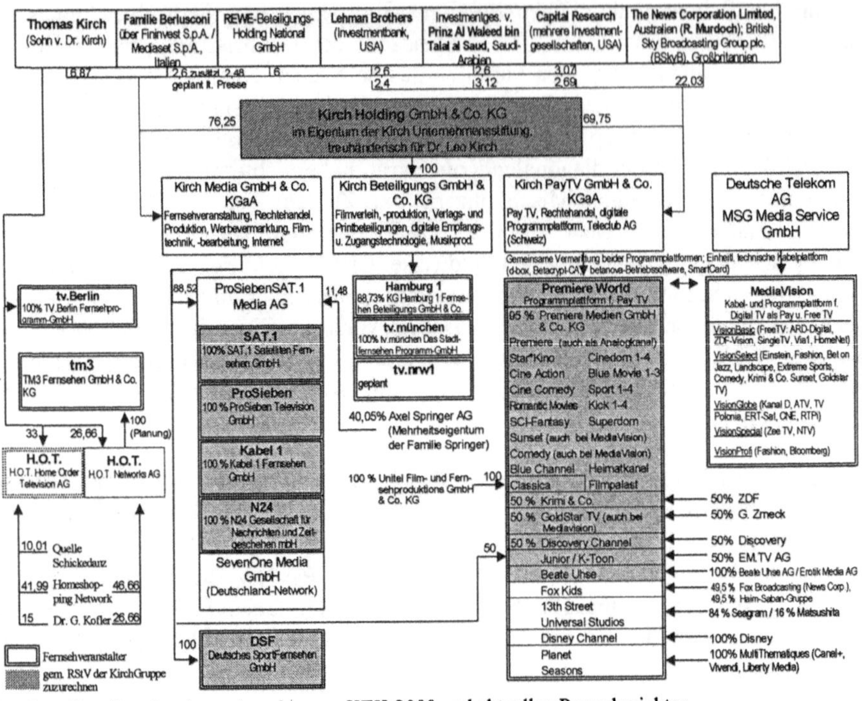

Quellen: Erstellt anhand von Angaben aus KEK 2000 und aktuellen Presseberichten

Ursprünglich ist die KirchGruppe aus ihrer starken Stellung im Filmrechtehandel hervorgegangen. Insbesondere hat sie eine überragende Stellung bei den langfristigen exklusiven Beschaffungsverträgen mit den US-amerikanischen Filmstudios. Neben Fernsehprogrammen, Rechtehandel und Produktionsfirmen zählen im Zusammenhang mit dem digitalen Pay-TV auch die wichtigen Technikbereiche für Übertragung und Zugangskontrolle zu dem Konzern. Hinzu kommen die neuen Bereiche Online-Dienste und interaktives Fernsehen.

Bei den großen privaten Medienkonzernen zeigen sich Tendenzen, die als zunehmende Kapitalmarktintegration und Internationalisierung beschrieben werden können. Vorangetrieben werden diese Tendenzen vom hohen Kapitalbedarf für den Aufbau des digitalen Pay-TV und für die Erschließung der neuen Märkte, deren Entstehung die als Konvergenz beschriebene Entwicklung ermöglicht. Bei der RTL Group und KirchGruppe zeigt sich die konvergente Entwicklung zum Beispiel im Bestreben, sich durch den Aufbau von Internetplattformen, Online-Diensten, interaktiven Fernsehdiensten und speziellen Internetfernsehangeboten oder -projekten auch im Internet und im WWW zu etablieren. Das deutsche Onlineangebot RTL World der RTL NEWMEDIA AG ist der Marktführer bei der Onlinenutzung von

Fernsehveranstaltern (vgl. http://www.ivw.de; FAZ 19.10.2000). Auch die Kirch-Gruppe plant, durch die Kirch New Media AG eine Internetplattform aufzubauen.

Auf die zunehmende Internationalisierung und Kapitalmarktintegration weisen auch aktuelle Änderungen bei den Eigentümerstrukturen der RTL Group und der KirchGruppe hin. Die Internationalisierung der RTL Group ist Teil ihrer Unternehmensstrategie. Sie verfolgt die Ziele, die Position des Konzerns im Fernseh- und Radiogeschäft in den europäischen Kernländern Deutschland, Frankreich, Benelux-Staaten, Spanien und Großbritannien auszubauen und in diesen Märkten schrittweise die gesamte mediale Verwertungskette – von der Produktion über Kinoverleih, Video, Rechtehandel, Fernsehveranstaltung, Online-Dienste bis zum Merchandising – abzudecken (vgl. CLT-UFA 2000). Vermutlich verbessert die Aufnahme des führenden Programmproduzenten Pearson plc. als neuer Hauptgesellschafter neben der GBL und der Bertelsmann AG diese Strategie der vertikalen Integration. Die zunehmende Integration in den Kapitalmarkt zeigt sich daran, dass der Konzern seit Juli 2000 an der Londoner Börse gehandelt wird. Aktuell wird es auch an der geplanten Umstrukturierung der RTL Group deutlich. Vorgesehen ist dabei eine Minderheitsbeteiligung der GBL an der Bertelsmann AG, die die Möglichkeit eröffnet, dass die GBL ihre Beteiligung an die Börse bringt (Bertelsmann AG 05.02.2001).

Bei der KirchGruppe kommen die Tendenzen durch interne Umstrukturierungen und durch die Umwandlung der zentralen Beteiligungsholdings in die Rechtsform der KGaA zum Ausdruck. Neue internationale Kapitalgeber sind US-amerikanische Investmentgesellschaften und Banken, ein saudi-arabischer Investor und die von Rupert Murdoch beherrschte BSkyB Group plc. Zudem bestehen auch Beteiligungen durch Unternehmen von Dott. Silvio Berlusconi.

Eine zunehmende Kapitalmarktintegration wirkt sich in der Tendenz auf die Effizienz von Unternehmen positiv aus. Für die Sicherung der Meinungsvielfalt im Fernsehen ist bedeutend, inwieweit sich das Einflusspotenzial der originären Eigentümer verändert. Es bestehen weiterhin interne Regelungen fort, durch die bei zunehmender Kapitalmarktintegration die Einflusspotenziale der originären Eigentümer (Dr. Leo Kirch, Bertelsmann AG/GBL) nicht in gleichem Maße abnehmen. Bei der KirchGruppe bleibt durch die Wahl der Rechtsform der KGaA die Autonomie der Unternehmensgründer (Familie Kirch bzw. Unternehmensstiftung Kirch) weitgehend erhalten. Auch die Bertelsmann AG hat über besondere interne Regelungen bei der CLT-UFA S.A. und der RTL Group einen beherrschenden Einfluss auf die deutschen Fernsehbeteiligungen der RTL Group (vgl. Börsen-Zeitung 09.11.1999: 11; Audiofina 2000: 256 – Alliance Agreement und 268 – Chief Executive Officer). Darüber hinaus ist eine Umstrukturierung der RTL Group geplant, die zu einer Mehrheitsbeteiligung der Bertelsmann AG führen würde (Bertelsmann AG 05.02.2001). Gleichwohl lässt sich vermuten, dass die Kapitalmarktintegration die potenziellen Spielräume für meinungsrelevante Einflussnahmen auf die Inhalte und Strukturen der Programme verändert. So nimmt bei der Bewertung der Risiken von programmlichen Entscheidungen und Investitionen in der Tendenz der Einfluss der originären Eigentümer ab und der Einfluss des Kapitalmarktes zu. Es kann davon ausgegangen werden, dass bei den neuen Investoren und internationalen Partnern

Planvorgaben im Vordergrund stehen, die ausschließlich die Renditeerwartung ausdrücken. Solche Investoren werden sich vermutlich nur solange aus der Programmpolitik heraushalten, wie dort Ziele verfolgt werden, die nicht ihre Renditeerwartungen gefährden. Eigenständige programmpolitische Ziele können somit die originären Eigentümer nur insoweit verfolgen, solange sie nicht die Ziele des Kapitalmarkts bzw. die Erfüllung der Renditevorgaben der Finanzinvestoren gefährden.

3. Digitalfernsehen und Pay-TV

Vermutlich wird die zukünftige Entwicklung des Fernsehbereichs stark von der Digitalisierung der Übertragungswege beeinflusst. Für diese Hypothese spricht, dass diese technische Innovation die Übertragungskapazitäten für Fernsehsignale erheblich erweitert. Als Folge der digitalen Übertragungstechnologie können die zur Zeit bestehenden Frequenzengpässe zukünftig vielleicht nahezu überwunden werden. Dadurch würde eine enorme Steigerung der Anzahl an digitalen Fernsehprogrammen möglich. Somit entsteht die Chance der Erhöhung der Programmvielfalt bzw. einer weit stärkeren Ausdifferenzierung. Die Wahlmöglichkeiten der Konsumenten können sich vergrößern. Darüber hinaus entstehen Kapazitäten für neue Telekommunikations- und Multimediadienste (Online-Dienste, E-Commerce). Auf dem Markt für die Endgeräte können Wachstums- und Innovationsprozesse ausgelöst werden. Für die Fernsehveranstalter entsteht die Chance, Programmplattformen zur Bündelung von Programmpaketen zu gründen. Angesichts der Programmvielfalt bieten solche Programmpakete dem Zuschauer eine Orientierung. Die Digitalisierung der Übertragungswege ermöglicht es auch, einen Markt für ausdifferenzierte Angebote an Pay-TV zu erschließen. Dabei erlaubt der Aufbau von digitalen Pay-TV-Plattformen die Wahl kostengünstiger Vermarktungsstrategien.

Es hängt vom Wettbewerb ab, ob und inwieweit die Chancen und Effizienzvorteile der neuen Technologie auch tatsächlich zu einer besseren Marktversorgung führen. Der Wettbewerb ermöglicht das System von Anreizen, die Vorteile durch Qualitätssteigerungen, breitere Produktpaletten, Produktneuerungen und nicht zuletzt Preissenkungen an die Konsumenten weiterzugeben. Er bewirkt, dass dem Konsumenten die beste, bedienungsfreundlichste und preisgünstigste Technik zum Empfang angeboten wird und ein breites und vielfältiges Angebot an Programmen die Auswahlmöglichkeiten entsprechend seiner tatsächlichen Qualitätspräferenzen vergrößert. Der Konkurrenzdruck bewegt die Anbieter dazu, alle Kostensenkungs- und Innovationspotenziale bei der Organisation der Produktion auszuschöpfen und ihre Angebote zu möglichst günstigen Abonnement- oder Werbepreisen zu vermarkten.

Zur Zeit können die oben beschriebenen Möglichkeiten im Fernsehbereich aber nur als ein Zukunftsszenario betrachtet werden, nicht als die Beschreibung der Gegenwart oder einer bereits in Kürze vorhandenen Realität. Die Entwicklung ist mit Unsicherheiten und Risiken behaftet und deshalb nur schwer zu überblicken oder im Voraus einzuschätzen. Die Digitalisierung der Übertragungswege findet derzeit im Satelliten- und Kabelbereich statt. Dabei nimmt bislang das Satellitenfernsehen die Vorreiterrolle ein. Beim Satellitenfernsehen besteht aber die Einschränkung, dass eine flächendeckende Versorgung aufgrund bau- und mietrechtlicher Vorschriften von vornherein ausgeschlossen ist. Wegen der unüberwindbaren Übertragungsengpässe dürften auch der Entwicklung des terrestrischen Digitalfernsehens enge Grenzen gesetzt sein. Außerdem ist fraglich, ob sich die von der Politik anvisierte Umstellung auf Digitalfernsehen im terrestrischen Bereich bereits bis zum Jahr 2010 tatsächlich realisieren lässt.

Die Verbesserung der Marktverhältnisse dürfte stark von den Möglichkeiten und künftigen Entwicklungen im Kabelbereich abhängen. Dort ist es wichtig, inwieweit der Markt im Kabel überhaupt für Digitalfernsehen erschlossen werden kann und der Zugang für die Programmveranstalter hin zu den Zuschauern offen und diskriminierungsfrei ist. Zur Zeit ist die Situation weiterhin durch das Fortbestehen der Kapazitätsprobleme gekennzeichnet. Die bereits im Hyperband der Breitbandnetze für das Kabelfernsehen geschaffenen neuen Kapazitäten sind belegt (DLM 1999). Eine große Anzahl von Programmen, deren Veranstalter die digitale Verbreitung wünschen, steht außen vor. Nicht zuletzt werden Kapazitätsengpässe fortbestehen, weil eine Simultanübertragung von Digital- und Analogprogrammen bis zur Abschaltung des analogen Fernsehens als erforderlich angesehen wird.

Gegenwärtig erscheint das Digitalfernsehen vor allem als ein vom digitalen Pay-TV erschlossener Markt. In Deutschland sind die Fernsehhaushalte, die einen Digitaldecoder (Set-Top-Box) besitzen, größtenteils Abonnenten der Kanäle oder Paketangebote der Programmplattform von Premiere World (vgl. ARD 2001; SES 2000). Die Entwicklung des digitalen Pay-TV-Bereichs ist durch die marktbeherrschende Stellung von Premiere World gekennzeichnet.

Bei der Beurteilung der Stellung von Premiere World ist die Marktdynamik beim Pay-TV zu berücksichtigen. In Deutschland erscheinen nämlich die wirtschaftlichen Verhältnisse als nicht besonders günstig (vgl. z. B. Lilienthal 2001). Die Pay-TV-Angebote sind einem Vielprogrammwettbewerb durch das Free-TV ausgesetzt. Vergleichsweise schneller und erfolgreicher haben sich Pay-TV-Paketangebote in Ländern entwickelt, wo dem Pay-TV nur ein relativ schmales Free-TV-Angebot (Frankreich, Großbritannien) oder kein gesellschaftlich relevantes öffentlich-rechtliches Angebot (USA) als attraktive Alternativen gegenüberstehen.

Schaubild 5: Entwicklung der Pay-TV-Abonnenten: Premiere World, Premiere (Analogkanal), DF1, Premiere digital (Angaben nach Presseberichten, Stand: Dezember 2000)

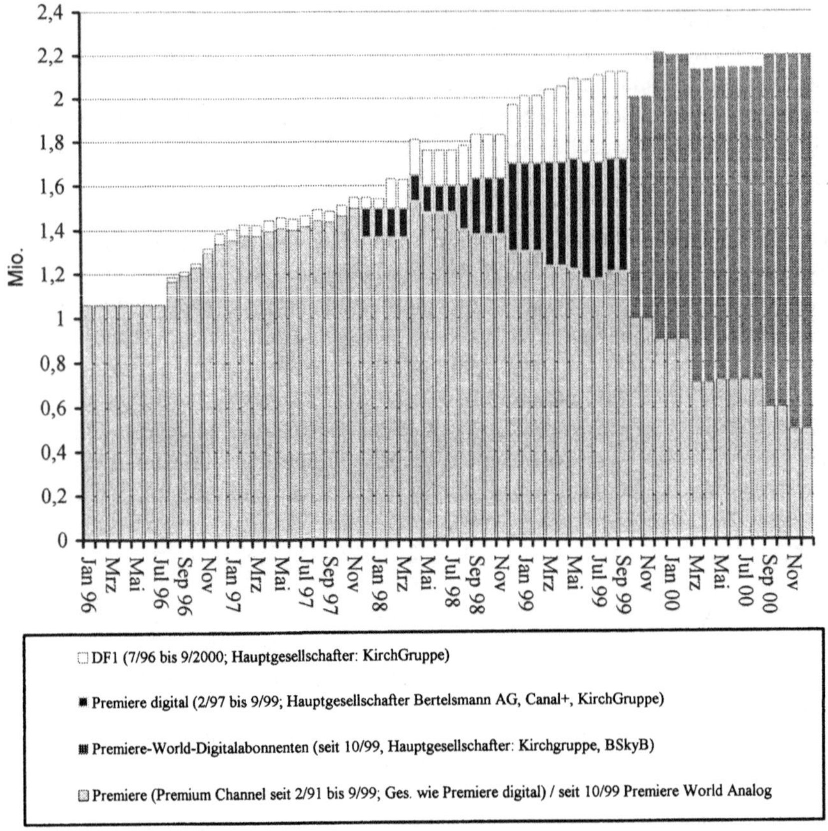

Die Alleinstellung von Premiere World ist das Ergebnis des Vorstoßes von Medienkonzernen, die über die Ressourcen und Risikobereitschaft verfügen, einen Markt für Pay-TV-Angebote zu erschließen. Solche wettbewerblichen Alleinstellungen sind temporäre Monopole. Sie zu erringen, um neue Märkte zu erschließen, stellt einen wichtigen Anreiz zu Innovationen, Neuerungen und offensiven Strategien dar. Deshalb sind sie auch in der Marktwirtschaft gewollt. Durch wettbewerbliche Vorstöße errungene temporäre Alleinstellungen charakterisieren die Dynamik von Wettbewerbsprozessen in der Marktwirtschaft. Folglich sind Konzentrations- und Dekonzentrationsvorgänge ein normales Erscheinungsbild des Wettbewerbs (vgl. Schumpeter 1987). Solange keine beachtlichen und dauerhaften Markteintrittsbarrieren entstehen, die Freiheit des Markteintritts und damit die Möglichkeit des potenziellen oder tatsächlichen Wettbewerbs besteht, kann keine unangemessene Marktmacht existieren. Bei freiem Marktzutritt bleibt die Verfolgung des Vorsprungs durch die Imitationen der Konkurrenten möglich, wodurch die Vorsprungsgewinne aufgezehrt werden können. Zugleich existiert aufgrund des tatsächlichen oder potenziellen Wettbewerbs durch Nachahmer ein Ansporn für das Original.

In der Tendenz verbessert die Einführung des Digitalfernsehens auch als ein vom Pay-TV beherrschtes System die Marktergebnisse. Diese Innovation ermöglicht den Aufbau echter Kundenbeziehungen zwischen dem Fernsehveranstalter und dem Zuschauer. Daraus folgen weitere Ausdifferenzierungen des Programmangebots und auch Preisdifferenzierungen nach den privaten Wünschen der Konsumenten.

Die Konsequenz der beherrschenden Marktstellung von Premiere World ist, dass auch Fernsehveranstaltern, die über keine eigene Plattform verfügen, die Ausstrahlung von Programmen über die Premiere-World-Plattform angeboten werden kann. Für Drittveranstalter ist das Angebot interessant, weil Premiere World bereits über eine Abonnentenzahl verfügt, die Dritten eine ausreichende Reichweite verspricht. Für den Erfolg von Pay-TV-Plattformen bei den Abonnenten sind die Premiumkanäle entscheidend. Premiumkanäle sind Spartenprogramme für sehr publikumsattraktive Spielfilme und für die Übertragung von attraktiven Sportereignissen wie Fußball oder Formel 1. Sie wirken wie die ‚Zugpferde' des Gesamtpakets bzw. wie „Anchor-Channels", die die potenziellen Kunden auf das Paket aufmerksam machen. Als „Anchor-Channels" dienen auch die Kanäle für Erotikfilme. Im entscheidenden Unterschied zu den Premiumkanälen sind der überwiegende Teil der anderen Spartenprogramme und der Spezialkanäle auf den Zugang zu der Programmplattform und auf die Aufnahme in das Gesamtpaket angewiesen. Für sie lohnt es sich in der Regel nicht, eine eigene Programmplattform, Vermarktungsinfrastruktur und Kundenverwaltung aufzubauen.

Zur Zeit existieren an deutschsprachigen Programmplattformen neben Premiere World die beiden öffentlich-rechtlichen (Free-TV-)Programmplattformen ARD-Digital und ZDF.vision und die Pay-TV-Plattform MediaVision der DTAG. MediaVision stellt eher ein Nischenangebot dar. Es bestehen enge Kooperationsbeziehungen bei der Programmvermarktung, den Programmangeboten und der Zugangstechnologie mit Premiere World sowie mit der BetaResarch Gesellschaft für die Entwicklung und Vermarktung digitaler Infrastrukturen GmbH (BetaResearch), die der technische Dienstleister der KirchGruppe ist. Dies lässt die Vermutung zu, dass Premiere World und MediaVision nicht als Konkurrenten angesehen werden können. Die enge Zusammenarbeit der beiden Unternehmen veranlasst noch zu weitergehenden Befürchtungen. Möglicherweise können sie die Zugangsbedingungen zum Pay-TV und zu Online-Diensten über das Breitbandnetz für das Kabelfernsehen durch die Decoderinfrastruktur und Verschlüsselungstechnologie dermaßen kontrollieren, dass auf Dauer der Wettbewerb in diesem Bereich beschränkt ist (MMR 1/2001: Xf.; Ott 2001).

4. Marktzutrittsbarrieren

4.1. Zugang zu den Programmressourcen: Vertikale Integration zwischen den Programmveranstaltern und den Märkten für Programmrechte und Programmproduktionen

Durch die Strategie der vertikalen Integration von Fernsehveranstaltern mit den vorgelagerten Produktionsstufen zur Beschaffung attraktiver Inhalte oder Programmrechte lassen sich im Fernsehbereich auch Monopolisierungsstrategien verfolgen und Marktmachtgewinne realisieren. Es kann nicht ohne weiteres vorausgesetzt werden, dass die vertikale Konzentration im Fernsehbereich nur Ausdruck kosteneinsparender Produktionskonzepte und der effizienten Organisation von Produktionsabläufen ist. Es kommt hinzu, dass sie das enge Oligopol der Etablierten verfestigt, weil sie die Wettbewerbschancen der Außenseiter und von potenziellen Neuankömmlingen erheblich reduziert. Auch kann sie zur Entstehung von vorherrschender Meinungsmacht beitragen, weil die vertikale Integration zwischen Produzenten von Filmen und Programmen, Besitzern von Verwertungsrechten und Veranstaltern von Fernsehprogrammen die Möglichkeit eröffnen kann, eine vom Wettbewerb und von der Medienpolitik nicht kontrollierte Beeinflussung von Medieninhalten und der Programmgestaltung bei den Fernsehveranstaltern anzustreben.

In Deutschland fällt die starke Marktstellung auf, die die Firmen der KirchGruppe bei der Programmbeschaffung einnehmen. Aus diesem Grund hat bei verschiedenen kartellrechtlichen Prüfverfahren durch das Bundeskartellamt oder die Europäische Kommission die Stellung der KirchGruppe bei der Beschaffung von Fiction- und Sportprogrammen zu Ermittlungen veranlasst (vgl. EG 21.03.2000 BSkyB/KirchPayTV: Rdnr. 81; EG 07.10.1996 Bertelsmann/CLT: Rdnr. 33; EG 31.12.1994 MSG: Rdnr. 76). Auch hatte die KEK im Zuge mehrerer Prüfverfahren die starke Stellung der KirchGruppe bei der Beschaffung von Fiction-Programmrechten untersucht. Die KEK stellte fest, dass die KirchGruppe zwar führender Anbieter auf dem Markt für Film- und Fictionrechte ist, aber keine Abhängigkeit der etablierten Sendergruppierungen RTL Group (vormals CLT-UFA), ARD und ZDF von Lieferungen der KirchGruppe bei der Beschaffung der Rechte besteht. Somit lässt sich gegenwärtig nicht feststellen, dass von diesem Bereich im Sinne des derzeit geltenden Rundfunkstaatsvertrages (RStV) Effekte ausgehen, die eine vorherrschende Meinungsmacht der KirchGruppe herbeiführen. Genauer gesagt: Nach den Prüfungen der KEK ist die neben der KirchGruppe durch RTL Group, ARD und ZDF etablierte Träger- oder Meinungsvielfalt gegenwärtig von den Zulieferungen aus den nach wie vor überragenden Fictionrechtebestand der KirchGruppe unabhängig. Die KirchGruppe verfügt zwar über einen überragenden Fictionrechtebestand, über eine Vielzahl längerfristiger, vertraglicher Beschaffungsbeziehungen zu vielen Hollywoodstudios und über eigene Produktionsfirmen (vgl. Beschluss i.S. Premiere, Az.: KEK 026, 26.01.1999: Pkt. 6.2.2, 6.3; auch Media Perspektiven 1999/I: 27 - 29). Aber die ausgedehnte vertikale Beschaffungsintegration und der Abschluss von langjährigen Verträgen zum exklusiven Erwerb von attraktiven Fiction- und

Sportrechten kennzeichnen die vertikalen Beschaffungsbeziehungen aller etablierten Sendergruppierungen. Nicht grundlegend anders, sondern zugespitzter sind die Marktverhältnisse im Bereich der digitalen Pay-TV-Plattformen. Dort wird der Zugang zu einem ausreichenden Bestand an attraktiven Fiction-Rechten als „Flaschenhals“ angesehen. Es kann vermutlich keine alternative Pay-TV-Plattform zu Premiere World aufgebaut werden, weil kein anderes Unternehmen im erforderlichen Umfang über Programmvermögensbestände zur Veranstaltung von Premium-Kanälen verfügt.

Publikumsattraktive Programme nehmen eine strategische Schlüsselstellung beim Wettbewerb um die Zuschauernachfrage ein. Deshalb besteht ein intensiver Wettbewerb der Fernsehsender um die Beschaffung der publikumsattraktiven Fernsehinhalte. Die Wettbewerbsvorteile der vertikalen Integration zwischen Fernsehsendern, Filmrechtehändlern und Programmproduktion entstehen, weil die Risiken der Beschaffung über den Markt sehr hoch sind. Die Beschaffungsziele der Fernsehsender stehen in einigen, wichtigen Bereichen einem sehr knappen und unelastischen Angebot gegenüber. Dies trifft schwerpunktmäßig auf den Markt für Fictionprogramme und für Rechte zur Übertragung von Großereignissen des Sports zu. Dort ist es für die Fernsehsender wichtig, sich durch Rückwärtsintegration oder langfristige vertikale Vertragsbeziehungen den Zugang zu den Programmressourcen zu sichern. Die Reduzierung der Beschaffungsrisiken und die Internalisierung der Knappheitsrenten sind die Vorteile dieser Strategien. Der Zugang zu den attraktiven Programmrechten ist zum Beispiel für die Anbieter von Pay-TV-Plattformen notwendig, weil es die Premium-Inhalte sind, die Zuschauer in der Regel zu einem Abonnement eines Programmpakets oder zum Einzelbezug von Pay-per-View-Angeboten bewegen. Beim Werbefernsehen benötigen die Veranstalter als Vollprogrammanbieter einen Zuschaueranteil von ungefähr 4 %, um ein rentables Fernsehangebot betreiben zu können (vgl. Rott 2000). Um diesen, nicht geringen Zuschaueranteil zu realisieren, benötigen sie den Zugang zu attraktiven Programmressourcen.

Für nicht-integrierte Fernsehveranstalter würden in der Regel erhebliche Wettbewerbsnachteile entstehen. Sie würden das Risiko tragen, auf die übriggebliebenen Lieferanten angewiesen zu sein. Folglich besteht der Anreiz zu vertikalen Folgefusionen, um das Risiko zu vermeiden, bei der Nachfrage nach Inhalten außen vor zu stehen.

Die horizontale Konzentration durch Sendergruppierungen kommt auch den Absatzzielen von marktstarken Film- und Programmproduzenten entgegen. Sie ermöglicht die Strategie, die hohen Erfolgsrisiken der Filmproduktion auf die Programmveranstalter zu überwälzen, indem sie Filmpakete aus attraktiven und unattraktiven Rechten verkaufen oder langfristige Outputdeals abschließen. Denkbar ist zwar auch, dass Rechteinhaber oder Produzenten von sehr publikumsattraktiven Programminhalten wie z. B. die Hollywoodstudios oder Organisationen attraktiver Sportarten (z. B. Fußballclubs) durch die Wahl der Strategie der Vorwärtsintegration den Markteintritt durch den Erwerb oder Aufbau eigener Fernsehsender als Abspielkanäle anstreben. Zum Beispiel kann der Aufkauf des Spartenfernsehsenders tm3 durch den internationalen Medienkonzern The News Corporation Limited

(TNCL), der von Rupert Murdoch beherrscht wird, als ein solcher Eintrittsversuch in den deutschen Fernsehmarkt betrachtet werden. TNCL erwarb für den Spartenkanal zugleich die Fernsehübertragungsrechte an der publikumsattraktiven Champions League. Sie verfügt auch über eigene marktstarke Hollywoodstudios (Twentieth Century Fox u. a.). Der Versuch führte aber in eine Kooperation mit der KirchGruppe (vgl. Beschluss der KEK in Sache tm3, Az.: KEK 081, 17.07.2000; Beschluss in Sach2 Premiere World, Az.: KEK 070, 15.08.2000: u. a. III.3.2.3.3). Diesbezüglich kam die EG-Kommission zu dem Schluss, dass es sich bei TNCL und dem Erwerb von tm3 tatsächlich um keinen potenziellen Wettbewerber für die im deutschen Markt etablierten Sendergruppierungen handelt. Für den deutschen Sprachraum verfügte TNCL nicht über ein hinreichendes Potenzial an attraktiven Programmrechten. Es ist möglich, dass selbst die Rechte an den Filmproduktionen aus den eigenen Filmstudios zum Teil bereits aufgrund langfristiger Verträge an die etablierten deutschen Sendergruppierungen gebunden sind. Für die Pay-TV-Rechte wird dies jedenfalls von der EG-Kommission bestätigt. Auch der Erwerb der Fußballübertragungsrechte reichte nicht aus, sich über tm3 im Markt zu etablieren (vgl. EG 21.03.2000 BSkyB/KirchPayTV: Rdnr. 52 - 72).

4.2. Zugang zu den Zuschauern: Vertikale Integration zwischen den Programmveranstaltern und den Übertragungs- und Empfangstechnologien für Fernsehprogramme

Die Strategie der vertikalen Integration im Fernsehbereich zeigt sich auch in den vertikalen Verflechtungen von Pay-TV-Plattformen mit der Verschlüsselungs- und Zugangstechnologie zum Vertrieb entgeltregulierter Fernsehangebote und den Betreibern von Kabelnetzen. In Deutschland erreichte es die Programmplattform Premiere World aufgrund ihrer marktbeherrschenden Stellung beim Pay-TV, firmeneigene Technologien als Standard zum digitalen Programmempfang (d-box), zur Verschlüsselung (Betacrypt-Conditional-Access-System) und Freischaltung bei der Zugangskontrolle einzuführen. Dadurch hat die KirchGruppe ebenfalls auf dem Markt der Zugangsvermittlung zum digitalen Pay-TV eine marktbeherrschende Stellung errungen (vgl. KEK 2000: 221ff.).

Zur Zeit ist es aber noch fraglich, ob im Kabelbereich tatsächlich der Übertragungsweg und der Markt für die Empfangs- bzw. Endgeräte für digitales Pay-TV auf Dauer beherrscht werden können. So kann zur Zeit noch nicht eingeschätzt werden, zu welchem Ergebnis die geplanten Verkäufe der Kabelnetze durch die DTAG führen werden. Es ist z. B. offen, ob und inwieweit die Zusammenarbeit mit der KirchGruppe nach den Verkäufen an alternative Netzbetreiber fortgesetzt wird. Auch unterliegt das Pay-TV dem Wettbewerbsdruck, der vom Vielprogrammwettbewerb durch das Free-TV-Angebot ausgeht. Hinzu kommt, dass sich im Zuge der Konvergenz die Möglichkeit eines Wettbewerbs abzeichnet, der von Internetplattformen ausgehen kann, die unter anderem die Übertragung von Fernsehprogrammen im Internet per Echtzeit-Streamingverfahren oder im Nachhinein als Abrufmöglichkeit zu einem beliebigen Zeitpunkt und Video-on-Demand anbieten.

Die derzeitige Monopolstellung der KirchGruppe bei der Decoder-, Verschlüsselungs- und Freischaltungstechnologie ist der Wettbewerbsvorsprung, der errungen wurde, weil sie als Erste das erhebliche Risiko der Entwicklung und des Aufbaus eines funktionierenden digitalen Pay-TV-Systems eingegangen ist. Die Monopolstellung einzelner Unternehmen und Eigentümer ist der wirtschaftlichen Vorteilhaftigkeit von Wettbewerbsprozessen nicht per se abträglich, falls keine beachtlichen Marktzutrittsschranken bestehen. Ein wichtiger Effekt des Wettbewerbssystems ist der Druck, dem das wettbewerbliche Monopol unterliegt, um den Vorsprung vor der potenziellen Konkurrenz zu halten. Bedenklich ist aber die enge Zusammenarbeit der KirchGruppe mit dem Kabelmonopolisten DTAG. Die marktbeherrschenden Stellungen bei der Pay-TV-Plattform, der Zugangstechnologie und dem Breitbandnetz für das Kabelfernsehen könnten den Wettbewerb in diesem Bereich auf Dauer beschränken (Ott 2001; MMR 1/2001: Xf .) Die DTAG hat als marktbeherrschender Kabelnetzbetreiber entschieden, ausschließlich die d-box- und Beta-Technologie für ihre Kabelnetze zu nutzen (MMR 1/2001: Xf.). Es wird befürchtet, dass eine Monopolisierung auf sämtlichen Stufen der Wertschöpfungskette von den Programminhalten bis hin zur Kabelinfrastruktur stattfindet, die als Markteintrittsschranke nichtwettbewerbliche Effekte hat, weil sie dauerhaft den Zugang und die Geschwindigkeit der Entwicklung im Kabelbereich kontrollieren kann.

Zur Zeit bestimmt im digitalen Kabelbereich[4] beim Abonnentenfernsehen die Empfangs- und Verschlüsselungstechnologie darüber,

- welche Anwendungen dem Kunden über den bloßen Programmempfang hinaus zur Verfügung stehen. Dies bestimmt das von der Decodertechnologie verwendete Betriebssystem, Prozessor-Modul und die Programmierschnittstelle (Application Programming Interface, API). MHP (Multimedia Home Platform) ist der von dem Digital-Video-Broadcasting (DVB) -Board verabschiedete europäische Standard, der eine offene Schnittstelle beinhaltet. Sie ist insbesondere bedeutend, damit der Nutzer die Möglichkeit hat, einen alternativen Programmführer zu wählen. Dadurch kann bei dieser wichtigen Orientierungshilfe keine Abhängigkeit vom Eigentümer der Decoderinfrastruktur bestehen.

- ob neutrale Bildschirmpräsentationen und Orientierungshilfen durch Programmführer für die mögliche Vielfalt der neben dem Pay-TV-Angebot frei empfangbaren digitalen Fernsehprogramme vorhanden sind.

- welches Conditional-Access-Modul („CA“: Verschlüsselungs- und Freischaltungssystem) die verschlüsselten Pay-TV-Programme vor unberechtigter Nutzung

4 Beim digitalen Satellitenempfang scheint es möglich zu sein, sich eine alternative Set-Top-Box zu besorgen, in die ein Beta-CA-Modul eingeschoben werden kann.

schützt. Zur Freischaltung benötigt der Kunde als Zugangsberechtigung eine spezielle Einsteckkarte (SmartCard).

- ob alternative Pay-TV-Plattformen den Zugang zum Kunden finden können, weil der Decoder für mehrere unterschiedliche Anbieter freigeschaltet oder nachgerüstet werden kann. Erforderlich ist dafür ein Common Interface (CI) oder Common Interface Conditional Access Modul (CICAM). Es ermöglicht die parallele Nutzung mehrerer CA-Systeme.

Derzeit ist die Marktsituation im Kabelbereich dadurch gekennzeichnet, dass die d-box ein fest eingebautes CA-System hat. Sie verfügt über keine als hinreichend offen angesehene Programmierschnittstelle und über kein CI-Modul. Zum technischen Zugangsstandard und zur Marktbarriere kann das Decoder- und CA-System der KirchGruppe werden, weil in der Regel die digitalen Programme von Premiere World den wichtigsten Anreiz bilden, sich einen Decoder anzuschaffen. Premiere-World-Programme werden ausschließlich im firmeneigenen Betacrypt verschlüsselt. Alternative Decoder würden für die Zuschauer in der Regel erst interessant, wenn sie zugleich damit eine attraktive alternative Programmplattform nutzen oder über diesen Decoder auch Premiere World empfangen könnten. Die Zulassung von mit der d-box konkurrierenden Decoder-Geräten für den Empfang von Premiere World ist aber nicht einfach gegeben. Deshalb ist Premiere World zum Beispiel im Leipziger Kabelnetz nicht zu empfangen. Der Kabelnetzbetreiber PrimaCom AG will dort nicht die d-box einsetzen. Anders als die d-box verfügen die Set-Top-Boxen von PrimaCom zwar über ein CI. Allerdings scheint keine Einigung mit der KirchGruppe über den Bezug von Premiere-World-Programmen zustande zu kommen.

Wettbewerbliche Alleinstellungen können im Konflikt zur Sicherung der Meinungsvielfalt stehen. So kann die Strategie der vertikalen Integration zwischen der Veranstaltung von Programmen, den Dienstleistungen und technischen Systemen zur digitalisierten Rundfunkübertragung und den Kabelnetzen Handlungsspielräume zu politischer Einflussnahme in Form der Diskriminierung politisch missliebiger Programmanbieter und Inhalte eröffnen. Die Spielräume werden nicht vom Wettbewerb oder von der Medienpolitik kontrolliert. Die problematischen Diskriminierungsmöglichkeiten entstehen aufgrund der Monopolstellungen in den Bereichen der komplexen technischen Vertriebsstruktur zur digitalen Verbreitung von Fernsehen (Multiplexverfahren, Set-Top-Box, Zugangs-/CA-Technologie, Programmführer, vgl. EG 21.03.2000 BSkyB/KirchPayTV). Es existieren aber verschiedene rechtliche Bestimmungen, die die Gefährdungspotenziale vermindern, weil sie zu einem diskriminierungsfreien Verhalten verpflichten (vgl. KEK 2000: 209f.). Deshalb ist zur Zeit nicht einschätzbar, wie sich die Geschäftspolitik von Premiere World tatsächlich auf den Zugang Dritter auswirkt, ob sie etwa die Meinungsvielfalt gefährden oder dauerhaft die Entwicklung des Marktes behindern kann. Allerdings wirkt sich die Marktstellung so aus, dass es die EG-Kommission unter wettbewerblichen Gesichtspunkten als notwendig betrachtet, einen Katalog von Verhaltensauflagen vorzugeben. Für die Genehmigung des Eintritts von BSkyB bei KirchPayTV, dem Mutterunternehmen von Premiere World, sollen die Auflagen die Entstehung oder Verstärkung der marktbeherrschenden Stellung bei KirchPayTV kompensieren und ein Aushebeln der benachbarten Märkte verhindern (vgl. EG 21.03.2000 BSkyB/ KirchPayTV: Tz. 92ff. und Annex 1). Es wird aber u. a. von der ARD bestritten, dass die Auflagen ausreichen (zur Klage der ARD vgl. epd medien 17.06.2000). Jedenfalls hat das schweizerische Eidgenössische Departement für Umwelt, Verkehr, Energie und Kommunikation (UVEK) im November 1999 entschieden, dass die d-box in ihrer derzeitigen Konzeption nicht in der Schweiz zugelassen wird. Vielmehr wird als Bedingung aufgestellt, dass „die verwendeten Set-Top-Boxen über ein Common Interface verfügen und den Einsatz von Multicrypt im Sinne des DVB-Standards zulassen" (Vgl. UVEK 08.11.1999: 12). Grundlagen der Zulassungsentscheidung der Landesmedienanstalten für Premiere World sind auch die „Vorläufigen Regeln für den chancengleichen Zugang zu Dienstleistungen im Zusammenhang mit dem digitalen Fernsehen" (DLM 29./30.06.1998). Seit dem 1. November 2000 ist die Satzung der DLM über die Zugangsfreiheit digitaler Dienste gemäß § 53 Abs. 7 RStV in Kraft getreten, um für alle Veranstalter chancengleiche, angemessene und diskriminierungsfreie Zugangsbedingungen zu technischen Plattformen und Navigatoren zu gewährleisten (vgl. DLM 1.11.2000). Auch das Kartellrecht schreibt marktbeherrschenden Unternehmen die Verpflichtung zu diskriminierungsfreiem Verhalten vor (§ 20 GWB).

Möglicherweise kann die marktbeherrschende Stellung im Pay-TV-Bereich zur Behinderung von Wettbewerbern bei der Erschließung benachbarter Märkte genutzt werden. Für digitale Fernsehplattformen entsteht durch die Set-Top-Boxen auch die Möglichkeit, den Markt für digitale interaktive Fernsehdienste zu erschließen (zur Marktabgrenzung EG 21.10.1998 BIB: 7f., 14ff.). Die digitalen interaktiven Fernsehdienste bieten Unternehmen die Chance, sich mit Waren- und Dienstleistungsangeboten direkt an die Zuschauer des Digitalfernsehens zu wenden. Solche Dienste sind Online-Angebote, wie z. B. Home Banking, Home Shopping, Reisekanäle, Herunterladen von Computerspielen, Online-Lernen, interaktive Teilnahme an Fernsehsendungen, wie z. B. Quizsendungen, sowie mehr oder weniger begrenzte Internetzugänge über das Fernsehgerät und E-Mail. Eine wesentliche technische Voraussetzung für die Entwicklung des Marktes für diese Dienste ist, dass der digitalisierte Übertragungsweg (in erster Linie die Breitbandkabelnetze) über einen Rückkanal verfügt. Der Wettbewerbsvorsprung des Pay-TV-Anbieters bei der Erschließung dieses Marktes ist, dass er bereits über erhebliche Vorteile durch seine Programmplattform und insbesondere seinen Abonnentenstamm verfügt. Gegenüber Dritten stellt die Platzierung auf der bereits etablierten Plattform einen erheblichen Wettbewerbsvorteil dar. Dabei erschwert die ausschließliche Verwendung der firmeneigenen Verschlüsselungs-, Freischaltungs- und Decodertechnologie noch den Zugang für Dritte, weil sie vom Betreiber der Plattform und des Vertriebskanals eine Lizenz benötigen, um auch über diesen bereits etablierten Weg zum Kunden zu gelangen.

Es bestehen aber auch Entwicklungen, die dazu führen können, dass sich die engen Marktstrukturen im Kabelbereich auflockern. Eine Veränderung kann eintreten, weil die Konvergenz und Digitalisierung die Aufrüstung zu rückkanalfähigen Multimedianetzen beinhalten. Dadurch werden neben der Übertragung von traditionellem Hörfunk und Fernsehen auch das gesamte Spektrum der Kommunikationsdienste und die interaktiven Fernsehdienste ermöglicht (Internetzugangs-, Online-

Dienste, Telefonie). Infolge dieser technischen Innovation können zwei Einflussfaktoren auftreten, die die derzeitigen Marktverhältnisse verändern würden: Es treten Kabelnetzbetreiber in den Markt ein, die zugleich bestrebt sind, gebündelte Angebote von Fernsehen, Internetzugang, Online-Dienste, E-Commerce und Telefon herzustellen und dafür die Beziehungen zum Kunden und Abonnenten selbst zu gestalten. Der zweite Faktor ist, dass sich im Zuge der technischen Aufrüstung und Konvergenz der Kabelnetze eine geschäftliche Nutzung des Internets durchsetzt, die auch zu Änderungen beim Fernsehen führen kann (vgl. Wirtz 2000). Bei aller Vorsicht, die bei solchen Voraussagen aus wissenschaftlicher Sicht angebracht ist, scheinen die Faktoren die zur Zeit bestehenden engen Marktverhältnisse im Kabelbereich etwas aufzulockern. Allerdings werden sie zugleich von neuen vertikalen Konzentrationsprozessen bei der geschäftlichen Erschließung des Vertriebs über das Internet (vgl. ebd.) und von neuen regionalen Netzmonopolen beim Kabelempfang begleitet.

Bislang waren in Deutschland sowohl die Satellitenbetreiber als auch die marktbeherrschende Kabelnetzbetreiberin Deutsche Telekom AG (DTAG) ausschließlich „Transporteure“ für Rundfunksignale. Anders als bei den deutschen Kabelnetzen gehören zum Beispiel in den USA Kabel- oder Satellitenfernsehveranstalter zur Wertschöpfungskette von Medienkonzernen, die auch über Filmstudios, Filmarchive, eigene Fernsehstationen, Internet- und Telekommunikationsfirmen verfügen. Die Kabelnetz- und Satellitenbetreiber erwerben von Zulieferern Programme zum Teil oder vollständig. Aus derartigen Programmzulieferungen bündeln sie eigene Pakete, die sie ihren Kabel- oder Satellitenabonnenten gegen Entgelt anbieten. Auch für Deutschland zeigt sich, dass die neuen und potenziellen künftigen Betreiber von digitalisierten und entsprechend aufgerüsteten Kabelnetzen und deren Investoren und internationalen Partnern wie Callahan Associates International (55 % Kabel NRW), Denver / USA, United Pan-Europe Communications (UPC; u. a. 100 % EWT/TSS), Amsterdam, Primacom AG, Leipzig, oder Klesch & Company Limited (15,2 % E-Kabel, Hessen), London, planen, sich keinesfalls auf den bloßen Transport von Rundfunk- oder Telekommunikationssignalen zu beschränken. Sie sind bestrebt, dass sich die zur Zeit im digitalen Kabel vorherrschenden Plattformanbieter wie ARD, ZDF und Premiere World mit der Rolle des Programmlieferanten begnügen.

Ob und inwieweit die neuen Kabelnetzbetreiber aber tatsächlich über die entsprechenden Spielräume verfügen werden, ist zur Zeit noch offen. So wird der DTAG nachgesagt, dass sie auch nach dem (Teil-)Verkauf ihrer Kabelnetze durch die zentrale Stellung der Media Service GmbH (MSG) und durch langfristige Verträge das Conditional-Access-System, die Decodertechnik und damit die Kanalbelegung festgelegt hat (vgl. Monopolkommission 1998/1999: Tz. 84).

Im Zuge der Konvergenz werden die Möglichkeiten weit schnellerer Internetzugänge und damit die Nutzerattraktivität und Leistungs- und Wettbewerbsfähigkeit von Vertriebsplattformen im Internet erheblich verbessert. Dies wird wahrscheinlich auch Konsequenzen für die künftige Entwicklung der Fernsehangebote haben. Die Programmplattformen zur Ausstrahlung digitalisierter Rundfunkübertragungen und digitaler interaktiver Fernsehdienste sind künftig vielleicht dem Wettbewerb durch Internetplattformen ausgesetzt, die Fernseh- und Videoangebote anbieten. Es ist möglich, über Internetplattformen auch vielfältige Angebote an Bewegtbildern und damit an Fernseh- und Videoprogrammen abzurufen.

Die Entwicklung im Bereich des Vertriebs von Musik über das Internet zeigt bereits, dass im Zuge der Konvergenz die unternehmerische Erschließung des Internets von vertikalen Prozessen der Medienkonzentration begleitet wird. Die vertikalen Konzentrationsprozesse ähneln sehr denjenigen bei digitalen Pay-TV-Plattformen. Der Konzentrationsprozess beim Musikvertrieb nimmt vermutlich die Entwicklungen für den Vertrieb von Fernsehprogrammen, Filmen oder Video über das Internet vorweg. Die vertikalen Konzentrationsstrategien zeigen sich beim Musikgeschäft per Internet, weil hierfür das Internet bereits als schmalbandiger Vertriebskanal attraktiv ist. Die Fusionsstrategien zeigen deutlich die Tendenz, durch Verflechtung von vielfältigen Inhalten, firmeneigenen medialen Internetportalen und Softwarelösungen und Kabelnetzen das Internet geschäftlich zu nutzen (EG 11.10.2000 AOL/TimeWarner; EG 13.10.2000 Vivendi/Canal+/Seagram). Ziel ist es, durch die Integration der vertikalen Wertschöpfungskettenglieder Inhalte, Internetzugangs- und Online-Dienste und Netzinfrastruktur eine unternehmenseigene Medien- und Kommunikationswelt aufzubauen, die dem Konsumenten möglichst seinen gesamten Informations- und Kommunikationsbedarf erfüllen kann (vgl. Wirtz 2000; auch Wirtz / Kleineicken 2000).

5. Abschließende Bemerkungen zum Stand der hochgradigen Medienkonzentration im Fernsehbereich

In der Medienpolitik begründen enge Markt- und Eigentümerstrukturen nach wie vor die Sorge, dass hieraus nachteilige Folgen für die Sicherung der Meinungsvielfalt resultieren. Die darauf beruhende Praxis der Verhinderung der Entstehung vorherrschender Meinungsmacht im bundesweiten privaten Fernsehen zielt im Kern auf die Kontrolle des Wachstums der Sendergruppierungen der RTL Group und der KirchGruppe und darüber hinaus auf die Verhinderung einer Monopolisierung des Fernsehbereichs, die eine weitgehende Zusammenarbeit der beiden privaten Oligopolisten zur Folge hätte.

Bei den großen privaten Medienkonzernen zeigen sich Tendenzen, die als zunehmende Kapitalmarktintegration und Internationalisierung bezeichnet werden können. Vorangetrieben werden diese Tendenzen vom hohen Kapitalbedarf für den Aufbau des digitalen Pay-TV und für die Erschließung der neuen Märkte, die sich aus der als Konvergenz beschriebenen Entwicklung ergeben. Die globalen Tendenzen wirken sowohl auf die wirtschaftliche Effizienz wie auf die Programmgestaltung und die Möglichkeiten des Meinungseinflusses der Medienkonzerne.

Die wichtigste Markteintrittsbarriere entsteht als Folge von Wettbewerbsstrategien der Fernsehsender oder deren Gesellschafter, die eine ausgedehnte vertikale Beschaffungsintegration oder den Abschluss von langjährigen Verträgen zum exklusiven Erwerb von attraktiven Fiction- und Sportrechten anstreben. Diese Beschaffungsstrategien verfestigen das enge Oligopol der etablierten Sendergruppierungen, weil sie die Wettbewerbschancen der Außenseiter und von potenziellen Neuankömmlingen erheblich reduzieren.

In Deutschland ist zur Zeit das Digitalfernsehen vor allem ein vom digitalen Pay-TV erschlossener Markt. Die Entwicklung ist derzeit durch das Fortbestehen der Kapazitätsengpässe und durch ungünstige wirtschaftliche Rahmenbedingungen gekennzeichnet. Die Verbesserung der Marktverhältnisse wird vermutlich von den Möglichkeiten und künftigen Entwicklungen im Kabelbereich abhängen.

Die digitale Pay-TV-Programmplattform Premiere World hat aufgrund ihres Wettbewerbsvorsprungs auch firmeneigene Technologien als Standard für den digitalen Programmempfang und für die Verschlüsselung und Freischaltung bei der Zugangskontrolle im Abonnentenfernsehen eingeführt. Es ist aber offen, ob bereits die marktbeherrschende Stellung der Programmplattform Premiere World alleine ausreicht, um im Kabelbereich den Übertragungsweg und den Markt für die Empfangs- bzw. Endgeräte für digitales Pay-TV auf Dauer beherrschen zu können. Bezüglich der Möglichkeit einer dauerhaften Monopolisierung ist aber eine enge Kooperation des marktbeherrschenden Plattformbetreibers mit dem marktbeherrschenden Betreiber der Breitbandkabelnetze bedenklich.

Bei der Sicherung der Meinungsvielfalt ist zu berücksichtigen, dass auch durch eine temporäre Monopolstellung problematische Diskriminierungsmöglichkeiten entstehen können. Es existieren aber verschiedene rechtliche Bestimmungen, die die Gefährdungspotenziale vermindern, weil sie zu einem diskriminierungsfreien Verhalten verpflichten. Hinzu kommt, dass das Pay-TV dem Wettbewerbsdruck unterliegt, der vom Vielprogrammwettbewerb durch das Free-TV-Angebot ausgeht. Außerdem lässt sich aufgrund der Konvergenz für die Zukunft ein Szenario entwickeln, dass die Möglichkeit eines potenziellen und tatsächlichen Wettbewerbsdrucks beinhaltet, der von Internetplattformen ausgehen würde, weil sie unter anderem die Übertragung von Fernseh- und Videoprogrammen im Internet anbieten. Die geschäftliche Erschließung des Internets durch den Aufbau von unternehmenseigenen Informations- und Kommunikationswelten für die Konsumenten wird von beachtlichen vertikalen Konzentrationsprozessen begleitet.

Literatur:

Direktorenkonferenz der Landesmedienanstalten (DLM 29./30.06.98), Ergebnisse der 109. DLM vom 29./30. Juni 1998 und der Gesamtkonferenz am 30. Juni 1998 in Hamburg, Bundesweites Abstimmungsverfahren zu „Premiere digital“ und überarbeitete Fassung der Vorläufigen Regeln für den chancengleichen Zugang zu Dienstleistungen im Zusammenhang mit dem digitalen Fernsehen v. 30. Juni 1998. Unter: http://www.alm.de/presse/DLM0598.HTM.

ARD (2001): Studie zum Digitalmarkt; zitiert nach epd medien, Nr. 5 v. 20.01.2001: 11f.

Bayerische Landeszentrale für neue Medien (BLM 1999): Wirtschaftliche Bedeutung des TV-Marktes für die deutsche Filmwirtschaft 1997. München.

Bertelsmann AG (5.2.2001): Pressemeldung: Bertelsmann erwirbt Mehrheit an RTL Group/GBL neuer Gesellschafter bei Bertelsmann. Gütersloh /Brüssel.

Bundesverfassungsgericht (BVerfGE 74, 297): Beschluss v. 24.03.1987, 5. Rundfunkentscheidung, SDR-Beschluss.

Bundesverfassungsgericht (BVerfGE 57, 295): Urteil v. 16.06.1981, 3. Rundfunkentscheidung, FRAG-Urteil.

Bundesverfassungsgericht (BVerfGE 73, 159): Urteil v. 04.11.1986, 4. Rundfunkentscheidung, Niedersachsen-Urteil.

Bundesverfassungsgericht (BVerfGE 83, 238): Urteil v. 05.02.1991, 6. Rundfunkentscheidung, Nordrhein-Westfalen-Urteil.

CLT-UFA (2000): Geschäftsbericht 1999. Luxemburg.

Compagnie Luxembourgoise pour l´Audiovisuel et la France (Audiofina 2000), Audiofina to be renemed RTL Group. Luxembourg.

Direktorenkonferenz der Landesmedienanstalten (DLM 1999): Pressemitteilung 23/1999 v. 26.10.1999. Einigung über die Nutzung der ersten 13 digitalen Kanäle; Digitale Nutzung des Hyperbandes.

Direktorenkonferenz der Landesmedienanstalten (DLM 2000): Pressemitteilung 12/2000 v. 26.10.2000. Digitaler Zugang: Satzung nach § 53 Abs. 7 RStV tritt zum 1. November in Kraft. Satzungstext unter: http://www.alm.de/bibliothek/digsatz1.doc.

Eidgenössisches Departement für Umwelt, Verkehr, Energie und Kommunikation (UVEK 08.11.99): Entscheid in der Sache Teleclub AG v. 08.11.1999. Unter: http://www.bakom.ch/ger/subsubpage/docs/1087/.

Elsner, Frank (1999): CLT-UFA bleibt zunächst im westeuropäischen Koordinatensystem. In: Börsen-Zeitung v. 0 9.11.1999: 11.

epd medien v. 17.06.2000, Nr. 47/48: ARD klagt gegen EG-Kommission wegen Kirch/Murdoch-Allianz.

Europäische Kommission (11.10.2000): America OnLine/TimeWarner, Case No. COMP/M.1845. Brüssel. Zitiert aus: Wirtschaft und Wettbewerb, Heft 11, 2000: 1087f.

Europäische Kommission (07.10.1996): Bertelsmann/CLT, Fall-Nr. IV/M.779. Brüssel. Unter: http://europa.eu.int/comm/competition/mergers/cases/decisions/m779_en.pdf.

Europäische Kommission (27.05.1998): Bertelsmann/Kirch/Premiere, Fall-Nr. IV/M.993. Brüssel. Amtsblatt der Europäischen Gemeinschaften, Abl. L 053 v. 27.02.1999: 1-30.

Europäische Kommission (21.10.1998): British Interactive Broadcasting Limited (BIB), Sache IV/36.539. In: Amtsblatt der Europäischen Gemeinschaften, Abl. C 322/6. Brüssel.

Europäische Kommission (21.03.2000): BSkyB/KirchPayTV, Fall-Nr. COMP/JV.37, Brüssel. Unter: http://europa.eu.int/comm/competition/mergers/cases/index/by_nr_jv_0.html..

Europäische Kommission (13.10.2000): Case No. COMP/M.2050 – Vivendi/Canal+/Seagram. Unter: http://europa.eu.int/comm/competition/mergers/cases/decisions/m2050_en.pdf).

Europäische Kommission (27.05.1998): Deutsche Telekom/BetaResearch, Fall-Nr. IV/M.1027, Brüssel. Amtsblatt der Europäischen Gemeinschaften, Abl. L 053 v. 27.02.1999: 31-45.

Europäische Kommission (9.11.1994): MSG Media Service, Fall-Nr. IV/M.469. Amtsblatt der Europäischen Gemeinschaften, Abl. Nr. L 364 v. 31.12.1994: 1–20.

Europäische Kommission (11.10.2000): Pressemitteilung IP/00/1145. Fusion zwischen AOL und Time Warner von EU-Kommission mit Auflagen genehmigt. Brüssel.

FORMATT-Institut (1999): Fernseh-Produktion in Deutschland. Eine explorative Studie zu einer weitgehend unbekannten Branche im Auftrag der Staatskanzlei des Landes Nordrhein-Westfalen. Dortmund.

Frankfurter Allgemeine Zeitung (FAZ 19.10.2000): RTL ist Quotenkönig unter den TV-Websites.

Jochimsen, Reimut (1999): Medienaufsicht in der Kontroverse - Konzentration, Kontrolle und KEK. In: Kommunikation und Recht, Heft 10, Oktober 1999: 433-442.

Kommission zur Ermittlung der Konzentration im Medienbereich (KEK 1999/2000): Jahresbericht: Berichtszeitraum 01.07.1999 bis 30.06.2000. Potsdam 2000.

Kommission zur Ermittlung der Konzentration im Medienbereich (KEK 1999): Zuschaueranteile als Maßstab vorherrschender Meinungsmacht - Die Ermittlung der Zuschaueranteile durch die KEK nach § 27 RStV. Dokumentation des wissenschaftlichen Symposiums der KEK am 24.11.1998 in Potsdam. Schriftenreihe der Landesmedienanstalten, Band 13. Berlin.

Kommission zur Ermittlung der Konzentration im Medienbereich (KEK 2000): Forschreitende Medienkonzentration im Zeichen der Konvergenz, Konzentrationsbericht der KEK nach § 26 Abs. 6 RStV, Herausgeber: Die Landesmedienanstalten. Schriftenreihe der Landesmedienanstalten, Band 17. Berlin.

Kommission zur Ermittlung der Konzentration im Medienbereich (Beschluss in Sache Premiere, Az.: KEK 026, 26.01.1999): Entscheidung in der Sache Zulassungsantrag der Premiere Medien GmbH & Co. KG, Az. KEK 026, v. 26.01.1999. Unter: http://www.kek-online.de/cgi-bin/resi/v-ent/12.html. Abgedruckt auch in: Media Perspektiven, Dokumentation I/1999: 12–29.

Kommission zur Ermittlung der Konzentration im Medienbereich (Beschluss in Sache tm3, Az.: KEK 081, 17.07.2000): Entscheidung in der Sache Anzeige der Veränderung von Beteiligungsverhältnissen bei der TM3 Fernsehen GmbH & Co. KG, Az.: KEK 081.

Kommission zur Ermittlung der Konzentration im Medienbereich (Beschluss in Sache Premiere World, Az.: KEK 070, 15.08.2000): Entscheidung in der Sache Anzeige einer Veränderung von Beteiligungsverhältnissen bei der bundesweiten Fernsehveranstalterin PREMIERE Medien GmbH & Co. KG, Az.: KEK 070.

Lilienthal, Volker (2001): Durchbruch nicht in Sicht – Fünf Jahre Digital-TV, zehn Jahre Pay-TV. In: epd medien Nr. 12 v. 14.02.2001: 4–7.

Monopolkommission (1998/1999): Wettbewerbspolitik in Netzstrukturen. 13. Hauptgutachten der Monopolkommission gemäß § 44 Abs. 1 Satz 1 GWB – 1998/1999 -; hier zitiert aus der kürzeren Fassung.

MultiMedia und Recht (MMR 1/2001): Zeitschrift für Informations-, Telekommunikations- und Medienrecht, Zusammenschluss DTAG/BetaResearch, 4. Jg., Heft 1, 2001: Xf.

Ott, Klaus (2001): Kabel-Blockade. Süddeutsche Zeitung v. 20.02.2001.

Rott, Armin (2000): Mindestmarktanteile werbefinanzierter Fernsehsender in Deutschland. Dortmunder Diskussionsbeiträge zur Wirtschaftspolitik, Nr. 104, Oktober 2000.

Rundfunkstaatsvertrag (RStV) vom 31.08.1991, in der Fassung des fünften Rundfunkänderungsstaatsvertrags, geändert vom 06.07 bis 07.08 2000, in Kraft seit dem 01.01.2001. In: Funkkorrespondenz – Dokumentation v. 05.01.2001.

Schumpeter, Joseph (1934; 1987): Theorie der wirtschaftlichen Entwicklung. 7. Auflage, Nachdruck der 1934 erschienenen 4. Auflage. Berlin 1987.

Seufert, Wolfgang (2000): Wirtschaftliche Aspekte von Hörfunk und Fernsehen. In: Hans-Bredow-Institut (Hrsg.): Internationales Handbuch für Hörfunk und Fernsehen 2000/2001. Baden-Baden: A160–A178.

Société Européenne des Satellites (SES 2000): Studie zu den Digital-TV-Haushalten in Deutschland; zitiert nach Kabel & Satellit v. 08. 052000, Nr. 19: 4.

Wirtz, Bernd (2000): Rekonfigurationsstrategien und multiple Kundenbindung in multimedialen Informations- und Kommunikationsmärken. In: Schmalenbachs Zeitschrift für betriebswirtschaftliche Forschung, 52. Jg., 2000, Nr. 5: 290 – 306.

Wirtz, Bernd / Kleineicken, Andreas (2000): Geschäftsmodelltypologien im Internet. In: Wirtschaftswissenschaftliches Studium, 29. Jg., 2000, Heft 11: 628 – 635.

Informationsüberfluss?

Wissensknappheit: China, Deutschland, USA[1]

Peter Ludes

In Nordamerika und Westeuropa wurde die Globalisierung von Wirtschaftsunternehmen zu einer Herausforderung für parlamentarisch-politische Demokratien. Eine Neuverteilung der Einkommen und Transferzahlungen erfolgte zum Beispiel in den USA derart, dass die Einkommensunterschiede in den 90er Jahren größer wurden als je seit 1929. Die Trends hin zu mehr ökonomischer Gleichheit aus den 30er bis 80er Jahren wurden seit Ende der 80er Jahre scharf umgedreht (Gaziano 1997: 237). Weltweit verfügen 358 Milliardäre über ein höheres Jahreseinkommen als fast die Hälfte der Weltbevölkerung. Die Kluft zwischen den reichsten und ärmsten 20 % der Menschheit hat sich seit 1960 mehr als verdoppelt: von 30:1 zu einem Verhältnis von 78:1 (Speth 1997: 21). Mehr als die Hälfte der Weltbevölkerung kann weniger als 2 US-Dollar am Tag ausgeben. Diese ansteigenden ökonomischen Disparitäten lassen es unwahrscheinlich werden, dass innerhalb kurzer Zeit ein allgemeiner Zugang zu den verschiedenen Bildschirmmedien, vor allem zum Internet, gesichert werden kann; damit werden weite Teile der Weltbevölkerung ausgeschlossen von als „global" ideologisierten Informations- und Kommunikationsmitteln.

Abschnitt 1 dieses Beitrages konzentriert sich auf die westliche Diskussion eines Überflusses an Informationen; ich werde auf die geographische und soziale Begrenzung dieser Überflussthese eingehen und sie damit selbst überflüssig machen. Indem ich meine Perspektive über westliche Kulturkreise hinaus ausweite, werde ich in Abschnitt 2 die Verteilung von Fernsehgeräten und Internet-Zugängen zwischen den USA und der Volksrepublik China vergleichen. Einige Beispiele aus westlichen Fernsehnachrichtensendungen werden den Mangel der Berichterstattung über Asien in der gesamten zweiten Hälfte des 20. Jahrhunderts (in den USA und der Bundesrepublik Deutschland) nachweisen. Untersuchungen aus der Volksrepublik China zeigen hingegen eine schwächere nationale Perspektive. In Abschnitt 3 erfordert dieser Vergleich eine Ergänzung der westlichen Einschätzung eines Informations-

1 Dieser Aufsatz präsentiert Forschungsergebnisse der Teilprojekte A 7 und A 12 des Siegener DFG-Sonderforschungsbereichs Bildschirmmedien. Unter den Gutachtern dieser Teilprojekte waren Professor Dr. Wolfgang Langenbucher, Wien, und Professor Dr. Heribert Schatz, Universität-GH Duisburg, die die empirische Konkretisierung und theorierelevante Auswertung dieser Forschungen förderten, wofür ich mich auch hier herzlich bedanken möchte.

überflusses durch eine umfassendere Berücksichtigung ganz unterschiedlicher Knappheiten an Wissen. Zusätzlich zu dieser Knappheitsthese sollten Zuverlässigkeitsgrade von Informationen in Frage gestellt und überprüft werden. In Abschnitt 4 werde ich schlussfolgern, dass das Verständnis von Information und Zuverlässigkeit selbst kultur- und medienspezifisch ist. Wir dürfen nicht annehmen, dass zeitgenössische westliche Interpretationen in globalen Kontexten als gültig anerkannt werden, noch dass überhaupt eine Einigung über globale Konzepte und Kontexte gefunden wird.

1. Informationsüberfluss: US-amerikanische Standards, europäische Gegenstrategien und die Verwestlichung öffentlicher Informationen

Seit der zweiten Hälfte des 20. Jahrhunderts spielen elektronische Medien und mediatisierte Kommunikation eine Schlüsselrolle in Nordamerika, Westeuropa und allen anderen hochindustrialisierten modernen Gesellschaften. Seit den 80er Jahren des vergangenen Jahrhunderts sind zum Beispiel mehr als 95 % aller Haushalte in den USA und der Bundesrepublik Deutschland mit mindestens einem Fernsehgerät ausgestattet. In diesen Ländern können wir deshalb fast von einer Vollausstattung der Haushalte und damit der umfassenden Möglichkeit der Verbreitung und Nutzung von Fernsehinformation und –unterhaltung sprechen. Es ist allerdings schwer, die verschiedenen Medieninhalte unter Aspekten ihrer Informationsanteile zu bewerten. Es ist noch schwerer, Informationen im Vergleich zu Zusammenhangs-Wissen über verschiedene soziale und kulturelle Bereiche einzuschätzen, die wechselseitigen Abhängigkeiten und Ergänzungen von Informationen und Relevanzschemata, ihre Entwicklungen und ihre unterschiedlich prekäre Existenz. (Auf die sehr unterschiedlichen Definitionen von „Daten"–„Informationen"–„Wissen" soll hier nicht näher eingegangen werden. (vgl. z. B. Spinner 1998: Kap. III. und V.; Ganz-Blättler 2000; Stehr 2000: 96-100, 308-317.) Es gibt allerdings einige Anzeichen dafür, dass die langfristig immer längere allgemeine Schulausbildung und Berufsbildung (vgl. z. B. Elias 1984), der Umbruch von dominierenden Arbeitstätigkeiten in der Landwirtschaft oder Industrie hin zum Dienstleistungssektor oft mit höheren Graden der Arbeitsautonomie und geringeren Arbeitszeiten einherging (vgl. Ludes 1994; 1998). Der leichtere Zugang zu Inhalten der Massenmedien ermöglicht den Zugang zu professionell hergestellten Informationen für die überwiegende Mehrheit der allgemeinen Bevölkerung. Allerdings können diese Entwicklungen zwar als durchgehend wichtig für alle westlichen Gesellschaften angesehen werden, die nationalen und sozialen Unterschiede im Medienzugang bleiben aber weiterhin beachtlich.

Im Unterschied zu der Bedeutung von Informationsmärkten und dem Profit an der Vermarktung von Medienprodukten in den USA betonen offizielle Dokumente der Europäischen Kommission zum Beispiel die Notwendigkeit einer nutzerfreundlichen Informationsgesellschaft – ein Ziel, das durch Forschungsmittel von fast vier Milliarden Euro im Zeitraum 1998 bis 2002 gefördert werden sollte. Marktwerte werden hier kombiniert mit Solidarität; es wird ein gleichberechtigter Zugang zu Informationen und Informationsnetzwerken gefordert. Aus einer europäischen Perspektive wird Technologie nicht ausschließlich als so dominierend angesehen, dass Individuen und Gesellschaften sich technologischen Entwicklungen einfach anpassen müssten. Im Unterschied zu den Vereinigten Staaten können europäische öffentliche Institutionen in der Tat wichtige Nutzer und Käufer von Informationen werden, die durch neue Netztechnologien verbreitet werden (vgl. z. B. Europäische Kommission 1997, European Communication Council 1999). Wir müssen zudem die unterschiedlichen Wissenstypen beachten, die durch Multimedia-Vernetzungen präsentiert, verlinkt, genutzt und interaktiv ergänzt bzw. transformiert werden. Hierbei muss zwischen Mentalitätsprozessen unterschieden werden, die nur sehr langfristigen, generationenübergreifenden Transformationsprozessen unterliegen und „relativ natürliche Weltanschauungen" vermitteln (vgl. Scheler 1960) und den teilweise darauf aufbauenden „Bildungs"-Weltanschauungsformen, wie Mythos und Sage, das in der natürlichen Volkssprache implizit mitgegebene Wissen, religiöses Wissen, mystisches Wissen, philosophisch-metaphysisches Wissen und das in zeitgenössischen modernen Gesellschaften manchmal als ausschließlich vorhanden ideologisierte „positive" Wissen der Mathematik, Natur- und Geisteswissenschaften und das technologische Wissen (ebd.: 63). Berücksichtigen wir die unauflösliche Einordnung je aktueller „Informationsgewinne" in längerfristig stabilere Formationen unterschiedlich ideologisch/utopischer Wissensformen, wird deutlich, dass – auch bei einigen international verbreiteten Informationen und Unterhaltungen – je kulturspezifische Informationsverständnisse und Wissensformen in ganz unterschiedlichen Kombinations- und Konkurrenzverhältnissen und affektiv besetzten Hierarchisierungen miteinander konkurrieren.

Die empirisch nachweisbaren Denationalisierungsprozesse, vor allem innerhalb der OECD-Gesellschaften (vgl. Zürn 1998; Beisheim et al. 1999), erfordern also zugleich die Beachtung weiterhin wirksamer (national, regional, sozial usw. definierter) Kulturen, unter denen Medienkulturen eine zunehmende Rolle spielen. „Kultur, so kann man zusammenfassend sagen, ist die Einheit der Programme sozialer (Re-) Konstruktion kollektiven Wissens in (durch) kognitiv autonome(n) Individuen. Kultur als Programm materialisiert sich in Anwendungen (wie Kunstwerken, Architekturen, Büchern oder Zeitungen, aber auch Speisen oder religiösen Kulten), die nur dann gesellschaftlich relevant werden, wenn sie eine (jeweils) relevante Öffentlichkeit erreichen und sich dort hinreichend lange etablieren können. Daher erklärt sich die hohe Bedeutsamkeit von Medien und Kommunikation für jede Kultur." Dieses Verständnis von „Kultur als Programm der Thematisierung des Wirklichkeitsmodells einer Gesellschaft" (Schmidt 2000: 39) erfordert die Verbindung traditioneller kulturwissenschaftlicher Forschungen mit neueren Entwicklungen zum Anteil medialer Inhalte. Hierbei dürfen aber nicht vorschnell Homogenisierungen unterstellt werden, wo sich wesentliche Unterschiede erkennen lassen: vor allem in unterschiedlichen kulturellen Räumen wie Asien, Nordamerika, Lateinamerika,

Westeuropa; nach sozialen Zugangschancen, historisch, generations- oder geschlechtsspezifisch.

Bestimmte Wissensformen, die zum Beispiel als implizites oder stummes Wissen über Grundkategorien der Weltwahrnehmung interpretiert werden können, werden zum Beispiel langsamer transformiert und sind auch schwerer über technische Verbreitungsmedien zu vermitteln als über persönliche Beziehungen. Gerade die Wissensformen, die als selbstverständlich unterstellt und als emotional wichtig eingeschätzt werden, werden überwiegend weiterhin in persönlichen Beziehungen vermittelt: Vertrauen und Glaubwürdigkeit, Verständnis aus dem Zusammenstehen, aus erlebten Interaktionen und Interaktionsfolgen, aus konfligierenden oder gemeinsam getragenen Entscheidungen, Versuchen und Irrtümern, Krisen, Scheitern oder Erfolg. Die Beschleunigung medientechnologisch vermittelter Informationen und hierdurch mitbedingter Entscheidungsprozesse ebenso wie die unterschiedlichen Schattierungen von Nichtwissen und Informationskontexten werden deshalb zu neuen Informationskrisen und Wissensknappheiten in den kommenden Jahrzehnten führen.

Konzentrieren wir uns zum Beispiel auf US-amerikanische oder transnationale Unternehmen, die von US-amerikanischen Shareholders dominiert werden (vgl. Schiller 1996), lassen sich gemeinsame technische Standards, Hard-/Software und Tools erkennen und eine abnehmende Dominanz des Englischen als internationale Überbrückungssprache. Weiterhin dominieren aber fast weltweit verbreitete Medienformate, von Buchgliederungen über Tageszeitungsartikel, Radiosendungen, Fernsehprogramme hin zu World Wide Web-Angeboten. Dementsprechend entwikkelten sich auch weltweit Gemeinsamkeiten des Screendesign für die Nutzung von Computerprogrammen. Erinnern wir uns aber daran, dass in Demokratien 2/3-Mehrheiten üblicherweise Verfassungsänderungen ermöglichen, wird deutlich, wie sehr zumindest bisher US-dominierte Hard-/Software und Inhalts-Produzenten Grundregeln des sogenannten weltweiten Netzes bestimmen konnten – Determinanten, die auch bei der in den nächsten Jahrzehnten zu erwartenden Reduktion der US-amerikanischen Dominanz unter 50 % einige Zeit weiterwirken. Welche Arten von Information und Unterhaltung digitalisiert werden, welche Unterhaltung als professionell, innovativ, attraktiv erscheint, welche Präsentationsformate genutzt werden – oder überhaupt genutzt werden können aufgrund der dominierenden (technologischen) Standards –, wie Autorschaft, Titel, Icons, Links, Screendesign und Intermedia-Beziehungen definiert werden, diese grundlegenden Programmierungen haben in einem hohen Maße ihren Ursprung in Informations- und Unterhaltungstechnologien, die in den USA und zunehmend auch in Japan entwickelt wurden, in einem beachtlich geringeren Maß auch teilweise in der Europäischen Union. Diese Programme können nicht als wertneutrale Techniken interpretiert werden, sie verbreiten vielmehr implizit auch kulturelle Besonderheiten international.

Selbst wenn wir uns auf je besondere Icons und Schlüsselbilder konzentrieren (vgl. Ludes 2001), auf die Typifizierung, Beschreibung und Visualisierung von Staatsoberhäuptern, wirtschaftlichen, militärischen, religiösen Führern, von Wissenschaftlern oder einfachen Leuten, wird deutlich, wie sehr deren Darstellung auf Bildschirmmedien in den letzten 50 Jahren standardisiert wurde. Aus diesen Trends der vergangenen Jahrzehnte lässt sich ableiten, dass auch in den nächsten Jahren gelten wird: Je mehr technische Voraussetzungen ein Verbreitungsmedium erfordert, je mehr ökonomische Investitionen es benötigt und je mehr professionelle KommunikatorInnen für seinen Einsatz ausgebildet und organisiert werden müssen, desto höher sind die Chancen für allgemeinere internationale, sogar globale Standardisierungen der Technik, der Formate, der Inhalte und professionelle Regelungen.

Dominierende Medientechnologien Ende des 20./Anfang des 21. Jahrhunderts werden auf Jahrzehnte hinaus auch westliche, insbesondere US-amerikanische kulturelle Konnotationen vermitteln (vgl. einschränkend aber z. B. van Elteren 1996). Internationalisierung oder gar Globalisierung müssen weiterhin auch (nicht ausschließlich) als Amerikanisierung und Verwestlichung verstanden werden. Dies ist kein Naturgesetz, sondern eine Voraussetzung für die Untersuchung von Ost-West-Entwicklungen Anfang des 21. Jahrhunderts, ohne die die Nationalisierungs- und Globalisierungstheoreme und der Anteil international verbreiteter Medientechnologien und Inhalte nicht angemessen untersucht werden können.

Aber was bedeutet Amerikanisierung und Verwestlichung für kulturelle Werte und den Wert der Information? Nach einer grundlegenden Untersuchung von Richard Münch von 1986 sind die wichtigsten gemeinsamen Werte einer westlichen Kultur der Moderne seit etwa 200 Jahren: Aktivismus, Rationalismus, Individualismus und Universalismus. Diese Prinzipien leiten individuelle Handlungen und die öffentliche Meinung, zum Beispiel im folgenden Sinne: Es ist besser, aktiv in der Welt zu wirken, Probleme zu lösen, Arbeitsplätze zu schaffen und zu arbeiten als zu leiden, sich zurückzuziehen, die Welt passiv zu beobachten oder Faulheit und Freizeit zu genießen (wobei letztere Prinzipien offensichtlich in den letzten Jahrzehnten, teilweise auch unter Medienleitbildern, erodierten). Unhinterfragbare, heilige Traditionen oder affektiv besetzte Vorlieben erscheinen westlichen Kulturen demgegenüber als weniger akzeptabel. Es erscheint als Grundbestandteil des ‚Common sense', für seine jeweiligen Verhaltensweisen gute Gründe angeben zu können und individuelle Handlungen als selbstverantwortet zu verstehen. Weder die Familie noch der Stamm oder die Nation, sondern einzelne Individuen werden für ihre Handlungen verantwortlich gemacht.[2] Die gerade genannten Grundwerte werden (im Westen) üblicherweise nicht als spezifisch westliche interpretiert, sondern als universell menschliche, als allgemeine Menschenrechte und –pflichten.

Diese Werthorizonte leiten auch die Produktion, Präsentation und Nutzung von Medieninformationen. Information im westlichen Sinne bedeutet, hier handelt es sich um ein nützliches Orientierungsmittel, das zur Produktion von Wissen beiträgt,

---

2 Die Zunahme der Bedeutung dieser Wertung, als Individualisierung in modernen soziologischen Theorien thematisiert, förderte (in Kombination mit neueren Kognitionsforschungen) Theoriebildungen, die individuelle Konstruktionen stärker thematisieren als langfristig konventionalisierte gemeinsame, generationenübergreifende kulturelle Standardisierungen, Normierungen, Symbolisierungen. Vgl. hierzu aber die Programmatik des Kulturwissenschaftlichen Forschungskollegs „Norm und Symbol", seit Januar 2000 an der Universität Konstanz.

welches aktiv, am besten in bezahlten Tätigkeiten, profitabel genutzt werden kann. Weder die Interpretation traditioneller, heiliger Schriften noch die Zurschaustellung von Affekten erscheint unter diesen Perspektiven als besonders nützlich. Diese typisch modernen Normierungen und Symbolisierungen entwickelten sich in Ergänzung, in Konkurrenz und in Ausscheidungswettkämpfen gegenüber traditionellen Regeln. Informationen, die vollkommen sinnlos (im Sinne von zweck- oder wertrational) wären, passen kaum in westliche moderne Konzepte. Eine grundlegende Frage ist deshalb nicht nur, von wem Informationen kommen, sondern wozu das Wissen bedeutsam werden kann. Wissen im westlichen Sinne erfordert adäquate Beschreibungen, Interpretationen, Erklärungen.

Dieses Verständnis von Wissen ist komplexer und näher an Vorstellungen der sozialwissenschaftlichen Erklärung als isolierte Informationen. Es lassen sich aber selbst im deutschen oder englischen Sprachgebrauch keine selbstverständlichen Definitionen von Wissen erkennen, wie zum Beispiel Gegenüberstellungen von Daniel Bells Hervorhebung theoretischen Wissens (1973: 175) und Manuel Castells' Diskussion vernetzten Wissens (1996: 17, Anmerkung 27; vgl. Castells 1997 und 1998) erkennen lassen. Ähnlich uneinheitlich ist der Sprachgebrauch im Deutschen (vgl. z. B. Spinner 1998 und 2000).

Die gerade skizzierten westlichen Grundwerte erklären aber vielleicht, warum es in journalistischen, feuilletonistischen, politischen, wissenschaftlichen Öffentlichkeiten in westlichen Massenmedien und zielgruppenspezifischen Medien so sehr um „Globalisierung der Information" geht, obwohl jede realistische Analyse des tatsächlichen Zugangs zu Druckmedien, Fernsehprogrammen oder Internetinformationen klarmachen würde, dass globale Ungleichheiten in der Verbreitung von Informationen die Gemeinsamkeiten überwiegen.

2. Bildschirmmedien in den USA im Vergleich zur Volksrepublik China

Es ist immer irreführend, wenn man versucht, Gesellschaften unter einem einzigen oder ganz wenigen Strukturprinzipien zu verstehen, wie zum Beispiel allein als Medien- oder Kommunikationsgesellschaften. Es ist je historisch ebenso fragwürdig, wie Gesellschaften abzugrenzen sind: Ihre Identifizierung mit Nationalstaaten ist offensichtlich vorübergehend und war nur in den letzten 200 Jahren in wenigen Teilen der Erde annähernd plausibel. Regionale, kontinentale und internationale, ja globale Integrationseinheiten transzendieren nationale Grenzen. Die wechselseitigen Abhängigkeiten/Ergänzungen und Ähnlichkeiten zwischen verschiedenen sozialen Schichten oder Systemen von unterschiedlich entwickelten nationalstaatlich organisierten Gesellschaften können die bisherige Konzentration soziologischer oder kommunikationswissenschaftlicher Studien auf nationale Staaten zunehmend fragwürdig werden lassen. Da Statistiken allerdings weiterhin hauptsächlich auf nationalstaatliche Einheiten (und Untereinheiten von Nationalstaaten) bezogen sind, ebenso wie differenziertere empirische Daten, Massenmedien weiterhin hauptsächlich auf Sprachräume und oft auf national organisierte Staaten hin (zumindest in ihrer Mehrheit) orientiert sind (vgl. Ludes 2001, Kap. 5), erfolgen interkulturelle Vergleiche oft zwischen nationalstaatlich organisierten Gesellschaften. Es gibt ja auch weiterhin Belege dafür, dass nationale Kontexte tatsächlich die Lebensbedingungen entscheidend mitprägen (vgl. Inglehart 1990 und 1998; Abramson / Inglehart 1995). Deshalb erlaubt der nun folgende Überblick über Medienstatistiken und Medieninhalte (trotz der gerade aufgeführten Argumente) einige Einblicke in Gemeinsamkeiten und Unterschiede von Informationszugängen und Inhalten von Informationsprogrammen.

Zunächst müssen wir uns vergegenwärtigen, dass jede menschliche Gesellschaft durch das Wechselspiel, den Wettbewerb und/oder Ausscheidungswettkampf unterschiedlicher Kommunikationsmedien ko-konstituiert wird: Jedes persönliche Gespräch erlaubt und erfordert nonverbale Kommunikation, Variationen in Tonfall und Wortmodellierungen. Üblicherweise spielen mehr oder weniger explizite Verweise auf die Situation, die Umgebung, sichtbare Symbole oder eher implizit unterstellte Leitbilder eine die Interpretation mitentscheidende Rolle. In modernen Gesellschaften ist es üblich, dass Menschen im Laufe eines Tages zwischen verschiedenen Medien der Kommunikation wechseln: lesen, telefonieren, fernsehen, Radio hören und zunehmend auch im Web surfen. Diese Kommunikationsmodi werden fast gleichzeitig oder mit oft geringen Zeitintervallen erlebt. Allerdings erfordern die neueren und teureren Medien Geräteausstattung, Nutzungsgebühren und Programme/Software. Je mehr Geld für die Gesamtnutzung oder bestimmte Nutzungszeit ausgegeben werden muss, desto weniger Menschen weltweit können sich aber die Nutzung derartiger Medien oder Medieninhalte auf Dauer leisten; dies gilt Anfang des 21. Jahrhunderts für mehr als zwei Drittel der Weltbevölkerung.

Konzentrieren wir uns hier allein auf Bildschirmmedien, kann dies durch einen Vergleich der USA mit der Volksrepublik China verdeutlicht werden: Mehr als 98 % aller Haushalte in den USA besitzen mindestens ein Fernsehgerät – in der Volksrepublik China war der Anteil 1990 66,6 % (Lee 1994: 26-27; vgl. Zhao 1998), Ende der 90er Jahre des vergangenen Jahrhunderts gab es etwa 800 Millionen Fernsehzuschauerinnen und –zuschauer, etwa 70 % der Bevölkerung: „Von allen TV-Haushalten können 60 % mehr als vier Kanäle empfangen. 60 % aller Zuschauer sehen jeden Tag fern. Die durchschnittliche Sehdauer pro Tag liegt bei zwei Stunden. Für viele Chinesen ist Fernsehen zur wichtigsten Freizeitbeschäftigung geworden. Dabei interessieren sich 30 % aller Zuschauer für Bildungsprogramme, während 20 % aus Zeitvertreib fernsehen. Am beliebtesten sind Fernsehserien. Werbefernsehen befürworten nur 20 % der Zuschauer, weitere knappe 20 % lehnen es völlig ab. Etwa 80 % aller TV-Zuschauer sind mit den Unterhaltungsangeboten zufrieden.“ (Xiaoge / Salamanca 2000)

Aber diese allmähliche Annäherung an westliche Geräteverbreitungen und Fernsehnutzungszeiten (immer noch erheblich hinter der Vollversorgung westlicher

Industrieländer und Nutzungszeiten von drei bis sieben Stunden je Tag in westeuropäischen Ländern und den USA zurück) erfolgt im Kontext ganz anderer kultureller Zusammenhänge: Arbeitsverhältnisse, politische Vorstellungen, religiöse Leitbilder, häusliche Situationen – mit anderen Qualitäten der Bilddarstellung und, worauf hier nur eingegangen werden kann, mit anderen Schwerpunkten der Informationsvermittlung.

Wie Lee (1994: 30-33) diagnostiziert, kann Fernsehen als populäre Freizeitaktivität angesehen werden, die sich durchsetzt, sobald Fernsehgeräte allgemeiner verbreitet werden. Aber fernzusehen kann auch zu wirtschaftlichem Wachstum beitragen, denn Fernsehprogramme vermitteln Rollen bzw. Verhaltensmodelle moderner Persönlichkeiten, sie weisen über lokale oder national begrenzte Augen-Blicke und Welt-Anschauungen hinaus. Es gibt deshalb Anhaltspunkte dafür, dass die Verbreitung neuerer Massenmedien, in der zweiten Hälfte des 20. Jahrhunderts vor allem des Fernsehens, und ökonomisches Wachstum sich wechselseitig verstärken, zumindest für je spezifische historische Phasen. Nach Schätzungen hatten mehr als die Hälfte aller US-amerikanischen Haushalte Anfang des 21. Jahrhunderts Zugang zum Internet. Errechnet nach den Verteilungen der Hosts nach dem Domain-Namen, entfielen auf die Volksrepublik China im Februar 2000 etwa 17.255 Hosts gegenüber 82.773 allein für Hongkong, 1,687534 Millionen für Japan und 1,316893 für die Bundesrepublik Deutschland. Im Unterschied hierzu verzeichneten die USA mehr als 12 Millionen kommerzielle und mehr als 5 Millionen Hosts in Erziehungsinstitutionen, die also insgesamt mehr als 17 Millionen Hosts in den USA ausmachten (http://www.nw.com/zone/WWW/dist-bynum.html, 28.02.2000).

Am 12. Februar 2001 schätzte aber der Internet-Informationsdienst nua.com: „By 2004, China will have almost as many Internet-users as Japan ... The number of mobile and fixed telephone line users in China has reached 200 million, while there are three million paying subscribers to the country‘s 250 Internet service providers (ISPs). Since June of this year, the number of people using the Internet in China has risen to 20 million. The Chinese cellular market also looks promising. According to the ITU‘s ‚Asia Pacific Telecommunication Indicators Report‘, just 3.42 out of every 100 inhabitants have a mobile phone, but 8.58 have a fixed line. Meanwhile, just 1.2 percent of the Chinese population has a PC. The United Nations is predicting that the Asia-Pacific region will possess 46 percent of 1.5 billion fixed lines by 2010, up from the 33 percent of 905 million lines today. They also forecast that the region will have 50 percent of the world‘s 2.2 billion cell phone users by the same time, compared to 35 percent of 490 million users today.“ (nua.com, 19.12.2000)

Erich Weede prognostizierte in einer grundlegenden Erörterung zu „Asien und der Westen, Aufstieg und Niedergang“ 1996: „Wenn man mechanisch die gegenwärtigen Wachstumstrends extrapoliert (...) dann könnte ein hypothetisches Groß-China, das neben der Volksrepublik auch Hongkong und Taiwan umfasste, schon im Jahre 2002 und die Volksrepublik allein im Jahre 2010 das Bruttoinlandsprodukt der USA erwirtschaften.“ (Weede 1996: 335) Wenn schon nicht allein aus kulturverständigenden Erkenntnisinteressen, so doch aus der Beachtung medientechnologischer und allgemeiner ökonomischer Trends ist es deshalb angebracht, unter Globalisierungsaspekten auf die Informationsvermittlung in der Volksrepublik China einzugehen. Denn wenn es stimmt, dass Informations- und Kommunikationstechnologien eine mitentscheidende Rolle in sich globalisierenden ökonomischen, politischen, militärischen und kulturellen Wettbewerben und Ausscheidungskämpfen spielen, dann ist die Kluft im Zugang zu Informationen über Bildschirmmedien zwischen den USA und China zu untersuchen; sie mag – trotz aller bereits erkennbarer Zuwachsraten – auch für einige Zeit die Verständigungschancen zwischen verschiedenen Kulturen und die Wettbewerbschancen der langsameren „Entwicklungs-Länder" abschwächen.

Denn für alle Wettbewerbsgebiete bieten allgemeinere Grundkenntnisse, die nicht über das offizielle Ausbildungswesen, sondern kontinuierlich alltäglich vermittelt werden, wichtige Rahmenbedingungen für Meinungsbildungen und Entscheidungsfindungen. Wenn Massenmedien derart als Orientierungs- und Kommunikationsmittel funktionieren sollen, müssen sie Rückmeldungen ermöglichen. Diese Rückkoppelung kann allerdings für kulturkreisübergreifende Ost-West-Beziehungen nicht unterstellt werden. So ergab unsere Untersuchung eines systematischen Samples von Fernsehnachrichtensendungen aus den USA und der Bundesrepublik Deutschland, von 1949 bzw. 1952 bis 1998 (vgl. differenziert für die erhobenen Daten und Grundauszählungen Ludes 2001, vor allem die CD-ROM): in den CBS Evening News bezogen sich nur 6 % der 1.251 von uns analysierten Nachrichteneinheiten auf Asien, wovon sich der weitaus überwiegende Teil auf Vietnam und (etwas weniger) auf Korea bezog. Nur 8 Beiträge in unserer Datenmenge berücksichtigten die Volksrepublik China. Diese verschwindende Teilmenge war in der wichtigsten Fernsehnachrichtensendung der Bundesrepublik, der *Tagesschau*, noch geringer: Von den 881 Nachrichtenbeiträgen, die wir hierfür analysierten, berichteten nur 4 % über Asien. Nur 4 Nachrichtenbeiträge bezogen sich hiervon auf die Volksrepublik China. In der einzigen Fernsehnachrichtensendung der Deutschen Demokratischen Republik, der *Aktuellen Kamera* (von 1952-1989), berichteten 5 % der 648 analysierten Nachrichtenbeiträge über Asien, hiervon nur 5 über die Volksrepublik China. Also selbst in dieser Nachrichtensendung eines sozialistisch organisierten Gesellschaftssystems lässt sich keine wesentlich größere Beachtung der Volksrepublik China erkennen, es handelt sich hier um transkulturell dominierende West-Ostausblendungen.

Unsere Inhaltsanalyse von Informationsangeboten im World Wide Web im Oktober 1998 führte sogar zu noch geringeren Berichterstattungsverhältnissen über Asien: Nur 2 % der CBS News Online berichteten in unserer Stichprobe vom 20. bis zum 22. Oktober 1998 über Asien (aber 78 % über die USA); nur 4 % von CNN Interactive (aber 55 % über die USA) und nur weniger als 2 % der Tagesschau-Online (aber 60 % über die Bundesrepublik Deutschland). Nur der neuartige Informationsanbieter OneWorld online (ein Zusammenschluss von mehr als 300 gemeinwohlorientierten Organisationen) berichtete mit 7 % seines Informationsangebots über Asien – über die USA mit 10 %, Afrika mit 12 % und Lateinamerika mit 14 % beachtlich mehr, am meisten aber über Westeuropa mit 21 % und (als neuer Berichterstattungsschwerpunkt) über die Welt insgesamt, vor allem auch über global agierende Organisationen mit 12 %.

Dass diese langfristige, transkulturelle und intermedial wirksame Vernachlässigung des größten Landes der Erde ein Indikator unterschiedlicher Weltteil-Anschauungen ist, wird deutlich, wenn im Folgenden einige Ergebnisse von Medieninhaltsanalysen zur Entwicklung von Informationen in der Volksrepublik China referiert werden. Allgemein kann festgestellt werden, dass Informationsangebote in Bildschirmmedien Einzelnachrichten und längerfristig etablierte Themenstrukturen und Relevanzhierarchien üblicherweise in bestimmten Rahmungen anbieten, die das jeweilige soziale, politische und ökonomische System eher bestätigen. Innerhalb dieser ideologischen Grundannahmen können dann unterschiedliche Einzelberichte und Perspektivierungen erfolgen. Vor allem die internationale Berichterstattung ist aber ein entscheidender Faktor in der entsprechenden Meinungsbildung und Entscheidungsfindung, denn die meisten Menschen haben keine direkten Erfahrungen mit weiter entfernt liegenden politischen und wirtschaftlichen Systemen, sie sind auf Massenmedien angewiesen für ihre Information über diese Systeme und ihre Interpretation entsprechender Ereignisse. In diesem Sinne beeinflussen Massenmedien nicht nur, was wir denken, sondern auch, wie wir über ausländische Themen denken (Huang / McAdams 2000: 71).

Seit den 80er Jahren des vergangenen Jahrhunderts verzeichnet die Volksrepublik China große Zuwachsraten in der Verbreitung von Fernsehsendern, -programmen und -geräten. Noch 1985 hatte China 202 Fernsehstationen, Ende 1995 mehr als 837. Das Fernsehen erreichte 45 % der chinesischen Bevölkerung 1978 und etwa 85 % zwanzig Jahre später, mit einer Zuschauerschaft von etwa einer Milliarde Menschen. 1995 produzierten alle Fernsehsender in China 2.739 Nachrichtensendungen von insgesamt 80.799 Stunden; dies bedeutete eine Verzehnfachung der 7.444 Stunden von 1985. Fernsehnachrichtenprogramme in der Volksrepublik China übersteigen quantitativ weit das Angebot von Bildungssendungen, in einem Verhältnis von etwa 7:1 im Jahre 1995 (Chang / Chen 2000: 202).

Chang und Chen (2000: 203ff.) untersuchten die Hauptnachrichtensendungen der Volksrepublik China vom 15. Juni bis zum 15. Juli 1992 (wobei fünf Tage fehlten) und 25 Tage Fernsehnachrichtensendungen vom Dezember 1996. Diese Erhebung sollte die Fernseh-Weltanschauung der chinesischen nationalen Nachrichten ergeben. Hiernach wurden 1992 die USA mit 13,3 % am meisten beachtet, vor Jugoslawien mit 11,1 %, Russland mit 8,0 %, den Vereinten Nationen mit 6,2 %. 1996 war Russland eindeutig an erster Stelle mit 23,3 %; die USA wurden mit 8,3 % berücksichtigt. 1992 waren Nachrichtenbeiträge im Durchschnitt länger als 1996 (eine Verkürzung der Berichterstattung, die sich langfristig sowohl für die USA als auch die Bundesrepublik als auch die DDR nachweisen ließ (vgl. Ludes 2001: Kap. 3 und 4). Chang und Chen (2000: 217-219) schlussfolgern: Die USA, Russland und auch die Vereinten Nationen dominieren die Berichterstattung über Nachrichten aus dem Ausland und vor allem über auswärtige Politik. Diese drei Länder bzw. Akteure repräsentieren nicht nur Nachrichtenzentren; sie sind selbst ‚Magneten', die die weitere Berichterstattung über andere Länder aus anderen Teilen der Welt vernetzen. Die Berichterstattung über weniger bekannte Länder erfolgt auf dem Umweg über die Hauptakteure der Weltpolitik, die oft in Freund-Feind-Schemata eingeordnet werden. Aus längerfristiger Perspektive existieren Afrika und Lateinamerika nicht auf den Bildschirmen der Volksrepublik China.

Insgesamt definieren die Hauptinformationsangebote moderner Gesellschaften zwar je unterschiedlich „die Welt"; gemeinsam ist aber, dass das eigene Land, die Hauptverbündeten und

- -konkurrenten die Bildschirm-Welt ausfüllen. Das Verhältnis der Berichterstattung über das eigene Land zu der über andere Länder ist aber jeweils derart, dass kaum auch nur Grundkenntnisse über politische Systeme, kulturelle Voraussetzungen, Entwicklungschancen und

- Probleme thematisiert werden. Auch Ende des 20./Anfang des 21. Jahrhunderts, in der Epoche der sogenannten Globalisierung, werden weiterhin nationale Identitäten durch Informationsangebote über Bildschirmmedien verstärkt: Die globale Welt wird hauptsächlich auf der Basis von Nationalstaaten konstruiert (Boyd-Barrett 2000: 319; vgl. bereits Ludes 1996 bzw. 2000; ausführlich Ludes 2001: Kap. 5).

Journalisten und Journalistinnen betonen oft, Tageszeitungen, Radio und Fernsehinformationen müssten sich wechselseitig ergänzen. Für die Ergänzung national verbreiteter und orientierter Informationen durch Lokalnachrichten mag dies stimmen; aber selbst für die Berichterstattung über Mitgliedsländer der Europäischen Union gilt dies kaum, auch wenn man sich auf Nachrichtenmagazine im Printbereich konzentriert, die üblicherweise beanspruchen, Hintergrundinformationen zu liefern (vgl. Sievert 1998). Ludes (2001: vor allem Kap. 6 und 7) stellte deshalb die allgemeine These auf, dass transmedial und transkulturell nationale Orientierungsmuster in den am weitesten verbreiteten Informationsangeboten vorherrschen. Diese These scheint auch für die Entwicklung der Nachrichtenauswahl durch die Nachrichtenagentur der Volksrepublik China, Xinhua, in der zweiten Hälfte des 20. Jahrhunderts zuzutreffen: Charles W. Elliott untersuchte alle englischsprachigen Verlautbarungen an die internationale Presse durch diese Nachrichtenagentur für ein repräsentatives Sample der Jahre vom 1. Januar 1950 bis zum 31. Dezember 1989. Eine Reihe von Jahren waren allerdings noch nicht für die Forschung offen (1960 bis 1966; 1969 bis 1976); für die anderen Jahre konnten aber etwa 15 Tage pro Jahr analysiert werden, also etwa 4 % des verbreiteten Materials (Elliott 2000: 360-361; mit Verweis auf Stempel 1952, der sechs Tage pro Jahr als hinreichende Stichprobe für legitime Generalisierungen ansah). Insgesamt lässt sich kein Anstieg an internationalen Nachrichtenangeboten erkennen, im Gegenteil eine Reduzierung von 71,3 % Anteil internationaler Nachrichtenbeiträge an der Gesamtnachrichtenangebotsmenge in den 50er Jahren über 46,7 % in den 60er Jahren, 63,9 % in den 70er Jahren und 40,8 % in den 80er Jahren. Dieser Trend der Re-Nationalisierung ist noch stärker als derjenige, der für Fernsehnachrichtenangebote in den USA und der Bundesrepublik Deutschland für die zweite Hälfte des 20. Jahrhunderts festgestellt werden konnte (vgl. Elliott 2000: 362 mit Ludes 2001: Kap. 3 und 4, für WWW-Informationsangebote Kap. 5 und die entsprechenden Tabellen auf der CD-ROM;

für die Verbreitung der Weltregionen in den internationalen Nachrichten der chinesischen Nachrichtenagentur s. Elliott 2000: 364).

Als Hauptakteure der internationalen Nachrichten von Xinhua (Elliott 2000: 371) erscheinen von den 50er bis zu den 80er Jahren die Diplomatie, das Militär, die Wirtschaft und der Sport, in den 60er Jahren auch der Kommunismus. Die Regierung ist (bis auf die 70er Jahre) dominierender als Organisationen und Individuen (ebd.: 372). Externe Quellen machten immer die Minderheit der chinesischen internationalen Nachrichten aus (ebd.: 373). Elliott (2000: 383-384) schlussfolgert: Trotz vieler Kontinuitäten lassen sich einige Trends erkennen – die chinesische Nachrichtenagentur passte sich allmählich an internationale Erzählmuster und Reportagestile an, Schnelligkeit und Aktualität gewannen an Bedeutung, was den Einfluss politischer Zensur begrenzte. Schwerpunkte der Berichterstattung waren über mehrere Jahrzehnte hinweg Asien und Entwicklungsländer in aller Welt. Internationale Nachrichten wurden als Informationsangebot konzipiert, im Unterschied zu nationalen Nachrichten, die eher der Propaganda dienten. Ähnlich wie bei Ludes (2001, vgl. vor allem das Schlüsselbildmaterial auf der CD-ROM aus den USA, der Bundesrepublik und der DDR) lassen sich inhaltliche Stabilitäten und nationale Themenhierarchien erkennen, die aber durch eine Internationalisierung der Erzählmuster und Präsentationsformate teilweise konterkariert werden. Überspitzt formuliert könnte man von einer Globalisierung der Formate und einer Re-Nationalisierung der Inhalte der wichtigsten Informationsangebote in der zweiten Hälfte des 20. Jahrhunderts sprechen.

Dies gilt auch für die fortwirkende Bedeutung nationalstaatlicher Grenzen für Informationsangebote des World Wide Web. Die Auswertung von 4.000 Web-Sites durch Halavais (2000) belegte, dass sich auch die Informationsangebote des World Wide Web in ihrer überwiegenden Mehrheit an nationalen Grenzen orientieren und Links zu Sites in der gleichen Gesellschaft anbieten. Wenn internationale Links angeboten werden, verweisen diese überwiegend auf Homepages aus den USA. Selbst bei den sogenannten universellen Informationsangeboten aus Wissenschaft und Forschung, Internet und Computern war der Anteil der ausländischen Links nur 38 bzw. 34 %, kaum höher als 32 % für die Politik, aber beachtlich höher als in allen anderen Bereichen (Halavais 2000: 21). Diese Untersuchung (ähnlich wie die Untersuchung von Ludes 2001: Kap. 5, 15) belegt, wie sehr nationale Medienkulturen weiterhin Informationsangebote des sogenannten weltweiten Netzes dominieren.

Die USA bieten von allen hier untersuchten Ländern die wenigsten Verweise auf Sites außerhalb ihres Landes, nämlich nur etwas mehr als 9 %. Staatsgrenzen sind also auch für internationale Kommunikationsflüsse weiterhin von großer Bedeutung. Konzentriert man sich auf technische Indikatoren der Informationsgesellschaft, lassen sich die meisten OECD-Mitgliedstaaten als solche bezeichnen. So hatten die USA 1997 56 digitale Telefonanschlüsse je 1.000 Einwohner, Deutschland 58 und Japan 51; die TV-Kabelanschlüsse je 100 Haushalte für diese Länder betrugen 65, 50 bzw. 10, die Internet-Hosts je 1.000 Einwohner (1/1998) 78, 12 bzw. 9 und die Anteile des Umsatzes für Informations- und Kommunikationstechnologien am Bruttoinlandsprodukt in Prozent 7,0 bzw. 4,6 bzw. 4,6 %. Für diese Länder lässt sich also von den Möglichkeiten der differenzierten Informationsaufnahme her zwar ein beachtlicher Schub im letzten Jahrzehnt des vergangenen Jahrhunderts erkennen, aber dieser Trend darf nicht als globale Informations- oder Wissensgesellschaft missverstanden werden, wie die oben differenzierten nationalen Perspektiven der Bildschirmmedien-Informationsangebote zeigten. (Für Argumente, Deutschland als Informations- und Wissensgesellschaft zu konzipieren und die eben genannten Indikatoren der Informationsgesellschaft s. Kaase 1999, besonders Tabelle 2.)

Selbst wenn historisch neuartige Zuwachsraten des Zugangs zu und der Nutzung von Bildschirmmedien-Informationen Ende des 20./Anfang des 21. Jahrhunderts diagnostiziert werden können und sich deren Inhalte (Themenhierarchien, Beachtung von Ereignisregionen, Auswahl von Haupthandelnden, Erzählmodi) allmählich doch etwas denationalisieren und internationalisieren (kaum globalisieren), ist für derartige medientechnologisch fokussierte Diagnosen zu beachten, wie sehr langfristig kulturelles Hintergrundwissen die Auswahl und Interpretation neuer Inhalte bedingt. Außerdem ist die Beschleunigung der Verbreitung neuer Medientechnologien langsamer als gemeinhin angenommen. So zeigte Lievrouw (2000), dass sich in den USA das Fernsehen in den 50er Jahren schneller verbreitete als spätere Medien. Es benötigte weniger als fünf Jahre, um 10 % aller Haushalte zu durchdringen; in weniger als zwanzig Jahren hatten in den USA mehr als 90 % der Haushalte ein Fernsehgerät. Videorecorder, Radio und Mobiltelefone hatten die nächstschnellsten Diffusionsraten. Computer erscheinen in diesem Medienvergleich für die USA erst an der fünften Stelle.

Jede realistische Diagnose von „Informationsgesellschaften“ sollte deshalb interkulturelle und intermediale Vergleiche durchführen; hierbei sind die globalisierenden Möglichkeiten von Informations- und Kommunikationstechnologien zu unterscheiden von deren tatsächlicher Verbreitung und Nutzung, aber auch von Kontinuitäten, Ausdifferenzierungen und Umbrüchen der Medieninhalte je neuerer Medien, die aber immer im Kontext längerfristig wirksamer Medienkulturen desorientieren. Explizit als Nachrichten präsentierte Informationsangebote kreieren bestimmte symbolische Wirklichkeiten, effektive Mittel der Kommunikation, Hierarchien der Relevanz und Bekanntheit und reproduzieren hierdurch fundamentale Weltanschauungen (vgl. Chang / Wang / Chen 1994: 54-55). Aufgrund der bisher präsentierten Inhaltsanalysen können wir schlussfolgern, dass chinesische, amerikanische und deutsche Zuschauer, bezogen auf internationale Themen, kaum symbolische Realitäten, Kommunikationsmittel, Relevanzhierarchien oder Weltanschauungen teilen. Dieser Mangel an massenmedial konstituierten Gemeinsamkeiten kann zur Entwicklung von Missverständnissen beitragen und sogar Tendenzen zu einem Kampf der Kulturen (Huntington 1996) verstärken. Deshalb kann Anfang des 21. Jahrhunderts kaum von einem globalen Dorf gesprochen werden, noch von einem Überfluss an Informationen – vielmehr wurden gerade die nationalen Differenzierungen und internationalen Vernachlässigungen offensichtlich. Wir müssen deshalb eher von grundlegenden Knappheiten an Informationen, vor allem aber an Zusammenhangswissen sprechen.

3. Knappheiten an Wissen

In der historischen Entwicklung professionell verbreiteter Nachrichten (vgl. z. B. Wilke 1984; Ludes 1993; Schudson 1995) setzten sich gemeinsame Muster der Typifizierung von Ereignissen, Handelnden, Erzählmustern und allgemeinen Relevanzhierarchien durch. Die klassischen journalistischen Fragen danach, wer was, wann, wo, wie und warum tat, leiteten die Nachrichtenauswahl und Präsentation in den Druckmedien an, in den Bildschirmmedien wurden sie allerdings zunehmend verkürzt auf: wer, was, wann, wie? Bildschirmmedien konzentrieren sich auf das, was gesehen und gezeigt werden kann; dadurch werden abstraktere Zusammenhänge auf mehr oder weniger oberflächliche Bilder verkürzt. Während der zweiten Hälfte des 20. Jahrhunderts zeigten diese Bilder hauptsächlich Ereignisse aus den jeweiligen nationalen Gesellschaften – obwohl sich die meisten Nachrichtenangebote als „Weltnachrichten" bezeichneten und das World Wide Web „weltweit" sogar als Bezeichnung des Mediums selbst in Anspruch nimmt. Innerhalb dieser nationalen Orientierung war thematisch Politik im Fernsehen an erster Stelle, gefolgt von der Ökonomie und Militär oder Krieg.

In den Informationsangeboten des World Wide Web haben ökonomische Nachrichten an Bedeutung gewonnen. Ähnlich wie bei der Annäherung von Erzählmustern und Formaten lassen sich beachtliche Konvergenzen der Verfassungen und Institutionen nationalstaatlich organisierter Gesellschaften und internationaler bzw. globaler Vereinigungen erkennen: Von der Legitimierung durch gesetzlich vorgegebene Regelungen über grundlegende Schullehrpläne, die Gesundheitsvorsorge und Verkehrsregeln bis zu innerbetrieblichen Organisationsmustern entwickelte sich eine gemeinsame Wissensbasis in den meisten zeitgenössischen Gesellschaften. Diese fundamentalen Konventionalisierungen und Institutionalisierungen werden in den wichtigsten öffentlichen Orientierungsmitteln kaum sichtbar. Zusätzlich zu den bereits belegten Informations- und Wissensmängeln ist deshalb festzustellen, dass massenmedial kaum Grundkenntnisse über fundamentale Institutionen vermittelt werden – diese unterliegen im Ausscheidungswettbewerb gegenüber Nachrichten zu Ereignissen oder Handlungen. Die Information über Massenmedien bleibt aber dadurch gekennzeichnet, dass eine gewisse Allgemeinbildung aufgrund der Schulerziehung vorausgesetzt wird; ein gemeinsamer Kontext der Interpretation wird je spezifisch kulturell unterstellt. Allerdings bedeutet die Beschleunigung und Internationalisierung technischer, ökonomischer, militärischer und politischer Entwicklungen, dass immer weniger vorausgesetzt werden kann, dass allgemeine Ausbildungssysteme Grundkenntnisse über mehrere Jahrzehnte hinweg vermitteln können.

Deswegen muss ein altes Mediengesetz gebrochen werden: Es genügt nicht mehr, neue Medien mit Inhalten von älteren Medien aufzufüllen. Vielmehr müssen neue Medientechnologien und –formate mit Analysen der transformierten Medienkontexte kombiniert werden (vgl. Ludes 1996 und 1998). Berücksichtigt man die enorme wirtschaftliche und kulturelle Bedeutung von Medieninvestitionen, sind komplexere Diagnosen zur Bedeutung kulturellen Hintergrundwissens ähnlich wichtig wie solche zu neuen Marktpotenzialen (vgl. z. B. European Communication Council 1999). Darüber hinaus erfordern Diagnosen der Bedeutung von Information und Wissen die Berücksichtigung der Zuverlässigkeit der Einzelinformationen und des Hintergrundwissens. Eltern und Lehrer bleiben weiterhin primär verantwortlich für die Vermittlung grundlegender kultureller Konventionen, Verhaltensmodelle, Wertungen und Hintergrundannahmen; hierfür sind persönliche Beziehungen und Überzeugungen mit maßgeblich. Diese Vorbilder können – gerade auch über ihre nonverbalen Kommunikationsrepertoires – hinterfragt, die Aussagen können explizit in Frage gestellt, in Interaktionen können autoritäre Regelungen überprüft und kontrolliert werden, mit Sanktionsmöglichkeiten auf beiden Seiten. Die Informationen, die durch Massenmedien vermittelt werden, waren bisher allerdings großenteils unmittelbarer Kontrolle entzogen. Obwohl Belohnung oder Sanktionen mit der Reputation je besonderer Medien verbunden sind, erfordern Grundwerte und Relevanzschemata unmittelbarere Rückfragemöglichkeiten als selbst interaktive multimediale Netze Anfang des 21. Jahrhunderts bieten.

Deshalb ist ein grundlegendes Paradoxon moderner Medienkommunikation zu erkennen: Diese kann nicht mehr hinreichend durch allgemeine Ausbildungsinstitutionen ergänzt werden – sie kann aber auch nicht selbst diese Vermittlung unhinterfragbaren kulturellen Hintergrundwissens leisten. Implizites oder stummes Wissen bleibt in persönliche Beziehungen, nonverbale Kommunikation, Interaktivität und mehrjährige Übersicht von Handlungsfolgen eingebunden. Es wird dadurch auch auf andere Art ‚hinterfragt'. Die Entwicklung interaktiver Multimedia-Netzwerke scheint einen Teil dieser Problematik lösen zu können, die Zuverlässigkeit derjenigen, die an Netz-Interaktionen beteiligt sind, erfordert aber weitere Prüfungen.

So entwickelten Druckmedien klare Regelungen bezüglich der Autorschaft und der Herausgeberschaft; Rechtsvorschriften erfordern eine verbindliche Festlegung der Verantwortung im Sinne des Pressegesetzes und der Meinungsäußerungen. In audiovisuellen Medien vermittelten die Präsentatoren und Handelnden individuelle Zurechenbarkeit; darüber hinaus existieren auch in Hörfunk und Fernsehen klare Regelungen der Verantwortung für die Herstellung, Präsentation und zeitliche Platzierung von Programmen. Diese werden innerhalb des Mediums durch Programmansagen, auch durch Videotext oder Programmzeitschriften veröffentlicht. Außerdem bedeutete die begrenzte Anzahl von Sendern und Programmen zumindest bis Mitte der 80er Jahre des vergangenen Jahrhunderts, dass die meisten Zuschauerinnen und Zuschauer die Sender und Programme in ihren Grundstrukturen kennen konnten. Diese Zurechenbarkeit von Sendern, Medieninhalten und Zuverlässigkeit verlagerte sich mit der Verknüpfung ganz unterschiedlicher elektronischer Netze, der Entwicklung interaktiver multimedialer „weltweiter Netze" und deren Nutzung durch im historischen Medienvergleich relativ kurze Zugriffszeiten. Die Anbieter von Inhalten im World Wide Web steigen zunehmend im Millionenbereich; allein das Angebot von Tageszeitungen im World Wide Web ist Anfang des 21. Jahrhunderts größer als 4.000. Dadurch entsteht die Notwendigkeit neuer „Verkehrsregeln", bezogen auf die Ursprünge, Zuverlässigkeit und Dauerhaftigkeit der Angebote, wozu es aber kaum Bestandsaufnahmen oder gar Überprüfungsinstitutionen gibt (die großenteils selbstregulierend sein könnten, wie ICANN). Das außerordentlich hohe

Maß an Auswahlmöglichkeiten, das sich hierdurch eröffnet, impliziert historisch niedrige Grade der Transparenz und Zuverlässigkeit. Deshalb müsste nicht nur unter medientechnischen Perspektiven, sondern auch der Entwicklung von Medienformaten und Medieninhalten geprüft werden, inwieweit traditionelle kulturelle Bedeutungen durch die mediale Revolution (vgl. Hanuschek et al. 2000) des Umbruchs der Medieninformation (vgl. Ludes 2001) kultur- und medienwissenschaftlich aufgeklärt werden können. Zu den auch demokratietheoretisch relevanten Fragen gehört: Wer präsentiert dieses bestimmte Informationsangebot, wer ist im gesetzlichen Sinne hierfür verantwortlich; welches Grundmuster der Präsentation, welches „Genre“ bzw. welcher Programmtyp (Information/Fiktion/Werbung) wird unterstellt? Woher kommt dieses Angebot – oder kombiniert es ganz unterschiedliche Medieninhalte aus verschiedenen Ländern? Wie kamen die Autoren zu ihren Behauptungen? Weshalb werden diese Medieninhalte in dieser Form veröffentlicht – gibt es besondere Verpflichtungen gegenüber Sponsoren, Werbetreibenden, Agenturen usw.? (Vgl. ausführlich zur Problematik einer neuen Zuverlässigkeitskluft Ludes / Schütte 1997, zu Fragen der Medienbewertungen Ludes / Schanze 1999 und die WWW-Adressen in Ludes 2001: Kap. 9.5.)

4. Kulturspezifische Vernetzungen

Selbst wenn die gerade skizzierten Voraussetzungen zur Überprüfung der Zuverlässigkeit von Bildschirmmedien-Informationen universell standardisiert würden, bliebe der kulturspezifische Charakter von Informationen und Wissen erhalten. So gilt zum Beispiel: Das „Islamic Community Paradigm is the paradigm of revelation and not the paradigm of information. It is Islam and the theory of tawhid (the unity of God, human beings and the universe) that determines the parameters of information and not the other way around (...) Thus, from the perspective of Islam, the scientific paradigm, developed largely as a result of the industrial revolution, and the information paradigm, now promoted to depict the postindustrial societies, are both partial and subject to change“ (Mowlana 1993: 13; vgl. ausführlicher Mowlana 1996, besonders Kap. 9; als Science-Fiction-Roman erhellend Clarke / McQuay 1996, die beschreiben, wie chinesische Unternehmen den Markt und die Politik der USA innerhalb von drei Jahrzehnten dominieren).

Außerdem gibt es historische Belege dafür, dass eine weltweite Integration kultureller Werte, gemeinsamer Wissensbestände oder politischer Autoritäten höchst unwahrscheinlich ist. Russett (1968: 105) resümiert: „So however we choose to define the appropriate political unit for long-term comparison, it would seem that over at least a 2000-year period the largest has contained on the order of one-fifth to one-fourth of the entire world's population.“

Die bisherigen empirischen Evidenzen und Medienanalysen lassen einen welthistorisch erstmaligen Epochenumbruch weder im Medienbereich noch im Gesellschaftsbereich erkennen; vielmehr geht es um teilweise Informationsumbrüche, besonders für Kommunikationssituationen, Präsentationsformate und Erzählmuster, im Kontext weiterwirkender längerfristiger Konventionen umfassenderer Medienkulturen. Berücksichtigen wir diese differenzierten Komplementaritäten von Kontinuitäten, Ausdifferenzierungen und Umbrüchen und die je kulturell und sozial unterschiedlichen Zugangschancen zu technischen Verbreitungsmedien ebenso wie deren Kontrolle durch politische und ökonomische Machtgruppierungen, wird die Notwendigkeit der Kombination kulturwissenschaftlicher Medienuntersuchungen mit gesellschaftstheoretischen Analysen deutlich. Globalisierungsmodelle können erst derart auf je spezifische Kulturräume und mediale, kulturelle, gesellschaftliche Kontexte bezogen werden. Dann wird es schwierig, ‚universelle' Regelmäßigkeiten zu erkennen. Dennoch versuche ich abschließend, fünf derartige Grundprinzipien zu benennen:

1) Es gibt nur einen sehr begrenzten weltweiten Bestand an Wissen und fast global bekannten Zeichen. (Insofern sind letztere knapp und besonders wertvoll.) Deshalb ist es auch in den nächsten Jahrzehnten notwendig, kulturspezifische Wissensmuster zu erforschen – mehr als von der Existenz weltweiter Informationsnetze auszugehen.

2) Die Gemeinsamkeiten zwischen ökonomischen Berechnungen in verschiedenen Kulturen implizieren keine ähnlich durchgehende Existenz und Interpretation kultureller Güter der Information, Bildung oder Unterhaltung. Auch wenn Bilder berechnet werden – was weiterhin nur für eine Minderheit der weltweit hergestellten unterschiedlichen Bilder gilt – sind die Kontexte der Produktion, Präsentation, Interpretation und Nutzung ‚unberechenbar'; sie erfordern vielmehr hermeneutische Verfahren der Interpretation.

3) Die zunehmenden interkulturellen Kontakte (vgl. für die OECD-Länder Beisheim et al. 1999) erfordern es, von multi-ethnischen, multi-kulturellen, multimodernen Gesellschaften auszugehen. Diese „Vielfalt der Moderne" (Eisenstadt 2000), diese „Multi-Moderne" (Ludes 2001) stellt zunehmende Anforderungen an große Teile der Bevölkerungen, mit Unübersichtlichkeiten und Widersprüchen, sowohl der Zeichen als auch der Inhalte, umzugehen. Nur so ist der „Zerbrechlichkeit moderner Gesellschaften" (Stehr 2000) zu begegnen. Dieses Einüben in neue Flexibilitäten mag eine der Herausforderungen internationaler Multimedia-Netzwerke sein.

4) Sozialwissenschaftliche Massenkommunikationsforschung, demokratietheoretische Untersuchungen, kulturwissenschaftliche Studien und medienwissenschaftliche Analysen müssen in interdisziplinär und international organisierten längerfristigen Netzwerken die widersprüchlichen Arten von Information in unterschiedlichen Kulturen untersuchen.

5) Während der nächsten Jahre könnten sich Spezialistinnen und Spezialisten der Erforschung langfristiger Medienentwicklungen und internationaler Kommunikationskontexte hierbei auf die Klärung übergreifender Maßstäbe konzentrieren. Derartige Forschungskontexte würden der Entwicklung kultureller Äquivalente der technischen Definition von bits of information dienen. Hierbei muss allerdings die historisch und kulturell spezifische Kontextualisierung und Konnotation unterschiedlicher Informationseinheiten und sinngebender Konventionalisierungen differenziert werden; je unterschiedliche historische Entwicklungsmuster des 20. Jahrhunderts konstituieren Voraussetzungen des Entwicklungspotenzials in den ersten Jahrzehnten des 21. Jahrhunderts.

Nur wenn wir die verschiedenartigen kollektiven bzw. sozialen Gedächtnisse je verschiedener Kulturen (die Anfang des 21. Jahrhunderts stärker interagieren) in Betracht ziehen, werden wir besser als bisher in der Lage sein zu verstehen, ob es überhaupt einen Informationsüberfluss gibt – oder ob nicht gerade neue Informationsknappheiten entstehen. Der oben nachgewiesene Mangel an Hintergrundwissen kann erst durch derartige kultur- und medienwissenschaftliche Aufklärungen in einen Wissensgewinn überführt werden. Und dies ist nur eine der Herausforderungen am Anfang des 21. Jahrhunderts. Aber zur Verringerung von Missverständnissen beizutragen kann durchaus eine Grundvoraussetzung für jeden Versuch sein, in den nächsten Jahrzehnten die wichtigsten Herausforderungen ökonomischer, militärischer und politischer Umbrüche zu meistern. Die Förderung visueller Kulturen, die nationalsprachlich organisierte Massenmedien teilweise überwinden, wird hierbei besonders zu beachten sein (vgl. Evans / Hall 1999; Ludes 2000, 2001a und 2001b).

Literatur:

Abramson, Paul R. / Inglehart, Ronald (1995): Value Change in Global Perspective. Ann Arbor.

Beisheim, Marianne et al. (1999): Im Zeitalter der Globalisierung? Thesen und Daten zur gesellschaftlichen und politischen Denationalisierung. Baden-Baden.

Bell, Daniel (1973): The Coming of Post-Industrial Society. A Venture in Social Forecasting. New York.

Boyd-Barrett, Oliver (2000): Constructing the Global, Constructing the Local: News Agencies Re-Present the World. In: Malek, Abbas / Kavoori, Anandam P. (Hrsg.): The Global Dynamics of News: Studies in International News Coverage and News Agendas. Stamford, Connecticut: 299-323.

Castells, Manuel (1996): The Information Age: Economy, Society and Culture. Vol. I: The Rise of the Network Society. Massachusetts/Oxford.

Castells, Manuel (1997): The Information Age: Economy, Society and Culture. Vol. II: The Power of Identity. Massachusetts/Oxford.

Castells, Manuel (1998): The Information Age: Economy, Society and Culture. Vol. III: End of Millennium. Massachusetts/Oxford.

Chang, Tsan-Kuo / Wang, Jian / Chen, Chih-Hsien (1994): News as Social Knowledge in China: The Changing Worldview of Chinese National Media. In: Journal of Communication, 44 Jg,: 52-69.

Chang, Tsan-Kuo / Chen, Yanru (2000): Constructing International Spectacle on Television: CCTV News and China's Window on the World, 1992-1996. In: Malek, Abbas / Kavoori, Anandam P. (eds.): The Global Dynamics of News: Studies in International News Coverage and News Agendas. Stamford, Connecticut: 197-223.

Clarke, Arthur C. / McQuay, Mike (1996): Richter 10. London.

Eisenstadt, S. N. (2000): Die Vielfalt der Moderne. Weilerswist.

Elliott, Charles W. (2000): Flows of News from the Middle Kingdom: An Analysis of International News Releases from Xinhua. In: Malek, Abbas / Kavoori, Anandam P. (Hrsg.): The Global Dynamics of News: Studies in International News Coverage and News Agendas. Stamford, Connecticut: 343-389.

van Elteren, Mel (1996): Conceptualizing the Impact of US Popular Culture Globally, Journal of Popular Culture, 30.1: 47-89.

Elias, Norbert (1984): Knowledge and Power. An Interview by Peter Ludes. In: Stehr, Nico / Meja, Volker (Hrsg.): Society and Knowledge. Contemporary Perspectives on the Sociology of Knowledge. New Brunswick: 251-291.

Europäische Kommission 1997 / European Communication Council (ECC) (1999): Die Internet-Ökonomie: Strategien für die digitale Wirtschaft. Heidelberg.

Evans, Jessica / Hall, Stuart (Hrsg.) (1999): Visual culture. The reader. London/Thousand Oaks/New Delhi.

Ganz-Blättler, Ursula (2000): Knowledge Oblige. Genrewissen als Statussymbol und Shareware. In: Göttlich, Udo / Winter, Rainer (Hrsg.): Politik des Vergnügens. Zur Diskussion der Populärkultur in den Cultural Studies. Köln.

Gaziano, Cecile (1997): Forecast 2000: Widening Knowledge Gaps In: J&MC Quarterly, 74. Jg.: 237-264.

Halavais, Alexander (2000): National borders on the world wide web. In: New Media & Society 2. Jg. (1): 7-28.

Huang, Li-Ning / McAdams, Katherine C. (2000): Ideological Manipulation Via Newspaper Accounts of Political Conflict: A Cross-National News Analysis of the 1991 Moscow Coup. In: Malek, Abbas / Kavoori, Anandam P. (eds.): The Global Dynamics of News: Studies in International News Coverage and News Agendas. Stamford, Connecticut: 57-75.

Huntington, Samuel P. (1996): The Clash of Civilizations. New York.

Inglehart, Ronald (1990): Culture Shift in Advanced Industrial Society. Princeton, N.J.

Inglehart, Ronald (1998): Modernisierung und Postmodernisierung. Kultureller, wirtschaftlicher und politischer Wandel in 43 Gesellschaften. Frankfurt a. M. u. a. [Originalausgabe u. d. T.: Modernization and Postmodernization]

Hanuschek, Sven et al. (2000): Die Struktur medialer Revolutionen. Festschrift für Georg Jäger. Frankfurt a. M.

Kaase, Max (1999): Deutschland als Informations- und Wissensgesellschaft. In: Kaase, Max / Schmid, Günther (Hrsg.): Eine lernende Demokratie. 50 Jahre Bundesrepublik Deutschland (Hrsg. vom Wissenschaftszentrum Berlin für Sozialforschung). Berlin: 529-560.

Lee, Paul Siu-nam (1994): Mass Communication and National Development in China: Media Roles Reconsidered. In: Journal of Communication 44. Jg.: 22-37.

Lievrouw, Leah A. (2000): Nonobvious Things About New Media: How Fast is Fast? In: ICA News March 2000: 6-7.

Ludes, Peter (1993): Von der Nachricht zur News Show: Fernsehnachrichten aus der Sicht der Macher. München.

Ludes, Peter (Hrsg.) (1994): Visualizing the Public Spheres. München.

Ludes, Peter (Hrsg.) (1996): Informationskontexte für Massenmedien. Theorien und Trends. Opladen.

Ludes, Peter / Schütte, Georg (1997): Informationsumbrüche und eine neue Zuverlässigkeitskluft. In: Ludes, Peter / Werner, Andreas (Hrsg.): Multimedia-Kommunikation. Theorien, Trends und Praxis. Opladen: 37-71.

Ludes, Peter (1998): Orientierungsmittel und Desorientierungsfallen. Intermediale und medienspezifische Kulturcodes. In: Saxer, Ulrich (Hrsg.): Medien-Kulturkommunikation. Opladen: 160-172.

Ludes, Peter / Schanze, Helmut (Hrsg.) (1999): Medienwissenschaften und Medienwertung. Opladen.

Ludes, Peter (2000): Die Notwendigkeit einer Europäischen Informationsunion. In: Düllo, Thomas / Meteling, Arno / Suhr, André / Winter, Carsten (Hrsg.): Kursbuch Kulturwissenschaft, Münster/Hamburg/London: 45-59.

Ludes, Peter (2001a): Medienbeobachtungen und Medienausblendungen. In: Gendolla, Peter / Ludes, Peter / Roloff, Volker (Hrsg.): BildschirmMedienTheorien. München (in Vorb.).

Ludes, Peter (2001b): Multimedia und Multi-Moderne: Schlüsselbilder. Buch: Fernsehnachrichten und World Wide Web – Medienzivilisierung in der Europäischen Währungsunion. CD-ROM. Schlüsselbilder. Wissenschaft, Politiker und einfache Leute, Wirtschaft, Militär und Medien. Pressefotos, Spielfilme, Fernsehnachrichtensendungen und Informationsangebote im World Wide Web. Opladen.

Mowlana, Hamid (1993): The Global Order and Global Ecology. In: Media, Culture and Society 15: 9-27.

Mowlana, Hamid (1996): Global Communication in Transition. The End of Diversity? Thousand Oaks/London/New Delhi.

Russett, Bruce M. (1968): Is There a Long-run Trend Toward Concentration in the International System? In: Comparative Political Studies, I: 103-122.

Scheler, Max (1960): Die Wissensformen und die Gesellschaft. [Zurerst 1925] Bern/München.

Schiller, Herbert I. (1996): Information Inequality. The Deepening Social Crisis in America. New York.

Schmidt, Siegfried J. (2000): Kalte Faszination. Medien – Kultur – Wissenschaft in der Mediengesellschaft. Weilerswist.

Schudson, Michael (1995): The Power of News. Cambridge, Mass./London.

Sievert, Holger (1998): Europäischer Journalismus. Theorie und Empirie aktueller Medienkommunikation in der Europäischen Union. Opladen.

Speth, James Gustave (1997): „Wir haben uns nicht gut benommen." Die Kluft zwischen Arm und Reich wächst – ein ZEIT-Gespräch mit dem Entwicklungsexperten James Gutave Speth von Petra Pinzler und Fritz Vorholz'. In: Die ZEIT, Nr. 13, v. 25.06.1997: 21.

Spinner, Helmut F. (1998): Die Architektur der Informationsgesellschaft. Entwurf eines wissensorientierten Gesamtkonzepts. Bodenheim.

Spinner (2000): Information oder Wissen – eine Alternative für die Geisteswissenschaften? In: Huber, Martin / Lauer, Gerhard (Hrsg.): Nach der Sozialgeschichte. Tübingen: 385-408

Stehr (2000): Die Zerbrechlichkeit moderner Gesellschaften. Weilerswist.

Stempel (1952): Sample Size for Classifying Subject Matter in Dailies. In: Journalism Quarterly, 29. Jg.: 333-334.

Weede, Erich (1996): Asien und der Westen, Aufstieg und Niedergang. In: Clausen, Lars (Hrsg.): Gesellschaften im Umbruch. Frankfurt a. M.

Wilke, Jürgen (1984): Nachrichtenauswahl und Nachrichtenrealität in vier Jahrhunderten: Eine Modellstudie zur Verbindung historischer und empirischer Publizistikwissenschaft. Berlin/New York.

Xiaoge, Xu / Salamanca, Daniel (2000): Zwischen Ying und Yang. Der chinesische TV-Markt wächst. In: Medien Journal 1/2000: Fernsehen in Asien: 10-18.

Zhao, Yuezhi (1998): Media, Market, and Democracy in China. Between the Party Line and the Bottom Line. Urbana/Chicago.

Zürn, Michael (1998): Regieren jenseits des Nationalstaates. Globalisierung und Denationalisierung als Chance. Frankfurt a. M.

Massenmedien zwischen (Kriegs-)Propaganda und Infotainment?

Kritische Bemerkungen zur Krisenberichterstattung in gewaltsam ausgetragenen Konflikten

Sascha Werthes

1. Einleitung

In den vergangenen Jahren hat sich das Angebot im Informationsbereich erheblich vergrößert und verändert. Die neuen Parameter internationaler Berichterstattung: Aktualität, Schnelligkeit und verstärkter „Livecharakter" (vgl. Meckel 1996: 188) werden begleitet, unterstützt und forciert durch den Ökonomisierungsdruck.

Medien sind aufgrund ihrer Leistungen und Funktionen ein politischer Machtfaktor (vgl. Jarren / Meier 1999: 246) und können selbst - mit gewissen Einschränkungen - als ein gesellschaftlicher bzw. politischer Akteur beschrieben werden. Medien transportieren nicht nur Werte, Einstellungen, Gefühle, Welt- und Vorbilder mächtiger gesellschaftlicher Akteure (vgl. ebd.: 246); auch gestalten sie diese mit und beeinflussen sie.

Der damalige Bundespräsident Roman Herzog forderte in einer Rede den „Dialog der Kulturen" und betonte in diesem Zusammenhang auch die neuen Herausforderungen für die Medien (Herzog 1997). Dies und anderes führte in Deutschland beispielsweise zu einer verstärkten Beschäftigung mit dem Thema Migration und Medien (vgl. bspw. Schatz / Holtz-Bacha / Nieland 2000). Seltsamerweise führte dies aber nicht zu einer verstärkten Betrachtung der Medien im Zusammenhang mit Internationaler Politik bzw. Internationalen Beziehungen. So wird zwar seit Huntingtons Veröffentlichung (1993 bzw. 1996/1999) häufig „Der Kampf der Kulturen" beschworen, welche Rolle hierbei die Medien spielen, aber nur selten hinterfragt (eine der wenigen Ausnahmen ist Hippler 2000).

Daher soll in diesem - zugegeben für diese Thematik recht kurzen - Essay auf die besondere Rolle und Problematik der Medienberichterstattung bei gewaltsamen Konflikten insbesondere auf die Gefahr der Instrumentalisierung durch verschiedene internationale, transnationale und nationale Akteure hingewiesen werden. Insgesamt kann dieses Themenfeld hier nur kurz angerissen und auf das Fehlen neuerer systematischer und umfangreicher Forschung hingewiesen werden.

2. Vorbemerkungen und Begriffsbestimmungen

Mit Ende des Kalten Krieges hat, wie von vielen Autoren hervorgehoben worden ist (z. B. Bredow 1994: 19ff.; Kühne 1993: 13), Gewalt als Austragungsform von Konflikten *scheinbar* wieder zugenommen (s. hierzu auch: Matthies 1994; Matthies 1993; Debiel / Nuscheler 1996). So war, nach Kühne, sogar 1993 die Zahl der gewaltsamen Konflikte im europäischen Raum größer als in Afrika (vgl. Kühne 1993: 13). Nach 1993 sank zunächst die Zahl der gewaltsam ausgetragenen Konflikte, kam 1995 zu einem Stillstand und stieg 1998 wieder leicht an. Jochen Hippler geht davon aus, dass in den nächsten Jahren „auf jeden Fall mit einem hartnäckigen ‚Konfliktsockel' von mindestens 20-30 schwerwiegenden politischen Gewaltkonflikten pro Jahr zu rechnen" ist (Hippler 1999: 421).

Seit spätestens Mitte der 90er nehmen Publikationen, die sich mit dem neueren Wandel der Massenmedien im Bereich der Massenkommunikation beschäftigen, rapide zu (Jarren 1994; Pfetsch 1994; German 1996; Schatz 1996; Wilke 1996; Wolf 1996; Becker 1998; Werth 1998; Sarcinelli 1998; Donges / Jarren / Schatz 1999 seien hier nur stellvertretend für viele genannt).

Während die Kommunikationsforschung *Krisenkommunikation* (vgl. Löffelholz 1993a: 11ff.) als Forschungsthema entdeckt hat, ist die Resonanz und Beschäftigung mit dieser Forschung beispielsweise in der Politikwissenschaft (z. B. Münkler 1992: 176ff.; Matthies 1988: 23ff.) marginal, wenn auch zunehmend. Der 2. Golfkrieg forcierte aber die Beschäftigung mit *Krisenkommunikation.* Drei Aspekte standen hierbei häufig im Vordergrund: die Beziehung zwischen Medien und Regierung, die Strukturen der Medienangebote sowie die Reaktionen der Rezipienten (vgl. Löffelholz 1993a: 15; Grimm 1996). Für die Politikwissenschaft, insbesondere der Friedens- und Konfliktwissenschaft ist aber entscheidender, dass „seit der Einsicht in die (möglichen) Folgen von Medienkommunikation für internationale wie innergesellschaftliche (Macht-)Konstellationen (...) Militärs und Politiker, die Medien für die Mobilmachung der öffentlichen Meinung zu instrumentalisieren" versuchen (Löffelholz 1993a: 27). Die Frage der Bedeutung von (Massen-)Medien als Instrument oder aber auch als eventueller Akteur in der internationalen Politik scheint mir in Anbetracht der Diskussionen über Globalisierung (vgl. Beck 1997, 1998; Galtung 1998; Martin / Schumann 1997; Messner 1998; Narr /Schubert 1994; Nuscheler 2000), Denationalisierung (vgl. Zürn 1998), oder auch Global Governance (vgl. Messner / Nuscheler 1997) herausragend.

1995 findet sich denn auch ein Aufsatz zum Thema „Der Einfluß der Massenmedien auf die Weltpolitik" in einem klassischen Sammelwerk der Internationalen Politik (Hoge 1995).[1] In diesem Aufsatz werden eben auch die Massenmedien als – zumindest teilweise – autonome Akteure auf der Ebene der Internationalen Politik wahrgenommen. So weist Hoge darauf hin, dass die indirekt angesprochenen technischen und organisatorischen Entwicklungen drei wichtige Auswirkungen auf die Politik haben:

> „Erstens: Die Regierungskontrolle über den Inhalt der Berichterstattung nimmt ab. Zweitens: Der Medienberichterstattung wird es möglich sein, durch die Art und Weise der Darstellung eines bestimmten Konfliktes die öffentliche Meinung in die eine oder andere Richtung zu beeinflussen. Drittens: Medienberichten wird eine Rolle darüber zufallen, welche Konflikte von der Weltöffentlichkeit tatsächlich als ‚Krise' verstanden werden. Alle drei Aspekte haben in der jüngsten Vergangenheit nach dem Ende des Kalten Krieges bereits eine Rolle gespielt." (Hoge 1995: 265)

So konstatiert Hoge denn auch, dass gerade „Live-Berichterstattungen über internationale Krisen selbst zu einem ernstzunehmenden politischen Faktor geworden sind" (Hoge 1995: 265). Von Bredow hatte schon ein Jahr vorher kritisch darauf hingewiesen, dass die modernen Massenmedien dazu neigen, „internationale Politik als *show* zu präsentieren, mal als eher langweilige *talk show*, mal als aktionsreiches *reality tv*" (Bredow 1994: 9; Hervorhebung im Text). Dies gehe, so von Bredow, auf Kosten von tiefer reichenden Einsichten und führe zu einer eher schlechten Informations-Basis (vgl. Bredow 1994: 9).

Die beiden gerade dargestellten Positionen bilden den Rahmen meines Essays. Hoge zeigt die Möglichkeiten auf, wie auch unabhängige Massenmedien ihren Beitrag als Medium von (Kriegs-)Propaganda auf der Ebene der internationalen Politik leisten können. Hiermit ist zunächst nicht die organisierte und politisch gesteuerte Kriegspropaganda eines Konfliktakteurs in einem autoritären/diktatorischen Regime ohne Medienfreiheit (z. B. eines Saddam Husseins) gemeint. Von Bredow dagegen weist auf die zunehmende Tendenz hin, auch internationale Politik und Krisen in Formen des Infotainment darzustellen und dadurch zumindest teilweise zu verzerren.

Bevor ich meine Gedankengänge weiter ausführe, möchte ich aber noch zwei Begrifflichkeiten klären.

Unter *Propaganda* verstehe ich eine werbende Tätigkeit für bestimmte, meist politische, ideologische Ziele, kulturelle Belange, wirtschaftliche Zwecke. Diese werbende Tätigkeit kann den „Tätern" *bewusst sein oder auch nicht*. In beiden Fällen ist sie aber durch das *Werben* für etwas gekennzeichnet. *Kriegspropaganda* zeichnet sich so dann dadurch aus, dass sie – bewusst oder unbewusst – für den Einsatz von gewaltsamen/militärischen Mitteln wirbt (vgl. hierzu Duden/Das Fremdwörterbuch 1974; Hoffmann 1998).

---

1 Der Aufsatz ist im Nachfolgewerk (Kaiser / Schwarz 2000) - ohne das anscheinend größere Änderungen nötig waren bzw. neue Forschungen eingearbeitet werden mussten - übernommen worden. Eventuell ein Beleg dafür, dass die wissenschaftliche Forschung in diesem Bereich recht gering ist.

Mittel der Propaganda können in diesem Zusammenhang sein: das Verschweigen von wichtigen Informationen (beispielsweise alternativer Konfliktlösungsmöglichkeiten, eventuelles alternatives Expertenwissen, Konflikthintergründe), eine nicht dialogische Darstellungsweise, das Arbeiten mit Feinbildschemata usw.

Die Nutzung bestimmter *Darstellungsformen* der medialen Berichterstattung, *Darstellungspolitik, Elitenkommunikation, Ereignismanagement, Framing, Inszenierung, Meinungsführer, Nachrichtenfaktoren, Ökonomisierung* der Massenkommunikation, *Personalisierung, Visualisierung* sind alles Faktoren und Dimensionen, die zum einen den Erfolg von *geplanter* (Kriegs-)Propaganda beeinflussen können und zum anderen problematische Ursache von *ungeplanter* (Kriegs-)Propaganda sein können (zu den Begrifflichkeiten s. Hoffmann 1998: 431ff.).

Ein wichtiges Entscheidungsmerkmal über das Vorhandensein von Propaganda ist das Kriterium, ob die oben erwähnten Mittel, Faktoren und Dimensionen so massiv auftreten, dass sie drohen, ein entscheidender Meinungsbildungsfaktor zu werden und/oder ob sie bewusst manipulativ zur Meinungsbeeinflussung genutzt werden.

Unter *Infotainment* verstehe ich zunächst eine Mischung aus Informationsarbeit und (leichter) Unterhaltung. Oder, um den Rahmen von Infotainment in den Worten von Renger zu fassen:

> „Es geht um journalistische Spielarten, die in den Boulevardzeitungen, den bunten Illustrierten, den Lifestyle- und Special Interest-Magazinen oder im sogenannten Tabloid-TV den Großteil der Bevölkerung mit Orientierungswissen, Serviceinformationen und vergnüglichen Geschichten versorgen und dabei eine dramatisierte, sensationalisierte und fiktionalisierte Weltsicht vermitteln, die im Gewand der scheinbar objektiven Berichterstattung gekleidet, entweder für wahr gehalten oder aus – durchaus legitimen Gründen – Entspannung – und Unterhaltungsgründen konsumiert wird.“ (Renger 2000: 15)

Dabei ist zwischen der Anbieterseite und der Zuschauerseite zu unterscheiden. Hier folge ich der Zusammenfassung der Thesen von Wirth bei Nieland (2000):

> „Auf der Angebotsseite liegt Infotainment vor, wenn a) Soft-Themen als (wichtige) Informationen präsentiert werden; b) die Hard-News mit Gestaltungsmitteln präsentiert werden, die den Zuschauer Unterhaltung und Entspannung signalisieren oder c) unterhaltende und informierende Beiträge innerhalb einer Sendung vermischt werden; auf der Zuschauerseite liegt Infotainment vor, wenn Rezipienten das Gefühl haben, etwas Wichtiges oder Wissenswertes zu erfahren und sich dabei gleichzeitig unterhalten fühlen. Unterhaltung kann spannend aber auch entspannend erlebt werden“ (Nieland 2000: 43f.)

Darüber hinaus ist Infotainment für mich eng mit einer Stereotypisierung von Kontroversen, Simplifizierungen und chronischer Zeitknappheit, die für Berichte/Dokumentationen/Kommentare zur Verfügung steht, verknüpft. Die Berichte dürfen ihn nicht überfordern und nicht zu lang sein, sonst langweilt sich der Rezipient.[2] Sind Sendungen nicht explizit als Infotainmentsendung gekennzeichnet, können sie durchaus auch unbewusst Teil von Propaganda werden.

---

2 Eine hervorragendes extremes Beispiel für Infotainment in Printmedien ist der vierseitige Comic „Die Mazedonien-Krise“ in der Rubrik Politik der Zeitschrift MAX, 8/2001: 64ff.

Im Rahmen dieses Beitrages werde ich mich schwerpunktmäßig auf die bundesdeutschen und US-amerikanischen (Massen-)Medien beschränken. Zudem werden sich meine Aussagen hauptsächlich auf den 2. Golfkrieg – und die Zeit danach – und auf den Kosovokonflikt/-krieg beziehen.

Ich werde versuchen aufzuzeigen, dass Massenmedien in den letzten Jahren wieder eine zunehmende Bedeutung bei der Beschaffung von Legitimität der Anwendung von Gewaltmitteln erlangt haben, bzw. Regierungen – auch im Rahmen von internationalen Organisationen – unter massiven Handlungsdruck setzen können, so dass Gewalt/militärische Aktionen als politische Handlungsoption für Regierungen wieder attraktiv werden.

Darüber hinaus soll die, meiner Meinung nach, problematische Rolle von Infotainment als Quelle von Informationen und bei der Generierung von öffentlicher Meinung, die letztlich zur Grundlage der Legitimierung von Politik durch die Bevölkerung dienen soll, kritisch angerissen werden.

Massenmedien werden somit von mir als eine Art „vierte Gewalt" bzw. als ernstzunehmender politischer Akteur verstanden, die/der sich aber nicht immer ihrer/seiner Verantwortung im politischen Prozess bewusst ist (s. hierzu: Stober 1992; Lerg 1992; Page 1996).[3] Anders ausgedrückt und weniger stark pointiert:

> „In der politischen Kommunikation moderner westlicher Gesellschaften haben die Medien der Massenkommunikation als institutionalisierte Foren von Öffentlichkeit Funktionen, die über die reine Informationsvermittlung hinausgehen. Aus demokratischer Sicht gehört zur Aufgabe der Medien die Generierung von öffentlicher Meinung im politischen Diskurs und die Stabilisierung demokratischer Werte und Normen in der Gesellschaft. (...) In dieser Perspektive können die Massenmedien neben Parteien, Interessengruppen und sozialen Bewegungen im intermediären Prozess selbst einen Akteursstatus erlangen, indem sie ihre Publizitätsmöglichkeiten nutzen und auf ‚eigene Rechnung' ihre Stimme im politischen Diskurs erheben." (Eilders 2000: 277)

Nimmt man (Massen-)Medien als „vierte Gewalt" wahr, so ist nach ihren normativen Funktionen in einer Demokratie zu fragen. Dies soll im nächsten Abschnitt getan werden.

---

3 Michael Schenk und Patrick Rössler weisen mitunter zu Recht darauf hin, dass der Einfluss der Massenmedien auf die politische Meinungsbildung zunehmend als hoch veranschlagt wird, hierbei aber der Einfluss der interpersonalen Kommunikation zu wenig berücksichtigt und wenig erforscht ist, es somit zu einer Überbewertung kommen kann. Sie weisen aber selbst darauf hin, dass der Medieneffekt in Abhängigkeit zu bereits vorhandenen direkten Erfahrungen mit einem Thema stehen kann. Das führt zu der Hypothese, „daß der Agenda-Setting-Effekt bevorzugt bei den direkt nicht erfahrbaren Themen, also solchen mit geringer Aufdringlichkeit auftritt. Wir finden deshalb Agenda-Setting-Mechanismen bei internationalen Problemen eher als bei lokalen Themen." (1994: 264f.)

3. Politische Funktionen der Massenmedien in der Demokratie

Nach Meyn (1994) gehören zu den politischen Funktionen der Massenmedien in erster Linie folgende drei:

1. Information
2. Mitwirkung an der Meinungsbildung
3. Kontrolle und Kritik

Darüber hinaus führt er aus:

> „Die Massenmedien sollen so vollständig, sachlich und verständlich wie möglich informieren, damit die Staatsbürger in der Lage sind, mit kritischem Bewußtsein das öffentliche Geschehen zu verfolgen. Mit ihren Informationen sollen die Massenmedien dafür sorgen, daß der einzelne
>
> - seine Interessenlage erkennt,
> - die demokratische Verfassungsordnung begreift,
> - ökonomische, ökologische, soziale und politische Zusammenhänge versteht und
> - über die Absichten und Handlungen aller am politischen Prozeß Beteiligten so unterrichtet ist, daß er selbst aktiv daran teilnehmen kann als Wähler, Mitglied einer Partei oder auch einer Bürgerinitiative.
>
> Da unsere Gesellschaft viel zu großräumig geworden ist, kommen wir mit dem direkten Gespräch, der unmittelbaren Kommunikation, nicht mehr aus. Wir als einzelne und die vielfältigen Gruppen, die in dieser Gesellschaft bestehen, sind darauf angewiesen, miteinander ins Gespräch gebracht zu werden – dafür sollen die Massenmedien sorgen. Dabei müssen wir uns der Tatsache bewußt sein, daß wir die Welt zum großen Teil nicht mehr unmittelbar erfahren; es handelt sich überwiegend um eine durch Medien vermittelte Welt." (Ebd.: 11f.)

Ergänzend nennt Schatz (2000) als allgemeine Funktionen der Massenmedien: Information, Bildung und Unterhaltung und macht unter Rückgriff auf normative Konzepte der Demokratietheorie die folgenden Funktionen aus: Artikulation von gesellschaftlichen Bedürfnissen und politischen Forderungen, Kritik und Kontrolle von Machtträgern, Mithilfe bei der Konsensbildung zu politischen Entscheidungen und die Mithilfe bei der soziopolitischen Integration des Gemeinwesens (vgl. auch Voltmer 1998/99).

An dieser Stelle muss erwähnt werden, dass sich die folgenden Ausführungen in vielerlei Hinsicht auf genau diesen normativen Anspruch an (Massen-)Medien, der sich sowohl in der Aufzählung von Meyn als auch bei Schatz findet, orientieren. Das bedeutet, dass das Thema dieses Essays nicht die Wirkung oder der Einfluss der Medien auf Politik oder auf die öffentliche Meinung ist. Es geht hier also nicht um Medienwirkungsforschung. Für meine Ausführungen ist weder die Art und Weise, noch die Größe des Einflusses von Medien wichtig. Trotzdem gehe ich von einem Einfluss der Medien auf Politik und auf die öffentliche Meinung aus. Ich teile die Kritik von Klaus von Beyme, dass der Einfluss der Medien in der wissenschaftlichen Literatur vielfach übertrieben wird und in den Wirkungsanalysen zu wenig zwischen symbolischer Politik und Entscheidungspolitik differenziert wird (vgl. Beyme 1994: 320ff.). Genau wie von Beyme halte ich die Medien im Bereich der symbolischen Politik für einflussreicher. Meine überspitzte These lautet aber (und hier widerspreche ich von Beyme in Ansätzen), dass internationale Politik insbesondere in Krisensituationen durch ein hohes Maß an symbolischer Politik und damit verbundenem Aktionismus gekennzeichnet ist und somit dem Einfluss der Medien stärker ausgesetzt ist. Bisher fehlen allerdings Studien, die diese These belegen oder widerlegen könnten.

4. Der Verlust von Regierungskontrolle

Mit den Möglichkeiten der Live-Berichterstattungen, die nun unmittelbar per Satellit direkt weltweit ausgestrahlt werden können und auch mit den Möglichkeiten die das Internet bietet, reduzieren sich die Möglichkeiten der Vorzensierung durch staatliche Behörden. Dies stellt zunächst einmal vor allem eine Herausforderung für autoritäre Regime dar (beispielsweise die Bilder vom Platz des Himmlischen Friedens in Peking im Juni 1989), aber auch demokratische Regime können hiervon betroffen sein.

Zum einen zeigen die Beispiele des 2. Golfkrieges und des Kosovokrieges, wo die NATO und die USA eine Zensur der Nachrichten vornahmen, dass diese Problematik prinzipiell jeden betreffen kann. Zudem muss Politik häufig angesichts der scheinbar plötzlichen massiven Visualisierung von Krisen/Konflikten *re*agieren und mit Problemlösungsstrategien aufwarten. Sie verliert mit Einschränkungen ihre initiative Gestaltungskompetenz; sie gerät damit unter Handlungsdruck und läuft in Gefahr dem Aktionismus zu verfallen (so gerieten die Verhandlungen in Rambouillet u. a. dadurch zur Farce, dass angesichts der immer wieder neuen schrecklichen Bilder und der damit verbundenen zunehmenden Sensibilisierung und Mobilisierung der öffentlichen Meinung, schnelle Lösungen und Handlungen gefragt waren und eben nicht lange politische Verhandlungen). So sah sich beispielsweise die Bush-Administration durch die Live-Fernsehberichterstattung zur einer Änderung ihrer Politik im Golfkrieg veranlasst (zur Informationspoltik der U.S. Regierung im 2. Golfkrieg s. u.).

Grausige Bilder von den Luftangriffen auf aus Kuwait abziehende irakische Truppen und deren hohe Verluste auf der „Strasse des Todes" waren einer der Faktoren für die Entscheidung den Bodenkrieg nach „nur" 100 Stunden zu beenden (vgl. Hoge 2000: 328).

Die „Nichtwahrnehmung" durch die Medien der dramatischen und katastrophalen Lebensverhältnisse im heutigen Irak, die u. a. durch die Aufrechterhaltung der

Sanktionen hervorgerufen werden und bisher zum Tod von mindestens 500.000 Menschen geführt haben, sowie die „Nichtwahrnehmung“ der Medien der massiven Kritik seitens vieler Länder (beispielsweise Frankreich, Russland, die Länder der arabischen Liga u. v. m.) und damit verbunden die „Nichtmobilisierung“ der öffentlichen Meinung, haben die US-Administration dagegen bisher nicht zu einer Änderung ihrer momentanen Politik im Irak bewegen können. Interessant sind in diesem Zusammenhang die beiden Zitate, die bei Hoge zu finden sind:

> „Präsident Bushs Nationaler Sicherheitsberater Brent Scowcroft schätzt, dass während seiner Amtszeit 70 Prozent aller außenpolitischen Diskussionen im Weißen Haus der Frage galten, wie eine bestimmte außenpolitische Krise in den Medien dargestellt werde. Der britische Außenminister Douglas Hurd schließlich hat ausländische Korrespondenten einmal als die ‚Gründungsmitglieder des Es-muss-etwas-getan-werden-Klubs‘ kritisiert.“ (Hoge 2000: 328)

Bemerkungen

Information, Mitwirkung an der Meinungsbildung, Kontrolle und Kritik: Das waren die von Meyn genannten politischen Funktionen der Medien. Die oben angesprochenen Beispiele zeigen, wie willkürlich diese Funktionen scheinbar von den Medien ausgeübt werden können.

Noch etwas: Sicherlich hat es auch in den letzten zehn Jahren Berichte in den (Massen-)Medien über die Situation im Irak gegeben, die Informationen lieferten, bei der Mitwirkung an der Meinungsbildung beteiligt waren, so wie einige Berichte, die unter die Funktion der Kontrolle und Kritik fallen. Meine Vermutung ist aber, dass die in diesem Zeitraum veröffentlichten Berichte in den Print- und Fernsehmedien eher marginal waren und zudem häufig in den Bereich des Infotainment fielen. Zynisch könnte man fragen, ob die von Scowcroft angesprochene Beobachtung der Darstellung von außenpolitischen Krisen in den Medien, einer Unterscheidung von Propaganda oder Infotainment nahe kommt. Dies soll heißen, wird die Darstellung in den Medien als (auf Dauer angelegte) Propaganda (also das Werben für eine andere Politik) wahrgenommen, sieht sich die Regierung eher unter Handlungsdruck und zu einer eventuellen Änderung ihrer Politik gezwungen. Handelt es sich eher um Infotainment, besteht kein Handlungsdruck und die Krise kann ausgesessen werden.

5. Die Mobilisierung der öffentlichen Meinung – Themenauswahl – die Beeinflussung der öffentlichen Meinung

Wie groß die Auswirkungen von Live-Berichterstattung bzw. den Medien im Allgemeinen auf die öffentliche Meinung sind, ist umstritten. Es scheint hier eine Wechselwirkung zu geben.

Zu beachten ist,

> „das Ungewöhnliche, die Gewalt und das Andersartige ziehen die Aufmerksamkeit auf sich, oftmals ohne dass größere Zusammenhänge klar aufgezeigt werden. Schlüsselfragen mit Auswirkungen für die Heimatstaaten der Rundfunk- und Fernsehgesellschaften werden am Ausführlichsten behandelt. Die Medienorganisationen haben weder die finanziellen Möglichkeiten noch ein Interesse daran, die Vielzahl der Ereignisse und Krisen zwischen Staaten und Völkern aufzuzeigen. Das, was als berichtenswert gilt, wird häufig reißerisch, oberflächlich und ohne genaue Analyse dargestellt. (...)
>
> Wenn es den Medien gelingt, die öffentliche Meinung zu mobilisieren, so geschieht dies meist nur kurzzeitig als Reaktion auf emotional aufrührende Bilder – Bilder von Krieg und Unglück und dem damit verbundenen menschlichen Leid." (Hoge 2000: 329)

Hier gibt es ein Dilemma für die politische Führung: Sie muss entscheiden, ob die zunächst lauten Forderungen, „etwas zu tun" nachhaltig und ernst sind, oder bald schon wieder von nachlassendem öffentlichen Interessen sein werden und somit der Handlungsdruck wegfällt.

Die Möglichkeit der Mobilisierung der öffentlichen Meinung scheint eher begrenzt zu sein. Aber der 2. Golfkrieg, die Kriege in Ex-Jugoslawien, insbesondere der Kosovokrieg haben meiner Meinung nach gezeigt, dass es möglich ist.

Deutlicher zeigt sich aber, dass dramatische, hoch-emotionalisierte, möglichst mit visuellen Reizen versehene Berichte die öffentliche Meinung beeinflussen können. So stellt denn auch Hoge fest:

> „Beeinflussen können die Medien die öffentliche Meinung zweifelsfrei. Die Reaktionen auf Bilder von Hungersnöten in Äthiopien und Somalia sowie auf Flüchtlingsströme aus Kuba und Haiti beweisen das." (Ebd.: 331)

Auch wenn hier zunächst nur scheinbar kurzfristige öffentlicher Entrüstung produziert wird, haben die Medien den Rezipienten aufgerüttelt und emotionalisiert und manchmal langfristig sensibilisiert. In diesem Augenblick, dass sollte man nicht vergessen, übt die Medienberichterstattung Druck auf Politiker aus, rasch auf Berichte zu reagieren, die häufig unvollständig und zusammenhanglos, manchmal sogar falsch sind (vgl. ebd.: 331) Die Öffentlichkeit erwartet heute eine schnelle Reaktion von Seiten der Politik. Die Folge ist sicherlich ein Hang zur symbolischen Politik und in Krisen zu Aktionismus.

Bemerkungen

Infotainment bedeutet letztlich zur Zeit hohe Einschaltquoten und somit hohe Werbeeinnahmen. Dramatische, herzzerreißende Bilder können dies ebenso erreichen. Medien, insbesondere Massenmedien, unterstehen diesem Kommerzialisierungsdruck (mit kleineren Einschränkungen gilt dies auch für die öffentlich-rechtlichen Medienanstalten) (vgl. hierzu auch Schatz 1993; Krüger in diesem Band).

Spätestens seit 1967 machen sich Konfliktparteien dies zu nutze (vgl. Becker 1997: 390). Sie engagieren Public Relation (PR) Agenturen um Einfluss auf die öffentliche Meinung zu nehmen. Der Golfkrieg ist ein explizites Beispiel. Hier wirkten PR-Agenturen im großen Stil bei der medialen Vermarktung des Krieges mit:

> „Nach der irakischen Invasion in Kuwait im August 1990 gründete die kuwaitische Regierung in den USA eine eigene Menschenrechtsorganisation ‚Bürger für ein freies Kuwait'. Bezahlt von der kuwaitischen Regierung, wurde diese ‚Nicht-Regierungsorganisation' von der britischen Public-Relations-Firma Hill & Knowlton betreut (vgl. Tabelle 3). In einem Hearing vor dem amerikanischen Kongreß über Menschenrechtsverletzungen des Irak in Kuwait ließ man u. a. ein kuwaitisches Mädchen über irakische Soldaten berichten, die in einem kuwaitischen Krankenhaus Babys aus dem Brutkästen geworfen hätten. Diese ‚Brutkasten-Story' trug stark zur Legitimation der amerikanischen Golfkriegspolitik bei; nach Kriegsende wurde nachgewiesen, daß sie eine professionelle, aber unwahre Inszenierung war und es sich bei dem kuwaitischen Mädchen um die Tochter des kuwaitischen Botschafters in den USA handelte." (Becker 1997: 389; vgl. hierzu auch Kempf 1994: 4f.)

Dies ist nur eines von vielen möglichen Beispielen. Es zeigt deutlich, wie leicht die Medien sich für Propagandazwecke instrumentalisieren lassen, oder – in den Worten von Dominikowski – ihrer „strukturellen Militarisierbarkeit" (Dominikowski 1993: 47ff.). Aber noch etwas anderes zeigte sich im 2. Golfkrieg. Im Februar 1992 befand ein internationales Tribunal unter Vorsitz von 21 Richtern aus 16 Staaten:

> „Präsident Bush hat die Berichterstattung in der Presse und den Massenmedien systematisch manipuliert, kontrolliert, gelenkt, falsch informiert und eingeschränkt, um propagandistische Unterstützung für seine militärischen und politischen Ziele zu erhalten." (zit. n. Becker 1997: 390)

Meiner Meinung nach, ist es Aufgabe der Medien dies zu verhindern und sich einer Instrumentalisierung zu entziehen. Massenmedien müssen auch selbst dazu beitragen nicht Propagandainstrument zu sein. Das ist mit den politischen Aufgaben Information und Kontrolle und Kritik gemeint.

6. Abschließende kritische Bemerkungen zur Berichterstattung in Krisen am Beispiel Irak

„Wenn die Wahrheit das erste Opfer des
Krieges ist, dann ist dies mit Sicherheit ein
Problem für die Demokratie“
(Nohrstedt 1992: 120, zitiert nach Kempf 1994: 2)

Wilhelm Kempf hat 1994 ein Buch mit dem Titel: „Manipulierte Wirklichkeiten“ herausgegeben (vgl. zu dieser Thematik auch: Schlaga 1991; Virilio 1993; Löffelholz 1993a; Liedtke 1994 sowie die Beiträge in Hall 2001). Es zeigt u. a. anschaulich und auf welch erschreckende Weise die US-Regierung durch Zensur und Propaganda im Vorfeld und während des Krieges versucht hat, die öffentliche Meinung zu manipulieren. Kempf zeigt auch auf, dass trotz des Bemerkens der Lügen und Propaganda die verunsicherte Öffentlichkeit sich nicht aus dem „Mediengefängnis“ befreien konnte. Die folgenden Zitate sollen einen Einblick in die Analyse von Kempf geben:

> „Nach Einschätzung von Philip Knightly diente das Nachrichtenmanagement am Golf hauptsächlich drei Zielen: dem Feind Informationen vorzuenthalten, Unterstützung für den Krieg zu schaffen und die öffentliche Meinung über die Bedeutung des Krieges grundlegend zu verändern:
>
> > ‚Der Golfkrieg ist schon jetzt zu einem wichtigen Krieg in der Geschichte der Zensur geworden. Er markiert den Versuch der Politiker und Militärs, die öffentliche Wahrnehmung über das Wesen des Krieges zu verändern.‘ (zit. n. taz vom 23.03.1991)
>
> In der Bundesrepublik, die am Golfkrieg zwar nicht militärisch aber propagandistisch und logistisch beteiligt war und die ihn zu einem erheblichen Teil mitfinanzierte, kam diesem letztgenannten Ziel eine besondere Bedeutung zu (...).
>
> (...) Daß die Golfkriegspropaganda diese Wirkung entfalten konnte, hat wesentlich damit zu tun, daß sie den Krieg als ‚im Namen der Menschenrechte und des Existenzrechts der Völker‘ (Narr & Vack 1991: 16f.) verkaufte und damit die Lehren in Frage stellte, welche weite Teile der deutschen Bevölkerung aus den Verbrechen des Nationalsozialismus gezogen hatten. Durch die Gleichsetzung von Saddam Hussein mit Adolf Hitler wurde die Formel ‚Nie wieder Krieg, nie wieder Faschismus‘ auf den Kopf gestellt und zur Legitimation des Golfkrieges benutzt. Durch Aufstellen der gegenteiligen Parole ‚Nie wieder Faschismus, deswegen Krieg‘ wurde nicht nur die Angst geschürt, womöglich schon wieder vor der Geschichte zu versagen, sondern: mangels differenzierter Informationen über Konfliktursache und Konfliktgenese am Golf, aufgrund widersprüchlicher Äußerungen über die USA verfolgten Kriegsziele und infolge der Ausgrenzung nichtmilitärischer Konfliktlösungsversuche aus dem öffentlichen Diskurs wurde Mensch auch effektiv an einer verantwortungsvollen Stellungnahme zu dem Krieg gehindert.“ (Kempf 1994: 13f.)

Kempf (1994: 22) zeigt in seiner Analyse aber auch deutlich, dass nicht nur die Informations- und Zensurpolitik der US-Regierung alleine den ganzen Umfang der (Kriegs-)Propaganda ausmachen. Er betont, dass die Medien bereits lange vor Kriegsbeginn dazu beigetragen haben, den Blickwinkel einzuschränken und einseitig auf einen militärischen Konfliktaustrag hin zu fixieren. Das Verhängnis der

Golfkriegsberichterstattung, so Kempf, bestand darin, dass der Krieg in erster Linie aus dem Blickwinkel der USA konzipiert, beurteilt und wiedergegeben wurde (vgl. Kempf 1994: 26, vgl. hierzu auch die Interviews mit Journalisten bei Löffelholz 1993a).

Dieser letzte Punkt zeigt aber deutlich, dass die (Massen-)Medien sich eine Art Eigenverantwortlichkeit eingestehen müssen. Es liegt zu einem großen Teil auch an ihnen selbst, ob sie sich für Propagandazwecke instrumentalisieren lassen. So spielten in den beiden Monaten vor Kriegsbeginn Argumente für und wider einer diplomatischen Konfliktlösung keine Rolle in ihrer Berichterstattung (vgl. Kempf 1994: 22).

Aber auch nach dem 2. Golfkrieg, also einem Zeitraum ohne Zensurbestimmungen und Informationsmonopolisierung durch die US-Regierung, lassen sich nach Ali Abunimah und Rania Masri sieben Sünden zumindest für die US-amerikanischen Medien ausmachen:

- „Ignoring or downplaying the effects of UN sanctions on the Iraqi people
- Ignoring or discrediting reports of civilian victims from bombing
- Personifying Iraq as Saddam Hussein
- Creating an artificial 'balance' in coverage
- Speaking with the voice of government
- Exaggerating the threat of Iraqi weapons
- Using a narrow selection of 'experts'" (Abunimah / Masri 2000: 78)

Da angesichts der Situation im Irak, wenn auch polemisierend, immer noch von einem Krieg gesprochen wird (vgl.: u. a. Fisk 2000; Zitzlaff 1999a, 1999b), ist die Frage, ob die Medien bei der (Kriegs-)Propaganda immer noch mitwirken, durchaus vertretbar. Bedenklich wäre, wenn die US-Regierung mit Unterstützung der Britischen Regierung einen Krieg unbeachtet von den Medien führen könnte. Der Schleier der Nichtbeachtung der Situation im Irak wurde zwar angesichts der massiven Bombardierungen Anfang des Jahres 2001 kurzzeitig gelüftet, aber die Perspektive war nicht das Leiden der Bevölkerung, sondern nahezu ausschließlich auf die Person des neuen US-Präsidenten George W. Bush beschränkt. Zwar wurde auch verstärkt das Versagen der Politik (gemessen an ihren eigenen Ansprüchen) gegenüber dem Irak erwähnt, aber die Beschränkung auf die Person George W. Bush als neuer Mann der Weltpolitik war unübersehbar (vgl. Der SPIEGEL 24.02.2001).

7. Fazit

> „So braucht das Publikum die Ausnahme, um etwas über die Regel zu lernen. (...) Solche Ausnahmen sind Kriege wie der Konflikt am Golf. Hier – und vielleicht nur noch hier – gibt es die Chance, das ganze System, das ‚Journalismus' genannt wird, kennenzulernen, und den Schleier, der über seinen Prozeduren liegt, wegzuziehen."
> (Weischenberg 1993: 69)

(Kriegs-)Propaganda und Infotainment sind möglicherweise beide ein wichtiger Teil unserer Nachrichtenkultur geworden. Beide manipulieren bzw. verzerren Wirklichkeit. Für den Medienrezipienten wird es auch in Zukunft nicht leichter werden sich zu informieren.

Ob das Internet eine Rolle beim Durchbrechen der Thematisierungsfunktion von Medien sowie als neue Informationsquelle spielen kann, ist noch offen und eher fraglich.

Mit Sicherheit gibt es in diesem Bereich aber noch einige offene Fragen: z. B. Wie kann ein „Mediengefängnis" (Kempf 1994), wie im 2. Golfkrieg, verhindert werden?

(Kriegs-)Propaganda und Infotainment im Nachrichtenbereich sind besonders durch die Kommerzialisierung der Informationsgesellschaft möglich geworden. Es ist daher richtig, danach zu fragen, wie es Jörg Becker tut, wie Alternativen im Kommunikations- und Medienbereich, jenseits von einseitiger Marktlogik und staatlichen Zugriffen aussehen könnten.

Jörg Becker hat hierfür zehn Prinzipien, die als Grundlage für eine Suche nach alternativen Gestaltungsoptionen der Informationsgesellschaft dienen können, herausgearbeitet:

- „Medien- und Informationstechnologiepolitik berührt immer auch den Bereich Kultur. Kultur darf aber nicht zunehmend ökonomisiert werden.
- Medien- und Informationstechnologien haben Rückwirkungen auf die Psyche von Menschen und Gruppen. Die Würde der Menschen darf nicht zunehmend ökonomisiert werden.
- Bei öffentlichen Angelegenheiten hat die Öffentlichkeit ein Recht auf angemessene Informationen.
- In der Berichterstattung muß es klare Trennungen zwischen Fakten und Kommentar, Nachricht und Meinung, Information und Unterhaltung geben.
- Pluralität meint nicht nur Vielfalt von Nachrichten, sondern auch Vielfalt von Sprache, Kulturen und Wahrnehmungen.
- In der Medienpolitik sollten bei der Verteilung von Ressourcen Qualitätskriterien an erster Stelle rangieren.

- Medien sind ein Forum für öffentlichen Ausdruck, für Dialog und Partizipation. Medienrezipienten sind nicht nur in Zuschauerraten zu messen oder als Marktteilnehmer zu definieren. Vielmehr sind Medienrezipienten in erster Linie Bürger.

- In einer Demokratie ist Rechenschaftspflichtigkeit ein wichtiges Prinzip. Im Bereich der Medienkommunikation gibt es eine innere und eine äußere Dimension von Rechenschaftspflichtigkeit. Im Binnenverhältnis meint sie das Verhältnis zwischen Journalist und Medienbesitzer. Im Außenverhältnis gilt Rechenschaftspflichtigkeit zwischen Medium und Rezipient.

- Öffentliche Medienangebote müssen für jeden zugänglich und bezahlbar sein.

- Informationen sollen, auch länderübergreifend, frei fließen. Informationen dürfen von der Öffentlichkeit auf ihre Angemessenheit hin überprüft werden. Informationen über Personen dürfen nur mit vorheriger Zustimmung der betroffenen Person öffentlich gemacht werden." (Becker 1997)

Der ökonomische Motor hinter dem Medienwandel der letzten Jahrzehnte waren in erster Linie die von der werbetreibenden Industrie zur Verfügung gestellten Milliardenbeträge (vgl. die Tabellen bei Kleinsteuber / Thomaß 2000: 144). Werbezeit bzw. Werbeplatz ist aber nur interessant, wenn er eine hohe Anzahl von „Kontakten" vermitteln kann. Sowohl Infotainment als auch Krisenberichterstattung können diese hohe Anzahl an „Kontakten" offerieren. Gerade der 2. Golfkrieg und der Kosovokrieg haben hier neue Maßstäbe gesetzt: Die Kriegsberichterstattung wurde zeitlich ausgedehnt; mit Live-Berichterstattung verknüpft („Eyewitness News"); die Staatsoberhäupte der Konflikt-/Kriegsparteien kommunizierten während des Krieges nicht nur über die Kanäle der Geheimdiplomatie, sondern auch über CNN und andere Fernsehanstalten miteinander; reale militärische Aktionen im Golfkrieg wurden zu den attraktivsten (und im Sinne der Werbeindustrie teuersten) TV-Sendezeiten in den USA gestartet; die Zensur der Berichterstattung durch das Verteidigungsministerium der USA war in ihrem Ausmaß historisch unübertroffen (vgl. Becker 1997: 389).

Darüber hinaus nahm der Trend zu, sich als Konfliktpartei mittels einer PR-Kampagne Sympathien und Aufmerksamkeit in der Öffentlichkeit zu verschaffen und damit die öffentliche Meinung in eine gewünschte Richtung lenken zu wollen. (Massen-)Medien haben zu diesem Trend beigetragen, da sie auf der Suche nach dramatischen, sensationellem Meldungen wiederholt falschen Meldungen aufgesessen sind. Dies war möglich, da die sorgfältige Recherche und Informationsbeschaffung dem zeitlichen Geschwindigkeitsrausch zum Opfer gefallen ist. Es geht eben auch darum, wer als erster *die* Nachricht, *den* aktuellsten Bericht, *den* neuesten Skandal, *die* überraschende Enthüllung/Sensation bringt. Ob *die* Nachricht, *der* Bericht, *die* Enthüllung/Sensation dann auch *wirklich* aktuell, neu, überraschend ist, ist eher fragwürdig und wohl häufiger konstruiert (vgl. Ruhrmann 1993).

Abschließend lässt sich sagen, dass es zu einem Grossteil an den (Massen-)Medien bzw. den hiermit angesprochenen Journalisten selbst liegt, bzw. in ihrer Verantwortung liegt, ob sie Teil von PR-Kampagnen werden, ob sie also Teil von (Kriegs-) Propaganda (beispielsweise auch durch Feindbilderproduktion durch reißerische Aufmacher, z. B. der Gleichsetzung von Saddam Hussein mit Adolf Hitler (s. hierzu Studiengruppe InterKom 1993) sein wollen, oder eben auch, ob sie durch die Wahl des Formats Infotainment bei der Krisenberichterstattung die Produktion von Wirklichkeitsverzerrung und die anderen Nebenfolgen tolerieren und akzeptieren wollen.

Sicher ist, dass sowohl mit (Kriegs-)Propaganda – sei sie auch als normale Krisenberichterstattung getarnt – als auch mit Infotainment, hohe Einschaltquoten = hohe Kontaktzahlen = hohe Werbeeinnahmen erreicht werden können, aber diese den Anspruch, der mit den oben angeführten politischen Funktionen (Information, Mitwirkung an der Meinungsbildung, Kritik und Kontrolle) angesprochen ist, nicht im Weitesten erfüllen können. Vielleicht ist es an der Zeit, dass sich die (Massen-) Medien bzw. die hier tätigen Journalisten wieder selbst mehr kritisch reflektieren und über Alternativen nachdenken. Erste Vorschläge, wie Alternativen aussehen könnten, finden sich bei Richard C Vincent und Johan Galtung (1993). Die Vorschläge sind aus der Reflexion über die Erfahrungen während des 2. Golfkrieges heraus entstanden und beinhalten Ideen und Handlungsanweisungen für einen verantwortungsbewussten Journalismus. Das *Im-Kreis-Schwimmen* zwischen (Kriegs-) Propaganda und Infotainment im Nachrichtensegment sollte nicht die Zukunft der (Massen-)Medien sein. Ihre Bedeutung für die Demokratie ist hierfür zu groß.

> „Fernsehen ist für die Demokratie eine zu starke Macht geworden. Keine Demokratie kann überleben, wenn dem Machtmißbrauch des Fernsehens kein Ende gesetzt wird. Zur Zeit ist der Mißbrauch offenkundig." (*Sir Karl Raimund Popper* 1994, zit. n. Becker 1997: 392)

> „Für die Demokratie ist Medienmacht jedenfalls ein prekärer Einfluß. Denn das, was in solchen Medien geschieht, ist die unmerkliche, aber ständige Verwandlung von Politik in Unterhaltung. Dann paßt sie besser in den Geschäftszweck." (*Richard von Weizsäcker* 1996, zit. n. Becker 1997: 392, Herv. bei Becker)

Fitz Wolf weist in seinem Aufsatz von 1996 auf eine Studie der Universität Dortmund hin, der zu folge 70 % der Informationen in Zeitungen, Radio- und Fernsehsendern „gezielte Informationen" sind, also auf PR-Informationen zurückgehen. Nur 8 bis 11 % der Meldungen von Nachrichtenagenturen beruhen auf eigener Recherche. Der von ihm hervorgehobene Strukturwandel der Öffentlichkeit, der durch das Fernsehen, so Wolf, initiiert und forciert wird, ließe sich mit den Worten *Ereignishaftigkeit, Beschleunigung und Fiktionalisierung* charakterisieren. Motor dieser Entwicklung ist auch bei ihm die Kommerzialisierung. Sie führe zu einem Verschwinden der Politik in der Unterhaltung und zu einem Abdanken des politischen Journalismus (s. hierzu auch Altmeppen / Löffelholz 1998). Zu einem ähnlichem Ergebnis kommt auch Löffelholz (1993b), wenn er Beschleunigung, Fiktionalisierung, Entertainisierung als die „Krisen (in) der ‚Informationsgesellschaft'" bezeichnet. Die von Wolf in diesem Zusammenhang angesprochene Tendenz der Journalisten politische Analysen durch „eine Überproduktion an Demoskopie" (Wolf 1996: 31) zu ersetzen, könnte dazu führen, dass die bisher umstrittene These der *Schweigespirale* zu einer stärkeren Relevanz finden könnte.

Abschließend lässt sich sagen, dass die von Altmeppen und Löffelholz gemachten Vorschläge, weitere Institutionalisierung der journalistischen Selbstbeobachtung und der „i-Faktor" (s. u.), wichtige erste Schritte wären, um das *Im-Kreis-Schwimmen* der (Massen-)Medien zwischen Propaganda und Infotainment einzudämmen.

> „Auf der anderen Seite wird freilich schon seit längerem konstatiert, daß die Kluft zwischen Anspruch der Gesellschaft an einen unabhängig-kontrollierenden Journalismus und den Möglichkeiten des Journalismus, diesem Anspruch gerecht zu werden, immer größer geworden ist. Ohne eine hinreichende Infrastruktur, also insbesondere ohne genügend Personal, wächst die Abhängigkeit von den Leistungen der Öffentlichkeitsarbeit. Journalistische Selektionen orientieren sich dann weniger an inhaltlichen als an pragmatisch-ökonomischen Kriterien der Auswahl von Informationen. Damit aber bekommt die Gesellschaft nicht den Journalismus, den sie braucht, sondern den Journalismus, den sie sich leistet. Um Kontrollfunktionen wahrnehmen zu können, ist deshalb insbesondere der ‚i-Faktor' zu berücksichtigen: Darunter versteht der Berliner Kommunikationswissenschaftler Stephan Ruß-Mohl eine hinreichende finanzielle, personelle und technische Infrastruktur, die erst eine qualitätsvolle Berichterstattung möglich macht. Denn ohne entsprechende Infrastruktur bleibt das prinzipiell vorhandene Potential des Journalismus, seine kritische und kontrollierende Funktion zu aktivieren, stumpf und wirkungslos (...)." (Altmeppen / Löffelholz 1998: 122)

Neben diesen Aspekten wäre es sinnvoll, wenn sich die Politikwissenschaft um eine erneute Bestandsaufnahme der politikwissenschaftlich relevanten Massenkommunikationforschung bemühen würde (vgl. Schatz 1978). Insbesondere für den Bereich der Internationalen Politik bzw. den Internationalen Beziehungen besteht hier ein Nachholbedarf. Zuwenig wird hier bisher auf Erkenntnisse und Ergebnisse der Kommunikationsforschung zurückgegriffen. Die Rolle der (Massen-)Medien in diesem Politikfeld ist ein bisher kaum analysiertes und untersuchtes Thema. Wieweit den (Massen-)Medien auf der Ebene der Internationalen Beziehungen vielleicht auch ein Akteursstatus zusteht, ist eine bisher noch offene Frage. Sicher scheint mir, dass der wechselseitige Einfluss und die Interaktionen zwischen der Ebene der Internationalen Politik und den (Massen-)Medien auf vielfältige Weise zunehmen werden.

Literatur:

Abunimah, Ali / Masri, Rania (2000): The Media's Deadly Spin on Iraq. In: Arnove, Anthony (ed.): Iraq under Siege. The Deadly Impacts of Sanctions and Wars. London: 77-93.

Altmeppen, Klaus-Dieter / Löffelholz, Martin (1998): Zwischen Verlautbarungsorgan und „vierter Gewalt". Strukturen, Abhängigkeiten und Perspektiven des politischen Journalismus. In: Sarcinelli, Ulrich (Hrsg.): Politikvermittlung und Demokratie in der Mediengesellschaft. Beiträge zur politischen Kommunikationskultur. Bonn: 97-124.

Beck, Ulrich (1997): Was ist Globalisierung? Irrtümer des Globalismus – Antworten auf Globalisierung. Frankfurt a. M.

Beck, Ulrich (Hrsg.) (1998): Perspektiven der Weltgesellschaft. Frankfurt a. M.

Becker, Jörg (1997): Kommunikation und Medien. In: Hauchler, Ingomar / Messner, Dirk / Nuscheler, Franz: Globale Trends 1998. Fakten Analysen Prognosen. Frankfurt a. M.::379-399.

Ders. (1998): Massenkommunikation und individuelle Selbstbestimmung. Zur Entregelung staatlich-technischer Informationsprozesse. In: APuZ, B40/98: 3-12.

Bednarz, Dieter u. a. (24.02.2001): Breitseite ins Bündnis. In: Der SPIEGEL, Nr. 24: 136-139.

Beyme von, Klaus (1994): Die Massenmedien und die politische Agenda des Parlamentarischen Systems. In: Neidhardt, Friedhelm (Hrsg.): Öffentlichkeit, Öffentliche Meinung, Soziale Bewegungen (Kölner Zeitschrift für Soziologie und Sozialpsychologie – Sonderheft). Opladen: 320-336.

Bredow von, Wilfried (1994): Turbulente Welt-Ordnung. Internationale Politik am Ende des 20. Jahrhunderts. Stuttgart/Berlin/Köln.

Debiel, Thomas / Nuscheler, Franz (Hrsg.) (1996): Der neue Interventionismus. Humanitäre Einmischung zwischen Anspruch und Wirklichkeit. Bonn.

Dominikowski, Thomas (1993): ‚Massen'medien und ‚Massen'krieg. Historische Annäherungen an eine unfriedliche Symbiose. In: Löffelholz, Martin (Hrsg.): Krieg als Medienereignis. Grundlagen und Perspektiven der Krisenkommunikation. Opladen: 33-49.

Donges, Patrick / Jarren, Otfried / Schatz. Heribert (Hrsg.) (1999): Globalisierung der Medien? Medienpolitik in der Informationsgesellschaft. Opladen/Wiesbaden.

Duden / Das Fremdwörterbuch (1974). 3. Auflage. Mannheim.

Eilders, Christiane (2000): Die Stimme der Medien im politischen Prozess. Hypothesen zur Rolle medialer Konsonanz als Wirkungsbedingung von Agenda-Building-Prozessen. In: Schnorr, Angela (Hrsg.): Publikums- und Wirkungsforschung. Ein Reader. Wiesbaden: 277-295.

Fisk, Robert (2000): The Hidden War. In: Arnove, Anthony (ed.): Iraq under Siege. The Deadly Impacts of Sanctions and Wars. London: 93-105.

Galtung, Johan (1998): Die andere Globalisierung. Perspektiven für eine zivilisierte Weltgesellschaft im 21. Jahrhundert. Münster.

German, Christiano (1996): Politische (Irr-)Wege in die globale Informationsgesellschaft. In: APuZ, B32/96: 16-25.

Grimm, Jürgen (1996): Informationsleistungen von Medien in Krisenzeiten. Anomalien des Zuschauerverhaltens während des Golfkrieges. In: Ludes, Peter (Hrsg.): Informationskontexte für Massenmedien. Theorien und Trends. Opladen: 227-264.

Hall, Peter Christian (Hrsg.) (2001): Krieg mit Bildern. Wie Fernsehen Wirklichkeit konstruiert. (33. Mainzer Tage der Fernseh-Kritik). Mainz.

Herzog, Roman (1997): Rede zur Eröffnung der Veranstaltungsreihe „Dialog zwischen den Kulturen" am 12.11.1997 im Haus der Kulturen der Welt in Berlin. Ms.

Hippler, Jochen (1999): Konflikte und Krisenprävention. In: Hauchler, Ingomar / Messner, Dirk / Nuscheler, Franz: Globale Trends 2000. Fakten Analysen Prognosen. Frankfurt a. M.: 421-439.

Ders. (2000): Foreign Policy, the Media, and Western Perception of the Midlle East. http://www.jochen-hippler.de/Aufsätze (Stand 05.05.2001).

Hoffmann, Jochen (1998): Glossar. In: Sarcinelli, Ulrich (Hrsg.): Politikvermittlung und Demokratie in der Mediengesellschaft. Beiträge zur politischen Kommunikationskultur. Bonn: 431-441.

Hoge, James F. (1995): Der Einfluss der Massenmedien auf die Weltpolitik. In: Kaiser, Karl / Schwarz, Hans-Peter (Hrsg.): Die neue Weltpolitik. Bonn: 265-271.

Hoge, James F. (2000): Der Einfluss der Massenmedien auf die Weltpolitik. In: Kaiser, Karl / Schwarz, Hans-Peter (Hrsg.): Weltpolitik im neuen Jahrhundert. Bonn: 327-332.

Huntington, Samual P. (1993): The Clash of Civilization? In: Foreign Affairs, Summer 1993: 22-49.

Huntington, Samual P. (1999): Kampf der Kulturen. The Clash of Civilizations. Die Neugestaltung der Weltpolitik im 21. Jahrhundert. München/Wien. (Originalausgabe (1996): The Clash of Civilisation. New York).

Jarren, Otfried (1994): Politik und politische Kommunikation in der modernen Gesellschaft. In: APuZ, B39/94: 3-10.

Ders. / Meier, Werner A. (1999): Globalisierung der Medienlandschaft und ihre medienpolitische Bewältigung: Ende der Medienpolitik oder neue Gestaltungsformen auf regionaler und nationaler Ebene? In: Donges, Patrick / Jarren, Otfried / Schatz. Heribert (Hrsg.): Globalisierung der Medien? Medienpolitik in der Informationsgesellschaft. Opladen/Wiesbaden: 231-251.

Johnson, Chalmers (24.02.2001): Das Vorgaukeln einer Strategie. In: Spiegel, Nr. 24: 140-141.

Kempf, Wilhelm (Hrsg.) (1994): Manipulierte Wirklichkeiten. Medienpsychologische Untersuchungen der bundesdeutschen Presseberichterstattung im Golfkrieg. Münster/Hamburg.

Kleinsteuber, Hans J. / Thomaß, Barbara (1999): Kommunikation, Medien, Wissenschaft. In: Hauchler, Ingomar / Messner, Dirk / Nuscheler, Franz: Globale Trends 2000. Fakten Analysen Prognosen. Frankfurt a. M.: 140-165.

Kühne, Winrich (1993): Blauhelme in einer turbulenten Welt. Beiträge internationaler Experten zur Fortentwicklung des Völkerrechts und der Vereinten Nationen. Baden-Baden.

Lerg, Winfried B. (1992): Medienmacht und Politik. In: Wittkämper, Gerhard W. (Hrsg.): Medien und Politik. Darmstadt: 14-27.

Liedtke, Anja (1994): Zur Sprache der Berichterstattung in den Kriegen am Golf und in Jugoslawien. Frankfurt a. M. u. a.

Löffelholz, Martin (Hrsg.) (1993a): Krieg als Medienereignis. Grundlagen und Perspektiven der Krisenkommunikation. Opladen.

Löffelholz, Martin (1993b): Beschleunigung, Fiktionalisierung, Entertainisierung. Krisen (in) der „Informationsgesellschaft". In: Löffelholz, Martin (Hrsg.): Krieg als Medienereignis. Grundlagen und Perspektiven der Krisenkommunikation. Opladen: 49-65.

Martin, Hans-Peter / Schumann, Harald (1997): Die Globalisierungsfalle. Der Angriff auf Demokratie und Wohlstand. 11. Aufl., Reinbeck bei Hamburg.

Merkel, Miriam (1996): Informationsleistungen nationaler und internationaler Nachrichtensendungen: Anspruch und Wirklichkeit. In: Ludes, Peter (Hrsg.): Informationskontexte für Massenmedien. Theorien und Trends. Opladen: 187-212.

Messner, Dirk / Nuscheler, Franz (1997): Global Governance. Herausforderung an der Schwelle zum 21. Jahrhundert In: Senghaas, Dieter (Hrsg.): Frieden machen. Frankfurt a. M.: 337-362.

Messner, Dirk (Hrsg.) (1998): Die Zukunft des Staates und der Politik. Möglichkeiten und Grenzen politischer Steuerung in der Weltgesellschaft. Bonn.

Matthies, Volker (1988): Kriegsschauplatz Dritte Welt. München.

Matthies, Volker (Hrsg.) (1993): Frieden durch Einmischung? Der Schrecken des Krieges und die (Ohn)Macht der internationalen Gemeinschaft. Bonn.

Ders. (1994): Immer wieder Krieg? Wie Eindämmen? Beenden? Verhüten? Schutz und Hilfe für die Menschen? Opladen.

Meyn, Hermann (1994): Massenmedien in der Bundesrepublik Deutschland. Berlin.

Münkler, Herfried (1992): Gewalt und Ordnung. Das Bild des Krieges im politischen Denken. Frankfurt a. M.

Narr, Wolf-Dieter / Schubert, Alexander (1994): Weltökonomie. Die Misere der Politik. Frankfurt a. M.

Nieland, Jörg-Uwe (2000): Infotainment: der Einzug von Unterhaltung und Marketing in die deutsche Fernsehlandschaft. In: Nieland, Jörg-Uwe / Schicha, Christian (Hrsg.): Infotainment und Aspekte medialer Wahrnehmung (Arbeitspapier Nr. 01/2000 des Rhein-Ruhr-Instituts für Sozialforschung und Politikberatung e.V.). Duisburg: 36-49.

Nohrstedt, S. A. (1992): Ruling by Pooling. In: Mowlana, H. / Gerbner, G. / Schiller, H. I. (eds.): Triumph of the Image. The Media's War in the Persian Gulf – A Global Perspective. Boulder, Colorado.

Nuscheler, Franz (Hrsg.) (2000): Entwicklung und Frieden im Zeichen der Globalisierung. Bonn.

Page, B.I. (1996): The mass media as political actors. In: Political Science & Politics, 29: 20-24.

Pfetsch, Barbara (1994): Themenkarrien und politische Kommunikation. In: APuZ, B39/94: 11-20.

Renger, Rudi (2000): Geringfügige Nachrichten. Populärer Journalismus zwischen wissenschaftlicher Agnosie und theoretischen Pluralismus. In: Paus-Haase, Ingrid / Schnatmeyer, Dorothee / Wegener, Claudia (Hrsg.): Information, Emotion, Sensation. Wenn im Fernsehen die Grenzen zerfließen (GMK Schriften zur Medienpädagogik Band 30). Bielefeld: 12-29.

Rössler, Patrick / Schenk, Michael (1994): Das unterschätzte Publikum. Wie Themenbewußtsein und politische Meinungsbildung von Massenmedien und interpersonaler Kommunikation beeinflußt werden. In: Neidhardt, Friedhelm (Hrsg.): Öffentlichkeit, Öffentliche Meinung, Soziale Bewegungen. KZfSS Sonderheft 34/1994. Opladen: 261-295.

Ruhrmann, Georg (1993): Ist Aktualität noch aktuell? Journalistische Selektivität und ihre Folgen. In: Löffelholz, Martin (Hrsg.): Krieg als Medienereignis. Grundlagen und Perspektiven der Krisenkommunikation. Opladen: 81-97.

Sarcinelli, Ulrich (Hrsg.) (1998): Politikvermittlung und Demokratie in der Mediengesellschaft. Beiträge zur politischen Kommunikationskultur. Bonn.

Schatz, Heribert (1978): Zum Stand der politikwissenschaftlich relevanten Massenkommunikationsforschung in der Bundesrepublik Deutschland. In: Bermbach, Udo (Hrsg.): Politische Wissenschaft und politische Praxis. PVS Sonderheft 9/1978: 434-454.

Schatz, Heribert (1993): Rundfunkentwicklung im „Dualen System": Die Konvergenzhypothese. In: Jarren, Otfried (Hrsg.): Politische Kommunikation in Hörfunk und Fernsehen. Elektronische Medien in der Bundesrepublik Deutschland. Opladen: 67-80

Schatz, Heribert (Hrsg.) (1996): Fernsehen als Objekt und Moment des sozialen Wandels. Faktoren und Folgen der aktuellen Veränderungen des Fernsehens. Opladen.

Schatz, Heribert (2000): Massenmedien. In: Anderson, Uwe / Woyke, Wichard (Hrsg.): Handwörterbuch des politischen Systems der Bundesrepublik Deutschland. 4. Auflage. Bonn: 366-376.

Schatz, Heribert / Holtz-Bacha, Christina / Nieland, Jörg-Uwe (Hrsg.) (2000): Migranten und Medien. Neue Herausforderungen an die Integrationsfunktion von Presse und Rundfunk. Wiesbaden.

Schlaga, Rüdiger (1999): Der Golf-Krieg und die Zensur. In: Krell, Gert / Kubbig, Bernd W. (Hrsg.): Krieg am Golf. Ursachen und Perspektiven. Frankfurt a. M.: 201-209.

Stober, Rolf (1992): Medien als vierte Gewalt – Zur Verantwortung der Massenmedien. In: Wittkämper, Gerhard W. (Hrsg.): Medien und Politik. Darmstadt: 27-37.

Studiengruppe InterKom (1993): Tyrannen, Aggressoren, Psychopathen. Deutsche Tageszeitungen und ihre Feindbilder. In: Löffelholz, Martin (Hrsg.): Krieg als Medienereignis. Grundlagen und Perspektiven der Krisenkommunikation. Opladen: 109-127.

Vincent, Richard C. / Galtung, Johan (1993): Krisenkommunikation morgen. ZehnVorschläge für eine andere Kriegsberichterstattung. In: Löffelholz, Martin (Hrsg.): Krieg als Medienereignis. Grundlagen und Perspektiven der Krisenkommunikation. Opladen: 177-211.

Virilio, Paul (1993): Krieg und Fernsehen. München/Wien.

Voltmer, Katrin (1998/99): Medienqualität und Demkratie: Eine empirische Analyse publizistischer Informations- und Orientierungsleistungen in der Wahlkampfkommunuikation. Baden-Baden.

Weischenberg, Siegfried (1993): Zwischen Zensur und Verantwortung. Wie Journalisten (Kriege) konstruieren. In: Löffelholz, Martin (Hrsg.): Krieg als Medienereignis. Grundlagen und Perspektiven der Krisenkommunikation. Opladen: 65-81.

Werth, Christoph H. (1998): Die Herausforderungen des Staates in der Informationsgesellschaft: wirtschaftlichspolitische Herausforderungen und regionalpolitische Chancen. In: APuZ, B40/98: 22-29.

Wilke, Jürgen (1996): Multimedia. Strukturwandel durch neue Kommunikationstechnologien. In: APuZ, B32/96: 3-15.

Wolf, Fritz (1996): Alle Politik ist medienvermittelt. Über das prekäre Verhältnis von Politik und Fernsehen. In: APuZ, B32/96: 26-31.

Zitzlaff, Kristian (1999a): Der stille Luftkrieg gegen den Irak. In: ami (antimilitarismusinformation), 29. Jg., 4/99: 25-33.

Zitzlaff, Kristian (1999b): Irak: Der Stille Krieg gegen einen widerspenstigen Staat. In: ami (antimilitarismusinformation), 29. Jg., 8-9/99: 33-41.

Zürn, Michael (1998): Regieren jenseits des Nationalstaates. Globalisierung und Denationalisierung als Chance. Frankfurt a. M.

Individualisierung im Spannungsfeld von Öffentlichkeit und Privatheit[1]

Real-Life-Soaps als Herausforderung

Udo Göttlich

1. Vorbemerkung

Dem Fernsehen, mit seinen intimen und auf die Privatheit gerichteten Inhalten, so wird deutlich, kommt in der heutigen Zeit offensichtlich mehr denn je identitätsstiftende Funktion für den Einzelnen wie für die Gesellschaft im Gesamten zu. Seit den Zeiten des Reality TV lässt sich eine kontroverse Debatte verfolgen, die jeweils in neuen Konjunkturen auch bei den Daily Talks und schließlich im Zusammenhang mit den Real Life Soaps aufgebrochen ist und vorwiegend unter medienpolitischen, medienethischen und medienpädagogischen Gesichtspunkten auf die möglichen Gefahren aus dieser Entwicklung aufmerksam macht.

Der in dieser Entwicklung aufscheinende Zusammenhang von Öffentlichkeitswandel und Individualisierung bezeichnet zwei Themen- und Problemfelder, die in den letzten Jahren verstärkt in das Zentrum wissenschaftlicher Aufmerksamkeit mit dem Ziel der Erklärung des gesellschaftlichen und kulturellen Wandels gerückt sind. Die Kategorie beziehungsweise das (normative) Konzept der bürgerlichen Öffentlichkeit ist dabei vor allem mit Blick auf die Spannung, die sich mit dem Vordringen immer neuer Formate ergibt, in denen Intimes, Privates und Persönliches verhandelt wird, untersucht und thematisiert worden.

---

1 Dieser Beitrag stellt eine gegenüber dem Erstabdruck in Bettina Sokol (Hrsg.): Mediale (Selbst-) Darstellung und Datenschutz, Düsseldorf 2001 überarbeitete Fassung dar. Er geht zurück auf einen Vortrag auf Einladung der Landesbeauftragten für den Datenschutz NRW zu einem Symposium im November 2000. Die hier vorgetragenen Überlegungen gehen zurück auf die Beschäftigung mit Fragen der Alltagsdramatisierung durch fiktionale Unterhaltungsangebote und Aspekte des sozialen und kulturellen Wandels, für die das DFG-Projekt „Daily Soaps und Kult-Marketing" im Schwerpunktprogramm „Theatralität" den Hintergrund bilden. Dieses Projekt gliedert sich dem durch Heribert Schatz am RISP mit verschiedenen Projekten zum Zusammenhang von sozialen und medialen Wandel geschaffenen Forschungsrahmen ein.

Kurt Imhof und Peter Schulz (1998: 11f.) heben mit Blick auf den Öffentlichkeitswandel zwei entscheidende Entwicklungsschritte heraus, die in einer sich aktuell verstärkenden und wechselseitigen Verschränkung den Hintergrund der hier behandelten Problemstellung ausmachen: Zum Einen handelt es sich um die bereits im 19. Jahrhundert einsetzende Veröffentlichung des Privaten und zum Zweiten um die in der Nachkriegszeit mit der Diversifizierung der Medien verstärkt einsetzenden Privatisierung des Öffentlichen.

Für die Öffentlichkeitstheorie wird entscheidend, dass die bisher dominierende Bezugnahme auf eine „Art Kollektiv mit einer bestimmten Kommunikationsstruktur oder eine Sphäre kommunikativen Handelns mit bestimmten anspruchsvollen Merkmalen“ (Peters 1994: 42f.), Funktionen und normativen Ansprüchen in eine Reihe von Teilöffentlichkeiten zerfällt, die der Tendenz gesellschaftlicher Differenzierung folgen, oder je nach Perspektive, diese vorantreiben.

2. Öffentlichkeitswandel durch Real-Life-Programme

In der skizzierten Entwicklung werden von verschiedener Seite desintegrative Potenziale für die Gesellschaft und Kultur vermutet, weil die Individuen in dem dadurch entstandenen Spannungsfeld von kollektivem Wissen und individueller Erfahrung zusehends gemeinsam geteilte Orientierungsgewissheiten verlieren würden. Da die Informationsmedien zudem von einer Unterhaltungsöffentlichkeit verdrängt werden, verstärken sich die Befürchtungen über desintegrative Folgen sogar noch.

In dieser Bewegung sind bereits auch Probleme eingeschlossen, die uns auch aktuell mit Blick auf die Fernsehformate des – in der Sprache der Medienwissenschaft – „performativen Realitätsfernsehens“ (Keppler 1994) verstärkt interessieren, da in ihnen relevante Gründe für den von unterschiedlicher Seite thematisierten und kritisierten Funktionsverlust der Öffentlichkeit vermutet werden. Zu den Formaten des performativen Realitätsfernsehen werden diejenigen Programmangebote gezählt, in denen der Mann beziehungsweise die Frau von der Straße Auftrittsmöglichkeiten haben, bei denen die realen Äußerungen und Handlungen die Fernsehinszenierung anleiten beziehungsweise von dieser aufgegriffen werden.

Neben dem aktuellen Format der Real Life Soaps, wie zum Beispiel *Big Brother* (RTL umd RTL2) oder *Girlscamp* (SAT.1) handelt es sich um Formate wie Daily Talks, Doku-Soaps oder die Heirats- und Liebesshows wie zum Beispiel: *Nur die Liebe zählt* (SAT.1) oder auch *Herzblatt* (ARD). Bedeutsam sind aber auch die Formate, wie etwa Daily Soaps, in denen es ebenfalls auf eigenständige Art um eine Dramatisierung des Alltags mit den Stilmitteln der Intimisierung, Privatisierung, Personalisierung und Emotionalisierung geht.

Gegenüber dem Begriff Affektfernsehen – der auf diese Formate ebenfalls Anwendung gefunden hat – wird mit dem performativen Realitätsfernsehen der Blick auf den Vollzug von intimen und privaten Handlungen und Äußerungen vor einer Öffentlichkeit gelegt und nicht allein auf das Ziel dieser Formate, die Auslösung von Gefühlen und Emotionen (Bente / Fromm 1997). Der Vollzug solcher Handlungen vor einem Publikum stellt sich dabei unter anderem auch als (freiwillige) Preisgabe der Privatsphäre vor einer Öffentlichkeit dar, was nicht nur Fragen nach möglichen Grenzüberschreitungen in der Darstellung von Intimität provoziert. Viel weiter gehend ist der mit dem Vordringen dieser Formate unterstellte Funktionsverlust der bürgerlichen Öffentlichkeit zu bewerten, da er das Selbstverständnis demokratisch verfasster Gesellschaften unmittelbar berührt.

Da Öffentlichkeit als Horizont gesellschaftlicher und kultureller Selbstvergewisserung gilt und im Modus der kollektiven Erfahrungsvermittlung auch immer eine individuelle Orientierungsgewissheit – zumindest der Theorie nach – gesehen wurde, muss der institutionelle Wandel der Öffentlichkeit auch dieses Vermittlungsverhältnis mit berühren, wodurch das Individuum in ein Spannungsverhältnis gerät, das zu bewältigen auch neue Herausforderungen an die Medien und die Unterhaltungsöffentlichkeit stellt, die nach Lage der Dinge erst zu konkretisieren und zu formulieren sind.

Im Folgenden soll nun aus soziologischer sowie medien- und kommunikationswissenschaftlicher Sicht geklärt werden, welche Folgen für die kollektive und individuelle Erfahrungsvermittlung aus dem institutionellen Wandel der Öffentlichkeit, also konkret der Privatisierung des Öffentlichen und der Veröffentlichung des Privaten erwachsen. Damit soll der aktuelle Wandel der Medienformate und der Medienöffentlichkeit in den Horizont des gewandelten Verständnisses von Privatheit und Intimität gestellt werden.

Dazu werde ich zunächst auf das Konzept der Individualisierung eingehen (3), wie es in der soziologischen Forschung zur Erklärung und Deutung des gesellschaftlichen und kulturellen Wandels bzw. des Öffentlichkeitswandels herangezogen wird sowie auf seine Vermittlung mit der Soziologie der Lebensstile (4). Im Anschluss daran werden zwei zeitdiagnostische Deutungen von Habermas und Giddens betrachtet (5), die sich auf unterschiedlichen Niveaus mit den auf die Konsequenzen für die Erfahrungsvermittlung, die sich aus den Individualisierungskonzept und dem institutionellen Wandel der Gesellschaft ergeben, beschäftigen und erklären helfen, was die gesellschaftlichen Einflussfaktoren auf die geänderte Darstellung von Intimität und Privatheit sind. Mit diesem Schritt beabsichtige ich nicht nur einen Überblick über die aktuelle gesellschaftstheoretische Auseinandersetzung zu geben, sondern einen Ausgangspunkt zu erhalten, von dem ausgehend nicht nur die mit den neuen Formaten einhergehenden Probleme bewertet und kritisiert werden können, sondern auch die aktuell bestehenden Herausforderungen an die Medien- und Kulturkritik in der Bewertung des Öffentlichkeitswandels beschrieben werden können. Dazu werde ich abschließend (6) auf einige Fragestellungen und Herausforderungen verweisen, die sich mit Formaten wie *Big Brother* oder genereller den unterschiedlichen Formaten des performativen Realitätsfernsehens ergeben und möchte diese zur Diskussion stellen.

Mit Blick auf das behauptete Spannungsverhältnis von Öffentlichkeit und Privatheit werde ich der These nachgehen, dass mit den auf unterschiedlichen gesellschaftlichen Bereichen ablaufenden Entstrukturalisierungsprozessen eine neue Herausforderung erwächst, die mit den in Frage stehenden Programmangeboten – wie ich finde, wenig überraschend – auf grundsätzlich anderem Niveau als in der traditionellen Öffentlichkeitsvorstellung vorgesehen, beantwortet wird. Das schließt nicht nur den lange vernachlässigten Blick auf die Unterhaltungsöffentlichkeit ein, sondern fordert auch die Formulierung neuer Kriterien zur Bewertung des Wandels heraus.

Unter dieser Blickrichtung ist die durchaus nicht unstrittige und leicht als affirmativ zu verstehende Anschlussthese zu klären, dass die Art der Alltagsdramatisierung in den angesprochenen Formaten für jugendliche Zielgruppen eine laufende Behandlung alltagsrelevanter (politischer), moralischer, ästhetisch-stilistischer oder sexueller Grundfragen bietet, die neue Foren der Integrationskommunikation bilden, die aus der Perspektive des Verfalls der Öffentlichkeit in der Form nicht wahrgenommen werden können. Oder anders gesprochen: Diese Formate übernehmen im gewissen Sinne „Ausfallbürgschaften“ (Reichertz 2000: 38) für die bislang als öffentlichkeitswirksam geltenden Formate, deren Bedeutung zusehends zu schwinden scheint. Was in den Angeboten der Unterhaltungskommunikation geschieht, hat mehr Konsequenzen und eine größere Bedeutung, als man gemeinhin mit der Thematisierung von desintegrativen Folgen vermuten und überhaupt wahrnehmen kann. Im gewissen Sinne geschieht in ihnen und über sie die Selbstauslegung gesellschaftlicher Gruppen, was die Öffentlichkeit unmittelbar affiziert.

Aber dies ist dann nicht ohne Risiko, wenn die neuen Formate Grundbedürfnisse zwar ansprechen, diese zugleich aber auch mit den Strategien des „Kult-Marketing“ (Bolz / Bosshart 1995; Göttlich / Nieland 1998) ausbeuten und auf bestehende Orientierungsfragen – vor allem bei Jugendlichen – keine Antworten geben, obwohl, so die damit zusammenhängende dritte These, diese Antwort – beherzigt man den Wandel – offensichtlich nur noch von solchen Formaten ausgehen kann.

Daher bedarf es einer ernsthaften Befassung mit den Stilmitteln und deren objektiven Möglichkeiten sowie deren Verkürzungen und Schwächen. Das kann in diesem Beitrag jedoch nicht inhaltsanalytisch vertieft werden. Es geht, wie gesagt um die sozial- und kulturtheoretische Rahmung als Erklärung für den Öffentlichkeitswandel. Dieser stellt sich, als Zwischenfazit gesprochen, folgendermaßen dar: Unter gesellschaftlichen Bedingungen, die von Entstrukturierungen, Individualisierung und Enttraditionalisierung gekennzeichnet sind, besteht offenbar nicht nur ein besonderer Bedarf an der Präsentation alltäglicher Lebensverhältnisse, gerade auch aus dem Nahbereich intimer und privater Themen, sondern diese Formate können offensichtlich auch eine informative und öffentlichkeitswirksame Rolle und Bedeutung für sich beanspruchen. Und dies vor allem bei Jugendlichen.

3. Zur Individualisierungstheorie

Zur Annäherung an und Erklärung der bislang skizzierten Entwicklung und der daraus resultierenden Fragestellung ist insbesondere der Individualisierungsbegriff zu einer zeitdiagnostischen Grundformel zur Verständigung über den gesellschaftlichen Wandel geworden (Beck 1986). So nimmt es nicht wunder, dass man mittlerweile in den unterschiedlichsten Bereichen auf die gerne wiederholte Basiserzählung trifft, die Individualisierung als Folge des gesellschaftlichen Wandels und der damit einhergehenden Enttraditionalisierungen selber sieht. Die Voraussetzungen dieses Wandels bestehen nach Beobachtungen und Ergebnissen der soziologischen Forschung in:

- der abnehmenden Klassen- und Schichten-Orientierung. Dies führt zur Loslösung von den vormals verinnerlichten Rollen und somit schließlich zu individuellen Lebensentwürfen und dem Anwachsen biographischer Mobilität, das heißt: Es sind mehr soziale Auf- und Abstiege und geographische Wanderungen zu beobachten;
- der Flexibilisierung beruflicher Orientierungen, mit der Folge, dass häufigere Arbeitsplatzwechsel und meist auch Umschulungen in Kauf genommen werden (dies geschieht in der Regel nicht freiwillig);
- der Veränderung des Freizeit- und Konsumverhaltens, weil es zu einer Sinnverlagerung aus der beruflichen in die Privatsphäre kommt;
- den gestiegenen Emanzipationsinteressen, aufgrund der Auflösung traditionaler Beziehungsformen;
- einer verstärkten Bezugsgruppen-Orientierung bei Lebensstil-Wahlen, was den Boom von Selbsthilfe- beziehungsweise Interessengruppen erklärt und
- der Sequentialisierung ideologischer Orientierungen, also den Verzicht auf dauerhafte normative Bindungen und dem Griff zu Deutungsangeboten ‚nach Bedarf'.[2]

Zusammenfassend gesprochen verweist der Individualisierungsbegriff darauf, „daß die Biographie der Menschen aus vorgegebenen Fixierungen herausgelöst, offen, entscheidungsabhängig und als Aufgabe in das Handeln jedes Einzelnen gelegt wird" (Beck 1986: 213).[3] Diese Veränderungen führen nicht nur dazu, dass sich neue Handlungsziele und Identitäten herausbilden sondern auch, dass diese Handlungsziele und Identitäten in Form von Lebensstilorientierungen, die die Individuen wählen, ein Stück weit (ab)gelöst werden, die im wesentlichen über die Medien auch Verbreitung finden. Als eine Folge reagiert das Publikum mit Blick auf die „ins unendliche gewachsene Menge erschwinglicher Angebote mit der Herausbildung alltagsästhetischer Stilsyndrome, die auf der spezifisch modernen Verschiebung der existentiellen Problemperspektive von Überleben auf Erleben beruhen." (Luger 1992: 431)

---

2 Vgl. zu den einzelnen Unterpunkten vor allem Hitzler 1994: 75f.

3 Auf die Diskussionen und die Kritik, die dieses Konzept von unterschiedlicher Seite erfahren hat, kann hier selbstverständlich nicht eingegangen werden.

Diese Wendung in der Orientierung hat übrigens Schulze (1993) mit dem Erlebnisgesellschaftsparadigma grundlegend aufgearbeitet, in dem er aufgezeigt hat, dass mit der Orientierung an dem Ziel der Erlebnissteigerung individuelle Lebenswege nicht mehr an kollektiv geteilten Erfahrungen, also Traditionen, sondern vorwiegend von persönlichen Wünschen und Neigungen geleitet sind, die nun anstelle der Traditionen Lebensstile zur Orientierung haben. Wäre dies nicht der Fall, dann würden sich die individuellen Verhaltensmuster in einer unüberblickbaren Pluralität wiederfinden, so aber münden sie in Teilöffentlichkeiten sensu Lebensstilgemeinschaften.

An dieser Stelle ergibt sich aber gerade auch die Möglichkeit zur kommerziellen Ausbeutung dieses Grundbedürfnisses, von der die meisten derzeit angebotenen Formate mit unterschiedlichen Strategien des Kult-Marketing zielstrebig Gebrauch machen. Die Kommerzialisierung findet in der Individualisierung erstaunliche neue Möglichkeiten für die Bildung von Wertschöpfungsketten. Das heißt aber auch, dass diese Strategien das hier angesprochene Problem verstärken, anstatt mit den in den neuen Genre ebenfalls angelegten Möglichkeiten zu ihrer Lösung beizutragen.

4. Lebensstilorientierung

Die Diskussion der Lebensstilfrage im Horizont der Individualisierungsproblematik lässt sich für einen ersten Überblick mit Hilfe dreier Modellvorstellungen abbilden, mit denen die Reichweite und die Dimensionen des Lebensstilbegriffs erfasst werden kann (vgl. Mörth / Fröhlich 1994: 12ff.): Das erste, traditionelle Modell sieht die Lebensstile dabei noch in einem engen Zusammenhang mit soziostrukturellen Variablen sowie Bedingungen wie Schicht und Klasse. Diese Verbindungen beginnen sich jedoch im Prozess des sozialen Wandels zu lockern, wodurch es zur Lösung von vormals verinnerlichten Rollen und somit schließlich von traditionellen Lebensentwürfen kommt. Das sich daraus ergebende Grundproblem bestimmt sozusagen den Ausgangspunkt der verhandelten Frage des Öffentlichkeitswandels und seines Zusammenhangs mit der Individualisierung.

Das an diesen Veränderungsprozess anschließende zweite Modell interpretiert Lebensstile als Ergebnis einer Steigerung des Lebensstandards, der Flexibilisierung beruflicher Orientierungen, daraus folgender geographischer und biographischer Mobilität und damit der Entstehung und Suche nach neuen Orientierungsmustern. Diese Sichtweise greift also die als Hintergrund der Individualisierung genannten Punkte auf und erklärt, wie es zu einer Ausdifferenzierung unterschiedlicher Stile kommt, die auch bei bestehender Homogenität oder Gleichartigkeit von Lebenslagen variieren. Wichtig ist, dass Lebensstile trotz der Vielgestaltigkeit dennoch nicht Vereinzelung bedeuten, sondern als gleichgelagerte Handlungsmuster vieler identifiziert werden können. Verändert hat sich die Orientierungsfolie bei der Wahl von Lebensstilen.

Im dritten Modell schließlich kommt eine intentionale Interpretation des Lebensstils zum Tragen und das ist ein entscheidender qualitativer Wechsel des Paradigmas (Hitzler 1994). Lebensstile substituieren im Feld moderner Lebensverhältnisse als kulturelle Distinktionen die verblassenden sozialen Distinktionen. Relativ freie Wahlmöglichkeiten statt Schichten und Klassenzugehörigkeit bilden soziale Integrationseinheiten. Strittig an diesem Modell ist bis heute aber nicht nur die Frage nach dem Grad der Freiwilligkeit in der Wahl von Lebensstilen, sondern auch die Beständigkeit und Dauer der Zugehörigkeit zu bestimmten Lebensstilgruppen. Problematisch sind durchaus auch die sozialen Folgen, die mit sogenannten „Patchwork-Identitäten" im Zusammenhang stehen. Nicht jeder ist seines Glückes Schmied und bestehende soziale Ungleichheiten lassen sich durch Stilattitüden gewiss nicht überlagern.

Die Interpretation der Freiwilligkeit in der Wahl von Lebensstilen und deren Folgen fällt bei dem zweiten und dritten Deutungsansatz zudem verschieden aus. Das zweite Modell bezieht sich deutlicher auf die Folgen sozialer Ungleichheit. Es betont die Risiken, die im Individualisierungsprozess auftreten können, während das intentionale Modell die Chancen betont. Beide Varianten stimmen darin überein, dass sich ideologische und symbolische Orientierungsmuster sowie Verhaltensstile im Zuge ihrer Ablösung von traditionellen arbeits- und lebensweltlichen Kontexten durch Freizeit- sowie Konsumsituationen zu Selbstinszenierungsmustern verdichten.

Dazu wird von beiden Ansätzen die Rolle der Medienkultur angeschnitten, aber nicht weiter ausgeführt. Für unsere Fragestellung ergibt sich aus den beschriebenen Konzepten implizit bereits eine erste Antwort für die Bereitschaft der Darstellung und Ausstellung des privaten Lebens. Mit der Auflösung traditioneller Institutionen und des mit ihnen gegebenen Verhältnisses von Öffentlichkeit und Privatheit verändern sich auch die „Bühnen" und „Räume", auf die beide Bereiche bislang bezogen waren. Das Private dringt so zum Beispiel in vormals allein der Öffentlichkeit vorbehaltenen Bereiche ein und wird von öffentlichem Belang, während ehemals Öffentliches nun auch privatisiert wird. Damit sind wir wieder an den Ausgangspunkt des Öffentlichkeitswandels zurückgekehrt und können der Frage nachgehen, inwiefern sich neben möglichen desintegrativen Folgen in den aktuellen Formaten gerade auch Ausgangspunkte für die Selbstauslegung der Individuen, vor allem von Jugendlichen finden, die bei aller notwendigen Kritik an diesen Formaten drohen, ohne Blick auf die Unterhaltungsöffentlichkeit verschüttet zu werden.[4] Das Problem verstärkt sich ja gerade dadurch, dass offensichtlich zentrale Orientierungsfragen in den Foren der traditionellen Öffentlichkeit für diese Zielgruppen oder diese Klientel anscheinend nicht adäquat oder erst überhaupt nicht thematisiert werden und Folien für Lebensentwürfe an anderer Stelle offensichtlich nicht greifbar

4 Eine Behandlung dieser Fragen in ideologiekritischer Absicht steht noch aus, kann hier aber nicht geleistet werden.

sind. Daher sollte man sich auch nicht zu sehr wundern, wenn in diese Leerstelle Formate wie zum Beispiel *Big Brother* vorstoßen. Gerade deshalb drängen sich zwangsweise Probleme sowohl mit eigentlich als eingespielt gedachten als auch den neuen Verhaltensweisen und Normen auf, die uns nun oftmals bereits im „dramaturgischen Handeln" der Kandidaten als Grenzüberschreitungen vorgeführt werden, zumal diese sogar einen „besonderen Platz in den kommerziell organisierten Träumen der Nation einnehmen (Goffman 1968: 31).[5]

Versucht man an dieser Stelle daher die weitere Annäherung an die mögliche orientierende Rolle der angesprochenen Genres aus soziologischer Perspektive, so bieten sich vor allem die in der Theorie der Entkopplung von System und Lebenswelt von Habermas sowie die in Giddens Deutung einer Politisierung der Lebensführung vorgelegten Erklärungen für eine weitergehende Interpretation des Wandels an.

5. Gesellschaftstheoretische Erklärungen des Wandels

Eine der von ihrer Struktur her weitreichendsten Erklärungen für den Wandel der gesellschaftlichen Kommunikation liegt an dieser Stelle in der von Habermas ausgearbeiteten Theorie der Entkopplung und der daraus folgenden Kolonialisierung von System und Lebenswelt (Habermas 1981, Bd.2).

Schließt man zur Erklärung der hier in Rede stehenden Problemstellung an den Gedanken an, dass die in modernen Gesellschaften entstehenden Bereiche organisationsförmiger und mediengesteuerter Sozialbeziehungen für die identitätsbildende soziale Zugehörigkeit und für die Einübung normenkonformen Handelns nicht mehr zur Verfügung stehen, so wird die Notwendigkeit neuer Bühnen zur Verhandlung dieser in der Lebenswelt dennoch nicht eliminierbaren Fragen deutlich (ebd.: 231). Anscheinend lassen sich nicht alle Lebensbereiche unterschiedslos mit Expertensystemen oder symbolisch generalisierten Austauschmedien bewältigen. Die im Zuge der Kolonialisierung der Lebenswelt als eliminierbar angesehenen Fragen werden also sozusagen von der Peripherie – an die Habermas sie als Folge des Wandels gedrängt sieht – in Form von Fernsehinszenierung über Alltagssituationen – oder allgemeiner im Modus der Unterhaltungsöffentlichkeit – wieder in die Lebenswelt eingespeist. Dass diese „Einspeisung" nun zum Beispiel mit Blick auf die Real Life Soaps wie *Big Brother* in einer ‚Sprache' geschieht, die als Bruch

5 Goffman spielt hier noch auf die Rolle von Schauspielern und Sportlern als Idole an. Seit *Big Brother* hat man sich aber mit den Selbstdarstellungen von ‚gewöhnlichen' Menschen und eben nicht mehr mit den als legitim und normal geltenden Marotten von Schauspielern und Prominenten auseinander zu setzen.

bestehender moralischer Konventionen bewertet wird, verwundert dabei vor allem vor dem Hintergrund von Giddens These der „life politics“ weniger, die Hitzler – über die deutsche Begriffsfindung „Selbstkultur“ hinausgehend – mit der These „existentieller Strategien“ radikalisiert hat.

Aus dieser Perspektive ist die besondere Inszenierungsweise von *Big Brother* nur zu einem Teil der fernsehtypischen Regel zur Erzeugung von Aufmerksamkeit geschuldet. Während sich die bürgerliche Gesellschaft die Einübung ihrer Regeln mit Dramen und somit in fiktionaler Form vor Augen stellte, geschieht die Einübung nun anhand konkreter Lebenssituationen. Darin liegt ja gerade die Besonderheit der aktuellen Veränderung der Alltagsdarstellung mit den Mitteln der Alltagsdramatisierung, das heißt der Verhandlung von Alltagsproblemen und von Alltagsformationen mit den Stilmitteln der Privatisierung, Personalisierung, Intimisierung und Emotionalisierung.

Giddens kommt in seinen Untersuchungen zum Identitätswandel in der Spätmoderne zu dem Ergebnis, dass die unter anderem auch als Folge der Mediatisierung beobachtbaren Enttraditionalisierungen vor allem den Zwang zur „Politisierung der Lebensführung“ eines jeden Einzelnen zur Folge haben. Die für die Moderne schon immer prekäre Frage der Identitätsbildung kann in der Spätmoderne nicht mehr allein auf Traditionen als Ressource für Handlungsorientierungen ruhen, sondern ist immer mehr auf selbstreflexive Entscheidungen verwiesen (Giddens 1992: 214).

Er folgert, dass – wie bereits in der Individualisierungsthese diskutiert – an die Stelle sicherheitsgebender Institutionen und Traditionen eine „Selbstkultur“ tritt, die die klassischen Verhaltens- und Schichtungs-Schemata untergräbt und dazu aus dem symbolischen Reservoir der Populär- und Medienkultur schöpft und sich in Lebensstilentscheidungen ausdrückt. Die Implikationen dieser Deutungen sind bislang kaum weiter in öffentlichkeitstheoretischer Perspektive diskutiert worden und auch hier können nur einige der relevanten Dimensionen und Fragen zu den Folgen des Wandels skizziert werden. Zugleich werde die zugrundeliegenden Theorien oftmals nur ausschnittweise und damit verkürzend zur Erklärung des Wandels herangezogen. Denn Giddens belässt es ja keineswegs bei dieser scheinbaren Beliebigkeit in der Wahl der Lebensstile, sondern realisiert und thematisiert sehr wohl die ethischen und moralischen Probleme, die in den Prozessen der Entstrukturierung gesellschaftlicher Institutionen und der Mediatisierung zu finden sind.

So stellen die Giddensschen „life-politics“ die Lösungen der Moderne zwar in Frage, das heißt, sie verweisen auf den strukturellen Wandel von dem etwa auch die traditionelle Öffentlichkeit berührt ist, zugleich aber verweisen sie darauf, dass die unter traditionellen institutionellen Bedingungen als gelöst gedachten Probleme erneut und verschärft auf die Agenda treten und sich doch nicht so leicht in die Peripherie abdrängen lassen. Es verstärken sich vielmehr die Fragen einer emanzipatorischen Politik, die nun allerdings unter Bedingungen der Spätmoderne mit den Mitteln der Selbstkultur beantwortet werden müssen.

6. Die Herausforderung einer Politik der Anerkennung

Die fortbestehenden emanzipatorischen Grundfragen haben Bedeutung für die – wie Giddens sagt – Verortung des Individuums gegenüber neu erstehenden Prozessen der Ungleichheit und der Ungleichverteilung gesellschaftlicher Macht- und Einflussressourcen und sind daher auch im Lichte der Lösungsangebote zu reflektieren, die die Medien und die Medienkultur bereit halten. Denn es braucht zur Bewältigung der aus dem Wandel erwachsenden Herausforderungen nicht nur orientierender Vorlagen, sondern auch Handlungsanweisungen und Normierungen, die nun gerade auch – und darin liegt das Problem – von Medienangeboten wie etwa *Big Brother* bereit gestellt werden. Also von Medienangeboten, in denen mit der Inszenierung von Intimität und Privatheit über das unmittelbare Ziel der Aufmerksamkeitserzeugung hinausgehende Folgen erwachsen.

Das Leitthema heißt nicht nur, wie weiter oben erörtert, die richtige Entscheidung bei der Lebensstilwahl zu treffen. Das mit dem bislang beschriebenen Wandel einhergehende Problem betrifft viel mehr das Vertrauen, dass nicht mehr allein aus Traditionen und traditionellen Angeboten gewonnen werden kann, sondern von den Individuen im Prozess ihrer Lebensstilentscheidungen gewonnen werden muss. Gerade dann, wenn unter den Bedingungen der Selbstkultur Identität gewonnen werden muss, die zur Selbstauslegung vor dem Hintergrund des biographischen Verlaufs befähigt. Gerade dazu ist die Ausbildung von Vertrauen entscheidend, denn „[o]nly if the person is able to develop an inner authenticity – a framework of basic trust by means of which the lifespan can be understood as a unity against the backdrop of shifting social events – can this be attained" (Giddens 1992: 215).

Die Frage des Vertrauens wird damit in Anbetracht der Privatisierung und Intimisierung zum entscheidenden Problem des Öffentlichkeitswandels. Und unter dieser Perspektive sind die Angebote des performativen Realitätsfernsehens bislang nur eher marginal behandelt und kritisiert worden. Gerade da sich im Anschluss an die Individualisierungstheorie und die theoretischen Positionen von Habermas und Giddens weiteres zu den Implikationen und zum Bedeutungsumfang des Öffentlichkeitswandels diskutieren ließe, scheint mir nun zentral zu klären beziehungsweise ins Auge zu fassen, welche Orientierungsangebote die Medien und gerade die Medienangebote, die eine Verhandlung von Alltagsformationen mit den Mitteln der Intimisierung und Privatisierung leisten, für die Herausforderung einer neuen emanzipatorischen Politik bieten.

In der Sprache der neueren kritischen Theorie handelt es sich um die Problemstellung einer Politik der Anerkennung, der in der Individualisierungsdebatte zusehends größere Bedeutung zukommt. Das Problem einer Politik der Anerkennung lässt sich für den vorliegenden Zusammenhang mit dem Streben einer Anerkennung von Differenz übersetzen, die unter anderem in den unterschiedlichen Lebensstilorientierungen zum Ausdruck kommt. Dabei geht es um die Frage, welche Selbstauslegungsmuster werden in der Unterhaltungsöffentlichkeit bereit gestellt, die die Anforderungen, als autonomes und individualisiertes Wesen bestehen zu können und sich gleichzeitig in den Bedingungen der Selbstverwirklichung geschützt zu wissen, bestärken und neue Formen positiver Selbstbeziehung ausbilden helfen (Honneth 1992: 275ff.). Das führt uns auch auf das Feld einer hier nicht weiter verfolgbaren Moraltheorie.

Die abschließende These ist, dass angesichts dieser Problemstellung mehr auf dem Spiel steht, als nur eine bloße Regelverletzung moralischer Werte, als die „Big Brother" überwiegend wahrgenommen wird. Und auch hier gilt, dass man nicht nur erschrocken auf die sogenannten Real Life Soaps schauen sollte sondern auch auf den Zusammenhang gesellschaftlicher Veränderungen, für die *Big Brother* möglicherweise der Lackmustest ist (Göttlich 2000: 179). Insofern stellt *Big Brother* nicht nur einen weiteren Modellfall in einer Kette von Grenzverschiebungen seit den Tagen des Reality-TV dar, an dem sich zeigt, dass die jetzt zu Tage liegenden Fragen um die Entgrenzung der Intimität nicht nur einer dringlichen Beantwortung bedürfen, sondern auch für neue Zusammenhänge gelten müssen, die in die Fragen der Selbstkultur und der Politik der Anerkennung eingeschrieben sind.

Die in den neuen Formaten beobachtbaren Reinszenierungen des privaten und intimen Lebens bergen neben einer durch die besonderen Stilmittel der Intimisierung, Privatisierung und Personalisierung bewirkten perspektivischen Konstruktion von ‚Realität' eine ‚Theatralisierung der Kommunikation' über den Alltag und von Alltagsthemen, angesichts der sich die Frage stellt, ob diese Formate überhaupt eine adäquate Antwort auf die mit der Politik der Anerkennung beschriebene Herausforderung darstellen, die zur Ausbildung eines selbstbewußten Verständnisses von Privahtheit beitragen soll, das auf Selbstbestimmung setzt. Das beunruhigende, von dem die medienkritische Debatte derzeit gekennzeichnet ist, rührt an dieser Stelle daher, dass die privatkommerziellen Sender mit ihren Angeboten dabei sind, diese aufkommenden Fragen auf ihre Art bereits zu beantworten, wodurch sie freilich auch in die Verantwortung geraten, da sie die bislang wenig definierten Bereiche mit ihren Antwortmodellen besetzen.

Mit möglicherweise zweifelhaftem Ausgang: So dürfte sich die Tendenz verstärken, die Auswahl von Situationen, in denen es um Vertrauen geht, nach den Regeln der Emotionalisierung und Intimisierung vorzunehmen. Dabei wird die Auswahl der Kandidaten und von Szenen nach bestimmten, dem Image der Sender entsprechenden Regeln erfolgen, beziehungsweise man ‚kauft' den Kandidaten ihr ‚Vertrauen' für den Moment der Inszenierung in dem sie entblößt werden, ab. Dadurch aber werden die im Kampf um Anerkennung berührten Dimensionen mit zweifelhaften Vorbildern besetzt, und nur vermittelt Antworten auf die Herausforderung gegeben, die sich mit der Selbstkultur stellen, worin nun aber zugleich auch die neuen Herausforderungen für eine emanzipatorische Politik liegen.

Zum Gelingen wird jedoch auch der Schilderung von Misstrauen, von Situationen des gescheiterten Vertrauens, kaum Raum gegeben beziehungsweise ausgeblendet. Die Vertrauenslücke, in die diese Formate dadurch gelangen, ist schwerer zu schließen, als die privat-kommerziellen Anbieter bislang selber wohl annehmen.

Daher stellt sich nicht nur die Frage, ob sie die Verantwortung überhaupt annehmen sondern ob sie dieser überhaupt gewachsen sind? Bereits jetzt erfahren diese Anbieter selbst bei einem Teil ihrer Stammzuschauerschaft ein Seriösitätsdefizit. Glaubwürdigkeit als einem Amalgam des Eindrucks der Vollständigkeit, der Verlässlichkeit, der Verständlichkeit, der Professionalität, der Neutralität und auch der Wahrheitstreue wird den öffentlich-rechtlichen Anbietern vor allem wegen ihres Nachrichten- und Informationsangebots in einem größeren Maße zugesprochen. Bei den Formaten des performativen Realitätsfernsehens dürfte es sich angesichts dieser Kriterien um eine echte Herausforderung handeln.

Das Bestreben der Veranstalter mit Emotionen und Affekten allein Aufmerksamkeit und eben kein Vertrauen zu gewinnen, ist also ernst zu nehmen und diese scheuen daher auch nicht die Grenzüberschreitung im Dienste der Vermarktung des Programmangebots, gerade auch unter Bedingungen einer multimedialen Angebotskonkurrenz.

Es ist aber auch eine weniger beunruhigende Wendung denkbar, die sich mit der von mir bereits an anderer Stelle gestellten Frage einleiten lässt, was eigentlich geschieht, wenn das Medium beziehungsweise die Medienkultur zusammen mit der fallweisen Erhitzung auf dem Umweg über *Big Brother* nun auch zu einer „Selbstaufklärung über Normen und den Grad ihrer Verschiebung auf dem Weg ist?" (Göttlich 2000).

Das Problem an dieser Stelle besteht aber nun darin, dass diese mögliche „Selbstaufklärung" gerade deshalb nicht eintritt, da unter den Regeln des privat-kommerziellen Fernsehens das ‚Vertrauen zur Ware' wird. Dennoch, gerade in dieser Ausgangslage liegt eine Chance von *Big Brother* zur „Selbstaufklärung" der Gesellschaft und Kultur über die Wurzeln ihrer Öffentlichkeitsvorstellungen bis hin zu deren aktuellem Umbau und den sich daraus ergebenden Folgen beizutragen. Darauf kann ich an dieser Stelle nicht mehr vertiefend eingehen, sondern wollte nur die Richtung anzeigen, in die weitere notwendige Überlegungen anzustellen sind. Diese Überlegungen haben weniger mit der Frage zu tun, wie das traditionelle Öffentlichkeitskonzept weiter seine normative Bedeutung behalten kann.

Die Grundfragestellung scheint mir zu sein, wie die sich aus dem gesellschaftlichen und kulturellen Wandel ergebenden Herausforderungen im Raum, den die Unterhaltungsöffentlichkeiten einnehmen, gelöst und bewältigt werden können. Die Aufgabe bestünde neben der Suche nach gemeinsamen Urteilsregeln aus der Kenntnis populärkultureller Diskurse darin, Erzählformen eben nicht nur im Lichte der Aufmerksamkeitsökonomie als beliebig austauschbare Hüllen sondern als kulturelle Foren für die Verhandlung alltagsrelevanter Themen und Geschichten wahrzunehmen. In diesem Zusammenhang könnten dann auch Fragen zu den Grenzen und zum Grenzerhalt von Intimität und Privatheit gegenüber der Öffentlichkeit und öffentlichen Einflussbereichen behandelt werden und die Folgen der Veröffentlichung des Privaten und der Privatisierung des Öffentlichen näher bestimmt werden.

Literatur:

Beck, Ulrich (1997): Kinder der Freiheit: Wider das Lamento über den Werteverfall. In: Beck, Ulrich (Hrsg.): Kinder der Freiheit (Edition Zweite Moderne hrsg. v. Ulrich Beck). Frankfurt a. M.: 9-33.

Bente, Gary / Fromm, Bettina (1997): Affektfernsehen. Motive, Angebotsweisen und Wirkungen. Opladen.

Bolz, Norbert / Bosshart, David (1995): Kult-Marketing. Die neuen Götter des Marktes. Düsseldorf.

Giddens, Anthony (1992): Modernity and Self-Identity. Self and Society in the Late Modern Age. Cambridge/Oxford.

Göttlich, Udo (2000): Die Ware Vertrauen – „Back to the Basics" oder die Veralltäglichung von trash? In: Balke, Friedrich / Schwering, Gregor et al. (Hrsg.): Big Brother. Beobachtungen. Bielefeld: 173-193.

Göttlich, Udo / Nieland, Jörg-Uwe (1998): Daily Soaps als Umfeld von Marken, Moden und Trends. Von Seifenopern zu Lifestyle-Inszenierungen. In: Jäckel, Michael (Hrsg.): Die umworbene Gesellschaft. Opladen: 179-208.

Göttlich, Udo / Nieland, Jörg-Uwe (1999): Daily Soaps als Kaleidoskop der Individualisierung. In: Latzer, Michael / Maier-Rabler, Ursula et al. (Hrsg.): Die Zukunft der Kommunikation. Phänomene und Trends in der Informationsgesellschaft. Innsbruck/Wien: 313-328.

Göttlich, Udo / Nieland, Jörg-Uwe (2000): „Zlatko war irgendwie der Coolste". Anmerkungen zur Etablierung und Rezeption eines Medienspektakels. In: Texte Nr.3; Daily Talks, Daily Soaps, Big Brother; Sonderheft der Zeitschrift Medien Praktisch: 67-74.

Goffman, Erving (1968): Wir spielen alle Theater. Die Selbstdarstellung im Alltag. München.

Habermas, Jürgen (1981): Theorie des kommunikativen Handelns, 2 Bde. Frankfurt a. M.

Hitzler, Ronald (1994): Sinnbasteln. Zur subjektiven Aneignung von Lebensstilen. In: Mörth, Ingo / Fröhlich, Gerhard (Hrsg.). Das symbolische Kapital der Lebensstile. Frankfurt a. M.: 75-92.

Honneth, Axel (1992): Kampf um Anerkennung. Zur moralischen Grammatik sozialer Konflikte. Frankfurt a. M.

Imhof, Kurt / Schulz, Peter (Hrsg.) (1998): Die Veröffentlichung des Privaten – Die Privatisierung des Öffentlichen. Opladen.

Keppler, Angela (1994): Wirklicher als die Wirklichkeit? Frankfurt a. M.

Luger, Kurt (1992): Freizeitmuster und Lebensstil. Medien als Kompositeure, Segmenteure und Kolporteure. In: Publizistik 4/1992: 427-443.

Mörth, Ingo / Fröhlich, Gerhard (Hrsg.) (1994): Das symbolische Kapital der Lebensstile. Frankfurt a. M.

Peters, Bernhard (1994): Der Sinn von Öffentlichkeit. In: Neidhard, Friedhelm (Hrsg.): Öffentlichkeit, öffentliche Meinung, soziale Bewegung. Opladen: 42-77.

Reichertz, Jo (2000): Die Frohe Botschaft des Fernsehens. Kulturwissenschaftliche Untersuchung medialer Diesseitsreligion. Konstanz.

Schulze, Gerhard (1993): Die Erlebnisgesellschaft. Kultursoziologie der Gegenwart. Frankfurt a. M.

Die schwierigen Mittelwege zur Informationsgesellschaft

Dieter Klumpp

1. Der Internetzugang als neue Sehnsucht

Es geht eine Sehnsucht um in der Welt. Es ist die Sehnsucht nach dem Zugang zum Internet. Nach Zugang drängt, am Zugang hängt doch alles! Die Anwender („User") wollen den einfachen und preiswerten, am liebsten den kostenlosen Internetzugang. Die Inhalteanbieter („Content Provider") wollen per Netz den Zugang zu möglichst allen Haushalten, dieser sollte einfach und preiswert, möglichst sogar aus Sicht der Nutzer („User") kostenlos sein. Die Internet-Dienstebetreiber („Internet Service Provider") wollen diesen Wünschen – solange ihr Börsenwert überhaupt noch geglaubt wird – gerne entsprechen, der Wettbewerb schafft schnell preiswerte und allmählich auch einfache Internet-Zugänge für viele. Die Netzbetreiber („Network Operators") wollen gerne alles tun, um den Zugang zu ermöglichen, sie sind allerdings eher zurückhaltend, wenn sie das Wort ‚kostenlos' hören. Investieren sie doch zusätzlich zu den vorhandenen Netzen Milliarden in den Kapazitätsausbau und glauben als Vertreter der alten Ökonomie, dass dieses Geld wieder irgendwie zurückfließen sollte. Die Nutzer haben auch Sehnsüchte, schaffen es aber als notorisch Nichtorganisierte nur selten, diese als kaufkräftigen Bedarf auszudrücken.

Die Netzhersteller haben dem sehnsüchtigen Treiben lange Jahre mit gedrückten Liefermengen und herstellkostenähnlichen Lieferpreisen zuschauen müssen. Dies unterer anderem, weil in der gesamten Wertschöpfungskette zwei Missverständnisse vorherrschten: erstens der Irrglaube, man könne den lawinenartig anwachsenden Datenverkehr des Internet irgendwie kostenneutral über die Kapazitätsreserven der vorhandenen Telefonnetze abwickeln und zweitens die übereilte Annahme, das preiswerte oder sogar ‚kostenlose' Internet benötige deswegen auch keine Qualität. Die meisten begeisterten Internetties glauben, das Internet habe nichts mit dem Telekommunikationsnetz (ISO Schicht 3 und 4 TCP/IP) zu tun, sondern sei als neues physikalisches Netz von den amerikanischen Militärs im Schutze der Verdunklung („DARPANET") gebaut und verlegt, und dann von der Wissenschaft klammheimlich zum weltumspannenden „World Wide Web" zusammengebastelt worden. Professionellen Netz-Usern drängt sich übrigens dieser Eindruck in durchweinten Nächten auch immer mehr auf, weshalb sie ein Ende der Basteleien fordern. Und die

Laien glauben, dass schon der bloße „Internetzugang" die Schulbildung verbessert, die Arbeitsplätze sichert und den Menschen bis ins hohe Alter jung hält.

Das hört die Industrie nicht ungern. Zwar können die Telekommunikationshersteller in der Wertschöpfungskette einer „Internetökonomie" (dieser schöne Sammelbegriff stammt von Zerdick / Picot et al.) nur das kleinste Stück vom Kuchen erwarten, aber sie haben unter anderem mit der – nun wirklich nicht kostenlosen[1] – Forschung und Entwicklung sozusagen im Vorlauf den Backofen, die Teller und die Kuchenschaufel zu liefern, mit der dann der Kuchen von vielen Bäckern verteilt werden kann. Diese notwendige Vorleistung – und nicht vorschnelles Marketing – erklärt deren Ungeduld (und die intensive Mitarbeit in diversen Gremien und Initiativen) auf dem Weg zur Informationsgesellschaft.

Der Internetzugang tritt nunmehr in eine zweite Phase ein, in der die diversen Sehnsüchte auf den Boden der Tatsachen zurückkommen. Erstens wurde in den USA nach zehn Jahren (das entspricht 30 Internetjahren oder 7 Chipgenerationen gemäß Moore) deutlich, dass auch ein preisgünstiger oder sogar kostenloser Internetzugang nicht automatisch zum ‚Internet für alle' führt. Es gibt immer wieder erstaunliche Zurückhaltungen von Usern, wenn die Inhalte nicht attraktiv sind. Die Amerikaner haben sich trotz „flat rates" und „toll free" einen „Digital Divide" eingefangen, den die anderen Länder (außer den skandinavischen) ebenfalls schicksalhaft ausgeliefert scheinen. Schicksalhaft ist dies deswegen, weil sie – allen voran die Deutschen – derzeit genau das tun, was die Amerikaner schon vor fünf Jahren taten, und man daraus folgern kann, dass sie dann in fünf Jahren genau wie die USA vor dem Digital Divide stehen werden. Zum Zweiten wollen real existierende User nach der Spiel- und Erprobungsphase jetzt umfassende Qualität, sie wollen Bandbreite, Geschwindigkeit, Zuverlässigkeit, Verfügbarkeit, ja, sogar Datenschutz und Datensicherheit.[2] Je mehr richtiges Geld über die Netze fließt, um so mehr bestehen auch die Diensteanbieter auf präzisen Abrechnungssystemen sowie auf Störungssicherheit, hohe Verfügbarkeit und anderen höheren Qualitäten.[3]

Erst allmählich wird den alten wie neuen Dienste- und Inhalteanbietern klar, dass ihr zu erwartender größter Anteil am Internetkuchen sie zugleich in eine ganz verantwortliche Rolle in der Internetökonomie drängt. Sie sehen recht mühsam ein, dass man wohl erst einen Marktplatz bauen muss, um darauf dauerhaft Verkaufstische mit Waren stellen zu können (vgl. Klumpp 1996: 234ff.). Noch nicht ganz begriffen haben sie, dass ein Marktplatz auch eine gewisse Ordnung und eine noch

1 Die europäischen Systemhersteller der Kommunikationstechnik liegen bei ihren F&E-Ausgaben dicht hinter der Luftfahrtindustrie an der Spitze.

2 Träumer erwarten gar, dass die für die diversen Geräte benötigten Kabel und Stromversorgungen irgendwie zusammenpassen. Utopisten träumen, dass das Zubehör samt Ladegerät nicht mehr wiegt als das eigentliche Gerät. Unmedikamentierte Psychotiker delirieren gar über einen „Bluetooth-Standard", der alles mit allem verbinden können wird. So lange für ein kurzes Modemkäbelchen 150 DM bezahlt werden, ist dies illusionär.

3 Für zeitkritische Kommunikation (z. B. Hochsicherheit) sind die IP-Netze nicht geeignet.

gewissere Sicherheit braucht, damit sich der Marktwettbewerb entfalten kann. Dass der Bau eines Marktplatzes Expertise (und natürlich Zeit wie Geld) braucht, ist vor allem dem Internetstartup eher wesensfremd. Allmählich erst greift der Gedanke um sich, dass man für erfolgreiches Wirtschaften mehr braucht als exzellente Java- oder HTML-Programmierkenntnisse. Und für die kleinen und schwachen Gründerunternehmen kann es nur eigentlich eines geben: die gemeinsame Interessenvertretung organisieren und den Innovationsprozess mitgestalten. Aber immer noch gilt stattdessen die Regel: Je weiter man in der Wertschöpfungskette zwischen Herstellern und Inhalteanbietern Richtung Endkunde geht, desto geringer wird die zur Verfügung gestellte Expertise (und auch die Vorlaufkostenübernahme) für die Ausgestaltung des Marktplatzes. Und weil logischer Weise die ‚trägen großen' Unternehmen dafür eher Kapazitäten haben als die ‚flexiblen kleinen', ist das ideologische Argumentationsmuster klar: Die Kleinen fühlen sich von den Großen nicht repräsentiert. So steht der Internetstartup-Unternehmer sektkelchbewehrt in einer Industrie- und Handelskammer und schüttelt sich bei dem Gedanken, dass er eines Tages zahlendes Mitglied einer (noch zu gründenden) Internet-Handelskammer sein könnte. Er sollte aber einmal zum nächsten Flohmarkt gehen: dieser ist heute noch geregelter und sicherer als sein Marktplatz Internet.

Über die „Rechtssicherheit" hinaus ist beim Thema Sicherheit[4] eine lähmende Spaltung der Internetfirmen eingetreten: Hier ruft etwa die Hälfte der Internetunternehmen nach dem Vater Staat, der gefälligst für Sicherheit sorgen soll, die andere Hälfte ruft ebenso laut nach völliger Deregulierung. Dasselbe Muster beim Urheberschutz: Die einen wollen alle Inhalte kostenlos, die anderen wollen aber auch von etwas leben. Anhaltende Verwirrung erzeugen solche Probleme auch deswegen, weil man auch bei größter Synapsenanstrengung und Verbalakrobatik die Telekom nicht dafür verantwortlich machen kann.

Aber nicht nur die rechtliche und ökonomische Marktordnungen bereiten den Startups Probleme, sie haben auch nicht verstanden, dass es im gesellschaftlichen Zusammenleben auch eine Sozialordnung geben muss. Noch im Sommer 2000 weinten sich einige Internetunternehmer bei den Internetbeauftragten von SPD und CDU aus, weil man Ihnen fiskalisch erschwert, Mitarbeiter – pardon: Mitgründer – überwiegend mit Aktienoptionen zu bezahlen. Wie sollte man nur unserem hoffnungsvollen Nachwuchs ein halbes Jahr vor dem Abkippen der NASDAQ und des Neuen Marktes klar machen, dass bei Aktienoptionen am Ende eben nicht nur große Vermögen herauskommen, sondern auch potentielle Kleinrentner und Sozialhilfeempfänger? Aber die Veranstaltung war ja im piekfeinen Adlon, da redet man nicht über denkbare soziale oder kulturelle Verlierer der Informationsgesellschaft. Es gilt, sich die ökonomischen, technischen und gesellschaftlichen Aspekte des Internetzugangs etwas genauer anzuschauen und eben – bei aller Betonung der Chancen einer Internetökonomie – die ganzheitliche Sicht auf eine Informationsgesellschaft der Zukunft nicht zu vernachlässigen.

4 Dies meint alle Bindestrich-Sicherheiten von Safety über Security bis hin zur Rechts- und Vertragssicherheit. Vgl. hierzu Müller 1999 mit der „mehrseitigen Sicherheit".

2. Internetökonomie als „neue Ökonomie"?

Und dann und wann eine ‚neue' Ökonomie. Es ist seit vielen Jahrzehnten eine probate Übung der praktizierenden ökonomischen Wissenschaften und noch mehr ihrer bunten Blätterwelt, einen publizistischen Strich zu ziehen und ein völlig ‚neues' Leitbild in der Ökonomie auszurufen. Die bisherigen Schlagwörter gelieren damit rasch zu einem Sediment voller ‚alter' Begriffe, die eben ihr distantes Fußnotendasein fristen. Für das Ziehen neuer Basislinien, von denen die ökonomische Welt aus völlig neu gedacht werden soll, ist den Kathederökonomen als Anlass besonders jeder Sachverhalt willkommen, den nicht nur sie selbst, sondern auch ihr Lesepublikum nicht verstehen. Darunter fallen bevorzugt abrupte technische und gesellschaftliche Entwicklungen.[5] Warum die Ökonomen in den 60er und 70er Jahren des letzten Jahrhunderts die Chance verpasst haben, auch eine „Fernseh-Ökonomie" bzw. eine „Telefon-Ökonomie" auszurufen, kann an dieser Stelle nicht vertieft werden. Diese bedeutsamen technisch-ökonomischen Massenphänomene wurden den Gesellschafts- , Human- und Kulturwissenschaftlern oder schlimmstenfalls sogar den Medienpolitikern überlassen, die an diesen schweren Brocken bis heute noch herumkauen.[6] Eine „Farbfernseh-Ökonomie" wäre als Schlagwort auch nicht sonderlich sexy, obwohl vor allem die mittelbare makroökonomische Bedeutung des Fernsehens dramatisch hoch ist.[7] Um die Ökonomen doch etwas in Schutz zu nehmen: Sie haben es nicht leicht, weil sie sich hauptsächlich mit dem Markt als System zu beschäftigen haben, und es gibt keinen alten Markt und keinen neuen Markt, sondern es gibt nur den Markt, dessen prinzipielle Gesetzlichkeiten – im Guten wie im Schlechten – unerschütterlich fest stehen. Am Marktmechanismus kann man an und für sich nichts ändern, sondern höchstens an den Marktordnungen (so wie an den Herrschaftsordnungen oder den Mobilitätsordnungen).

Das Internet also haben die Ökonomen und die boomende Wirtschaftspresse nicht verschlafen, sondern zum Anlass genommen, eine neue Ökonomie („Network Economy", generell „New Economy") auszurufen. Das Internet, von dem die wenigsten wissen, dass es über die Telefonleitungen ins Haus kommt, wird mythisch überhöht. Vor nicht einmal zwanzig Jahren bekam ein führender Nachrichtentechniker auf seine Aussage „Das Telefonnetz ist die größte Maschine der Welt, es verbindet bereits 600 Millionen Menschen" Kopfschütteln des Publikums und Zwischenrufe

5 Das herausragende Beispiel für die begrenzte Welt der ökonomischen Schlagwort-Bildung ist das (im Grunde eher gesellschaftliche) Phänomen der Massenmotorisierung, dem die ökonomischen Glaubensbrüder sogar ihre Epocheneinteilung in „präfordistisch" und „postfordistisch" gewidmet haben. Heute diplomiert und dissertiert man um „Präinternet" und „Postinternet" herum.

6 Beim Wettrennen um die Erforschung der Wirkungen des Fernsehens und der „Macht des Bildes" hat der Duisburger Psychologe Siegfried Frey (1999) die anderen seiner Zunft deutlich überrundet.

7 Die Medienpädagogen haben sich bis zum Abwinken damit beschäftigt, was durch das Fernsehen passiert – die Ökonomen sollten einmal untersuchen, was in Folge des Fernsehens alles nicht passiert.

wie „dann rufen Sie doch mal einen Chinesen an!“ oder „ich telefoniere in meinem ganzen Leben höchstens mit jedem Millionsten Teilnehmer in diesem Netz“. Jeder kann sich jedoch heute hinstellen und von „800 Millionen vernetzten Teilnehmern schwärmen, die im Zuge der Globalisierung einen gigantischen Marktplatz bilden“ – das gleiche Publikum lauscht ehrfürchtig ohne Zwischenrufe wie „dann mailen Sie doch mal einen Chinesen an“ oder „ich habe in all den Jahren noch nicht mal 200 Mailpartner im Adressbuch, cc-Mails[8] natürlich nicht gerechnet“. Nur wer sein Geld mit oder durch eine Internetfirma verloren hat, wagt es, Kritik am Internetmythos zu üben.

Besonders in Deutschland, wo man sich in Sachen Innovation daran gewöhnt hat, dass ‚etwas auf einen zu kommt‘ und nicht wirklich glaubt, dass die Dinge gestaltbar[9] sein könnten, hat man ja eine Zauberformel gefunden, mit der rasanten Technikentwicklung regulatorisch umzugehen: Handlungsbedarf wird es wohl erst dann geben, wenn die viel zitierte Konvergenz kommt. Schon seit der Digitalisierung der Telekommunikation, in Deutschland also seit Beginn der 80er Jahre, hat sich besonders in der veröffentlichten Meinung sowie in kulturell hochstehenden Akademikerzirkeln der Eindruck verfestigt, dass alle ‚digitale‘ Information in dem einfachen Schema Null und Eins konvergiert. Wenn also in dieser Vorstellung die Buchstaben der Information, sei es Sprache, Text, Bild generell Daten sind, dann könnte mithilfe von Datenverarbeitungsgeräten eine universelle Kompatibilität entstehen, in der man das Telefonat schriftlich führen, einen Text mündlich erstellen und vielleicht auch Bilder hören kann (letzteres wären dann übrigens schon die „feelies“ von Huxleys *Brave New World*)[10]. Gegen diese faszinierende Vision der Konvergenz haben Pragmatiker die Frage gesetzt, ob das Verwenden des lateinischen Alphabets dann auch zum Zusammenfließen der Sprachen führen werde, dass zum Beispiel Finnisch und Deutsch allmählich konvergent wird. Käuferbeherrschende Unternehmen wie Microsoft haben gegen die Konvergenzvision zudem eine Praxis gesetzt, in der nicht einmal die Kompatibilität von Textstücken in ein und demselben PC durchweg Realität wurde. Aber sie haben auch gezeigt, dass man mit Hilfe des PC Texte lesen und schreiben, Musik hören und machen, fernsehen und telefonieren kann. Von daher macht es keinen Sinn, die in diesem Konvergenzbegriff steckende Begriffsverwirrung auflösen zu wollen, obwohl gerade in dem ‚Zusammenfließen‘ völlig unter-

---

8 Die Möglichkeit, mit einem einzigen Tastenklick große Gruppen mit dem Ergebnis der eigenen geistigen Arbeit versorgen zu können, ohne körperlich harte Arbeit am Kopierer verrichten zu müssen, ist wohl eine der wichtigsten Quellen der „Informationsexplosion“, die uns alle so beglückt oder erschreckt.

9 Dieselben Politiker, die sich im Zusammenhang mit Daimler-Chrysler-Mitsubishi stolz in die Brust werfen, weil „wir hier einfach die besseren Autos bauen“, fragen allen Ernstes, „warum denn Europa oder Deutschland noch eine Telekommunikations- oder Softwareherstellerindustrie braucht“. Käufer von Wegwerf-Stereoanlagen oder Windows-Nutzer könnten es ihnen sagen.

10 Das Buch *Schöne neue Welt* von Aldous Huxley beschreibt auch eine Entwicklung der Medien, die man vergeblich bei George Orwell sucht, den dennoch alle Festredner immer wieder unter dem Pseudonym „1984“ zitieren, weil sie ihn ebenfalls nie gelesen haben.

schiedliche technische Ebenen berührt sind[11]. Das Schlagwort von der Konvergenz ist als Orientierung in vielen Diskussionen dennoch brauchbar, gerade weil es vage und deswegen vielsagend ist. Fatal ist es in ökonomischer Hinsicht, weil es zum Beispiel die Illusion birgt, dass sich in der Informationsgesellschaft sozusagen im Selbstlauf ein einziger Marktplatz bildet, der so unterschiedlich geregelte Marktplätze wie den Finanzmarkt, den Warenmarkt, den Meinungsmarkt und den Flohmarkt konvergieren lässt. In Wirklichkeit sind das völlig unterschiedliche Marktregimes, aber anders als bei den unterschiedlichen Sprachen gibt es keine Simultan-Dolmetscher.[12] Und das Esperanto des Markts verstehen nur wenige.

3. Fakten, Fakten, Fakten!

Bei Marktbetrachtungen gilt noch mehr als anderswo, dass man gegen das Hin- und Herwogen von Meinungen, Spekulationen und Ahnungen am besten die „unerschütterlichen Fakten und Zahlen“ (die „unshakeable facts and figures“ der Managementliteratur, aus der FOCUS-Werbung als „Fakten, Fakten, Fakten!“ bekannt) setzt. Im Telekommunikationsmarkt wirft das einige Probleme auf: Es gab nämlich im Telekommunikationsmarkt noch nie konsistentes Zahlenmaterial, weil Umsatzzahlen der Branche (mit Ausnahme der Konsumgüter und Endgeräte, deren Existenz – nicht deren Gebrauch[13] – man bei den Verbrauchern statistisch exakt nachfragen kann) weltweit das Ergebnis von Verhandlungen zwischen staatlichen Monopolen und Privatunternehmen einerseits waren, andererseits die Umsätze des Gesamtmarkts eine Mischung von „Equipment“ (Herstellerverkaufspreise) und „Diensten“ (Gebührenpreise) darstellten. Das ist, als wollte man in einer einzigen Marktpotenzialzahl die landwirtschaftliche Produktion, den Lebensmittelhandel, die dafür erforderlichen Transportleistungen bis hin zu den mit Lebensmitteln zusammenhängenden Entsorgungs- und Gesundheitsfolgen fassen.

Die statistische Ausbeute ist für Zahlensammler in diesem Markt vergleichsweise gering. So können Abfragen der nationalen Branchenverbände, des Pariser OMSYC oder der Genfer UIT, vollends erst der wöchentlich einfallenden Fragebögen von

11 Im entstehenden Standard MPEG 7 werden ganz sinnvolle Verknüpfungen angestrebt, wie etwa die „Beschreibung“ von Bildern oder Szenen.

12 In unschöner Erinnerung ist, wie man sich in den 80ern zwischen Technikern und Fernsehleuten anlässlich des hochauflösenden Fernsehens (HDTV) missverstand, weil beide mit dem Wort „Software“ etwas völlig anderes meinten.

13 Meine Vermutung vom Januar 2001 in den VDI-Nachrichten, dass Millionen abgeschalteter Prepaid-Handys in den Schubladen liegen, wurde inzwischen von den Betreibern bestätigt: Demnach bewesen derzeit rund 20 Millionen solcher Handys, dass die hoch subventionierte Vermarktung ihre Tükken hat.

Diplomanden die Hersteller und Betreiber nur um Zahlenmaterial anbetteln, das über die in den Geschäftsberichten abgedruckten Zahlen hinaus geht. Wenn hier überhaupt Zahlen herauskamen, beruhten sie bestenfalls auf Daumenwerten, schlimmstenfalls auf absichtsvoller Desorientierung. Hersteller, die in mehreren Sparten tätig sind, weisen bekanntlich in ihren Geschäftsberichten die Sparte Telekommunikation nicht gesondert aus, warum sollten sie diese Zahlen denn dann eigens für die Statistiker generieren? Der entscheidende Störfaktor nicht nur für Hardline-Empiriker liegt in der Tatsache, dass der Ausbau der Telekommunikationsinfrastruktur, speziell der Kabelnetze, wegen der umfangreichen Bau- und Verlegearbeiten (in der Vergangenheit zum Teil jahrzehntelange) Investitionen ohne signifikante Rückflüsse mit sich bringt.[14] Auch die Implementierung neuer Softwareprotokolle in physikalisch existierenden Netzen ist nicht auf Knopfdruck möglich, sondern braucht – unter anderem wegen Messungen und Tests – oft Monate und Jahre. Hinzu kommt: Die Eigenheit der sogenannten Netzeffektgüter wird überdeutlich, es müssen erst kritische Massen (Zerdick et al. 1999: 15) erreicht sein, bevor man über die Marktakzeptanz auch nur spekulieren kann.

Man muss sich also damit auseinandersetzen, dass der Markt der Telekommunikationsgüter und Teledienste schon vor dem Eintritt in die Internetökonomie mit anderen Märkten inkommensurabel ist. Man hat sich daran gewöhnt, den großen Marktbegriff der „Herstellung und Nutzung von IuK-Technik" zu verwenden, und demnach ist dieser Markt seit kurzem größer als der Markt der Automobilindustrie. Würde man zur Automobilindustrie den Straßenbau, die Mineralölwirtschaft und sämtliche anderen notwendigen Infrastruktureinrichtungen wie Fahrschulen hinzu zählen, sähe das Bild gewiss ein klein wenig anders aus. Oder man rechne einmal zum Buch- und Zeitschriftenmarkt die „Nebenkosten" des Lesenlernens[15] hinzu.

Eine weitere Besonderheit: Mit dem Vordringen der Softwareprodukte bzw. des Softwareanteils sind – von der Statistik unbemerkt – empirisch verwertbare Zwischenprodukte weit gehend entfallen. Die Herstellung von Software produziert bekanntlich Kosten bis zu dem Zeitpunkt, an dem das Programm einigermaßen störungsfrei (Beta-Version) läuft und massenhaft kopiert werden kann. Konnte man also auch bei Fehlen von Statistiken etwa den Bau eines Kabelnetzes wenigstens prozentual anhand verbrauchten Rohmaterials mitverfolgen, entfällt dieser Realitätstest bei Softwareprodukten. Noch einen Tag vor dem Funktionieren ist Software in den allermeisten Fällen überhaupt nichts wert, es gibt keinen Markt für „lines of code", so wenig wie es einen Markt für erzeugten Buchstabensalat gibt (außer dem Markt der Eitelkeiten natürlich). Und das heißt, dass es schon für Unternehmensleitungen nur unter Heranziehung aufwendiger Methodiken möglich ist, den Entwicklungsfortschritt in Milestones zu kontrollieren. Bei sehr komplexen Softwarepro-

14 Der Vergleich mit den Schienennetzen der Bahn ist in mehrfacher Hinsicht durchaus zutreffend.

15 Dies ist gar nicht so weit weg: Sobald sich die nächste Generation an Rechtschreib- und Vorleseprogramme gewöhnt haben wird, sobald Aldi-PCs mit der eingebauten Spracherkennung die notwendigen 800 Wörter des restringierten Code erkennen, wird die Lesefähigkeit für im elaborierten Code verfasste Druckschriften drastisch abnehmen.

dukten bleibt die Unsicherheit bis zum Schluss der Entwicklung – böse Zungen sagen, sogar bis zum Schluss des Produktzyklus und richtig böse Zyniker (also weise Informatiker) sagen, sogar bis zum seligen Ende des Benutzers. Monatsberichte über Softwareschreibfortschritte werden nicht geschrieben, sondern (wie bei Romanautoren und ihren Verlegern) mit festem Blick in das Auge des Fragenden versprochen. Aber welcher Unternehmer würde der Statistik (oder womöglich den Analyst direkt) diese seine eigene Unsicherheit empirisch verwertbar weitergeben wollen?

Das heißt, dass der ohnehin schon mit allerlei Unsicherheiten befrachtete I&K-Markt heute und in den nächsten Jahrzehnten kaum einen empirisch ableitbaren Zahlenaufwuchs verzeichnen kann und wird. Aber für diese – eigentlich für eine Marktabschätzung detrimentale – Entwicklung wurden Surrogate gefunden. So hat die neoliberale Ökonomie – nach eigener Aussage die beste von allen – die Unsicherheit der Basis als feste Annahme in einen beruhigenden Überbau transponiert. Eine stark wachsende Zahl an Analysten produziert an Stelle der fehlenden konsistenten Daten mit ‚gegriffenen' Zahlen neue pseudo-exakte Ableitungen. Mit Unterstützung von Officeprogrammen gelingt es, fast jedes Prognosemuster auch graphisch anschaulich zu erzeugen. Die Portfolios der Analysten haben die Präzision der astrologischen Konstellationen, Konjunktionen und Aszendenten völlig in den Schatten gestellt. Für Politiker können die überlebenswichtigen „Zyklen" erzeugt werden, die diese in jedem Wahljahr zur Beschreibung des „Aufschwungs" brauchen. Noch nicht einmal der hartgesottene Esoteriker würden einer Zahlenkolonne als Laufband am Fernsehschirm zuschauen, die den Durchgang des Mars durchs Sternbild Wassermann stündlich aktualisiert anzeigt. Andererseits ist die neu entdeckte Rabulistik der Aktienanalysten nach dem Motto „wenn der Dow-Jones-Schlussindex eine Primzahl ist, sinkt er am nächsten Tag" phantasiefördernd und damit wenigstens gesprächs- und kulturstiftend. So lange niemand auf die Idee kommt, ganze Wirtschafts- und Sozialsysteme, womöglich sogar das Rentensystem, auf Aktienkursen (oder gar auf Aktienoptionen) aufzubauen, mag dies angehen. Hier gilt es, die stürmischen Vereinfacher der New Economy zu mehr Realitätssinn aufzurufen, bevor es der Markt tut.

Marktsubjekte müssen sich darüber im Klaren sein, dass die faszinierende Welt der Internetwelt aus den vermeintlich sicheren „clear unshakeable facts and figures" der Vergangenheit einen noch unzuverlässigen „milky shake of facts and fictions" macht. Wir haben uns passend zur symbolischen Politik nun auch noch eine symbolische Ökonomie zugelegt.

4. Neue Ökonomie – schnelle Ökonomie?

Dass die Internetökonomie eine schnelle Ökonomie ist, steht von Anbeginn fest, weil in der technischen Welt des Internet sehr viel kürzere Innovationszyklen ablaufen als zum Beispiel in der früheren Telefonökonomie oder der noch früheren Briefbotenökonomie, wenn man diese nachträglich so taufen darf. Wirtschaftshistorisch gibt die angebliche Schnelligkeit wenig her, denn schon zu Seefahrers Zeiten erkannten alle Händler vom Hafen aus das schwer beladene Schiff am Horizont gleichzeitig. Heute erfahren sie zum Beispiel gleichzeitig, dass wieder einmal eine Charge von Bauelementen fertig ist und machen sich auf zur Fabrik, um dort einen Aktenkoffer voller Chips oder Tantal-Kondensatoren – übrigens gegen Barzahlung – zu ergattern. Das ist nicht Anzeichen einer schnellen Ökonomie, sondern einer Ökonomie, deren Planzahlen besonders in den Käufermärkten wegen einer Aufschaukelung von Unsicherheiten völlig durcheinander geraten sind. Die heutige Ökonomie ist nicht schneller, sondern sprunghafter geworden, und das hat wenig mit dem Internet zu tun, sondern mehr mit den geschilderten Unsicherheiten gerade in den dynamischen neuen Märkten. Dynamisch muss man die Märkte der Internetökonomie schon deswegen nennen, weil in den Marktprognosen, ja sogar in den Marktbefragungen bis hin zu den „Businessplänen" zum selben Objekt Ergebnisse heraus kommen, die sich nicht um Prozente, sondern um Faktoren unterscheiden.

Hinzu kommt, dass die betriebliche Rationalisierung vielerorts ein Optimum erreicht hat, was nicht unbedingt nur Folge rationaler Betriebsführung ist, sondern die Folge einer geringeren betrieblichen Flexibilität: Dem Unternehmer in größeren Betrieben steht bei kurzfristigem Arbeitskräftebedarf weder die Stellschraube der Überstunden noch der Zeitvertrag problemlos zur Verfügung. Andere schnelle Instrumente für Flexibilität gibt es in den regional strukturierten Arbeitsmärkten nicht, mit zwei Ausnahmen: erstens der Schaffung von Kleinunternehmen mit einem hohen Grad an Selbstverwirklichung aller Mitarbeiter (wie Wirtschaftsleute dies nennen, auch wenn die Gewerkschaften in ihrem übertriebenen Traditionsbewusstsein hier immer noch von „Selbstausbeutung" sprechen) und zweitens mit der Ausnahme der Umstellung auf Fünfjahresverträge (was nur in Kooperation mit Zeitarbeitsfirmen oder Ausländerbehörden möglich ist[16]).

Die neue Ökonomie mag eine schnelle Ökonomie sein, eine flexible ist sie nicht, wenn man die vorübergehende Ausnahme der Einmann-Startups, diese sympathische informationsgesellschaftliche Reservearmee mit ihren schnell sprechenden „Chief Executive Officers", einmal außer acht lässt. Die schnelle Ökonomie ist tendenziell eher eine rasch vorübergehende. Die Internetökonomie braucht die hohe Geschwindigkeit, weil das Abzocken nun einmal sehr schnell gehen muss. Denn

16 Im Zusammenhang mit der sogenannten Greencard-Regelung glauben die Politiker daran, dass hier nur Aushilfen bis zum Zeitpunkt der Festeinstellung von frisch ausgebildeten Informatikern gesucht werden. Keiner wagt die Vermutung, dass die Unternehmen vor allem Zeitpersonal suchen (das auch noch behördenseitig entsorgt wird).

noch ist die „grenzenlose Unternehmung“ (Picot / Reichwald / Wigand 1996) nicht das mögliche stabile und geordnete Muster von etablierten telekooperativen Clans und Clusters, sondern ein grenzenlos flüchtiges Unternehmen, das zunächst weder Steuern noch Kundenverantwortung kennen muss. Die schnelle Ökonomie des Internet braucht den raschen Zugang einer möglichst großen Zahl, sie ähnelt deswegen noch mehr einem Jahrmarkt als einem Marktplatz. Bill Gates, dessen Buch „Der Weg nach vorn“ keiner liest, weil er es angeblich nicht selbst geschrieben hat, macht deutlich, dass auch „der reichste Mensch der Welt sich keine Datenautobahn leisten kann“, sondern auf die Nutzermassen warten muss (Gates 1995: 48). Und zu seiner Freude toben sich die Nutzermassen inzwischen das Jahr über aus. Alle suchen wohl den Zugang zum Wissen und zum lebenslangen Lernen, das Informationsgesellschaftler den majoritären Behauptungen nach endlich von den Menschen des Industriezeitalters, des Mittelalters, der Antike und der Steinzeit unterscheidet (die ja offenbar nicht lebenslang gelernt haben?). Und was soll man denn über das Internet eigentlich mehr wissen müssen, als dass es „uns allen den Zugang zum gesamten Wissen dieser Welt“ bringt. „Alles Wissen der Welt“ klingt doch sogar besser als „alles Glück der Erde“.

5. Vom Wissen und von Ahnungen, wer Zugang haben sollte

Am 23. Dezember jedes Jahres beginnt die Weihnachtspause für das Internet. Die Benutzerzahlen bei den großen Portalen stürzen zum Teil auf unter 30 Prozent des Tagesdurchschnitts ab. Die Moorhühner haben einige Tage Schonzeit. Die Mailserver in ihren Farmen atmen auf und stellen Weihnachtsmails in Sekundenschnelle zu. Neben gut soziologischen Gründen – darunter auch der Netikettefrage, ob es eigentlich korrekt ist, Weihnachtsmails zu schicken[17] – sind es sicher auch Gründe der Benutzergewohnheiten, die ein internetfreies Weihnachten induzieren. Wer am Heiligen Abend seinen neuen Internet-PC auspackt, ist – mit Ausnahme Boris Becker – am zweiten Weihnachtsfeiertag noch nicht drin (bzw. ist drin, weiß aber nicht so recht, wo er ist und wie er diverse „Treiber installieren“ soll). Dies gilt mit Ausnahme der Kids, die zwar auch nicht im Internet sind (Kinderzimmer haben auch in Neubauten des Jahres 2001 keine Netzsteckdosen), aber schon per CD in der dunkelsten Ecke von Dark Invader oder beim Flammenwerfereinsatz von Lara Croft (die den Eltern immer als „Englischlehrerin“ vorgestellt wird) eine Vorahnung von „Content“ bekommen.

Die nun schon bekannten klassischen Statistikexperten – im unbewussten Verbund mit der yuppie-alternativen Internetgemeinde – interessieren sich aber so wenig für

17 Antwort: Ja, aber bitte immer großzügig eine Kopie der Mail an UNICEF schicken...

Benutzersoziologie wie für die Optimierung der Mensch-Maschine-Schnittstelle, sondern haben schnell eine Erklärung: Der Zugang ist für Private erstens zu teuer und daran ist zweitens die Telekom schuld. Das erste Argument wird angesichts des ruinösen Gebührenverfalls immer unhaltbarer, das zweite Argument nicht: Der ehemalige Staatsbetrieb wird ja im Zuge der dumpfen Telekom-Kritik gerade per Manfred-Krug-Aktie gedanklich offensichtlich in einen volkseigenen Betrieb umgewandelt und steht daher weiterhin in der öffentlichen Pflicht, alle Dienste kostenlos anzubieten (und vor allem PCs an Schulen zu verschenken und den Aktienkurs grundsätzlich nur zu steigern). Die Telekom hat selbst Mitschuld, dass alle sagen, sie sei immer noch zu teuer: Obwohl jede Preissenkung der Telekom von den Wettbewerbern inzwischen mit einer Klage auf Wettbewerbswidrigkeit beantwortet wird, setzt sie dagegen alleine die Werbewirkung von Manfred Krug, Jan Ulrich und Paulchen Panther.

Den Zugangspreissenkern halten die Akteure der Digital-Divide-Initiativen in den USA nach fast einem Jahrzehnt Erfahrung das Beispiel einer 45jährigen hispanischen Hausfrau im Mittelsüdwesten entgegen, die trotz geschenktem PC und Nulltarif die Stirn hat zu behaupten: „Internet has no use in my daily life". Diese Behauptung klingt allerdings nur für Soziologen plausibel, für die hiesigen Internetties und die Ökonomen ist das kein Alarmsignal. Denn was haben Millionen Hausfrauen schon mit dem Markt zu tun? In USA haben die ökonomischen Sirenen längst aufgeheult: Ohne diese Hausfrauen und sonstige unentschuldbare Internetabstinenzler rechnet sich vieles im e-commerce überhaupt nicht. Millionen US-Surfer haben sich verabschiedet: „They came, surfed and went back to the beach" (vgl. Der SPIEGEL 12/2001). Auch ein Electronic Government, also eine elektronische Verwaltung und das elektronische Wählen, macht wenig Sinn, wenn die Hälfte der Bürger entweder gar keinen Zugang hat, den Zugang nicht beherrscht oder schlicht keinen Zugang will. Erklärt der mangelhafte Content das Phänomen des 23. Dezember?

Die Erklärung für den Weihnachtsknick ist ein anderer: in diesen Tagen sind die Büros – bis auf die Finanzleute beim Jahresabschluss – verwaist. Das Internet ist das Büromedium par excellence, gar das residuale Kleinpausenmedium in den Betrieben geworden. Während Radio hören oder Zeitung lesen zu den innerbetrieblich eher umstrittenen Tätigkeiten gehört, wird der Mitarbeiter, der seinem Chef stündlich eine Meldung aus einem „Web-Ticker" zuruft, belobigt. Das Lob fällt um so heftiger aus, je größer das schlechte Internet-Gewissen des Chefs ist, der ja „leider immer noch nicht dazu kam, sich ‚dieses Internet' am Wochenende einmal in Ruhe vorzunehmen". Während professionelle Internetnutzer den Bildschirm schneller scrollen wollen als sie ein Buch umblättern, starrt der Durchschnittsnutzer am Arbeitsplatz auf seine „Download-Sanduhr" und ist mit dieser Kleinstpause gar nicht unzufrieden. Durch Warterei am Internet gehen nach US-Untersuchungen mehr Arbeitsstunden verloren als in den Verkehrsstaus der Rush Hour, wobei die Staustunden im Verkehr überwiegend vom Zeitbudget der Arbeitnehmer (Zuspätkommer arbeiten dank Zeiterfassung 35 Stunden wie alle anderen), die Sanduhrwartestunden am Internet vollständig auf Kosten des Arbeitgebers gehen.[18] Der Arbeitgeber wird also

18 Damit ist schon fast alles über die Chancen des „Telecommuting" (Telependeln) gesagt.

doch irgendwann einmal unzufrieden[19] und verbietet unter Kontroll- und Sanktionsdrohung das private Surfen am Arbeitsplatz, doch damit sind wiederum die Betriebsräte und die Datenschützer unzufrieden. Die größte anzunehmende Unzufriedenheit jedoch entsteht bei den Internet-Gläubigen, die schon die Nennung des Sachverhalts als nicht internet-korrektes Verhalten von Traditionalisten bezeichnen. Nach dem Muster „die Trauben sind sauer" („was man eh nicht erreicht, will man irgendwann nicht mehr") werden betriebswirtschaftliche Kontrollen unter Hinweis auf „längst vergangene Zeiten tayloristischer Ökonomieleitbilder" durch geschwindigkeitsorientierte Zielerreichungsmarken[20] ersetzt („Chef, Chef, ich habe mein heutiges selbstgesetztes Tagespensum beim Web-Checken um zehn Prozent übertroffen!"). Die Realität bestätigt die These, dass unsere Büroarbeit auch und trotz des Internet in vielen Fällen immer schneller und zugleich immer schlechter wird.

Wir können festhalten, dass es aus der modernen Betriebswirtschaft und der Unternehmenspraxis heraus keine Kriterien gibt, den Zugang in irgendeiner Form für irgendeine Gruppe zu beschränken, der Internetzugang ist deswegen – frei nach den Maximen der Aufklärung – für alle sicherzustellen, wenn alle ihn wollen. Bevor wir nun gleich in die gesellschaftspolitische Abteilung springen und das Menschenrecht auf Internetzugang behandeln, muss noch etwas erhellt werden, zu was eigentlich der Zugang erfolgt. Jeder weiß natürlich, dass das Internet den „Zugang zu allen Informationen, ja sogar zum ganzen Wissen dieser Welt ermöglicht". Aber in dieser allgemeinen Form gilt die Möglichkeit des universellen Wissenszugangs auch für gesunde Babies ab der ersten Lebensminute und ist mithin als ökonomischer Faktor nicht recht fassbar. Jedes technische Kommunikationsmedium braucht ja spätestens seit Marshall MacLuhan eine „message", also einen Inhalt, der übertragen, kommuniziert und in begründeten Ausnahmen auch verstanden werden sollte. Ach, waren die Zeiten so schön, als aller Content noch irgendwie schwarz auf weiß stand. Der Schüler würde zu Mephisto dagegen heute wohl sagen: „Was man digital besitzt, kann man getrost nach Hause tragen"[21]. Der Content ist das große Rätsel der Multimediawelt, das trotz allseitigen Widerkäuens nicht gelöst werden wird.

19 Nicht etwa wegen der 2 DM Gebührenkosten, sondern wegen 200,- DM Arbeitskosten pro Stunde.

20 Es wird in immer kürzeren Zyklen gemessen. Ein Krankenhaus, das alle fünf Minuten das Fieber seiner Patienten kontrolliert, würde von Betriebswirtschaftlern sofort geschlossen werden. Betriebe, die pro Quartal, Monat, Woche, Tag oder am besten gleich in Echtzeit ihre Umsätze melden, sind hingegen Betriebswirts Traum.

21 Ich würde als Dramaturg nur das Wort „getrost" streichen, aber das würde einen Exkurs zu Langzeit-Speicherungsstrategien notwendig machen.

6. Der Unterschied von Programm und Content

Der wahre Kenner tippt auf der CeBIT 2001 auf irgendeines der ausgestellten Geräte und fragt: Und der Content? Dies ist der Lackmustest für das Messestandpersonal: Hostessen lächeln unverdrossen weiter, Firmenmitarbeiter schauen betreten nach unten. Was macht dieses Reizwort „Content“ so mächtig? Ist damit die ominöse „Software“ gemeint oder der „Inhalt, der mithilfe von Software transportiert wird“? Am Beispiel der Computersoftware kann man leicht zeigen, dass diese vor der Fertigstellung kaum einen Marktwert aufweist. Man könnte sie deswegen von der Filmsoftware gut unterscheiden, weil bei dieser selbst kurze Ausschnitte („Badeszenen der Filmgeschichte“) oder der Meta-Film über die Dreharbeiten (Making of...) Markterlöse erzielen können. Aber der volkstümliche Sprachgebrauch hat bis in die Führungsetagen hinein Begriffe wie „Software“, „Programm“ und „Content“ sehr ambig positioniert.

- Ein Computerprogramm wie R3 von SAP ist in der betrieblichen Anwendung ein Content, während die Suche nach dem Content für UMTS oder „interaktiven Breitbanddiensten“ fast alles meint außer Kino- oder Fernsehfilmen.

- Der Telefondienst ist tatsächlich ein Inhalt, der (wie übrigens auch wie beim Telefaxdienst oder beim e-Mail-Dienst) vom Benutzer selbst generiert wird. Dennoch würde sich kein Telefonbetreiber als „Inhaltetransportanbieter“ bezeichnen.

- Der Mehrwertdienst kann ein Computerprogramm sein, das für den am Telefondienst teilnehmenden Benutzer Inhalte generiert (etwa Dienste im sogenannten „Intelligenten Netz“).

- Das von einer Redaktion erstellte Programm im Rundfunk erscheint für die Konsumenten nicht als Dienstleistung, hingegen wird die – im Prinzip von Polizei und Automobilclubs erbrachte– Dienstleistung „Verkehrsinformation“ als Teil des normalen Programms angesehen.

- Geradezu komisch wirkt es, wenn der Deutsche Wetterdienst nach seiner im TV-Programm geäußerten Prognose „heute regnet es überall“ erwartet, dass jemand eine teure 0190er-Nummer anwählt, um diese Prognose mithilfe einer kostenpflichtigen Dienstleistung zu überprüfen. Die Menschen gehen dann lieber zum richtigen Fenster statt zu Windows, es sei denn, unter der Nummer würde als Content besseres Wetter vorhergesagt.

Das notorische Durcheinander von Begriffen wie Programm, Content, Software, Inhalte, Dienste und Dienstleistungen ist fatal. Hinzu kommt, dass matrixartig die entsprechenden Varianten von Abruf, Broadcast, interaktiv, intelligent etc. vorliegen. Weil der Content unzweifelhaft die Quelle der Wertschöpfung ist, lohnt sich zudem der verwirrende Blick auf die Preise, die der Einzelne für den Content zu zahlen bereit ist.

- Welcher Trendforscher kann erklären, warum den Handy-Kids eine zweizeilige SMS 39 Pfennig wert ist, sie aber denselben Preis für eine volle Internetstunde (also das etwa hunderttausendfache an Zeilen) als „Abzocke" empfinden?
- Wer kann erklären, warum Hunderttausenden ein Anruf bei TED zur Bestimmung eines Wunschfilms eine Mark wert ist, während sie den Wunschfilm selbst natürlich kostenlos sehen wollen?
- Warum ist der Ortstarif oder gar der Handytarif für einen einminütigen Anruf beim Nachbarn nebenan akzeptiert, der Anruf des Ferienhausnachbarn in Mallorca über GSM aber nicht?
- Weshalb ist es einem radikalen Internetter im Prinzip egal, ob die Bannerwerbung ausgefiltert wird oder nicht?
- Warum würden Zuschauer für den Videotextdienst der Fernsehanstalten niemals etwas bezahlen wollen, für den Kabeltextabruf angeblich aber einen Obolus entrichten?
- Wieso ist Pay-TV für Sozialhilfeempfänger attraktiver als für die Besserverdienenden?
- Warum rennen Kinder zum Fernseher, wenn die Werbung kommt, wo doch die Erwachsenen in der Werbepause wegrennen?

Wieso, weshalb, warum: Es gibt noch nicht einmal eine Person oder Institution auf der Welt, die für die normativen Fragen überhaupt auch nur zuständig wäre, geschweige denn eine begründete Antwort hätte. Andererseits gibt niemand zu, dass solche Fragen eben nur im bunten Marktplatztreiben durch Ausprobieren über der Zeitachse beantwortet (wenngleich nicht unbedingt geklärt) werden können. Das ist das Schrecklichste an der Neu-Schnell-Ökonomie: Niemand würde vor einem Spielcasinobesuch zu einem Finanzier gehen und diesem einen Businessplan vorlegen, kein Spieler könnte sich im Fall des Verlustes über „mangelnde Gründungsberatung" beschweren oder eine preisgünstige Versicherung für dieses Risiko fordern. Auf dem Markt-Spielkasino Internet geht es aber vielfach noch immer genau so zu, obwohl fast alles rund um den Content eine einzige Spekulationswolke ist, die mit Powerpoint und Excel pseudoexakt an die Wand gebeamt wird. Nur die Kursverluste seit April 2000 sind ebenso wenig „virtuell" wie die politischen und gesellschaftlichen Verluste – sie sind bittere Realität.

Nach dem ersten „Internet-Hype" (Gottfried Dutiné, CeBIT 2001) haben Telekommunikationsbetreiber inzwischen eine Tendenz erkannt, wonach der massenattraktivste Content immer noch der ist, den die Benutzer millionenfach selbst ebenso mühe- wie kostenlos selbst schaffen können. Telefon und Mobiltelefon liefern diesen Content verlässlich, wenngleich kulturell unterschiedlich. Milliarden SMS sprechen ihre eigene Sprache. Der Faxboom der 80er Jahre scheint sich in einen e-Mail-Boom zu wandeln. Man darf hier allerdings nicht gleich von einem „Interaktivitätstrend“ sprechen. Die alte Medienökonomie hat in Bezug auf den Content seit Jahrzehnten gezeigt, wofür Menschen nicht freiwillig zahlungsbereit sind:

- Das erste große Pilotprojekt in Columbus / Ohio hat schon 1976 unter anderem das Ergebnis gebracht, dass kein Football-Zuschauer interaktiv zwischen mehreren Kameras umschalten will. Heute wird der Versuch mit sechs Kameras bei der Formel 1 wiederholt und ersetzt lediglich dem zappelnden Nachwuchs die Spielekonsole. Der interaktive Zuschauer ist eine gründlich untersuchte Nicht-Realität (vgl. Schanze et al. 1996).

- Bildschirmtext hat dem Axel Springer Verlag 1982 bewiesen, dass niemand auch nur einen Pfennig für Ostfriesenwitze am Bildschirm bezahlen will. Heute stehen vielerorts Witze ohne die abschließende Pointe im Internet und aufstrebende Jungunternehmer erwarten, dass jemand für die Pointe die Kreditkartennummer durchgibt.

- Der CB-Funk und bislang alle offenen Kanäle des Rundfunks haben unter Beweis gestellt, dass sich spätestens nach Ende der Begleitforschung von Pilotprojekten nur noch die aktive Drei-S-Minderheit (M_3S = Spinner, Sektierer und Sonderlinge) darin tummelt. Heute wird im Internet eine Chatgroup nach der anderen eingerichtet, für die auf Dauer kein Mensch außerhalb M_3S jemals etwas zahlen wird.

- Der Faxdienst hat in seinen Anfängen 1985 einige Versuche erlebt, sich mit Werbung teilweise zu finanzieren. Die Benutzer wollten das nicht und auch die Gerichte untersagten das mit dem Hinweis auf das Telefonmarketingverbot und auf den Faxpapierverbrauch. Heute sind zwei von zehn Geschäftsideen für das Internet in irgendeiner Form mit solchen Werbeformen verbunden. Wenn eine Internetseite einmal Geld kosten sollte, würde kein User für 20 Prozent der Werbe-Bildschirmoberfläche etwas bezahlen wollen.[22] Und die Amtsgerichte würden diese Haltung unterstützen.

- Das öffentlich-rechtliche Fernsehen belegt seit Jahrzehnten, dass kulturell hochstehende Programme überwiegend keine Quote machen und solche gesellschaftlich erwünschten (in der Regel auch nicht billigen) Programme nur über Gebühren finanzierbar sind. Heute finde ich zwar niemanden, der schon einmal in einem Portal absichtlich die Rubrik „Kultur“ angeklickt hat, aber dennoch gibt es immer noch kein gebührenfinanziertes öffentlich-rechtliches Portal.

Da drängt sich die Frage auf: Nimmt die schnelle Neue Web-Ökonomie diese Markterfahrungen vielleicht nicht zu langsam zur Kenntnis? Es muss angesichts dieser Unabwägbarkeiten auf dem Gebiet des Contents sehr hart weiter gefragt wer-

22 Im sehnsüchtig erwarteten UMTS wird nach Bitrate tarifiert werden. So wirft denn diese kleine Fußnote zum ersten Mal die Frage auf, ob man dann weiterhin Bannerwerbung betreiben können wird.

den, ob die Definition und der Bau eines Marktplatzes überhaupt noch möglich ist, wenn über die Akzeptanz der Waren der ökonomische Nebel liegt. Dies gilt für Technik und Regulierung gleichermaßen. Mag der Nebel noch eine Betrachtung schwierig machen, das Wissen lässt sich vom Nebel nicht aufhalten. Wir wissen, dass auch in der Internet-Ökonomie neben den Nützlichkeitserwägungen von Konsumenten auch die Gesetzlichkeiten der Netzeffektgüter herrschen. Danach sind die 1962 von Buchanan als „positive Externalitäten" beschriebenen Netzeffektgüter nach Harald Wiese (1990: 48) dadurch charakterisiert, dass der Nutzen für den einzelnen Konsumenten mit steigender Verbreitung des Gutes zunimmt, wobei schon die plausible Annahme, das Gut werde sich verbreiten, diesen Effekt haben kann. Für die Infrastruktur-Technik – beispielsweise ein Telefonnetz, eine Fernsehnorm oder ein Betriebssystem – gilt das nahezu ohne Einschränkungen. Daher ist es nicht überraschend, wenn Technikhersteller vor allem die Varianten der schnellen Markterschließung propagieren. Leider ist der Content in vielen Fällen eben genau das Gegenteil eines Netzeffektguts. Der oben als Beispiel genannte Angestellte, der mit seinem Surf-Ergebnis durch den Informationsvorsprung beim Chef Eindruck machen kann, verliert diese Chance, wenn alle (sogar der Chef) informiert sind. Eine Information über eine mögliche Stauumfahrung ist für einen einzelnen Autofahrer von sehr hohem Wert, wenn alle die Ausweichstrecke benutzen von sehr geringem.

Die Besonderheiten der Ware Information sind ausführlich beschrieben (Kubicek / Klumpp / Müller 1997), und „Content" ist in der Internetökonomie immer als große Schnittmenge zum Begriff „Information" zu betrachten. Ein bekanntes Problem dabei ist das „Informationsbewertungsparadox", demzufolge eine Information erst bewertet werden kann, wenn sie komplett vorliegt, was eine Bewertung „ex ante" unmöglich macht (Picot 1997: 57). Bei einigen Contents kennen wir die paradoxe Situation, dass auch die vollständige Information ohne den dazu passenden Kontext nicht bewertbar ist. Über den Umweg der Peer Group – am nächsten Morgen bei der Arbeit oder sofort im Freundeskreis – kann der Netzeffekt auch bei einem – objektiv wertlosen Content – mit großem Nachdruck wieder mit Wertschöpfungspotenzial auftreten. Dies erklärt immerhin den Erfolg von SMS bei den Handykids und die Quote bei Big Brother.

Alles in allem hat der Begriff Content für die Internetökonomie das höchstmögliche Maß an Verwirrung gestiftet: Einerseits sollte der Content berechenbar sein, um einen glaubhaften Businessplan aufstellen zu können, andererseits sollte erst einmal die Infrastrukturtechnik da sein, um verschiedene Contents einfach auszuprobieren. Dies ist die klassische Henne-Ei-Situation, aus der es bekanntlich nur ein Entrinnen gibt, wenn normative oder riskante Entscheidungen gefällt werden oder ein sonstiger glücklicher Zufall eintritt. In der Internetökonomie waren bis jetzt keine normativen Entscheidungen auf der Tagesordnung. Was im Bereich des Automobils – etwa mit der Invention des Airbag – möglich war, nämlich dem Benutzer ein Produkt zu verkaufen, dessen Nützlichkeit dieser weder ausprobiert hat noch jemals ausprobieren will, geht in der Internetökonomie nicht: Für einen ‚Daten-Airbag' zahlt niemand etwas. Für eine zusätzliche kostenpflichtige Settopbox etwa, die nur den bekannten Content Fernsehen von der Analog- in eine Digitalwelt brächte, gäbe es Betroffenenproteste statt Käuferakzeptanz. Wenn eine Internettelefonie („Voice over IP") nichts anderes kann als die gewohnte Telefonie, dann halten sich die Wechsler in Grenzen.

Was also bleibt, ist das Warten auf den glücklichen Zufall. Obwohl es gerade in der Informations- und Kommunikationstechnik erwiesen zu sein scheint, dass stets der Content mit seinem Erreichbarkeitspotential und nicht die perfekte Technik über die Marktakzeptanz entscheidet, erwarten viele Entscheidungsträger der Internetökonomie seit Jahren ein technisches Wunder, das aus der trockenen Contentwüste herausführt. Was das für ein Wunder sein soll, weiß keiner so recht, aber dass es beim Zugang stattfinden muss, wissen alle offensichtlich genau.

7. Technikoptionen und Regulierungschancen in der Contentwüste?

Auch in der Technik gilt, dass alles zum Zugang drängt und alles am Zugang hängt. Ach, wir Armen, möchte man mit Goethe fortsetzen, denn der Zugang ist von einem schrecklichen Höllenhund besetzt, der nicht Zerberus, sondern Physik heißt. Und diese Physik gilt leider unverrückbar nicht nur für die Netze aus Kupfer oder Glasfaser, sondern auch für Funkfrequenzen. Es gibt für die Internetwelt kein Entrinnen vor der Physik, auch wenn gerade im Ortsnetzbereich, der berüchtigten „dirty last mile", immer wieder gegen die Physik anspekuliert wird. Hoffnungsfrohe Unternehmer glauben dabei immer wieder, man könne das Ohmsche Gesetz so einfach abschaffen wie das Telekommunikationsanlagengesetz. Und findige Ökonomen könnten auf eine absolute Patentlösung für den Teilnehmerzugang kommen, der physikalisch überall vorhanden ist, nämlich das Telefonnetz. Man müsste eigentlich lediglich die Telekom enteignen und verstaatlichen, dann wäre das Problem des fehlenden Wettbewerbs im Ortsnetz physikalisch sauber gelöst. Nur hat man aber weltweit in den letzten zwanzig Jahren wegen der bösen Monopole die Fernmeldeverwaltungen mitsamt ihrem Eigentum privatisiert, da käme der Vorschlag wohl nicht gut an.[23]

Dennoch bleiben viele Diskussionsmuster aus dieser überreflektierten Denkerstube[24] im Raum. Dies gilt besonders für die Theoretiker in der EU, die immer wieder den freien Zugang über fremdes Eigentum als ultimative Zugangsstrategie verkünden. Man muss sich eigentlich diese Vorschläge nur auf einem ganz anderen Gebiet

23 Andererseits könnte doch das Beispiel der Bahn Schule machen, wo man bald reumütig zum kollektiven Schienenbesitz zurückkehren dürfte.

24 Die zunftmäßig agierenden Ökonomie-Regulierer haben ein Quasi-Monopol. Wie alle Monopole verhindern sie Innovationen und schaffen stattdessen hochgradig binnenreferenzielle Regulierungsnormen. Schon längst gibt es keinen ernsthaften Dialog mehr mit der Wirtschaft, sondern nur noch den unterschiedlicher Fachkreise.

vorstellen, um ihre Absurdität aufzuzeigen: Wie schön wäre doch das Business des Handelsvertreters mit all seinen schönen Waren, wenn man ihm einen Generalschlüssel für alle Wohnungen gäbe und das Inkasso durch den Wohnungseigentümer mit der Monatsmiete erfolgen könnte. Kein Amtsgericht würde sich mit diesem hypothetischen Fall auch nur fünf Minuten befassen, im Fall des Netzzugangs beschäftigt das monatelang ganze Gerichtshöfe.

Die Technik der Telekommunikation war wohl schon immer zu schwer zu verstehen. Viel zu spät dämmerte es der klassischen ökonomischen Zunft, dass die Netzeffektgüter durch das Verhalten der Teilnehmer immer zu einer Monopolbildung tendieren. Für klassische Ökonomen ist aber das Monopol nur durch wohlfahrtstheoretisch orientierte Konzentration auf das Verhalten des Monopolisten beschreibbar. Nicht die lieben Benutzer haben das Netzeffektgut Windows gekauft, sondern der böse Bill Gates hat das Produkt verkauft, so die Denkrichtung. Das Netzeffektgut „von unten", das angeblich völlig kostenlose Linux, wird demnächst wohl unter Beweis stellen müssen, dass es kein Monopol werden will? Es wurde nie versucht, einmal darüber nachzudenken, wie man Monopole oder Oligopole durch Normen und Standards im innovativen Bereich halten könnte. Zu sehr haben die Milliarden geblendet, die zum Beispiel ein Netzeffektgut abwirft, wenn es denn einmal den Durchbruch geschafft hat.[25] Konsequent wurden die Monopolisten daran gehindert, diese Milliarden in die nächste breitbandige Netzgeneration zu stecken, auf dem sich alle denkbare Content-Ware hätte entwickeln können.

Eine technologische Überraschung kann aus diesem Dilemma heraushelfen. Es sind die unglaublichen Fortschrittssprünge auf dem Gebiet der Datenkompression. Vor zwanzig Jahren konnte, vor allem wollte noch niemand (außer dem „Datenkompressionspapst" Professor Musmann in Braunschweig) ahnen, dass es im Jahr 2000 möglich sein würde, ein TV-Signal in Videoqualität mit 2 Mbit/s über so manche Telefonleitung zu schicken. Genau so wenig war vorauszusehen, dass selbst die Baumnetze in Kupferkoaxialtechnik inzwischen durch Digitalkanäle zu einer Art Sternnetz aufgerüstet werden können. Der Oberfehlinvestor von damals, Postminister Schwarz-Schilling, verhöhnte in den 80er Jahren regelmäßig die „teure und späte Glasfaser", weshalb sie wegen ausbleibender Massenproduktion auch lange teuer blieb. Die technische Entwicklung hat sich über die damaligen Ideologien hinweggesetzt. Insbesondere das TV-Kabelnetz hat das Potenzial, zum leistungsfähigsten Multimedianetz ausgebaut zu werden, und zwar deutlich leistungsfähiger als die ‚ausgebaute' Doppelader xDSL und um ein Vielfaches leistungsfähiger als alle denkbaren Funkvarianten. Weil der Ausbau der Kabelnetze in diesen Monaten nach dem Verkauf der Netze durch die Telekom an neue Besitzer endlich beginnt, verblasst für Beobachter zunächst die Contentnot. Aber diese bleibt uns in vollem Umfang enthalten. Gewiß: Die Zahl von TV-Kanälen könnte sich durch Digitalisierung fast verhundertfachen, dafür ist aber kein Content in Sicht. Denn niemand wird ja annehmen, dass es zu einer Reihe von TV-Spartenkanälen kommt, die für Geld

25 Die Deutsche Bundespost kam nach einem Hundertmilliarden-Vorlaufdefizit 1975 in die Gewinnzone; zu diesem Zeitpunkt setzte denn auch die Monopoldiskussion erst ein.

abgerufen werden: Wer würde schon etwas für den Spartenkanal „Sondersportarten" (mit Lastwagenwerfen, Kettensägenscheibenschneiden, Küchenmaschinen anpreisen und derlei) bezahlen wollen? Werden die Zuschauer auf unabsehbare Zeit für diese Art von Fußball, wie sie unsere Nationalmannschaft und die Bundesliga derzeit bieten, immer mehr Gebühren zahlen wollen? Und schlimmer noch: Sind Benutzer bereit, für den schnellen Internetzugang mehr zu bezahlen als für den langsamen? Wohl kaum. Daraus folgt eine für die Innovation der Multimediawelt nicht ungefährliche Denkrichtung der neuen Netzbesitzer, zunächst einmal den bekannten und berechenbaren Content zu ermöglichen, nämlich den Telefondienst (POTS) im Ortsnetz, den man eigens für die Internetwelt als „Voice over IP" darstellen kann. Aber Telefonie kann nur ein Bruchteil von Multimedia sein: Hart ausgedrückt wäre das, wie wenn jemand eine zehnspurige Autobahn kauft und dann nur den Randstreifen für das Radfahren nutzt. Gefährlich ist dieses „triple play" (vgl. www.kabel21.lfk.de) deswegen, weil Innovationen nicht verhindert werden, sondern gar nicht erst entstehen. Es wird nicht ein Marktplatz für die Zukunft gebaut, sondern ein weiterer Marktplatz für das Vorhandene.

Der marktwirtschaftlich überaus korrekte Weg, den Zugang zum Teilnehmer auf mehreren technischen Wegen zu schaffen, kostet natürlich Zeit und Geduld. Und er beraubt uns auch des Konvergenztraums, wenn man unter Konvergenz die „seamless communication" versteht. Vielmehr scheinen nach den Inselnetzen der 70er nunmehr die proprietären Inselmarktplätze[26] der Nuller Jahre vorzudringen. Die Technikentwicklung wird durch ökonomische Parameter bestimmt, die Mikro- und Makroökonomie hingegen wird von Politik und Gesellschaft „overruled". Eine Regulierung, die angetreten ist, einen Markt in Gang zu setzen, und nun dem Markt, dessen Marktplatz noch nicht gebaut ist und dessen Waren (Content) noch gar nicht feststehen, als erstes den Schröpfkopf ansetzt und Blut abzapft, hat ihr eigenes Urteil gesprochen. Das Netzeffektgut „Internet für alle", das vor allem „Content für alle" zu sein hat, braucht keinen Aderlass, sondern eher eine Transfusion mithilfe einer aktiven Regulierung. Trauriges Symbol einer Regulierung mit falschem Leitbild ist der Versuch der Schaffung von Wettbewerb ohne Markt, wie er speziell in England und Deutschland bei der UMTS-Lizenzversteigerung exekutiert wurde .

26 Schon bei GSM gibt es trotz kompatibler Technik Gebührenhürden und Featuredifferenzen zwischen den Betreibern.

8. Neues Regulierungsregime für den Internetzugang?

Als Quintessenz des bisher dargelegten Problembündels kann festgehalten werden, dass sich die Märkte in der Internetökonomie vor allem wegen der Wertschöpfungsproblematik des Content sehr differenziert zeigen, keinesfalls ausgesprochene Nachfragemärkte sind und nur in einem komplexen Zusammenspiel einer Wertschöpfungskette überhaupt zustande kommen. Obwohl kein begründeter Zweifel daran bestehen kann, dass auch die neuen Marktplätze durchaus aufwendige Ordnungen brauchen, hat sich das Regulierungsregime nach dem ersten Jahrzehnt Erfahrung nicht optimal entwickelt. Es ist ein dominierendes Regulierungsregime in Europa, das nicht imstande ist, die Innovation nachhaltig zu fördern, das nicht auf Selbstregulierungsmechanismen der Wirtschaft setzt, sondern das überwiegend nur eine Anpassung der gewachsenen Jurisprudenz an die Innovationssprünge der Technik leistet.

Für falsche Leitbilder ist ohne weiteres die Politik verantwortlich zu machen. Das Leitbild der christliberalen Bundesregierung war – im Mainstream der ganzen Ökonomie – geprägt von der Annahme, dass der Staat nicht als Unternehmer taugt (wofür es zahllose gute theoretische und praktische Belege gibt) und dass die Wirtschaft im Wettbewerb den Markt schon bedienen werde. Jede differenzierte Überlegung, wie man in einer Marktwirtschaft so etwas Kompliziertes wie ein Netzeffektgut oder so etwas Komplexes wie eine Innovationswirtschaft schaffen könnte, wurde abgebürstet. Konsequent wurde in dieser Wirtschaftspolitik auch das staatliche Tafelsilber verkauft und in der Regel nicht für Zukunftsinvestitionen in Richtung Informationsgesellschaft, sondern für Vergangenheitsbewältigung der Industriegesellschaft eingesetzt. Gleichzeitig mit den Reaganomics und dem Thatcherismus bewiesen in Ost und West die alten Staatswirtschaftler nachdrücklich (und hoffentlich endgültig), dass eine Politik gegen den Markt und eine Bürokratie gegen die Menschen keine nachhaltige Chance hat. Das Ergebnis war eine deutliche Polarisierung der Diskussion: Wer nicht an der Gebetsmühle des gleichsam omnipotenten und ubiquitären Wettbewerbs drehte, war nicht nur links, sondern auch völlig veraltet. Die Vertreter des „Dritten Weges" fanden nach 1989 plötzlich links von sich nichts mehr vor und gingen in die innere Emigration oder verinnerlichten nach einer toskanischen Mimikryphase die „modernen ökonomischen Konzepte". Am Vorabend der Informationsgesellschaft stehen deswegen keine plausiblen regulativen Alternativrezepte bereit.

Nun hat aber die neue Bundesregierung zwei leitbildverdächtige Hoffnungsworte in die Welt gesetzt. Das erste stammt vom Bundeskanzler Schröder, der davon sprach, dass es keine rechte und linke, sondern nur gute und schlechte Wirtschaftspolitik geben kann. Dieses leider allzu schnell (von rechts bis links, von gut bis schlecht) kritisierte Wort wäre eigentlich dazu angetan, wieder Gedankenfreiheit auch in den ökonomischen Kategorien zu geben. Das zweite Wort vom „aktivierenden Staat" (www.staat-modern.de) ist schon die erste praktische Umsetzung des Schröder-Worts. Denn damit übernimmt der Staat eine spezifische Akteursrolle, die eben nicht die aktive Unternehmerrolle ist und die sich andererseits gewiss nicht in der schieren Propagierung von „mehr Wettbewerb“ erschöpft und die „organisierte Dezentralisierung von Verantwortlichkeiten“ (Schatz 1989: 125) noch weiter zu treiben. Und jetzt geht es darum, diesen Schlagworten auch im Regulierungsregime Konturen zu geben. Die Überzeugung, dass gemeinsame Gestaltung wohl die beste aller Regulierungsformen ist, wird durch erste legislative Versuche zur Rahmengestaltung verstärkt.

So haben sich die Bundestagsfraktionen von SPD und Grünen darauf verständigt, ein neues Datenschutzrecht, mehr noch: eine neue umfassende Informationsordnung für die Informationsgesellschaft in Angriff zu nehmen. Dabei ist ein prädiskursives Einverständnis darüber erzielt, dass es hier nicht um neue „patches“ am bestehenden System geht, sondern um eine handhabbare Ordnung, die weder die Wirtschaft noch die Verbraucher gängelt und ärgert, die aber auch durch Schaffung von schmerzhafter Transparenz verhindert, dass bedrohliche staatliche Informationsbürokratien entstehen. Es wäre erforderlich, dass die Politik einen Beschluss herbeiführt, ihrer „aktivierenden Rolle“ auch mit entsprechenden Budgets gerecht zu werden. Man kann verlässliche Rechtsrahmen nicht in einer Mischung von Ehrenamtlichen und Ministerialbeamten schaffen wollen, nur weil keine Budgets vorhanden sind.

Entsprechendes gilt für ein Regulierungsregime auf der Seite des Internetzugangs. Hier reichen die leidenschaftlich vorgetragenen Appelle an die Spendenbereitschaft von Unternehmen[27] und Privatleuten nicht aus. Es muss sorgfältig geprüft werden, ob durch Einräumung von fiskalischen Freibeträgen[28] ein Sprung bei der Internetnutzung erfolgen kann oder ob der schwedische Weg des PC-Verschenkens als nicht geldwerte Leistung des Arbeitgebers erfolgversprechender ist. Hier steht die deutsche Diskussion tief im Fiskalmorast der Vergangenheit: Der Fiskus will sogar ausrangierte PCs der Unternehmen, die an Schulen gehen, besteuern, hauptsächlich deswegen, weil er glaubt, alle Unternehmen der IT-Branche würde PCs herstellen und hätten damit eine Art „Jahreswagenvorteil“. Ob das Kanzlermachtwort auf dem D21-Kongress im Herbst 2000 auf Dauer Gültigkeit haben wird, oder ob die Fiskalen nicht wieder in eine Restaurationssituation kommen, bleibt abzuwarten.

Eine neue Lizensierungspolitik muss den Rahmen für die Schaffung innovativer Plattformen geben. Es wäre sehr wohl möglich, eine auch international gerechte Kriterienbildung anstelle von Versteigerungen zustandezubringen. Der Staat sollte wieder seiner eigenen Verantwortlichkeit für die Schaffung informationsgesellschaftlicher Infrastrukturen gerecht werden und nicht weiter hoffen, dass ihm dies ein umfassendes Outsourcing abnimmt.[29] Mit einem ehrgeizigen Masterplan für die

27 Warum Politiker glauben, dass steuerzahlungsunwillige Firmen plötzlich spendenwillig werden, ist rätselhaft.

28 Ein reiner „Spielecomputer" – eher das Gegenteil eines „Arbeitsmittels“ – wäre dann ebenso steuerbegünstigt.

29 Gewiss lädt sich der Staat damit wieder einen „hohen Legitimationszwang“ (Heribert Schatz) auf, aber diesem entkommt er auf Dauer eh nicht: Bei großen Unfällen auch privater Verkehrsmittel steht der Verkehrsminister auf der Trauerfeier in der ersten Reihe.

Elektronisierung der Verwaltung kann er einen mächtigen Content liefern, der in der Privatwirtschaft seinesgleichen sucht. Eine moderne Verwaltung, die den öffentlichen Dienst finanzierbar erhält und zugleich in hohem Maße den Bürger wie einen Kunden behandelt, ist nicht mehr und nicht weniger als eine „Killerapplikation" für die Informatisierung der Gesellschaft.

Ureigenste Aufgabe der im Staat verfassten Gesellschaft ist das ständige Bemühen, die Demokratie und die Beteiligung der Bürger zu stärken. Der Aufbau einer Zivilgesellschaft bekommt in der Internetwelt neue Werkzeuge. Diese zu schaffen und bereitzustellen kann nirgends anders als im staatlichen Bereich geleistet werden. Dafür ist es erforderlich, die breite Zustimmung der Bürger so schnell wie möglich anzustreben. Die Parteien und die gesellschaftlichen Gruppen müssen befähigt werden, diese neuen Instrumente zu implementieren und zu nutzen. Für die zahlreichen marktregulatorischen Aufgaben gehört die Schaffung neuer Institutionen wie zum Beispiel die oben erwähnte „Internethandelskammer" und ähnlicher Agenturen der Wirtschaft. Eine Wirtschaftspolitik, die sich in einer Gründerinitiative unterstützend direkt in die Wirtschaft einschaltet, sollte doch keine prinzipiellen Bedenken haben, Institutionen der Selbstregulierung der Wirtschaft notfalls indirekt mit Geld anzustoßen.

Es ist Aufgabe des Staates, auf das erforderliche Qualifikationsniveau seiner Bürger zu achten. Das Schlüsselwort der Informationsgesellschaft heißt deshalb nicht „Wissen", sondern „Kompetenz". In einer Internetökonomie ist – international vergleichbares – Grundwissen über die einzusetzende Technik ebenso erforderlich wie die Erhöhung der Medienkompetenz bei allen Benutzern. Hier muss der Staat wahrscheinlich über den größten angenommenen Schatten springen und einsehen, dass es im internationalen Wettrennen nicht damit getan sein kann, Schulen zu vernetzen und Hochschulen auszustatten. Zur bereits vorgestellten „Virtuellen Universität" müssen sich unter anderem „Virtuelle Schule" und „Virtuelle berufliche Fortbildung" und nicht zuletzt die „virtuellen Bürgernetze" gesellen. Hierfür sind neue funktionierende Public-Private-Modelle erforderlich, die es auszuprobieren gilt. Im Zuge einer Innovationspolitik ist eine Änderung des dominanten Fiskalprinzips unausweichlich. Für die notwendigen Mittel zur Gestaltung der Informationsgesellschaft – von der Ausbildung über die Wirtschaft bis hin zur Kultur – kann nicht der „allgemeine" Steuertopf herangezogen werden, es wächst der Druck der Steuerbürger auf die Politik in Richtung „Zurechenbarkeit von Abgaben". Aber anders als zum Beispiel in der Ökologie kann die herstellende, betreibende und anwendende IT-Wirtschaft, also die künftige wie die ehemalige „Internetökonomie" durch gezielte fiskalische und arbeitsrechtliche Maßnahmen in die Lage versetzt werden, die erforderlichen Mittel selbst zu erwirtschaften. Auf keinen Fall sollte künftig weiterhin Geld aus dem Markt abgeschöpft werden, um damit industriegesellschaftliche Altlasten zu entsorgen.

Die Idee des „Internetzugangs für alle" bietet tatsächlich den Anlass und die Chance für eine tief greifende Reformierung und Neugestaltung ökonomischer und gesellschaftlicher Abläufe und Strukturen. Und diese Reformierungen und Neugestaltungen sind kein Luxus und keine Modeerscheinung, sondern bittere Notwendigkeit im globalen Wettrennen um den angestrebten (zu verteidigenden) Lebensstandard. Aber das ‚Neue' kommt nicht von alleine, sondern kann nur Ergebnis einer anstrengenden und konzentrierten Anschubarbeit sein. Für diese Arbeit sind in Wirtschaft und Politik aber weder Zuständigkeiten definiert noch Ressourcen bereit gestellt, weshalb der Mainstream der wissenschaftlichen und praktischen Ökonomie, der gewählten Politik und der veröffentlichten Meinung nicht leicht zu bewegen sein wird. Aber eine aktive Kulturleistung Einzelner besteht ja vor allem daraus, dem Mainstream einer Gesellschaft auf die Sprünge zu helfen, nicht nur einfach jahrzehntelang die allfällige „Enkulturation" auszusitzen. Das macht immer wieder Hoffnung. Und dass es im „Wettrennen Informationsgesellschaft" (Klumpp / Schwemmle 2000) zum Beispiel den Finnen binnen weniger als zehn Jahren gelungen ist, sich am eigenen Schopf aus dem ökonomischen Sumpf zu ziehen, indem sie sich mit klaren Prioritäten auf den IT-Bereich konzentrierten, sollte eigentlich selbst den Deutschen Hoffnung machen.

Diese staatlich zu induzierenden Maßnahmen kosten insgesamt gewiss viel Geld. Dies könnte zu der fatalen Schlussfolgerung führen, dass doch wieder das alte Modell des „Staats als Unternehmer" wiederbelebt werden soll. Es gilt aber – unerschütterlich – deutlich zu machen, dass es nicht um den ‚alten' Staat geht und auch nicht um die klassische ‚Staatsknete'. Es ist vielmehr das Resultat einer schonungslosen Analyse der Märkte, die sich für und mit dem Internetzugang entwickeln sollen, das zu einer neuen strategischen Ausrichtung im Sinne eines ‚Anschubs' durch einen „aktivierenden Staat" führen soll. Zwischen den ‚einfachen' Wegen des „starken Staats" und des „schwachen Staats" muss der schwierige Mittelweg eingeschlagen werden. Der Weg zur Informationsgesellschaft ist keine Rutschbahn, auf der man passiv mit Heissajuchhee oder mitsausen kann, sondern eine Aufwärtstreppe, deren nächste Stufen man erst mühsam hochschleppen und legen muss. Und auf der Treppe herrscht globales Gedränge auf dem Weg nach oben, beileibe nicht nur in der Ökonomie, sondern auch in Kultur und Gesellschaft.

Literatur:

Frey, Siegfried (1999): Die Macht des Bildes. Bern.

Gates, William (1995): Der Weg nach vorn. Die Zukunft der Informationsgesellschaft. Hamburg.

Klumpp, Dieter (1996): Marktplatz Multimedia. Praxisorientierte Strategien für die Informationsgesellschaft. Mössingen-Talheim.

Klumpp Dieter / Schwemmle, Michael (2000): Wettlauf Informationsgesellschaft. Regierungsprogramme im internationalen Überblick, Gutachten für die Friedrich-Ebert-Stiftung. Bonn/Berlin.

Kubicek, Herbert et al. (Hrsg.) (1997): Die Ware Information – Auf dem Weg zu einer Informationsökonomie, Jahrbuch Telekommunikation und Gesellschaft 1997. Heidelberg.

Müller, Günter / Pfitzmann, Andreas (Hrsg.) (1997): Mehrseitige Sicherheit in der Kommunikationstechnik. Verfahren, Komponenten, Integration. Bonn/Reading u.a.

Picot, Arnold / Reichwald, Ralf / Wigand, Rolf T. (1996): Die grenzenlose Unternehmung. Information, Organisation und Management. Lehrbuch zur Unternehmensführung im Informationszeitalter. Wiesbaden.

Schanze, Helmut et al. (1996): Interaktivität: Individualisierte Massenkommunikation? Stiftungsreihe 24 der Alcatel SEL Stiftung. Stuttgart.

Schatz, Heribert (1989): Hochtechnologiepolitik und Massenkommunikation. Veränderungen in den Grundlagen politischer Kommunikation. In: KZfSS, Sonderheft 30/1989: 118-134.

Wiese, Harald (1990): Netzeffekte und Kompatibilität. Ein theoretischer und simulationsgeleiteter Beitrag zur Absatzpolitik für Netzeffekt-Güter. Stuttgart.

Zerdick, Axel / Picot, Arnold / Schrape, Klaus (1999): Die Internet-Ökonomie. Strategien für die digitale Wirtschaft. Berlin/Heidelberg/New York.

Durch Kommunikation zur lernenden Organisation

Thomas Hanke / Barbara Mettler-v. Meibom

„Regierungs- und Verwaltungsreform", so lautete das Zauberwort der frühen 70er Jahre. Die Politikwissenschaft, und unter ihnen auch der Jubilar, hatte es sich auf die Fahnen geschrieben, die schwerfällige bundesdeutsche Verwaltung, die immer noch in obrigkeitsstaatlichen Traditionen operierte, so umzugestalten, dass ein moderner effizienter Staat entstehen sollte. Die Sozialwissenschaften wurden dabei als wichtiger Hebel begriffen, um dem Prozess Ziel und Richtung zu geben. Mit ihren Experten zogen sie ein in die Verwaltungen, machten auch vor dem Bundeskanzleramt nicht halt und versuchten, Verwaltung bürgernaher und effizienter zu organisieren. Das Ergebnis war ernüchternd. Die Praxis verweigerte sich, Gesprächsbrücken brachen ab, die Apparate erwiesen sich als schwerfälliger und widerständiger als angenommen, und die Deutsche Forschungsgemeinschaft richtete einen Forschungsschwerpunkt zum Thema „Verwendungprobleme sozialwissenschaftlichen Wissens" ein, in dem die WissenschaftlerInnen nicht zuletzt damit beschäftigt waren, ihr eigenes Scheitern zu begreifen (vgl. Beck 1982).

Heute wird in den Industrieländern wieder und mit ungeheurer Vehemenz eine Modernisierung von Organisationen betrieben: Staatliche Organisationen büßen im Zuge der Globalisierung und Internationalisierung wesentliche Handlungsspielräume ein. Der wachsende Problemdruck (Umweltkrisen, BSE, Arbeitslosigkeit etc.) geht einher mit abnehmenden öffentliche Finanzen und erzwingt eine schlanke und effiziente Verwaltungsorganisation. Die Privatwirtschaft wiederum sieht sich im Zuge der Globalisierung verschärften Wettbewerbsbedingungen ausgesetzt, die durch einen nicht mehr zu kontrollierenden Finanzmarkt angeheizt werden und zu immer neuen Anpassungszwängen der Unternehmen an die sich ständig wandelnden Rahmenbedingungen führen. Zugleich bringen die technologischen Innovationsprozesse es mit sich, dass hierarchische Betriebs- und Arbeitsorganisationen abgebaut und in Organisationsmodelle überführt werden müssen, die in hochkomplexen vernetzten Strukturen rasch handlungs- und anpassungsfähig sind.

Damit kommen Faktoren verstärkt ins Spiel: der Mensch in der Organisation und seine Fähigkeit, neues Wissen zu generieren und sich anzueignen. Wissen zu schöpfen, zu teilen und gemeinsam zu lernen, lässt sich jedoch nicht einfach verordnen. Es setzt die entsprechende Bereitschaft der Beteiligten voraus. Und diese ist wiederum abhängig von Vertrauen, Gesprächskultur, Führungsverhalten, Visionen und Motivationen in Organisationen. So sehen sich Organisationen heute vor Herausforderungen gestellt, die sie mit herkömmlichen Mitteln des Expertenengagements und des top-down-managements schwerlich meistern können. Gefragt sind vielmehr Konzepte, die helfen, einen organisatorischen Wandel zu initiieren und zu verstetigen. Es geht um Prozesse, in denen die Organisationsmitglieder bereit sind, sich in gemeinsamen Lernprozessen zu engagieren, kurz: organisationales Lernen oder – noch umfassender –die lernende Organisation zu entwickeln.

1. Organisationales Lernen

Organisationales Lernen zielt darauf ab, kreative Denk- und Spielräume in Organisationen auszuloten und daraus erfolgversprechende Ansätze für die Organisationsentwicklung (nachfolgend OE) zur Entfaltung zu bringen. Obwohl jeder Einzelne das kreative und schöpferische Problemlösungspotenzial in sich trägt, scheitert ein solches Innovationsmanagement oft an der mangelnden Kooperationsbereitschaft der Menschen. Die Motive dafür sind vielfältig und bleiben häufig verborgen, weil sie tief im Kulturkern der Organisation verankert sind. An dieser Stelle setzen Konzepte organisationalen Lernens ein. Sie wollen klären, welche Ursachen dafür verantwortlich sind, dass Menschen ihr Wissen miteinander teilen oder auch nicht miteinander teilen, und sie wollen entsprechende Lernbarrieren beseitigen (vgl. Mettler-v. Meibom 1999).

1.1 Organisationales Lernen aus der Perspektive der Organisationsentwicklung

Die Begriffe des organisationalen Lernens bzw. der Lernenden Organisation wurde in den siebziger Jahren das erste Mal in den Vereinigten Staaten von Vertretern des MIT (Massachusetts Institute of Technology) näher ausgeführt (Argyris / Schön 1978). Dabei geht es um Phänomene des Lernens in Organisationen bzw. des Lernens von Organisationen bzw. verkürzt formuliert darum, wie Organisationen sich veränderten Bedingungen anpassen. Zum einen sollen aus vergangenen Erfolgen und Misserfolgen Lehren gezogen werden; zum anderen – und dies ist noch bedeutungsvoller –geht es darum, die „Bilder einer erstrebenswerten Zukunft“ (Argyris / Schön 1999: 9) aufzuzeigen und zu realisieren.

Die vorwiegend am MIT (Massachusetts Institute of Technology) entwickelte Organisationsentwicklung (nachfolgend OE) ist ein Ansatz zur Organisationsberatung, der die Organisation als ein sich selbst organisierendes System betrachtet und Instrumente bereitstellt, die das Lernen von Organisationen initiieren und begleiten. OE ist demnach eine Prozessberatung, die dem rein ökonomischen Denken ein soziales, gruppendynamisches Denken hinzufügt. Berater fungieren als „change-agents“ mit der Aufgabe, als Katalysator und Moderator von im Klienten-System selbst initiierten und gesteuerten Veränderungsprozessen zu wirken. Sie sind Beobachter und Impulsgeber, die nicht ergebnisorientiert vorgehen, sondern versuchen, die Selbstorganisationsprozesse im System zu unterstützen.

Der Begriff der OE erschien zuerst in den 50er Jahren in den Vereinigten Staaten und stützt sich vornehmlich auf zwei Quellen: einerseits auf die Laboratoriumsmethode, die sich aus der Aktionsforschung Kurt Lewins gegen Ende der 40er Jahre in den USA entwickelte und andererseits die „survey-feedback"-Methode, entwickelt am Institute for Social Research an der University of Michigan, die die Erkenntnisse der Laboratorien auf den realen Praxiskontext von komplexen Organisationen transformierte (vgl. Gairing 1999: 10f.). Dahinter steckt die Annahme, dass die prozessuale Arbeit in sich selbst reflektierenden Gruppen hervorragende Möglichkeiten für konkretes soziales Lernen bietet. Dadurch können interpersonale wie intrapersonale Themen und Probleme integrativ und simultan bearbeitet werden und zwar an konkreten Themen, die unabhängig von Labor-Konstellationen das alltägliche Lernen im real existierenden Arbeitsumfeld abbilden. Dabei geht es insbesondere um das Zusammenwirken von Mensch und Organisation bzw. um die Abhängigkeiten zwischen den Elementen der Organisation: Individuen, Gruppen und Organisation selbst.

Inspiriert durch die mittleren und späteren Schriften John Deweys zählt neben Kurt Lewin (Feldtheorie) vor allem Jakob Moreno (Soziometrie) zu den zentralen Figuren und Wegbereitern der OE. Zu den einflussreichsten Vertretern der amerikanischen OE gehören heute Karl Weick (1995), Peter Senge (1998), Arie de Geus (1998) sowie Chris Argyris und Donald Schön (1999), die in den 80er und 90er Jahren den Ansatz des organisationalen Lernens in der Organisationspraxis etabliert haben.[1] OE variiert demnach nicht nur oberfächliche Strukturen sozialer Systeme, sondern greift darüber hinaus auch tief in das „Unbewusste" (Lohmer 1997) von Organisationen ein, so dass alle Bestandteile der Organisation von der Evolution erfasst werden. Die Einflussnahme auf die Gestaltung und Entwicklung der Organisation erfolgt im weitesten Sinne durch eine Verbesserung der Kommunikation, insbesondere durch das Einleiten von Teamarbeit, durch das Schaffen von gemeinsamen Lern- und Erfahrungssituationen und durch die Erweiterung von Handlungsspielräumen. OE wird damit Hilfe zur Selbsthilfe.

1 Insbesondere Peter Senge legt mit seinem Ansatz der „fünften Disziplin" (1998) ein Konzept vor, das aus einer engen Verknüpfung von Theorie und konkreter Beratungspraxis entstanden ist (s. dazu Senge et al. 1997). Seine vier Kerndisziplinen (*Personal Mastery*, *mentale Modelle*, *gemeinsame Vision* und *Team-Lernen*) überformt Senge mit seiner fünften Disziplin, dem *Systemdenken*, durch die das Zusammenspiel der anderen Disziplinen auf die Dynamik des ganzen Systems ausgerichtet wird.

1.2 Grundannahmen organisationalen Lernens

Für das organisationale Lernen aus Sicht der OE lassen sich wesentliche Grundannahmen ableiten:

Systemdenken als zentrales Wesensmerkmal. In der OE werden Organisationen als offene Systeme betrachtet. Umwelt, Ziele und Strukturen sowie Verhalten und Kommunikation der Organisationsmitglieder erscheinen als wechselseitig abhängig. Organisationales Lernen im Rahmen von OE besitzt eine eigenständige Qualität. Sie unterscheidet sich von der des individuellen Lernens durch die Wechselwirkungen zwischen den verschiedenen Organisationsmitgliedern und durch ihre Beziehungen zum Ganzen. So ist eine Fußballmannschaft in der Regel in ihrem Zusammenspiel nicht gleichzusetzen mit der Gesamtheit der Fähigkeiten der einzelnen Spieler. Golfspieler hingegen bleiben durch das Spiel bedingt immer nur autonome Einzelkämpfer. Das Lernen eines sozialen Systems ist also nicht mit der Summe der individuellen Lernprozesse und Ergebnisse gleichzusetzen, auch wenn letztere Voraussetzung und wichtige Basis für institutionelles Lernen sind (vgl. Probst / Büchel 1998: 20f.). Systemdenken ist die integrative Disziplin, damit „das Ganze mehr sein kann als die Summe seiner Teile“ (Senge 1998: 21). Vernetzung verhindert, dass Einzelmaßnahmen nur Stückwerk bleiben und sorgt dafür, dass sie sich mit ihren Abhängigkeiten und Wechselwirkungen entfalten können.

Der Mensch im Mittelpunkt. Der Mensch gilt als das wichtigste Element der Organisation. Er ist prinzipiell entwicklungsfähig und kann Verhaltensweisen schrittweise auch wieder verlernen. Allerdings bedarf es planmäßiger Anstöße von außen, um bestehende personale Lernunfähigkeiten, und -widerstände zu überwinden. In der OE schließen sich zudem Effektivität der Organisation (Leistungsoptimierung) und Bedürfnisberücksichtigung der Arbeitnehmerinteressen (z. B. Verbesserung der Qualität des Arbeitslebens und der Vereinbarkeit von Beruf und Familie) nicht prinzipiell aus, sondern bedingen und befruchten sich wechselseitig als gleichrangige und interdependente Ziele. Eine Organisation lässt sich am besten weiterentwickeln, wenn dabei die Fähigkeiten, Wünsche und Hoffnungen der Beteiligten und Betroffenen berücksichtigt werden. Ein OE-Projekt (Analyse, Ziel- und Visionsbildung, Planung, Durchführung und Auswertung) wird idealiter von der Gesamtheit der Mitglieder der betroffenen organisatorischen Einheit (eine Abteilung, ein Kollegium, ein Werk etc.) mitgetragen.

Lernen von Menschen und Systemen. Niemand wird bestreiten, dass Individuen lernen können. Bedeutend schwieriger ist jedoch nachzuvollziehen, dass auch Kollektive wie Organisationen als Ganzes lernfähig sind. Das Lernen der Organisationsmitglieder (als personale Systeme) und das Lernen der Organisation (als System) sollten sich gegenseitig stützen und dadurch die Lernende Organisation erschaffen. Mit anderen Worten: Beim organisationalen Lernen geht es immer um das Lernen der Individuen und um das Lernen der Organisation als Gesamtsystem. Einerseits sind Organisationen als soziale Systeme nicht durch eine bloße Veränderung der personalen Systeme ihrer Mitglieder veränderbar und andererseits können gelernte Verhaltensweisen, die sich für Individuen und Kleingruppen als funktional und adäquat erweisen mögen, zur Realisierung von Organisationszielen durchaus dysfunktional sein.

Der Unterschied zwischen individuellem und organisationalem Lernen liegt in der gemeinsam geteilten Wirklichkeit. Neue organisationale Wirklichkeitskonstruktionen können nur dann zustande kommen, wenn die Betroffenen bereit sind, ihre individuellen Konstruktionen in kollektive Aushandlungsprozesse einzubringen und zu verändern (vgl. Probst / Büchel 1998: 17ff.). Insofern bedarf es über die Veränderung und das Lernen personaler Systeme hinaus eines nachhaltigen Wandels der jeweiligen Organisationskultur, der ihr zugrunde liegenden Erwartungen, Ideologien und Werte sowie der daraus abgeleiteten Strategien.

Ein toleranter Umgang mit Fehlern ist zwingend notwendig, führt Organisationen aber auch in ein Dilemma: Einerseits provozieren Veränderungsprozesse Fehler, andererseits bieten gerade sie die Chance zur Erhaltung, Weiterentwicklung und kontinuierlichen Verbesserung des Systems – gewissermaßen ein Paradox des Lernens. Schon Argyris / Schön (1978), die Väter organisationalen Lernens, stellen ihrer Theorie Gregory Batesons Konzept der Anpassung über Lernschleifen voran und betonen, dass organisationales Lernen immer auch das Erkennen und Korrigieren von Fehlern durch Rückkopplung (Feedback) in sich birgt. Jeder Rückkopplungsprozess kann Störungen der Handlungsroutinen und Erwartungsstrukturen im System aufdecken und korrigieren helfen. Deswegen ist das Erkennen und Korrigieren sowie die selbstverständliche Offenlegung eigener Fehler nicht nur erlaubt, sie wird durch institutionalisierte, auf Gegenseitigkeit beruhende und konstruktive Feedback-Prozesse sogar absichtlich hervorgerufen. Denn erst Widersprüche sind Anlass für Lernprozesse, und wie mit diesen Widersprüchen umgegangen wird, kennzeichnet gerade die Qualität des organisationalen Lernens.

Multidimensionaler Konsens: Die Entwicklung eines neuen Verständnisses verlangt von den Beteiligten, sich gleichzeitig einig wie uneinig zu sein (Probst / Büchel 1998: 21). Das Ziel besteht darin, Vielfalt zuzulassen und einen „multidimensionalen Konsens" zu erreichen. Lernen beginnt in dem Moment, wo ein neues Verständnis entwickelt wird, indem kognitive Landkarten verändert und soziale Wirklichkeitskonstruktionen umstrukturiert werden. Entscheidende Voraussetzungen dafür sind offener Informationsaustausch, Kommunikation, Transparenz und Integrationsfähigkeit.

Kollektive Rationalität: Organisationales Lernen ist im Gegensatz zum individuellen Lernen durch einen kollektiven Bezugsrahmen gekennzeichnet. Nicht allein individuelle Bedürfnisse stehen im Vordergrund, sondern überpersönliche Erfahrungswelten und kollektiv verbindliche normative Ordnungen. So ist „Team-Lernen" (Senge 1998) nicht vergleichbar mit dem Lernen in Gruppen, z. B. in Schulen. Dort lernt jeder nur für sich und vielfach gegen die anderen. Ein wirklich gemeinsamer Lernnutzen ist gewissermaßen ausgeschlossen, wo Menschen in der „Tradition hierarchischen Lernens" (Willke 1998: 41) stehen, die ihnen vorschreiben, was zu lernen sei. Für komplexe interdependente und polyzentrische Systeme ist dies nicht mehr ausreichend. Dennoch zieht sich hierarchisches Lernen durch nahezu alle Ausbildungsgänge und Seminare, von der Lehre bis zur Universitätsausbildung. Nur selten gelingt es, kollektives Lernen und gemeinsames Denken in Gang zu setzen.

Projektarbeit ist hingegen eine Form, die gemeinsames Denken, Handeln und Lernen ermöglicht. Durch den gemeinsamen Erfahrungskontext verbindet sich das Projektteam über die beteiligten Individuen hinweg zu einem „collective mind" (Willke 1998: 51), zu einer gemeinsamen Sprache und zu gemeinsamen Regeln. Ein gutes Beispiel hierfür sind Teams im Sport: Auf Kooperation angewiesen, ein gemeinsames Ziel vor Augen und durch kontinuierliche gemeinsame Praxis bekräftigt, bieten sie ideale Voraussetzungen für Team-Lernen. Der Teamgeist kann aus einem Haufen eher durchschnittlicher Spieler eine überragende Mannschaft formen. Oder um mit den vielzitierten weisen Worten des Alt-Fußballbundestrainers Herberger zu sprechen: „Nicht die elf Besten sollen spielen, sondern die beste Elf." Es geht hier also um das koordinierte Handeln eines eingespielten Ensembles. Senge (1998: 286f.) beschreibt dieses Phänomen auch mit dem fast mystischen „groove" von Jazzmusikern: „Die Musik fließt eher durch dich hindurch als aus dir heraus". Wie auch bei Sportmannschaften ist sich jeder Musiker „der anderen bewusst und kann sich darauf verlassen, dass alle sich gegenseitig in ihrem Handeln ergänzen" (ebd.: 288). Umgekehrt lässt mangelnder Teamgeist aber auch aus einer Gruppe exzellenter Virtuosen nur ein mittelmäßiges Team entstehen.

1.3 Organisationales Lernen – eine Frage der Kultur

Viele Leistungen von Organisationen basieren nach Willke (1998: 35ff.) und Walz / Bertels (1995: 29ff.) auf einem soliden Fundament an Tiefenstrukturen, welche die darüberliegenden Strukturebenen determinieren und deren Prozesse überhaupt erst ermöglichen. Gemeint sind die Werte, Philosophien, stillschweigenden Annahmen sowie Sinnkonzepte bzw. die „Kultur" der Organisation als Ganzes. Diese tieferliegenden und meist latenten Organisationsstrukturen sind zwar spürbar, aber nur schwer zu beschreiben (vgl. Willke 1998: 41 sowie Senge 1998: 158ff.).

Sie verdienen hohe Beachtung, da ihnen trotz ihrer vermeintlichen Abwesenheit die notwendige Funktion des Strukturschutzes in Organisationen zukommt. Kulturelle Sinn-Strukturen machen eine Organisation überhaupt erst zu genau eben dieser Organisation. Man könnte hier tautologisch sagen: Die Organisation ist, wie sie ist – und das aufgrund ihrer in gewisser Weise unverwechselbaren und eigenständigen Tiefenstrukturen, die alle darüber liegenden Prozesse der Organisation beeinflussen (Eisberg-Phänomen). Das gilt auch für die oft nicht erkannten defensiven Strukturen, die Lernen bereits auf der untersten Ebene blockieren (vgl. Argyris 1990).

Daher sind Konzepte des organisationalen Lernens darauf ausgerichtet, zuerst an der Tiefendimension, d. h. an der Kultur anzusetzen. In der Kultur einer Organisation spiegeln sich unbewusste Grundannahmen, Umweltbeziehungen, Menschenbilder und zwischenmenschliche Beziehungen (vgl. Hofbauer 1992: 304ff.). Kultur lässt sich hier verstehen als ein „Set funktionaler Kognitionen, die in ein Wissenssystem eingebaut sind und festlegen, was ein Individuum wissen muss, um sich so zu verhalten, dass es von den restlichen Kulturmitgliedern akzeptiert wird“ (ebd.: 305). Damit erweist sie sich als ein „komplexes dynamisches Konstrukt“ (Sackmann 2000: 145), gebildet aus den Aktionen und Interaktionen aller Organisationsmitglieder. Sie sichert Gemeinsamkeiten der Organisationsmitglieder: gemeinsame Bedeutungen, integrierende Symbole, Denkmodelle, geistige Gewohnheiten, wiederkehrende Verhaltensweisen, Gruppennormen, Philosophien, Klimata, die die Organisationsmitglieder in ihren sozialen Interaktionen selber entwickeln. (vgl. Schein 1995: 21f.).

Kultur ist damit in Gruppen verankert. Sie lässt sich nicht an einer einzigen Person oder einer Führungskraft festmachen[2]; sie wird jedoch von den Führungskräften in hohem Maße geprägt. Charakteristisch ist ihre Verankerung im Kollektiv, wobei Subkulturen sich mit eigenen Kriterien gegenüber anderen Subkulturen (Bereichen, Abteilungen, Hierarchien, Professionen) abgrenzen können. Kultur besteht im Kern aus grundlegenden Überzeugungen. Man kann auch von Wirklichkeitskonstruktionen, Sinnstrukturen oder „mentalen Modellen“ (Senge 1998: 213ff.) sprechen.

Mentale Modelle sind die tief verwurzelten und auch oft unbewussten Grundannahmen und Verallgemeinerungen, aber auch Bilder und Symbole, die einen Einfluss darauf haben, „wie wir die Welt wahrnehmen und wie wir handeln“ (Senge 1998: 17). Viele mentale Modelle sind latent und werden nur selten expliziert und an die Oberfläche gebracht. Sie enthalten meist ganz unterschiedliche Weltentwürfe und weisen daher häufig nicht die erforderlichen Kompatibilitäten auf, die einen sinnvollen Dialog unterstützen.

Eine der Hauptaufgaben organisationalen Lernens ist es daher, Personen und Gruppen darin zu unterstützen, ihre mentalen Modelle zu beschreiben, sie offen zu legen, sie der vergleichenden Beobachtung und Analyse zugänglich zu machen und sie damit zur Diskussion zu stellen. Dafür müssen allerdings die „Grundkrankheiten der Hierarchie“ (Senge 1998: 221ff.) überwunden werden, da sie einem solchen Austausch im Wege stehen. Wenn es gelingt, Überzeugungen abzugleichen und gemeinsame Überzeugungen herauszudestillieren, dann entstehen neue kognitive Landkarten, mit deren Hilfe sich Routinen, Normen und Umgangsformen neu ausrichten lassen. Die Komplexität der Organisationsentwicklung lässt sich dann deutlich reduzieren und ein schnelleres Agieren wird möglich (vgl. Sackmann 2000: 149).

2 Es sei an dieser Stelle auf den grundlegenden Unterschied zwischen *Management* und *Leadership* hingewiesen. *Leadership* kann nach Gomez / Probst (1997: 255) als Prozess der Vermittlung von Vision, Richtung und Inspiration verstanden werden. Der Mensch ist auf der Suche nach Sinn, und es ist die Aufgabe der Führungskraft, den Mitarbeitern in Veränderungsprozessen neuen Sinn zu vermitteln.

1.4 Schaffen einer gemeinsamen Vision

Dies gilt insbesondere, wenn die Organisation von einer gemeinsamen Vision getragen wird. Oder anders herum: Ohne gemeinsame Ziele, Wertvorstellungen und Botschaften können große Organisationen heutzutage kaum wirklich erfolgreich sein. Eine gemeinsame Vision setzt sich über Ressortzäune und divergierende Mentalitäten hinweg, indem die unterschiedlichen Bedenken ernstgenommen werden und das Gemeinsame gefühlsmäßig verankert wird. Eine gemeinsam geteilte Vision kann daher nicht von oben verschrieben werden, sondern entsteht aus einem kollektiven Dialog über mentale Modelle. Es geht darum, Menschen durch „ein Gefühl von gemeinsamer Bestimmung zusammenzubinden“ (Senge 1998: 18).

Visionen können extrinsisch oder intrinsisch sein. Sie sind extrinsisch, wenn sie auf die Umwelten ausgerichtet sind (Unternehmen A versucht den Konkurrenten B zu schlagen). Erfolgversprechender und nachhaltiger ist, wenn eine Organisation danach strebt, ihren intrinsischen Ansprüchen zu folgen, zum Beispiel einem Streben nach ‚excellence‘ bzw. Beispielhaftigkeit – vergleichbar einem Meister asiatischer Kampfsportarten, der in erster Linie nicht den Gegner bezwingen möchte, sondern sich selbst in seiner Körperbeherrschung zu perfektionieren versucht. Beide Arten von Visionen können nebeneinander existieren, aber eine rein auf äußere Gegebenheiten zielende Vision verhindert die Kreativität und Begeisterung, mit der man etwas Neues schafft. Sie schwächt eine Organisation langfristig mehr als dass sie ihr hilft. Eine gemeinsame intrinsische Vision belebt hingegen die Mitarbeiter und erzeugt den „Funken, die Aufregung, die eine Organisation aus dem Profanen heraushebt“ (Senge 1998: 253). Durch sie verändert sich die Beziehung der Menschen zur Organisation: Sie wird dann zu ihrer Organisation. Eine gemeinsame Vision zu entwickeln, ist damit der erste Schritt zu einem Miteinander und zur Schaffung einer gemeinsamen Identität. Sie generiert Vertrauen zwischen den Menschen, weil sie auf der elementarsten Ebene der Gemeinsamkeit ansetzt. Damit beeinflusst sie in hohem Maße die Arbeitshaltung und die Team- und Leistungsfähigkeit aller Organisationsmitglieder.

2. Kommunikation im Prozess des organisationalen Lernens

Welche Wege werden beschritten, um Kommunikation zu einem wirksamen Mittel der Organisationsentwicklung zu machen? Diese Frage verweist auf den räumlichen Aspekt von Kommunikation und Begegnung, auf Aspekte der Kommunikationsdichte, der Kommunikationsqualität und auf die besondere Bedeutung des persönlichen Gesprächs.

2.1 Kultur der Begegnung anstelle von win-lose-Kommunikation

Immer häufiger werden Organisationen zu Kampfplätzen: „Originäre und authentische Diskussionen finden in den Unternehmen immer seltener statt. Vieles dient – mehr oder weniger kunstvoll angelegt – vorgefertigten Antworten.“ (Schmitt 1999: 51), so die Aussage eines Insiders.

Ohne Kommunikation zwischen Menschen als individuellen Wissensträgern ist aber eine Verständigung über eigene und fremde Ideen und Erfahrungen schwer möglich. „Offene und intensive Kommunikation konfrontiert mit unterschiedlichen Sichtweisen, bewirkt einen effizienten Transfer lernintensiver Prozesse und steigert damit die Innovationsgeschwindigkeit des Unternehmens.” (Walz / Bertels 1995: 67) Woran fehlt es also in Organisationen?

Wollen Organisationen erfolgreich lernen, dann bedarf es nicht nur einer Bereitschaft zur verständigungsorientierten Kommunikation, sondern auch der Räume und Zeiten für Begegnung, in denen statt Konfrontation Gespräch und Kooperation möglich werden können. Vor dem Hintergrund einer zunehmend technisierten und mediatisierten Gesellschaft läuft Nähe zwischen Menschen Gefahr fremd zu werden (vgl. Mettler-v. Meibom 1993; 1994). Denn Kommunikation findet mittels Technik zunehmend zeitversetzt und im Mensch-Maschine-Dialog statt. Umso wichtiger wird es, immer wieder Zeit-Orte zu schaffen, an denen Menschen sich optimal begegnen und austauschen können.

> „80 % der innovativen Gedanken entstehen in persönlichen Gesprächen und der unmittelbaren Begegnung. Die dabei ablaufenden Synergievorgänge erschließen letztlich das Innovationspotential.“ (Probst / Knaese 1998: 169)

Das Wissenspotenzial einer Organisation hängt demzufolge mit der –zumindest temporären –Kommunikationsdichte zwischen den Organisationsmitgliedern zusammen. Hergestellt werden kann sie z. B. durch räumliche Nähe und die Chance zu unorganisierten, informellen Kontaktmöglichkeiten. Cafeterien, Kantinen, Teeküchen und Flure – sie alle können so gestaltet sein, dass sie Begegnung ermöglichen. Es gilt, miteinander ins Gespräch zu kommen. Damit erübrigen sich in vielen Fällen andere Instrumente oder Regelungen zur Optimierung von Kommunikation. Einen weiteren Ansatz bieten funktionsübergreifende, institutionalisierte Kommunikationsumgebungen, in denen man sich begegnen kann, ja muss. So können beispielsweise bereichsübergreifend arbeitende Projektgruppen einen Rahmen für das Kennenlernen anderer Sicht- und Verhaltensweisen bilden, da persönliche Kontakte den Informationsaustausch erleichtern und die Unsicherheit über das zu erwartende Verhalten verringern.

2.2. Kultur des Vertrauens anstelle von „Kommunikationspathologien"

Neben der Kommunikationsdichte spielt jedoch die Kommunikationsqualität eine wichtige Rolle in Bezug auf organisationales Lernen. Strenge Hierarchien, aufwendige Formalismen und defensive Routinen seitens der Organisationsmitglieder, insbesondere jedoch der Führungskräfte, behindern Lernen und machen kreative und produktive Kommunikationsbeziehungen unmöglich. Transparenz und Nachvollziehbarkeit tragen hingegen dazu bei, funktionsbedingte Vorurteile abzubauen. Entscheidend ist hier das Verhalten der Führungskräfte. Wo diese nicht als lernwillig oder als Vorbilder erlebbar werden, trifft jeder Versuch auf Verbesserung der Kommunikationsqualität auf erhebliche Schwierigkeiten. Walz / Bertels (1995: 69) fordern daher Veränderungsbereitschaft des Managements, die Relativierung von Positionsmacht, die Beseitigung von Informationsmonopolen und Toleranz gegenüber Fehlschlägen. Die Autoren sprechen in diesem Zusammenhang von „Hygienebedingungen für Veränderungsprozesse". Für eine Organisation ist somit von entscheidender Bedeutung, ihre „Informations- und Kommunikationspathologien" (North 1998: 54) zu beseitigen und Kommunikationsstrukturen zu entwickeln, die helfen, produktive Ideen zu generieren, zu diskutieren und umzusetzen.

Dabei gibt es eine Schlüsselvariable: Vertrauen (vgl. Zand 1983: 46ff.) Niemand lässt sich zur Kommunikation zwingen. Zur Gestaltung kommunikationsfördernder „internal relations" in einer Organisation ist Vertrauen die wichtigste Basisvariable und Voraussetzung einer verbesserten interpersonalen Kompetenz (vgl. Argyris 1964: 24: 103f.). Höhere persönliche Entfaltung der Organisationsmitglieder, Offenheit und Spontaneität lassen sich als Folge von Vertrauen deuten. Vertrauen schafft damit Grundlagen für die ständige Selbsterneuerung der Organisation. Es erleichtert die Kommunikation zwischen Organisationsmitgliedern und unterstützt über das so entstehende Feedback die Zusammenarbeit, den Ideenreichtum und die Entstehung neuen Wissens.

Viele Menschen reagieren auf die zunehmend schwierigere wirtschaftliche Lage und die steigende Komplexität der Außenwelt mit dem sogenannten „cocooning". Dieses Einigeln drückt Angst vor Veränderung aus bzw. Widerstand gegen Wandel. Mitarbeiter identifizieren sich in kritischen Situationen mit dem, was ihnen Sicherheit und Unterstützung bietet: das unmittelbare Team, die Abteilung und die eigene Tätigkeit. Der Vertrauenshorizont verengt sich auf die unmittelbare Umgebung, sofern diese als ungefährlich erlebt wird: je wichtiger das zu behandelnde Thema, desto verschlossener der Kommunikationskreis (vgl. Gäck / Hanke et al. 2000: 89). Dadurch werden Außenstehende ausgeschlossen, was in großen und komplexen Organisationen, die auf gegenseitige Unterstützung angewiesen sind, fatale Folgen hat („Abteilungsdenken" und „Ressortzäune"). Eine lernfähige Organisation ist dagegen geprägt vom vertrauensvollen Umgang miteinander. Sie lebt vom offenen Informationsfluss, von offener Kommunikation und von konstruktivem Meinungsaustausch. Doch „der Weg vom ‚korpulenten' zum ‚agilen' Unternehmen, von einem ‚Denken in Funktionen' zu einem ‚Denken in Prozessen' oder von einer ‚Misstrauenskultur' zu einer kooperativen ‚Vertrauenskultur' ist weit" (Reiss / Zeyer 1994: 27).

3. Dialogorientierte Großgruppenverfahren

Um diesen Weg zu ebnen, sind in den letzten Jahren innovative Kommunikationsverfahren entwickelt worden, die darauf abzielen, ganze Organisationen im Prozess der Organisationsentwicklung nachhaltig zu unterstützen. Dabei spielt der Zugang zur Tiefendimension der Organisationen bzw. zu der ihrer Substrukturen eine zentrale Rolle. Es gilt, die Kultur der Organisation für einen tiefgreifenden Transformationsprozess zu öffnen. Nach dem Vorhergesagten dürfte es nicht verwundern, dass bei den Verfahren Begegnung im direkten Gespräch und Vertrauensbildung eine herausragende Rolle spielen. Sie verleihen Verfahren wie Zukunftskonferenz, Real Time Strategic Change, Open Space Konferenz oder auch Appreciative Inquiry[3] eine enorme Kraft und Wirksamkeit. So ist es nicht verwunderlich, dass dialogorientierte Großgruppenverfahren, wie man sie gemeinhin nennt, mit wachsendem Erfolg international und national eingesetzt werden (vgl. u.a. Bunker / Alban 1997; Burow 2000; Owen 1997 u. 2000; zur Bonsen / Herzog 1999).

3.1 Dialogorientierte Großgruppenverfahren und Kommunikationskultur

Organisationales Lernen ist ein systemischer Ansatz, der die Rolle der Kommunikation in den Vordergrund stellt. Die Verbesserung der Kommunikationskultur soll das Miteinander innerhalb der Organisation fördern und stärken, damit die Mitarbeiter ihre innovative Kreativität entfalten, voneinander lernen und ihr Wissen miteinander teilen können. Erst eine Kommunikationskultur, in der Kompetenzen erweitert und die Übernahme von Eigenverantwortung anerkannt werden, in der bestehendes Wissen kontinuierlich in Frage gestellt und konstruktiv diskutiert wird, setzt neues Wissen frei. Sie schafft die Grundlage für Innovation und kontinuierliche Verbesserung. Es geht also um die Fähigkeit von Organisationen, kommunikative Prozesse in Gang zu setzen, um in der Organisation verborgenes Wissen freizusetzen. Dabei steht die Organisation als Ort der Begegnung im Mittelpunkt und somit auch eine auf Vertrauen basierte Kommunikationskultur, die Begegnungen ermöglicht und fördert.

Dialogorientierte Großgruppenverfahren/„Large Group Interventions“ (Bunker / Alban 1997) haben in diesem Zusammenhang das Ziel, die ganze Organisation bzw. Organisationseinheit zu erreichen (alle unter einem Dach) und ein ganzheitlich orientiertes, vernetztes Denken in der Organisationen anzuregen und zu unterstützen. Großgruppenverfahren verstehen sich als Meta-Programme für Wandel und Innovationen in Organisationen. Dabei werden häufig explizit oder implizit Prozesse der

3 Appreciative Inquiry wird von zwei Grundprinzipien geleitet: (1) „Das, worauf wir unsere Aufmerksamkeit richten, nimmt zu.“ (2) „Individuell und kollektiv werden wir zu den Geschichten, die wir uns selbst erzählen.“ Mit diesem Ansatz distanziert sich AI von defizitorientierten Verfahren. Die Methode zielt darauf ab, sich an die organisationsinternen Ressourcen und Fähigkeiten anzuschließen und ihnen damit Aufmerksamkeit und ihre Kraft zu geben (vgl. Cooperrider et al 2001; Cooperrider et al 2000; zur Bonsen / Herzog 1999: 81–94).

Begegnung und der Vertrauensbildung in den Mittelpunkt gestellt. An die Stelle der weit verbreiteten und oft lähmenden Angst vor der Zukunft soll Freude an ihrer Gestaltung treten. In vielfältigen Begegnungsformen (organisierte oder selbstorganisierte Kleingruppenarbeit, Brainstorming, Geschichten erzählen, künstlerische Einlagen etc.) wird das kreative Potenzial und die schöpferische Einzigartigkeit der am Prozess Beteiligten geweckt und genutzt. Die Prozessbegleiter wollen die Veranstalter darin unterstützen, in einer Atmosphäre gegenseitiger Wertschätzung aus den Beiträgen jedes Einzelnen neues gemeinsames Wissen zu schaffen. Statt einen Flikkenteppich aus der Summe der Einzelwissen zusammenzuknüpfen, soll eine neue Wissensgestalt entstehen, bei der alle Beteiligten das Gefühl haben können, sie mitgeprägt zu haben.

Dialogorientierte Verfahren haben damit Werkstatt-Charakter. Das Aufbrechen alter Strukturen durch kreative Spiel- und Denk-Räume ist besonders für Personen und Personenkreise interessant, die in festgefahrenen Routinen und Denkmustern erstarrt sind. Das gilt auch für ganze Geschäftsbereiche oder Abteilungen, die sich möglicherweise schon seit Jahren im Kreis bewegen, ohne etwas Neues zustande zu bringen.

Die meisten Großgruppenverfahren wählen einen ‚besonderen' Ort für die Veranstaltung. Er garantiert den besonderen Raum, in dem sich die Teilnehmer wie bei einem Happening ‚freier' bewegen können. Die Räume werden so gewählt, dass sie die geistige Beweglichkeit unterstützen. Ideal sind große offene Räume mit möglichst wenigen, unter Umständen transparenten oder flexibel verstellbaren Wänden, die nicht nur die geistige, sondern auch die körperliche Beweglichkeit unterstützen. Die Möglichkeit, Unerwartetes zu entdecken und zu erleben, überraschende Bekanntschaften zu machen, ist Bestandteil der Methode. Es geht darum, sich zu begegnen, die Perspektiven zu wechseln, dadurch Widerstände abzubauen und sich für ein wirklich gemeinsames Erlebnis und Ergebnis zu öffnen. (Abteilungs-)Egoismen sollen überwunden, eine gemeinsame Vision entwickelt und gemeinsames Wissen erschlossen werden. Da ist es hilfreich, selbst zu erfahren, wie viel man von den anderen profitieren kann. Umso eher wächst die Bereitschaft, das eigene Wissen auch anderen freiwillig zur Verfügung zu stellen.

3.2 Dialog als kreativer Prozess zur Wissensschaffung

Bei Großgruppenverfahren ist die Fähigkeit zum Dialog entscheidend. In Abgrenzung zum Dialog geht es in der Diskussion darum, die Argumente des Gegenüber gezielt zu zerlegen und vielfach zu widerlegen. Der Verlauf gleicht daher mehr einem Ping-Pong-Spiel, in dem feste Standpunkte abwechselnd präsentiert werden. Das Ergebnis einer Diskussion ist häufig eine In-lose-Situation, die sich bereits während des Schlagabtausches abzeichnet. Monologische Debatten im Bundestag sind dafür ein gutes Beispiel.

Beim Dialog geht es dagegen um das Erreichen eines Win-win-Ergebnisses, das alle Beteiligten zufrieden stellt. Der Gesprächspartner ist Mit-Subjekt und nicht ein Objekt (Buber 1962;1992).Voraussetzungen für den Dialog sind:

- die Wechselseitigkeit des Gesprächsverlaufs, das heißt ein gleichberechtigter Rollen- bzw. Sprecherwechsel,

- die prinzipielle Offenheit des Gesprächsverlaufs sowie

- ein gemeinsamer Sachbezug, also ein gemeinsames Interesse an einem für alle Beteiligten relevanten Thema (vgl. Hahn 1999: 10ff.).

Der Dialog wird hier im Rückgriff auf Senge (1998) und Bohm (1998) verstanden als ein freies Fließen von Sinn zwischen den Teilnehmern, der schöpferisches Potenzial freisetzt. Die schöpferische Beziehung zwischen den Teilnehmern markiert nach Burow (2000) ein „kreatives Feld", das auf gegenseitigem Vertrauen in die Anregungsmöglichkeiten durch den jeweiligen Partner und der Bereitschaft zum dialogischen Handeln beruht. Kreative Leistungen sind demnach weniger Verdienst eines Einzelnen als das Ergebnis der „kreativen Konkurrenz" innerhalb soziokultureller Feldern. Burow beschreibt Kreativität als Zustand optimaler Synergien, die vor allem aus der Begegnung unterschiedlicher Personen resultieren, die sich gegenseitig ergänzen. Verschiedenartigkeit ist nicht Belastung, sondern eine Chance zu gemeinsamem kollektivem Denken. Kreative Felder sollten einerseits so elastisch sein, dass Extreme mehr oder weniger harmonisch integriert werden können; andererseits sollten sie spannungsgeladene Gegensätze enthalten, die sich aneinander reiben und dadurch Neues freisetzen können. Für Pöppel (1996) ist der Sprung von der additiven zur kreativen Wissensfusion der Aufbruch zu einer neuen Denk- und Arbeitsweise. Dialog bedeutet also, in einen kreativen Gestaltungsprozess einzutreten, der das schöpferische Potenzial der am Prozess Beteiligten freisetzt. Eine Lernende Organisation entwickelt geistige Kräfte, die Kopf, Herz und Hand aller Beteiligten erreichen.

3.3 Dialogorientierte Großgruppenverfahren im Überblick[4]

Großgruppenverfahren unterscheiden sich hinsichtlich vielfältiger Merkmale: zeitliche und thematische Struktur, Anzahl der Teilnehmer, Handlungsdruck, Ziele, Ergebnisse und Implementierungsstrategien. Einige Verfahren bauen stärker auf Selbstorganisation der Teilnehmer, während andere eine engagierte Moderation und genaue Ablaufplanung erfordern.

Die Zukunftskonferenz (future search conference) nach Weisbord basiert auf der Search Conference von Emery und Twist (vgl. Bunker / Alban 1997: 43) und ist schwerpunktmäßig dafür geeignet, Visionen und Ziele zu entwickeln. Die Teilnehmerzahl variiert zwischen 30 und 72. Sie stellen eine repräsentative Struktur der

4 Hervorragende Informationen finden sich zu den Verfahren unter www.all-in-one-spirit.de.

gesamten Organisation dar. Diese kann auch ein offenes System sein, wie z. B. eine Stadt. Bei der Zukunftskonferenz geht es vor allem darum, gemeinsame Grundlagen zu entdecken und sich auf die positiven Aspekte einer gemeinsam gestalteten Zukunft zu konzentrieren. Das Konzept besteht vor allem darin, den Blick auf die Gemeinsamkeiten auszurichten und nicht auf die Probleme.

Die Zukunftskonferenz gehört zu den stark strukturierten Großgruppenverfahren und befolgt genaue Anweisungen für jeden einzelnen Arbeitsschritt. Dabei werden in drei Tagen in etwa fünfzehn bis zwanzig Arbeitsstunden fünf Phasen durchlaufen: Vergangenheit, Gegenwart, Zukunft, Konsens und Maßnahmenplanung. Der Blick in die Vergangenheit dient dazu, miteinander warm zu werden und ein Gemeinschaftsgefühl zu entwickeln. Dazu berichten die Teilnehmer über persönlichen Erfahrungen, ähnlich Erlebtes und gemeinsame Werte. Eine solche Atmosphäre macht über die Einzelpersonen hinausgehende Erfahrungshintergründe bewusst und unterstützt die Herausarbeitung von Gemeinsamkeiten. In der darauffolgenden Phase der Gegenwart werden mit Hilfe von Mindmaps äußere und innere Entwicklungen näher beleuchtet werden. Hinzu kommt ein Blick auf die positiven Erfahrungen, die mit Stolz erfüllen, ebenso wie auf (Organisations-)Erfahrungen, die mit Bedauern und dem Gefühl des Versagens einhergegangen sind. Daran schließt sich die Kreativphase an: Was in der Zukunft erreicht werden soll, wird über Sketche, Collagen, Bilder oder Gedichte von den Teilnehmern entwickelt. Diese Phase lebt von der Kreativität der Beteiligten; hier können sie ihrer Phantasie freien Lauf lassen, Freude am Spiel entwickeln und verkrustete Konzepte (mentale Modelle) aufbrechen. In der anschließenden Phase wird die gemeinsame Konsensbasis ausgelotet. Als letzter Schritt folgt die Maßnahmenplanung in Projektgruppen.

Damit ist die Zukunftskonferenz ein handlungsorientiertes Großgruppenverfahren, das ergänzt durch entsprechende follow-up-Treffen erhebliche Veränderungswirkungen initiieren kann. Ebenso wichtig wie dieser organisatorische Impuls ist allerdings der immaterielle Nutzen: die gestiegene Bereitschaft zur Veränderung und der ernsthafte Willen zur Umsetzung des Geplanten. Dies gründet in einem größeren Gemeinschaftsgefühl und einer Aktivierung der Mitarbeiter bzw. ihrer Lebensenergie, ihres „spirits“. Die Tiefenstruktur der Organisation lässt sich mit diesem Verfahren erreichen; ihre Kultur wird für einen Veränderungsprozess geöffnet.

Real Time Strategic Change (RTSC)

Die vom Beratungsunternehmen Dannemiller Tyson Associates entwickelte RTSC-Konferenz bzw. ihre Weiterentwicklung zum Whole-Scale-Process setzt nicht auf das Neu-Erarbeiten von Visionen und Schwerpunktzielen. Sie soll helfen, Visionen bzw. Programme, die von der Geschäftsführung vorgegebenen werden, gemeinsam zu überprüfen, zu optimieren und dadurch den strategischen und kulturellen Wandel der Organisation auf sehr breiter Basis in Gang zu setzen. Erfolgsvoraussetzung ist, dass die Organisationsleitung auch wirklich bereit ist, die Anregungen der Mitarbeiter in die Strategie mit einzubinden. „The process is successful because it can empower people who previously assumed that they had no power, then moves them to take responsibility for creating the future they want or need.“ (Bunker / Alban 1997: 84)

In den Startsitzungen mit dem Geschäftsführerkreis bzw. in Einzelgesprächen müssen zunächst Arbeitsformen und ein strategischer Rahmen erarbeitet werden, den es im eigentlichen Großgruppen-Event auszufüllen gilt. Die RTSC-Konferenz selbst dauert bis zu drei Tage und setzt auf interaktive Kleingruppenarbeit, bei der jeweils neun Teilnehmer zu Arbeitsgruppen zusammengefasst werden. Als erstes werden die aktuellen Problembereiche definiert und der Veränderungsdruck verdeutlicht. Dazu werden externe Sichtweisen (z. B. Lieferanten) und interne Sichtweisen (Mitarbeiter, Geschäftsführung) eingeholt, um die aktuelle Situation kritisch zu beurteilen. Ein Informationsmarkt schafft Möglichkeiten zum „Networking“ untereinander, d. h. es werden übergreifende Funktionsgruppen eingerichtet, so dass Mitarbeiter sich im Querverbund austauschen können. Danach gibt es ein umfassendes Feedback zum bisherigen Tagesgeschehen, das die Geschäftsführung möglicherweise zu einer Überarbeitung ihrer ausgerufenen Strategie veranlasst. In der Phase der Aktionsplanung werden nun Erfolgskriterien für einen Organisationswandel definiert und auf Pinnwänden visualisiert. Die Mitarbeitern ordnen sich dann interessengeleitet den möglichst heterogen zusammengesetzten Aktionsgruppen zu. Danach erfolgt eine Bewertung der Aktionspläne durch das Plenum und die Geschäftsführung sowie eine anschließende gemeinsame Auswertung der Tagung (vgl. Krieg / Pfeifer 2000: 235ff.).

Bei bei RTSC sollen die Teilnehmer mit der Realität Kontakt aufnehmen, sich mit einer vorgegebenen Strategie auseinandersetzen, sie optimieren und sich dann mit ihr identifizieren. Schließlich geht es darum, erste Schritte einzuleiten und vor allem die Glaubwürdigkeit schaffen, die gemeinsam beschlossenen Maßnahmen auch umzusetzen. Das zusammen ergibt die Energie zur Veränderung.

Open Space Technology

Die Open Space Technology ist ein Großgruppenverfahren des amerikanischen Unternehmensberaters Harrison Owen (1997; 2000). Die Wertschätzung der ‚erlösenden‘ Kaffeepausen auf einer Konferenz veranlassten Owen zu der Überlegung, genau diese Kommunikationsenergien zu einem wesentlichen Bestandteil seiner Methodik zu machen.

Wie sich aus dem Namen schon ableiten lässt, ist Open Space im Vergleich zu den anderen Verfahren sicherlich das ‚offenste‘ hinsichtlich Ablauf und Struktur. Es dient der schnellen Erarbeitung von Lösungen und Veränderungsansätzen zu einem komplexen und vielfach konfliktbeladenen Thema. Die Teilnehmerzahl liegt zwischen acht und eintausend Teilnehmern, die sich in einem Zeitraum zwischen wenigen Stunden und drei Tagen in einem per se ‚offenen‘ Prozess befinden: Der Veranstaltungsablauf wird ausschließlich durch die Teilnehmer bestimmt.

Im Open Space ist nur das Gesamtthema der Konferenz vorgegeben. Ansonsten besteht prinzipielle Offenheit hinsichtlich der zu diskutierenden Einzelthemen. Die Teilnehmer sind aufgefordert anzumelden, welche Themen sie für wichtig halten und für welche sie demnach Verantwortung übernehmen wollen. Dies führt zu einem großen Spektrum an Vorschlägen und Ergebnissen zum Leitthema sowie zu ersten Gruppenbildungen für die Umsetzung der Ideen.

Das Prinzip der Freiwilligkeit macht transparent, was den einzelnen Personen wichtig ist: Als „Convener" können sie ihre persönlich wichtigsten Themen auf dem ‚Marktplatz' anmelden und für die sich daraus bildende Arbeitsgruppe als Gesprächsleiter fungieren. Als sogenannte Hummeln haben andere Teilnehmer die Freiheit, von einer Arbeitsgruppe zur anderen zu fliegen und so unterschiedliche Themengruppen zu befruchten. Und als sogenannte Schmetterlinge können Teilnehmer sich auf eine Gruppe beschränken und dort zur kreativen Interaktion innerhalb und außerhalb der Gruppen beitragen. Das Prinzip der Freiwilligkeit berücksichtigt überdies gruppendynamische Aspekte: Arbeitsgruppen suchen sich ihre eigenen Zeiten und Räume und organisieren selbst den Ablauf der Gruppenarbeit. Bei der Bewältigung der selbstgestellten Arbeitsaufgabe zeigt sich dabei rasch, wie hoch die Gruppenenergie und das Engagement der Beteiligten ist. (vgl. Owen 1997: 46). Auch das „Gesetz der zwei Füße" unterstreicht die Freiheit und Selbstbestimmung der Teilnehmer, an einer Arbeitsgruppe mitzuwirken oder sie nach Belieben wieder zu verlassen. Daraus leiten die vier Grundprinzipien von Open-Space-Konferenzen ab (Owen 1997: 68):

1. Whoever comes is the right people.
2. Whatever happens is the only thing that could have.
3. Whenever it starts is the right time.
4. When it is over it is over.

Die Moderation ist darauf beschränkt, die Veranstaltung zu eröffnen und zu beschließen sowie physisch und mental präsent zu sein, sich aber ansonsten aus allen inhaltlichen und strukturellen Fragen herauszuhalten und nur in schwierigen Situationen einzugreifen, um den Raum weiterhin offen zu halten („holding the space against space invadors").

Mit der Open Space Technology gelingt es, nicht nur relevantes Wissen freizusetzen, sondern gleichzeitig Teamgeist, eine Vertrauenskultur und gemeinsame Ideen entstehen zu lassen. Die wesentliche Leistung des Verfahrens besteht darin, einen qualitativen Sprung in der Organisationskultur herbeizuführen. Dabei ist von den Organisationen und Prozessbegleitern darauf zu achten, dass sich die verfahrenstypischen Prozesse der Selbstorganisation im Arbeitsalltag fortsetzen und somit zum Empowerment beitragen.

4. Voneinander lernen – miteinander wissen

Wissen ist nichts Beständiges und stellt somit keine Ressource dar, auf die jederzeit unbegrenzt zurückgegriffen werden kann. Wissen in Organisationen kann meist nur zeitlich begrenzt zur Lösung von Problemen genutzt werden; es veraltet vielfach schnell und wird nutzlos. Organisationen stehen heute jedoch vor zunehmend komplexeren Anforderungen, bei deren Bewältigung sie auf eine hohe Lernfähigkeit der Organisationsmitglieder und der Organisation als Ganzes angewiesen sind. Um diese Aufgabe zu lösen, ist das Management von Wissen ein wichtiger Schritt.

Eingebettet in Konzepte des organisationalen Lernens geht es dabei um die Schaffung eines kollektiven Wissens, das die Organisation als Gemeinschaft umschließt und an dem jeder in der Organisation partizipieren kann, so wie auch jeder immer wieder neues Wissen in diese Gemeinschaft hineinträgt. Um zu einem solchen Wissensmanagement zu gelangen, gibt es allerdings eine Reihe von Voraussetzungen, die eine Organisation zu erfüllen hat:

Die wichtigste Grundlage organisatonalen Lernens liegt im individuellen Lernpotenzial der Organisationsmitglieder. Dennoch ist das Lernen einer Organisation nicht gleichbedeutend mit der Summe der individuellen Lernaktivitäten. Organisationales Lernen funktioniert zwar nur mit lernfähigen, sprich veränderungsbereiten Organisationsmitgliedern, doch diese lernen durch ihren Bezug zur Organisation. Ein kollektiver Bezugsrahmen entsteht als gemeinsames Ergebnis aller Beteiligten (Individuen, aber auch Gruppen und die Organisation als Gesamtsystem), die in dynamischen Aushandlungsprozessen ihre individuellen Wirklichkeiten und mentalen Modelle abgleichen und dadurch tieferliegende gemeinsame Sinn-Strukturen schaffen. Diese schlagen sich als dynamisches Konstrukt in der Kultur und in den gemeinsamen Überzeugungen nieder und existieren unabhängig vom Individuum innerhalb der Organisation. Solche kulturellen Verfestigungen sind es wiederum, welche die Individuen in ihrem Handeln und ihrem Umgang miteinander beeinflussen: wie sie kommunizieren, wie sie kooperieren und wie sie ihr soziales Gefüge weiterentwickeln. Erst die sozialen Beziehungen machen eine Organisation zu dem, was sie ist.

In den Theorien organisationalen Lernens ist die kommunikative Schaffung gemeinsamen Wissens durch eine gemeinsame Vision oder Team-Lernen ein zentrales Thema. Es geht darum, sich Zugang zu relevantem Wissen zu schaffen, neues Wissen zu erzeugen und permanent weiterzuentwickeln, statt Wissen zu besitzen und zu speichern. Lernprozesse verlaufen in Schleifen und sind stets Ausgangspunkt der Wissenserzeugung und gleichzeitig ihr Ergebnis, da sich der Lernprozess selbst mitverändert hat.

Organisationales Lernen erweist sich somit als ein komplexer kommunikativer Prozess, der tief in der Systemdynamik einer Organisation verankert ist. Das betrifft vor allem tieferliegende, oft unbewusste Seiten der Organisation, sprich ihrer Kultur. Wenn die tief im Kulturkern der Organisation verwurzelten und emotional verankerten grundlegenden Überzeugungen auf Widerstand eingestellt sind, werden auch alle darauf aufbauenden Prozesse negativ mitbeeinflusst. Umso gravierender ist es, wenn eine Organisation ihre kommunikativen Pathologien – Misstrauen, Informationsblockaden, Win-Lose-Kommunikation – nicht überwinden kann.

Organisationales Lernen lässt sich nicht aufoktroyieren und nicht mit brachialer Gewalt aus dem Boden stampfen. Eine Lernende Organisation ist vielmehr ein Lern- und Entwicklungszentrum, das sich stets vorwärts bewegt und nie vollendet ist, weil es um das Bemühen geht, die Dinge der Welt ständig neu zu ordnen und zu verstehen. Wesentliche Vorbedingung, um in einen Prozess des Wissensaustauschs und er wechselseitigen Wissensgenerierung einzutreten, ist die Herstellung von Vertrauen zwischen den Beteiligten, also eine bestimmte Kommunikationsqualität, die Austausch überhaupt erst ermöglicht.

Ein wichtiges Instrument, um das Lernen in und mit Organisationen zu unterstützen sind die dialogorientierten Großgruppenverfahren. Sie sind immer mit einer gewissen Unruhe verbunden, da sie Routinen aufbrechen und Prozesse des Entdekkens, Ausprobierens, Kombinierens und Reflektierens anstoßen. Die Teilnehmer sind dabei Forscher, die ihre Organisation zu erkunden und zu optimieren suchen. Die Moderatoren fungieren als Gestalter sozialer und kommunikativer Prozesse, indem Lerngemeinschaften, Netzwerke und Mikrowelten zum gemeinsamen Wahrnehmen, Verstehen und Erforschen geschaffen werden. Großgruppenverfahren unterstützen in diesem Sinne gezielt Prozesse der Vertrauensbildung.

Organisationales Lernen ist organisationseigen und -spezifisch. Eine einheitliche Theorie ist nicht in Sicht und genauso wenig existiert ein allgemeingültiges Patentrezept zur Umsetzung. Allerdings gibt es eine Reihe von best practices, die mit Erfolg angewendet werden. Unabhängig von spezifischen Instrumenten ist es zunächst wichtiger, dass eine Organisation überhaupt fähig ist, kollektive Lernprozesse zu initiieren und sie in Gang zu halten.

Die grundlegende Basis für organisationales Lernen ist Kommunikation sowie die Bereitschaft der Beteiligten, Wissen miteinander zu teilen. In Bezug auf die Betroffenen geht es dabei um ihre Fähigkeit zu gemeinsamem Lernen, auf Seiten der Organisation geht es darum, die Kompetenzen und die Problemlösungsfähigkeit der Organisation und ihrer Mitglieder zu erhöhen. Die Organisation als System schafft, nutzt und entwickelt dabei eine kollektive Intelligenz (collective mind). Um dies zu bewerkstelligen, muss sie eine zu ihrer Operationsweise passende Kommunikations- und Informationsstruktur entwickeln. Sie braucht Kommunikationsräume und Begegnungsmöglichkeiten, welche die Rolle der Kommunikation in den Vordergrund stellen und Kommunikationsnetzwerke als selbstorganisierende Systeme entstehen lassen.

Wissen wird häufig immer noch als Macht angesehen, die gegen bereichsübergreifende Zusammenarbeit und für Abgrenzungen innerhalb von Organisationen eingesetzt werden muß. Dies führt zu Bereichsmentalitäten, Abteilungsdenken und Ressortzäunen. Im Konzept des organisationalen Lernens ist Wissen nicht Macht, sondern Möglichkeit. Es entsteht, wenn Organisationen bzw. Bereiche zusammenrükken, genauer, wenn Menschen zusammenrücken und eine gemeinsame Kommunikations- und Vertrauensbasis entwickeln können. Begegnungen in einer qualitativ hochwertigen Kommunikationskultur unterstützen den Prozess organisationalen Lernens. Solche Begegnungen sind die unmittelbarste Form der Austausches und ermöglichen gemeinsame Erfahrungen. Der gemeinsame Erfahrungshintergrund dient wiederum als Basis des gemeinsamen Lernens.

Daher gilt es, eine Kommunikationskultur der Begegnung zu etablieren, die vertrauensbildend ist, die gemeinsame Erfahrungen ermöglicht und die den persönlichen direkten Dialog und Feedback stützt. Für die Führungskräfte heißt dies, dass sie bestimmte Grundprinzipien nicht nur verordnen können, sondern auch den Mitarbeitern bzw. Betroffenen vorleben müssen

Geteiltes Wissen ist doppeltes Wissen. Durch ein vertrauensvolles Miteinander in einer auf gegenseitiger Unterstützung basierenden Gemeinschaft wird Wissen freigesetzt und trägt nachhaltig zur Schaffung eines kollektiven Wissensnetzwerks bei. Der Anspruch des organisationalen Lernens ist engstens an eine Kommunikationskultur gekoppelt, welche die Bereitschaft und die Fähigkeit fördert, voneinander zu lernen und Wissen miteinander zu teilen. Eine Gemeinschaft des Wissens entsteht, wenn es gelingt, divergierende Bereichsmentalitäten und Einzelinteressen in eine Kultur der Begegnung und des Vertrauens zu transformieren.

Literatur:

Argyris, Chris (1964): Integrating the Individual and the Organization. New York.

Argyris, Chris (1987): Wenn Manager nicht offen miteinander reden. In: Harvard Business Manager 2/87: 7-10.

Argyris, Chris (1990): Overcoming Organizational Defenses. Facilitating Organizational Learning. New Jersey.

Argyris, Chris / Schön, Donald A. (1978): Organizational Learning. A Theory of Action Perspective. Reading, MA.

Argyris, Chris / Schön, Donald A. (1999): Die Lernende Organisation. Grundlagen, Methode, Praxis. Stuttgart.

Baecker, Dirk (1999): Organisation als System. Aufsätze. Frankfurt a. M.

Beck, Ulrich (1982) (Hrsg.): Soziologie und Praxis. Erfahrungen, Konflikte, Perspektiven. Göttingen/Baden-Baden.

Bohm, David (1998): Der Dialog. Das offene Gespräch am Ende der Diskussion. Stuttgart.

Bonsen, Matthias zur / Herzog, Isis (1999): Großgruppenkonferenzen: Foren für den schnellen Wandel. In: Graf, Jürgen (Hrsg.): Seminare 2000: Das Jahrbuch der Management-Weiterbildung. Bonn: 81; auch www.all-in-one-spirit.de.

Buber, Martin (1992): Das Dialogische Prinzip. [Zuerst 1962] 6. durchges. Auflage. Gerlingen.

Bunker, Barbara B. / Alban, Billie T. (1997): Large group interventions. Engaging the whole system for rapid change. San Francisco.

Burow, Olaf-Axel (2000): Ich bin gut – wir sind besser. Erfolgsmodelle kreativer Gruppen. Stuttgart.Cooperrider, David L. / Sorensen, Peter F. / Whitney, Diana (Hrsg.) (2000): Appreciative Inquiry. Rethinking Human Organization Toward a Positive Theory of Change. Champaign, IL.

Cooperrider, David et al. (2001): The Appreciative Organization. Erscheint im Herbst.

Gairing, Fritz (1999): Organisationsentwicklung als Lernprozess von Menschen und Systemen. 2. durchges. Aufl., Weinheim.

Gäck, Christoph

Anmerkungen zur Verwaltungsreform gestern und heute

Jürgen Reese

Die Reform der staatlichen Institutionen der Bundesrepublik bietet eine bewegte Geschichte, die in der Wahrnehmung der überwiegenden Zahl langjähriger Begleiter wohl eher Skepsis hinsichtlich der Modernisierungsfähigkeit auslöst. Ein Blick zurück auf die letzten drei Jahrzehnte zeigt, wie mühsam sich die Verwaltungspolitik bewegt. Seit der Propagierung des „Neuen Steuerungsmodells" durch die Kommunale Gemeinschaftsstelle für Verwaltungsvereinfachung ist allerdings ein regelrechtes Reformfieber ausgebrochen, das mit mehrjähriger Verzögerung nach den Kommunalverwaltungen nun auch die Verwaltungen des Bundes und der Länder erreicht hat.

1. Zwei Thesen

Seit zwei Jahren betreue ich als Studienleiter ein dreisemestriges Weiterbildungsstudium „Öffentliches Management", das die Universität-GH-Kassel gemeinsam mit der Verwaltungsfachhochschule Wiesbaden anbietet und das mit einem Master of Public Administration abschließt. Der Andrang hierzu aus den Reihen des gehobenen, aber auch des höheren Dienstes ist weit höher als erwartet und gab so den beteiligten Dozenten Gelegenheit zu einem intensiven Gedankenaustausch mit den praxiserfahrenen Studenten über Reformabsichten und Reformprozesse in unterschiedlichen Dienststellen. Es wäre verfrüht, wegen mangelnder Repräsentativität vielleicht auch grundsätzlich überzogen, aus der Fülle dieser qualitativ hochwertigen Informationen verallgemeinernde Schlüsse in Hinblick auf die gegenwärtige Verwaltungsreform zu ziehen. Nur mit Vorsicht sei deshalb in einem Zwischenbilanz zum Ausdruck gebracht, dass sich wie auch schon in früheren Zeiten eine große Kluft zwischen Ankündigung und Realisierung auftut.

Nie zuvor wurde die Verwaltung derart hart in ein neues Bett gezwängt, wie es in diesen Jahren mit der Budgetierung, der Kosten- und Leistungsrechnung und dem Controlling geschieht. An der Basis erlebt man allerdings weitgehend Unverständnis, Ratlosigkeit, und es ist noch keineswegs ausgemacht, dass der eingeschlagene Weg den von Politikern erwünschten Erfolg bringen wird. So wird man eines Tages im Rückblick vielleicht wieder einmal eine Periode der Reform-Rhetorik konstatieren.

Es liegt also nicht in meiner Absicht, aus Einzelaussagen der Studenten unseres Weiterbildungsstudiengangs zu einem Verdikt zur Verwaltungsreform zu verdichten. Vielmehr soll im folgenden die „Reform-Rhetorik“ selbst zum Gegenstand einer kritischen Prüfung gemacht werden. Letzten Endes müsste man aus sozialwissenschaftlicher Sicht dazu die Reformen evaluieren – was ja hier und da im kommunalen Bereich zaghaft geschieht. Für die staatliche Verwaltung ist dazu der Zeitpunkt noch zu früh. Ich gehe deshalb einen anderen Weg: den der Kritik der Rhetorik selbst. Eine Möglichkeit hierzu bieten die Publikationen unter dem Obertitel „Moderner Staat – Moderne Verwaltung“, die seit Sommer 2000 von der Bundesregierung herausgegeben worden sind.

Meine Ausführungen laufen auf die Behauptung hinaus, dass die Verwaltungsreform unserer Tage auf staatlicher Ebene – natürlich entgegen ihrer eigenen Rhetorik – ohne Leitbild, ja theorielos ist. Letzten Endes ergibt sich hieraus, dass sie wegen fehlender Maßstäbe weder erfolgreich sein noch scheitern kann. Mehr noch: Sie bietet nicht einmal einen Ansatz für eine wissenschaftliche Auseinandersetzung. Mit Rücksicht auf die an dieser Stelle gebotene Kürze trete ich den Beweis nur skizzenhaft an.

Zum ersten soll gezeigt werden, dass die Reform ahistorisch ist: Sie nimmt nicht die Gesamtheit der Erfahrungen auf, die in den vielen Jahren zuvor bei zu- und abnehmenden Konjunkturen der Verwaltungsreform gewonnen worden sind. Würde sie dies tun, würden Probleme des Dienstrechts, des Tarifvertragsrechts, der Führung, der Personalplanung und Qualifikation mit mindesten ebensolcher Aufmerksamkeit bedacht wie Fragen der Budgetierung und der Kosten- und Leistungsrechnung.

Zum zweiten wird im Folgenden deutlich werden, wie beliebig der Reform- bzw. Modernisierungsbegriff verwendet wird. Wenn jede Veränderung ‚durch Handauflegen‘ zur Reform geheiligt wird, ist der Begriff als Unterscheidungsmerkmal untauglich und damit überhaupt wertlos.

2. Rückblick

In der folgenden Übersicht werden zunächst 12 mittlerweile ‚historische‘ Ansätze herausgegriffen, mit denen das Verwaltungshandeln zur jeweiligen Zeit auf eine neue Basis gestellt werden sollte. Jeder von ihnen hat seine eigene Geschichte geschrieben. Auch wenn der eine oder andere Ansatz als gescheitert oder aufgrund veränderter Rahmenbedingungen als überholt gilt, sind die hinter ihm stehenden Ziele doch nach wie vor von Bedeutung und müssten in einen Ansatz zur Modernisierung der Staatsverwaltung bewusst aufgenommen, ja integriert werden.

1. Verwaltungsautomation: Die schrittweise Einführung der EDV –zunächst vor allem in der Massenverwaltung führte zu einer oft als schmerzlich empfundenen Anpassung der Organisationsstruktur an die Erfordernisse der Datenverarbeitung. Den hoch qualifizierten Mitarbeitern der Großrechenzentren standen niedrig bezahlte Datentypistinnen gegenüber, Sachbearbeitung wurde durch vorgefertigte EDV-Programme schematisiert, die vormals ganzheitliche Sachbearbeitung in kleinere Arbeitsschritte zerlegt (Dequalifizierung), Schreibdienste wurden zentralisiert.

2. Gebietsreform: Zur Steigerung der „Verwaltungskraft“ wurde bundesweit eine Gebietsreform durchgeführt, an deren Ende unzählige Gemeinden ihre Selbstverwaltung zugunsten größerer Verwaltungseinheiten aufgeben mussten. Viele Gemeinden fanden sich plötzlich als Anhang einer größeren Stadt wieder, andere wurden zu Kunststädten verbunden, die irgendwo in einem imaginären Zentrum auf der grünen Wiese ein neues Rathaus bauen durften.

3. Informationssysteme: Mit politischer Planung und sogenannter Programmbudgetierung wollte man den vermeintlich verlorenen Primat der Politik gegenüber der Verwaltung Anfang der 70er Jahre zurückgewinnen. Die Bundesregierung entwickelte ein „Frühkoordinierungssystem“, das die zeitliche und inhaltliche Abstimmung der Vorhabenplanung in den Ressorts sicherstellen sollte. Für den Bundeskanzler wurden die Grundzüge eines „Kanzlerinformationssystems“ (KIS) entworfen, in Rheinland-Pfalz ließ die Staatskanzlei ein „Integriertes Planungs-, Entscheidungs- und Kontrollsystem“ (IPEKS) entwickeln. Von all dem ist nichts geworden bzw. geblieben.

4. Politische Planung: Zu etwa der gleichen Zeit machten Politikwissenschaftler die Ursachen für den Verlust des Primats der Politik in der Haushaltsplanung aus. Sie sahen die zunehmende gesetzliche Festlegung der Ausgaben („Versteinerung der Haushalte“). Wenn deshalb schon nicht kurzfristig umgesteuert werden kann, so sollte der politische Handlungsspielraum wenigstens mittelfristig zurückgewonnen werden. Die Folge war die Einführung der mittelfristigen Finanzplanung („MifriFi“) und einer neuen Haushaltssystematik („Funktionenplan“) in der Großen Koalition 1966-1969. Die erwünschte Wirkung blieb aus.

5. Budgetierungssysteme: In Anlehnung an das in der Kennedy-Administration eingeführte Planning-Programming-Budgeting-System (PPBS), das ebenfalls den Primat der Politik gegenüber der Verwaltung sicherstellen sollte, wurde die Einführung eines Programmbudgets auch in der Bundesrepublik erwogen. Nach der top-down-Methode sollte auf der politischen Ebene zunächst eine Zielplanung erstellt werden, aus der dann von der Verwaltung konkretisierende Programmvorschläge zu entwickeln waren. Diese Programme sollten anschließend gewichtet und entsprechend mit Mitteln ausgestattet werden. In den USA ließ man jedoch bald davon ab,

nachdem sich der gigantische Aufwand in der amerikanischen Bundesverwaltung als weitgehend nutzlos erwiesen hatte. Immerhin nahm man in Deutschland in das Haushaltsgrundsätze-Gesetz die Verpflichtung zu Kosten-Nutzen-Analysen bei wichtigen Vorhaben auf. Nachdem sich unter anderem am Beispiel des Saar-Pfalz-Kanals gezeigt hatte, dass die Ergebnisse solcher Analysen ‚bestellt' werden können, wurde selbst diese Verpflichtung nicht mehr ernst genommen.

6. Dienstrechtsreform: In den 70'ger Jahren wandte sich die Verwaltungspolitik dem öffentlichen Dienst zu. Eine Enquete-Kommission des Deutschen Bundestages erarbeitete im Laufe mehrerer Jahre Vorschläge für eine Dienstrechtsreform. Sie erlitten das typische Schicksal der meisten früheren Reformversuche: Sie wurden einfach liegen gelassen. Zwar kommen die Fragen der Rechtsstellung von öffentlichen Angestellten und Beamten, ihrer ‚Laufbahnen' und Vergütung in der Öffentlichkeit seitdem nicht zur Ruhe –Fiskalkrise und hohe Arbeitslosenquote verstärken vielmehr die öffentliche Kritik insbesondere am öffentlichen Dienst –doch ist eine überfällige grundlegende Revision des Dienstrechts nicht in Sicht.

7. Evaluation und Implementationsforschung: Führende Verwaltungswissenschaftler in Deutschland entdeckten in derselben Zeit ein ganz anderes Defizit der Verwaltung: das „Vollzugsdefizit". Sie konnten es durch sogenannte Evaluationsstudien an mehreren Beispielen (u. a. Städtebauförderungsgesetz) nachweisen. Den Ursachen dieses Vollzugsdefizits ging man in der Implementationsforschung nach und wurde z. B. in bestimmten Ausprägungen des kooperativen Föderalismus fündig. Nachhaltige verwaltungsreformerische Konsequenzen haben sich daraus nicht ergeben.

8. Entbürokratisierung: Anfang der 80er Jahre geriet mit der bürokratischen Form des Verwaltungshandelns ein altes Thema verstärkt ins Visier der Verwaltungskritik. Sich progressiv gerierende Bundesländer setzten „Entbürokratisierungskommissionen" ein, die vornehmlich Gesetze und Verordnungen auf Streichungsmöglichkeiten hin untersuchten. In einzelnen Ländern entfielen darauf hin tatsächlich zahlreiche Regelungen. Nur bemerkte das kaum jemand, weil sie schon vorher nicht mehr angewandt worden waren. Eine wirtschaftspolitische Variante der Entbürokratisierung entfaltet –von der Europäischen Kommission mächtig angetrieben – sehr viel mehr Wirkung: die Deregulierung bestimmter Märkte, etwa des Telekommunikations- und des Energiemarktes.

9. Aufgabenkritik: Der Frage, ob der Staat in immer weitere Bereiche der Gesellschaft regelnd eingreifen soll oder ob er in mancher Beziehung nicht schon über das Ziel hinaus geschossen ist, entspricht auf der organisatorischen Ebene die Frage, ob er sich über wichtige hoheitlichen Funktionen hinaus nicht auch unnötige Aufgaben stellt – sei es, dass die Aufgabe erledigt, ausgelaufen ist, wie z.B. die Kriegsopferfürsorge, sei es, dass sie aus politischem Opportunismus neu begonnen wurde, wie z.B. die Bereitstellung und Unterhaltung von Freizeitanlagen und Bibliotheken. Unter dem Titel Aufgabenkritik hat sich insbesondere die KGSt für die Gemeinde- und Kreisverwaltungen in den 80er Jahren intensiv gutachterlich mit dem Thema auseinandergesetzt – mit mäßigem Erfolg.

10. Privatisierung: Erst die andauernde Fiskalkrise der öffentlichen Hände hat eine über die Aufgabenkritik hinausgehende Privatisierung der Erledigung von Aufgaben auf die politische Tagesordnung gebracht. Dabei geht es in erster Linie um Aufgaben, deren Erfüllung im öffentlichen Interesse steht, nicht aber staatlich organisiert sein muss. Ohnehin hat sich hier eine geradezu botanische Vielfalt von Organisationen im Zwischenreich von staatlichem und privatem Sektor entwickelt – vom kommunalen Eigenbetrieb über das öffentliche Unternehmen in der Rechtsform einer GmbH oder AG bis zu Beteiligungen an gewerblichen Unternehmen. Die Motive sind dabei höchst unterschiedlich: Teils glaubt man an mehr Flexibilität und Wirtschaftlichkeit im gewerblichen Sektor, teils zielt man auf Verkaufserlöse („Tafelsilber"). Die Privatisierungs-‚welle' der 90er Jahre hat durchaus einige Bewegung in die Verwaltungsreform gebracht (etwa bei Post und Bahn).

11. Rechnungskontrolle: Ein nicht unbedeutender, wenn auch in seiner Wirkung schwer einzuschätzender Motor kontinuierlicher Verbesserung des Verwaltungshandelns ist die „Rechnungsprüfung". Die Kontrolle der Rechnungshöfe Jahr für Jahr mit spektakulären Berichten über die Verschwendung von Steuermitteln wird zwar immer wieder als ‚zahnlos' bezeichnet, weil ‚das Kind bereits in den Brunnen gefallen ist'. Jedoch wird die ex-post-Kontrolle von den Verwaltungen antizipiert und entfaltet daraus eine zugegebenermaßen nicht quantifizierbare Wirkung. Außerdem erstellen die Rechnungshöfe Organisationsgutachten nach eigenem Gutdünken und können damit in das operative Verwaltungshandeln zumindest empfehlend eingreifen. Strukturveränderungen haben sich Organisationsgutachten der Rechnungshöfe nicht ergeben.

12. Benchmarking: In jüngerer Zeit hat sich mit dem sogenannten benchmarking ein weiterer Ansatz entwickelt, der zwar bescheidene, jedoch durchaus spürbare Veränderungen in der verwaltungspolitischen Szene zur Folge hat. Dabei geht es um die Festlegung und quantitative Messung von Leistungsindikatoren für die Verwaltung – z. B. Durchlaufzeit von Anträgen auf Bauvorhaben, für Personalaus-weise, oder die Kosten einer bestimmten Dienstleistung. Mittels dieser Indikatoren können Verwaltungsleistungen national und international verglichen und es kann eine Liste der Top Ten aufgestellt werden. So wie alle Vergleiche ‚hinken' auch diese. Es hat sich aber gezeigt, dass ein schlechtes Abschneiden bei den betreffenden Verwaltungen gelegentlich zu einer Ursachenanalyse führt und dann oft auch positive Konsequenzen zeitigt.

Weitere Ansätze der Verwaltungsreform ließen sich benennen. Die Aufzählung verdeutlicht aber auch so das andauernde Leiden an der Verwaltung und das Leiden der Verwaltung an sich selbst. Sie belegt die Vielzahl der Reformansätze ebenso wie die opportunistische Sprunghaftigkeit der verwaltungswissenschaftlichen und der verwaltungspolitischen Agenda.

Der Aufbau der Kommunal- und Landesverwaltungen in den neuen Ländern hätte nach Ansicht vieler Wissenschaftler die Chance zu einer grundlegenderen Reform geboten, die man unter anderem in der Hoffnung hätte nutzen sollen, dass es leichter sein würde, dort Bewährtes später in die alten Länder zu reimportieren. Die große

Eile, mit der das dort entstandene Chaos durch eine geordnete Verwaltungsführung zu ersetzen war, ließ dafür aber wohl zu wenig Atem. So blieb diese Chance der Wiedervereinigung nach allgemeiner Einschätzung ungenutzt (Seibel u. a., Verwaltungsreform).

Diese Ansätze zu Reformen greifen unterschiedlich tief in unsere überlieferten Verwaltungsstrukturen ein und sie sind nicht alle gleich konkret. Teilweise handelt es sich eher um Diskussionen, die in der Wissenschaft ausgelöst wurden und dann von innovationsbereiten Verwaltungspraktikern aufgenommen wurden. Wenn größere Reformvorhaben in der Vergangenheit wenigstens eine Chance der Umsetzung gehabt haben, dann lag diese immer in einer gewissen Institutionalisierung der Innovation. Beispiele hierfür sind die „Projektgruppe Regierungs- und Verwaltungsreform beim Bundesminister des Innern" (1968ff.), die u. a. das Institut der Parlamentarischen Staatssekretäre erfand, und die Enquete-Kommission „Dienstrechtsreform" des 6. Deutschen Bundestages.

Die Institutionalisierung als solche ist demnach zwar ein Zeichen für eine gewisse Stärke des Veränderungswillens, doch erweist sie sich beim zweiten Hinsehen oft auch als Strohfeuer, in dessen Lichtschein sich einige Akteure darstellen wollen. Ihnen kommt es auf ihren persönlichen Erfolg, nicht auf den der Reform an. In dieser Weise institutionell ‚scheinbar' abgesicherte Reformen sollte man von anderen, aussichtsreichen Unternehmungen unterscheiden können. In diesem Sinne werden im Folgenden aktuelle Reformen und Reformvorhaben einer knappen Kritik unterworfen, soweit sie in der im Jahr 2000 erschienenen Broschüre „Moderner Staat – Moderne Verwaltung" der Bundesregierung zu entnehmen sind. Damit komme ich zu meiner zweiten These – der Konturenlosigkeit des Reformbegriffs.

3. Wenn Verwaltungsreform alles ist...

Auf 136 Seiten fasst diese Broschüre derzeitige Aktivitäten zur Staats- und Verwaltungsmodernisierung in Bund und Ländern nach deren jeweils eigenen Angaben zusammen und liefert damit ein beachtliches Kompendium. Aber es ist eine Selbstdarstellung. Solche Selbstdarstellungen neigen zu Übertreibungen, und vor allem enthalten sie in der Tendenz eher Absichten – was man dann in der Regel „Projekte" nennt – als nüchterne Bilanzen vergangener Bemühungen. So überrascht es nicht, dass sich in dem Kompendium nicht ein einziger Satz finden lässt, der ein Scheitern wenigstens teilweise für möglich hält. Der Duktus der Sprache ist normativ (sollen, müssen, ist vorgesehen usw.) und euphemistisch (hat sich bewährt, trifft auf Zustimmung, hat Nachahmer gefunden...). „Das Programm ist erfolgreich" lautet lapidar die Überschrift des ersten Kapitels einer kürzlich vorgelegten Zwischenbilanz (Moderner Staat... Zwischenbilanz:, S. 9).

Auch der Vergleich der Landesdarstellungen hilft weiter. Da werden seitenweise Reformen aufgezählt, die im Vergleich zu den Darstellungen anderer Länder schwerlich als solche bezeichnet werden können. Andere türmen gewaltige Programme auf, doch sind das alles nur Absichtserklärungen, und noch kein einziges Ergebnis kann vorgewiesen werden. Und wenn die Bundesverwaltung sich zugute hält, 86 wissenschaftliche Gutachten vorliegen zu haben, aus denen nun das Nützliche herauszufiltern sei, so fühlt man sich an die bewährte Strategie des symbolischen Gebrauchs der Politik – hier der Wissenschaft – erinnert, eine Verschleierung eigener Untätigkeit.

Immerhin schreiben die Verfasser aller Länder über die Formen, die diese zur Institutionalisierung der Verwaltungsmodernisierung gewählt haben. Und dabei stellt sich im Überblick rasch heraus, dass sich die Staatskanzleien, also die Regierungschefs selbst des Themas angenommen haben. Reform ist in einer Weise Chefsache, wie sie es nie zuvor gewesen ist. Das könnte ein deutliches Zeichen dafür sein, dass hinter dem Berg von Ankündigungen hier und dort auch guter Ackerbau betrieben wird.

Die folgende Darstellung ist nur ein knapper Extrakt der Broschüre, wobei die Beispiele überwiegend der Selbstdarstellung des Bundes entnommen werden. Da schon die Broschüre gemessen an der Fülle der Vorhaben extrem kurz gefasst ist, muss der Informationsgehalt an dieser Stelle zwangsläufig beinahe unterkritisch werden. Eine andere als eine enumerative Darstellung, dem Duktus der Broschüre folgend, wäre aber doch immer unerträglich subjektiv. Außerdem würde es an der Breite fehlen, die unsere bundesstaatliche Ordnung auch im Bereich der Verwaltungsreform nun einmal bietet. Immerhin erlaubt der in dieser Weise mögliche Vergleich doch einige wichtige Schlussfolgerungen, die sich der Leser freilich selbst erarbeiten sollte.

Nicht alle Themen früherer Reformprozesse finden sich in den Selbstdarstellungen von Bund und Ländern wieder. Wo liegen die Schwerpunkte? Besonders häufig finden sich (verbal) folgende Ansätze vertreten:

- Privatisierung
    - Aufgabenkritik
    - Outsourcing
    - Public-Private-Partnership
- Haushalts- und Finanzwesen
    - Budgetierung
    - Controlling
    - Kennzahlen
    - Kosten- und Leistungsrechnung
    - Neues Steuerungsmodell
    - Zielvereinbarungen
    - Produktdefinitionen
- Personal
    - Dienstrecht
    - Beurteilungswesen
    - Arbeitszeit
    - Fortbildung
    - Motivation
    - Personalentwicklung
    - Personalmanagement
    - Vorschlagswesen
- Entbürokratisierung
    - Deregulierung
    - Gesetzesfolgenabschätzung
    - Normenprüfung
    - Standards
    - Verfahrensbeschleunigung
    - Verwaltungsvorschriften
- Informationstechnik
    - SAP/R3E
    - e-voting, Wahlsimulation
    - Intranet
    - Multimedia
- Telearbeit
- Qualitätsmanagement
- Verwaltungsstruktur
- Bürgerorientierung

Die Stichwortsammlung lässt erkennen, dass es sehr unterschiedliche Aktivitäten sind, die als „Verwaltungsreform“ bezeichnet werden.

Die Darstellung und Wahrnehmung von Verwaltungsreformen wird von ihren Betreibern – zum geringeren Teil – auch auf bestimmte Aufgabenbereiche bezogen: Erwähnt werden von einem oder mehreren Ländern Vorhaben in den Bereichen Polizei, Abfallwirtschaft, Bauordnung, Förderprogramme, Forstverwaltung, Gerichte, Gesundheitsmanagement, Grundbuch, Hochschulen, Katasterverwaltung, Landwirtschaft, Liegenschaftsverwaltung, Straßen- und Verkehrsverwaltung, Wasserwirtschaft, Widerspruchsverfahren. Der Berichterstatter eines Landes weitet den Reformbegriff sogar dermaßen aus, dass auch das darunter fällt:

- Die Ausbildung zum Straßenwärter wurde auf das Berufsförderungswerk Bau übertragen;
- Der Bewachungs- und Reinigungsdienst der Staatskanzlei, sowie die Kantinenbewirtschaftung wurden an private Anbieter ausgelagert.

Im Großen und Ganzen lässt sich aber zusammenfassend sagen, dass unter der Begrifflichkeit von Verwaltungsreform und –modernisierung überwiegend Maßnahmen intendiert werden, die durchaus in die überlieferten Strukturen der Öffentlichen Verwaltung eingreifen würden. Dabei geht es bei einigen Abweichungen im Detail vor allem um drei Ziele:

- Neue Verantwortungsverteilung innerhalb der Verwaltung, zwischen Verwaltungen und zwischen öffentlichem und privatem Sektor;
- Mehr Effizienz der Verwaltung;
- Stärkere Bürgerorientierung.

Gemessen an den Verwaltungsinnovationen im Kommunalbereich ist auf der Bund-Länder-Ebene allerdings nichts Neues zu entdecken – eher scheint es beim ersten Blick so, dass sich die staatliche Verwaltung mit einer gewissen Verzögerung (teilweise erneut) derselben Themen annimmt, derer sich die Kommunalverwaltung schon seit langer Zeit angenommen hat.

Diese Feststellung führt zu der Frage, warum sich die Regierungen von Bund und Ländern zwar zeitlich etwas später, dann aber von gewissen Unterschieden abgesehen doch gleichermaßen um ein verwaltungsreformpolitisches Profil bemühen. Die Lektüre der Selbstdarstellungen lässt keinen Zweifel daran, dass es die fiskalischen Zwänge sind, die die Regierungen zum Handeln nötigten. Immer wieder ist von der Notwendigkeit der Einsparungen die Rede. Dabei werden nur in vereinzelten Fällen auch einmal die Förderprogramme („Fördertöpfe“) unter die Lupe genommen, zumeist geht es schlicht um den Abbau von Stellen, sei es durch Privatisierung, sei es durch Zusammenfassung von Dienststellen oder Streichung einer Verwaltungsebene.

4. Verwaltungsreformen beim Bund

„Die Bundesregierung hat am 1. Dezember 1999 das Programm „Moderne Verwaltung“ beschlossen. Handlungs- und Orientierungsrahmen des Programms zur Modernisierung von Staat und Verwaltung ist das Leitbild des aktivierenden Staates. Ziel ist es, die Eigenverantwortung des Einzelnen zu stärken und die Selbststeuerungspotentiale der Gesellschaft zu fördern und so die große Bereitschaft zur Übernahme gesellschaftlicher Verantwortung der Bürgerinnen und Bürger aufzugreifen. Das Leitbild des aktivierenden Staates steht für ein neues und verändertes Staatsverständnis. Es wird mit dem Programm „Moderner Staat – Moderne Verwaltung“ durch vier Prinzipien konkretisiert: neue Verantwortungsteilung, mehr Bürgerorientierung, staatliche Vielfalt und effiziente Verwaltung. Aufgabe des Staates ist es anzuregen und zu moderieren. Der Staat soll die Bürgerinnen und Bürger unterstützen und nicht länger bevormunden.“

Die genannten vier Prinzipien finden sich in vier Reformbereichen wieder, denen derzeit 15 „Leitprojekte“ und 23 Projekte der Bundesregierung zugeordnet werden. Die Reformbereiche sind:

- Höhere Wirksamkeit und Akzeptanz von Recht;
- Der Bund als Partner;
- Leistungsstarke, kostengünstige und transparente Verwaltung;
- Motivierte Beschäftigte.

Allgemeine Zielvorgabe wie die vorstehenden finden sich in unterschiedlichen Formulierungen und Akzentuierungen in den meisten Selbstdarstellungen auch der Länder. Ihre Darstellung ist ebenso wenig ergiebig wie ihr Vergleich. Aufschlussreich ist dagegen ein Blick auf die Projekte, in denen die Ziele konkretisiert werden. Hier eine Auswahl aus den insgesamt 38 Projekten des Bundes:

1. Handbuch zur Gesetzesfolgenabschätzung: Gegenstand ist die wissenschaftliche Systematisierung, Weiterentwicklung und Verallgemeinerung der bisherigen theoretischen Erkenntnisse und Erfahrungen bei der Abschätzung von Auswirkungen einer rechtlichen Regelung. Dargestellt werden Methoden, die es ermöglichen, Gesetzesfolgen auf gesellschaftlicher und individueller Ebene, sowohl monetärer als auch nichtmonetärer Art zu ermitteln. Das Handbuch soll praktische Beispiele und einen Leitfaden enthalten, der es ermöglicht, Gesetzesfolgen mit einem vertretbaren Aufwand und hinreichender Genauigkeit zu ermitteln.

2. Identifizierung und Abbau rechtlicher Hemmnisse für neue Dienstleistungen: Das Vorhaben ist als Forschungskooperation von Rechts-, Verwaltungs- und Ingenieurwissenschaften angelegt. Es soll in drei Schritten verwirklicht werden:

- Erfassung rechtlicher Regelungen für neue Dienstleistungsbereiche, vor allem für die Softwarebranche, Mobilitätsdienstleistungen und Energiewirtschaft,

- Bestimmung der Innovationshemmnisse aus den geltenden Regelungen,

- Empfehlungen für Abschaffung oder Änderung dieser Gesetze.

3. Zuständigkeitslockerung: Ziel ist, Zuständigkeitsregelungen zu lockern, um den Ländern mehr Spielräume für ihre Verwaltungsreformen und ihr Verwaltungshandeln zu eröffnen.

4. Neustrukturierung der Bauaufgaben des Bundes: Veränderung der vorhandenen Infrastrukturverfahren, um zu einer effizienteren und kostensicheren Ausführung zu gelangen.

5. Benchmarking-Ringe: Analyse und Bewertung bestehender Benchmarkingansätze; Bildung einheitlicher Bewertungsgrundlagen, Kennzahlen, Methoden, Werkzeuge und Metriken; Festlegung der Benchmarkingprojekte; Umsetzung und Evaluation; Entwicklung von Grundsätzen und einheitlichen Methoden für ein ordnungsgemäßes Benchmarking öffentlicher Dienstleistungen.

6. IT-Strategie: Schaffung eines umfassenden Zielsystems für ein modernes Informationsmanagement, rascher Zugriff auf Informationen, Vereinfachung der Kommunikation zwischen Privaten und Verwaltung, effektives und effizientes Verwaltungshandeln.

7. Personalentwicklung: Bestandsanalyse und Konzeption eines Personalentwicklungsplanung, die Möglichkeit von Zielvereinbarungen, gezielter Fortbildung (z. B. Europafähigkeit, Führungskompetenz) Frauenförderung u.s.w. eröffnet.

8. Abbau von Bürokratie: Unternehmer sind aufgefordert, konkrete bürokratische Hemmnisse dem BMWi mitzuteilen. Die Projektgruppe geht allen Vorschläge nach und setzt diese (soweit möglich) in Handlungsvorschläge um...

9. Computerbörse „Marktplatz für Schulen“: Verbesserung der IT-Ausstattung von Schulen durch die Herstellung von Kontakten zwischen Schulen und Sponsoren.

10. Homepage „Globale Fragen/Chatroom“: Einrichtung einer ressortübergreifenden Homepage „Globale Fragen“ und Einrichtung eines Chatrooms.

Es empfiehlt sich, auch die anderen 28 Leitprojekte/Projekte zu studieren. Immer wieder wird man sich dabei fragen müssen, was ein Projekt mit Verwaltungsreform zu tun hat. Wissenschaftliche Analysen und Forschungen können auch einer Verwaltungsreform zugute kommen – sind sie aber selbst schon Verwaltungsreform? Und ist die Einrichtung eines Chatrooms Verwaltungsreform oder ist es nicht vielmehr selbstverständlich, dass ein neues Medium irgendwann auch für die Kommunikation genutzt wird?

Bemerkenswert ist in diesem Zusammenhang auch die Nennung zweier Projekte, die bereits abgeschlossen sind: Das erste heißt „Initiative Telearbeit“ und vermeldet, dass 47 Telearbeitsplätze eingerichtet und dass bis zum Ende der Legislaturperiode mindestens weitere 261 Telearbeitsplätze vorgesehen sind. Der Anfang ist gemacht, das ist lobenswert, aber kann man bei dieser mageren Ausbeute (rund 30.000 Beschäftigte ist die Referenzgröße) von einem ‚abgeschlossenen‘ Projekt der Verwaltungsreform sprechen? Das zweite Projekte betrifft das Leasing von IT-Arbeitsplätzen. Dazu heißt es: „Auf Grund der positiven Erfahrungen der Landesverwaltung Baden-Württemberg mit Leasing von PC-Ausstattungen entschied sich das Auswärtige Amt für diesen Weg.“ Hier sind erhebliche Zweifel am Platz, ob man angesichts des Leidens an der Verwaltung und des Leidens der Verwaltung an sich selbst solche Maßnahmen zu relevanten Verwaltungsreformen hochstilisieren darf.

Die Ernsthaftigkeit, mit der der Bund sein Verwaltungsreformprogramm angeht, lässt sich möglicherweise auch an dessen politisch-organisatorischem Stellenwert ablesen. Immerhin wurde hierfür ein Staatssekretärsausschuss eingerichtet. Seine Aufgabe ist „die Steuerung des Modernisierungsprozesses in der Bundesverwaltung“. Er hat sich am 24. Januar 2000 konstituiert. Der Bericht vermeldet hierzu: „Hier fand zunächst eine allgemeine Aussprache über das Gesamtthema statt. Einzelne, die Projekte ergänzende Punkte wurden aufgenommen, so z. B. zum Thema Dienstrecht. Im Herbst wird der Staatssekretärsausschuss u. a. mit Vertretern der Regierung Großbritanniens über deren Erfahrungen im Modernisierungsprozess diskutieren. Hier ist ein regelmäßiger Erfahrungsaustausch vorgesehen.“

5. Bilanz

„Lasst viele Blumen blühen!“ könnte man als übergreifendes Motto der Verwaltungsreform in Bund und Ländern vermuten, wenn man die Selbstdarstellungen Revue passieren lässt. Im Großen und Ganzen kann man aber feststellen, dass

1. dic Vcrwaltungsrcform politisch in Mode ist,

2. zwischen vollmundigen Konzepten, Leitbildern usw. einerseits und den realen Aktivitäten andererseits eine deutliche Lücke klafft,

3. das Hauptmotiv der Verwaltungsreform Einsparungen sind, sei es von Dienststellen und/oder Personal – in den meisten Fällen beides und dass

4. die wichtigsten ‚Hebel‘ hierzu in der Anwendung des Neues Steuerungsmodells und der Privatisierung gesehen werden.

Andere Veränderungen, wie z. B. in den Bereichen Personal und IuK-Techniken und insbesondere die vielbeschworene Bürgerfreundlichkeit, spielen dem gegenüber eher eine untergeordnete Rolle.

Modernität wird gegenwärtig vor allem als Rückzug des Staates begriffen, nicht wie in vergangenen Jahrzehnten als umfassende staatliche Vor- und Fürsorge. Daraus ergibt sich der politische Auftrag zum Umbau unserer Verwaltungsorganisation. Allerdings ist zu fragen, ob dieser Umbau mit dem gleichgesetzt werden sollte, was man vernünftigerweise „Verwaltungsreform“ nennen kann. Das Neue Steuerungsmodell mit seinem unmittelbaren Eingriff in die Verantwortungsverteilung innerhalb der Verwaltung geht da doch sehr viel tiefer an die Verwaltungsstrukturen. Umso mehr sollten sich unsere Blicke dorthin richten, wo damit nicht nur kleine Pilotprojekte und wissenschaftliche Gutachten aufgelegt werden, sondern Verwaltungsreform grundlegend angegangen wird.

Literatur:

Moderner Staat – Moderne Verwaltung. Aktivitäten zur Staats- und Verwaltungsmodernisierung in Bund und Ländern 2000, Hrsg. v. Bundesminister des Innern, Mai 2000, abzurufen als pdf-Datei unter www.staat-modern.de.

Moderner Staat – Moderne Verwaltung. Zwischenbilanz – Chancen und Veränderungen, hrsg. v. Bundesminister des Innern, 22.11.2001.

Moderner Staat – Moderne Verwaltung. Das Programm der Bundesregierung, Kabinettsbeschluss vom 1. Dezember 1999, abzurufen als pdf-Datei unter www.staat-modern.de.

Seibel, Wolfgang / Benz Arthur / Mäding, Heinrich (1993): Verwaltungsreform und Verwaltungspolitik im Prozeß der Deutschen Einigung. Baden-Baden.

Seibel, Wolfgang (1996): Verwaltungsaufbau in den neuen Bundesländern. Berlin.

E-Government – ein neues Verhältnis zwischen Verwaltung und Bürgern?

Jürgen Büssow

An der Schwelle zum 21. Jahrhundert steht unsere Gesellschaft vor einem radikalen Umbruch, dessen Ausprägungen in seiner Gänze noch gar nicht absehbar sind, der jedoch weitreichendere Folgen nach sich ziehen wird als jede andere Umwälzung zuvor. Individualisierung, Technisierung und Globalisierung werden Kulturen sich annähern, ändern und verwachsen lassen.

Den sich aus diesem Wandlungsprozess ergebenden Anforderungen muss unser Gemeinwesen durch ein aktives Handeln begegnen. Neben dem Engagement eines jeden Einzelnen, der vielen Handlungsträger in Wirtschaft, Kultur, Sport etc. ist es aber auch die öffentliche Hand selbst, die sich diesem Veränderungsprozess stellen, ja ihn aktiv gestalten muss. Hierzu bedarf es politischer Prozesse, die strategischen Charakter haben.

In einem der Gewaltenteilung unterworfenen Staat wie der Bundesrepublik Deutschland bedeutet dies, dass der ausführenden Gewalt, der Exekutive, eine tragende Rolle zukommt. Abgesehen davon, dass der Verwaltung im öffentlichen Meinungsbild selten eine prägende Funktion zugestanden wird, sie also insofern ohnehin Veränderungsbedarf aufweist, ist sie doch Instrument für die Umsetzung der politischen Willensbildung und gleichzeitig aktiv gefordert, die dafür notwendigen Prozesse selbständig zu entwerfen und durchzuführen.

Die Ausgangsposition und die Randbedingungen, unter denen Verwaltung diesen für sie revolutionären Umbruch und die umfassende Modernisierung vollziehen soll, sind allerdings alles andere als rosig. Eine Lösung oder gar ein Königsweg sind prima facie nicht erkennbar, was sich an der Vielzahl von Konzepten, Programmen, Projekten und Kommissionen in Bund, Ländern und Kommunen ablesen lässt (vgl. hierzu beispielsweise Konzendorf, Verwaltungsmodernisierung in den Ländern).

Der folgende Beitrag zeigt in einem ersten Teil einen Aufriss einiger Faktoren, die aktuell auf unsere Gesellschaft, Politik und damit auf Verwaltung einwirken, im Weiteren werden Lösungsansätze für die Zukunft vorgestellt.

Ausgangsposition

Kennzeichnend für die letzten 30 Jahre ist ein stetiger Wandel in der Bevölkerung zu neuen Lebensformen, zu einer größeren Individualität. Dieser Prozess ist vielschichtig und bedarf an dieser Stelle keiner näheren Durchleuchtung. In der Konsequenz ergibt sich aber ein anderes Verständnis im Beziehungsgeflecht Bürger – Staat, was sich in einem neuen Demokratieverständnis widerspiegelt. Nicht zuletzt deshalb werden andere Beteiligungsformen des Bürgers wie Bürgerbegehren und -entscheide diskutiert und etabliert.

Interessant und schwierig zugleich ist für öffentliche Behörden der Wechsel in der Einstellung der Bevölkerung: Nicht mehr der hoheitliche Staat preußischer Herkunft, sondern der gestaltende, dienstleistungsorientierte Staat wird gefordert. Begriffe wie Kundenorientierung, Service, Flexibilität halten Einzug und erzeugen einen hohen Erwartungsdruck auf die traditionell eher ordnungsrechtlich ausgerichteten Institutionen. Neben dieser inneren Reformlast steigen die Anforderungen an Verwaltung aber auch inhaltlich, was sich in einer Vielzahl von Gesetzen, Verordnungen und sonstigen Normierungen deutlich macht, die auf EU-, Bundes- oder Landesebene verabschiedet werden.

Die Vielschichtigkeit der daraus resultierenden Verfahren erschwert Verwaltungen wiederum in ihrem Bemühen, den gestiegenen Anforderungen des Bürgers Rechnung tragen zu können. Statt schneller, kompetenter, kundenorientierter Lösung von Problemen aus einer Hand, sieht sich der Bürger einer Vielzahl von Zuständigkeiten, Institutionen und bürokratischen Hemmnissen gegenüber, die bei ihm das Klischee des trägen deutschen Beamten manifestieren.

Diese gestiegenen Anforderungen an die öffentliche Hand verursachen letztlich auch höhere Kosten, was wir den steigenden Ausgaben der öffentlichen Haushalte unschwer entnehmen können. Demographische Verschiebungen in puncto Lebenserwartung verschärfen die Ausgabensituation zusätzlich, Reformen zur Abwendung des drohenden Kollaps von Sozial-, Gesundheitssystem und Altersversorgung sind bekanntlich in der Diskussion.

Für die Verwaltungen entwickeln sich auf der Ausgabenseite zu primärer Bedeutung die Personalausgaben, hier insbesondere die steigenden Pensionslasten, was sofort den Ruf nach dem Abbau von Stellen laut werden lässt. Damit stehen sie in dem Konflikt, den qualitativ wie quantitativ gestiegenen Anforderungen mit weniger Ressourcen begegnen zu müssen. An dieser Stelle muss selbst dem Laien deutlich werden, dass ohne tiefgreifende und umfassende Reformen, insbesondere auf der Aufgabenseite, das Schiff „Öffentliche Hand" sinken wird.

Die defizitäre Lage der öffentlichen Haushalte darf allerdings nicht dazu führen, dass sich die öffentliche Hand selbst die notwendigen Handlungsspielräume nimmt, sondern sie muss den Blick für mögliche Einnahmesteigerungen, resultierend aus einem wirtschaftlichen Wachstum und einer Steigerung des Bruttosozialproduktes, haben. Politik und Verwaltung sind gefordert, die notwendigen Rahmenbedingungen für eine prosperierende Wirtschaft zu setzen, womit ein weiterer wichtiger Faktor zu nennen ist, der den Wandlungsprozess von Gesellschaft und Verwaltung bestimmt, nämlich das Phänomen der Globalisierung.

Durch die zunehmende Technisierung, den Ausbau von Kommunikations-, Verkehrs- und Transport-Infrastrukturen wachsen die Länder dieser Welt in einem rasantem Tempo und einer umfassenden Dimension zusammen, dass räumliche Entfernungen in vielen Wirtschaftszweigen zu einem vernachlässigbaren Element werden. Gerade im Bereich des Dienstleistungsgewerbes, nationalökonomisch also dem tertiären Sektor, spielt die Divergenz von „Produktions-" und „Erbringungsort" der Leistung eine zunehmend verschwindende Rolle. Auf dieser Basis konkurrieren nicht nur Duisburg und Dortmund oder Amsterdam, Antwerpen und Köln miteinander, sondern Silicon Valley, Bangalore, München und Düsseldorf.

Der sich verschärfende Druck auf die wirtschaftlichen Akteure rückt auch die Verwaltung in ein anderes Licht, denn sie muss sich zumindest mittelbar dieser internationalen Konkurrenz stellen. Sie ist mit ihren Leistungen ohnehin Standortfaktor, aufgrund der Verschiebung der Prämissen jedoch in zunehmendem Maße. Schnelle Genehmigungsverfahren und rechtssichere Bescheide von Verwaltung haben sich neben klassischen Faktoren wie verkehrliche Anbindung, Infrastruktur, Fachkräften, Bildungsniveau (etc.) zu einem wichtigen qualitativen Element in der Entscheidungsfindung von Industrieunternehmen entwickelt. Sie sind bei der Ansiedlung von neuen Produktionsstätten ein nicht zu unterschätzender Vorteil im globalen Wettbewerb der weltweit verflochtenen Standorte und Märkte. Wollen wir auch künftig zu den führenden Wirtschaftsnationen gehören und der hier lebenden Bevölkerung Arbeitsplätze vor Ort bieten, so müssen wir als konkurrenzfähiger Wirtschaftsstandort bürgernahe, investorenfreundliche und kostengünstige öffentliche Dienstleistungen erbringen.

Hauptursache dieses globalen Zusammenwachsens ist die revolutionäre Entwicklung im Bereich der Datenverarbeitung und der elektronischen Kommunikation. Die Verwendung der digitalen Medien wie dem Internet wird aktuell für breite Bevölkerungsschichten so normal wie die Nutzung des Telefons. Neue interaktive Angebots- und Nutzungsformen sind entstanden: Telearbeit, Teleshopping, Home-Banking, interaktives Fernsehen lassen sich vom heimischen PC aus erledigen und die Zeitung via Bildschirm liefert uns nur die Nachrichten, die uns auch tatsächlich interessieren.

Aus dieser Entwicklung ergeben sich neue Anforderungen an Kommunikationsverhalten, eröffnen sich aber auch neue Möglichkeiten der Gestaltung von Prozessen und Abläufen. Für die Erschließung synergetischer Effekte ist zumeist eine Vorleistung notwendig, in vielen Fällen amortisieren sich diese Investitionen aber bereits sehr frühzeitig. Solange die Technik allerdings nicht umfassend verbreitet ist, wird es bei einer Zweigleisigkeit in den Kommunikationsstrukturen verbleiben.

Lösungsansätze für Verwaltung

Mit einem gewandelten Anforderungsprofil an Verwaltung einerseits und einem steigenden Kostendruck aufgrund der Misere öffentlicher Haushalte andererseits wuchs in den letzten Jahren der Reformdruck auf alle Verwaltungen. Die vier tragenden Säulen des Modernisierungsprozesses in Nordrhein-Westfalen wurden definiert als

- Strukturreform,
- Aufgabenkritik,
- Binnenmodernisierung,
- Stärkung der kommunalen Ebene.

Wichtigster Aspekt für die einzelne Behörde ist der Bereich der Binnenmodernisierung, der sich wiederum in zwei Hauptthemenfelder unterscheiden lässt: Zum einen sollen betriebswirtschaftliche Steuerungsinstrumente zur Steigerung der Wirksamkeit und Wirtschaftlichkeit des staatliches Handelns eingeführt und zum anderen durch den konsequenten Ausbau der Informationstechnik Synergien erschlossen werden.

NSM

Die geänderte Erwartungshaltung beim Bürger und bei der Wirtschaft gegenüber Behörden, ließ die Erkenntnis wachsen, dass die Sichtweise des ‚Kunden' für die Beurteilung der Qualität der Dienstleistung durch die Behörde entscheidend ist. Damit verbunden ist ein Paradigmenwechsel von einer verrichtungsorientierten zu einer ergebnisorientierten Steuerung.

Durch Einführung betriebswirtschaftlicher Elemente in der öffentlichen Verwaltung verspricht man sich eine Steigerung von Effizienz und Effektivität des Handelns.

Unter dem Stichwort des Neuen Steuerungsmodells werden einzelne Elemente zusammengefasst, deren Gewichtung und Verhältnis zueinander nicht zwingend vorgeschrieben sind. Aus diesem Grund hat sich im Laufe der letzten Jahre ein sehr differenziertes Bild der Binnenmodernisierung in den einzelnen Behörden entwikkelt.

Wichtigster Ansatzpunkt zu einer ergebnisorientierten Steuerung ist die Erstellung eines Produktkataloges, da sich nur mit dessen Hilfe der Output, die jeweiligen Ergebnisse, definieren lassen. Eine Definition von an Ergebnisleistungen orientierten Produkten ist dabei in der öffentlichen Verwaltung anders als im privatwirtschaftlichen Bereich deutlich schwieriger und entzieht sich häufig einer eindeutig zuordbaren Logik. Die Produktdefinition steht im Spannungsfeld von vier, sich teilweise widersprechenden Anforderungen: Steuerung, Kostenrechnung, Organisation und Akzeptanz.

Wesentliches Element zur Ausrichtung der Mitarbeiter auf diesen Output ist die Zielvereinbarung zwischen den einzelnen Hierarchieebenen. Die Funktion solcher Zielvereinbarungen läßt sich schlagwortartig umschreiben mit der Förderung dezentraler Strukturen und eigenverantwortlichen Handelns sowie der Steigerung der Motivation der Beschäftigten. Durch das Instrument der Zielvereinbarung werden Mitarbeiterinnen und Mitarbeiter bei der Planung, Kontrolle und Steuerung der Ziele beteiligt.

Die dezentralen Strukturen und das eigenverantwortliche Handeln erfordern in zunehmenden Maße die Zusammenführung von Arbeit und Verantwortung, das heißt die Zuweisung von Entscheidungskompetenzen beim Mitarbeiter sowie von entsprechenden Budgets.

Um wiederum rechtzeitig steuern zu können, benötigen vorgesetzte Leitungsebenen sowohl Informationen über den Grad der Zielerreichung als auch effiziente Steuerungsmöglichkeiten. Hier bieten sich die Einführung eines qualifizierten Berichtswesens sowie einer Kosten- und Leistungsrechnung an, die eine umfassende Transparenz der zugrundeliegenden Geschäftsprozesse voraussetzen.

Zentrales Steuerungsinstrument für die Leistungserstellung der Behörde ist das Berichtswesen. Durch den Aufbau einer Informationspyramide soll der jeweils zuständige Vorgesetzte in die Lage versetzt werden, bei Veränderungen des Produktaufkommens entsprechend zu reagieren. Die Informationen werden dabei in den Berichtsbögen so zusammengefasst, dass nur die für die Ausübung der Funktion notwendigen Daten die jeweiligen Ebenen erreichen.

Die hieraus gewonnen Kennzahlen lassen bei einer Einheitlichkeit von Produktkatalogen ein Benchmarking zur Vergleichbarkeit von Verwaltungen zu und dienen durch den Einsatz von Leistungsvergleichen zur Optimierung der Verwaltungsabläufe übergeordneten Steuerungszwecken.

Die wichtigste Ressource für Dienstleister generell und für die öffentliche Verwaltung im Speziellen ist das eigene Personal, denn jede Unternehmung ist nur so gut wie ihre Mitarbeiter. Nur wenn alle Beschäftigten motiviert mitwirken, kann die Verwaltungsmodernisierung gelingen, so dass deren wirksame Einbindung zwingende Voraussetzung für das Gelingen des Reformprozesses ist. Die Ausweitung von Eigenverantwortung und Kompetenz, quasi eine innerbehördliche Delegation, um dem Einzelnen mehr Gestaltungsspielräume geben zu können, ist hierbei ein

Baustein. Neben der Änderung in der Anwendung von Führungsmechanismen, also von der Weisung zur produktorientierten Zielvereinbarung, ist hierfür zwingende Voraussetzung die Gewinnung und Pflege entsprechend geschulten Personals. Die systematische Förderung und Entwicklung der Mitarbeiterinnen und Mitarbeiter ist eine wichtige Voraussetzung für einen nachhaltigen Modernisierungsprozess.

Der Einführung und Umsetzung von Personalentwicklungskonzepten kommt insoweit eine große Bedeutung zu. Entwicklung von Anforderungsprofilen, Besetzung freier Stellen durch qualifizierte Auswahlverfahren (z. B. Assessment-Center und Potenzialanalysen), eine gezielte Einführung neuer Mitarbeiterinnen und Mitarbeiter am Arbeitsplatz sowie regelmäßige Mitarbeitergespräche und –beurteilungen gehören mittlerweile zu den Standardwerkzeugen der Personalwirtschaft in vielen Verwaltungen.

IT

Mit Hilfe intelligenter Softwarelösungen, neuen multimedialen Diensten auf der Basis von Internet und Intranet optimiert die Verwaltung in Deutschland ihre Leistungsfähigkeit. Die „Online-Behörde“, das „virtuelle Rathaus“ oder die „digitale Signatur“ sind nicht mehr nur Wunschvorstellung, sondern in zahlreichen Modellprojekten konkrete Realität. E-Government führt zu einem neuen Schub der Verwaltungsmodernisierung.

Zum Einen wird die Wirksamkeit der Verwaltungsabläufe durch den Einsatz von moderner Informationstechnik (IT) gesteigert. Teleadministration macht Verwaltung transparenter, einfacher und kostengünstiger. Der institutionelle Verwaltungsaufbau verliert an Bedeutung, die Geschäftsprozesse rücken in den Vordergrund. Es bietet sich die Chance, die Daten und nicht die Bürgerinnen und Bürger laufen zu lassen – Behördenkontakt per Mausklick sozusagen.

IT ist in der Verwaltung lange Zeit vor allem als technisches Hilfsmittel zum Ersetzen der Werkzeuge ‚Papier und Bleistift‘ benutzt worden. Entscheidende Verbesserungen sind jedoch nur zu erreichen, wenn bei Wissen und Information selbst angesetzt wird. Der Übergang zur wissensgestützten Dienstleistungsgesellschaft erfordert den Schritt vom Papier zum beweissicheren elektronischen Dokument in Verbindung mit IT-gestützten Geschäftsprozessen (workflow).

Die Vernetzung von Verwaltungen ermöglicht es, die einzelnen Abläufe integrativ zu strukturieren und nicht mehr hintereinander abzuwickeln. Eine Verwaltung zeichnet sich zukünftig als moderner Dienstleister durch die konsequente Integration der Informationstechnik aus, wodurch sie bei sich ändernden Aufgaben ein Höchstmaß an Flexibilität und Effizienz gewährleisten kann.

Die elektronische Kommunikation der Landesbehörden in NRW stützt sich auf ein hervorragendes landeseigenes Netz. E-mail und Informationsbeschaffung sowie Informationsbereitstellung im Landes-Intranet sowie Behörden-Intranet sind gängige Praxis. Alle Mitarbeiter des Landes in 400 angeschlossenen Behörden und Einrichtungen können zeitgleich über wichtige strategische Informationen wie auch über Arbeitshilfen für den Alltag verfügen. Die Kommunikation mit den Kommunen bedient sich des Internet.

Die Integration neuer Techniken, wie z. B. teilautomatisierter Recherche im Internet, ermöglicht Bearbeiterinnen und Bearbeitern in wachsendem Maße auch den Zugriff zu unstrukturiertem Wissen vom Arbeitsplatz aus. Ziel ist es, Wissen und Information nach dem Vorbild industrieller Produktion durch systematische Logistik zunehmend ‚just in time' zur Verfügung zu stellen.

Durch die technischen Möglichkeiten ändern sich nicht nur Prozesse, auch innere Strukturen werden neu definiert: mit der Einführung von Telearbeit wird dem Flexibilisierungstrend unserer Tage Rechnung getragen. Mitarbeiterinnen und Mitarbeiter können dienstliche und häusliche Belange besser aufeinander abstimmen, Arbeitgeber sparen Raumressourcen und erweitern Zeit- und Präsenzhorizonte für den Kunden.

Zum Anderen verändern sich durch die IT nicht nur die Arbeitsabläufe in oder zwischen Behörden, sondern der Umgang und der Kontakt zum ‚Kunden', sei es dem Bürger, der Wirtschaft oder anderen Institutionen. Auf der Basis der Internet-Technologie werden Behörden zukünftig mit den Kunden direkt und online kommunizieren, Anträge werden zu Hause am PC ausgefüllt, mit einer digitalen Unterschrift versehen und elektronisch verschickt werden. Aufgrund einer medienbruchfreien Kommunikation werden viele Behördengänge überflüssig. Die Bürgerinnen und Bürger wünschen sich und bekommen eine Unabhängigkeit von behördlichen Öffnungszeiten.

Um bei der interaktiven Nutzung des Internets die Identifizierbarkeit der Anwender sowie die Integrität und Vertraulichkeit der Daten zu gewährleisten, sind digitale Signaturen und spezielle Verschlüsselungsverfahren unverzichtbar. Mit der Verabschiedung des Signaturgesetzes hat der Deutsche Bundestag einen wichtigen Schritt getan. Die elektronische Unterschrift wird damit der handschriftlichen rechtlich gleichgestellt. An den noch notwendigen weiteren Gesetzesänderungen wird intensiv gearbeitet, so dass in Kürze nicht mehr das persönliche Erscheinen des Antragstellers bei einigen behördlichen Anträgen vorgeschrieben sein wird.

In der Praxis wurden wichtige Fortschritte erzielt. Mit Hilfe von Media@com, einer Initiative des Bundeswirtschaftsministers, wurden in einen Projekt in Bremen 20.000 Bürger mit einer signaturgesetzkonformen Smartcard ausgestattet, wodurch 70 relevante Geschäftsprozesse medienbruchfrei realisiert werden sollen.

Die Bezirksregierung Düsseldorf hingegen stellt mit der Elektronischen Formularbearbeitung (EFI) im Internet ein Instrument zur Verfügung, bei dem die Bewerberinnen und Bewerber im Lehrereinstellungsverfahren bereits heute ihre Daten selbst online pflegen, ändern und ergänzen können, ohne dass dies zu einem Mehraufwand bei der Behörde selbst führt.

Als weitere Beispiele aus einer Vielzahl von Projekt ermöglichen ELSTER (Elektronische Steuererklärung) die Übermittlung der Einkommensteuererklärungsdaten gegenüber der Finanzverwaltung sowie das „Virtuelle Rathaus" der Stadt Hagen via Internet Online-Dienste im Meldewesen und bei der Auskunft aus dem Liegenschaftskataster.

Entscheidend für den Erfolg neuer elektronischer Dienstleistungen ist, dass der Markt schnell entsprechende Verfahren zur Verfügung stellt und die so genannten Signaturkarten für verschiedene Anwendungen genutzt werden können. Nur dann wird es auch genug Kunden geben. Die Landesregierung NRW will deshalb die Initiative „secure.it.nrw2005" starten. Schwerpunkt soll die beispielhafte Einführung und Erprobung von Verschlüsselungsverfahren und digitaler Signatur sein.

Eine Chance, dem schwindenden Zuspruch gegenüber Parteien und bisherigen institutionalisierten Beteiligungsformen der Bürger zu begegnen, liegt in der Kommunikation via Internet. Zweifellos erreichen wir eine neue Qualität der Transparenz politischer Entscheidungen, wenn Tagesordnungspunkte und Beratungsunterlagen der Parlamente für jedermann im Netz bereitliegen. Eine gute Resonanz erzielt die Bezirksregierung Düsseldorf mit der Übertragung wichtiger Sitzungen als Webcast ins Internet.

Ebenso lassen sich die Mitwirkungsrechte des Bürgers erhöhen, indem mit den modernen Kommunikationsmitteln der Wille der Bürger aufgenommen, gebündelt und zur Kommunalverwaltung und zum Rat transportieren werden kann.

Bürgerbegehren erfordern bisher, dass drei Prozent der Bürger zu einer Unterschriftsleistung bewegt werden, damit sich der Rat mit dem Bürgerwunsch überhaupt befasst. Dieser initiierende Teil könnte ohne Weiteres online vollzogen werden. Das initiierende Mitwirkungsrecht auszuüben, würde für viele Bürger schneller und leichter.

Das Gleiche gilt für die konsultierende Mitwirkung. Immer mehr Städte veranstalten vor dem Hintergrund ihrer schwierigen haushaltswirtschaftlichen Situation Bürgerforen, auf denen die Bürger gebeten werden, kostensparende Vorschläge zu machen, wie die Stadt ihre Aufgaben effizienter wahrnehmen kann. Der Zulauf und das Interesse sind groß, die Durchführung der Veranstaltungen jedoch aufwendig und teuer.

Leicht vorstellbar ist die beratende Einbeziehung des Bürgers via Internet. Dies würde das Verfahren vereinfachen und zudem einen Großteil der Bürger neu motivieren. Voraussetzung ist allerdings die Bereitschaft auf Seiten der Verwaltung den Bürgern die notwendigen Informationen offen zu legen.

Ein weiteres Instrument der Online-Kommunikation ist das Anbieten von „Voting-Tools". Der Nutzer erhält hier die Option zum Feedback zu ausgewählten (aktuellen) Themenbereichen. Dabei wird das Ergebnis seiner Abstimmung für ihn direkt – meist grafisch dargestellt – sichtbar.

Neben der Möglichkeit für den Nutzer, der Verwaltung – über die normale Erreichbarkeit und die dienstbezogenen Kontakte hinaus – seine Ansichten mitzuteilen, erhält die Behörde umgekehrt die Gelegenheit einer zusätzlichen, interaktiven Kommunikationsschiene zum Kunden. Aus dem ‚Draht' zu aktuellen Meinungsbildern und Anregungen können wiederum Erkenntnisse zu den sich wandelnden Bedürfnissen der Bürgerinnen und Bürger gezogen werden.

Um dieses effiziente Mittel zur Kundenbindung auszuschöpfen, sind Voting-Tools in die Internetangebote zu integrieren. Beispielsweise soll das Voting-Tool bei der Bezirksregierung Düsseldorf eine dezentrale Definition von Meinungsabfragen ermöglichen, um den Abteilungen und Fachdezernaten die Möglichkeit zu geben, jederzeit zu spezifischen Themen Umfragen abhalten zu können. Die statistische Auswertung der gewonnenen Daten soll ebenfalls dezentral durch die Stelle erfolgen können, die die Abfrage initiiert hat.

Andererseits muss heute noch festgestellt werden, dass e-administration bei Wahlen und Abstimmungen noch ihre Grenze findet. Nach einer Forsa-Repräsentativumfrage nutzt zur Zeit ungefähr ein Drittel der Bevölkerung das Internet. Solange nicht jeder Bürger in der Lage ist, sich online an Entscheidungen zu beteiligen, muss die Möglichkeit der herkömmlichen Abstimmung zumindest zusätzlich angeboten werden.

E-Administration bei den Kommunen und im Staat muss daher von allen gesellschaftlichen Akteuren getragen und strategisch eingeführt werden. Das Verhältnis Staat-Bürger, das im Wesentlichen durch die Mitwirkung des Bürger als Basis für das Funktionieren des Staates bestimmt wird, kommt in der Diskussion über den Einsatz der neuen Medien in der Verwaltung noch viel zu kurz.

Wenn die Bund, Länder und Kommunen die gegebenen Möglichkeiten konsequent nutzen, sollte es in Zukunft möglich sein, mit weniger Personal die Aufgaben schneller, transparenter und vor allem besser wahrzunehmen.

Das Internet-Angebot aller Verwaltungen wird weiter ausgebaut werden, damit neben der Information auch verstärkt die Interaktion mit den Bürgern und der Wirtschaft möglich wird. Auf- und Ausbau des „Electronic Government" müssen Schwerpunkt aller Reformbemühungen sein.

Literatur:

Konzendorf, Götz (1998): Verwaltungsmodernisierung in den Ländern. Überblicke und Einblicke. Speyer: Forschungsinstitut für öffentliche Verwaltung.

Teil IV

Heribert Schatz als Mensch und Wissenschaftler

Schriftenverzeichnis von Heribert Schatz

Chronologisch und thematisch untergliedert[1]

1969 bis 1978: Politisches System – Verwaltung und Planung

1) (1969) (zus. mit R. Wildemann): Das Wahlverhalten an Bundeswehr-Standorten. In: Wildemann, R. (Hrsg.): Sozialwissenschaftliches Jahrbuch für Politik. Band 1. München/Wien: 61-154.

2) (1969) (zus. mit H.J. Hegelau und A. Theis): Verbesserungen des Führungsinstrumentariums von Bundeskanzler und Bundesregierung. In: Projektgruppe Regierungs- und Verwaltungsreform beim Bundesminister des Innern (Hrsg.): Erster Bericht zur Reform der Struktur von Bundesregierung und Bundesverwaltung. Bonn. Teil III: 183-273.

3) (1970): Der Parlamentarische Entscheidungsprozeß. Bedingungen der verteidigungspolitischen Willensbildung im Deutschen Bundestag. Band 1 der Mannheimer Sozialwissenschaftlichen Studien, hrsg. von H. Albert, M. Irle, M.R. Lepsius, E. Matthias und R. Wildemann. Meisenheim.

4) (1970): Politische Planung in der Bundesrepublik. Notwendigkeit und Voraussetzungen der Planung auf Bundesebene (überarbeitetes Mskr. eines Vortrages im WDR, Köln). In: Laudan, P. (Hrsg.): Genießen - Regieren - Verteilen. Planung für eine humane Welt. Gelnhausen/Berlin: 192-202.

5) (1971): „Tagesschau" und „heute" - Politisierung des Unpolitischen? In: Zoll, R. (Hrsg.): Manipulation der Meinungsbildung. Band 4 der Reihe Kritik. Opladen: 109-122.

6) (1972): Systemimmanente Grenzen politischer Planung in der BRD. Zum Problem von Strukturinnovationen im Bereich von Bundesregierung und Bundesverwaltung. In: PVS-Sonderheft 4/1972: 153-167.

7) (1972) (zus. mit E. Piduch und A. Theis): Problemaufriß zur Finanz- und Aufgabenplanung. In: Projektgruppe Regierungs- und Verwaltungsreform beim Bundesminister des Innern (Hrsg.): Dritter Bericht zur Reform der Struktur von Bundesregierung und Bundesverwaltung. Bonn. Anlagenband: 1-43.

8) (1973): Auf der Suche nach neuen Problemlösungsstrategien: Die Entwicklung der politischen Planung auf Bundesebene. In: Mayntz, R. / Scharpf, F. (Hrsg.): Planungsorganisation. München: 9-67.

9) (1973): Regierungs- und Verwaltungshandeln unter den Bedingungen moderner Industriegesellschaften. In: Landespersonalamt Hessen (Hrsg.): Hessische Hochschulwochen für staatswissenschaftliche Fortbildung. Band 74. Bad Homburg v.d.H. Berlin/Zürich: 44-46.

---

1 Aufstellung Dagmar Wetzel; bearbeitet von Jörg-Uwe Nieland und Sascha Werthes.

10) (1974): Politische Planung im Regierungssystem der Bundesrepublik Deutschland. Göttingen.

11) (1975): Staatsbürokratie im Wandel. Zum wechselseitigen Verhältnis von Steuerungs- und Lernperformanz des politisch-administrativen Systems. In: Narr, W. D. (Hrsg.): Politik und Ökonomie. Autonome Handlungsmöglichkeiten des politischen Systems. PVS-Sonderheft 6/1975: 299-319.

12) (1975): Funktionsbedingungen und Konfliktsituationen verwaltungswissenschaftlicher Forschung und Beratung, dargestellt am Beispiel der „Projektgruppe Regierungs- und Verwaltungsreform". In: Wissenschaftszentrum Berlin (Hrsg.): Theoretische und praktische Probleme der anwendungsbezogenen Sozialwissenschaften, Manuskriptdruck. Berlin. Band I/1975: 234-271.

13) (1976): The Development of Political Planning in the Federal Republic of Germany. In: German Political Studies. Vol. 2/1976: 41-68.

14) (1978): Das politische Planungssystem des Bundes. Idee, Entwicklung, Stand. In: Pfohl, H.-Ch. / Rürup, B. (Hrsg.): Anwendungsprobleme moderner Planungs- und Entscheidungstechniken. Königstein: 241-257.

15) (1978): Regierungs- und Verwaltungsreform im politisch-administrativen Spannungsfeld. In: Schriftenreihe des Vereins für Verwaltungsreform und Verwaltungsforschung e.V. Nr. 10. Teil I. Bonn: 9-20.

16) (1978) (zus. mit C.-H. David und H. Korte): Alternative Planung. Bonn.

1978 bis 1984: Politik und Massenkommunikation – Verbraucherpolitik

17) (1978): Zum Stand der politikwissenschaftlich relevanten Massenkommunikationsforschung in der Bundesrepublik Deutschland. In: Bermbach, U. (Hrsg.): Politikwissenschaft und Politische Praxis. PVS-Sonderheft 9/1978: 434-454.

18) (1979): Ein theoretischer Bezugsrahmen für das Verhältnis von Politik und Massenkommunikation. In: Langenbucher, W. R. (Hrsg.): Politik und Kommunikation. München: 81-92.

19) (1980): Fernsehnachrichten in demokratietheoretischer Sicht. In: Duisburger Materialien zur Innenpolitik und Verwaltungswissenschaft. Nr. 2/1980. Duisburg.

20) (1980): Medienpolitik - am Beispiel der Pressekonzentration. Ziele und Instrumente. In: Gagel, W. et al. (Hrsg.): Massenkommunikation in der Demokratie. Stuttgart.

21) (1980) (zus. mit S. Wilhelms-Kind): Vorstudie zur Weiterentwicklung der Gemeinsamen Geschäftsordnung der Bundesministerien. Gutachten des Rhein-Ruhr-Instituts für Sozialforschung und Politikberatung e. V., für den Bundesminister des Innern. Bonn/Duisburg.

22) (1981) (zus. mit K. Adamczewski, K. Lange und F. Nüssen): Fernsehen und Demokratie. Eine Inhaltsanalyse des Fernsehnachrichtensendungen von ARD und ZDF. Opladen.

23) (1981) (zus. mit Mitarbeitern): Regulierungsprobleme staatlicher Verbraucherpolitik. In: Fleischmann, G. (Hrsg.): Der kritische Verbraucher. Frankfurt a. M./New York: 161-173.

24) (1982) (unter Mitarbeit von M. Schatz-Bergfeld und W. Schurawitzki): Zeitgemäße GGO I, 2. Vorstudie. Gutachten des Rhein-Ruhr-Instituts für Sozialforschung und Politikberatung e.V. Duisburg.

25) (1982): Medienpolitik und Medienfunktionen: Verwaltungswissenschaftlich relevante Fragestellungen und vorliegende Untersuchungsergebnisse. In: Hesse, J. J. (Hrsg.): Politikwissenschaft und Verwaltungswissenschaft. PVS-Sonderheft 13/1982: 398-413.

26) (1982) (zus. mit K. Lange) (Hrsg.): Massenkommunikation und Politik. Aktuelle Probleme und Entwicklungen im Massenkommunikationssystem der Bundesrepublik Deutschland. Frankfurt a. M.

27) (1982): Interessen- und Machtstrukturen im Interaktionsfeld von Massenmedien und Politik. In: Schatz, H. / Lange, K. (Hrsg.): Massenkommunikation und Politik. Aktuelle Probleme und Entwicklungen im Massenkommunikationssystem der Bundesrepublik Deutschland. Frankfurt a. M.: 6-20.

28) (1982) (zus. mit J. J. Hesse, L. Jäger und W. Schurawitzki): Analyse des Bildungssystems und des Bildungspotentials sowie der Arbeitsmarktpolitik unter Berücksichtigung ihrer jeweiligen Verknüpfungen. Gutachten im Auftrag des Kommunalverbandes Ruhrgebiet. Essen.

29) (1983): Politik-Kritik in Massenmedien. In: Fischer, H.-D. et al. (Hrsg.): Kritik in Massenmedien. Köln.

30) (1983): Consumer Interests in the Process of Political Decision-Making - Results from an Empirical Research Study into Consumer-Political Decisions in the Federal Republic of Germany. In: Journal of Consumer Policy. Heft 6/1983.

31) (1983): Ergebnisse der Analyse des Bildungssystems und des Bildungspotentials sowie der Arbeitsmarktpolitik und ihrer jeweiligen Verknüpfungen. In: Strukturanalyse Ruhrgebiet Bilanz - Kritik – Perspektiven. Dokumentation einer gemeinsamen Veranstaltung des Kommunalverbandes Ruhrgebiet und des Innovationsförderungs- und Technologietransfer-Zentrums der Hochschulen des Ruhrgebiets am 23./24. März 1983 in Gelsenkirchen.

32) (1983): Wahlkommunikation und Systemlogik. In: Schulz, W. / Schönbach, K. (Hrsg.): Massenmedien und Wahlen, Schriftenreihe der Deutschen Gesellschaft für Publizistik- und Kommunikationswissenschaft. Band 11. München: 162-168.

33) (1983): Ziele und Gegenstände sozialwissenschaftlicher Forschung im Bereich der neuen Informations- und Kommunikationstechnologien. In: Schatz, H. / Schatz-Bergfeld, M. / Immer, N. / Habig, C. (Hrsg.): Beiträge zur sozialwissenschaftlichen Medienforschung. Duisburger Materialien zur Politik- und Verwaltungswissenschaft Nr. 8/1983. Duisburg: 1-7.

34) (1984) (unter Mitarbeit von A. Bopp-Schmehl, U. Heibült, H.H. Kalinowsky, U. Kypke, M. Schatz-Bergfeld und F. Sippel): Verbraucherinteressen im politischen Entscheidungsprozeß. Frankfurt a. M./New York.

1984 bis 1987: Technologie/Technikgestaltung – Verbraucherpolitik – Massenkommunikation

35) (1984): Sozialverträgliche Technologiegestaltung. In: Landesregierung NRW (Hrsg.): Nordrhein-Westfalen-Initiative Zukunftstechnologien, Die Landesregierung informiert. Düsseldorf: 137-154.

36) (1984): Arzneimittel und Verbraucherpolitik aus der Sicht des Politikwissenschaftlers. In: Schallenberger, E. H. / Schrey, H. (Hrsg.): Medizin und Politik. Interdisziplinäre Überlegungen und Fallstudien. Duisburger Studien Geistes- und Gesellschaftswissenschaften Band 9: 23-30.

37) (1985): Verwaltungspolitik als Informations- und Innovationspolitik. Einführungs-Statement. In: Ellwein, Th. / Hesse, J. J. (Hrsg.): Verwaltungsvereinfachung und Verwaltungspolitik. Baden-Baden: 227-230.

38) (1985) (zus. mit M. Schatz-Bergfeld): Politische Gestaltungsalternativen im Bereich der „Neuen Medien“. In: Verbraucherpolitische Hefte. August/1985: 137-151.

39) (1985) (zus. mit U. v. Alemann und D. Viefhues): Zielsetzungen und Handlungsfelder des Programms „Mensch und Technik - Sozialverträgliche Technikgestaltung“. In: Minister für Arbeit, Gesundheit und Soziales des Landes NRW (Hrsg.): Reihe Werkstattberichte, Nr. 1. Düsseldorf.

40) (1985) (zus. mit U. v. Alemann und D. Viefhues): Sozialverträgliche Technikgestaltung. Entwurf eines politischen Programms. In: Fricke, W. et al. (Hrsg.): Jahrbuch Arbeit und Technik in Nordrhein-Westfalen. Bonn: 349-367.

41) (1986) (zus. mit U. v. Alemann et al): Mensch und Technik. Grundlagen und Perspektiven einer sozialverträglichen Technikgestaltung. Wiesbaden.

42) (1986): Stichwort „Massenmedien und Massenkommunikation“. In: Mickel, W. (Hrsg.): Handlexikon zur Politikwissenschaft. München: 285-289.

43) (1986): Technologische Entwicklungen und Technologiepolitik. Grundlagen und Perspektiven einer sozialverträglichen Technikgestaltung im Bereich der neuen Informations- und Kommunikationstechnologien. In: Hartwich, H.-H. (Hrsg.): Politik und die Macht der Technik. Opladen: 215-230.

44) (1986) (zus. mit M. Schatz-Bergfeld): Macht und Medien. Perspektiven der informationstechnologischen Entwicklung. In: Kaase, M. (Hrsg.): Politische Wissenschaft und politische Ordnung. Analysen zu Theorie und Empirie demokratischer Regierungsweise. Festschrift zum 65. Geburtstag von Rudolf Wildenmann. Opladen: 375-386.

45) (1987) (zus. mit U. v. Alemann et al.): Zusammenfassung des Zwischenberichts „Das SoTech-Programm nach zwei Jahren“. In: Fricke, W. et al. (Hrsg.): Jahrbuch Arbeit und Technik in Nordrhein-Westfalen 1987. Bonn: 425-447.

46) (1987) (zus. mit U. v. Alemann et al.): Mensch und Technik. Grundlagen und Perspektiven einer sozialverträglichen Technikgestaltung. 2. Auflage, Wiesbaden.

1988 bis 1989: Konvergenzhypothese - Medienwandel

47) (1988): Ist das Fernsehen noch zu retten? Zum Funktionswandel des Fernsehens als „Medium und Faktor der öffentlichen Meinungsbildung“. In: Breitling, R. / Gellner, W. (Hrsg.): Machiavellismus, Parteien und Wahlen, Medien und Politik. Gerlingen: 70-90.

48) (1988) (zus. mit M. Maas): Die Bedeutung von Forschung und Entwicklung für die Wirtschaft Nordrhein-Westfalens. In: Bußmann, L. (Hrsg.): Die Wirtschaft des Landes Nordrhein-Westfalen, Band 4 der Schriften zur politischen Landeskunde Nordrhein-Westfalens, hrsg. von der Landeszentrale für Politische Bildung Nordrhein-Westfalen. Köln u. a.: 244-262.

49) (1989): Massenmedien in der Bundesrepublik Deutschland. In: Weidenfeld, W. / Zimmermann, H. (Hrsg.): Deutschland-Handbuch. Eine doppelte Bilanz 1949-1989. München: 389-401.

50) (1989) (zus. mit N. Immer und F. Marcinkowski): Strukturen und Inhalte des Rundfunkprogramms der vier Kabelpilotprojekte. In: Presse- und Informationsamt der Landesregierung NRW. Die Landesregierung informiert. Begleitforschung des Landes Nordrhein-Westfalen zum Kabelpilotprojekt Dortmund, Band 23. Düsseldorf.

51) (1989) (zus. mit N. Immer und F. Marcinkowski): Der Vielfalt eine Chance? Empirische Befunde zu einem zentralen Argument für die „Dualisierung" des Rundfunks in der Bundesrepublik Deutschland. In: Rundfunk und Fernsehen, 37. Jg., 1/1989: 5-24.

52) (1989) (zus. mit N. Immer und F. Marcinkowski): Keineswegs zwangsläufig. Die Zukunft des „dualen Rundfunksystems". In: Kirche und Rundfunk. Informationsdienst für Hörfunk und Fernsehen, Nr. 53, 8. Juli 1989: 5-8.

1989-1993: Technik – Medien – Verwaltung

53) (1989) (zus. mit U. v. Alemann und G. Simonis) (Hrsg.): Gesellschaft - Technik - Politik. Perspektiven der Technikgesellschaft. Opladen.

54) (1989): Das neue Netzwerk der Telekommunikation. In: Alemann, U. v. / Simonis, G. / Schatz, H. (Hrsg.): Gesellschaft - Technik - Politik. Perspektiven der Technikgesellschaft. Opladen: 77-96.

55) (1989): Hochtechnologiepolitik und Massenkommunikation. Veränderungen in den Grundlagen politischer Kommunikation. In: Kaase, M. / Schulz, W. (Hrsg.): Massenkommunikation. Theorien, Methoden, Befunde. In: KZfSS, Sonderheft 30/1989: 118-134.

56) (1989) (zus. mit N. Immer und F. Marcinkowski): Lokalfunk im Kontext lokaler Kommunikation. In: Hartwich, H.-H. (Hrsg.): Macht und Ohnmacht politischer Institutionen. Opladen: 452-458.

57) (1990) (zus. mit Ch. Habig und N. Immer): Medienpolitik. In: Beyme, K. v. / Schmidt, M. G. (Hrsg.): Politik in der Bundesrepublik Deutschland. Opladen: 331-359.

58) (1991): Möglichkeiten und Grenzen sozialverträglicher Technik- gestaltung - Erfahrungen aus dem gleichnamigen Programm der Landesregierung von Nordrhein-Westfalen. In: Rülcker, Ch. (Hrsg.): Region Ruhr. Interdisziplinäre Ansätze. Festschrift zum 65. Geburtstag von Fritz Rudolph. Bochum: 16-32.

59) (1991): Sozialverträgliche Technikgestaltung - Erfahrungen aus der Projektträgerschaft für das NRW-Programm „Mensch und Technik". In: Tagungsband zur 2. Fachtagung der Sektion Wirtschaft und Technik im Berufsverband Deutscher Soziologen. Bielefeld.

60) (1991): Sozialverträgliche Technikgestaltung - Erfahrungen aus der Projektträgerschaft für das NRW-Programm „Mensch und Technik". In: Wechselwirkung, Heft 50, Jg. 13, August 1991: 4-11 [Nachdruck von Nr. 58].

61) (1991): Telekommunikation in Politik und Verwaltung. In: Garbe, D. / Lange, K. (Hrsg.): Technikfolgenabschätzung in der Telekommunikation. Berlin/Heidelberg u. a.: 211-219.

62) (1991): Stichworte „Koordination", „Koordinationsausschüsse", „Koordinationsbedarf", „Koordinationsinstanz", „Koordinationsmodus", „Krisenmanagement", „Krisentheorie", „Selbstkoordination", „Planungssystem", „Meta-policy-making" im „Verwaltungslexikon". Hrsg. von P. Eichhorn gemeinsam mit C. Böhret, H.-U. Derlien u. a. 2. Auflage. Mannheim.

63) (1991): Lehren aus Ansätzen zu Verwaltungs- und Informationssysteme in der Vergangenheit. In: Reinermann, H. (Hrsg.): Führung und Information. Chancen der Informationstechnik für die Führung in Politik und Verwaltunganätze. Tagungsband zur 59. Staats wissenschaftlichen Fortbildungstagung der Hochschule für Verwaltungswissenschaften Speyer und der Gesellschaft für Informatik e.V. Speyer: 49-66.

64) (1991): „Medienpolitik". In: Holtmann, E. (Hrsg.): Politiklexikon. München/Wien: 355-358.

65) (1991): Regionale Kommunikationsprozesse gestalten anstatt formale Verfahrensabläufe. Experteninterview „Sozialverträglichkeit der EXPO 2000 Hannover - Möglichkeiten der Analyse und Überprüfung“ am 11. Juli 1991. In: IES-Berichte 218.91. Institut für Entwicklungsplanung und Strukturforschung. Hannover: 42-47.

66) (1991): Statement und Diskussionsbeiträge zur Werkstatt „Sozialverträglichkeit der EXPO“ in Hannover. In: IES-Berichte 219.91. Institut für Entwicklungsplanung und Strukturforschung. Hannover 1991: 13-21.

67) (1991) (zus. mit M. Schatz-Bergfeld): Jugend - Freizeit - Technik: Kompetenzerwerb im alltäglichen Technikumgang unter besonderer Berücksichtigung von Freizeit als Lernort. Eine Darstellung des Projekts. In: VDI-Technologiezentrum Physikalische Technologien. Projektträger Technikfolgenabschätzung (Hrsg.): Technikfolgenabschätzung. Projektpräsentation zum Förderschwerpunkt „Wechselwirkungen zwischen Arbeit, Technik und Freizeit“. Düsseldorf: 15-21.

68) (1991): Die Zukunft des öffentlich-rechtlichen Rundfunks. Einführung in die Problemstellung. In: Rundfunk und Fernsehen, 39. Jg. Heft 1/1991: 29-32.

69) (1992) (zus. mit U. v. Alemann und G. Simonis): Leitbilder sozialverträglicher Technikgestaltung. Opladen.

70) (1992): Auf dem Prüfstand: Zur Weiterentwicklung der Konvergenz-Hypothese. In: medium. Heft 1/92, 22. Jg.: 49-52.

71) (1992) (zus. mit F. Marcinkowski): Veränderungen in der Qualität des politischen Programms im dualen Rundfunksystem, Arbeitskreis „Politik und Kommunikation“. In: Kohler-Koch, B. (Hrsg.): Staat und Demokratie in Europa. DVPW-Kongreß Hannover. Opladen.

72) (1992): Televising the Bundestag. In: Franklin, B. (ed.): Televising Democracies. London/New York: 234-253.

73) (1992): L`attività di informazione parlamentare e relazioni publiche del Parlamento federale tedesco. In: Camera dei deputati (ed.): L`informazione parlamentare negli anni '90. Il caso italiano nel confronto europeo. Roma: 252-290.

74) (1992) (zus. mit W. Schulz): Qualität von Fernsehprogrammen. Kriterien und Methoden zur Beurteilung von Programmqualität im dualen Fernsehsystem. In: Media Perspektiven 11/1992: 690-712.

75) (1992): Stichwort „Massenmedien“. In: Andersen, U. / Woyke, R. (Hrsg.): Handwörterbuch des politischen Systems der Bundesrepublik Deutschland. Opladen: 366-376.

76) (1992): Die Zukunft des öffentlich-rechtlichen Rundfunks. Einführung in die Problemstellung. In: Hickethier, K. (Hrsg.): Fernsehen: Wahrnehmungswelt, Programminstitution und Marktkonkurrenz. Frankfurt: 283-287.

77) (1993): Sozialverträgliche Technikgestaltung - Erfahrungen aus der Projektträgerschaft für das NRW-Programm „Mensch und Technik“. In: Eichener, V. / Mai, M. (Hrsg.): Sozialverträgliche Technik-Gestaltung und Bewertung. Wiesbaden: 72-91.

1993 bis 2000: Medien(-wandel) – Medien und Politik

78) (1993): Medien und politische Meinungsbildung - Ergebnisse der Politologie. Beitrag zu einem Workshop der Bertelsmann-Stiftung zum Thema „Die Rolle der Medien in der politischen Sozialisation“ am 2. April 1993. Mskr. 15 Seiten. Duisburg.

79) (1993) (zus. mit O. Jarren und F. Marcinkowski) (Hrsg.): Landesmedienanstalten - Steuerung der Rundfunkentwicklung? Jahrbuch 1993 der Arbeitskreise „Politik und Kommunikation“ der DVPW und der DGPuK. Münster/Hamburg.

80) (1993): Rundfunkentwicklung und politische Steuerung. In: Jarren, O. / Marcinkowski, F. / Schatz, H. (Hrsg.): Landesmedienanstalten - Steuerung der Rundfunkentwicklung? Jahrbuch 1993 der Arbeitskreise „Politik und Kommunikation“ der DVPW und der DGPuK. Münster/Hamburg: 13-19.

81) (1993): Fernseh-Nachrichten als Spartenprogramme. In: Europäisches Medieninstitut (Hrsg.): Die Zukunft des Fernsehens: Vollprogramme oder Spartenkanäle? Düsseldorf: 195-211.

82) (1994): Rundfunkentwicklung im „dualen System“: die Konvergenzhypothese. In: Jarren, O. (Hrsg.): Politische Kommunikation in Hörfunk und Fernsehen. Ein Studienbuch. Opladen: 67-79.

83) (1994) (zus. mit S. Holgerson und O. Jarren) (Hrsg.): Dualer Rundfunk in Deutschland. Beiträge zu einer Theorie der Rundfunkentwicklung. Jahrbuch 1994 der Arbeitskreise „Politik und Kommunikation“ der DVPW und der DGPuK. Münster/Hamburg.

84) (1994): Das duale Rundfunksystem in modernisierungstheoretischer Sicht. In: Holgersson, S. / Jarren, O. / Schatz, H. (Hrsg.): Dualer Rundfunk in Deutschland. Beiträge zu einer Theorie der Rundfunkentwicklung. Jahrbuch 1994 der Arbeitskreise „Politik und Kommunikation“ der DVPW und der DGPuK. Münster/Hamburg: 193-203.

85) (1995): Die Medien und die politischen Parteien. In: Kroker, E.J.M. / Dechamps, B. (Hrsg.): Information - eine dritte Wirklichkeitsart neben Materie und Geist. Frankfurt a. M.: 97-113.

86) (1995) (zus. O. Jarren und B. Knaup) (Hrsg.): Rundfunk im politischen Kommunikationsprozeß. Jahrbuch 1995 der Arbeitskreise „Politik und Kommunikation“ der DVPW und der DGPuK. Münster/Hamburg: 10-16.

87) (1995): Einführung in das Tagungsthema Rundfunk im politischen Kommunikationsprozeß. Funktionen und Funktionswandel im Zeichen wachsender Selbstreferentialität des Massenkommunikationssystems. In: Jarren, O. / Knaup, B. / Schatz, H. (Hrsg.): Rundfunk im politischen Kommunikationsprozeß. Jahrbuch 1995 der Arbeitskreise „Politik und Kommunikation“ der DVPW und der DGPuK. Münster/Hamburg: 10-16.

88) (1995): Gewalt und Sex im Fernsehen. In: Jarren, O. / Knaup, B. / Schatz, H. (Hrsg.): Rundfunk im politischen Kommunikationsprozeß. Jahrbuch 1995 der Arbeitskreise „Politik und Kommunikation“ der DVPW und der DGPuK. Münster/Hamburg: 242-265.

89) (1995) (zus. mit Th. Bruns): FOCUS, SPIEGEL und STERN im Vergleich. Eine empirische Untersuchung. Arbeitsheft des Rhein-Ruhr-Institut für Sozialforschung und Politikberatung e.V. Duisburg 1995.

90) (1995) (zus. mit Th. Bruns): Der Spiegel wird FOCUSsiert. Konvergenz bei den Nachrichtenmagazinen? In: Sage & Schreibe. Die Zeitschrift für Medienberufe. Nr. 4/95: 48-52.

91) (1996) (Hrsg.): Fernsehen als Objekt und Moment des sozialen Wandels. Faktoren und Folgen der aktuellen Veränderungen des Fernsehens. Opladen.

92) (1996): Fragestellung, analytischer Zugang und Aufbau der Untersuchung. In: Schatz, H. (Hrsg.): Fernsehen als Objekt und Moment des sozialen Wandels. Faktoren und Folgen der aktuellen Veränderungen des Fernsehens. Opladen: 9-18.

93) (1996): Zusammenfassung der Ergebnisse und Schlußfolgerungen für die Theoriebildung und die weitere Forschung. In: Schatz, H. (Hrsg.): Fernsehen als Objekt und Moment des sozialen Wandels. Faktoren und Folgen der aktuellen Veränderungen des Fernsehens. Opladen: 371-382.

94) (1996): Stiftung Medientest. Anmerkungen zu den diesbezüglichen Ausführungen von Friedrich Krotz. In: Rundfunk und Fernsehen, 44. Jg., 2/96: 245-248.

95) (1996) (zus. mit O. Jarren und H. Weßler) (Hrsg.): Medien und politischer Prozeß. Jahrbuch 1996 der Arbeitskreise „Politik und Kommunikation" der DVPW und der DGPuK. Wiesbaden.

96) (1996): Stichwörter „Informations- und Kommunikationstechniken", „Kommunikation und Medien", „Rundfunk" und „Verlage: Presse". In: Leske u. Budrich (Hrsg.): NRW-Lexikon. Opladen.

97) (1997) grundlegend neu bearbeitete Fassung von Nr. 75: Stichwort „Massenmedien". In: Andersen, U. / Woyke, R. (Hrsg.): Handwörterbuch des politischen Systems der Bundesrepublik Deutschland. Opladen.

98) (1997) (zus. mit O. Jarren und B. Knaup) (Hrsg.): Machtkonzentration in der Multimediagesellschaft? Beiträge zur Neubestimmung von politischer und medialer Macht. Opladen.

99) (1998): Mobilitätsleitbilder in den Massenmedien. In: Zimmer, J. (Hrsg.): Soziologie als Krisenwissenschaft. Festschrift zum 65. Geburtstag von Dankwart Danckwerts. Münster: 195-205.

100) (1998): Mobilitätsleitbilder in den Massenmedien. In: Grunow, D. (Hrsg.): Aktuelle Themen der Politikwissenschaft, dargestellt von VertreterInnen des Faches an der Gerhard-Mercator-Universität-Gesamthochschule-Duisburg. Duisburg: 245-256. [überarbeitete Fassung von Nr. 99]

101) (1998): Kapitel III. Finanzierung und VIII. Öffentlichkeit, Öffentlichkeitsarbeit. In: Verein pro Ruhrgebiet (Hrsg.): Erfahrungen und Potentiale eines verstärkten bürgerschaftlichen Engagements zur Entlastung der Kommunen. Bd. 1 der Schriftenreihe. Essen: 29–36 bzw. 65 – 71.

102) (1998): Veränderung des Fernsehen im gesellschaftlichen Modernisierungsprozeß. In: Mai, M. / Neumann-Braun, K. (Hrsg.): Von den „Neuen Medien" zu Multimedia. Gesellschaftliche und politische Aspekte. Düsseldorfer kommunikations- und medienwissenschaftliche Studien, hrsg. v. V. Borsó, R. Heinz und H. Süssmuth, Band 4. Baden-Baden: 22-33.

103) (1998) (zus. mit U. Göttlich und J.-U. Nieland) (Hrsg.): Kommunikation im Wandel. Zur Theatralität der Medien. Köln.

104) (1998) (zus. mit U. Göttlich und J.-U. Nieland): Einleitung. Kommunikation im Wandel. In: Göttlich, U. / Nieland, J.-U. / Schatz, H. (Hrsg.): Kommunikation im Wandel. Zur Theatralität der Medien. Köln: 11-19.

105) (1999) (zus. mit P. Donges, O. Jarren) (Hrsg.) (1999): Globalisierung der Medien? Medienpolitik in der Informationsgesellschaft. Opladen.

106) (1999) grundlegend neu bearbeitete Fassung von Nr. 96: Stichwörter „Informations- und Kommunikationstechniken", „Kommunikation und Medien", „Rundfunk" und „Verlage: Presse". In: Leske u. Budrich (Hrsg.): NRW-Lexikon. Opladen.

107) (2000) nochmals aktualisierte Fassung von Nr. 75 bzw. 97: Stichwort „Massenmedien". In: Andersen, U. / Woyke, R. (Hrsg.): Handwörterbuch des politischen Systems der Bundesrepublik Deutschland. Opladen: 366-376.

108) (2000) (zus. mit R. Chr. van Ooyen und S. Werthes): Wettbewerbs-föderalismus. Aufstieg und Fall eines politischen Streitbegriffes. Baden-Baden.

109) (2000) (zus. mit Chr. Holtz-Bacha und J.-U. Nieland) (Hrsg.): Migranten und Medien. Neue Herausforderungen an die Integrationsfunktion von Presse und Rundfunk. Wiesbaden.

110) (2000) (zus. mit J.-U. Nieland): Einführung in die Thematik Migranten und Medien. In: Schatz, H. / Holtz-Bacha, Chr. / Nieland, J.-U. (Hrsg.): Migranten und Medien. Neue Herausforderungen an die Integrationsfunktion von Presse und Rundfunk. Wiesbaden 2000: 11-22.

111) (2000) aktualisierte Fassung von Nr. 64. „Medienpolitik". In: Holtmann, E. (Hrsg.): Politiklexikon. München.

Vormerkungen 2001

112) (2001) (zus. mit J.-U. Nieland und P. Rössler) (Hrsg.): Politische Akteure in der Mediendemokratie. Politiker, Parteien und Verbände vor neuen Anforderungen der politischen Kommunikation. Wiesbaden.

113) (2001) (zus. mit U. Sarcinelli) (Hrsg.): Mediendemokratie im Medienland? Inszenierungen und Themensetzungsstrategien im Spannungsfeld von Medien und Parteieliten am Beispiel der nordrhein-westfälischen Landtagswahl im Jahr 2000. Schriftenreihe der Landesanstalt für Rundfunk, Band 41. Opladen.

Duisburg 1979: Exekutive Sachzwänge oder: Die Zivilcourage des Hochschullehrers Heribert Schatz

Ulrich Kypke

„„Der Staat hat keine Fehler gemacht', bescheinigte die ostdeutsche Merkel dem damaligen Westdeutschland, ohne zu merken, dass sie dabei nur eine weitere lustige Strophe des Liedchens ‚die Partei hat immer Recht', kreiert hatte." (Ute Scheub, TAZ 2001)

„Die klassische Gewaltenteilung zwischen Legislative, Exekutive und Judikative hat sich nach und nach als unrealistisches Schema erwiesen. Die materielle Politikgestaltung ist zunehmend auch Aufgabe der Apparate geworden, und die legislativen Funktionen reduzieren sich häufig auf Akklamation und Legitimation." (Schatz 1981: 16f.; Bopp-Schmehl / Heibült / Kypke, Forschungsbericht 1984: 8)

Diese hier vorgestellte Dokumentation eines Berufsverbotsverfahrens an der Universität Duisburg mag einen eher marginalen, alltagsbezogenen Aspekt im Wirken von Heribert Schatz berühren: Zivilcourage, persönlicher Mut, demokratische Aufrichtigkeit. Selten kommen diese Begriffe in Würdigungen vor, bei denen es darum geht, wissenschaftliche Leistungen zu qualifizieren. Dabei scheint mir der preiszugebende Nachweis der persönlichen Wertorientierungen und Erkenntnisziele bei der Bewältigung ‚sachlicher' wissenschaftlicher Fragen als die wichtigste methodische Voraussetzung für die Ergebnisbeurteilung von Arbeitsergebnissen. Heute mehr als je.

Heribert Schatz war geprägt von dem 68er Impetus der Frankfurter Schule und deren Dialektik von Freiheit und Aufklärung. Die 70er Jahre waren Zeiten eines jahrelangen, selbstquälerischen ‚Deutschen Herbstes'. Die politischen Debatten waren erregend – weit entfernt von der Langweiligkeit und Oberflächlichkeit heutiger Debatten – und schlossen sehr persönliche Konsequenzen mit ein.

Die Kernfrage der nach-68er Diskurse in den politisch-wissenschaftlichen Milieus betraf bei aller Unterschiedlichkeit der Herangehensweise und der Wortwahl die Staatsfrage: Der Mythos des Gesellschaftsvertrags zwischen dem Vater Staat und dem Einzelnen galt als stark gestört, oder war er schon zerbrochen? Zwischen den extremen Antworten der Überidentifikation mit diesem ‚Vater' und den verzweifelten, geistig umherlichternden ‚Mescaleros' wuchs eine (sozial-)wissenschaftlich geprägte Studentengeneration heran, die den Staat in einem Zuge mit seinen als teilweise beängstigend empfundenen Maßnahmen mit neuem Erkenntniswerkzeug zu zügeln versuchte. Ein typischer Vertreter dieser politisch-administrativen Reformer und Zügler des „politisch-administrativen Systems" waren Heribert Schatz und auch ich als sein damaliger Schüler und Mitarbeiter.

1978 wurde der Autor dieser Zeilen von Heribert Schatz als wissenschaftlicher Mitarbeiter für ein 5-jähriges Forschungs-Verbundprojekt „Grundlagen der Verbraucherpolitik" an die Universität Duisburg geholt. Dies tat Heribert Schatz, obwohl er wusste, dass gegen mich als seinerzeitigem Mitglied des Marxistischen Studentenbundes Spartakus, einer DKP-orientierten Studentengruppe an der Reformuniversität Konstanz, dann als wissenschaftliche Hilfskraft und nach erfolgreich bestandenem Ausleseverfahren als Referendar für den höheren Verwaltungsdienst im Regierungsbezirk Köln, Verfahren zur „Entfernung aus dem Dienst" (das war die amtliche Bezeichnung) erfolgreich vollzogen worden waren.

Es war eine Zeit, in der im Schatten des tobenden kalten Krieges schon ein kritisches Wort zur beruflichen Existenzvernichtung führen konnte und das Umfeld des Betroffenen gut daran tat, sich gewissermaßen demonstrativ zu distanzieren. In dieser Zeit hing die Reputation eines Hochschullehrers, der – wie Heribert Schatz – u.a. Gesetzesproduktion und Staatshandeln untersuchte, nicht zuletzt davon ab, die vorherrschende sanfte Staatskritik nicht gar in kritisch-praktischer Form auf das eigene Alltagsverhalten zu übertragen.

Das war der Hintergrund, vor dem Heribert Schatz mich einstellte und – als mein persönlicher Beistand – einem in Deutscher Beamtentradition und Korrektheit durchgezogenen Anhörungsverfahren beiwohnte und sich vehement für meine Einstellung einsetzte, sich den damit verbundenen Gefährdungen selbstbewusst aussetzend. Alle Berufsverbotsmaßnahmen hatten den alleinigen Hintergrund einer nicht verleugneten Organisationszugehörigkeit.

Hier das Anhörungsprotokoll in Auszügen:

„Gesamthochschule Duisburg Duisburg, den 26.01.79

Der Kanzler –

Anhörung nach Nr. 1.2 der „Vorläufigen Richtlinien über die Beurteilung von Zweifeln an der Verfassungstreue von Bewerbern für den öffentlichen Dienst aufgrund des Beschlusses des Verfassungsgerichts vom 22.05.75“ des Bewerbers Ulrich Kypke (Forschungsprojekt „Verbraucherinteressen“)

Niederschrift

Gegenwärtig: Für die Einstellungsbehörde Ltd. Reg.-Dir. XX

- als Vertreter des Kanzlers –

Diplom-Verwaltungswissenschaftler Ulrich Kypke

Protokollführer (...)

Im allseitigen Einvernehmen nahmen

Herr Prof. Schatz (Leiter des Forschungsprojekts) und (...)

an dem heutigen Anhörungstermin teil.

(...)

Die Anhörung hat folgenden Wortlaut:

Ltd. Reg.-Dir. XX:

Der Innenminister hat mir mit Bericht vom 20.12.1978 folgendes mitgeteilt:

„Herr Kypke ist zumindest seit Ende 1972 Mitglied des MSB Spartakus an der Universität Konstanz (...). Er zeichnete (...) für die Zeitung „Konstanzer Student“ des MSB Spartakus verantwortlich. (...)

Aufgrund der vorliegenden Erkenntnisse wurde von der Universität Konstanz ein Arbeitsvertrag zur weiteren Beschäftigung als wissenschaftliche Hilfskraft für 1975 nicht abgeschlossen. Die hiergegen gerichtete Klage des H. Kypke wurde durch das Arbeitsgericht Lörrach abgewiesen, seine Berufung gegen das Urteil des Landesarbeitsgerichts Freiburg am 26. Mai 1976 zurückgewiesen.

Nachdem Herr Kypke die Zweifel an seiner Verfassungstreue auch in den vom Regierungspräsidenten Köln als vorgesehener Ausbildungsbehörde durchgeführten Anhörungen nicht ausräumen konnte, erhob er am 17.2.78 beim Verwaltungsgericht Köln Untätigkeitsklage mit dem Antrag, das Land NRW zu verpflichten, ihn in den Vorbereitungsdienst für die Laufbahn des höheren allgemeinen Verwaltungsdienstes zu übernehmen. Über die Klage ist noch nicht entschieden.

Die gemäß Kabinettsbeschluß vom 24.9.74 gebildete interministerielle Kommission hat sich am 19.4.78 der Auffassung der Einstellungsbehörde und des Innenministers als oberster Dienstbehörde angeschlossen, dass die Zweifel an der Verfassungstreue des Bewerbers nicht ausgeräumt sind.

Inzwischen wurde hier bekannt, dass H. Kypke auch im Sommer 1977 noch Mitglied des Bundesvorstandes des MSB Spartakus war."

(Anmerkung U. Kypke: ...was nicht stimmte, ich war bereits als Absolvent ausgeschieden).

Ltd. Reg.-Dir. XX:

Treffen diese Erkenntnisse des Innenministers zu?

Kypke:

Bevor ich zu den Erkenntnissen Stellung nehme, möchte ich folgende Feststellungen machen: Ich bekenne mich zu der Pflicht und zur Notwendigkeit der positiven Stellung zu den Grundprinzipien unseres Grundgesetzes. Ich habe in meiner gesamten politischen Tätigkeit mich bemüht, dieser Notwendigkeit Rechnung zu tragen, und zwar aus persönlicher Einsicht, aber auch aus der Erkenntnis der Geschichte, die Gegenstand meines Studiums war.

Ich war während meines Studiums längere Zeit Mitglied des MSB Spartakus. Meine politische Betätigung an der Universität Konstanz war darauf abgestellt, im Rahmen der gegebenen gesetzlichen Möglichkeiten die Interessen der Studenten zu fördern.

Ich bin, von breiter Zustimmung getragen, in mehrere Gremien der Universität Konstanz gewählt worden, so vor allem in den Vorstand des Studentenwerkes und in den Großen Senat . Aus der persönlichen Kenntnis meiner politischen Betätigung und meiner fachlich-wissenschaftlichen Orientierung haben sich verschiedene Professoren an der Universität Konstanz für mich eingesetzt. In einer Eingabe an den Kultusminister des Landes Baden-Württemberg baten 43 Professoren um Revision der Überprüfungspraxis allgemein, sowie einiger Ablehnungen, darunter auch meiner eigenen.

Ich war wissenschaftliche Hilfskraft in den Jahren 1973 und 1974 bei dem damaligen Rektor der Universität Konstanz, Herrn Prof. F. Naschold. Herr Prof. Naschold setzte sich, als das Kultusministerium die Nichtverlängerung meines Hilfskraftvertrages bei ihm verfügte, für mich ein.

In Würdigung meines politischen Verhaltens attestierte mir einer der beiden Gutachter der Diplomarbeit, Herr Prof. Dr. J. J. Hesse, die Diplomarbeit „weist ihren Autor als einen nicht nur wissenschaftlich qualifizierten, sondern auch demokratisch legitimierten aus".

(...) Unter dem Aspekt der Verhältnismäßigkeit möchte ich darauf hinweisen, dass es sich bei der jetzt in Frage stehenden Anstellung um einen Zeitvertrag als wissenschaftlicher Angestellter in einem Drittmittelprojekt handelt.

Ltd. Reg.-Dir. XX:

Das Bundesverfassungsgericht verlangt in seinem Urteil vom 22.05.75 bezüglich der Verfassungstreue eines Bewerbers für den öffentlichen Dienst, dass er sich von verfassungsfeindlichen Bestrebungen und Gruppierungen eindeutig distanziert. Dabei bewertet das Bundesverfassungsgericht als e i n Kriterium für die Frage der Verfassungstreue auch die Mitgliedschaft in einer Partei, die verfassungsfeindliche Ziele verfolgt – und zwar, unabhängig davon, ob diese Partei vom Bundesverfassungsgericht als verfassungswidrig erklärt worden ist oder nicht. I c h halte die DKP für eine Partei, die verfassungsfeindliche Ziele verfolgt. Ich möchte Sie deshalb um eine klare Antwort zu der Frage bitten, ob Sie Mitglied der DKP sind oder nicht.

Kypke:

Ich kann bezüglich dieser Frage nur noch einmal wiederholen, dass ich mich entschieden und ohne Einschränkung gegen verfassungswidrige Bestrebungen, in welcher Form auch immer und in welcher Organisation auch immer, gewendet habe und wenden werde. Ich bitte, meine Persönlichkeit entsprechend dem Urteil des Bundesverfassungsgerichts vom 22.5.75 umfassend zu würdigen. In diesem Zusammenhang bejahe ich die Frage nach der vermuteten Mitgliedschaft in der DKP.

(...) Die demokratische Ordnung des Grundgesetzes ist zu sehen vor dem Hintergrund der Auseinandersetzung um die Verankerung bürgerlich-demokratischer und dann auch sozialer Rechte in der deutschen Geschichte. Das Prinzip der Gewaltenteilung entspringt den negativen Erfahrungen aus der Zeit der Feudalherrschaft. Für das Prinzip der Bindung der einzelnen Gewalten an Recht und Gesetz sowie für ihre gegenseitige Kontrolle hat die demokratische Bewegung (seit jeher) gekämpft. Die positiven Ergebnisse von solchen Rechtsfixierungen weiter zu wahren, halte ich für eine zentrale politische Aufgabe auch heute noch.

Ich möchte als Bekräftigung dieser Bejahung anführen, dass ich noch niemals in ein Straf- oder Ordnungswidrigkeitsverfahren im Zusammenhang mit gewerkschaftlicher oder politischer Betätigung involviert wurde. Als ehemaliger Beamter (Reg. – Inspektor z. A.) sind mir die erhöhten Verpflichtungen bezüglich der Ausfüllung der demokratischen Normen besonders vertraut. Ich bitte, gegebenenfalls die Dienstvorgesetzten aus den Beamten- und Angestelltenverhältnissen, in denen ich bislang beschäftigt war, zu befragen.

Ltd. Reg.-Dir. XX:

(...) Nach allgemeiner Information verfolgt die DKP in der Bundesrepublik Deutschland Ziele, wie sie in der DDR durch die SED verwirklicht worden sind. Sind Sie der Ansicht, dass die Prinzipien: Mehrparteienprinzip, Chancengleichheit für alle politischen Parteien, Recht auf verfassungsmäßige Bildung und Ausübung einer Opposition in der DDR gelten?

Kypke:

Die DKP ist eine Partei der Bundesrepublik Deutschland. Mir ist bekannt, dass es eine verbreitete Meinung darüber gibt, sie als „von der SED abhängige" Partei zu bezeichnen. Ich kann diese Auffassung nicht bestätigen. Darüber hinaus bin ich nicht bereit, für mein politisches Wirken ein Vorbild aus anderen Verhältnissen bzw. einer anderen staatlichen Ordnung außerhalb der Bundesrepublik Deutschland als Modell auch nur in Einzelbereichen zu akzeptieren. Ich glaube, die Bedingungen für politisches Wirken in der Bundesrepublik Deutschland müssen wir aus den Verhältnissen der Bundesrepublik Deutschland selber entwickeln. Ich sehe mich nicht in der Lage, in diesem Zusammenhang das Wirken anderer Parteien, wie etwa der SED, zu beurteilen oder gar zu rechtfertigen. Was die Bundesrepublik Deutschland betrifft, glaube ich, dass es durchaus noch Ausgestaltungsmöglichkeiten dafür gibt, wie das Verfassungsprinzip der Chancengleichheit oder des Rechts auf Bildung einer Opposition weiter ausgestaltet werden könnte.

Ltd. Reg.-Dir. XX:

Ein konkretes Beispiel aus der Hochschulpolitik an der Gesamthochschule Duisburg:

Der MSB Spartakus an der Gesamthochschule Duisburg erkennt das Studentenschaftsgesetz, das vom Landtag beschlossen worden ist, nicht an. Er hat Studentenparlamentswahlen und eine AstA-Wahl durchgeführt, die dem geltenden Studentenschaftsgesetz widersprechen und daher rechtswidrig und nichtig sind. Gleichwohl nimmt der vom MSB Spartakus gebildete „AStA" das Amt eines AstA seit über einem halben Jahr widerrechtlich für sich in Anspruch.

Wie beurteilen sie als ehemaliges MSB-Spartakus-Mitglied diese Politik des MSB-Spartakus an der Gesamthochschule Duisburg? Sind Sie bereit, sich als Bewerber um eine Einstellung an der Gesamthochschule Duisburg, von dieser Politik des MSB-Spartakus eindeutig zu distanzieren?

Kypke:

Meiner Antwort vorausschicken möchte ich, dass mein vorgesehener Dienstort Bonn ist und dass ich keinerlei Informationen über Auseinandersetzungen hochschulpolitischer Art in Nordrhein-Westfalen allgemein und an der Gesamthochschule Duisburg speziell bisher gewonnen habe. So, wie mir der Sachverhalt dargestellt wird, kann ich nur sagen, dass ich mir zwar durchaus vorstellen kann, dass im Bereich der Hochschule Gesetze zustande kommen können, die nicht in optimaler Abstimmung die Interessen einzelner Hochschulangehöriger oder auch Gruppen von Hochschulangehörigen reflektieren, dass jedoch zustande gekommene rechtmäßige Gesetze prinzipiell anerkannt werden müssen und nur auf demokratischem Wege versucht werden sollte, durch Argumente darauf hinzuwirken, dass für verbesserungswürdig gehaltene Gesetze novelliert werden. Ich glaube, dass auf dem Feld der hochschulpolitischen Auseinandersetzung noch vieles getan werden muß, um die Diskussionen zu versachlichen und den Austausch von Argumenten nicht durch politische Pressionen irgendwelcher Art zu ersetzen. Dies gilt auch für die Gruppen der Studenten und ihr Verhalten gegenüber Gesetzen, die nach ihrer subjektiven Meinung veränderungswürdig sind. (...)

Die Protokollführerinnen übernehmen die Gewähr dafür, dass der Text richtig übertragen worden ist.

Vertreter des Kanzlers: Ltd. Reg.-Dir. XX“

Und das Ende der Geschichte:

Nach monatelangem, zermürbendem Hin und Her, während meine Frau und ich, mit einer rechtsgültigen Einstellungszusage und der „Zusage der Umzugsvergütung“ versehen, nach fristlosem Widerruf derselben in Duisburg ohne Geld ‚auf dem Trockenen‘ saßen, führten die Interventionen und zähen Verhandlungen von Heribert Schatz schließlich zu einem Einstellungs‘-kompromiss‘, als dessen Ergebnis ich zwar als Zeitangestellter für die Projektarbeit eingestellt werden konnte, jedoch nicht an der Lehre mitwirken dürfe.

Dagegen wandte sich entschieden die sozialwissenschaftliche Fakultät der Universität, die durch diese Verwaltungsverfügung ihre grundrechtliche Freiheit der Lehre – das heißt hier: die alleinige Entscheidungsbefugnis der Fakultät über alle Lehraufträge – beeinträchtigt sah. So endete die Affäre auf Antrag von Heribert Schatz mit der Übertragung eines Lehrauftrags, den ich für die folgenden Jahre übertragen bekam.

Literatur:

Annemarie Bopp-Schmehl / Uwe Heibült / Ulrich Kypke (1984): Technische Normung und Verbraucherinteressen im Gesellschaftlichen Wandel. Frankfurt a. M.

Heribert Schatz (1984): Verbraucherinteressen im politischen Entscheidungsprozess.Frankfurt a. M./New York.

Ute Scheub (2001): Den Staat aufessen. die tageszeitung (taz) v. 8. Febr. 2001.

Statt eines Nachworts

Heidrun Abromeit

Wie viele Politikwissenschaftler kennen die ‚andere' Seite des schriftlichen Oeuvres von Heribert Schatz (auf das zeichnerische will ich hier gar nicht erst eingehen!), die mehr oder weniger geschüttelten Verse? Vermutlich viele von uns, liebt er es doch, zu vorgerückter Stunde beim Wein Zettel aus der Tasche zu kramen und uns seine jeweils neuesten Schüttelreime vorzutragen.

Er ist natürlich nicht der einzige Kollege, der gerne reimt. Ich selbst habe mich vor langer Zeit auf das Verfassen von Limericks verlegt. Anfangs pflegten wir nur auszutauschen. Doch in den letzten Jahren hat Heribert meine Reimereien zunehmend als Herausforderung begriffen und sich in das Prinzip des Limericks eingearbeitet (a-a-b-b-a) – ohne dabei indessen das Schütteln zu vergessen. Wann immer ich ihm nun ein paar neue Versuche (in englisch, in deutsch, manchmal auch ‚franglais') schicke, kommt einigermaßen postwendend ein Super-, nämlich inzwischen doppelt geschüttelter Limerick aus Heriberts Feder zurück.

Welch edler Wettstreit! Auf dass der weitergehe und Heribert Schatz seine in der Tat hohe Kunst des doppelt geschüttelten Limericks im Ruhestand weiter vervollkommne, gebe ich ihm hier eine Reihe von ‚Schatz-ericks' mit auf den Weg. Heribert, arbeite daran!

Schatz-ericks (ungeschüttelt)

Ein Politologe, der Schatz,
war all-überall auf der Hatz
nach den bösen Geistern,
die Hirne verkleistern.
Was Medien betrifft, war's für die Katz.

The political scientist Schatz
Used to boast to his students: My lads,
I am quite effective
As a pol. crime detective,
'cause everywhere do I smell rats.

A well-known professor named Schatz
About Duisburg's boulevard struts
    Along with his handy
    And dressed like a dandy.
As a prof., you would say, he is nuts!

Es war mal ein doppeltes Schätzchen,
das aß nichts so gerne wie Plätzchen.
    Da schnitt man es durch
    in der Mitte, wie furcht-
bar! Nun picken die Plätzchen zwei Spätzchen.

There was a fine colleague named Schatz
Who was well-renowned for his guts.
    When he went for a jog
    And met with a dog
Which snarled at him, he barked back: Platz!

In Krefeld einst zwei Hosenmätzchen
erkannte man an ihren Lätzchen.
    Man tauschte sie um,
    und das war recht dumm:
nun weiß man nicht, wer welches Schätzchen!

Verzeichnis der Autoren

Heidrun Abromeit, Prof. Dr. phil.; Jg. 1943; seit WS 1993/94 Professorin für Vergleichende Analyse politischer Systeme an der TU Darmstadt; Studium der Politikwissenschaft in Marburg und am Otto-Suhr-Institut der FU Berlin; Promotion und Habilitation an der Universität Mannheim; 1975-1988 Lehrtätigkeit am Fachbereich Wirtschaftswissenschaften der Bergischen Universität Wuppertal; interdisziplinäre Lehr- und Forschungstätigkeit im Bereich der „Politischen Ökonomie"; 1988-1993 Professorin für Politische Soziologie an der Gerhard-Mercator-Universität Duisburg; Publikationen u. a.: (1993): Interessenvermittlung zwischen Konkurrenz und Konkordanz. Studienbuch zur Vergleichenden Lehre politischer Systeme. Opladen; (1998): Democracy in Europe. Legitimising Politics in a Non-State Polity. Oxford:

Heinz-Jürgen Axt, Prof. Dr. phil.; Jg. 1946; Studium der Sozialwissenschaften an der Ruhr-Universität Bochum; 1976 Promotion an der Philipps-Universität zu Marburg; 1984 Habilitation an der Technischen Universität Berlin; wiss. Assistent an der TU Berlin; langjähriger externer Mitarbeiter der Stiftung Wissenschaft und Politik in Ebenhausen; seit 1995 Professor für Politikwissenschaft mit dem Schwerpunkt Europapolitik und Europäische Integration an der Gerhard-Mercator-Universität Duisburg; seit 1998 Inhaber eines „Jean Monnet Chair ad personam"; Schwerpunkt in der Lehre: Europapolitik und Europäische Integration; aktuelle Forschungsschwerpunkte: EU-Strukturpolitik und deren Reform, Regieren in der EU, Mitgliedschaft Zyperns in der EU, griechisch-türkische Beziehungen, Konfliktherd Balkan; Publikationen u. a.: (1985): Die PASOK. Aufstieg und Wandel des verspäteten Sozialismus in Griechenland, Bonn; (2000): Solidarität und Wettbewerb - die Reform der EU-Strukturpolitik. Gütersloh.

Claus-E. Bärsch, Prof. Dr.; Jg. 1939 Studium der Rechte an der Ludwig-Maximilian-Universität München. 1968 Assessorexamen in München; während der Referendarzeit Studium des Kirchenrechtes, der Rechtsphilosophie und Rechtsgeschichte in Innsbruck sowie der Politik, Geschichte und Pädagogik in München; Promotion zum Dr. phil. an der Universität München bei Prof. Eric Voegelin; 1972 wiss. Assistent im Fach Politische Wissenschaft an der Universität Duisburg; 1977 Habilitation im Fach Politische Wissenschaft und Sozialphilosophie; seit 1983 Professor an der Gerhard-Mercator-Universität Duisburg; Lehrtätigkeiten an der Universität Bochum (1982 und 1983), Humboldt-Universität Berlin (1990/91), Universität Potsdam (1991-1993); Forschungsschwerpunkte: Theorie der Geschichte und des Rechts; Nationalsozialismus und Religionspolitologie; Schwerpunkte in der Lehre: Politische Theorie; Wissenschaftstheorie; Geschichtstheorie; Staatstheorie; Publikationen u.a.: (1979): Die Gleichheit der Ungleichen. Zur Bedeutung von Gleichheit, Selbstbestimmung und Geschichte im Streit um die konstitutionelle Monarchie. München; (1998): Die politische Religion des Nationalsozialismus. München.

Michael Böckler, Dr.; Jg. 1951; 1972-1979 Studium der Sozialwissenschaften in Duisburg; 1979-1981 wiss. Hilfskraft/Mitarbeiter an der Gerhard-Mercator-Universität Duisburg; 1984-1998 wiss. Referent am RISP in Duisburg; 1989-1990 Projektleiter im IZ Sozialwissenschaften, Bonn; 1991-1998 Geschäftsführer des Projektträgers für die Landesprogramme SoTech (Mensch und Technik - Sozialverträgliche Technikgestaltung), QUATRO (Qualifizierung - Arbeit - Technik - Reorganisation sowie die Umsetzung der EU-Gemeinschaftsinitiative ADAPT in NRW; seit 1998 Leiter des Forschungsschwerpunkts „Unternehmensnahe Dienstleistungen" im Institut Arbeit und Technik in Gelsenkirchen; Publikationen u. a.: (1990): Sozialverträgliche Technikgestaltung. Zum Verhältnis von technologiepolitischer Reform- und sozialwisssenschaftlicher Praxiswende. Bochum; (zus. mit Georg, Simonis) (1999): Der Beitrag der Politikwissenschaft zur Versozialwissenschaftlichung von Arbeit und Industrie. In: Bosch, A./Fehr, H./Kraetsch, C./Schmidt, G. (Hrsg.): Sozialwissenschaftliche Forschung und Praxis. Wiesbaden: 147-179.

Stephan Bröchler, Dr.; Jg. 1962; seit 1998 Wissenschaftlicher Assistent an der FernUniversität Hagen am Institut für Politikwissenschaft; Lehrgebiet: Internationale Politik/Vergleichende Regierungslehre; Studium an den Universitäten Köln, Duisburg und Konstanz; 1992 Promotion zum Dr. rer. soc. (Universität Konstanz); 1989 Diplom Verwaltungswissenschafter (ebd.); Wiss. Mitarbeiter an der Gerhard-Mercator-Universität Duisburg im Fach Politikwissenschaft; Wiss. Geschäftsführer des Arbeitskreises „Technikfolgenabschätzung und –bewertung“ des Wissenschaftsministeriums Nordrhein-Westfalen; Sachverständiger im Ausschuss „Mensch und Technik“ des Landtags von Nordrhein-Westfalen; Forschungsprojekte im Bereich Politik und Technik; Publiktionen u. a.: (zus. mit G. Simonis und K. Sundermann) (Hrsg.) (1999): Handbuch Technikfolgenabschätzung. Berlin; (2001): Does technology matter? Die Rolle von Informations- und Kommunikationstechniken in Regierung und Parlament. In: Simonis, G. / Martinsen, R. / Saretzki, T. (Hrsg.): Politik und Technik, PVS-Sonderheft 31. Opladen:.213-231.

Jürgen Büssow; Jg. 1946; zunächst Lehre als Orthopädiemechaniker in Bonn;. nach der Wehrpflichtszeit und externer Bildungsreifeprüfung Studium der Sozialarbeit und Erziehungswissenschaften in Düsseldorf; von 1975 bis 1977 Studienleiter in der Erwachsenenbildung im Gustav-Stresemann-Institut in Bergisch-Gladbach; von 1977 bis 1981 Referatsleiter in der Hans-Böckler-Stiftung, dem Mitbestimmungs- und Studienförderungswerk des Deutschen Gewerkschaftsbundes in Düsseldorf; von 1975 bis 1995 Mitglied des Landtages von NRW und Mitglied in diversen Ausschüssen, insbesondere im Hauptausschuss und im Europaausschuss; seit 1995 Regierungspräsident Bezirk Düsseldorf; Publikationen u. a.: (1999): „Medienkompetenz statt mehr Gesetze“. In: Zeitschrift für Gesetzgebung ZG, Vierteljahreszeitschrift für staatliche und kommunale Rechtsetzung, 14. Jg., Sonderheft 1999: 17-23; (2000): „Zur Informationstechnik in der öffentlichen Verwaltung“. In: Verwaltungsmodernisierung. Anforderungen – Erfahrungen – Perspektiven. Festschrift, hrsg. von Albert Günther, Baden-Baden: 180-193.

Dankwart Danckwerts, Prof. em. Dr.; Jg. 1933; Lehre zum Industriekaufmann 1951-1954; 1960 Dipl. Volkswirt/Dipl. Soziologie; 1963 Promotion in Münster; 1961 Distriktstudie Dortmund innerhalb der 1. Bundestagswahluntersuchung; 1963 - 1965 Beteiligung an dem DFG Schwerpunkt: Soziale Umverteilung; eig. Untersuchung: Der Beitrag der Freien Wohlfahrtsverbände; 1965-1967 Forschungsaufenthalt in Chile; 1967-1969 Assistent bei H. Schelsky für den Hochschulplanungsbeirat des Landes NRW; 1969-1973 Dozent/Professor an der Fachhochschule Hamburg; 1973-1998 Prof. für Soziologie und Sozialpädagogik an der Gesamthochschule Duisburg; seit 1998 Prof. Em. an der Gerhard-Mercator-Universität Duisburg; Publikationen u. a.: (zus. mit Prestien (1979): Die Bedeutung der karitativen Verbände, die soziale Sicherheit und die soziale Umverteilung in der Bundesrepublik Deutschland, Duisburger Materialien zur Sozialen Arbeit und Erziehung, Heft 4; (1981): Grundriß einer Soziologie sozialer Arbeit und Erziehung. Weinheim/Basel, 2. Auflage; (1991): Der Hafen, eine Landschaft mit Leben. In: Appelbaum, Dirk: Hafen-Zeit. Tübingen: 10 - 26; (1993) (Hrsg.): Logistik und Arbeit im Gütertransportsystem. Opladen

Frank Faulbaum, Prof. Dr.; Jg. 1943; Studium der Psychologie, Philosophie und Mathematik an der Universität Hamburg (1962-1968); Promotion an der Universität Bonn 1982; Habilitation an der Universität Heidelberg 1992; 1969-1971 wiss. Mitarbeiter am Institut für Angewandte Mathematik der Universität Mannheim; 1971-1975 wiss. Assistent am Institut für theoretische Informatik der Universität Karlsruhe; 1976-1977 wiss. Mitarbeiter am Modellversuch „Computerunterstützter Unterricht“ der Justus-Liebig-Universität Gießen; 1978-1980 wiss. Assistent am Psychologischen Institut der Ruhr-Universität Bochum; 1980-1993 Projektleiter am Zentrum für Umfragen, Methoden und Analysen (ZUMA); seit 1993 Professur für Sozialwissenschaftliche Methodenlehre/Empirische Sozialforschung an der Gerhard-Mercator-Universität Duisburg; Publikationen u. a.: (1996): Kausale Modellierung in den Verhaltens- und Sozialwissenschaften. In: Schnaitmann, G. (Hrsg.): Theorie und Praxis der Unterrichtsforschung. Donauwörth: 62-86. (zus. mit Stein, Petra) (2000): Wie homogen sind Einstellungen gegenüber Ausländern? Zur Aufdeckung und Modellierung unbeobachteter Heterogenität in Umfragedaten. In: Alba, Richard / Schmidt, Peter / Wasmer, Martina (Hrsg.): Deutsche und Ausländer: Fremde Freunde oder Feinde. Blickpunkt Gesellschaft 5. Opladen: 485-518.

Udo Göttlich, Dr. phil., M.A.; Jg. 1961, Studium der Soziologie, Politischen Wissenschaft und Komparatistik an der RWTH Aachen;. Wiss. Mitarbeiter am Rhein-Ruhr-Institut für Sozialforschung und Politikberatung (RISP); stellvertretender Projektleiter im Forschungsprojekt: „Daily Soaps und Kult-Marketing" im DFG-Schwerpunktprogramm „Theatralität"; Forschungsschwerpunkte: Medien-, Kommunikations- und Kultursoziologie, Cultural Studies, Rezeptionsforschung und Fernsehnutzung, qualitative Methoden der Kommunikationsforschung; Publikationen u. a.: (1996) Kritik der Medien. Reflexionsstufen kritisch-materialistischer Medientheorien am Beispiel von Leo Löwenthal und Raymond Williams, Opladen; (zus. mit Jörg-Uwe Nieland u. Heribert Schatz) (1998) (Hrsg.): Kommunikation im Wandel. Zur Theatralität der Medien. Köln; (zus. mit Roger Bromley und Carsten Winter) (Hrsg.) (1999): Cultural Studies. Grundlagentexte zur Einführung, Lüneburg; (zus. mit Friedrich Krotz und Ingrid Paus-Haase) (Hrsg.) (2001): Daily Soaps und Daily Talks im Alltag von Jugendlichen. Schriftenreihe Medienforschung der Landesanstalt für Landesanstalt für Rundfunk (LfR) NRW Bd. 38, Opladen.

Hardy Gundlach, Dr. rer. oec.; Jg. 1961; 1985-1991 Studium der Volkswirtschaftslehre, Wirtschaftspolitik, Soziologie; 1991-1997 wiss. Mitarbeiter an der Gerhard-Mercator-Universität Duisburg, Fachbereich spezielle Wirtschaftspolitik; Forschungsgruppe Öffentliche Wirtschaft; seit 1998 Referent der Kommission zur Ermittlung der Konzentration im Medienbereich (KEK), Potsdam; Publikationen u. a.: (1996): Die öffentlichen Fernsehunternehmen im europäischen Binnenmarkt zwischen öffentlichem Auftrag und Wettbewerb. In: Cox, Helmut (Hrsg.): Perspektiven öffentlicher Unternehmen in der Wirtschafts- und Rechtsordnung der Europäischen Union. Band II, Baden-Baden; (1998): Die öffentlich-rechtlichen Rundfunkunternehmen zwischen öffentlichem Auftrag und marktwirtschaftlichem Wettbewerb. Berlin.

Dieter Grunow, Prof. Dr.; Jg. 1944; Professor für Verwaltungs- und Politikwissenschaft an der Gerhard-Mercator-Universität Duisburg; 1966-71 Studium der Soziologie, Ökonomie, Politologie und Germanistik in Tübingen (Leibniz-Kolleg), Jackson/USA, Münster; 1971 Dipl.-Soz.; 1975 Dr.rer.-soc.; 1983 Habil. (alles an der Universität Bielefeld); seit 1971 wiss. Mitarbeiter und später Leiter von Forschungsprojekten (empirische Verwaltungsforschung, empirische Forschungen zur Sozial- und Gesundheitspolitik - mit Mitteln der VW-Stiftung, der DFG und des BMFT); Projektgruppe Verwaltung und Publikum an der Universität Bielefeld; 1980/81 Gastprofessor an der GHS Kassel; 1981/82 Research Fellow am ZIF in Bielefeld (Thema des einjährigen internationalen Programms: „Guidance, Control and Evaluation in the Public Sector"); 1984-86 Universitätsprofessor für Verwaltungswissenschaft und Verwaltungsökonomie an der GHS Kassel (Fb Wirtschaftswissenschaften); seit 1986 Professor in Duisburg; zugleich Direktoriumsmitglied im RISP e.V.; Publikationen u. a.: (1996): Verwaltungstransformation zwischen politischer Opportunität und administrativer Rationalität. Bielefeld; (zus. mit H.Wollmann) (Hrsg.) (1998): Lokale Verwaltungsreform in Aktion: Fortschritte und Fallstricke. Basel.

Thomas Hanke, M.A.; Jg. 1970; Kommunikationswissenschaftler; Magisterarbeit zu den Themen Wissensmanagement und Lernende Organisation; z.Zt. wiss. Mitarbeiter am Lehrstuhl für Wirtschaftsinformatik; promoviert an der Universität GHS Essen; Publikationen u. a.: (2000): Voneinander lernen – miteinander wissen. Eine Fallstudie zum Wissensmanagement in einem Lernenden Unternehmen. Magisterarbeit. Universität GHS Essen.

Michael Jäckel, Univ.-Prof., Dr. phil.; Jg. 1959; Studium der Soziologie, Geschichte und Politikwissenschaft; 1995 Habilitation im Fach Soziologie an der Universität Mainz; seit 1996 Professor für Soziologie an der Universität Trier; Forschungsschwerpunkte: Mediensoziologie, Konsumsoziologie, Neue Kommunikationstechnologien, Allgemeine Soziologie; Publikationen u. a.: (1999): Medienwirkungen. Ein Studienbuch zur Einführung. Opladen/Wiesbaden; (zus. mit Patrick Rössler und Uwe Hasebrink) (Hrsg.) (2001): Theoretische Perspektiven der Rezeptionsforschung. München.

Klumpp, Dieter Dr.; Jg. 1949; Geschäftsführer der Alcatel SEL Stiftung für Kommunikationsforschung; Leiter Stabsabteilung Technik und Gesellschaft der Alcatel SEL AG, Stuttgart; Studium der Politikwissenschaft und Geschichte an der Universität Stuttgart; Promotion im Fach Kommunikationswissenschaft an der FU Berlin; seit 1994 Sprecher des Fachbereichs 1 (Informationsgesellschaft und Fokusprojekte) der ITG im VDE; 1995 Enquêtekommission „Multimedia“ des Landtags von Baden-Württemberg; seit 1996 Repräsentant der ITG und der GI im europäischen Informatiker-Dachverband CEPIS als Berater des Executive Committee; 1996-98 Mitglied des Wissenschaftlichen Beirats der Enquêtekommission „Zukunft der Medien“ des Deutschen Bundestags bei der Friedrich-Ebert-Stiftung; 1998/99 Vorsitzender der Jury „Mensch-Technik-Interaktion” (Leitprojekte des BMBF); Repräsentant des Unternehmens in der Initiative D21, Arbeitsgruppe 2 (Staatliche Vorreiterrolle); seit 1999 Mitglied Forum Informationsgesellschaft des BMWi; seit 2000 Mitglied des Beraterkreises des Deutschen Bundetags zur Neufassung der Datenschutzgesetzgebung; zahlreiche weitere ehrenamtliche Tätigkeiten im Themenfeld Informationsgesellschaft; Publikationen u. a.: (1994): Erneuerung braucht Querdenken: Diskursanstöße in der Informations- und Kommunikationstechnik. Mössingen-Talheim; (1996): Marktplatz Multimedia: Praxisorientierte Strategien für die Informationsgesellschaft. Mössingen-Talheim; (2001) (Hrsg.): Jahrbuch Telekommunikation und Gesellschaft. Heidelberg.

Hermann Korte, Prof. em. Dr.; Jg. 1937; 1967 Dipl. Soz. (Münster); 1970 Dr. sc. pol. (Bielefeld); Mitglied des P.E.N; 1968-1973 Zentrum für interdisziplinäre Forschung der Universität Bielefeld; 1974–1992 Fakultät für Sozialwissenschaft der Universität Bochum; seit 1993 Institut für Soziologie der Universität Hamburg; Publikationen u. a.: (1997): Über Norbert Elias. Das Werden eines Menschenwissenschaftlers. Opladen; (1999): Utopie. Das Himmelreich auf Erden? o.O.; (2001): Soziologie im Nebenfach. Eine Einführung. Konstanz.

Udo Michael Krüger, Dr.; Jg. 1942; Sozial- und Kommunikationswissenschaftler; Leitung des IFEM Institut für empirische Medienforschung GmbH, Köln; Forschungsschwerpunkte: Fernsehprogramm- und Inhaltsforschung; Publikationen u. a.: (1992): Programmprofile im dualen Fernsehsystem 1985-1990, Schriftenreihe Media Perspektiven. Band 10, Baden-Baden; (2000): Unterschiedliches Informationsverständnis im öffentlich-rechtlichen und privaten Fernsehen. In: Media Perspektiven, Heft 7: 278-295.

Ulrich Kypke, Dr.; Jg. 1944; studierte nach einer Verwaltungsausbildung (zum Regierungsinspektor) und Abitur auf dem zweiten Bildungsweg Ökonomie und Verwaltungswissenschaften in Konstanz; 4 Jahre wiss. Mitarbeiter bei Prof. H. Schatz, Universität Duisburg; Forschungsprojekt „Verbraucherinteressen im politischen Entscheidungsprozeß“; Promotion 1982 bei Prof. H. Schatz mit dem Thema „Technische Normung und Verbraucherinteresse“; 1982 bis 1991 Geschäftsführer eines Bildungswerks/Heimvolkshochschule; Lehrbeauftragter, Publizist; Initiator/Vorstand eines Start-Up Unternehmens im Bereich innovativer Produktion im Lebensmittelbereich/Catering; seit 1992 Geschäftsführer/Vorstand der gewerblichen Dienstleistungsunternehmen des Bundesdeutschen Arbeitskreises für Umweltbewusstes Management (B.A.U.M.); seit Gründung 1998 Vorstandsvorsitzender der jetzigen B.A.U.M. AG; seit 2000 außerdem Alleinvorstand der B.A.U.M.-Tochtergesellschaft Janosch film und medien AG.

Peter Ludes, Dr. phil., Ph.D. (USA); Jg. 1950; Studien der Soziologie, Politikwissenschaft und Philosophie an der Universität Trier und - als Fulbright Scholar - der Brandeis University, Mass., USA; 1987 Habilitation an der Bergische Universität-Gesamthochschule Wuppertal; seit 1994 außerplanmäßiger Professor für Kultur- und Medienwissenschaft; 1995-2000 2. Sprecher des Sonderforschungsbereichs „Bildschirmmedien” der Universität-GH Siegen; Gastdozenturen an der University of Newfoundland, Kanada und der Universität von Amsterdam; Research Fellow am Center for European Studies der Harvard University; Vertretung einer Professur für Medien- und Kommunikationswissenschaft an der Universität Mannheim; 2. Vorsitzender des Research Network „Mass Media and Communication” der European Sociological Association; einer von sechzig ExpertInnen der European Science Foundation „Changing Media-Changing Europe“; Gutachter u. a. für die Deutsche Forschungsgemeinschaft und für die Europäische Kommission; Publikationen u. a.: (Hrsg.) (1993):Von der Nachricht zur News Show. Fernsehnachrichten aus der Sicht der Macher. München; (1998) Einführung in die Medienwissenschaft. Entwicklungen und Theorien. Mit einer Einleitung von Jochen Hörisch. Berlin; (2001): Multimedia und Multi-Moderne: Schlüsselbilder. Opladen.

Susanne Lütz, Dr. soc. pol.; Jg. 1963; 1982-1989 Studium der Politischen Wissenschaft, Geschichte und Volkswirtschaft an der Gerhard-Mercator-Universität Duisburg; 1989-1992 Promotion im Rahmen des Graduiertenkollegs für Sozialwissenschaften an der Universität zu Köln; seit Juli 1993 wiss. Mitarbeiterin am Max-Planck-Institut für Gesellschaftsforschung Köln; Publikationen u. a.: (1997): Die Rückkehr des Nationalstaates? Kapitalmarktregulierung im Zeichen der Internationalisierung von Finanzmärkten. In: Politische Vierteljahresschrift 38 (3): 475-498; (zus. mit Roland Czada) (Hrsg.) (2000): Die politische Konstitution von Märkten. Opladen.

Manfred Mai, PD Dr.; Jg. 1953; 1994-1998 Leiter des Referats „Medienwirtschaft" in der Staatskanzlei NRW; vertritt seitdem eine Professur für Politikwissenschaft an der Universität Essen; Publikationen u. a.: (zus. mit Klaus Neumann-Braun) (Hrsg.) (1998): Von den „Neuen Medien" zu Multimedia. Baden-Baden; (2001): Technikbewertung in Politik und Wirtschaft. Baden-Baden.

Peter Manbrey, Prof. Dr. sc. pol. M.A.; Jg. 1950; Leiter des Bereichs „Evaluation & Design" im Institut für Angewandte Informationstechnik der GMD-Forschungszentrum Informationstechnik; Studium der Politikwissenschaft, Soziologie und Ethnologie in Bonn; mehrjährige Tätigkeit als Parlamentarischer Mitarbeiter im Deutschen Bundestag; wiss. Angestellter der Universität Bonn am Institut für Politische Wissenschaft.; wiss. Angestellter bei der GMD-Forschungszentrum Informationstechnik; Chairman der WG 9.1 „Computers and Work" der International Federation of Information Processing (IFIP); Lehrtätigkeit in Hannover und Duisburg, Honorarprofessor; Publikationen u. a.: (zus. mit Hans-Peter Neumann und Kerstin Sieverdingbeck) (1999): Bridging The Gap Between Parliament And Citizen - The Internet Services Of The German Bundestag. In: Coleman, Stephen / Taylor, John / van de Donk, Wim (eds.): Parliament in the age of the Internet. Oxford/New York: 118-130; (2000): Neue interaktive Medien eröffnen Potentiale für digitale politische Partizipation und neue Formen von Öffentlichkeit. In: Martinsen, Renate / Georg Simonis (Hrsg.): Demokratie und Technik -(k)eine Wahlverwandschaft. Opladen: 335-362.

Frank Marcinkowski, Dr. habil.; Jg. 1960; Privatdozent für Politikwissenschaft an der Gerhard-Mercator-Universität Duisburg; seit Juni 2000 am Liechtenstein-Institut in Bendern (FL); SS 2001 Gastprofessur für Kommunikationswissenschaft am Institut für Publizistikwissenschaft und Medienforschung (IPMZ) der Universität Zürich (CH); Publikationen u. a.: (2000): Die Medien-Öffentlichkeit des Parlements in der „Verhandlungsdemokratie". Theoretische Überlegungen und empirische Befunde zur legitimatorischen Bedeutung der Parlamentsberichterstattung von Presse und Fernsehen. In: Jarren, Otfried / Imhoff, Kurt / Blum, Roger (Hrsg): Zerfall der Öffentlichkeit? Mediensymposium Luzern, Band 6, Opladen: 49-73; (2001): Offentliche Kommunikation als präventive Risikoerzeugung. Poltikwissenschaftlich relevante Ansätze der Risikokommunikations-forschung und neue empirische Befunde. In: Martinsen, Renate / Saretzki, Thomas / Simonis, Georg (Hrsg): Politik und Technik – Analysen zum Verhältnis von technologischem, politischem und staatlichem Wandel am Anfang des 21. Jahrhunderts. PVS-Sonderheft 31/2000, Opladen: 147-166.

Barbara Mettler-v. Meibom, Prof.'in Dr.; Jg. 1947; seit 1989 Prof'in für Politikwissenschaft mit Schwerpunkt Kommunikation und Medien an der Universität GHS Essen; leitet das Consultingbüro Communio - Kommunikations- und Kooperationsberatung in Essen; Forschungsschwerpunkte: Technologiefolgenabschätzung, Neue Medien und Kommunikationsökologie, neue kommunikative Verfahren der Entscheidungsfindung in Organisationen und Kommunen, insbes. die sog. Großgruppenverfahren; Publikationen u. a.: (1986) Breitbandtechnologie. Über die Chancen sozialer Vernunft in technologiepolitischen Entscheidungsprozessen. Opladen; (1994) Kommunikation in der Mediengesellschaft. Berlin; (1992ff.) Mitherausgeberin der Reihe Kommunikationsökologie im Lit-Verlag und des Jahrbuchs Ökologie im Beck-Verlag.

Jörg-Uwe Nieland, Dipl. Soz. Wiss.; Jg. 1965; Studium der Sozialwissenschaften, Geschichte, Philosophie und Sportwissenschaft an der Gerhard-Mercator-Universität Duisburg, an der Ruhr Universität Bochum und der Freien Universität Berlin; wiss. Mitarbeiter im Fach Politische Wissenschaft an der Gerhard-Mercator-Universität Duisburg und am RISP; Forschungsschwerpunkte: Politische Kommunikation, Medienentwicklung, Multimedia und empirische Medienwissenschaft; Publikationen u. a.: (zus. mit Georg Ruhrmann) (1997): Interaktives Fernsehen. Opladen; (zus. mit Udo Göttlich und Heribert Schatz) (Hrsg.) (1998): Kommunikation im Wandel. Zur Theatralität der Medien. Köln; (zus. mit Heribert Schatz und Christina Holtz-Bacha) (Hrsg.) (2000): Migranten und Medien. Neue Herausforderungen an die Integrationsfunktion von Presse und Rundfunk. Wiesbaden; (2000): Politics goes popular. Anmerkungen zur Popularisierung der politischen Kommunikation. In: Kamps, Klaus (Hrsg.): Trans-Atlantik, Trans-Protabel. Die Amerikanisierungsthese in der politischen Kommunikation. Opladen/Wiesbaden: 307-330.

Robert Chr. van Ooyen, Dr. phil.; Jg. 1960; zur Zeit Vertretung einer Professur an der Gerhard-Mercator-Universität Duisburg; Studium der Politikwissenschaft, Philosophie und des öffentlichen Rechts an den Universitäten Duisburg, Wien und Bonn; Diplom 1987; 1988-89 Stipendiat des Europarats am Institut für internationales Recht der Universität Basel bei L. Wildhaber, Präsident des EuGH für Menschenrechte; 1991 Promotion zum Dr. phil. bei H.-P. Schwarz; danach einige Jahre im höheren Bundesdienst tätig sowie als Dozent für Politik und Staatsrecht an verschiedenen Verwaltungsfachhochschulen; Publikationen u. a.: (1992) Die schweizerische Neutralität in bewaffneten Konflikten nach 1945. Bern u. a.; (zus. mit Heribert Schatz und Sascha Werthes) (2000): Wettbewerbsföderalismus. Aufstieg und Fall eines politischen Streitbegriffes. Baden-Baden.

Jürgen Reese, Prof. Dr.; Jg. 1942; 1964 Sozialwissenschaftliches Studium in Hamburg, Münster, Freiburg und Konstanz; 1970 Bundeskanzleramt; 1973 DFG-Habilitationsstipendiat; 1975 UC Berkeley; 1976 Gesellschaft für Mathematik und Datenverarbeitung; 1979 Professor für Planung und Organisation von Verwaltungssystemen im Fachbereich Wirtschaftswissenschaften an der Universität GH Kassel.

Georg Ruhrmann, Dr. rer. soc. habil.; Jg. 1955; Professor und Inhaber des Lehrstuhls „Grundlagen der medialen Kommunikation und der Medienwirkung" an der Friedrich-Schiller-Universität Jena; Studium der Biologie, Philosophie und Soziologie in Marburg und Bielefeld; Promotion 1986 in Bielefeld; Habilitation mit der Arbeit „Risikokommunikation" 1994 in Münster; 1993–1996 wiss. Mitarbeiter und Projektleiter am Duisburger Rhein-Ruhr-Institut für Sozialforschung und Politikberatung (RISP); 1995 Auszeichnung mit dem Preis der Schader-Stiftung „Sozialwissenschaften im Praxisbezug"; 1996-1998 Vertretungsprofessuren an der Universität Augsburg und an der TU Ilmenau; Forschungsschwerpunkte: Empirische Kommunikationsforschung, Risikokommunikation, Migration und Medien; Publikationen u. a.: (1989) Rezipient und Nachricht. Opladen; (1997) Interaktives Fernsehen. Opladen.

Thomas Schierl, Priv.-Doz. Dr.; Jg. 1958; Studium der Publizistik und Kommunikationswissenschaften, Politikwissenschaft, Philosophie in Salzburg, München, Mainz, Bonn; 1987 Promotion; 1987-1995 Konzeptioner und Berater in nationalen und internationalen Werbeagenturen; seit 1993 assoziierter Mitarbeiter am Rhein-Ruhr Institut für Sozialforschung und Politikberatung an der Universität Duisburg (RISP); 2000 Habilitation; WS 2000/01 Vertretung einer Professur für Politikwissenschaft mit dem Schwerpunkt Politik und Kommunikation an der Gerhard-Mercator-Universität Duisburg; z.Zt. Vertreter des Lehrstuhls für Ökonomie und Organisation medialer Kommunikation an der Friedrich-Schiller-Universität Jena.

Georg Simonis, Prof. Dr.; Jg. 1943; 1964–1969 Studium der Politologie in Berlin und Genf; 1970–1983 wiss. Mitarbeiter an der Universität Konstanz; 1984–1986 Vertretung einer Professur für Politikwissenschaft an der Gerhard-Mercator-Universität Duisburg; 1986–1989 Geschäftsführender Leiter des Projektträgers für das NRW-Landesprogramm „Mensch und Technik"; seit 1991 Universitätsprofessor an der FernUniversität Hagen für das Lehrgebiet Internationale Politik/Vergleichende Politikwissenschaft; Publikationen u. a.: (1999): Sozialverträglichkeit. In: Bröchler, Stephan/Simonis, Georg/ Sundermann, Karsten (Hrsg.): Handbuch Technikfolgenabschätzung. 3 Bde, Berlin; (2000): Die TA-Landschaft in Deutschland - Potenziale reflexiver Techniksteuerung, in: Georg Simonis / Renate Martinsen/Thomas Saretzki (Hrsg.): Politik und Technik. Analysen zum Verhältnis von technologischem, politischem und staatlichem Wandel am Anfang des 21. Jahrhunderts. Sonderheft 31 der Politischen Vierteljahresschrift, Opladen.

Martin Stock, Prof. Dr.; Jg. 1933; Studium der Rechtswissenschaft in Göttingen, Berlin und Heidelberg; Erste und zweite juristische Staatsprüfung in Niedersachsen; 1969 Juristische Promotion in Göttingen; 1974 Habilitation für Staats- und Verwaltungsrecht in München mit einer medienrechtlichen Arbeit; seit 1980 Professor an der Fakultät für Rechtswissenschaft der Universität Bielefeld; Tätigkeitsgebiete: Verfassungsrecht mit Europarecht, Technik-, Umwelt- und Planungsrecht, Bildungsrecht, Medienrecht; seit 1999 zahlreiche Veröffentlichungen zu medienrechtlichen Fragen, z. B. (1985): Medienfreiheit als Funktionsgrundrecht. München; (2001): Innere Medienfreiheit. Ein modernes Konzept der Qualitätssicherung. Baden-Baden (im Erscheinen).

Sascha Werthes, Jg. 1974; Student der Sozialwissenschaften mit Fachrichtung Politikwissenschaft an der Gerhard-Mercator-Universität Duisburg; WS 97/98 u. SS 98 Tutor für Soziologische Theorie, WS 99/00 Tutor für das Politisches System der BRD; 1997-1999 studentische Hilfskraft am Rhein-Ruhr-Institut für Sozialforschung und Politikberatung (RISP); zwischen 1998 und 2001 mehrmonatige Praktika u.a. bei der Hessischen Stiftung für Friedens- und Konfliktforschung (HSFK, Frankfurt/M), beim Berghof Forschungszentrum für konstruktive Konfliktbearbeitung (Berlin), beim Rhein-Ruhr-Institut für Sozialforschung und Politikberatung (RISP); seit 2000 studentische Hilfskraft am Lehrstuhl Politisches System der BRD an der Universität Duisburg; Publikationen u.a.: (zus. mit Heribert Schatz u. Robert Chr. van Ooyen) (2000): Wettbewerbsföderalismus. Aufstieg und Fall eines politischen Streitbegriffes. Baden-Baden.

GPSR Compliance

The European Union's (EU) General Product Safety Regulation (GPSR) is a set of rules that requires consumer products to be safe and our obligations to ensure this.

If you have any concerns about our products, you can contact us on ProductSafety@springernature.com

In case Publisher is established outside the EU, the EU authorized representative is:

Springer Nature Customer Service Center GmbH
Europaplatz 3
69115 Heidelberg, Germany

Batch number: 10809468

Printed by Printforce, the Netherlands